Eckart Ehlers

Das Anthropozän

Eckart Ehlers

Das Anthropozän

Die Erde im Zeitalter des Menschen

Die Deutsche Nationalbibliothek verzeichnet diese Publikation
in der Deutschen Nationalbibliografie;
detaillierte bibliografische Daten sind im Internet
über http://dnb.d-nb.de abrufbar.

© 2008 by WBG (Wissenschaftliche Buchgesellschaft), Darmstadt
Die Herausgabe des Werkes wurde durch die Vereinsmitglieder der WBG ermöglicht.
Redaktion: Simone Scherer, Münster
Satz: Janß GmbH, Pfungstadt
Umschlaggestaltung: Peter Lohse, Büttelborn
Umschlagabbildung: Braunkohletagebau Garzweiler, Foto: picture-alliance/dpa
Gedruckt auf säurefreiem und alterungsbeständigem Papier
Printed in Germany

Besuchen Sie uns im Internet: www.wbg-darmstadt.de

ISBN 978-3-534-20585-1

Inhalt

Vorwort 7

**1 Mensch-Umwelt-Beziehungen: Vom Pleistozän zum Anthropozän –
Eine Einführung** 9

2 Mensch und Umwelt: Zur Genese eines Problems 21
Vom „homo habilis" zum „homo sapiens": Ressourcennutzung und
Territorialität 21
Umwelt und Spiritualität bei Sammlern und Jägern 34
Die „Neolithische Revolution" und die Sesshaftwerdung des Menschen 37
Die frühen Hochkulturen: Schöpfungsmythen und Menschenbilder in der
Alten und Neuen Welt 44

**3 Philosophisch-religiöse und weltanschauliche Diskurse in Antike,
Mittelalter und früher Neuzeit – und die Realitäten** 56
Das Weltbild der Griechen und Römer und die Anfänge der Geographie im
klassischen Altertum 57
Das geographische Weltbild des christlichen Mittelalters 67
Exkurs: Das Weltbild der arabisch-islamischen Wissenschaften und Anfänge
einer rationalen Weltsicht in Europa 78
Mensch-Umwelt-Diskurse in Renaissance und Empirismus: Theorien und Praxis . 83
Rationalismus, Aufklärung und „Encyclopédie": Die Grundlegungen der Moderne 116
Fazit: Ein Rückblick auf das Holozän und die Entwicklung der
Mensch-Umwelt-Verhältnisse 132

4 Das Anthropozän – Die „Große Transformation" 138
Voraussetzungen und Verlauf der Industrialisierung 140
Industrialisierung und Landschaftswandel 144
Technologischer Fortschritt, Forschungsreisen und die Entwicklung neuer
Menschen- und Weltbilder im Widerstreit von Idealismus und naturwissen-
schaftlicher Erkenntnis 153
Das Anthropozän – Ein vorausschauender Rückblick und eine Dokumentation . . 164

**5 Mensch und Umwelt: Zur wissenschaftstheoretischen Grundlegung
der Mensch-Umwelt-Beziehungen im Anthropozän – zugleich:
Eine geographische Disziplingeschichte** 171
Natur- und geowissenschaftliche Diskurse sowie Grundlegungen einer wissenschaftlichen Geographie im 18. und 19. Jahrhundert 173

Netzwerke des Wissens und Erziehungshaus des Menschen – Alexander von
    Humboldt und Carl Ritter als Begründer moderner Geographie?   179
Zur Diskussion von Mensch und Umwelt in der zweiten Hälfte des 19. Jahr-
    hunderts: Geographie als Mensch-Umwelt-Wissenschaft?   191
Exkurs: Geographie und die Mensch-Umwelt-Diskussion in den Bio- und
    Geowissenschaften   193
Physische Geographie – Geographie des Menschen – Landschafts- und Länder-
    kunde: Das Lehrgebäude der (deutschen) Geographie und die Dichotomie
    von Mensch und Umwelt als wissenschaftstheoretisches Problem   210
Die Geographie der Gegenwart: Die fortwährende Suche nach Profil   222
Mensch und Umwelt in der Geographie – ein gescheitertes Experiment?   227

**6   Das Anthropozän und die Frage der Natur-Mensch-Umwelt-
    Beziehungen heute: Eine rückblickende Vorausschau**   229
Globaler Umweltwandel im Anthropozän: Zahlen und Fakten   231
Natur-Mensch-Umwelt-Forschung als Gegenstand einer neuen
    Interdisziplinarität   235
Herausforderungen an Wissenschaft und Ethik – Ein Ausblick   241

Abbildungsverzeichnis   251

Tabellenverzeichnis   253

Literaturverzeichnis   254

Register   280

Vorwort

Seit vielen Jahren vergeht kaum ein Tag, an dem nicht alarmierende Schreckensmeldungen über den Zustand der Erde und die Nöte der auf ihr lebenden Menschen uns über die Medien erreichen. Immer neue Hitzerekorde in unseren Breiten, immer häufigere und längere Dürreperioden in den Trockengebieten der Erde, Überschwemmungen oder verheerende Stürme, gigantische Eisabbrüche an den Rändern der Antarktis oder das Abschmelzen des Inlandeises in Grönland, Gletscherschwund in den Hochgebirgen oder Meeresspiegelanstieg an den Küsten der Erde, Luftverschmutzung in menschlichen Ballungsräumen oder Artensterben in der freien Natur: Bandbreite und Ausdrucksformen des globalen Klima- und Umweltwandels scheinen grenzenlos. Und sie verdichten und beschleunigen sich! Mit ihnen und ihren Ursachen, mit ihrer Entwicklung und ihren Konsequenzen, mit ihren Wahrnehmungen durch den Menschen und dessen Interpretationen wie Erklärungen will sich dieses Buch befassen.

Die Entstehung des Buches hat eine lange Vorgeschichte. Geschrieben von einem Geographen, basiert es auf langjähriger Beschäftigung in Forschung und Lehre mit Themen der Mensch-Umwelt-Beziehungen, mit Problemen des regionalen Klima- und Landschaftswandels unter dem Einfluss des Menschen sowie mit entsprechenden Fragen geographischer Disziplingeschichte. Viele Diskussionen innerhalb des Geographischen Instituts der Universität Bonn wie auch der Universität selbst haben immer wieder neue Aspekte und Sichtweisen der Mensch-Umwelt-Problematik beigesteuert. Dafür bin ich dankbar. Dankbar aber bin ich auch für die vielfältigen Möglichkeiten, sich in internationalen wie interdisziplinären Gremien auf verschiedenen Gebieten der Mensch-Umwelt-Forschung bewegen zu können. Als Generalsekretär der „International Geographical Union" (IGU; 1992–2000) habe ich viel von den Diskursen und Forschungsaktivitäten zum Klima- und Umweltwandel in anderen regionalen Kontexten und „scientific communities", insbesondere in der anglophonen Geographie, gelernt und profitiert. Besondere Einsichten in sozial- wie geisteswissenschaftliche Aspekte des Menschen als Verursacher und Betroffener der Umweltveränderungen auf unserem Planeten verdanke ich meiner Tätigkeit als Vorsitzender des Wissenschaftlichen Komitees des „International Human Dimensions Programme on Global Environmental Change" (IHDP; 1995–2001), einem der vier großen internationalen Umweltprogramme. Den größten Nutzen und die inspirierendsten Einsichten jedoch zog ich aus den stets innovativen und fächerübergreifend-integrativ geführten Diskussionen im Deutschen Nationalkomitee für Global Change Forschung (NKGCF), dem vorzustehen ich die Ehre und manchmal schwierige Aufgabe zwischen 1996 und 2002 hatte. In allen diesen Gremien spielte das komplexe Verhältnis zwischen Natur und Gesellschaft, zwischen Menschen und ihren Umwelten sowie die Suche nach Problemlösungen der immer offenkundigeren Dichotomien zwischen beiden Seinsbereichen eine zentrale Rolle. Viele der dort geführten Diskussionen haben Eingang in dieses Buch gefunden.

Eine notwendige Vorbemerkung gilt dem Titel der folgenden Ausführungen. Es soll nicht verschwiegen werden, dass ich mich nur zögerlich mit der vom Verlag vorgeschlagenen und zweifellos attraktiven Titelgebung des Buches habe einverstanden erklären können. Wie allgemein bekannt und an etlichen Stellen des Textes ausführlich dargestellt, geht der Terminus „Anthropozän" auf einen Vorschlag des Nobelpreisträgers für Chemie, Professor Paul Crutzen, zurück. Er schlägt vor, darunter jene mit der industriellen Revolution vor etwa 200 Jahren einsetzende Phase der Natur- und Menschheitsgeschichte zu verstehen, in der der Mensch zu einem geologischen Faktor wird. Dieser Aspekt einer „geology of mankind" (Crutzen) nimmt indes nur einen Teil der folgenden Ausführungen ein. Den Weg zu dieser Dominanz des Menschen über die Natur darzustellen, seine Abhängigkeit von der Natur in frühen Phasen der Menschheitsgeschichte aufzuzeigen sowie die ideengeschichtlichen Auseinandersetzungen mit der Natur als Ausdruck eines über- oder außermenschlichen Schöpfungsplanes anzudeuten: alle diese Aspekte sind gleichberechtigte Anliegen dieses Buches. So hat der Terminus „Anthropozän" im Kontext der folgenden Ausführungen eine größere Bandbreite als es der Urheber des Begriffes intendiert hat. Dass eine abschließende Diskussion um Möglichkeiten und Grenzen der Geographie, die sich immer wieder explizit als Mensch-Umwelt-Wissenschaft definiert hat, das Buch abschließt, wird man dem Autor als engagiertem Geographen nachsehen.

Ein Buch wie dieses bedarf in seiner Entstehung der ganz konkreten Hilfe und Unterstützung „vor Ort". Hier gilt abermals Dank der Universität Bonn und insbesondere dem Geographischen Institut für großzügige Unterstützung der verschiedensten Art. Frühe Fassungen des Manuskripts schrieb meine langjährige Sekretärin, Frau Irene Hillmer. Karten und Diagramme entwarfen und/oder fertigten die Damen und Herren Bräuer-Jux, Gref, Storbeck und Zöldi. Frau Diplomgeographin Bianca Hausherr hat umsichtig und verlässlich bei Literaturrecherchen, bei der Zusammenstellung von Tabellen und Schrifttumsverzeichnis sowie bei der Korrektur der Druckfassung des Manuskripts geholfen. Besonderer Dank schließlich gilt Frau Diplomdolmetscherin Ursel Dörken, die – wie schon viele Jahre zuvor und in anderen Aufgabenbereichen – stets hilfsbereit, zuverlässig und kritisch-teilnehmend die Entstehung des Buches in fast allen Phasen begleitet hat. Ihnen allen wie auch dem Lektorat der Wissenschaftlichen Buchgesellschaft, Frau Scherer und Herrn Schwieder, gelten Dank und Anerkennung für die jederzeit verständnisvolle Begleitung des Buches bis zum fertigen Produkt, dessen inhaltliche Aussagen indes allein in meiner eigenen Verantwortung liegen.

Ich übergebe das Buch der Öffentlichkeit mit dem Wissen um manche Lücken und – aus der Sicht mancher Spezialdisziplinen – vielleicht auch verkürzter Argumentationslinien. Dieses aber ist angesichts der Breite und der fächerübergreifenden Problematik des Themas unvermeidlich. So hoffe ich dennoch, dass die folgenden Ausführungen nicht nur auf das Interesse einer fachlich engagierten Leserschaft, sondern auch auf das einer breiten an Mensch-Umwelt-Problemen interessierten Öffentlichkeit stoßen werden. Der Rückblick auf die Genese der heutigen Diskussionen zeigt, dass der Mensch zu allen Zeiten einer Einbettung seiner Existenz in kosmologische, spirituelle oder von der Natur vorgezeichnete „Geborgenheitsräume" bedurfte. Ist das heute, im Anthropozän, wirklich anders …?

Bonn, im April 2008   Eckart Ehlers

1 Mensch-Umwelt-Beziehungen: Vom Pleistozän zum Anthropozän – Eine Einführung

Es ist zu einem Allgemeinplatz geworden: Nicht mehr die Natur prägt den Menschen, sondern die Menschheit prägt die Natur. Und nicht nur das: Menschen, so die Meinung einer wachsenden Zahl von Wissenschaftlern, prägen seit geraumer Zeit die Entwicklungsgeschichte der Erde. Der „blaue Planet", seine Ozeane und Landmassen, seine Eisschilde und Vegetationszonen, seine Böden und Süßwasserressourcen ebenso wie die ihn umgebende Atmosphäre unterliegen zunehmend menschlicher Beeinflussung und Veränderung. Der Mensch ist, wie es der Nobelpreisträger Paul Crutzen ausgedrückt hat, zu einem geologischen Faktor geworden. Seine Wirksamkeit prägt nicht nur die oftmals als Katastrophen wahrgenommenen Kapriolen des gegenwärtigen Klima- und Wettergeschehens und ihrer zum Teil verheerenden Konsequenzen für Mensch und Natur. Nein, menschliche Eingriffe in den Naturhaushalt haben Langzeitwirkungen: Ihre Folgen treten langsam, manchmal gar unmerklich auf, aber ebenso unmerklich und schleichend werden sie das Weltklima, die Verteilung von Land und Wasser, die Ausbreitung der Wüsten, die Wandlungen der Vegetationsbedeckung, der Niederschlagsregime und Temperaturhaushalte nachhaltig verändern und prägen. Jahrtausende sind dabei durchaus realistische Zeitskalen, kontinentale oder globale Konsequenzen angemessene regionale Maßstabsebenen.

Die Menschheit heute, Verursacher und Betroffener des globalen Klima- und Umweltwandels zugleich, empfindet diese Veränderungen der Natur und der sie umgebenden Umwelten immer mehr als katastrophale Ereignisse. Und die Berichte über immer neue Temperaturrekorde in Europa, über Dürren in Afrika und Überschwemmungen in Asien, über das Abschmelzen der Eisschilde an den Polen und in Grönland, über den Rückzug der Gletscher in vielen Hochgebirgen der Erde oder aber immer heftigere Hurricanes und Tornados: Alle diese Phänomene und ihre zunehmende Häufigkeit und Intensität tragen zur Verunsicherung der modernen Menschen bei. Aller Fortschritt von Wissenschaft und Technik vermag die Natur nicht zu bändigen; so will es scheinen. Im Gegenteil: die Verwundbarkeit menschlicher Gesellschaften und ihre Verluste an materiellen Gütern nehmen zu. Steht die Menschheit vor einer existentiellen Bedrohung durch die sie umgebende Natur und durch ihre Umwelten? Wieder einmal? Sind der gegenwärtig beschworene Klima- und Umweltwandel und seine prognostizierten Auswirkungen auf die natürlichen Lebensräume von Pflanzen, Tieren und Menschen tatsächlich so dramatisch, wie es die wissenschaftlich fundierten Forschungsergebnisse der letzten Jahre und ihre daraus abgeleiteten Zukunftsszenarien vorhersagen? Und welches sind überhaupt die Ursachen aller dieser Veränderungen, die uns heute so bedrohlich erscheinen?

Dieses Buch möchte einen Beitrag zur Beantwortung dieser und damit verbundener Fragen leisten. Vor allem aber möchte es in einer historischen Retrospektive auf die Evolution des

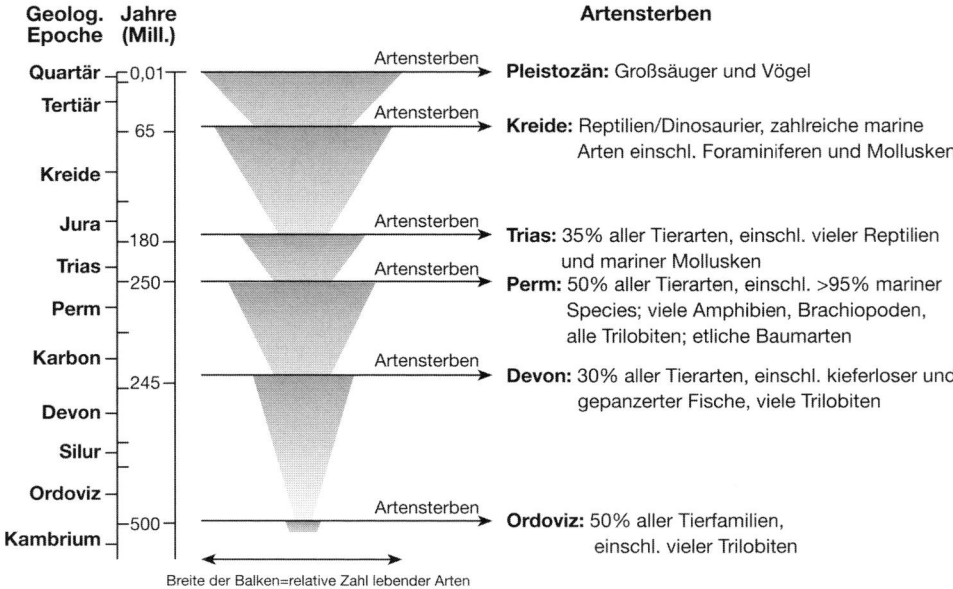

Abb. 1: Artenvernichtung in der Erdgeschichte (nach Primack 1993)

zu allen Zeiten der Menschheitsgeschichte sensiblen und fragilen Wechselverhältnisses zwischen Natur und Mensch eingehen. Es möchte zeigen, wie sich diese Interdependenz zwischen menschlichen Gesellschaften und den sie umgebenden natürlichen Umwelten entwickelt hat. Und es möchte zeigen, wie die Menschen auf die Bedrohungen der Natur reagiert, wie sie sie gedeutet haben. Den Planeten Erde gibt es seit vier oder fünf Milliarden Jahren, den modernen Menschen (homo sapiens sapiens) seit etwa 150.000 Jahren. Der Mensch also ist, geologisch gesehen, mehr als nur eine Marginalie auf diesem Planeten. Und dennoch hat es dieses Wesen in der extrem kurzen Zeit seiner Existenz geschafft, die Natur der Erde so nachhaltig zu verändern, dass die über Jahrmillionen gewachsenen terrestrischen und marinen Ökosysteme vor dem Kollaps zu stehen scheinen. Der Mensch schickt sich also an zu dem zu werden, was in der Evolutionsgeschichte des Lebens auf der Erde schon mehrfach durch extreme Naturereignisse ausgelöst wurde: die Zerstörung von Ökosystemen, über lange geologische Zeiträume gewachsen, und des sie prägenden pflanzlichen und tierischen Lebens (Abb. 1).

Geologie und Paläontologie lehren uns, dass Werden und Vergehen von Leben auf der Erde zu ihrem Regelkreislauf gehören. Der Rückblick auf 500 Millionen Jahre Erdgeschichte ist durch mehrere Entwicklungsperioden pflanzlichen wie tierischen Lebens geprägt, die immer wieder abrupt endeten. Vor etwa 250 Millionen Jahren – an der Wende vom Perm zur Trias – setzte ein erstes Massensterben ein. Etwa 85 % der Lebewesen in den damaligen Weltmeeren und ca. 70 % der auf dem Lande lebenden Wirbeltierarten verschwanden in dem geologisch kurzen Zeitraum von weniger als zwei Millionen Jahren, ohne dass wir den genauen Verlauf dieser biologischen Katastrophe kennen. Bekannter als dieses die Wende vom Paläozoikum/Erdaltertum zum Mesozoikum/Erdmittelalter markierende Ereignis ist der Meteoriteneinschlag auf der

Erde vor etwa 65 Millionen Jahren. Die Natur hatte sich neu organisiert. Flugechsen, Fischsaurier und unterschiedlichste terrestrische Dinosaurier bewohnten die Erde. Innerhalb weniger Stunden, Tage, Jahre starben etwa ein Viertel aller pflanzlichen und tierischen Spezies aus. Auch dieses Ereignis wurde zur Datumsgrenze zwischen Erdzeitaltern: Die Neuzeit, das Känozoikum, begann. Schließlich die Klimaschwankungen der Eiszeit, des Pleistozäns, die die Natur nachhaltig veränderten (Gudo/Steininger 2001; Palfy 2005; Primack 1993). Und heute also der Mensch als geologischer Faktor, ein sozialer Meteoriteneinschlag gleichsam? Angesichts dramatischer Verluste der natürlichen Biodiversität auf der Erde drängt sich der Vergleich mit den katastrophalen Naturereignissen der geologischen Vergangenheit geradezu auf.

Natur – Mensch – Umwelt als zentrales Thema dieses Buches behandelt also einen nur extrem kurzen Zeitraum der Geschichte des Planeten Erde. Und dennoch ist diese Phase der letzten 100.000 oder 150.000 Jahre einzig und nicht vergleichbar mit jenen Hunderten von Millionen Jahren Erdgeschichte davor. Es gab nicht den modernen Menschen – und ohne ihn gab es auch keine Umwelt. Die Erde war „Natur pur" – und das, was wir heute gern und oft als Natur- oder Umweltkatastrophen bezeichnen, existierte nicht. Der Schweizer Schriftsteller Max Frisch schreibt in seiner Novelle „Der Mensch erscheint im Holozän" (1979, S. 103) wie folgt: „Katastrophen kennt allein der Mensch, sofern er sie überlebt; die Natur kennt keine Katastrophen." Und in der Tat: Der heute so häufig bemühte und vorschnell gebrauchte Katastrophenbegriff ist ebenso wie der der Umwelt ein anthropozentrischer Ausdruck für die Kennzeichnung und Bewertung der den Menschen umgebenden und sich unmerklich langsam, gelegentlich abrupt verändernden Natur, in die er eingebettet war und ist.

Was also in diesem Buch angestrebt werden soll, ist ein Rückblick auf die Natur, freilich in einem etwas anderen Sinne als dieses R. P. Sieferle (1997b) in einem Text gleichen Titels getan hat. Es soll versucht werden, zum einen sich den Aneignungsprozess der Natur in einem evolutionsgeschichtlichen Überblick von den frühen Hominiden bis zur Gegenwart hin zu gewärtigen. Die großen Leitlinien dieses Prozesses laufen auf eine Bestätigung der These hinaus, die B. Messerli u. a. (2000) als den Übergang von einer naturbestimmten zu einer vom Menschen dominierten Entwicklung des Planeten Erde bezeichnet haben. Dass sich dieser Gestaltungswandel über lange Zeiträume hinweg nach naturgesetzlichen Mechanismen vollzogen hat, mag nicht überraschen. Seine dramatischen raum-zeitlichen Differenzierungen setzen erst mit der Sesshaftwerdung erster Gesellschaften im Holozän ein und haben sich, wie zu zeigen sein wird, mit dem beginnenden Anthropozän extrem verschärft. Kurzum: Es sind dies letztendlich rezente bis aktuelle Entwicklungen. Sie gehen einher mit einer zunehmenden Entfremdung des Menschen von den natürlichen Grundlagen seiner Existenz und einem weitgehenden Verlust der Naturbezogenheit seiner biologischen Grundlagen. Ist es da verwunderlich, dass nicht einmal extreme Naturereignisse bereits als katastrophale Einbrüche in unsere leicht verwundbare Technikwelt empfunden werden? Dass selbst dort, wo die von uns Menschen geschaffene Umwelt aus den Fugen gerät, wir von Katastrophen sprechen, zeigt die Hybris wie auch zunehmende Hilflosigkeit der Menschheit gegenüber den von ihr selbst beschworenen Geistern, die immer öfter kaum zu bändigen scheinen.

Zum anderen geht es in diesem Buch aber auch um eine Art Ideengeschichte der Natur-Mensch-Umwelt-Beziehungen in dem Sinne, dass die Reflektion des Menschen über sein Verhältnis zur Natur, über seine Stellung in der Natur und über seine Verantwortung gegenüber der

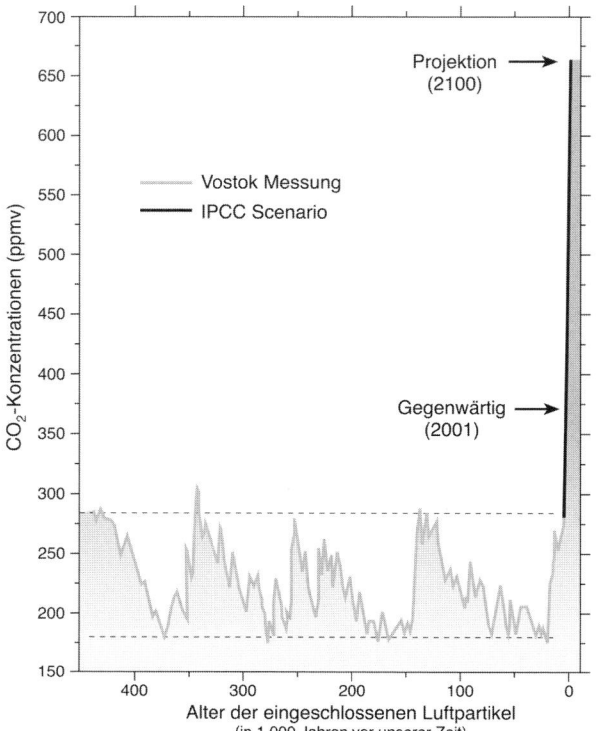

Abb. 2:
Atmospärische CO_2-Konzentration im Vostok-Eisbohrkern (nach Petit u. a. 1999), gegenwärtiger Stand (2001) und Projektion für das 21. Jahrhundert (nach IPCC 2001)

Natur ansatzweise ausgeleuchtet werden soll. Der Rückblick auf die Natur des Menschen zeigt sein bereits in vorgeschichtlicher Zeit ausgeprägtes Verlangen nach einer spirituellen Einbettung und Einbindung seiner nackten Existenz in übergeordnete religiöse oder kosmische Zusammenhänge. Ob eiszeitliche Felsmalereien oder Figurinen, ob neolithische Tempelanlagen oder Tiersymbole, ob Mythen oder Legenden: Das Bedürfnis des Menschen, sich als Teil eines kosmischen Ganzen zu sehen, hat es offensichtlich schon vor 30.000 Jahren und früher gegeben.

Bereits in den wenigen Absätzen dieses Eingangskapitels, aber auch im Titel des Buches tauchen Begriffe auf, deren klare Präzisierung für das weitere Verständnis von grundlegender Bedeutung ist. Eine solche definitorische Klarstellung betrifft zunächst die für den zeitlichen Rahmen dieses Buches wichtigen Termini *Pleistozän – Holozän – Anthropozän*. Es wurde erwähnt, dass der moderne Mensch, der homo sapiens sapiens vor etwa 150.000 Jahren in Erscheinung tritt, zu einer Zeit also, die der Eiszeit, dem *Pleistozän*, zuzuordnen ist. Schon die Gleichzeitigkeit der Eisbedeckung in weiten Teilen der Nordhemisphäre und dem ersten Auftauchen des modernen Menschen belegt, dass sein Ursprung in anderen Klimaten zu suchen ist und er später nach Europa eingewandert sein muss. Für den Zweck unseres Buches wird unter Pleistozän der an das Tertiär anschließende Zeitraum verstanden, der vor etwa 1,8 bis 2,4 Millionen Jahren begann und vor etwa 12.000 Jahren endete. Das Pleistozän, gekennzeichnet durch mehrere Kalt- und dazwischengeschaltete Warmzeiten, soll für unsere Fragestellung allerdings vor allem auf die letzte große Vereisung, die Würm-/Weichseleiszeit konzentriert sein. Dass auch diese etwa 100.000 Jahre während Kaltphase ihrerseits von zahlreichen Oszillationen des Klimas geprägt war (vgl. dazu Farbabb. 1), wird für die Entwicklung der Mensch-Umwelt-Beziehungen zu thematisieren sein. Das aus heutiger Sicht definitive Ende der letzten Eiszeit geht einher mit einer weltweiten Erwärmung, dem Rückzug der Gletscher und einem dramatischen Anstieg des Weltmeerspiegels seit etwa 12.000 Jahren. Ob das *Holozän* als Ausdruck der Nacheiszeit und der geologischen Gegenwart dabei selbst nur eine Zwischeneiszeit, ein Interglazial, oder aber das endgültige Ende des Quartärs ist, bleibt unter Wissenschaftlern umstritten. Auf jeden Fall ist auch das Holozän durch beträchtliche Schwankungen der natürlichen Temperatur- und Niederschlagsregime geprägt, die ihrerseits von entsprechenden Reaktionen der Menschen und ihrer Umwelten begleitet waren (vgl. Farbabb. 2). Seit einigen Jahren hat ein neuer Begriff Einzug gehalten in die Diskussion der Mensch-Umwelt-Beziehungen: der des *Anthropozän*. Aus biologischer Sicht hatte H. Markl (1986) bereits vom Anthropozoikum gesprochen, um die Dominanz der belebten Natur durch den Menschen als Wesensmerkmal der heutigen Zeit zu charakterisieren. Wenig später war es der Nobelpreisträger für Chemie Paul Crutzen, der – unter Hinweis auf die vielfältigen Zeugnisse eines in den letzten zwei Jahrhunderten besonders vielfältigen Wandels der Klima- und Umweltbedingungen: CO_2-Emissionen, Verlust von Biodiversität, Entwaldung, Bevölkerungswachstum usw. – zusammen mit seinem Co-Autor E. F. Stoermer konstatierte:

> „Considering these and many other major and still growing impacts of human activities on earth and atmosphere, and at all, including global scales, it seems to us more than appropriate to emphasize the central role of mankind in geology and ecology by proposing to use the term ,anthropocene' for the current geological approach. The impacts of current human activities will continue over long periods [...].
> Without major catastrophes like an enormous volcanic eruption, an unexpected epidemic, a large-scale nuclear war, an asteroid impact, a new ice age, or continued plundering of Earth's resources by partially still primitive technology (the last four dangers can, however, be prevented in a real functioning noosphere) mankind will remain a major geological force for many millennia, maybe millions of years to come [...]."
> *(Crutzen, P. J./E. F. Stoermer 2000, S. 18)*

Diese im Jahre 2000 erstmals publizierte Kennzeichnung der Gegenwart als einer entscheidend durch den Menschen geprägten geologischen Epoche, als Anthropozän, hat in den letzten Jahren breite wissenschaftliche Aufmerksamkeit erregt (vgl. dazu auch Ehlers/Krafft 2006). Ob es jedoch tatsächlich gerechtfertigt ist, das mit der Industriellen Revolution einsetzende Anthropozän mit seinen exorbitanten Veränderungen der Natur und der menschlichen Umwelten als den Beginn einer neuen geologischen Ära zu bezeichnen, wird die Zukunft erweisen müssen. Für die Zwecke dieses Buches und der Frage der Mensch-Umwelt-Beziehungen ist es ein allemal lohnendes Konzept.

Dass es gute Gründe gibt, das Anthropozän als eine sich distinkt vom Holozän abgrenzende neue Epoche der Erd- wie auch der Menschheitsgeschichte zu verstehen, beweisen zahlreiche geowissenschaftliche Forschungsergebnisse der letzten Jahre. So sind z. B. die mächtigen Eisschilde Grönlands oder der Antarktis Klimaarchive, die viele Jahrhunderttausende zurückreichen und die durch die in ihnen gespeicherten CO_2-Konzentration Rückschlüsse auf die Klimabedingungen ihrer Entstehungszeiten erlauben. Berühmt geworden sind die Befunde der Vostok-

Bohrung (Petit u. a. 1999). Ihre Eisbohrkerne spiegeln über einen Zeitraum von mehr als 450.000 Jahren die vier letzten großen Kalt- und Warmzeiten des Pleistozäns wider. CO_2-Gaseinschlüsse bewegen sich im gesamten Zeitraum zwischen 180 und 280 ppmv (parts per million by volume). Erst seit etwa 1800 u. Z. steigen sie an und erreichen heute (2001) etwa 370 ppmv mit steigender Tendenz (vgl. Abb. 2). Inzwischen wissen wir, dass die in den Vostok-Bohrungen nachgewiesenen Stabilitäten geologisch noch weiter zurückreichen und sogar für die letzten 800.000 Jahre gültig sind. Umso interessanter wird die Frage, ob der industrielle Mensch also ein nachhaltig wirksamer geologischer Faktor ist?

„Natur – Mensch – Umwelt" als zentraler Gegenstand des Buches verweist auf zwei weitere Grundbegriffe, die im folgenden Text eine große Rolle spielen werden. Der Begriff der *Natur* bedarf vielleicht keiner besonderen Diskussion. Er soll verstanden werden als das, was von menschlicher Tätigkeit unberührt und unverändert ist und betrifft die belebte Natur, die Biosphäre (Pflanzen, Tiere) ebenso wie die unbelebte Natur und deren Reiche, die Geosphäre (Mineralien, Gesteine), Atmosphäre (Luft) und Hydro- bzw. Kryosphäre (Wasser, Eis). Der Begriff Natur ist also ein im Wesentlichen absoluter Begriff ohne notwendigen Bezug zum Menschen. Er steht für Elementares und Ursprüngliches, für Nicht-Produziertes. Als solcher hat Natur fast die gesamte Geschichte der Menschheit begleitet und bestimmt. Der Mensch war selbst ein Naturwesen und Teil der Natur, der in ihr nichts Antagonistisches gegenüber seinem Menschsein sah. Erst mit einer allmählich sich entwickelnden Reflektion über sich selbst und seine Stellung in der Natur, mit naturphilosophischen Spekulationen und beginnender Naturerkenntnis, d. h. vor allem mit der Philosophie der abendländischen Antike, beginnt sich das Verhältnis Natur – Mensch so zu verändern, dass der Naturordnung, der Physis, das menschliche Gesetz, der Nomos, entgegengesetzt wird. Es markiert den Beginn des antithetischen Strukturgegensatzes von Natur und Kultur. Wenn gerade in der gegenwärtigen Situation immer stärker die soziale Konstruktion des Naturbegriffs betont wird, so soll im Rahmen dieses Buches und angesichts einer weithin naturbestimmten Menschheitsgeschichte an dem oben umschriebenen Naturbegriff festgehalten werden. Anders verhält es sich mit dem Begriff der *Umwelt*. Bei ihm handelt es sich um einen relativen Begriff: Umwelt steht stets in Beziehung zu etwas, in einer Relation. Im Kontext dieses Buches ist es vor allem der Mensch. Nach allem, was wir wissen, taucht das Wort „Umwelt" erstmals im frühen 19. Jahrhundert auf. 1821 ist es umgangssprachlich-beschreibend auch im Wortschatz Goethes belegt. Es dauerte indes noch einmal fast einhundert Jahre, bis der Begriff der Umwelt durch den Biologen Jakob von Uexküll (1864–1944) eine naturwissenschaftliche Fundierung erfuhr. In einer berühmt gewordenen Abhandlung über „Umwelt und Innenwelt der Tiere" (1909) sowie unter Berücksichtigung von Merkwelten (Sinnesorgane), Wirkwelten (Aktionsräume) und – als Symbiose dieser beiden – Eigenwelten wie auch tierischer Außen- und Innenwelten gestaltet sich der Lebensraum tierischer Lebewesen nach Uexküll wie folgt: „Ein jedes Tier bildet den Mittelpunkt seiner Umwelt, der es als selbständiges Subjekt gegenübertritt. Die Umwelt ist erst dann wirklich erschlossen, wenn alle Funktionskreise umschritten sind. Jede Umwelt eines Tieres bildet einen sowohl räumlich als auch zeitlich wie inhaltlich abgegrenzten Teil aus der Erscheinungswelt des Beobachters. Jedes Tier trägt seine Umwelt wie ein undurchdringliches Gehäuse sein Lebtag mit sich herum". Bezogen auf den Menschen ist die Umwelt also der ihn unmittelbar tangierende Lebensraum, in dem er eingebettet ist, der ihn prägt und der umgekehrt von ihm geprägt wird.

Die inhaltliche Unterschiedlichkeit von Natur und Umwelt gegenüber dem Menschen kommt insbesondere in Verbindung mit dem Begriff der Katastrophe zum Tragen. Naturkatastrophen sind etwas grundsätzlich anderes als Umweltkatastrophen, auch wenn sie vom modernen Menschen als etwas qualitativ Gleichwertiges wahrgenommen werden. In Anlehnung an das bereits zitierte Dichterwort von Max Frisch, wonach die Natur keine Katastrophen kenne, sondern allein der Mensch, sind demnach *Naturkatastrophen* nichts anderes als menschliche Wahrnehmungen und Interpretationen von extremen Naturereignissen. Solche Ereignisse treten permanent in verschiedener Form und in unterschiedlichen zeitlichen wie räumlichen Maßstabsebenen auf: Vulkanismus und Erdbeben gehören dazu ebenso wie Wirbelstürme oder Sturmfluten, Überschwemmungen oder Perioden lang anhaltender Dürren. Sie alle sind Teil des ewigen Kreislaufs von Werden und Vergehen unseres Planeten Erde und des auf ihm existierenden Lebens. Und dies seit hunderten von Millionen von Jahren. *Umweltkatastrophen* sind demgegenüber grundlegend anders zu verstehen. Sie haben nichts gemein mit den extremen Naturereignissen, die die Menschheit immer wieder erschüttert haben, wie z. B. der Ausbruch des Vesuv und die Zerstörung Pompejis und Herculaneums im Jahre 79 u. Z., das Erdbeben von Lissabon 1775, der weltweit spürbare Aschenregen des Krakatau nach seiner Explosion im Jahre 1883 oder der Tsunami von Weihnachten 2004 mit über 200.000 Toten. Nein, es sind jene massenhaft auftretenden „kleinen Umweltkatastrophen von nebenan", die den Regelfall darstellen, aber eben auch als katastrophale Ereignisse bezeichnet und wahrgenommen werden. Zu ihnen und ihren Verursachungen zählen dabei nicht nur die vom Menschen ausgelöste Vernichtung tropischer Regenwälder oder die Ausbreitung der Wüsten, sondern ebenso – und wohl noch mehr! – die vielen lokal oder regional begrenzten Ereignisse wie ein Tankerunglück in Alaska, das Schmelzen von Kernreaktoren in Russland oder Chemieunfälle an Flussläufen und Meeresküsten. Die Wahrnehmung solcher „man-made hazards" als *Umweltkatastrophen* sind, anders als die unvermeidlichen Extremereignisse der Natur, untrügliche Zeichen einer zunehmenden ökologischen Krisenanfälligkeit des Menschengeschlechts. Sie sind aber auch Ausdruck einer weltweit beobachtbaren Sensibilisierung des Menschen für die zunehmend von ihm selbst verursachten Veränderungen seines Lebensraumes und seiner Umwelt.

Bereits diese einleitenden Bemerkungen machen hinreichend deutlich, wie sehr der Mensch nicht nur als Teil der Natur und als von ihr abhängig zu sehen ist, sondern wie er zugleich zu einem ihrer wirkungsmächtigsten Veränderer wird. Der Mensch als Opfer wie auch als Täter: Diese Ambivalenz menschlichen Handelns und menschlicher Existenz hat seit der Millenniumswende zum dritten Jahrtausend zu einer Flut naturwissenschaftlicher Erklärungs- und geisteswissenschaftlicher Deutungsversuche bezüglich der Natur-Mensch-Umwelt-Beziehungen geführt. Auf sie im Detail einzugehen, verbieten Platz und Anliegen dieses Buches. Einleitend und zugleich als Begründung der folgenden Ausführungen mögen einige wenige Andeutungen an dieser Stelle genügen.

Aus naturwissenschaftlicher Sicht galt lange Zeit als ausgemacht, dass der Mensch zwar ein aktives Agens in der Umgestaltung der Natur, er selber aber von diesen Veränderungen nicht oder nur randlich betroffen sei. Ein schönes Beispiel für eine solche Argumentation ist das von Biologen entwickelte Verlaufsschema des Klima- und Umweltwandels als Ergebnis menschlicher Eingriffe in die Natur (vgl. Abb. 3): Der Mensch greift in das von der Natur vorgegebene System ein und verändert es. Dass aber eine solche mehr oder weniger lineare Kausalkette unmittelbar

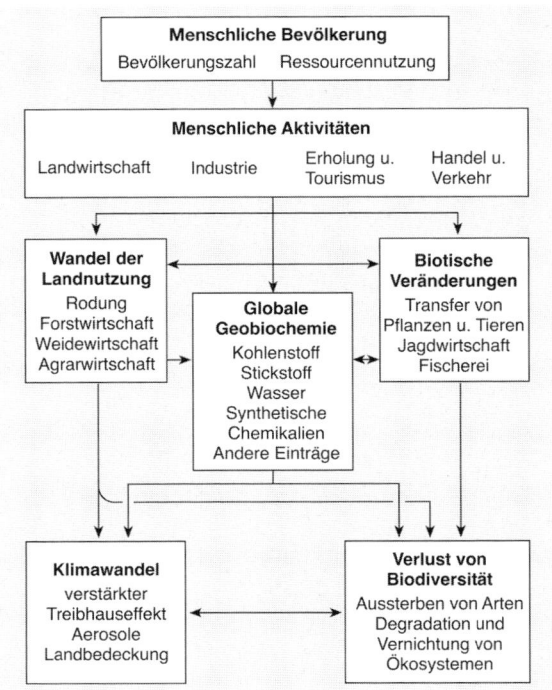

Abb. 3:
Direkte und indirekte menschliche
Dominanz natürlicher Ökosysteme
(nach Vitousek u. a. 1997)

und sehr schnell auf den Täter zurückschlägt, hat aus medizinischer Sicht v. a. McMichael (2001) deutlich gemacht. In Anlehnung an und in Fortführung von der in Abb. 3 dargestellten Kausalität sind die Rückwirkungen auf den Menschen nur allzu deutlich. Dabei sind es nicht nur Mangelerscheinungen, die insbesondere Kinder, Alte und Kranke belasten und zu erhöhter Sterblichkeit führen, sondern auch neue Krankheiten, die sich in der globalisierten Gegenwart rasant weltweit ausbreiten (z. B. Vogelgrippe, SARS, Denguefieber; vgl. Abb. 4). Vor allem jene Teile der Erde, in denen die Tätigkeit des Menschen zu besonders gravierenden Eingriffen in die Naturhaushalte führt, „regions at risk" (Kasperson u. a. 1995), sind von solchen menschengemachten Instabilitäten in besonderer Weise betroffen. Das Verschwinden des Aralsees in Mittelasien mag als Prototyp menschlicher Täterschaft und apokalyptischer Konsequenzen dienen (Giese 1998).

Die zuvor angesprochene Anthropozentrik des Katastrophenbegriffs – im ersten Falle als Opferszenario einer übermächtigen und unkontrollierbaren Natur, der der Mensch hilflos ausgesetzt ist; im zweiten Falle als Ausdruck einer sich nicht selten selbst überschätzenden Hybris, wonach die Natur durch den Menschen manipulierbar und kontrollierbar sei – hat in den letzten Jahren zu einer lebhaften Diskussion um sogenannte „mitigation strategies", d. h. um Abpufferungsmechanismen gegenüber Naturgewalten und Umweltbelastungen, geführt. Dabei sind es vor allem sozialwissenschaftliche Forschungen, die sich mit der Frage nach der *Verwundbarkeit* (*vulnerability*) menschlicher Gesellschaften durch Natur und Umwelt befassen; und was der Mensch dem entgegenzusetzen hat (Birkmann 2006; Bohle 2007). Zentrale Themen und Begrif-

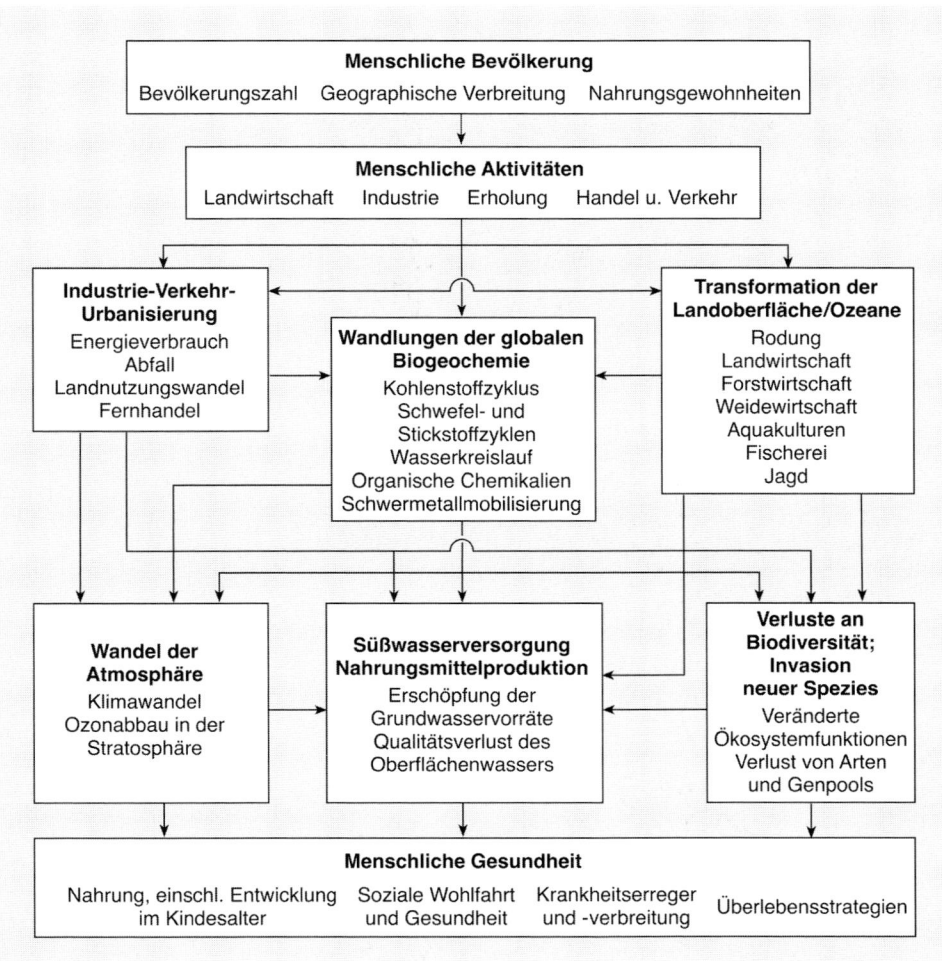

Abb. 4: Rückwirkungen menschlicher Beeinflussung natürlicher Ökosysteme auf die menschliche Gesundheit (nach McMichael 2001)

fe dieses Diskurses sind – neben der ökologischen und sozialen Verwundbarkeit des Menschengeschlechts – Analysen zu ihrer *Widerstandsfähigkeit* (*resilience*), Abwehrstrategien von Katastrophenereignissen (*coping strategies / capacities*) usw.

Nicht minder intensiv, wenngleich auf einer eher metaphysisch-spekulativen Ebene, spielen sich jene Diskurse ab, die sich mit der Verantwortung des Menschen für die Natur, aber auch mit der Anthropozentrik des Naturbegriffs auseinandersetzen. Die Ausführungen des Buches werden noch ausführlich zeigen, wie sehr sowohl Philosophie als auch Religionen diesen Fragen besondere Aufmerksamkeit gewidmet haben. Ganz abgesehen davon, dass es seit langem eine Fachzeitschrift „Environmental Ethics" gibt, die sich speziell mit Fragen der Mensch-Umwelt-Beziehungen und ihren ethisch-moralischen Grundlagen über Kulturgrenzen hinweg befasst, ist das entsprechende Schrifttum im internationalen Kontext nicht mehr überschaubar. Neben der Tatsache, dass Mensch und Umwelt in unterschiedlichen kulturellen Kontexten unterschiedlich interpretiert werden (vgl. Ehlers/Gethmann 2003), spielt in der gegenwärtigen geisteswissenschaftlichen Diskussion um die Mensch-Umwelt-Beziehungen die „Kulturgeschichte der Natur" (Groh/Groh 1991, 1996) eine besondere Rolle. Letzten Endes geht es dabei um die keineswegs triviale Frage, inwieweit Definitionen und Wahrnehmungen von Natur nicht Konstruktionen menschlichen Geistes seien: nicht als absolute und nach Maß und Zahl erfassbare Gegebenheiten, sondern als soziale und von individueller kultureller oder historischer Erfahrung geprägte Konstrukte. Einige Literaturhinweise mögen Zugänge zu dieser kontrovers geführten Diskussion eröffnen: Birnbacher 2006; Böhme 1992; Ott 2003; und aus spezifisch geographischer Sicht: Flitner 1995; Gebhardt/Reuber/Wolkersdorfer 2003; Zierhofer 1997, 1999.

Vor dem Hintergrund der hier nicht weiter verfolgbaren Grundsatzdiskussion über das Wesen der Natur (vgl. dazu ausführlich Gloy 1995, 1996) sei zumindest auf ein Problem hingewiesen, das seit dem Beginn des Anthropozäns zunehmend an Bedeutung gewinnt und auch gegen Ende dieser Abhandlung aufgegriffen werden wird: Die Ideen des Naturschutzes als Teil der Natur-Mensch-Umwelt-Beziehungen werden heute engagierter befragt denn je. Dazu stellt sich aus philosophischer Sicht die Frage, *welche* Natur wir denn eigentlich schützen sollen und wollen (Honnefelder 1993, 1995). Eine solche Frage stellt sich umso dringlicher als es immer noch Vertreter der Auffassung gibt, dass unsere natürliche Umwelt ein unerschöpfliches Füllhorn mit ebenso unerschöpflicher Regenerationsfähigkeit sei, das es zu nutzen gelte (vgl. dazu Tab. 16 und S. 245 f.). Ihr aber steht die frevelhafte und uneinsichtige Maßlosigkeit des so wohl zu Unrecht genannten homo sapiens gegenüber, der heute „das größte Umweltproblem" sei (so der Titel eines Sammelbandes von Kaufmann-Hayoz/Giulio 1996).

Natur – Mensch – Umwelt: Die Geschichte dieser Wechselbeziehungen darzustellen ist also zentrales Anliegen der folgenden Ausführungen. Dass ein solcher Versuch aus vielerlei Gründen ein Wagnis darstellt, ist dem Verfasser hinreichend bewusst. Dieses Bewusstsein hat sich bei der Abfassung des Textes immer wieder in Form von Zweifeln, dem Wissen um allzu viele Unzulänglichkeiten und gelegentliche Kapitulation vor den selbstgestellten Ansprüchen offenbart. Selbst bei bestem Willen wird es kaum jemanden geben, der Umfang und Fülle des Materials, das es für eine angemessene Behandlung dieser Thematik zu berücksichtigen gilt, zu überschauen, geschweige denn zu verarbeiten vermag. Aus diesen Gründen mögen zwei weitere Vorbemerkungen zu einer relativierenden Positionsbestimmung dieses Buches angebracht sein: Es gibt, so merkwürdig es klingt, bislang keine dem Verfasser bekannte zusammenfassende Darstellung der Natur-Mensch-Umwelt-Beziehungen in einem historischen wie geographischen Kontext unter Berücksichtigung natur- und sozialwissenschaftlicher Perspektiven und unter Einbeziehung der kultur- und geistesgeschichtlichen Grundlagen dieser Wechselbeziehungen; eine Ausnahme ist das während der Drucklegung dieses Buches erschienene Werk von Behringer (2007). Es gibt dagegen eine Fülle von Detail- und Spezialliteratur zu rein naturwissenschaftlichen Aspekten des Klima- und Umweltwandels, über archäologische, vor- und frühgeschichtliche oder anthropologische wie ethnographische Befunde zu den verschiedensten Räumen und Kulturen der Erde. Auch die vielen Schöpfungsgeschichten, Mythen und Religionen der Menschheit geben Einblick in die Vorstellungswelten zur Entstehung des Kosmos und der Natur. Dass bei diesen kosmologischen Entwürfen der Stellung des Menschen immer eine besondere

Bedeutung zukommt, ist nicht selbstverständlich. Allerdings wird es erst mit der Verschriftlichung von Kultur ansatzweise möglich, die Wechselbeziehungen zwischen Gott/Göttern, Natur und Mensch philosophisch wie auch theologisch deutend zu verstehen. Viele dieser Vorstellungen haben indes eher theoretisch als praktisch mit dem Verhältnis der Mensch-Umwelt-Beziehungen und der mit ihnen verbundenen Probleme zu tun.

Der in den folgenden Kapiteln präsentierte Versuch einer Rekonstruktion der Entwicklung der Mensch-Umwelt-Beziehungen entstammt der Feder eines Geographen. Der Verfasser ist somit Vertreter einer wissenschaftlichen Disziplin, die sich als Mittlerin zwischen Naturwissenschaften einerseits und Geistes- und Sozialwissenschaften andererseits versteht. Eine solche Brückenfunktion scheint die Geographie für die Behandlung des Themas „Natur – Mensch – Umwelt" zu prädestinieren. Ob eine solche Annahme tatsächlich berechtigt ist, wird im Laufe des Textes immer wieder zu überprüfen sein. Dabei werden, der Entwicklung wissenschaftlichen Denkens gemäß, die Wechselbeziehungen von Natur, Mensch und Umwelt sowie deren gegenseitige Abhängigkeiten und Einflussnahmen zunächst aus allgemein wissenschaftlicher Sicht beleuchtet. Erst mit fortschreitendem Text und in Analogie zu der allgemeinen Entwicklung der Wissenschaften werden sich die theoretischen Diskurse zunehmend auf die geographischen Reflexionen der Natur-Mensch-Umwelt-Beziehungen konzentrieren. So wird mit fortschreitender Betrachtung der Mensch-Umwelt-Verbindungen dieses Buch auch zu einer Art fokussierter geographischer Disziplingeschichte. Sie wird jedoch stets der im Titel des Buches angesprochenen zentralen Problematik untergeordnet bleiben.

Auch aus geographischer Sicht gibt es nur wenige Werke, die sich mit den Fragen der Natur-Mensch-Umwelt-Beziehungen in einem globalen Kontext befassen. Zu den frühen, heute schon fast klassisch zu nennenden Versuchen zählt der Sammelband „Man's Role in Changing the Face of the Earth" (Thomas 1956). Nicht weniger bedeutsam ist der von B. L. Turner u. a. herausgegebene Band „The Earth as Transformed by Human Action. Global and Regional Changes in the Biosphere over the Past 300 Years" (1990), der als Fortschreibung des zuvor genannten Titels gelten kann. Fast ein Klassiker ist auch das von A. Goudie (1981) verfasste Werk, das einen umfassenden Überblick über die Natur wie über die seine Umwelten gestaltende Wirksamkeit des Menschen aus geographischer Sicht gibt. Dieses Buch hat übrigens einen deutschsprachigen, wenngleich zu seiner Zeit eher ohne Folgen gebliebenen Vorgänger (Fels 1954/1967), in dem der Mensch als Gestalter der Oberfläche der Erde umfassend dargestellt wird. Zu den wenigen Studien, die historische Mensch-Umwelt-Verhältnisse nicht nur aus einer faktischen Rekonstruktion von objektiven Befunden ableiten, sondern zugleich ihre ideologisch-weltanschaulichen Grundlagen zu berücksichtigen suchen, gehört C. J. Glackens grundlegende Studie zu Natur und Kultur im westlichen Denken von der Antike bis zum Ende des 18. Jahrhunderts (1967). Dieses vor allem durch sein Quellenstudium antiker wie mittelalterlicher Philosophen und Religionsväter herausragende Werk ist ein unverzichtbares Komplement zu den zuvor genannten Standardwerken und immer wieder auch Grundlage sowie unabdingbare Ergänzung zu den Ausführungen dieses Buches. Aus Sicht einer sich etablierenden Umweltgeschichte sind es vor allem die Arbeiten von Radkau (2000), Behringer (2007) sowie die von Sieferle verfassten bzw. herausgegebenen Abhandlungen (1982 f.), die sich mit dem Wechselverhältnis von Menschen und ihren Umwelten sowie der allmählichen Aneignung der Natur durch den homo sapiens befassen. An ein breiteres Publikum wenden sich die Bücher von J. Diamond (1994 f.).

Begleitet werden die geographischen wie historischen Entwicklungen der Natur-Mensch-Umwelt-Beziehungen – und das haben die Recherchen in der Vorbereitung dieses Buches hinreichend deutlich gemacht – zu allen Zeiten von spirituellen Reflexionen, philosophischen Überlegungen und theologischen Glaubensvorstellungen. Ihre zentrale Frage in allen Kulturen kreist immer wieder um die Stellung des Menschen als Teil eines kosmischen Ganzen. Welche Rolle haben Götter und andere Schöpferwesen dem Menschen auf der Erde zugedacht? Welche Aufgabe hat der Mensch in seiner Mittelstellung zwischen Göttern einerseits, Pflanzen und Tieren andererseits? Was ist der Mensch überhaupt: Schöpfer oder Gott? Was ist kraft seines Verstandes und seiner vorausschauenden Rationalität seine Verantwortung für die ihn umgebende Natur und für die Erde insgesamt? Damit wird ein weiterer grundsätzlicher Bereich der Natur-Mensch-Umwelt-Beziehungen angesprochen: das Grundproblem der anthropologischen Struktur im Verhalten des Menschen. Im Gegensatz zu allen anderen Kreaturen ist der Mensch ein Lebewesen, das nicht nur Ziele seines artspezifischen Antriebs verfolgt, sondern das Ziele verfolgt, indem es um die Ziele als Ziele weiß (Honnefelder 1993, 1995). Er ist ein Wesen, das Intentionen hat, das über Alternativen informiert ist und das um die Wirkungen seines Handelns weiß. Das den Menschen auszeichnende „Faktum der Vernunft" hindert ihn indes in vielen Entscheidungen nicht daran, einem naturzerstörerischen Anthropozentrismus zu folgen, der für das Gegenwartsverhältnis von Natur – Mensch – Umwelt nicht untypisch zu sein scheint. Die Einbeziehung solcher Fragestellungen und dabei gewonnener Einsichten sind ebenfalls ein Anliegen dieses Buches, auf das insbesondere im Schlusskapitel eingegangen werden soll.

Insgesamt also ein breiter Anspruch, den zur Zufriedenheit des Verfassers und der Leser einzulösen schwierig ist. Mit dem Wissen um die Unzulänglichkeiten und unvermeidbaren Lücken der folgenden Darstellung sei dennoch der Versuch gewagt!

2 Mensch und Umwelt: Zur Genese eines Problems

Der Mensch ist ein biologisches Wesen, das sich im Laufe der Evolution und, wie gleich noch zu zeigen sein wird, über Jahrmillionen hinweg zu dem entwickelt hat, was er heute ist. So kann der von Uexküll entwickelte Umweltbegriff zunächst als hinreichend präzise Umschreibung der räumlichen wie ökologischen Rahmenbedingungen der frühen Hominiden auf dem Wege zu ihrer Menschwerdung dienen. Insofern unterscheiden sich die Vor- und Frühformen des Menschen in ihren von Uexküll so genannten Merk- und Wirkwelten nur bedingt von anderen Lebewesen, mit denen sie im Konkurrenzkampf um Territorien und Ressourcen standen. Anthropologische und evolutionsbiologische Untersuchungen lassen keinen Zweifel daran, dass auch für die Vor- und Frühformen des Menschen Instinkt und Aggression, Distanzverhalten, mehr oder weniger ausgeprägte Formen einer Sozialordnung mit der Nutzung biologischer Ressourcen verbunden sind. Überlebenssicherung ist das selbstverständliche Grundmotiv der biologischen Existenz auch der Protohominiden, d. h. der Vorformen des homo sapiens, die mit dem evolutionären Übergang vom Tier zum Menschen ganz spezifische körperliche Entwicklungen und mentale Verhaltensweisen gegenüber ihren Konkurrenten und der geographischen Umwelt herausgebildet haben. Diese betreffen nicht nur die allmähliche Entwicklung des aufrechten Gangs, sondern – analog dazu – die Umfunktionierung der vorderen Gliedmaßen zu Greifinstrumenten und Werkzeugen. Vor allem aber das Wachstum des Gehirnvolumens wird zur Dominanz der Protohominiden gegenüber ihren Nahrungskonkurrenten geführt haben.

Vom „homo habilis" zum „homo sapiens": Ressourcennutzung und Territorialität

Es wurde bereits betont, dass der Mensch im Rahmen der geologischen und biologischen Evolutionsgeschichte allen Lebens auf der Erde allenfalls eine Marginalie darstellt. Ein Rückblick auf die Geschichte des Menschen und seiner unmittelbaren Vorfahren macht deutlich, dass „es die meiste Zeit (genau 99,99999 Prozent) seit der Entstehung des Lebens auf der Erde ganz prächtig ohne den homo sapiens oder sogar dessen nahe verwandte Formen ging" (Foley 2000, S. 23). Wenn wir den für eine Betrachtung der Mensch-Umwelt-Beziehungen wesentlichen Grundzügen der biologischen Menschwerdung folgen (nach Foley 2000), dann stellen sich die wesentlichen Entwicklungen und Merkmale dieser Evolution etwa wie folgt dar: Über einen Zeitraum von etwa 30 Millionen Jahren bahnt sich zunächst einmal die Herausbildung von einer Hominidenevolution an, an deren Ende – vor etwa 15 Millionen Jahren – die Familie der Hominoidea oder Hominoiden (Menschenartige) steht. Von hier dauert es nach den gegenwärtigen, sich indes schnell fortentwickelnden Kenntnisständen der Molekularbiologie nochmals fünf bis acht Millionen Jahre, bis sich die endgültige Trennung zwischen afrikanischen Menschenaffen und den ersten Hominiden abzuzeichnen beginnt. Vieles spricht dafür, dass es vor allem ökologische Veränderungen der afrikanischen Lebensräume sind, die die Evolution von Hominiden auslösen und befördern. Ein bereits im Miozän einsetzender und mit Beginn des Pliozän vor etwa 5 bis 6 Millionen Jahren sich verstärkender Klimawandel drängt die Waldbedeckung zu Gunsten natürlicher Grasländer zurück; die Bevorzugung terrestrischer Lebensweisen wird zu einem „Vermächtnis" der afrikanischen Menschenaffen an ihre evolutionären Nachfolger.

Molekulare Daten, paläo-anthropologische und archäologische Befunde lassen den ansatzweisen Gebrauch von Werkzeugen und damit eine intensivere Nutzung vorhandener natürlicher Ressourcen vermuten. Auch wird eine stärkere Neigung zu Fleischverzehr nicht ausgeschlossen. Mit dem Auftritt der Australopithecinen vor etwa 5 Millionen Jahren beginnt die allmähliche Ausbildung des aufrechten Gangs, der allerdings erst mit dem ersten Auftreten der Gattung homo vor ungefähr 2,5 Millionen Jahren seinen vollen Durchbruch erreicht. Zusammen mit einer einsetzenden Gehirnvergrößerung, mit häufigerer Verwendung selbst hergestellter Werkzeuge bei der Futtersuche sowie der vermehrten Nutzung tierischer Nahrungsquellen durch Jagd und Aas erfolgt der Übergang zur homo erectus-Stufe vor etwa 1,8 Millionen Jahren. Aufrechter Gang bedeutet nicht nur schnellere Fortbewegung, sondern auch Ausweitung der Territorialität und des früh-hominiden Revierverhaltens. Die Eroberung, Aneignung und Kontrolle neuer Lebensräume dürften die Evolution der Hominiden und ihres Sozialverhaltens befördert haben. Vor etwa 300.000 Jahren ist das Gehirnvolumen des archaischen homo sapiens auf etwa 1000 Gramm angestiegen, was nach Auffassung der Paläoanthropologie und Evolutionsbiologie nicht nur die Evolutionsrate beschleunigt, sondern auch Frühformen sprachlicher Kommunikation vermuten lässt.

Mit dem Übergang zum homo sapiens sapiens, dessen Auftreten auf eine Zeit seit etwa 150.000 Jahren zu veranschlagen ist, beginnt die Existenz des modernen Menschen im biologischen Sinne. Ob dieser letzte Abschnitt der menschlichen Evolution durch eine einzige Population ausgelöst wurde oder aber mehrere Evolutionszentren zu vermuten sind, ist ungeklärt. Gleiches gilt für die Frage nach dem Gebrauch und anschließenden Verfall einer „Ursprache" (Cavalli-Sforza 1996; Fischer 1999; Janson 2006). Mehr oder weniger gesichert ist demgegenüber die Annahme, dass mit Erscheinen des modernen homo sapiens die Entwicklung der den gegenwärtigen Menschen auszeichnenden Anatomie zu einem Abschluss gekommen ist. Aber nicht nur physiognomisch, sondern auch im Hinblick auf seine Sozialisation hat sich in den letzten 100.000 Jahren „das gesamte Repertoire an modernen Verhaltensstrategien" (Foley 2000, S. 146) gebildet. Nachdem er vor etwa 30.000 Jahren auch seinen letzten Artverwandten, den homo neandertalensis, definitiv verdrängt und ausgelöscht hatte (Auffermann/Orschiedt 2002; Conard/Kölbl/Schürle 2005; Schrenk/Müller 2005), beginnt sich das breite Spektrum menschlicher Einflussnahmen auf seine natürlichen Umwelten, aber auch die geradezu explosive Entfaltung kulturell differenzierter Kunst und ganz offensichtlich auch religiös-transzendentaler Kulte zu entfalten.

Wie sehr die Diskussion um die Menschwerdung des Menschen im biologischen Sinne im Fluss ist, zeigen die in den letzten Jahren fortlaufend neuen Forschungsergebnisse auf den Gebieten der Evolutionsbiologie und Paläoanthropologie. So scheinen Fossilien aus der Afar-Re-

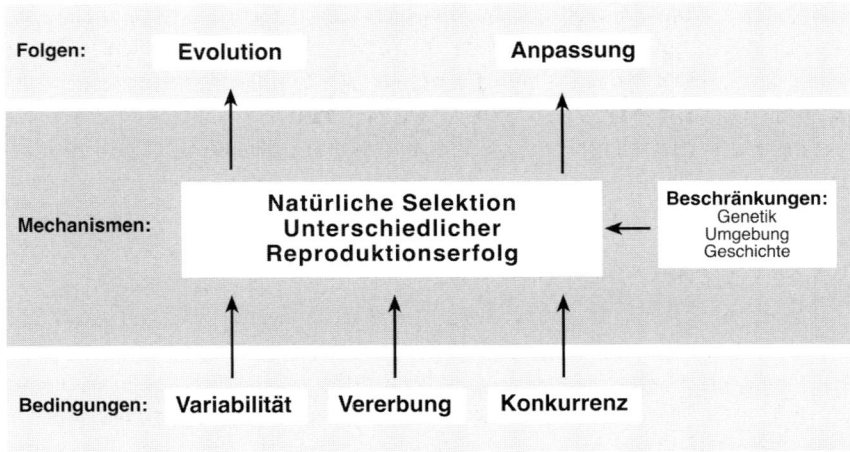

Abb. 5: Komponenten der modernen Evolutionslehre: Natürliche Selektion und Reproduktionserfolg als zentrale Mechanismen (nach Foley 2000)

gion in Äthiopien Belege für einen sehr nahen Vorläufer des homo sapiens mit einem geschätzten Alter von 160.000 Jahren (White u. a. 2003) zu sein. Andere Funde aus dem südlichen Äthiopien datieren den Übergang zum anatomisch modernen Menschen sogar auf ein Alter von 195.000 Jahren (McDougall-Brown-Fleagle 2005). Ungeachtet solcher Datierungsfragen ist die Feststellung, dass der Mensch von den Affen abstammt und den Menschenaffen nahe steht, heute bei einer genetischen Übereinstimmung von etwa 99,4 % zwischen Menschen und Bonobos so offenkundig, dass Kreationismus-Thesen und die eines „intelligent design" schwer nachvollziehbar sind.

Die in vollem Schwange befindliche und in immer kürzeren Abständen mit immer neuen Funden und Befunden aufwartende naturwissenschaftlich-evolutionsbiologische Deutung der Menschwerdung ist indes nur die eine Seite der Medaille. Das soziobiologische und kulturwissenschaftlich-philosophische Verständnis von Menschwerdung und Menschsein ist die andere, nicht weniger aufregende. Mit zunehmender Vermenschlichung der Gattung homo und insbesondere seit Erreichen des homo sapiens-Stadiums vollzieht sich der Übergang des Menschen von einem Naturwesen zu einem Kulturwesen und damit zu jener Kreatur, die ihn von allen seinen Mitgeschöpfen unterscheidet.

Unter den Voraussetzungen, dass Organismen sich reproduzieren, dass es bestimmte Formen der Vererbung geben muss, dass also die Nachkommen ihren Eltern ähnlicher sein sollten als den Individuen der gesamten restlichen Population, dass innerhalb einer Population Variationen existieren und dass es Wettbewerb um die vorhandenen Ressourcen gibt, konkurrieren Individuen und Populationen von Pflanzen und Tieren früher oder später um die begrenzten Lebensgrundlagen. An dieser Stelle setzt der von Darwin postulierte Selektions- und/oder Evolutionsprozess ein (vgl. Abb. 5). In seinem Gefolge verändern sich und/oder – über unterschiedliche Fortpflanzungserfolge gesteuert – passen sich Arten erfolgreich an. Auch die Weiterentwicklung der Hominiden in ihre heutigen Differenzierungen und Ausprägungen hinein erfolgte sowohl *evolutionär* durch Veränderungen im Laufe der Zeit als auch *selektiv* durch Anpassung an veränderte ökologische Rahmenbedingungen. Dieser darwinistische Erklärungsansatz der Evolution, der den Menschen eben nur als eine unter vielen Arten versteht, wird der spezifisch menschlichen Entwicklung allerdings nur teilweise gerecht. Wenn es aus evolutionsbiologischer Sicht auch nur wenige Gründe gibt, der menschlichen Evolution im Rahmen der biologischen Entwicklung der Arten eine Sonderstellung zuzuerkennen, so zeigt andererseits die in der Vergangenheit teilweise fulminante Ablehnung des Darwinismus die menschliche Betroffenheit über die banale Erkenntnis, dass der Mensch vom Affen abstamme. Aus diesem Grunde stellt sich denn vielleicht auch eher die Frage, welche Rolle der Natur bzw. ihren Veränderungen im Prozess der Menschwerdung zukommt, statt umgekehrt zu fragen, welche Rolle der Mensch im Hinblick auf die ihn umgebende Umwelt einnimmt.

Tatsache ist – und das unterscheidet den Menschen von allen anderen Kreaturen –, dass der Mensch von Beginn seines homo sapiens sapiens-Status an selbst zu einem aktiven Faktor der Evolutionsbedingungen, zu einem „Schöpferwesen" von Umwelt und von Artenveränderungen, vielleicht sogar zur Ursache von großmaßstäbiger Artenvernichtung geworden ist, aber eben auch zum Schöpfer von Kunst und Kultur (Kuckenburg 2001). Es ist hier nicht der Platz, die vielfältigen sozial- wie geisteswissenschaftlichen Thesen und Theorien zu diskutieren, die der Kultur bei der Definition der Mensch-Umwelt-Beziehungen und bei seiner eigenständigen evolutionären Fortentwicklung den Vorrang gegenüber der Natur einräumen. Unser bisheriges Wissen über die Entwicklung des Menschen und seinen „Sonderweg" aus der zoologischen Artenvielfalt heraus ist aus darwinistischer Sicht gekennzeichnet durch die genannten natürlichen Veränderungen: die allmähliche Aneignung des aufrechten Gangs, die Zunahme der Körpergröße und insbesondere die Entwicklung größerer Hirnvolumina usw. Es sind diese Merkmale, durch die die sich entwickelnde Spezies „Mensch" von anderen Arten abhob und sie zu einer sowohl körperlichen als auch geistigen Überlegenheit gegenüber anderen Geschöpfen führte. Sie sind verbunden mit Erfindungen und/oder Entwicklungen, die sich spontan oder aber durch Erfahrungen angeeignet entwickelt haben.

Stellvertretend für eine der vielen Deutungen solcher Evolutionssprünge mag die Klassifikation von Platt (1980; vgl. Abb. 6) dienen. Das sechsstufige Entwicklungsmodell umfasst allein für die Zeit seit dem ersten Auftreten von Vor- und Frühformen des Menschen vier Phasen. Platt argumentiert, dass mit der Schaffung von Hilfsmitteln, die den Tieren nicht zur Verfügung stehen, die Menschen sich zunächst nur punktuell und selektiv, später dann flächenhaft von ihrer Umwelt zu lösen begannen. Die Aneignung von Feuer, die Entwicklung von rudimentären Formen der Bekleidung, die Schaffung von Waffen und Werkzeugen, vor allem aber die Fähigkeit zu vorausschauendem Denken sind evolutionäre Veränderungen, die allesamt ökologische wie soziale Konsequenzen zeitigten. Mit zunehmender menschlicher Intelligenz und der daraus resultierenden Entstehung immer neuer Technologien, Wissensstände sowie komplizierterer sozialer Organisationsformen wurde die Überlegenheit der Hominiden gegenüber ihren natürlichen Feinden immer größer, sodass sie zur dominierenden Spezies ihrer spezifischen Umwelten wurden.

Die Übersicht über einen denkbaren Entwicklungsgang der menschlichen Evolution benennt Eckpunkte wichtiger soziobiologischer Aspekte des Menschwerdungsprozesses. Abgeleitet aus paläogeographisch-ökologisch interpretierbaren Fundorten und anthropologisch auswertbaren Fundobjekten (Knochen, Fußspuren, später Werkzeuge) lassen sich mehr oder weniger be-

Funktion \ Zeitalter	Frühformen des Lebens	Vielzeller	Erstes Auftreten des Menschen	Nacheiszeit bis ca. 19. Jh.	Moderne	Gegenwart
Genetische Durchmischung und Kontrolle	Sexualität	Migration	Migration	Domestizierung und Züchtung	Krankheitsbekämpfung Empfängnisverhütung	Molekularbiologie DNA Gentransplantation
Energieumwandlung	Photosynthese	Heterotrophie	Feuer	Landwirtschaft Wind Wasser	Kohle Dampf Elektrizität	Kernfission Kernfusion Sonnenenergie (photovoltaisch)
Einkapselung	Zellen Nischen (im Ozean)	Gehäuse Haut Rinde	Bekleidung (in allen Klimazonen)	Siedlungen Befestigungen (auf allen Kontinenten)	Städte	Raumstationen
Fortbewegung	Drift	Flossen Füße Flügel	Füße Boote	Pferde Räder Schiffe	Eisenbahnen Autos Flugzeuge	Raketen
Angriff, Kampf Arbeit, Verteidigung, Umweltgestaltung	chemisch	Zähne Krallen	Waffen Werkzeuge	Metall	Maschinen Explosivstoffe	Automation Nuklearwaffen
Erkennen und Signalisieren	chemisch	Gehör Sicht	Sprache	Schrift	Druck Telephon Radio, TV	elektromagnet. Spektrum (Radar, Laser, Satellitenfernsehen)
Problemlösung und Informationsspeicherung	DNA-Kette	Nervensysteme Ausbildung von Hirnen	mündliche Überlieferung	Mathematik Logik Wissenschaft	Wissenschaft und Technologie	elektr. Datenverarbeitung Rückkopplungskontrolle
Mechanismen der Veränderung und des Wandels	Zufall und Selektion	genetisch eingespeicherte Voraussicht	Denken	Erfinden	Forschung und Entwicklung (F & E)	Systemanalyse

Abb. 6:   Klassifikation großer Evolutionssprünge (verändert nach Platt 1980)

lastbare Rückschlüsse auf den denkbaren Prozess der Menschwerdung des Menschen ableiten. Sie seien im Folgenden unter den Oberbegriffen *Territorialität – Sozialität – Spiritualität/Religiosität – Sprache und Kommunikation – Vernunftbegabung* kurz skizziert.

Territorialität ist uns als biologisches Prinzip aus dem Tierreich allgemein bekannt. Territorialität oder auch – biologisch – Revierverhalten beschreibt im Tierreich einen Raum, der als Wohn- und Jagdgebiet im engeren Sinne gegen Artgenossen und andere Eindringlinge verteidigt wird. Als solches markiert ein Territorium oder Revier den spezifischen Aktionsraum eines Tieres. Er ist zugleich eine Stätte höchster Geborgenheit, die neben den genannten Funktionen auch der Brutpflege und der Aufzucht der Nachkommenschaft dient. Ob wir Territorialität in Anlehnung an die bekannte Definition des Ornithologen Noble (1939) schlicht als „any defended area" oder, wie der Verhaltensforscher Eibl-Eibesfeldt (1978, S. 429), als „jede raumgebundene Intoleranz" bezeichnen, ist nachrangig. Aber auch in Bezug auf menschliches Raumverhalten gibt es inzwischen eine kaum noch überschaubare Literatur verschiedenster Fachdisziplinen. So definiert z. B. Malmberg in seiner großen Studie über „human territoriality" (1980, S. 11) menschliche Territorien „as more or less exclusive spaces, to which individuals or groups of human beings are bound emotionally and which, for the possible avoidance of others, are distinguished by means of limits, marks or other kinds of structuring with adherent display, movements or aggressiveness". Sack (1986, S. 19) definiert Territorialität demgegenüber wie folgt: „Territoriality will be defined as the attempt by an individual or group to affect, influence or control people, phenomena, and relationships, by delimiting and asserting control over geographic area".

Für die Frage der Territorialität in den Mensch-Umwelt-Beziehungen ist wichtig, dass die biologischen Territorialitätskriterien modifiziert auch auf den frühen Menschen übertragbar erscheinen. Dazu zählen z. B. die Rolle von Instinkt und Aggression, Distanzverhalten sowie die Sozialordnung. Wenn auch seit dem frühen 19. Jahrhundert und insbesondere seit Lamarck und seiner „Philosophie zoologique" (1809) die Auffassung um sich griff, dass alle Lebewesen als Resultat der Vererbung optimal an ihre Umgebungen angepasst sind, so bedeutet die Ausweitung biologischer Evolutionsprinzipien auf kulturökologische Entwicklungen und ihre Fortentwicklung zu einer „Ökologie des Geistes" (Bateson 1985) im 19. und 20. Jahrhundert eine erhebliche Ausweitung der Evolutionstheorie ganz allgemein. Demnach hat menschliche Territorialität zwar ihre Basis in der biologischen Territorialität und animalischem Revierverhalten, hat aber mit dem Übergang von den Protohominiden zu den Hominiden und insbesondere zu der Gattung homo sapiens sapiens eine durch menschliche Ratio gesteuerte Weiterentwicklung erfahren. Mit einem solchen Territorialitätsbegriff verbunden sind dann auch die oben bereits genannten Kriterien einer kulturökologischen Entwicklung – Sozialität, Spiritualität und Religiosität, Sprache und Vernunft sowie vorausschauende Rationalität.

In der Tat scheint es so zu sein, dass menschliche Territorialität sich evolutionär und in einem Zehntausende von Jahren umfassenden Konkurrenzkampf um Territorien hin zu dem entwickelt hat, was wir heute als weitgehend entwickelte soziokulturelle Systeme bezeichnen. Gregor Dürrenberger hat in einer umfassenden Abhandlung die geographischen Aspekte der biologischen und kulturellen Evolution unter dem Titel „Menschliche Territorien" (1989) zusammengefasst. Dieser Studie ist auch Abb. 7 entnommen, die einerseits die Stadien der kulturellen Evolution, andererseits die Charakteristika, die mit diesen Evolutionsstufen verbunden sind, wiedergibt.

Sozialität: Wenn man versucht, sich in der einschlägigen anthropologisch-ethnologischen Literatur einen Überblick über die Genese und die Ausprägung unterschiedlicher Lebens- und Wirtschaftsformen zu verschaffen, so wird man weniger auf das Argument der Territorialität als vielmehr auf das der Sozialität stoßen. Auch Sozialverhalten hat biologische Grundlagen (Grammer 1988). Ethnologen definieren – anders als Biologen oder auch Geographen – die kulturelle Evolution des Menschen und der menschlichen Gesellschaft eher über Verwandtschaftsbeziehungen und/oder gruppendynamische Organisationsformen als über Prinzipien der territorialen Organisation. Sie verweisen darauf, dass die Raumgebundenheit gesellschaftlich-sozialer Entwicklungen dominant begleitet wird von sozialen Gruppenbildungen. Ihre soziale Kohäsion – seien es nun Kern- oder Großfamilien, Klans, Lineages, Sippen oder Stämme – beziehen sie demnach aus Verwandtschaftsbeziehungen, die man überdies nach väterlich-patrilinearer bzw. mütterlich-matrilinearer Verwandtschaftszurechnung zu differenzieren pflegte.

Für unsere zentrale Frage, die Mensch-Umwelt-Beziehungen, ist die Rolle von Territorialität und Sozialität in den vorgeschichtlichen Wildbeuter-, Sammler- und Jägergesellschaften entscheidend. Wie bereits angedeutet, waren Flora und Fauna der den Menschen umgebenden Umwelt Basis ihrer Überlebenssicherung, zugleich aber Motor biologischer wie kultureller Evolution. Durch wissenschaftliche Analogieschlüsse aus Beobachtungen sogenannter primitiver Kulturen im 19. und frühen 20. Jahrhundert können wir schlussfolgern, dass Jagd- und Sammelwirtschaften einerseits soziale Bindungen und Strukturen zur Voraussetzung haben, diese andererseits aber in bestimmten territorialen Kontexten ausgelebt werden. So betont z. B. Thiel (1992, S. 46): „Wildbeuter ziehen nicht ins Uferlose umher, sondern jeder Horde kommt ein

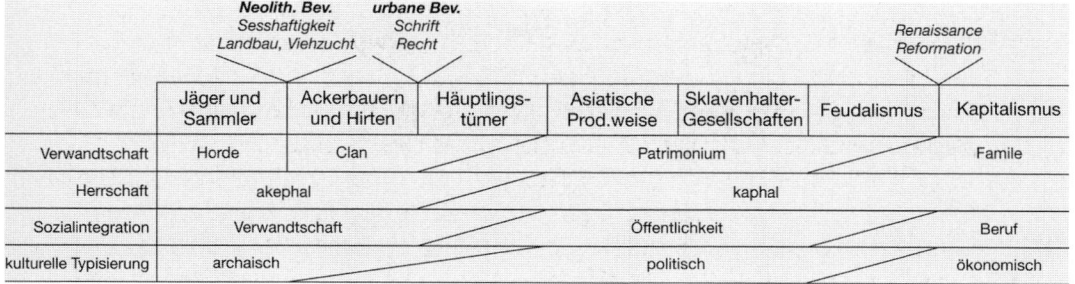

Abb. 7:   Stadien kultureller Evolution und ihre Merkmale (nach Dürrenberger 1989)

fixiertes Schweifgebiet zu. Jede Wildbeuter-Horde ist somit eine lokalisierte Gruppe". Und in gleichem Kontext zitiert Thiel den Ethnologen Schebesta, der über den Zusammenhang von Territorialität und Sozialität der Pygmäen des Ituri-Regenwaldes in Zentralafrika berichtet. So durchstreifen diese nach Maßgabe des Nahrungsangebots gezielt ihr Revier mit dem Ergebnis, dass „sich für die einzelnen Gruppen ihre genau umgrenzten Schweifgebiete herausgebildet haben, die sich von einer Generation auf die andere vererben und die man als Heimat lieben lernte" (ebd., S. 47).

Die Jagdwirtschaft erfordert im Regelfall ein Kollektiv, das zumeist ausschließlich aus Männern besteht. Von den afrikanischen Pygmäen sind Jagdgruppen zwischen 30 und 50 Personen bekannt, die miteinander verwandt sind. Ähnliche Gruppierungen sind aus den Savannen Südwestafrikas, aus Indien, aus Südostasien, aus Australien und auch aus den Regenwäldern Amazoniens beschrieben worden. Besonderes Merkmal dieser paläolithischen bzw. auf einer paläolithischen Entwicklungsstufe lebenden Populationen scheint zudem eine egalitäre Gesellschaftsordnung zu sein, die sich mit extremer territorialer Mobilität bei gleichzeitig flexibler sozialer Kohäsion verbindet. Groh (1992b) hat darauf hingewiesen, dass Mobilität nicht nur eine für den Jagderfolg entscheidende Strategie, sondern zugleich auch eine soziale wie kulturelle Ressource darstellt. Sie bedeutet Risikominimierung, Unterproduktivität und Mußepräferenz zugleich. Der für das Überleben von Jäger- und Sammlergesellschaften bedeutsame energiewirtschaftliche und nahrungsphysiologische Überfluss, den die ursprünglichen Habitate ihnen zur Verfügung stellten, konnte – bei reicher Jagdbeute und überflüssiger Vorratshaltung – zu Freizeit und Muße genutzt werden. Erst später – als Ergebnis zunehmenden Bevölkerungsdrucks oder sich verknappender Ressourcenbasis – erfolgte der Übergang zu einer allmählichen Vorratswirtschaft (Portfolio-Effekt) oder gar zu technisch-technologischen Neuerungen, mittels derer die Nahrungsbasis stabilisiert oder erweitert werden konnte (vgl. Sieferle/Müller-Herold 1996; Abb. 8). In „Homo Ludens – Vom Ursprung der Kultur im Spiel" hat der holländische Kulturhistoriker J. Huizinga (1956) betont, dass Spiel als geistige oder körperliche Tätigkeit keinen Selbstzweck verfolge, sondern als Unterbrechung des Lebensalltags fungiere und frei verfügbare Zeit zur Voraussetzung habe. Spiel verlaufe nach bestimmten Regeln und „Gesetzen", denen sich die Spieler zu unterwerfen haben: „Das Spiel unterbricht wie die sakrale Welt die Homogenität des Raumes und der Zeit und sondert die Teilnehmer vom alltäglichen Leben ab, indem es eine eigene, in sich geschlossene Welt schafft" (S. 205). Solche „immaterielle Muße" wird umgesetzt

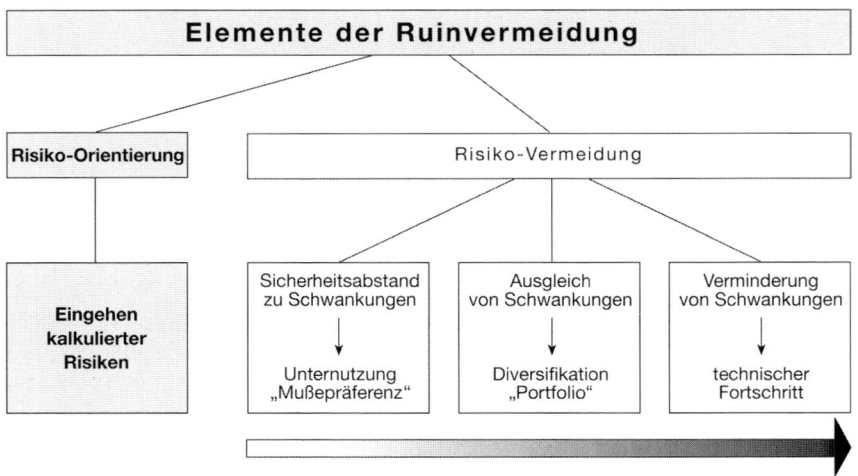

Abb. 8: Ruinvermeidung in Subsistenzökonomien (nach Sieferle und Müller-Herold 1996)

in soziale Aktivitäten – Spiel, Sozialisation, Erzählungen usw. –, aber auch in Spiritualität und reflexive Meditation als Vorstufe „religiöser" Gedanken und Aktivitäten.

Spiritualität/Religiosität gehören in ihren Ursprüngen zu den großen Unbekannten, die erst im Laufe der späteren Menschheitsgeschichte manifest werden und erst dann auch Mutmaßungen über das Mensch-Umwelt-Verhältnis in vorgeschichtlicher Zeit erlauben. Dass zu den frühesten Zeugnissen materieller Kultur jenseits der verbreiteten Steinwerkzeuge zunächst einmal reine Jagdgeräte gehörten, ist nicht überraschend. Zu den berühmtesten Funden zählen die 380.000 bis 450.000 Jahre alten Holzspeere, die in Schöningen/Niedersachsen im Verbund mit über 20.000 tierischen Knochenfragmenten gesichert wurden. Aber auch aus Holz gefertigte Schäftungen für Feuersteingeräte sowie sorgsam bearbeitete Wurfhölzer gehören zu diesen homo erectus-Gruppen und dem Reinsdorf-Interglazial zuzurechnenden Artefakten. Etwa 150.000 Jahre jünger sind dann erste Funde von Gegenständen, die nicht der Jagd und damit einer Überlebensstrategie dienten, sondern als Ausdruck spiritueller oder gar künstlerischer Beschäftigungen des archaischen Paläolithikers zu deuten sind. Zu ihnen gehören offenkundig bearbeitete Steinobjekte, die als menschengestaltige Figuren, als penisähnliche Symbole oder aber als einfache Schmuckgegenstände gelten. Nachgewiesen sind sie insbesondere in Nordafrika (z. B. die Steinfigur von Tan Tan/Marokko) und Vorderasien (die sog. Proto-Venus von Berekhat Ram/Israel). Ihr Alter wird aufgrund der Fundsituation auf bis zu 250.000 Jahre geschätzt, ohne dass allerdings solche Datierungen zweifelsfrei abgesichert wären (Kuckenburg 2001). Konkreter und auch zeitlich exakter zu bestimmen sind demgegenüber Steinoberflächen mit Kreuzschraffuren, die in der Blomboshöhle in Südafrika gefunden wurden und mindestens 70.000 Jahre alt sein sollen.

Im Gegensatz zu den nach Alter und Deutung noch eher unbestimmten Zeugnissen des mittleren Paläolithikums kommt es vor etwa 40.000 bis 30.000 Jahren zu einer wahren Explosion von Artefakten, die nach Art und Funktion keine unmittelbare Verwendung als Jagdgerät haben, die sehr wohl aber als frühe Zeugnisse künstlerischer Fertigkeiten und Absichten gedeutet werden können. Ihre Fundstellen liegen im Bereich der europäischen Mediterraneis sowie in überraschender Fülle auf der Schwäbischen Alb in Süddeutschland. Vorausgegangen war dieser breiten Entfaltung von „Kunst" die Einwanderung des modernen homo sapiens sapiens aus dem vorderasiatischen Bereich und seine Ankunft in Mittel- und Westeuropa vor etwa 42.000 bis 40.000 Jahren. Während der homo sapiens neandertalensis dieser Invasion des modernen Menschen erliegt und vor etwa 30.000 bis 28.000 Jahren endgültig verschwindet, treten mit dem modernen Menschen vielfältige Manifestationen gegenständlicher Kunst auf: Höhlenmalereien, Elfenbeinschnitzereien, Musikinstrumente, Statuetten oder Tonfigurinen. Zu den berühmten Fundstätten aus dem frühen Jungpaläolithikum (Aurignacien) mit Altersdatierungen von ca. 37.000 Jahren gehören das Lone- und Achtal auf der Schwäbischen Alb (Müller-Beck/Conard/ Schürle 2001), Südwestfrankreich (Malereien der Grotte Chauvet mit C14-Datierungen um 32.400 Jahre), in Russland (Sungir, Kostenski, Avdeevo bei Kursk) oder Mähren mit den bekannten Pavlovien-Stationen Pavlov und Dolni Vestonice, deren Alter auf ca. 27.500 Jahre datiert wird. Dargestellt werden bei diesen Funden, neben Malereien vor allem im französischen Kontext, gepickte Kalksteinblöcke und vor allem eine Vielzahl plastischer Objekte aus Elfenbein oder Stein. Zu ihnen zählen die späteiszeitlichen Statuetten des sogenannten „Löwenmenschen" von Hohenstein-Stadel bei Ulm/Donau, Pferd- und Mammutdarstellungen aus der Vogelherdhöhle bei Heidenheim/Baden-Württemberg, die Knochenflöte aus Geißenklösterle oder auch Fundstücke in Österreich, wie z. B. die „Tänzerin von Stratzing" oder die berühmte „Venus von Willendorf", eine als Mutter- bzw. Fruchtbarkeitssymbol gedeutete Tonfigur – alle vor ca. 30.000 Jahren entstanden (vgl. dazu Farbabb. 1).

Was sagen uns diese und ähnliche Funde und ihre Deutungen zum Problem von Spiritualität/Religiosität und damit auch zur Frage der Mensch-Umwelt-Beziehungen? Aus ritueller Sicht, aber wohl auch aus kulturhistorischer wie kulturökologischer Perspektive werden solche Zwitterdarstellungen zwischen Mensch und Tier, Fruchtbarkeitssymbole wie die genannte „Venus" oder auch Sexualsymbole (z. B. das fast naturgetreue und erst 2005 publizierte Penissymbol aus dem Hohlen Fels bei Schelklingen) mit Jagd und mit Jagdzauber in Verbindung gebracht, wobei sie wohl auch mit Schamanentum verbunden waren. Insgesamt wird man – unter Auswertung und gleichzeitigem Hinweis auf die einschlägige archäologische, ur- und frühgeschichtliche sowie kulturhistorische Fachliteratur (als jüngste Beispiele Conard/Kölbl/Schürle 2005 und Uelsberg 2006) – kaum fehlgehen in der Annahme, dass im Zusammenhang mit Territorialität und Sozialität zunehmend auch Spiritualität/Religiosität an Bedeutung gewann. Dass transzendente Vorstellungen höherer Mächte oder gar höherer Wesen vor allem in Jägerkulturen ausgebildet sind und auch phänomenologisch fassbar werden, machen sie als Vorstufe einer spezifisch auf die Natur und die natürliche Fruchtbarkeit ausgerichteten Vorstufe der Religiosität plausibel (Eliade 1978–1991; Heiler 1999).

Sprachliche Kommunikation: Neben Territorialität, Sozialität und beginnender Spiritualität werden Mensch-Umwelt-Beziehungen mit Auftreten des modernen homo sapiens sapiens vor allem durch die Entwicklung und Fähigkeit der sprachlichen Kommunikation befördert. Sprache ermöglicht nicht nur klare gesellschaftliche Signale und Anweisungen, sondern vor allem das,

was man als soziale Koordination und als einen „kompetenten Organisator sozialer Intelligenz"
(Markl 1997, S. 17) bezeichnet hat. Ohne hier in Ausführlichkeit auf die Rolle von Sprache und
Kommunikation einzugehen (für weiterführende Literatur bis 1996 vgl. Markl 1997), sei nur soviel bemerkt: aus evolutionsbiologischer Sicht sind menschliche Sprache und Kommunikation
ebenfalls nichts anderes als so viele andere menschliche Verhaltensweisen auch – eine Fortentwicklung tierischer Kommunikationssysteme (vgl. dazu als Übersicht: Cavalli-Sforza 1996;
Fischer 1999). Dass Primaten, Vögel, Wölfe, Delphine oder Wale über ein relativ differenziertes
„sprachliches" Interaktionsvermögen verfügen, ist zwischenzeitlich allgemein bekannt. Welches
sind demgegenüber die spezifisch menschlichen geistigen wie verhaltensorientierten Fortschritte, die sich aus der Entwicklung und differenzierenden Nutzung der Sprache ergeben?

Einige Wissenschaftler (v. a. Dunbar 1988, 1992; Paul 1998) vermuten, dass ein direkter
Zusammenhang zwischen sozialer Gruppengröße, Sprachvermögen und Entwicklung des Ge-
hirns bzw. der Gehirnfunktion besteht. Während in kleineren sozialen Gruppen z. B. Rangord-
nungen, Körperpflege und andere taktile Mechanismen das Gruppenverhalten und die Interak-
tion der Gruppen bestimmen, reichen in Gruppen von 50 oder mehr Individuen diese tradierten
Verhaltensweisen nicht mehr aus. Das Wachstum und die Ausdifferenzierung der Neocortex, des
entwicklungsgeschichtlich jüngsten Teils der Großhirnrinde und Sitz entwickelter kognitiver
Funktionen, ermöglichen die Ablösung instinktiv-taktiler Kommunikationsmechanismen durch
das Element der Sprache. Die Sprache erleichtert nicht nur interindividuelle Kommunikation,
sondern schafft auch kooperative soziale Allianzen, befördert soziale Kohäsion und reguliert sozia-
les Gruppenverhalten. Aus evolutionsbiologischer Sicht handelt es sich bei der Entwicklung der
Sprechfähigkeit nach Markl (1998a, S. 16) um „das gezielte Einfüllen von externer Referenzinfor-
mation in ein genetisch vorbereitetes Sprachvermögen". Ein solches ist ein genuines und einmali-
ges Spezifikum des homo sapiens gegenüber allen anderen Mitgeschöpfen. Mit ihr beginnt eine
die Evolution der Natur ablösende Kulturrevolution, die nichts anderes ist als „die Fortsetzung
der biologischen Evolution mit überlegenen Mitteln" (ebd., S. 23). Es ist auch, so Markl, der Eintritt in eine ganz neue Herrschaftsperiode des Lebens, ein „Anthropozoikum" (ebd.; auch Markl
1986). Anders ausgedrückt: mögen Territorialität und Sozialität noch primär naturrevolutionäre
Charakteristika sein, so bedeutet die Evolution des Sprachvermögens den Eintritt in die das Naturreich hinter sich lassende Evolution des Geistes (vgl. dazu auch Bateson 1985, 1987).

Die Entwicklung der Sprachfähigkeit wird entwicklungsbiologisch begleitet durch eine
aus Erfahrung abgeleitete und durch zunehmendes kognitives Wissen begleitete **Vernunftbega-
bung/Vorausschauende Rationalität**. Sie drückt sich aus u. a. durch gezielte Werkzeugpro-
duktion sowie durch Gebrauch dieser Werkzeuge zum Zwecke der Jagd, zum Zerlegen der Beute
oder zu anderen Zwecken. Frühformen solcher Praktiken sind seit etwa 2 bis 2,5 Millionen Jahren bekannt und auch bei heute lebenden Primaten in vielfältigen Formen beobachtet worden.
Der Gebrauch von Steinwerkzeugen, zunächst unbearbeitet, dann zu verschiedenen Formen wie
Faustkeilen, Schabern, Kratzern oder gar Messern und Pfeilspitzen weiterentwickelt – hat den
Frühformen der Menschwerdung ihre wissenschaftlich-historisierende Terminologie gegeben:
Altpaläolithikum. Altsteinzeitliche Industrien und Kulturen prägen den weitaus größten Teil der
Eiszeitepochen. Im Mesolithikum und mit Annäherung an das Jungpaläolithikum/Jungsteinzeit
erweitern dann nicht nur immer raffiniertere Steinwerkzeuge, sondern zunehmend auch bearbei-
tete Knochen als Pfeilspitzen oder Harpunen das Repertoire der Jagdwerkzeuge.

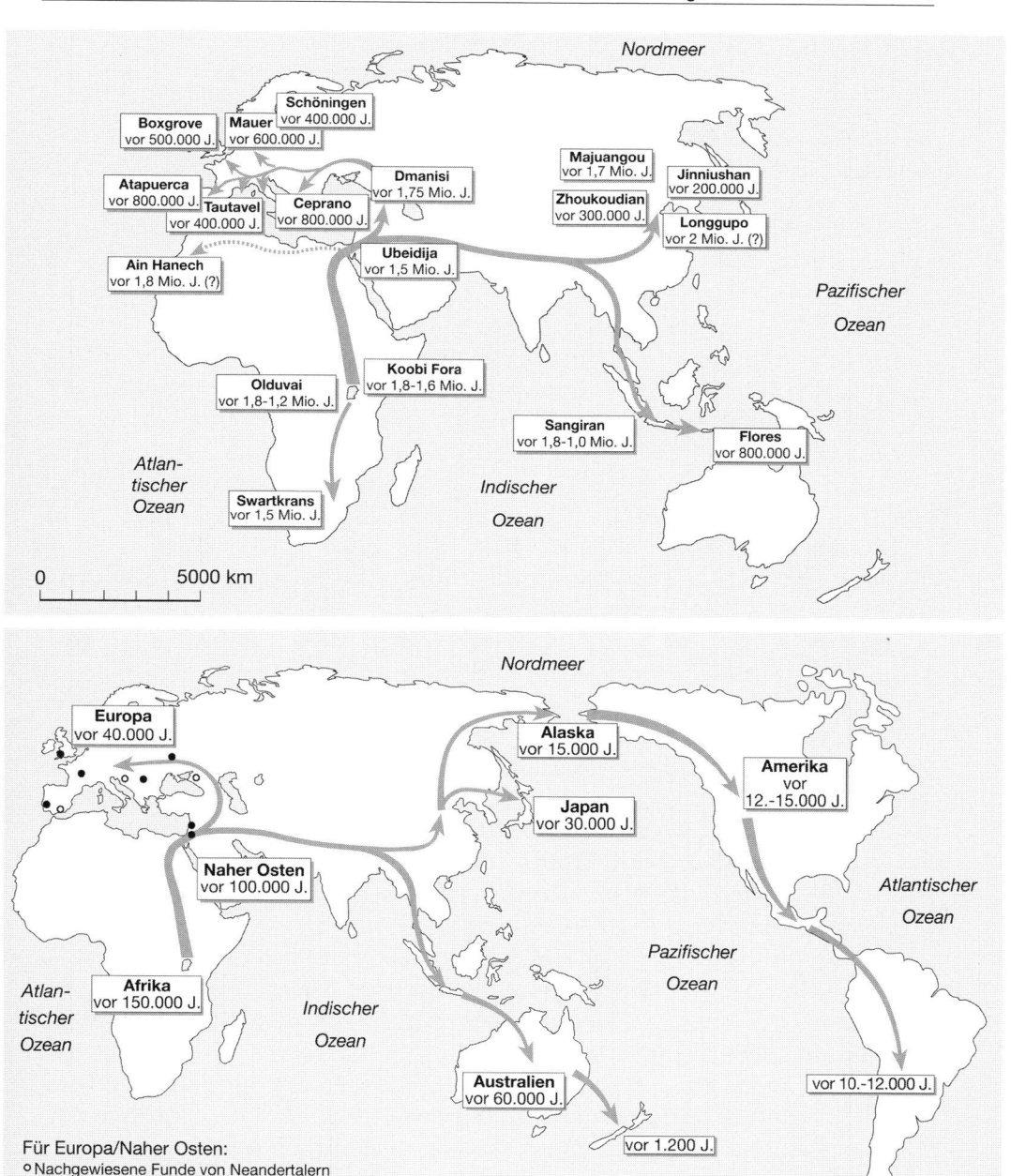

Abb. 9: Out of Africa: Ausbreitungswege der frühen Hominiden (oben) und des homo sapiens sapiens (unten) über die Erde (zusammengestellt und verändert nach Foley und anderen Quellen durch den Verfasser)

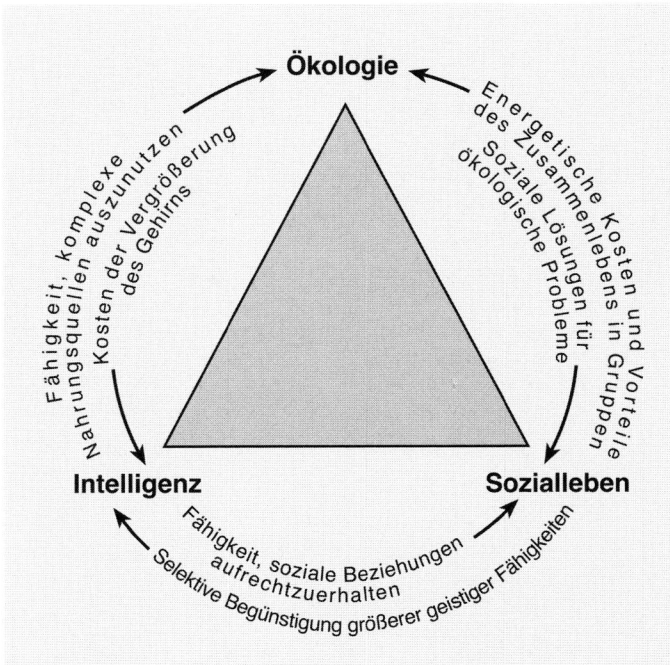

Abb. 10:
Zur Komplexität
menschlicher
Evolution:
Die Beziehungen
zwischen Ökologie –
Sozialleben –
Intelligenz
(nach Foley 2000)

Mit der Abspaltung des modernen Menschen von seinen archaischen Vorgängern und seinem langsamen Exodus „out of Africa" (vgl. Abb. 9) beginnt nicht nur die Eroberung der Erde durch den „nackten Affen", sondern auch seine Anpassung an die geographisch-ökologisch differenzierten Umwelten seiner neuen Lebensräume und deren Umgestaltung! Aber nicht nur die Umwelten ändern sich. Auch die Herausbildung verschiedener Menschenrassen zu der uns heute bekannten Vielfalt und Verbreitung (vgl. Lundmann 1967) nimmt Gestalt an. Gleiches gilt für die in Raum und Zeit sich ausdifferenzierende menschliche Kommunikation zu heute mehr als 6800 verschiedenen Sprachen, von denen viele bereits wieder verschwunden oder vom Aussterben bedroht sind (vgl. Diamond/Bellwood 2003). Die Eroberung der Erde durch den modernen Menschen wird also von den unterschiedlichsten Formen einer kulturellen Evolution begleitet, an deren Ende die heutige Vielfalt menschlicher Rassen und Kulturen steht. In diesen Prozessen der Menschheitsentwicklung stehen Ökologie, Sozialleben und Intelligenz miteinander in enger Wechselbeziehung und dürften in ihren lokalspezifischen Kombinationen zur Herausbildung der unterschiedlichen Rassen und Kulturen der Menschheit geführt haben.

Ein zusammenfassender Rückblick auf den Menschwerdungsprozess und insbesondere auf die ersten 120.000 Jahre der Existenz des modernen Menschen zeigt auf eindrucksvolle Weise die enge Verbindung von globaler Klima- und Landschaftsgeschichte mit menschlicher Evolution. Das in Farbabb. 1 dokumentierte Wechselspiel zahlreicher Klimaschwankungen, d. h. regelmäßigen Wechseln von kälteren und wärmeren Zeitabschnitten, ist für Mitteleuropa und für die Weichsel-Eiszeit rekonstruierbar. Die Rückschlüsse auf die Temperaturverhältnisse wie auch die Spiegelstände des Weltmeeres sind nicht nur für die gegenwärtige Klima- und Global Change-Diskussion von Interesse, sondern werden ergänzt durch vergleichsweise exakte Befunde zu den biotischen Umweltbedingungen des eiszeitlichen homo sapiens (vgl. Königswald 2002). Paläontologische wie auch pollenanalytische Befunde belegen für das letzte Interglazial (Eem) bei Klima- und Vegetationsverhältnissen, die – ohne menschliche Eingriffe – den heutigen entsprechen, eine Waldelefanten-Fauna mit pflanzenfressenden Großsäugern (Waldelefant, Waldnashorn, Bison, Elche usw.), aber auch Höhlenbär und Höhlenlöwe. Die mit Beginn der Weichsel-Eiszeit einsetzende Abkühlung lässt die zuvor in das kontinentalere Klima Osteuropas verdrängte Mammut-Fauna (Mammut, Wollnashorn, Riesenhirsch, Rentier, Wolf, Höhlenbär, Höhlenlöwe, Höhlenhyäne usw.) zurückkehren. Sie wird, wie bereits angedeutet, zum Umweltszenario der Jungpaläolithiker und erlaubt Rückschlüsse auf die Mensch-Umwelt-Beziehungen zu Zeiten der mittleren (Moustérien) bzw. der jüngeren Altsteinzeit (Aurignacien und Gravettien). Dass diese mit den klimatisch günstigeren Interstadialen des Hengelo und Denekamp zusammenfallen, zeigt eindrucksvoll die naturabhängige Entwicklungsgeschichte der Eiszeitbewohner und ihrer Kultur.

Im Gegensatz zu den relativ lückenlos rekonstruierbaren Klima- und Vegetationsverhältnissen der letzten Eiszeit sind die Nachweise menschlicher Aktivitäten eher sporadisch. Für den weitaus größten Teil des Weichselglazials ist davon auszugehen, dass allenfalls im Vorland der nordischen Vereisung sowie in den eisfreien Vorländern der Alpenvergletscherung der homo neandertalensis in einem tundrenhaften Milieu der Jagd nach Mammuts und Wildpferden nachging. Fundstätten der „klassischen" Neandertaler reichen von Shanidar/Iran, Uzbekistan und Syrien im Osten bis an die Küsten des Atlantik, von Südengland (Swanscombe) bis an die Küsten des Mittelmeeres. Ihre Anwesenheit in Europa ist für den Zeitraum von etwa 90.000 bis 27.000 belegt; letzte Vertreter der Neandertaler werden auf eine Zeit vor 25.000 Jahren gedeutet, wobei Anthropologen bei dem Fund von Lagar Velho/Portugal bereits von einem „Mischlingskind" mit dem modernen Menschen ausgehen (Schrenk/Müller 2005; Uelsberg 2006).

Bezogen auf die Frage der Mensch-Umwelt-Beziehungen und der sie begleitenden Entwicklungen der Raum- und Sozialorganisation bringt erst das Erscheinen des modernen Menschen etwas Licht in das Dunkel. Neben offensichtlich überlegenen Technologien sowie beeindruckenden Zeugnissen einer darstellenden Kunst in Malerei und Plastik scheinen aber die Auswirkungen der Neuankömmlinge auf Natur und Umwelt immer noch vernachlässigenswert zu sein. Dafür sprechen nicht nur die sehr sporadischen Fundorte ihrer Kultur, sondern auch Rekonstruktionen der Bevölkerungsdichten in urgeschichtlicher Zeit (Zimmermann 1996). Ganz abgesehen davon, dass im weichseleiszeitlichen Hochglazial (Höhepunkt vor etwa 20.000 Jahren!) Spuren menschlicher Besiedlung fehlen, sind auch in den Zeitabschnitten davor die Schätzwerte sehr niedrig: Zimmermann geht von etwa einem Menschen pro 100 km^2 vor dem Hochglazial, von einem Menschen pro 10 km^2 an der Wende vom Pleistozän zum Holozän aus. Bei diesen verschwindend niedrigen Bevölkerungsdichten ist auch der von vielen Eiszeitforschern propagierten These vom „Pleistocene overkill" der Großsäuger durch die Jägergesellschaften mit Vorbehalt zu begegnen. Königswald (2002, S. 164 f.) weist mit guten Gründen darauf hin, dass eher der globale Klima- und Umweltwandel Ursache des Aussterbens der eiszeitlichen Fauna ist. Dass der Mensch in einzelnen Rückzugsgebieten der Großsäuger den Rest besorgt haben mag, ändert nichts an der primär natürlichen Verursachung des spätpleistozänen Artenschwundes.

Halten wir fest: Die frühe Phase der Geschichte des modernen Menschen, die mit einer Dauer von über 100.000 Jahren zugleich die längste ist, hat keine bleibenden Einflüsse auf die Natur und schon gar nicht irreparable Schädigungen seiner Umwelten mit sich gebracht. Im Gegenteil – der Mensch lebte in vollkommener Abhängigkeit von der Natur, war ihr ausgesetzt und vermochte ihr nur bedingt zu trotzen. Er konnte sie aber weder umgestalten noch nachhaltig verändern, nicht einmal auf lokaler Ebene.

Umwelt und Spiritualität bei Sammlern und Jägern

Die vorangegangenen Ausführungen haben den langen und mühsamen Evolutionsprozess des homo sapiens bis zur Menschwerdung im heutigen Sinne angedeutet. Die gesellschaftliche wie auch wirtschaftliche Entwicklung der Menschen hat von Anbeginn des wissenschaftlichen Denkens das spekulative Interesse an der Deutung dieser Genese, ihrer Ursachen und Wirkungen hervorgerufen. Eine der frühesten Theorien der Gesellschafts- und Wirtschaftsentwicklung wird dem griechischen Philosophen Aristoteles (384–322 v. u. Z.) zugeschrieben. Er sah die Evolution menschlicher Gesellschaft und Wirtschaft als eine Abfolge von drei Stufen vom Jäger über den Hirten zum Ackerbauern – eine Auffassung, die bis in das 19. Jahrhundert hinein weit verbreitet war. Erst mit Darwin entwickelte sich auch für die Evolution menschlicher Gesittung und Kultur eine Reihe von Theorien, die nicht zuletzt durch die koloniale Expansion Europas und die Entdeckung wie Beschreibung außereuropäischer Kulturen beeinflusst waren. Insbesondere Völkerkunde und Geographie, aber auch Wirtschaftswissenschaften begannen über die Genese menschlicher Lebens- und Wirtschaftsformen zu spekulieren. Grundauffassung der meisten dieser Überlegungen war, dass Gesellschaften in ihrer sozialen wie ökonomischen Entwicklung aufeinanderfolgende und einander ablösende Stufen auf dem Wege von einem naturdeterminierten Urzustand zu modernen Wirtschafts- und Gesellschaftssystemen durchlaufen (vgl. Schachtschabel 1971). Ein Beispiel mag stellvertretend für andere stehen. Im Jahre 1908 veröffentlichte E. Friedrich ein Stufenschema, das die zunehmende Ablösung menschlicher Wirtschaft von der ihn umgebenden Natur benennt. Er unterscheidet

- reflexive oder tierische,
- instinktive oder angepasste,
- traditionelle oder überlieferte sowie
- rationelle oder wissenschaftlich-technische

Wirtschaftsstufen, denen jeweils spezifische Wirtschaftsformen, d. h. charakteristische Arten und Weisen wirtschaftlicher Tätigkeiten einschließlich der dazugehörigen Lebensformen entsprechen. Zu ihnen gehören in traditionellen Gliederungen der prä-industriellen Gesellschaften z. B. die Sammelwirtschaft, Jagd und Fischfang, der Pflanzenbau mit Pflanz- oder Grabstock bzw. der Hackbau oder der Pflugbau sowie verschiedene Formen der mobilen wie stationären Viehhaltung (Hahn 1892, 1896).

Ein letzter großer und über den agraren Rahmen hinausgehender Entwurf ist der berühmt gewordene, zwischenzeitlich durch neuere Forschungsergebnisse zu modifizierende Aufsatz des österreichischen Geographen Hans Bobek mit dem Titel „Die Hauptstufen der Gesellschafts- und Wirtschaftsentfaltung in geographischer Sicht" (1959). Basierend auf dem Kenntnisstand seiner Zeit und aus spezifisch geographischer Sicht glaubte Bobek damals insgesamt sechs Stufen der menschlichen Wirtschafts- und Gesellschaftsentwicklung und ihrer Auswirkungen auf die natürliche Umwelt ausdifferenzieren zu können:

- Wildbeuterstufe,
- Stufe der spezialisierten Sammler, Jäger und Fischer,
- Stufe des Sippenbauerntums mit dem Seitenzweig des Hirtennomadismus,
- Stufe der herrschaftlich organisierten Agrargesellschaft,
- Stufe des älteren Städtewesens und des Rentenkapitalismus,
- Stufe des produktiven Kapitalismus, der industriellen Gesellschaft und des jüngeren Städtewesens.

Steht Bobeks Wildbeuterstufe im Wesentlichen für den im vorherigen Abschnitt angesprochenen Mensch-Umwelt-Bezug, so repräsentieren seine zweite und dritte Stufe bereits spezialisierte Tätigkeiten bzw. die Anfänge der Landwirtschaft und geregelter Weidewirtschaftsformen. Sie stellen das Verbindungsglied zwischen der zuvor angesprochenen rudimentären Jagd- und Sammelphase und der beginnenden Sesshaftigkeit des Menschen dar. Immer aber noch sind beide Entwicklungsstufen durch ihre Schriftlosigkeit gekennzeichnet, sodass die vergleichsweise wenigen Zeugnisse und Dokumente materieller Kultur auch hier zu ihrer Rekonstruktion genügen müssen. Bevor allerdings die Veränderungen und Fortschritte menschlicher Wirtschaft und Gesellschaft vorgestellt werden, ist auf einen grundlegenden Wandel der natürlichen Rahmenbedingungen dieser Entwicklungen hinzuweisen: der Übergang vom Pleistozän zum Holozän. Die Fortschreibung der in Farbabb. 1 angedeuteten Zusammenhänge von Klima- und Menschheitsentwicklung zeigt sowohl die Dramatik in den Veränderungen des menschlichen Lebensraumes als auch in der Aneignung und Veränderung dieser Räume durch den Menschen (vgl. Farbabb. 2).

Im Gegensatz zu der Rekonstruktion der physischen wie anthropogenen Verhältnisse in der Eiszeit werden die Informationen für das vor etwa 12.000 Jahren einsetzende Holozän dichter und detaillierter. Das gilt nicht nur für das Klimageschehen, Flora und Fauna, sondern auch für menschliche Aktivitäten. Geo- und biowissenschaftliche Forschungsergebnisse belegen, dass das Spätglazial mit erheblichen Klimaschwankungen im vergleichsweise warmen Alleröd (13.500–12.700 v. h.) abgelöst wird von einer letzten, etwa 1000 Jahre währenden Kältephase der Jüngeren Dryas (12.700–11.500 v. h.). Ihr Ende markiert den definitiven Beginn des bis heute währenden Holozän. Dabei ist unklar, ob das Holozän nicht auch – wie z. B. das Eem – lediglich ein Interglazial ist, das wieder von einer neuen Eiszeit abgelöst wird, oder aber ob das Eiszeitalter endgültig der Vergangenheit angehört. Wissenschaftliche Meinungen über diese Frage gehen auseinander.

Der global wirksame Klimawandel schafft – wie noch ausführlicher zu zeigen sein wird – neue Lebensbedingungen. Diese gestalten sich allerdings in den verschiedenen Ökozonen der Erde unterschiedlich (vgl. Müller-Beck 2004). Bei immer noch geringen Bevölkerungsdichten entwickeln sich ertragreiche Weidegründe wie z. B. die Steppenlandschaften Afrikas oder die Prärien Nordamerikas. Spezialisierungen einzelner Gruppen auf bestimmte Beutetiere bieten z. B. die fischreichen Gewässer an den pazifischen Küsten Kanadas und Alaskas. Andere Gruppen folgen den jahreszeitlichen Wanderungen von Rentieren. Solche Konzentrationen führen nicht nur zur Entwicklung spezifischer Jagdtechniken, sondern – wo klimatisch oder durch das Wanderungsverhalten von Tieren geboten – auch zu verstärkter Vorratshaltung und Vorratswirt-

Tab. 1:   Bevölkerungsdichten von Jäger- und Sammlerkulturen (nach Sieferle 1997b)

	Personen/km^2	Fläche/Person
Buschmänner (Kalahari)	0,1	10 km^2
Aborigines (Australien)	0,05–0,1	20–10 km^2
Prairie-Indianer (Nordamerika)	0,04–0,05	25–20 km^2
Paläolithiker (Frankreich)	0,02	50 km^2
(Zum Vergleich: Deutschland heute	230	0,00435 km^2)

schaft. Damit einher gehen neue Fähigkeiten, z. B. in der Konservierung von Fisch, Fleisch und Pflanzen, aber auch die Vervollkommnung gemeinschaftlicher Jagdtechniken oder die Schaffung neuer Siedlungsformen. Zelte aus Wildhäuten, Schutzhütten aus Holz und Buschwerk oder aber auch Erdhöhlen lassen neue Formen der Sozialorganisation vermuten. Bobek (1959) geht, wie vor und nach ihm etliche andere Autoren, von begrenzten Eingriffen in die Naturhaushalte durch die Populationen der spezialisierten Sammler und Jäger aus.

Wenn es auch problematisch sein mag, von den wenigen noch erhaltenen und gegenwärtigen Wildbeuter- und Jagdgesellschaften auf deren Vergangenheit zu schließen, so reichen dort gemachte Beobachtungen doch für begründete Vermutungen. Diese gelten zum einen der These, dass es sich bei ihnen zumindest teilweise um ausgesprochene „Überflussgesellschaften" gehandelt haben mag: Insbesondere die Großwildjagd bedeutete bei Erfolg eine hohe „Energieeffizienz". So verweist Sieferle (1997b, S. 34) unter Hinweis auf amerikanische Literaturstudien darauf, dass der energetische Ertrag beim Erlegen von Großwild in einer günstigen Umwelt (z. B. in Steppenlandschaften) mit 40.000 bis 60.000 kj pro Arbeitsstunde erheblich höher liegt als z. B. bei der bäuerlichen Landwirtschaft (12.000–20.000 kj/Arbeitsstunde). Das aber bedeutet, dass in primitiven Gesellschaften nach erfolgreicher Jagd Muße und freie Zeit verfügbar war. Gefördert wurden solche Freiräume durch die bereits erwähnten geringen Bevölkerungsdichten, die bis in die jüngste Vergangenheit hinein den Verhältnissen des Spätglazials vergleichbare Werte aufweisen (Tab. 1 nach Boyden, zitiert von Sieferle 1997b, S. 35).

Das Beispiel der !Kung San in Namibia belegt die Übertragbarkeit aktueller Befunde auf die Vergangenheit. Untersuchungen in der Kalahari Südwestafrikas (Lee/De Vore 1976) zeigten, dass die!Kung San und andere Stämme in der Kalahari Territorien von 50 km Durchmesser durchstreifen. In regelmäßigen Wanderungsrhythmen werden zwischen 10 und 20 km täglich zur Jagd- und Sammeltätigkeit zurückgelegt. Dieses System wird dabei nicht nur durch Anpassung an die periodisch oder episodisch wechselnde Ertragsfähigkeit der bewirtschafteten Ökosysteme variiert, sondern auch durch wechselnde Gruppengrößen und Modifikationen des Wanderungsverhaltens den Potentialen angepasst. Mit anderen Worten: Das Verhalten der!Kung San ist „eine Art Mechanismus, der auf lokale Veränderungen der Ressourcen antwortet. Es ist elastisch in Bezug auf Mangel und auf Überfluß" (Groh 1992b, S. 149).

Was die Spiritualität der Menschen in dieser Übergangsphase von der letzten Kaltzeit und den klimatischen Turbulenzen des Spätglazials an der Wende zum Holozän anbelangt, so treten vor allem im südlichen Europa – und damit weit von den rückweichenden Eisfronten der nordischen Inlandvereisung sowie der Gebirgsvergletscherungen der Alpen entfernt – bemerkenswerte künstlerische Zeugnisse hervor. Dazu zählen vor allem die berühmten Höhlenmalereien von Lascaux und Altamira, deren Alter auf etwa 15.000 v. h. geschätzt wird. Dabei stellt sich wiederum die Frage nach der Be-Deutung dieser Felsbilder. Sind es lediglich bildliche Darstellungen von Jagdszenen oder geht es auch um Jagdzauber und spirituelle Beschwörungsrituale? Müller-Beck (2004, S. 78) weist auf menschliche wie tierische Sterbeszenen in Lascaux hin. Zudem finden sich hier, wie schon 17.000 oder 18.000 Jahre zuvor in den Höhlen von Chauvet, zahlreiche Jagdwerkzeuge. Neben Wurfspeeren und Speerschleudern tauchen aus Rentiergeweihen gefertigte Harpunen sowie aus Knochen hergestellte Nadeln in Verbindung mit Steinwerkzeugen auf. Sie gehören dem Magdalénien an, das in Mitteleuropa die älteren und in den Bearbeitungsmethoden noch gröberen mittelpaläolithischen Werkzeuge des Moustérien und des Aurignacien ablöst.

Insgesamt haben sich in den letzten Jahren durch zum Teil spektakuläre Funde neuer Artefakte des Mittleren und Jüngeren Paläolithikums die Vorstellungen verdichtet, dass die Menschen der ausgehenden Eiszeit tatsächlich Jagdritualen unter Führung von Schamanen unterlagen, die Jagdzauber beschworen. Auch Fruchtbarkeitskulte scheinen verbreitet gewesen zu sein, wie Stein- und Tonfigurinen sowie eindeutige Sexualsymbole auch in der Übergangszeit vom Pleistozän zum Holozän belegen.

Die „Neolithische Revolution" und die Sesshaftwerdung des Menschen

Vor etwa 10.000 bis 12.000 Jahren endet die vorgeschichtliche Phase des Menschseins. Die Ablösung der über Hunderttausende von Jahren vorherrschenden Wildbeuterei und die Aneignung der Natur durch Sammler und Jäger durch den allmählichen Übergang zu spezialisierter Jagd markiert einen gleitenden Übergang zu neuen Lebens- und Wirtschaftsformen des Menschen, die sich allerdings zunächst nur an einigen wenigen Stellen der Erde vollziehen. Der geregelte und permanente Anbau von Pflanzen und die Domestikation des zuvor gejagten Wildes stellen entscheidende Rahmenbedingungen dessen dar, was wir seit Gordon Childe (1936) als „Neolithische Revolution" bezeichnen. Diese in der Tat revolutionären Veränderungen in der Menschheitsgeschichte gehen einher mit der Entstehung erster permanenter Siedlungen, die naturgemäß Einfluß auf die Ökosysteme ihres Umfeldes haben mussten. Dazuzurechnen sind aber auch erste archäologisch nachweisbare Formen überregionalen Handels und Austauschs sowie politischer Territorialstrukturen, die ihrerseits mit der Herausbildung rekonstruierbarer sozialer Hierarchien und beruflicher Differenzierungen verbunden waren.

Trotz abermals schwieriger, weil unklarer Rekonstruktionsverhältnisse geht man wohl nicht fehl in der Annahme, dass – ähnlich wie bei dem zeitlichen und teilweise auch räumlichen Nebeneinander von Neandertaler und modernem Menschen – auch der Neolithisierungsprozess als raum-zeitliches Nebeneinander vorzustellen ist. Dass Sammler- und Jägerkulturen in weltweitem Maßstab an vielen Stellen der Erde bis in die jüngere Vergangenheit, d. h. bis zum 18. Jahrhundert, fortwirkten, hat Müller-Beck (2004) kurz und prägnant dargelegt (vgl. dazu auch Farbabb. 12). Für die Entstehungszeit des Neolithikums ist davon auszugehen, dass Sammler und Jäger bezüglich Bevölkerungszahl und Flächenansprüchen noch lange Zeit dominierten. Ihre Spezialisierung auf besonders geeignete Pflanzen und Tiere als Nahrungsgrundlage wird sicherlich zu Symbiosen mit bestimmten Tieren, die Präferenz spezieller Pflanzen zu einer Einengung der Schweifgebiete geführt haben. Dass von hier ein nur kleiner Schritt zur permanenten Sesshaftigkeit bleibt, ist leicht vorstellbar.

Wie also haben wir uns den Übergang zur Sesshaftigkeit und die frühen Formen des Neolithikum vorzustellen? Die Bandbreite der Daten belegt, dass es sich bei dem Prozess des neolithischen Domestikations- und Sesshaftwerdungsprozesses um kein abruptes Ereignis, sondern um einen in Raum und Zeit differenzierten Prozess handelt. Vor- und Frühgeschichtler sind sich darin einig, dass die Neolithisierung ein allmählicher, durch „Parallelgesellschaften" gekennzeichneter Vorgang ist, der viele Variationen und Anpassungsstrategien der Menschen an ihre spezifischen Umwelten kennt (vgl. dazu Wenke 1990). Es ist nicht überraschend, dass es unterschiedliche Auffassungen über Ursachen und Wirkungen dieses Prozesses gibt. Allerdings geht es heute weniger um das „Wie?" als vielmehr um das „Warum?" der Neolithischen Revolution und die mit ihr verbundenen Veränderungen der materiellen wie spirituellen Kultur. Sehr früh argumentierte der deutsch-amerikanische Geograph C. O. Sauer (1952) in seiner berühmten Schrift „Agricultural Origins and Dispersals", dass der Übergang des Menschen zur Sesshaftigkeit auf einer ganzen Reihe von Faktoren basiere: eine große Bandbreite von Wildpflanzen und Wildtieren, aus denen geeignete Spezies für die Domestikation auszuwählen waren; hügeliges Terrain und Wälder, die leicht abzubrennen und zu roden waren; nicht Jäger, sondern Waldlandbewohner als Begründer sesshafter Land- und Weidewirtschaft und als bodenständige Menschen, die Felder und Herde hegten und pflegten. Eine andere These vertritt dagegen aus agrarwissenschaftlicher Sicht E. Boserup. Sie argumentierte in ihrer Studie über die „Conditions of Agricultural Growth" (1965), dass allmähliches Bevölkerungswachstum der entscheidende Motor für die Sesshaftwerdung der Menschen im Neolithikum gewesen sei. Geregelter und systematischer Anbau von Pflanzen sowie die Nutzung tierischer Ressourcen seien logische und rationale Konsequenzen der Menschen auf zunehmenden Bevölkerungsdruck infolge immer häufiger werdender Engpässe bei der tradierten Jagd- und Sammelwirtschaft gewesen. Wieder andere Autoren (z. B. Groh 1992a) sprechen von autonomen „Psycho-Evolutionen", in denen die Menschen allmählich ihre mentale Überlegenheitsstruktur gegenüber ihren tierischen Mitgeschöpfen realisierten. Auf dieser Basis habe sich der Übergang des Menschen von einem Natur- zu einem Kulturwesen, zu einem „homo oeconomicus", vollzogen. Die Zahl solcher kulturwissenschaftlicher Erklärungsversuche ließe sich fortsetzen. Sie blieben aber unvollständig, wenn nicht nochmals auf die bereits angesprochenen und in Farbabb. 1 und 2 thematisierten naturwissenschaftlichen Erkenntnisse auf dem Gebiet des Klimawandels verwiesen würde. Das Aussterben der pleistozänen Großsäuger, denen nach Schätzungen der Paläobiologen und Paläontologen in Eurasien etwa die Hälfte der Megafauna, in Amerika sogar etwa drei Viertel zum Opfer fielen, bedeutete eine enorme Schmälerung der traditionellen Überlebensbasis der Sammler- und Jägerkulturen. Mit anderen Worten: die im Überfluss zur Verfügung stehenden natürlichen Ressourcen brachen zusammen oder wurden in ökologische Nischenräume abgedrängt. Auch aus dieser Perspektive also wird man schließen müssen, dass es vor allem die veränderten Natur- und Umweltbedingungen sind, die zum entscheidenden Agens für den Sesshaftwerdungsprozess werden: Die Menschen waren zur Entwicklung einer neuen und demographisch tragfähigen Ernährungsbasis gezwungen – und diese lag in der Entwicklung einer nachhaltigen Land- und Viehwirtschaft (Binford 1977, Bender 1978, MacNeish 1991, Rindos 1984). Die von Sauer, Boserup und anderen genannten Interpretationen betreffen weniger die Ursache als vielmehr die Konsequenzen dieser Sedentarisation des Menschen.

Für die These, dass die Sesshaftwerdung der Menschen letzten Endes eine globale Verursachung haben müsse – und dieses kann nur ein global wirksamer Klimawandel sein! – spricht auch die Tatsache, dass an der Wende vom Pleistozän zum Holozän plötzlich und weltweit Sedentarisierungs- und vor allem Domestikationsereignisse von Pflanzen und Tieren nachweisbar werden. In einer berühmt gewordenen Übersicht hat Harlan (1976) eine Zusammenstellung datierbarer Domestikationen vorgelegt (vgl. Farbabb. 3), die inzwischen zu ergänzen und zu aktualisieren ist. Die Übersicht zeigt, dass nicht nur im Nahen Osten, sondern auch in Zentralasien, Südasien und vor allem auch in der Neuen Welt unabhängig voneinander Innovationszentren der Domestikation gelegen haben, deren Altersbestimmungen überraschende zeitliche Parallelen aufweisen.

Die in Farbabb. 3 zusammengefassten Daten und Lokalitäten zeigen, dass die Region des Nahen und Mittleren Ostens nicht nur Gravitationszentrum der Neolithischen Revolution (Müller-Beck: Steinzeitliche Neolithisierung) ist, sondern auch dessen zeitliches Innovationszentrum. Die natürlichen Grasfluren der Steppen und lichten Wälder an der Außenabdachung des Libanon-Gebirges, des Taurus und des Zagros sind das natürliche Verbreitungsgebiet wild wachsender Getreidearten wie Emmer oder Wildgerste (Rudorf 1969), aber auch die Weidegründe von Wildschafen und Wildziegen. Dabei ist es anscheinend besonders die ökologische Lage an der Grenze von offenem Grasland zu lichter Waldvegetation, die für die Neolithiker zu bevorzugten Siedlungsplätzen wird. Unter den vielen Ausgrabungen der vor etwa 10.000 bis 12.000 Jahren plötzlich in Erscheinung tretenden festen Siedlungen gelten nach wie vor das prähistorische Jericho sowie die anatolische Siedlung von Çatal Hüyük als die Musterbeispiele neolithischer Siedlungen. In Jericho wurden, ebenso wie in dem neolithischen Dorf Ain Ghazal, beide im heutigen Jordanien gelegen, bei Ausgrabungen seit den 60er-Jahren nicht nur Steingebäude und Ummauerungen stadtähnlicher Siedlungen gefunden, sondern zugleich auch fast lebensgroße menschliche Statuen, stilisierte Portraitköpfe, Feuerstein- und Knochenwerkzeuge, bearbeitete Keramik sowie als Kunst- und Kultgegenstände zu deutende Artefakte. Wenn nach Befunden der Ausgräber (vgl. Kenyon 1976) die Bevölkerung auch noch weitgehend der Sammelwirtschaft und Jagd nachging und Ansätze einer geregelten und regelmäßigen landwirtschaftlichen Betätigung erst in Anfängen nachweisbar sind, so deuten die architektonischen Befunde ebenso wie die kunsthandwerklichen und künstlerischen Belege auf komplexe Sozialstrukturen, die über die Territorialität und Sozialität der Jäger- und Sammlergesellschaften weit hinauszugehen scheinen. Als besonders ertragreich erwiesen sich die Ausgrabungen im anatolischen Çatal Hüyük. Der Ort, am Rande der Konya-Ebene gelegen und erstmals vor über 8.000 Jahren besiedelt, ist gekennzeichnet durch eine sehr planmäßige Anlage von über 150 Gebäuden. Bei ihnen handelt es sich um eng verbaute, quadratisch-rechteckig errichtete Lehmbauten mit Flachdächern, über die auch der Zugang zu den Häusern erfolgte. Bemerkenswert sind vor allem tempelartige Gebäude mit Altären und Stierkulten, Hinweise also auf offensichtlich religiöse Verrichtungen. Manche Archäologen glauben gar in den Farbornamenten an den Häusern den ältesten Stadtplan der Menschheitsgeschichte sehen zu können (Harwood 2007). Zudem belegen die Funde zahlreicher Obsidianartefakte, dass Çatal Hüyük schon vor etwa 8.000 Jahren in ein überregionales Netzwerk von Handelsbeziehungen eingebunden war. Gleiches gilt übrigens für Ain Ghazal. Die

Tab. 2:   Ain Ghazal/Jordanien: Mensch-Umwelt-Entwicklungen im Übergangsbereich vom
Meso- zum Neolithikum (nach Gebel 2004)

Kultur und Zeitstellung	Gesellschaftliche Entwicklungen in den jordanischen Bergregionen
Spät-Natufien (12.000–10.200 v. Chr.*)	Erste Ortsbindungen von mobilen Jägern und Sammlern, die um Gunstgebiete rivalisieren und Naturräume zunehmend spezialisiert bewirtschaften; Verkleinerung der Schweifgebiete; größere gruppeninterne Abhängigkeiten verdrängen egalitäre Gruppenstrukturen.
Präkeramisches Neolithikum A (PPNA) (10.200–8.800 v. Chr.)	Zeit des Übergangs, in der ortstreue Jäger und Sammler vom Typ des Spät-Natufien koexistieren mit den ersten Dorfgesellschaften (Dörfer bis 1 ha), die bereits Getreidekultivation betreiben; Bevölkerungswachstum mit zunehmender Auflösung der offen-familiären jägerischen Gruppen und Herausbildung kleinfamiliärer Einheiten.
Frühes – Mittleres Präkeramisches Neolithikum B (EPPNB – MPPNB) (8.800–7.600 v. Chr.)	Kleine „flachhierarchische" Dorfgemeinschaften (Dörfer bis 2 ha), die vermutlich aus Kernfamilien mit einer durch Konsens etablierten Führungselite/Häuptlingen bestehen; stärkeres Bevölkerungswachstum in Gebieten mit sicherem Ackerbau und ausreichendem Wild; in den semi-ariden Randzonen Jäger und Sammler vom Typ des PPNA.
Spätes Präkeramisches Neolithikum B (LPPNB) (7.600–6.900 v. Chr.)	Zeit der Großsiedlungen (bis 15 ha) mit erweiterten Familien (Großfamilien), die sich unter dem wachsenden Druck innerörtlicher Konkurrenz (arbeitsteiliges Handwerk, Ressourcen, zunehmende soziale und möglicherweise religiöse Hierarchisierung) als wirtschaftlich zusammenarbeitende selbstständige Einheiten formieren; Eliten größerer Siedlungen scheinen Unterhierarchien auszubilden; und regionale Siedlungsnetzwerke bezeugen einen komplexeren, auch überregionalen Handel; erhöhte inner- und zwischenörtliche Aggression ist anzunehmen; in den Wüsten weiterhin Jäger und Sammler.
Präkeramisches Neolithikum C (PPNC) (6.900–6.400 v. Chr.)	Einige Mega-Dorfgemeinschaften reduzieren sich auf kleinere Kommunen mit einfacheren Sozialstrukturen, und ein Teil der Bevölkerung nimmt mobile Lebensformen an (Hirtengesellschaften mit Ackerbau und jägerischem Anteil); Ausbildung dieser Hirtengesellschaften möglicherweise begünstigt durch die groß-familiären Sozialstrukturen des LPPNB (frühe Stammesgesellschaften).
Keramisches Neolithikum A–B (PNA – PNB) (6400–5400, 5400–5000 v. Chr.)	Verfestigung gespaltener gesellschaftlicher Strukturen in Jordanien: in Gunstregionen bäuerlich-dörfliche Gemeinschaften mit Kleinfamilien, die auch Weidewirtschaft betreiben; in Steppengebieten mobilere Wanderhirten, die vermutlich in Stämmen bzw. stammähnlich organisiert sind.
* Alle in diesem Beitrag verwendeten Zeitangaben sind kalibrierte Radiokarbondaten.	

frühneolithische Siedlung, etwa 15 ha groß und von bis zu 3.000 Menschen bewohnt, weist eine über 2.000 Jahre (7300 – 5000 v. u. Z.) während Siedlungkontinuität auf. Auch sie ist durch bislang nicht eindeutig zu interpretierende Kunstgegenstände (lebensgroße Gesichtsmasken und bis zu 1 m große Ganzkörperstatuen) gekennzeichnet, kennt mehrstöckige Gebäudekomplexe, hat als Tempel gedeutete Kultstätten, ist durch Handel mit anderen Orten vernetzt und vor allem durch offenkundigen Raubbau an der natürlichen Umwelt geprägt. Die Interpretationen der Ausgräber und ihre archäologischen Befunde lassen den gesellschaftlichen Wandel im Übergang von Mobilität zur Sesshaftigkeit, deren zeitweiliges Mit- und Nebeneinander sowie die Implikationen für Territorialität, Sozialität und die sich verändernden Mensch-Umwelt-Beziehungen deutlich werden. Bezüglich der Eingriffe der Neolithiker in den Naturhaushalt stellt Gebel (2004, S. 50) schon für das 8. und 7. vorchristliche Jahrtausend fest: „Erste durch Menschen verursachte Umweltkatastrophen durch Überweidung, Zerstörung von Böden und Schädigung der Wasserhaushalte in den Siedlungsnahräumen müssen überall da angenommen werden, wo die empfindlichen und begrenzten Naturräume der stetig wachsenden Ressourcenbeanspruchung nicht standhielten […]". Eine grobe Stratigraphie und Chronologie der in Jordanien ermittelten Befunde lässt für einen Zeitraum von etwa 7.000 Jahren die Veränderungen der gesellschaftlichen Entwicklungen und der Mensch-Umwelt-Beziehungen exemplarisch nachvollziehbar werden (vgl. Tab. 2). Sie dürften für etliche andere Siedlungen des Neolithikums im „Fruchtbaren Halbmond" Repräsentanz haben (Farbabb. 4).

Jüngster Beleg für die aus Ain Ghazal abgeleiteten Befunde zur Entwicklung der Mensch-Umwelt-Beziehungen im frühen Holozän und für den Bereich des Nahen und Mittleren Ostens sind die Grabungsergebnisse am Göbekli Tepe im Südosten der Türkei. Auch diese Siedlung aus dem 10. und 9. Jahrhundert v. h. liegt im Verbreitungsgebiet der wilden Getreidearten Einkorn, Emmer und Gerste sowie des Wildschafs und der Wildziege, aber auch des Wildrindes (vgl. Farbabb. 4). Sie ist älter als viele andere neolithische Fundplätze, dennoch aber bereits durch eine Art Monumentalarchitektur und Großplastik gekennzeichnet. Neben einem umfangreichen Inventar an Geräten aus Feuerstein und Knochen, an Mahlsteinen und Steingefäßen verschiedenster Art (stilistisch dem frühen akeramischen Neolithikum zugeordnet) stießen die Archäologen auf große Steinkreise, umrahmt von bis zu 5 m hohen Monolithen in T-Form sowie Raubtierskulpturen. Die Tatsache, dass weder domestizierte Wildtiere noch Belege für Kulturpflanzen gefunden wurden, lässt die Ausgräber zu folgendem Schluss kommen: „Der Göbekli Tepe gehört noch der Welt der Sammler und Jäger an – er war noch nicht wirklich ‚neolithisch'; er markiert die fulminante Schlussphase einer jägerischen Kultur, die kurz vor dem entscheidenden Umbruch der Menschheitsgeschichte steht: der neolithischen Revolution […]" (Schmidt 2007a, S. 75). Die Existenz megalithischer Steinsetzungen mit reicher Ornamentik, tierischer und menschlicher Figurinen, von Steingefäßen, Mahlsteinen, Stößel und Geschossspitzen, vor allem aber 10.000 Jahre alter Fundamente von Gebäuden, als Vorrats- und Wohnhäuser gedeutet, macht Göbekli Tepe zu einer für die Rekonstruktion der Menschheitsgeschichte besonders bedeutsamen archäologischen Grabung und Fundstätte (vgl. dazu BLK 2007).

Göbekli Tepe – Ain Ghazal – Jericho – Çatal Hüyük: diese und andere Lokalitäten in jenem Steppengürtel, der als „Fruchtbarer Halbmond" bekannt ist, sind also jene Orte, die uns nicht nur in den Domestikationsprozess von Pflanzen und Tieren, sondern auch in den Ablauf der Sesshaftwerdung des Menschen tiefe Einblicke geben. Ihre Konzentration auf den weit gespannten Bogen vom heutigen Jordanien über die Türkei bis hin in den nördlichen Irak und die Gebirgsvorländer des iranischen Zagros lassen es als sicher erscheinen, dass der Bereich des „Fruchtbaren Halbmondes" der Ausgangspunkt der Neolithischen Revolution gewesen ist. DNA-gestützte Untersuchungen untermauern die These, dass die Domestikation z. B. der Hausrinder aus dem Wildrind (Auerochse) wohl erstmals vor etwa 8.000 bis 9.000 Jahren in diesem Bereich erfolgt ist. Die gentechnische Untersuchung von 392 verschiedenen Boviden aus Europa, Afrika und dem Vorderen Orient belegt indes nicht nur den Nahen Osten als deren Domestikationszentrum, sondern auch als deren Ausgangspunkt für die Verbreitung über Europa und die ganze Welt (vgl. Bradley 2001, S. 1088). Aber nicht nur auf dem agraren Sektor, sondern auch im Hinblick auf handwerkliche Fähigkeiten wie auch im überregionalen Handel gilt der „Fruchtbare Halbmond" als bislang ältestes Innovationszentrum. Ausdruck dieser Vorrangstellung sind die in seinem Umkreis gefundenen ältesten Siedlungen der Menschheit: Dörfer und befestigte stadtähnliche Gebilde einer sesshaften und zumindest teilweise von der Landwirtschaft unabhängigen Einwohnerschaft.

Die Ausbreitung der neolithischen Lebens- und Wirtschaftsweise aus der Region des Nahen und Mittleren Ostens erfolgt ab etwa 9.000 vor unserer Zeit. Sie erreicht die Küsten des westlichen Mittelmeeres vor etwa 8.000 Jahren (Guilaine 2007). Mitteleuropa, wo die Neolithiker unter dem Namen der Bandkeramiker bekannt werden, wird erst in der Mitte des vorchristlichen Jahrtausends (5500 bis 5200 v. u. Z.) okkupiert, wobei der Vorstoß sowohl von Südosten als auch aus südwestlicher Richtung erfolgt sein dürfte (Lüning 2007; vgl. dazu Farbabb. 5).

Es entspricht dem Wesen wie auch den technischen Fähig- und Fertigkeiten der Neolithiker, dass sie auf dem Wege ihrer Expansion in die waldreichen Gebiete Europas besonders solche Regionen besiedelten, die eine Kombination von Land- und Viehwirtschaft erlaubten und die relativ leicht agrarkolonisatorisch zu erschließen waren. Bevorzugte Räume ihrer Landnahme waren deshalb natürliche Grasländer und lichte Waldsteppen: die Beckenräume des Balkan, das Pannonische Becken, die wissenschaftlich umstrittenen Steppenheiden des deutschen Südwestens (Ellenberg 1954, Gradmann 1898), die Lößbörden und trocken-sandigen Geestinseln des europäischen Mittelgebirgsvorlandes. Der Expansionsdrang der Neolithiker führte zur Verdrängung noch existenter Sammler- und Jägerkulturen in den okkupierten Siedlungsräumen. Dennoch ist davon auszugehen, dass auch hier die Koexistenz zwischen mobilen Sammlern und Jägern einerseits, sesshaften Bauern andererseits für lange Zeit noch angehalten hat. Es gibt aber auch etliche Belege für die These, dass Land- und Viehwirtschaft für die Sesshaften allein zum Lebensunterhalt nicht ausgereicht haben, sodass auch von ihnen noch komplementäre Jagd- und Sammelwirtschaft als Teil ihrer Existenzgrundlagen betrieben worden sein mag (Lüning u. a.1997; Lüning 2007).

Die Tatsache, dass der Nahe und Mittlere Osten zwar Ausgangspunkt der Neolithisierung war, es gleichzeitig an anderen Orten der Erde aber auch zu ähnlichen Entwicklungen kam (prägnant: Müller-Beck 2004, S. 94–113), lässt nochmals die Frage nach den Ursachen dieses revolutionären Sesshaftwerdungsprozesses aufkommen. Ist es Bevölkerungsdruck (Boserup)? Sind es ökologische Gunstfaktoren bestimmter Biotope (Sauer)? Sind es veränderte Sozialstrukturen und Ideologien? Während Guilaine (2007) eine Kombination dieser und anderer Ursachenkomplexe als Erklärung erwägt, muss abschließend doch nochmals auf den Aspekt der Klimaänderung eingegangen werden. Es wurde bereits erwähnt, dass die Globalität

der Neolithischen Revolution nach einer global überzeugenden Erklärung dieses Phänomens
verlangt.

Bereits in den Farbabb. 1 und 2 wurden die Turbulenzen des Klimas an der Wende vom
Pleistozän zum Holozän angesprochen. Es liegt auf der Hand, dass extreme Oszillationen des Kli-
mageschehens sich in extremen Naturmilieus besonders ausgeprägt widerspiegeln. Ein Musterbeispiel für die globale Wirksamkeit des pleistozän-holozänen Klimawandels ist der Nordsaum
der Wüste Sahara. Die Landschaftsgeschichte dieses Raumes ist zugleich ein schönes Beispiel für
die Adaption des Menschen an diesen Wandel. Die Zusammenstellung der Forschungsergebnisse
unterschiedlicher Disziplinen macht die nicht immer einfachen Rekonstruktionen der komplexen Zusammenhänge zwischen Natur- und Menschheitsgeschichte deutlich (vgl. Farbabb. 6).
Aus paläoklimatischer Sicht sind auch hier zahlreiche Oszillationen zwischen sehr feuchten,
aber immer wieder von Trockenperioden unterbrochenen Zeitabschnitten belegt. Dabei zeigen
Datierungen von Holzkohle sowie pollenanalytische Analysen insbesondere für den Zeit-
abschnitt von 7.000 bis 6.500 v. h. „ein Maximum der Savannenausbreitung nach Norden",
gefolgt von einem zweiten Klimaoptimum um 5.700 v. h. In ihrem Gefolge verschoben sich
„die Vegetationszonen erneut nach Norden, jetzt um etwa 300 – 400 km" (Neumann 1989,
S. 142 f.). Diesen natürlichen Klimaschwankungen entsprechen menschliche Wanderungsbewe-
gungen und wirtschaftliche Aktivitäten, wie sie insbesondere in den Felsbildern der nördlichen
Sahara, aber auch an prähistorischen Fundstellen negrider wie indo-europäischer Bevölkerungen
(Werkzeuge, Steinplätze, Feuerstellen etc.) fassbar werden. Insbesondere die in den Fels geschlif-
fenen, gravierten oder gepunzten Darstellungen von Großwild (Elefanten, Giraffen, Antilopen,
Krokodile), aber auch von Jägern und ihren Jagdmethoden wie auch von domestiziertem Großwild sind überaus eindrucksvolle Belege sowohl des Umwelt- als auch des Kulturwandels eines
heute extremen Trockenraumes (Kröpelin-Kuper 2007).

Insgesamt will es heute scheinen, als sei der durch den globalen Klimawandel ausgelöste
Zusammenbruch der jägerischen Basis an der Wende vom Pleistozän zum Holozän eine entscheidende Ursache für die weltweit nachweisbare Zäsur in der Entwicklung der Menschheitsgeschichte: „Die Menschen gerieten unter Anpassungsdruck, vermutlich begannen die Bevölkerungszahlen zu schwanken. Altes Wissen, alte Gewohnheiten und vertraute Traditionen wurden
jetzt rasch nutzlos, die Kultur erfuhr einen rapiden Wandel. Die alte Lebensweise musste in jeder
Hinsicht aufgegeben werden. Ein eingespieltes System wurde erschüttert, und vermutlich traten
Pioniere auf, die mit neuartigen Organisationsformen und Lebensweisen experimentierten. Es
setzte eine Periode verschärfter Unsicherheit und Innovationsbereitschaft ein, die schließlich in
die Neolithische Revolution einmündete" (Sieferle 1997b, S. 59).

Unter Hinweis auf Bobeks umfassende Charakterisierung des von ihm so genannten
„Sippenbauerntums" im allmählichen Übergang von einer umherschweifenden zu einer sesshaf-
ten Lebens- und Wirtschaftsform ergeben sich eine Reihe grundlegender Veränderungen im
Mensch-Umwelt-Verhältnis. Dazu zählen auf der Basis eines geregelten Anbaus gewisser Kultur-
pflanzen sowie einer zunächst begrenzten, sich später dann ausweitenden Nutztierhaltung eine
Verbreiterung der Ernährungsbasis. Zwar ist das Verhältnis von Bevölkerung/Einwohnerzahl zu
Fläche nach wie vor ein sehr extensives: Siedlungen und land- bzw. weidewirtschaftlich genutz-
te Flächen stehen in ausreichendem Maße zur Verfügung. Bevölkerungswachstum aber kann bei
Bedarf in flächenhaftes Wachstum von Siedlung und Wirtschaftsfläche umgesetzt werden. In der

Tat sind „Sprossung" bzw. Filiation von Siedlungen ein verbreitetes Phänomen des Sesshaftwerdungsprozesses, wodurch immer neue Flächen von Natur- in Kulturland umgewandelt werden. Auch weisen archäologische Funde auf die Herausbildung eines nicht-agrarischen Überbaus der Bevölkerung hin, der ganz offensichtlich durch agrare Überschüsse ernährt werden konnte und die allmähliche Entwicklung handwerklicher Aktivitäten wie Töpferei, Weberei, Waffenherstellung und ähnlicher Tätigkeiten ermöglichte. Daneben belegen archäologische Funde und Grabungen die Nutzung von und den Handel mit Rohstoffen. Dazu zählt im vorderasiatischen Raum der Vertrieb von bergbaulichen Produkten (Kupfer, Lapislazuli) über größere Distanzen hinweg.

Insgesamt also ist der Rahmen abgesteckt für den mit dem Neolithikum einsetzenden „Weg des Menschen in die Geschichte" (Müller-Beck 2004), der letzten Endes bis in die Gegenwart hinein anhält. Geologisch bestimmt wird er durch das Holozän, das den ökologischen Rahmen der künftigen Mensch-Umwelt-Beziehungen abgibt. Es ist aber auch der Hintergrund eines sozialen, wirtschaftlichen und vor allem auch geistig-kulturellen Aufschwungs, der nicht nur die Umgestaltung der Natur, sondern auch die zunehmende Reflexion der Menschen über ihre Stellung in der Welt und ihre Verantwortung gegenüber der Natur und Umwelt zum Gegenstand haben wird – bis heute!

Die frühen Hochkulturen: Schöpfungsmythen und Menschenbilder in der Alten und Neuen Welt

Die mit dem Neolithikum sich ausbreitende Sesshaftigkeit der Menschen und ihre nun markanter hervortretenden Sozial- und Territorialstrukturen werden von Bobek in zwei Phasen, die „Stufe der herrschaftlich organisierten Agrargesellschaft" sowie die „Stufe des älteren Städtewesens", gegliedert (1959, S. 274–287). Bereits in dieser Umschreibung treten wesentlichen Merkmale beider Wirtschafts- und Gesellschaftsstufen hervor. Für unsere zentrale Fragestellung, die Mensch-Umwelt-Beziehungen aus geographischer Sicht, gehen die Entwicklungen klarer hierarchischer Herrschaftssysteme sowie die Anfänge früher Urbanität mit tiefgreifenden Eingriffen in die Naturhaushalte einher. Auf der einen Seite erleben wir im Umkreis der wachsenden Siedlungen die flächenhafte Ausweitung der landwirtschaftlichen Nutzung im Bereich der Steppenlandschaften und/oder lichten Wälder, vor allem dort, wo diese Grasfluren und lichten Baumbestände auf fruchtbaren Böden stocken. Aus den in Zusammenhang mit Göbekli Tepe, Çatal Hüyük oder Ain Ghazel genannten Kultstätten, aus den Vorkommen reliefverzierter oder bemalter Keramik, aus Schmuckstücken und filigran gefertigten Knochenstücken sowie aus frühen Tonstempeln, die in Anatolien etwa seit dem späten 7. Jahrhundert v. u. Z. nachweisbar werden, kann man mit guten Gründen auf eine sozial stratifizierte Gesellschaft schließen. Auch lässt der überregionale Handel, wie er in Funden von Obsidian, Lapislazuli oder Marmorfragmenten fernab ihrer geologischen Lagerstätten deutlich wird, auf Handels- und Austauschbesiedlungen, auf überregionale Netzwerke und differenzierte Gesellschaftsstrukturen schließen.

Auf der anderen Seite erfolgt im Bereich des „Fruchtbaren Halbmonds" und seiner Peripherie ein weiterer wichtiger Schritt in der Menschheitsgeschichte: die agrarkolonisatorische Eroberung und Erschließung der großen Stromtiefländer von Euphrat, Tigris und Nil, etwas später auch des Indus-Tieflands. Voraussetzung für die kulturtechnische Inwertsetzung der schwer zu bewirtschaftenden Böden in den Überschwemmungsbereichen sind dabei ganz offensichtlich Herrschaftsstrukturen, die die Organisation und Durchführung solcher Maßnahmen planen konnten, das heißt Herrscher und/oder Staatsapparate, die als ein nicht-agrarer Überbau die große Masse der Bevölkerung zu kontrollieren und zu dominieren vermochten – Wittfogel (1962) hat das als „hydraulische Zivilisationen" bezeichnet, deren Voraussetzung eine Art „orientalische Despotie" war. Die Kontrolle und Manipulation der natürlichen Wasserhaushalte setzte beträchtliche organisatorische wie auch wissenschaftlich-technische Fähigkeiten sowie den Einsatz großer Menschenmassen für Kanal- und Deichbau sowie für die Anlage und Bewirtschaftung der Bewässerungsfelder voraus. Ebenso wichtig aber war auch das, was man heute als naturwissenschaftliche Erkenntnisse bezeichnen würde, z. B. die Beobachtung der Jahreszeiten oder des Abflussverhaltens der großen Ströme als Voraussetzung für eine optimale Organisation der Anbau- und Bewässerungszyklen. Diese hatten weitere Innovationen zur Folge, z. B. die Beobachtung der Gestirne, die Kalendrierung des Jahres, die Vermessung von Feldern und Bewässerungsflächen. Verbunden damit waren die Mathematisierung und Rechenhaftigkeit von Landbewirtschaftung und Ernteerträgnissen, die Aufteilung des Landes in Eigentumstitel, die Kodifizierung von Regeln und Rechtsformen durch die Entwicklung von Schrift sowie der Aufbau eines organisierenden Staatsapparates durch einen administrativen Überbau: Priester, Militärs, Beamte. Alle diese Entwicklungen, schwerpunktmäßig zunächst auf Mesopotamien und die Nilstromoase konzentriert, sind nicht nur Ausdruck einer enormen kulturellen Evolution, sondern zugleich Indikator einer zunehmenden Kontrolle der Natur durch den Menschen. Eine große Zahl einschlägiger Publikationen vor allem aus prähistorisch-archäologischer Perspektive sowie aus der Sicht unterschiedlicher Kulturwissenschaften fasst den gegenwärtigen Forschungsstand übersichtlich zusammen. Stellvertretend sei auf folgende Arbeiten verwiesen: Lloyd 1981, Roberts 1989, Ucko/Tringham/Dimbleby 1972 oder Wenke 1990.

Für die Frage nach der Entwicklung und Ausprägung der Mensch-Umwelt-Beziehungen sei an dieser Stelle nochmals auf unsere zuvor genannten Kriterien erinnert. Die fortgeschrittenen Rahmenbedingungen in Bezug auf Territorialität und Sozialität werden sehr früh schon insbesondere für Mesopotamien fassbar. In weitgehender Übereinstimmung mit den von Bobek bereits 1959 genannten und im Prinzip auch heute noch gültigen Merkmalen sowohl der herrschaftlich organisierten Agrargesellschaft als auch der Kultur des älteren Städtewesens bilden sich insbesondere im Zweistromland, später dann aber auch in der Nilstromoase sowie im Indus-Tiefland Territorialstrukturen aus, die als Vorläufer moderner Staatswesen interpretiert werden können. Bereits im alten Lande Sumer, dessen schriftliche Zeugnisse bis in das ausgehende 4. vorchristliche Jahrtausend, verstärkt dann aber in die Zeit seit 3.000 v. u. Z. zurückreichen, haben wir eine vergleichsweise detaillierte Kenntnis über Staat, Gesellschaft, Wirtschaft und Religiosität (vgl. Kramer 1963): Angeführt von Priesterkönigen oder den religiösen Kulten nahestehenden Militärherrschern entwickelte die sumerische Kultur schon frühzeitig politisch abgesicherte Territorialitäten, die in nicht unerheblichem Maße auf dem Management von Wasser basierten. Wie Sumer und Akkad, so folgten später Uruk, Warka und andere Stadtstaaten in der Aufteilung des mesopotamischen Territoriums und seiner Randbereiche (vgl. dazu z. B. Hansen 2000, darin insbes. die S. 35 – 139). Die Folge dieser Entwicklung war nicht nur eine konkurrierende Territorialität vieler kleiner Stadtstaaten, in deren Gefolge sich die späteren Großstaaten Assyrien (Assur) oder Babylonien (Babylon) entwickelten, sondern auch offenkundig sehr effiziente und differenzierte Verwaltungsstrukturen, die mit entsprechenden sozialen Hierarchien der Bevölkerung einhergingen. An der Spitze dieser Gesellschaften, in nicht unerheblicher Weise über das Management von Wasser und damit verbundene staatliche Planungs- und Koordinationsaufgaben gesteuert, stand ein differenzierter Staatsapparat unter Führung einer elitären Priester- und Militärkaste bzw. von Priesterkönigen (vgl. auch McAdams 1981).

Das neue Element eines nicht-agrarischen gesellschaftlichen Überbaus, der nicht direkt mit der Natur, d. h. mit Landbewirtschaftung oder Viehhaltung in Verbindung steht, wird „sublimiert" durch die Entwicklung von Schrift (Fischer 1999, S. 88–118; Ludwig 2005). Wohl nicht von ungefähr werden ab dem 3. vorchristlichen Jahrtausend an den Küsten des Mittelmeeres, in Mesopotamien und in Ägypten Schriftzeugnisse nachweisbar. Zahlreiche Tontafelarchive aus Mesopotamien, Syrien und Jordanien, später auch aus Persien sowie in Fels und Stein gehauene Inschriften im Zweistromland und in Ägypten belegen, dass vor allem Verwaltungsdekrete, Gesetzesvorschriften sowie Wirtschaftstexte über Ernteerträge, Steuerabgaben, Lagerbestände an landwirtschaftlichen Produkten aufgeschrieben wurden. Es handelt sich vorzugsweise um Dokumente, die für eine effektive Besteuerung und Staatsführung notwendig waren und die einer dafür ausgebildeten staatstragenden Beamtenschaft anvertraut waren. Die überlieferten Schriftdokumente enthalten aber auch religiöse bzw. spirituelle Texte, die sowohl in ihrem Ursprung als auch in ihrer Lesbarkeit einer nur kleinen Elite zugänglich waren. Damit wurde das Element „Schrift" zu einem zusätzlichen Herrschaftsinstrument, das das Funktionieren des Staatswesens und die Herrschaftsstrukturen festigte.

Auch das zuvor angesprochene Element *Vernunft und vorausschauende Rationalität* gewinnt mit den frühen Hochkulturen an eindrucksvoller Sichtbarkeit. Offenkundiger Ausdruck dieser Normierung und Kodifizierung des gesellschaftlichen Lebens sind abermals die auf Tontafeln, Gesetzesstelen und auf Papyri festgehaltenen Texte, die das Zusammenleben der verschiedenen Schichten der Gesellschaft, aber auch deren Pflichten und Rechte regeln. Einen besonderen Stellenwert nehmen naturgemäß Wirtschaftstexte ein. So hat z. B. H. Neumann (1987) Tontafeln im Hinblick auf die Organisation des Handwerks im Rahmen der Palast- und Tempelwirtschaft der sumerischen Stadt Ur zu Ende des 3. vorchristlichen Jahrtausends ausgewertet. Sie enthalten detaillierte Informationen über die Organisation des Handwerks und das damit verbundene Verwaltungspersonal, über die Beschaffung und Verteilung der Rohstoffe, über die Kontrolle der Produktion, die Auslieferung der Produkte, die Entlohnung der Handwerker sowie über das Verhältnis der Produktionsstätten zu der übergeordneten staatlichen Verwaltung. Spezielle Informationen betreffen das Schmiede- und Lederhandwerk, ebenso aber auch Holz und Schilfrohr verarbeitende Manufakturen. Diese Texte belegen, dass über die Landwirtschaft hinaus Menschen nun nachhaltig ihre natürliche Umwelt nutzen, von lokalen Rohstoffen abhängig waren und für lokale Märkte produzierten: „So war ein Teil des leder-, holz- und rohrverarbeitenden Handwerks in den einzelnen Tempelwirtschaften, Werften, Mühlen und Webereien konzentriert, wo die Handwerker wahrscheinlich in erster Linie für den Eigenbedarf dieser Wirtschaftseinheiten produzierten bzw. notwendige Reparaturarbeiten ausführten. Die Kontrolle darüber, vor allem im Zusammenhang mit der späteren Entlohnung, lag in den Händen der zentralen Verwaltung, die wohl auch die Koordinierung der entsprechenden Arbeitseinsätze vornahm." (Neumann 1987, S. 106). Mit Bauern und Viehzüchtern, Handwerkern, Verwaltungsbeamten und einem elitären Überbau kannten altorientalische Städte eine wahrlich differenzierte Gesellschaft! Aber nicht nur über lokale Produktionen, sondern auch über den zur gleichen Zeit sich dramatisch entwickelnden Fernhandel sind wir durch Tontafelarchive bestens informiert. So wissen wir, dass die Stadtfürsten des Landes Sumer bereits als Auftraggeber für Lapislazuli-Handel nach Iran fungierten. Die Kaufleute von Ur waren tüchtige Seefahrer und verfügten über Handelskontakte sowohl zum Indischen Ozean als auch zum Mittelmeer (Klengel 1979).

Wie akribisch und detailliert Materialien zur Wirtschaftsgeschichte der frühen Hochkulturen aufgearbeitet wurden, geht auch aus den umfangreichen Archiven Ägyptens hervor. Wenn auch zeitlich jünger, so geben beispielsweise die von W. Helck (1960–1964) bearbeiteten Dokumente der Wirtschaftsgeschichte des neuen Reiches in Ägypten, das heißt für die Zeit der zweiten Hälfte des 2. vorchristlichen Jahrtausends, eindrucksvolle Hinweise auf den Umgang der Menschen mit ihren spezifischen Umwelten. Die Zusammenstellung der Eigentumsverhältnisse der großen Tempel, der Provinztempel und säkularer Institutionen, die Kataster über privates Eigentum und privaten Besitz von Grund und Boden sowie an verschiedenen Dingen des täglichen Lebens (Hausbesitz, Tierbestände, Ländereien, Sklaven usw.), aber auch die detaillierten Auflistungen von Abgabeverpflichtungen und Übersichten zur pflanzlichen Produktion belegen eine ökonomische Rationalität, die sich in der Raumorganisation der Staatsgebilde niederschlägt, in Mesopotamien (Schmökel 1958b) ebenso wie in Ägypten (Kees 1958). Wie rational durchorganisiert vor allem Kanalwirtschaft und Wasserversorgung in Mesopotamien waren, geht aus einem Brief des babylonischen Königs Hammurabi hervor, in dem es um die Organisation der Wasserversorgung für Ackerland geht:

> „Zu Schamaschchaßir sprich: Also sagt Hammurabi: Nannatum hat mir folgendes gemeldet, so hat er gesagt: Von meinem Abgabe-Land kann viel Feld nicht bewässert werden. So hat er mir mitgeteilt. Geh zu dem Pachtfeld, über das Nannatum verfügt, und sieh das dem Nannatum in Pacht gegebene Feld an, das zu hoch für das Wasser liegt und daher nicht bewässert werden kann. Vom Feld am Flußufer …, das zum Pachtbesitz gehört, gib bewässerbares Feld […] dem Nannatum. Wegen einer Getreideabgabe soll er keine Ungelegenheiten bekommen! Solltest du aber dem Nannatum kein bewässerbares Feld geben und der dadurch in Schwierigkeiten geraten, so soll das Defizit seiner Abgabe zu deinen Lasten gehen!"
> *(zitiert nach Schmökel 1958a, S. 15)*

Begleitet werden alle diese Entwicklungen von einer nunmehr mächtig in Erscheinung tretenden *Religiosität/Spiritualität* der Menschen. Wir haben bereits gesehen, dass auch in den vorangegangenen Stufen der menschlichen Wirtschafts- und Gesellschaftsentfaltung, ja letzten Endes seit dem ausgehenden Altpaläolithikum bzw. dem älteren Jungpaläolithikum, religiöse Kulte eine Rolle zu spielen beginnen. Im Gegensatz aber zu den plastischen, bildlichen und/oder architektonischen Zeugnissen dieser frühen Spiritualität und Religiosität werden mit der Entwicklung von Schrift in großem Umfang Texte überliefert, die uns Einblicke in die Gedankenwelt der Menschen, in Jenseitsvorstellungen und Schöpfungsmythen und damit Hinweise auf die besondere Rolle des Menschen gegenüber seiner realen oder spirituellen Umwelt geben. Mircea Eliade (1996a, S. 11), der große Religionswissenschaftler und Philosoph, drückt Rolle und Funktion des Mythos wie folgt aus: „Der Mythos verkündet das Eintreten einer neuen kosmischen ‚Situation' oder erzählt ein Ursprungs-Geschehnis. Er ist also der Bericht einer ‚Schöpfung': man erzählt, wie etwas bewirkt wurde, wie etwas zu *sein* angefangen hat [...]". Angesichts der These, wonach jeder Mythos berichtet, „wie eine Wirklichkeit zu sein angefangen hat, sei es nun die totale Wirklichkeit, der Kosmos oder nur ein Bruchstück: eine Insel, eine Pflanzengattung, eine menschliche Einrichtung, eine Dynastie [...]", mögen einige Beispiele aus verschiedenen Kulturen die Stellung des Menschen nicht nur im kosmologischen Kontext, sondern auch als Teil der ihn umgebenden Natur sowie seine Sonderstellung im Reich der Natur illustrieren: Der erste Text entstammt der sumerischen Kosmogonie und bezieht sich auf Enki.

Die Ankunft des Enki in Sumer
„Als der Himmel von der Erde entfernt wurde,
Als die Erde vom Himmel getrennt wurd,
Als die Menschheit gesät ward,
Als der Himmelsgott den Himmel errichtet hatte,
Als Enlil die Erde gegründet hatte,
Und als die Göttin Ereschkigal die Hölle als Anteil erhalten hatte,
Zur Zeit, da er segelte, da er segelte,
Zur Zeit, da der Vater zur Welt hinsegelte,
Zur Zeit, da Enki zur Welt hinsegelte [...]."

Das Erwachen der Welt
„In jener Zeit diente die Erde dem Erscheinen der Götter.
In einem Haus auf dem heiligen Hügel lagerten sie ihr Vieh und ihr Getreide;
Doch als es sich häufte im Speisehause der Götter,
Im Überfluß von Vieh und Getreide
Aßen die göttlichen Anunna vom heiligen Hügel,
Doch sie sättigten sich nicht;
Und von dem köstlichen Produkt,
Von der Milch ihrer heiligen Schafställe
Tranken die göttlichen Anunna vom heiligen Hügel,
Doch sie tranken sich nicht satt.
(So) gaben sie (denn) für ihre heiligen Schafställe mit dem köstlichen Erzeugnis
Den Menschenkindern den Lebenshauch."
(zitiert nach Lambert 1996, S. 107)

Aus dem kurzen Textabschnitt wird deutlich, dass die Sumerer ein Pantheon von Schöpferkreaturen kannten. Diese Götterwelt war arbeitsteilig aufgegliedert. So gab es Götter für die Sonne, für das Wasser, für die Fruchtbarkeit, für die Unterwelt und es handelte sich bei ihnen allen um anthropomorphe Lebewesen, jedoch übermenschlich und unsterblich. Zu den höchsten Göttern der Sumerer zählten Enlil und Enki. Enlil, „Herr des Lufthauchs" und Oberhaupt des sumerischen Götterpantheons, hatte sein Heiligtum in Nippur, das damit zugleich auch eine Sonderstellung unter den Städten des sumerischen Mesopotamien innehatte; Enki wurde vor allem in Eridu im Süden des Zweistromlandes verehrt. Enki, Gott des Grundwassers und Gestalter allen Lebens auf Erden, Weltenordner und selbst ein „Wesen, ohne das kein Wesen wäre" (Lambert 1996, S. 107) ist durch etliche Tontafelinschriften überliefert. Mit ihm kommt das Leben in die Welt, wobei das Wirken des Enki in einer bereits vorhandenen Welt, deren

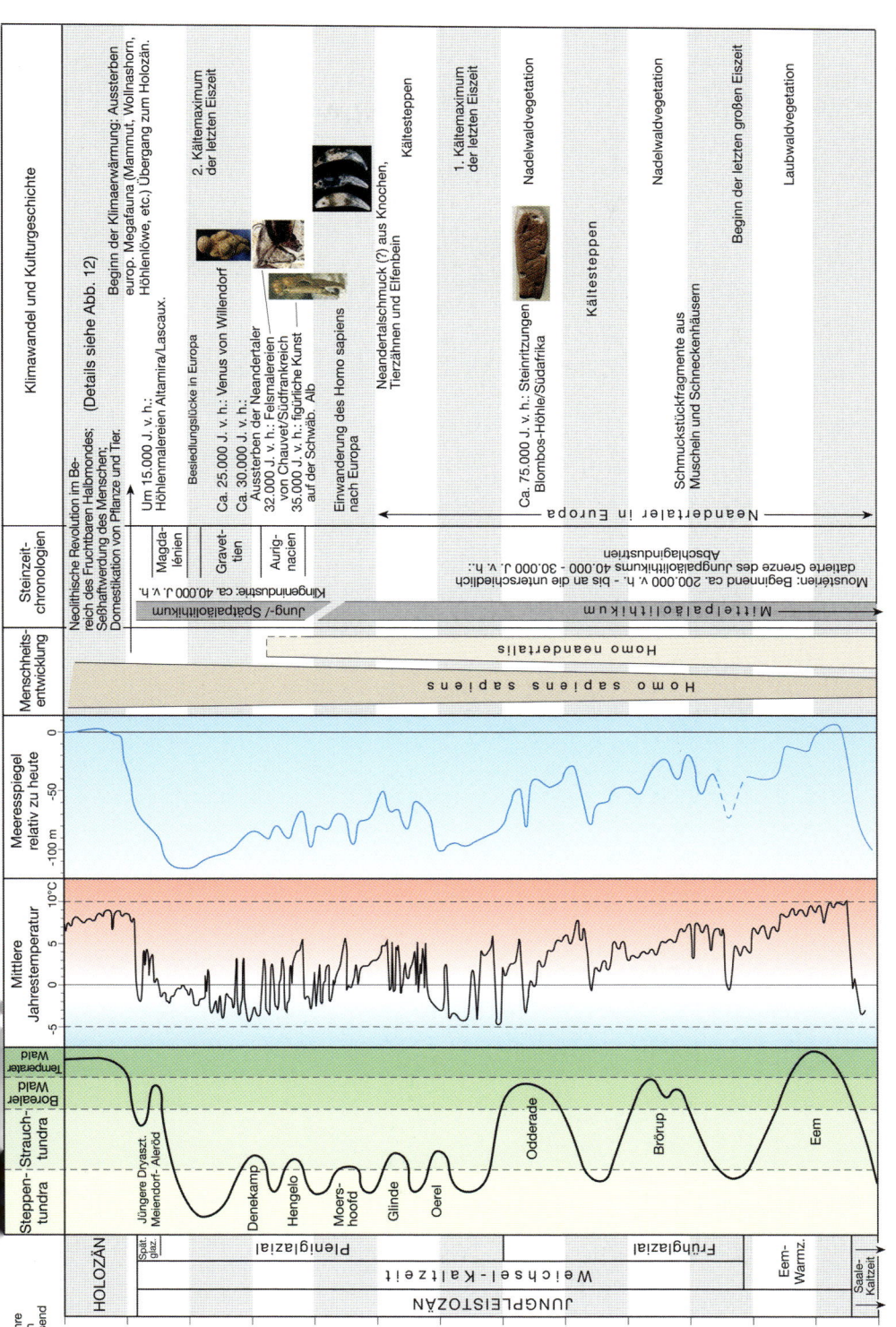

Farbabb. 1: Klima- und Landschaftsentwicklung in Mitteleuropa in der Weichsel-Eiszeit und Meilensteine menschlicher Entwicklung
(Entwurf: E. Ehlers)

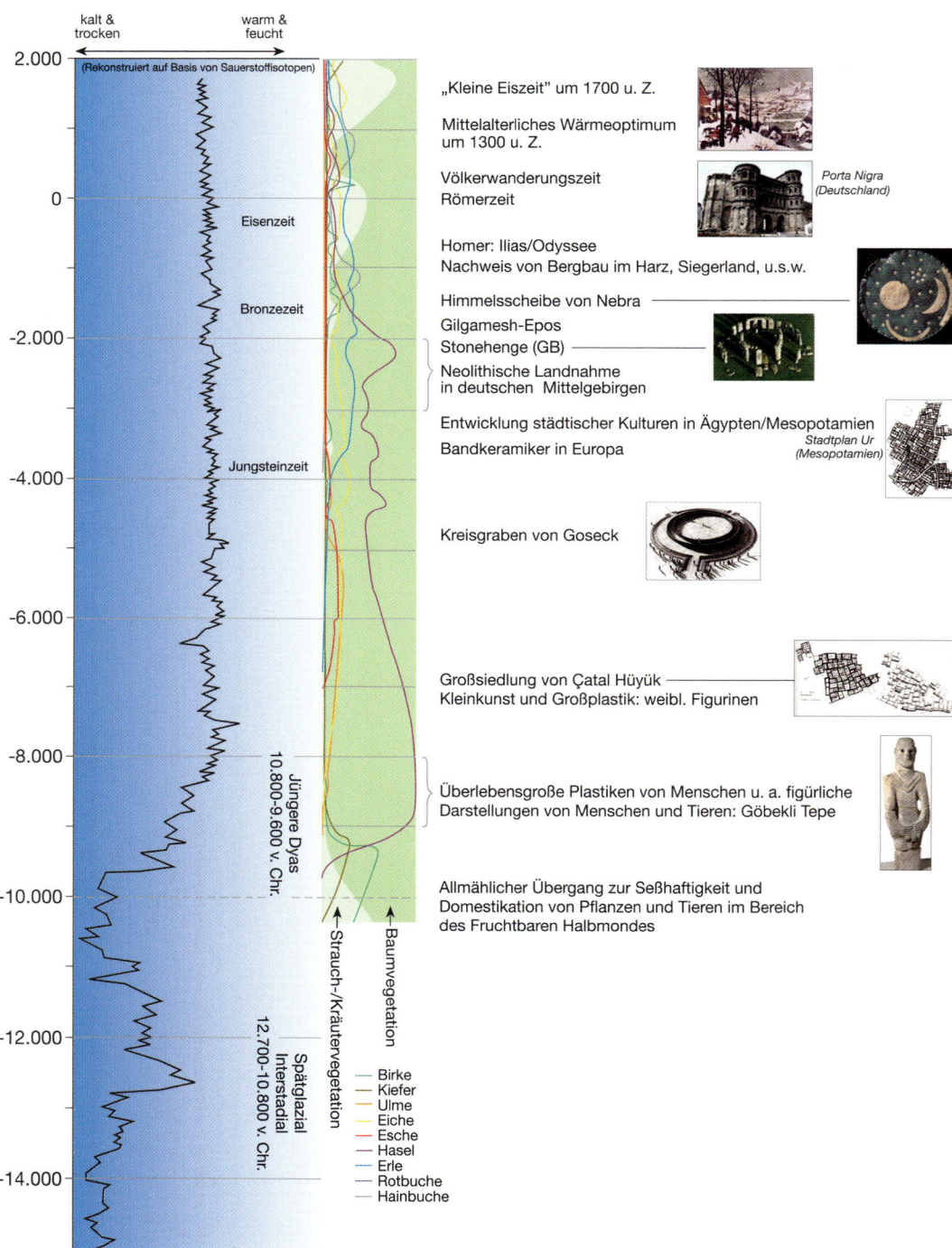

Farbabb. 2: Das Holozän: Klima- und Landschaftsentwicklung und Meilensteine kultureller Entwicklung
(Entwurf: E. Ehlers)

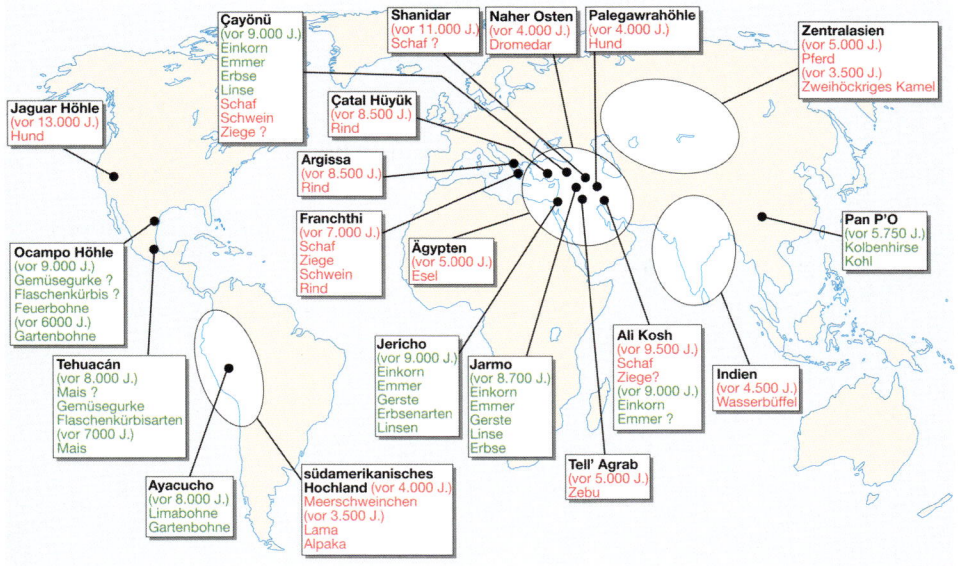

Farbabb. 3: Domestikationszentren von Pflanzen und Tieren auf der Erde und ihre Datierung
(nach Harlan 1976, Goudie 1981 u. a. Quellen)

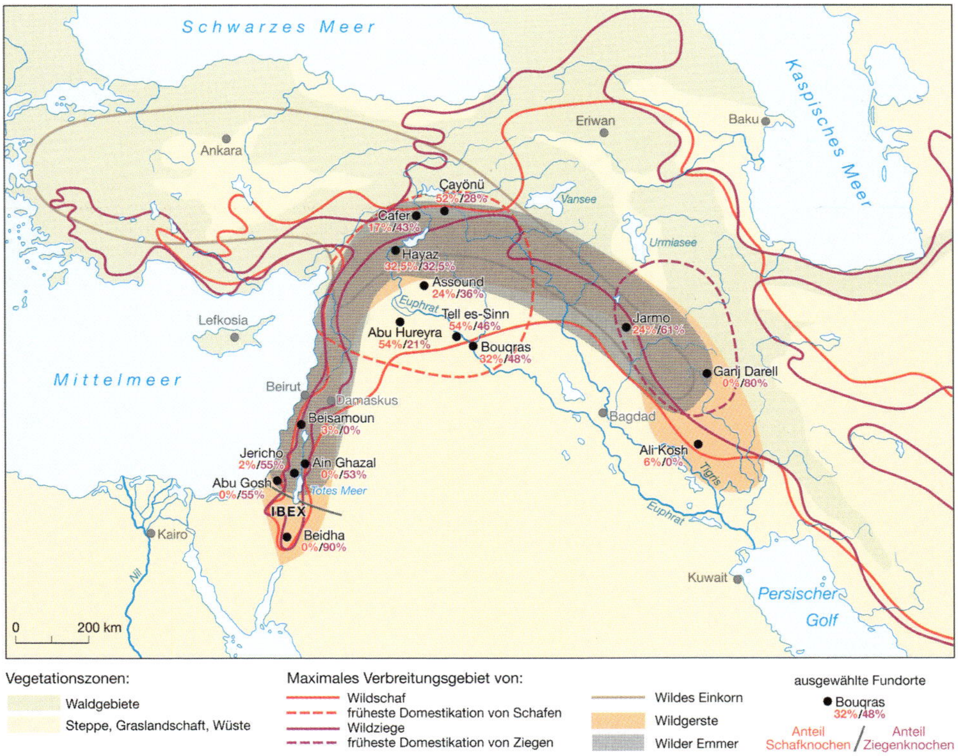

Farbabb. 4: Der „Fruchtbare Halbmond" und die Domestikation von Pflanzen und Tieren
(nach Watkins 2007)

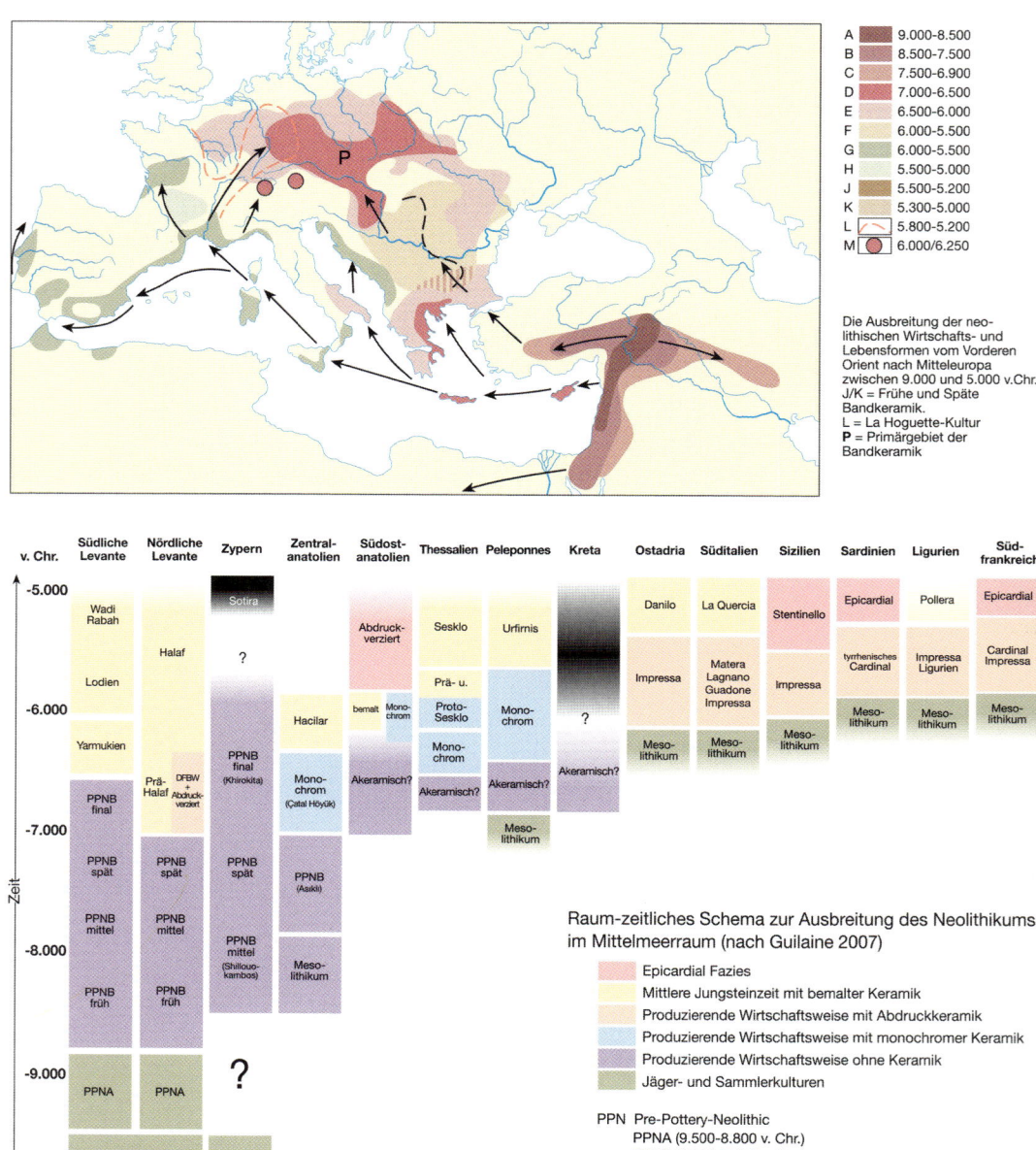

Farbabb. 5: Die Ausbreitung des Neolithikums aus dem „Fruchtbaren Halbmond" nach Europa (nach Lüning 2007) und im Mittelmeerraum (nach Guilaine 2007)

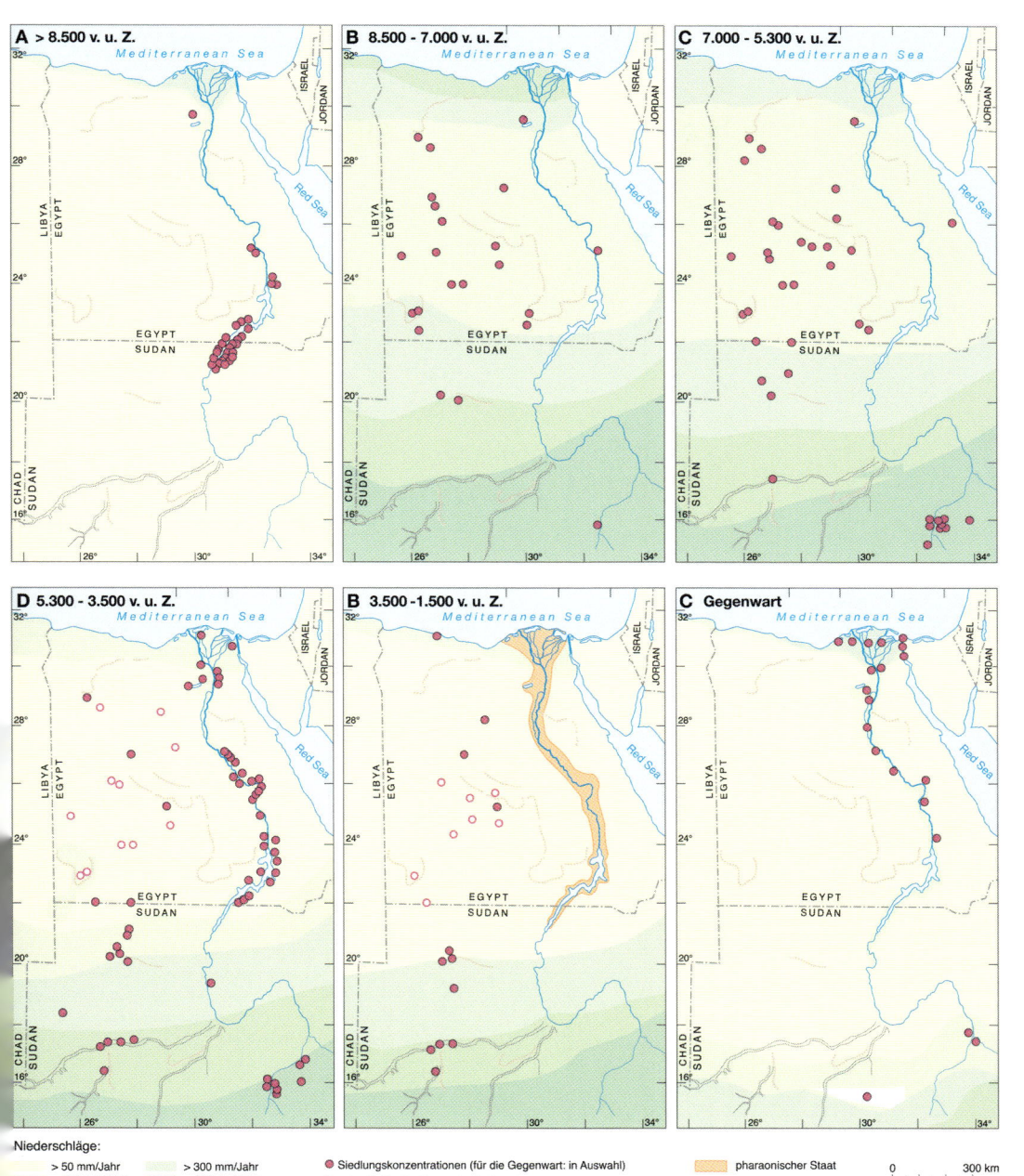

Farbabb. 6:   Klima- und Landschaftsentwicklung in der östlichen Sahara von ca. 8500 v. u. Z. bis zur Gegenwart (nach Kröpelin und Kuper 2007)

Oben:
Der Kreisgaben von Goseck
(ca. 71 m Druchmesser des
äußeren Grabens)

Links:
Die Himmelsscheibe
von Nebra
(Druchmesser der Scheibe
ca. 32 cm)

Farbabb. 7: Das Sonnenobservatorium von Goseck und die Himmelsscheibe von Nebra
(aus Meller, Hg. 2004)

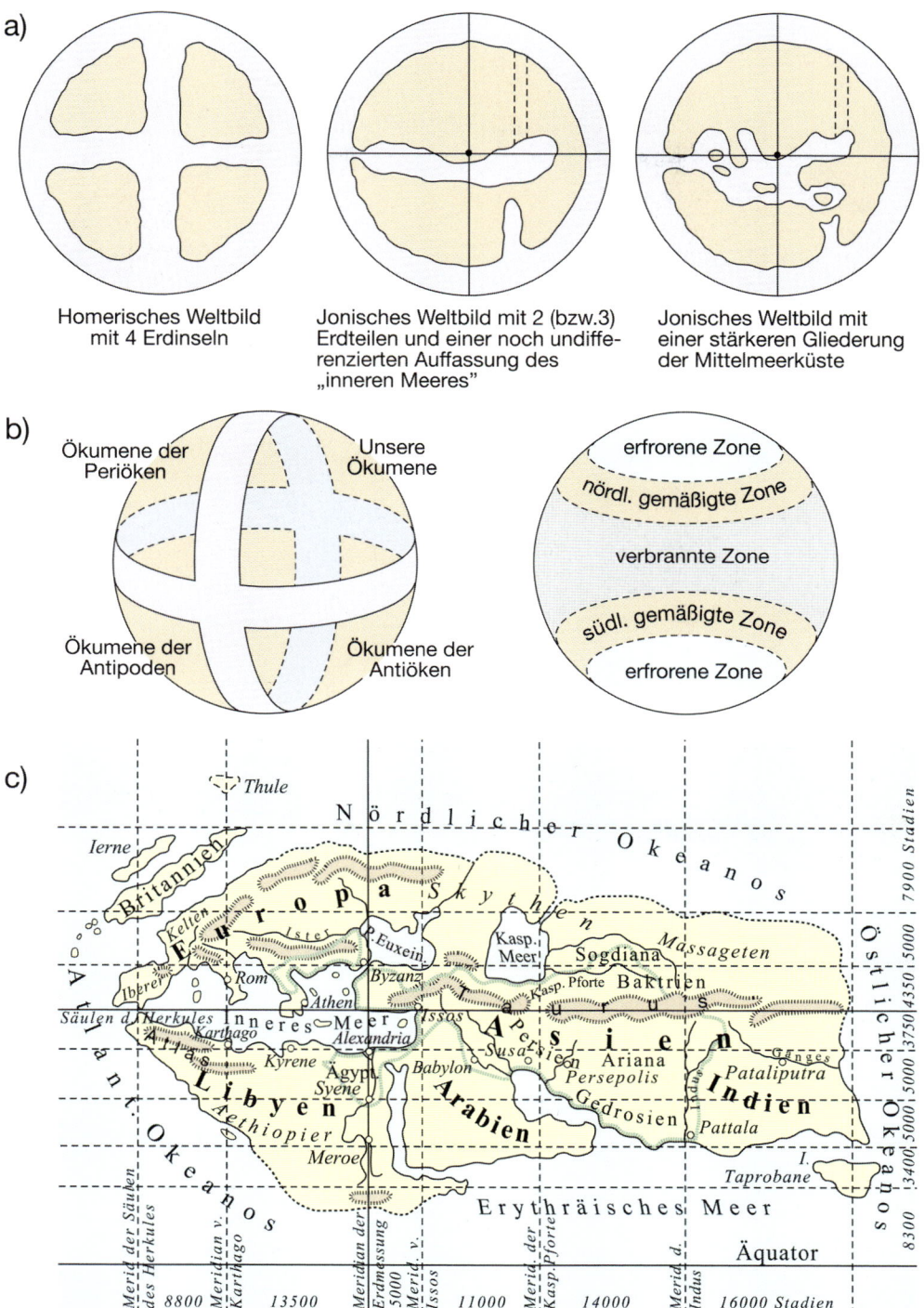

a)

Homerisches Weltbild
mit 4 Erdinseln

Jonisches Weltbild mit 2 (bzw.3)
Erdteilen und einer noch undiffe-
renzierten Auffassung des
„inneren Meeres"

Jonisches Weltbild mit
einer stärkeren Gliederung
der Mittelmeerküste

b)

Ökumene der
Periöken

Unsere
Ökumene

Ökumene der
Antipoden

Ökumene der
Antiöken

erfrorene Zone

nördl. gemäßigte Zone

verbrannte Zone

südl. gemäßigte Zone

erfrorene Zone

c)

Thule

Ierne

Britannien

Kelten

Iberer

Säulen d. Herkules

Europa

Ister

Rom

Iberer

Athen

Inneres Meer

Karthago

Kyrene

Alexandria

Ägypten

Syene

Aethiopier

Meroe

Libyen

Arabien

Nördlicher Okeanos

Skythien

Euxein

Kasp. Meer

Byzanz

Kasp. Pforte

Sogdiana

Massageten

Baktrien

Asien

Susa

Persien

Ariana

Persepolis

Babylon

Gedrosien

Pattala

Ganges

Pataliputra

Indien

I. Taprobane

Östlicher Okeanos

Atlant. Okeanos

Alle...

Inneres Meer

Erythräisches Meer

Äquator

7900 Stadien

5000 | 4350 | 13750 | 5000 | 13400 | 8300

Merid der Säulen des Herkules

Meridian v. Karthago

8800

Meridian der Erdmessung 5000

Merid. v. Issos

13500

11000

Merid. der Kasp. Pforte

14000

Merid. d. Indus

16000 Stadien

Farbabb. 8: Erddarstellungen in der griechischen Antike (a), Gliederungen der Erde (b) und
Karte der bekannten Erde nach Erathostenes (c) (Schmithüsen 1970)

Farbabb. 9:
Die Ebstorfer Weltkarte als
Beispiel einer mittelalterlich-
christlichen Darstellung und
Interpretation der Erde
(nach Hahn-Woernle 1993)

Farbabb. 10:
Die Weltkarte des Al-Idrisi mit
Zonengliederung der Erde,
1154 (verändert nach Schmithüsen 1970)

Ursprung nicht weiter erläutert wird, abläuft: „Enki ist ein Organisator, er beschäftigt sich mit den nächstliegenden Fragen des täglichen Lebens, das Metaphysische ignoriert er systematisch. Aber für alles, was menschlich ist und die Zivilisation betrifft, ist er das unerläßlich wichtige Wesen" (ebd., S. 108).

Deutlicher noch als in den sumerischen Schöpfungsmythen tritt die Stellung des Menschen in den akkadisch-babylonischen Texten zutage, die allerdings zeitlich jünger sind. Auch hier gibt es, wie in Sumer, unterschiedliche Textvarianten, die in ihrer Entstehungszeit um bis zu 1.000 Jahre variieren können. Bezogen auf die Entstehungsgeschichte der Welt wird ein demiurgisches Szenario angenommen, in dem es nur ein Urgewässer als gestaltlose Materie ohne Himmel oder Erde gab. Daraus wird in späteren Versionen des „Enuma elisch", des großen Schöpfungsgedichtes der Babylonier nach Garelli/Leibovici (1996, S. 133), eine Einheit des Kosmos: „Das Weltall bildet ein Ganzes. Es gibt keinen Demiurgen außerhalb der Welt. Die Götter selbst machen das Wesen der ewig kosmischen Materie aus. Ihr Erscheinen ist also ursprünglich keine Schöpfung, sondern eine Differenzierung von Elementen, die in einem Ganzen verschmolzen sind. Alles geht von den Göttern aus, alles kreist um sie als um den Mittelpunkt. Das Weltall existiert nur durch sie und für sie. Der Himmel und die Erde sind ihre Wohnungen, die Sterne ihre Entsprechungen. Die aus ihrem Blut erschaffenen Menschen sorgen für ihren Unterhalt; durch ihren Tod garantieren sie das Überleben der aufrührerischen Götter. Babylon ist nur ihr Aufenthaltsort".

Stärker als in den mesopotamischen Schöpfungsmythen wird die Rolle des Menschen als Teil des Kosmos und als aktiver Gestalter seiner Umwelt in ägyptischen Hymnen deutlich. Dies gilt insbesondere für die sogenannten Sonnengesänge des Pharao Echnaton (um 1350 v. Chr.), der von nicht wenigen Religionswissenschaftlern als der erste Begründer einer monotheistischen Religion mit Kult und Verehrung von Aton, dem einzigen Sonnen- und Lichtgott (Assmann 2003) gesehen wird. Die Sonnengesänge enthalten nicht nur religiöse Texte zu der Rolle von Tag und Nacht oder zu Tieren und Pflanzen, sondern auch über die Erschaffung des Menschen, die Schöpfungsgeschichte der Erde sowie – für Ägypten nicht verwunderlich – die herausragende Rolle des Wassers als Spender allen Lebens. Wenn auch Gestalt und religiöse Bedeutung des Echnaton keineswegs typisch für die gesamte altägyptische Spiritualität und das in ihr zum Ausdruck kommende Mensch-Umwelt-Verhältnis sind und ihre Wurzeln im Alten und Mittleren Reich Ägyptens haben, so gilt heute zunehmend, dass Echnatons monotheistischer „Alleingang" (in der Folgezeit von den Ramessiden wieder verworfen) von allergrößter Bedeutung auch für die nachfolgenden Kulturen des Mittelmeerraumes und des Vorderen Orients geworden ist. Dies gilt vor allem für dessen Rezeption in den jüdischen Schöpfungsmythen der Erde und der Rolle, die darin den Menschen zugeordnet wird. So weist zum Beispiel der alttestamentliche Psalm 104 überraschende Parallelen zu den Inhalten der Sonnengesänge auf. Auch die biblische Schöpfungsgeschichte (Genesis) mit der hinreichend bekannten Darstellung der Schaffung von Erde und Himmel (Erstes Buch Mose, Kap. 2) belegt eine dem Menschen vorbehaltene Sonderstellung im Schöpfungsmythos. Sie stellt zugleich Anlehnung an und Fortentwicklung von kosmologischen Weltbildern Ägyptens in der israelitischen Religion dar, die über das Alte Testament prägenden Einfluss auf das Christentum und die abendländische Kultur gewinnen werden.

Auszug aus den Sonnenhymnen des Echnaton (ca. 1360 v. u. Z.)

„Der Tag und der Mensch
Hell ist die Erde,
Wenn du aufgehst am Himmelsrand,
Wenn du als Aton bei Tage scheinst.
Das Dunkel wird verbannt,
Wenn du deine Strahlen aussendest,
Die beiden Länder feiern täglich ein Fest,
Wachend und auf ihren Füßen stehend,
Denn du hast sie aufgerichtet.
Sie waschen sich und nehmen ihre Kleider;
Ihre Arme erheben sich in Anbetung, wenn du erscheinst.
Alle Menschen tun ihre Arbeit.

Der Tag und die Tiere und Pflanzen
Alles Vieh ist zufrieden mit seiner Weide,
Alle Bäume und Pflanzen blühen,
Die Vögel flattern über ihren Sümpfen,
Und ihre Flügel erheben sich in Anbetung zu dir.
Alle Schafe hüpfen auf ihren Füßen,
Alle Vögel, alles, was flattert –
Sie leben, wenn du über ihnen aufgegangen bist.

Der Tag und das Wasser
Die Schiffe fahren stromauf und stromab,
Jede Straße ist offen, weil du leuchtest.
Die Fische im Strom springen vor dir,
Und deine Strahlen sind mitten im großen Meer.

Die Erschaffung des Menschen
Du bist es, der den Knaben in den Frauen schafft,
Der den Samen in den Männern gemacht hat;
Der dem Sohn Leben gibt im Leibe seiner Mutter,
Der ihn beruhigt, damit er nicht weine,
Du Amme im Mutterleibe.
Der Atem gibt, um alles zu beleben, was er gemacht hat!
Kommt er heraus aus dem Leibe,
[…] am Tage seiner Geburt,
So öffnest du seinen Mund zum Reden,
Du schaffst ihm, wessen er bedarf.

Erschaffung der Tiere
Das Küchlein piept schon in der Schale,
Du gibst ihm Atem darin, um es zu beleben.
Wenn du es vollkommen gemacht hast,
So daß es die Schale durchbrechen kann,
So kommt es heraus aus dem Ei,

Um zu piepen, soviel es kann;
Es läuft herum auf seinen Füßen,
Wenn es aus dem Ei herauskommt.

Die ganze Schöpfung
Wie mannigfaltig sind alle deine Werke,
Sie sind vor uns verborgen,
O du einziger Gott, dessen Macht kein anderer hat,
Du schufst die Erde nach deinem Begehren,
Während du allein warst:
Menschen, alles Vieh, groß und klein,
Alles, was auf der Erde ist,
Was einhergeht auf seinen Füßen;
Alles was hoch droben ist,
Was mit seinen Flügeln fliegt.
Die Länder Syrien und Nubien
Und das Land Ägypten;
Du setzest jedermann an seinen Platz
Und gibst ihnen, was sie bedürfen.
Ein jeder hat seinen Besitz,
Und ihre Tage sind gezählt.
Ihre Zungen reden mancherlei Sprache,
Auch ihre Gestalt und Farbe sind verschieden,
Ja, du unterschiedest die Menschen."
(zitiert nach Breasted 1960, S. 221 f.)

Psalm 104: Lob des Schöpfers

„Lobe den HERRN, meine Seele! /
HERR, mein Gott, du bist sehr herrlich;
Du bist schön und prächtig geschmückt. /
2   Licht ist dein Kleid, das du anhast.
Du breitest den Himmel aus wie einen Teppich; /
3   du baust Deine Gemächer über den Wassern.
Du fährst auf den Wolken wie auf einem Wagen /
und kommst daher auf den Fittichen des Windes,
4   der du machst Winde zu deinen Boten /
und Feuerflammen zu deinen Dienern;
5   der du das Erdreich gegründet hast auf festen Boden, /
daß es bleibt immer und ewiglich.
6   Mit Fluten decktest du es wie mit einem Kleide, /
und die Wasser standen über den Bergen.
7   Aber vor deinem Schelten flohen sie, /
vor deinem Donner fuhren sie dahin.
8   Die Berge stiegen hoch empor, /
und die Täler senkten sich herunter zum Ort, den du ihnen gegründet hast.
9   Du hast eine Grenze gesetzt, darüber kommen sie nicht /
und dürfen nicht wieder das Erdreich bedecken.

10 Du lässest Wasser in den Tälern quellen, /
    daß sie zwischen den Bergen dahinfließen,

11 daß alle Tiere des Feldes trinken /
    und das Wild seinen Durst lösche.

12 Darüber sitzen die Vögel des Himmels /
    und singen unter den Zweigen.

13 Du feuchtest die Berge von oben her, /
    du machst das Land voll Früchte, die du schaffest.

14 Du lässest Gras wachsen für das Vieh /
    und Saat zu Nutz den Menschen,
    daß du Brot aus der Erde hervorbringst, /

15 daß der Wein erfreue des Menschen Herz
    und sein Antlitz schön werde vom Öl /
    und das Brot des Menschen Herz stärke.

16   Die Bäume des HERRN stehen voll Saft, /
    die Zedern des Libanon, die er gepflanzt hat.

17 Dort nisten die Vögel, /
    und die Reiher wohnen in den Wipfeln.

18 Die hohen Berge geben dem Steinbock Zuflucht /
    und die Felsklüfte dem Klippdachs.

19 Du hast den Mond gemacht, das Jahr danach zu teilen; /
    die Sonne weiß ihren Niedergang.

20 Du machst Finsternis, daß es Nacht wird; /
    da regen sich alle wilden Tiere,

21 die jungen Löwen, die da brüllen nach Raub /
    und ihre Speise suchen von Gott.

22 Wenn aber die Sonne aufgeht, heben sie sich davon /
    und legen sich in ihre Höhlen.

23 So geht dann der Mensch aus an seine Arbeit /
    und an sein Werk bis an den Abend.

24 **HERR, wie sind deine Werke so groß und viel! /**
    Du hast sie alle weise geordnet, und die Erde ist voll deiner Güter.

25 Da ist das Meer, das so groß und weit ist, /
    da wimmelt's ohne Zahl, große und kleine Tiere.

26 Dort ziehen Schiffe dahin; /
    da sind große Fische, die du gemacht hast, damit zu spielen.

27 **Es warten alle auf dich, /**
    daß du ihnen Speise gebest zur rechten Zeit.

28 **Wenn du ihnen gibst, so sammeln sie; /**
    wenn du deine Hand auftust, so werden sie mit Gutem gesättigt.

29 Verbirgst du dein Angesicht, so erschrecken sie; /
    nimmst du weg ihren Odem, so vergehen sie und werden wieder Staub.

30 Du sendest aus deinen Odem, so werden sie geschaffen, /
    und du machst neu die Gestalt der Erde.

31 Die Herrlichkeit des HERRN bleibe ewiglich, /
    der HERR freue sich seiner Werke!

32 Er schaut die Erde an, so bebt sie; /

er rührt die Berge an, so rauchen sie.

33 Ich will dem HERRN singen mein Leben lang /
und meinen Gott loben, solange ich bin.

34 Mein Reden möge ihm wohlgefallen. /
Ich freue mich des HERRN.

35 Die Sünder sollen ein Ende nehmen auf Erden
und die Gottlosen nicht mehr sein.
Lobe den HERRN, meine Seele!"
(zitiert nach EKD 1984, S. 602/603)

Die bisherigen Ausführungen erwecken den Eindruck, als seien Schöpfungsmythen und frühe
Menschenbilder ein Privileg des mediterran-vorderasiatischen Raumes früher Hochkulturen. Die
Existenz zahlreicher früher Schriftzeugnisse in Mesopotamien und Ägypten darf allerdings nicht
den Blick dafür verstellen, dass es eigentlich keine Kultur der Erde gibt, in der nicht auch Erzählungen über die Entstehung der Erde und des Kosmos sowie über Erschaffung, Stellung und Aufgaben des Menschengeschlechts existierten. Es ist weder Platz noch Aufgabe dieses Buches, auf
alle diese Schöpfungsmythen einzugehen. Die Kosmologien des Hinduismus (Dallapiccola 2003)
ebenso wie die der altorientalischen oder altamerikanischen Kulturen (vgl. dazu TBM 2004;
aber auch Eliade 2002 u. a.): Sie alle vermitteln Weltsichten und Erdbilder, die den Menschen
zumeist als Sachwalter höherer Schöpferwesen sehen und ihm eine Mittlerstellung zwischen
kosmogonischen Kräften und der belebten wie unbelebten Natur der Erde zuordnen.

Über die teilweise gut dokumentierten Schöpfungsgeschichten sind die zum Teil beachtlichen, um nicht zu sagen grandiosen Leistungen der schriftlosen und überlieferungsarmen Kulturen des nördlichen Europas jenseits der Alpen unbeachtet geblieben. Besser: Man hielt sie für
nicht existent. Das hat sich in den letzten Jahren grundlegend geändert. Neue, spektakuläre Funde und Forschungsergebnisse haben den Blick auf Räume und Menschen gelenkt, die weder
Schrift kannten noch politisch, militärisch oder sonstwie in Erscheinung getreten waren, ja: von
deren Existenz man wohl kaum Kenntnis hatte. Es waren die letzten Endes bis heute unbekannten Nachfahren der Bandkeramiker. Lange Zeit waren sie allenfalls als Schöpfer steinzeitlicher
Grabanlagen, Dolmen oder „Hünengräber", großer Steinsetzungen unbekannter Bedeutung,
Menhire, oder aber spektakulärer und als Observatorien gedeuteter Großbauten, wie z. B. das
auf das 3. vorchristliche Jahrtausend datierte Stonehenge im südlichen England, bekannt. Erst
die 1999 entdeckte Himmelsscheibe von Nebra in Sachsen-Anhalt hat eine grundlegende Neu-
bewertung der europäischen Vorgeschichte eingeleitet. Bei der Himmelsscheibe handelt es sich
um eine Bronzescheibe von ca. 32 cm Durchmesser mit 37 auftauschierten Goldblechen, die
Sonne, Mond und Sterne und insbesondere das Siebengestirn der Plejaden repräsentieren. Ein
randlich appliziertes unbemanntes Schiff, das sich über den nächtlichen Himmel bewegt und
Sonnenaufgang und -untergang überbrückt, dürfte jüngeren Datums und möglicherweise „Symbol einer neuen bronzezeitlichen Religion" sein (Meller 2004b, S. 29). Diese etwa 3.600 Jahre
alte Darstellung des Kosmos (Farbabb. 2 und 7) gilt zwischenzeitlich als die bislang früheste kon-
krete Darstellung des Himmels und wurde zugleich als eine sehr komplexe astronomische Uhr
identifiziert. Die Tatsache, dass die Himmelsscheibe mit ihren 32 Goldpunkten als Synchronisa-
tor von Sonnen- und Mondkalendarien (32 Sonnenjahre = 33 Mondjahre) gedeutet wird, verrät
nicht nur spektakuläre astronomische Kenntnisse der Produzenten, sondern legt auch – aller-

dings nicht beweisbare – Kontakte zu identischen babylonischen Himmelsbeobachtungen und Berechnungen der Jahresabläufe nahe. Ein Weiteres kommt hinzu: Nebra ist offensichtlich kein Zufallsfund. In unmittelbarer Nachbarschaft, nur 25 km vom Fundort entfernt, haben Archäologen inzwischen eine Anlage freigelegt, die mit einem Durchmesser von 75 m als eine Art Sonnenobservatorium gedeutet wird (Farbabb. 2 und 7). Auch dieses Bauwerk, aufgrund innerhalb des doppelten Palisadenzaunes geborgener bandkeramischer Funde auf etwa 5.000 bis 4.800 v. u. Z. datiert, zeigt einen überraschend hohen Stand von Himmelsbeobachtung, Kenntnissen der Astronomie und wohl auch Kalendrierungen des Jahres. Diese Funde, übrigens begleitet durch eine größere Zahl bronzezeitlicher Fürstengräber mit opulenten Grabbeigaben (Schwerter, Beile, Schmuck), verweisen auch hier nicht nur auf soziale Differenzierungen, sondern ebenso auf die Ausbildung von Herrschaft, die ab dem 3. Jahrtausend v. u. Z. „mit wirtschaftlicher und religiöser Autorität ausgestattet" scheint (Bertemes 2004, S. 150). Dass auch hier Mythen und Riten mit den Funden verbunden sind und insbesondere dem von einigen Wissenschaftlern als Sonnenbarke gedeuteten Schiff auf der Himmelsscheibe von Nebra eine potentiell religiöse Bedeutung zukommt, belegen zahlreiche Fachbeiträge in dem Begleitband zur Ausstellung der Jahre 2004 und 2005 (Meller 2004a).

Nach einem längeren zeitlichen Hiatus werden erst mit dem 1. Jahrtausend v. u. Z. und verstärkt seit der Zeitenwende im germanischen Siedlungsraum nördlich der Alpen Kultplätze identifizierbar, die offensichtlich mit religiösen Praktiken und Vorstellungen verbunden sind. Bemerkenswert sind dabei vor allem Funde an Quellen und Brunnen, an Höhlen, an Steinformationen und großen Findlingen, an Lokalitäten in und am Rande von Mooren. Aus dem ersten Jahrtausend u. Z. sind zahlreiche Belege auch für Baumverehrungen überliefert, z. B. Wotanseichen (vgl. dazu z. B. Müller 2002; Busch/Capelle/Laux 2000). Aber sind sie Ausdruck spezifischer Mensch-Umwelt-Beziehungen mit einer besonderen Rücksichtnahme auf die den Menschen umgebende Natur? Ganz abgesehen davon, dass um die Zeitenwende Mitteleuropa – im Gegensatz zur mediterranen Welt – noch dicht bewaldet war (Küster 1995, 1998a, 2001) und im germanischen Siedlungsbereich „Kulturlandschaften" nur sporadisch als isolierte Kulturlandschaftsinseln mit einer ungeregelten Feld-Graswirtschaft und kleinen weilerartigen Siedlungen existiert haben dürften, gibt es keine konkreten Hinweise auf ein explizites Umweltbewusstsein oder gar dokumentierte Mensch-Umwelt-Beziehungen im mitteleuropäischen Raum vorchristlicher Zeit. Anders sieht es mit Befunden und Mutmaßungen zur Kosmogonie und Kosmologie germanischer Völker im weiteren Sinne aus (vgl. dazu u. a. Grönbeck 2002, Maier 2003a, Simek 1992).

Mit Kap. 2 haben wir uns – von bestimmten Aspekten der frühen Hochkulturvölker abgesehen – durchweg im Bereich naturvölkischer Mensch-Umwelt-Beziehungen bewegt. Und in der insgesamt etwa 140.000 bis 150.000 Jahre währenden Entwicklungsgeschichte des modernen Menschen haben zu 97 % der Zeit naturvölkische Mensch-Umwelt-Verhältnisse dominiert. Damit soll gesagt werden, dass im Grunde die gesamte Menschheitsgeschichte hindurch – von den letzten 4.000 oder 5.000 Jahren abgesehen – die Menschen in einer weitgehend von der Natur geprägten Umwelt und in enger Anpassung an sie lebten. Und auch diese Relativierung gilt nur für einen Teil der Menschheit. Wie später noch zu zeigen sein wird, blieben große Teile der Erdbevölkerung bis in das 18. und 19. Jahrhundert in einer Art „Naturzustand" verhaftet (vgl. dazu Farbabb. 12) und damit in engen Abhängigkeiten von ihren spezifischen natürlichen Umwelten. Dass diese Populationen – von nicht wenigen Ethnologen, aber auch Künstlern als

Völker in einem paradiesischen Urzustand lebend gesehen (z. B. Ruth Benedict oder Margaret Mead bzw. Paul Gauguin!) – ihren Bezug zur Natur stärker bewahrt haben, ist nicht überraschend (Gerlitz 1992/2003, 1998, Heiland 1992). Sehr wohl überraschend ist indes die Intensität, mit der insbesondere seit dem zweiten Drittel des 20. Jahrhunderts auch der technisierte und durchrationalisierte Mensch sich der Mythen und Erzählungen insbesondere der hinduistisch-buddhistischen wie auch der indianischen Kulturen annimmt. Eine Schlüsselrolle spielt dabei sicherlich die in ihrer Authentizität durchaus umstrittene Rede des Häuptlings Seattle (vgl. Bargatzky 1986, S. 20 f.). Seine vorgeblich am 22. Januar 1855 gehaltene Rede mit der „Mutter Erde"-Philosophie widerspricht in ihrem Inhalt nicht nur der realen Lebensumwelt des Häuptlings, sondern sie zeichnet ein Bild von „edlen Wilden" als homines oecologii, das mit der Wirklichkeit des prä- und frühkolonialen Nordamerika ebenso wenig zu tun hat wie mit dem anderer Naturvölker.

Helbling (1992) hat in einer kritischen Studie die „Naturverbundenheit so genannter Naturvölker" analysiert. Ausgehend von der idealisierenden und immer noch verbreiteten Auffassung, wonach „vorstaatliche Gesellschaften, die sich in einem friedlichen und harmonischen Einvernehmen mit der Natur befinden, unserer eigenen, von Krieg und ökologischem Kollaps bedrohten Gesellschaft gegenüber[zustellen]" seien (S. 203 f.), zeigt er an Beispielen letzter noch existierender Wildbeutergesellschaften und solcher der Landwechselwirtschaft die Problematik solcher Idealisierungen. Im Gegensatz zu den Wildbeutern, die aufgrund niedrigen Bevölkerungswachstums sowie ihrer spezifischen Produktions- und Sozialstrukturen aus Gründen einer „intuitiven Rationalität" einen sorgsamen Umgang mit ihren natürlichen Ressourcen pflegen, kommt es bei tribalen Feldbaugemeinschaften immer wieder zu schweren Belastungen der Umwelt. Wanderfeldbau und Landwirtschaft haben auch in der Vergangenheit nicht selten zu Bodendegradation und Verlust von Ackerland geführt. Wenn diese Schädigungen der Ökosysteme auch in keinem Verhältnis zu den heutigen Problemen dieser schrumpfenden Gesellschaften und ihrer schwindenden Lebensverhältnisse stehen, so belegen sie doch die auch in „primitiven" Gesellschaften bestehenden Umweltprobleme. Inzwischen ist ein grundsätzlicher Diskurs darüber entbrannt, ob das Bild des „Edlen Wilden", des im Einklang mit Natur und Umwelt lebenden „homo oecologicus" nicht ohnehin vereinfacht und überzeichnet ist. Das wohl berühmteste und auch sehr intensiv beforschte Beispiel eines durch Raubbau an der Natur und seiner spezifischen Umwelt zu Grunde gegangene Naturvolks ist das der Bewohner der Osterinsel (Rapa Nui) im Südpazifik. Die Abholzung der Palmwälder und die anschließende Bodenerosion führte innerhalb weniger Jahrhunderte zwischen 1450 und etwa 1600 zur Zerstörung der Lebensgrundlage der Rapa Nui-Insulaner und zur Aufgabe ihrer megalithischen Monumentalarchitektur (vgl. dazu Flenley/Bahn 2003, Mieth/Bork 2003, 2004).

3 Philosophisch-religiöse und weltanschauliche Diskurse in Antike, Mittelalter und früher Neuzeit – und die Realitäten

Zu einer Zeit, als nördlich der Alpen und des Limes Germanen und die um 800 v. u. Z. im Lichte der Geschichte auftauchenden Kelten noch Religionen und Weltbildern anhingen, über die wir nur wenige Zeugnisse haben, begannen in Griechenland und in der östlichen Mediterraneis erste philosophische Diskurse über „Gott und die Welt". Man begann sich systematisch Gedanken zu machen darüber, wer die Welt und den Kosmos erschaffen habe, wie die Erde wohl beschaffen sei, welche Form sie habe und welche Rolle dem Menschen und seinen pflanzlichen wie tierischen Mitgeschöpfen in diesem offensichtlich als System zu begreifenden kosmischen Ganzen zukäme. Wenn es auch zu den ganz neuen Erkenntnissen der Wissenschaft gehört, dass mit der Himmelsscheibe von Nebra bereits im 2. Jahrtausend v. u. Z. Mitteleuropa Zentrum eines astronomischen Laboratoriums phänomenaler Exaktheit war und dass etwa 1.000 Jahre später von den Kelten (Demandt 2006, Maier 2003b, 2004) goldene Helme mit verschlüsselten Zeichen und Symbolen gefertigt wurden, die heute als kalendarische Memogramme gedeutet werden, dann folgt daraus zweierlei: Zum einen heißt es, dass auch im Norden, den „Barbaren" des griechischen Menschenbildes, als wissenschaftliche Höchstleistungen zu bewertende Kenntnisse und Fertigkeiten existierten. Wenn der Kreis der dieses Wissen Beherrschenden auch sehr viel kleiner gewesen sein mag als die Schicht der Gebildeten in den Ländern der Mediterraneis und wenn auch schriftliche Zeugnisse im Norden fehlen, so deuten diese und andere Funde der keltisch-germanischen Epoche und der Zeiten davor doch auf sehr differenzierte Kenntnisse dieser Gesellschaften, die zumindest die Beobachtung des Firmaments und kalendarische Umsetzungen ihrer Beobachtungen hervorragend beherrschten. Was indes aus diesen Wissensbeständen nicht ableitbar wird, das sind die dahinter stehenden Fragen nach der Sinnhaftigkeit des Kosmos sowie nach Kulten, Ritualen, Religionen etc. Zum anderen aber wird deutlich, dass mit der griechischen Antike nicht nur spekulatives Denken über „Gott und die Welt" in systematische Bahnen gelenkt, sondern auch schriftlich fixiert und damit nachvollziehbar wird. Diese Systematisierungen des Denkens reflektieren sowohl altorientalische Traditionen, werden aber auch zur Grundlage unseres abendländischen Denkens. Damit werden sie Weltdeutungen und Weltsichten des Mittelalters und der Neuzeit prägen. Zudem können wir seit der griechischen Antike erstmals und bis heute kontinuierlich von „Geographie" als einer Disziplin sprechen, die sich – theoretisch wie praktisch – von Anbeginn an mit der Frage der Mensch-Umwelt-Beziehungen auseinanderzusetzen begann. Bedenken wir: Geographie kommt von den griechischen „gaia" (= Erde) und „graphein" (beschreiben), bedeutet also „Erdbeschreibung" – eine Konnotation des Gegenstands, die in weiten Teilen der heutigen „wissenschaftlichen" Geographie sowie einer breiten Öffentlichkeit noch immer so gesehen und gelegentlich auch in diesem Sinne betrieben wird.

Die griechisch-römische Antike, ihre Philosophien und wissenschaftlichen Erklärungsversuche ebenso wie ihre geographischen Weltbilder fallen indes nicht aus heiterem Himmel. Sie haben mannigfalte Wurzeln in altorientalischem Gedankengut, ohne dass man die Transferwege aus Mesopotamien oder Ägypten im Detail rekonstruieren könnte. Sie vermischen sich zudem mit eigenen z. T. „magisch-mythischen Naturverständnissen" (Gloy 1995). So treten mit dem Aufblühen der griechischen Philosophie neue Weltsichten wie auch Menschenbilder zu Tage, die unser aller Denken und Handeln bis auf den heutigen Tag prägen. Vor allem das in der griechischen Antike entwickelte Naturverständnis mit der grundsätzlichen Unterscheidung einer „natura naturata", d. h. einer prädisponierten, mehr oder weniger statischen, weil geschaffenen Natur, im Gegensatz zu einer sich stets selbst neu erschaffenden und in und aus sich selbst heraus wirksamen und damit veränderlichen Natur (natura naturans), zieht sich seit Platon und Aristoteles durch das gesamte abendländisch-westliche Denken. Gleiches gilt für die Dualismen von Körper und Seele, von Bild und Abbild, von Schein und Sein ... – Fragen, die bis heute von existentieller Bedeutung für unsere Wahrnehmungen von Kosmos, Natur und Mensch sind.

Das Weltbild der Griechen und Römer und die Anfänge der Geographie im klassischen Altertum

Ausgangspunkt der folgenden Darstellung ist die These, dass unsere Kultur und die abendländisch-westliche Zivilisation ihre Wurzeln in der griechischen Antike haben. Sokrates (470 – 399 v. u. Z.), Platon (427 – 347 v. u. Z.) und Aristoteles (384 – 322 v. u. Z.) repräsentieren die erste große Blütezeit der abendländischen Philosophie, eine Philosophie, die ganz wesentlich an den spirituellen Bedürfnissen und Befindlichkeiten der Menschen und an Antworten auf die Frage nach ihrer Stellung im Kosmos und auf der Erde ausgerichtet war. Es entwickelte sich ein ganzheitlich-holistisches Gedankengebäude, in dem Natur und menschliche Umwelt, Götter und Menschen, Himmel und Erde zu einer Einheit verschmolzen, die dennoch auf antagonistischen Prinzipien aufbaute (Glacken 1967, Gloy 1995, Groh/Groh 1996, Meyer-Abich 1997b). Ausgehend von der Feststellung, daß sich im 8. und 7. Jahrhundert v. u. Z. ein allmählicher Übergang von einem eher naturalistischen zu einem philosophisch-wissenschaftlichen Naturverständnis andeutet, bleiben dennoch in der Frühphase der griechischen Philosophie starke Bindungen an mythische Topoi. Auf den großen Epiker Homer gehen die auch aus geographischer Sicht interessanten Vorstellungen von „Okeanos" und der mütterlichen „Tethys" als dem Ursprung aller Dinge zurück. Für den Naturphilosophen Thales von Milet (um 650 – 560 v. u. Z.) ist Wasser der stoffliche Urgrund allen Seins; eine Vorstellung, die etwa 150 Jahre später von Empedokles (490 – 430 v. u. Z.) aufgegriffen und in die Lehre der vier Elemente Feuer – Wasser – Erde – Luft aufgenommen wurde. (vgl. dazu Böhme/Böhme 1996 sowie umfassender das vierbändige Sammelwerk von KABD 2000 – 2003!).

Den Übergang „vom Mythos zum Logos" (Gloy 1995) kann man von Anbeginn durch drei Grundmerkmale charakterisieren. Zum einen erfolgt eine zunehmend strikte Trennung von

Naturerkenntnis einerseits, die durch „wissenschaftliches" Begreifen und Verstehen geprägt wird, und einem emotionalen Naturerleben andererseits, das vor allem gefühlsbetont wahrgenommen wird. Es ist letzten Endes die Begründung des Gegensatzes zwischen Realem und Ideellem, zwischen Struktur und Materie. Eng mit dieser Dichotomie verbunden ist eine zweite: die der Trennung von Subjekt und Objekt. „Basierte das magisch-mythische Naturbild auf der Vorstellung eines lebendigen Organismus, von dem der Mensch ein Teil war, dessen Lebensvollzüge er mitvollzog, sowohl aktiv wie passiv [...], aber immer so, dass das organische Ganze in seinem Gleichgewicht erhalten blieb, so beruht das neue Naturbild auf dem Verlust dieser ursprünglichen Lebenseinheit [...]. Subjekt und Objekt, Ich und Natur stehen sich von nun an als Opponenten gegenüber" (ebd., S. 77). Daraus folgt drittens schließlich – und das ist für unsere Diskussion der Mensch-Umwelt-Beziehungen von besonderer Bedeutung! – die antagonistische Loslösung des Subjekts aus dem natürlichen Gesamtzusammenhang, seine „Objektivation" der Natur und zugleich deren zunehmend rationale Sicht bis hin zu deren Aneignung. Ohne auf die Mensch-Umwelt-bezogenen Diskurse der Präplatoniker eingehen zu können, lassen sich mit Platon und unter Bezug auf seinen Timaios („Von der Natur") die wesentlichen Grundstrukturen griechischen Denkens im Hinblick auf unsere Thematik in den folgenden drei Grundaussagen kondensieren:

- Die uns umgebende Welt ist die beste aller Welten.
- Die Abläufe im Kosmos und auf der Erde sind das Ergebnis eines großmütigen und göttlichen Schöpfungsplanes, den zu verändern oder zu beeinflussen dem Menschen verwehrt ist (vgl. Prometheus-Parabel!).
- Die Fülle und Vielfalt des Lebens sind inhärente Elemente des Kosmos, der seinerseits ein lebendiges Ganzes repräsentiert.

Verbunden mit diesen hier verkürzt formulierten Kernannahmen ist die Grundüberzeugung Platons, der zufolge der Kosmos einem unveränderlichen (Er-)Zeugungsakt entstamme: „Der Demiurg ist der göttliche Weltbaumeister, der aus Unordnung – der chaotischen Materie – Ordnung schafft und die Welt nach dem Urbild der Ideen zu einem schönen, harmonisch geordneten Kosmos gestaltet [...]" (Groh/Groh 1996, S. 99). Die teleologische Grundaussage, wonach Götter und/oder götterähnliche Schöpferkreaturen Kosmos, Erde und Leben sowie den Menschen gezeugt haben, setzt die a priori-Existenz der Götter vor dem Menschen voraus. Dem Menschen verbleibt allenfalls die Fähigkeit, dem unverrückbaren und objektiv erfahrbaren Urbild der Natur, die sich nur dem Verstand und der rationellen Vernunft erschließt, deren sinnlich wahrnehmbares Abbild als subjektive Empfindung und Erfahrung gegenüberzustellen. Mit diesen Prämissen sind zugleich die Wurzeln eines teleologischen Weltbildes gelegt, das – aus der Sicht der wissenschaftlichen Geographie – noch im frühen 19. Jahrhundert mit Carl Ritter (1817/1818) und seiner These von der „Erde als einem göttlichen Erziehungshaus des Menschengeschlechts" seine letzte große Blüte erlebt.

Die Götter waren also vor den Menschen und formten sie aus Erde und Feuer. Wie vor allem Böhme/Böhme (1996) ausgeführt haben, sind es neben dem bereits erwähnten Thales von Milet, der Wasser als die beseelte Ursubstanz der Welt betrachtete, die Naturphilosophen Anaximenes (um 550 v. u. Z.) und Heraklit (um 500 v. u. Z.), die Luft bzw. Feuer als die den Kosmos beherrschenden und prägenden Elemente propagierten. Empedokles fügt den drei genannten Elementen die Erde als viertes hinzu. Er führt alles auf der Erde und im Kosmos Bestehende auf diese vier Elemente zurück. In sich selbst gleich und unveränderlich bleibend, gehen sie verschiedene Verbindungen mit dementsprechend vielen und verschiedenen Formen und Erscheinungen ein und lösen sich wieder auf. Die Himmelskugel, als göttlich verstanden, verbindet die vier Elemente zu „einem lebenden Ganzen, gefasst in Form einer kosmischen Sphäre" (Glacken 1967, S. 39 ff.).

Die Idee einer göttlichen Teleologie des Kosmos wird auch von Aristoteles auf den Menschen und die ihn umgebende Natur übertragen. Vor allem in seiner „Politeia" widmet Aristoteles der Idee der „Absicht in der Natur" breite Ausführungen. Er postuliert, dass die Natur, hier verstanden im Sinne pflanzlichen und tierischen Lebens, nicht nur Selbstzweck sei, sondern auch eine Absicht, eine Intention, eine Zielsetzung verfolge. Grundlegender Unterschied zu Platons Interpretation der Natur als etwas Geschaffenem ist die aristotelische Sicht derselben als ein sich selber Schaffendes, sich permanent Veränderndes und in sich wie auch aus sich heraus Wirkendes: Es ist das, was in der Scholastik des Duns Scotus (1266–1308 u. Z.) eine „natura naturans" genannt werden wird, eine erschaffende Natur im Gegensatz zur erschaffenen Natur (natura naturata) des Platon. Vor allem der dynamische Aspekt des Werdens, Wachsens und Vergehens als ein Wesensmerkmal alles Natürlichen greift bei Aristoteles Platz. So seien Pflanzen und Tiere für die Notwendigkeiten des Menschen bestimmt. Dies gilt auch für die Varietät der Pflanzen und die Vielzahl tierischer Arten. Über den göttlichen Schöpfungsplan hinaus sind sie ein Angebot an und für die Menschen. Die Grundgleichung, wonach die Pflanzen für die Tiere, die Tiere aber für die Menschen geschaffen seien, wird bei Aristoteles noch weiter ausdifferenziert: Die gezähmte Kreatur sei ausschließlich für Nahrung und Nutzung des Menschen vorhanden, wilde Tiere seien indes auch für andere Formen des natürlichen Kreislaufs bestimmt. Mit Aristoteles und seiner „Politeia" wird eine explizit anthropozentrische Konzeption vieler Beziehungen in der Natur begründet. Damit ist eine weitere Grundvoraussetzung philosophischen Denkens geschaffen, die vor allem in der christlich-abendländischen Welt auf fruchtbaren Boden fallen wird. Dem Menschen wird explizit eine Sonderstellung in dem Sinne zuerkannt, dass er die Gaben der Natur zu seinem Vorteil zu nutzen ausersehen ist. Fassen wir zusammen: Eine verborgene „göttliche" Macht als Ursache der Schöpfung wird allgemein anerkannt. Ein „Schöpfer" – sei es Gott, ein Götterpantheon oder gottähnliche Schöpfernaturen – hat aus dem Chaos des Universums eine prädestinierte und dem Schöpfer-Bauplan unterlegene Ordnung geschaffen. Die Fülle und der Reichtum des Lebens offenbaren sich in der Natur, von der der Mensch ein kohärenter Bestandteil ist. Natur aber ist eine von unten nach oben aufsteigende Stufenleiter, die über Pflanze und Tier zum Menschen emporsteigt.

Auch in der Folgezeit geht der philosophische Diskurs um das Naturverständnis, um Natur als Selbstzweck oder aber als Symbol und Metapher, um Physiozentrismus oder Anthropozentrismus weiter, auch in der griechisch-hellenistischen wie in der römischen Philosophie und Geschichtsschreibung. Diese nehmen zunehmend einen utilitaristischen Charakter an. Die Rolle des Menschen innerhalb des Schöpfungskanons wird immer stärker herausgestellt. So betont z. B. die hellenistische Philosophenschule der Stoa im 3. und 2. Jahrhundert v. u. Z., dass im Kosmos nicht nur Sinn und Ordnung und eine unbegreifliche Größe zu konstatieren, sondern dass dieser Kosmos zugleich eine Quelle emotionaler und die Seele des Menschen ansprechender Schönheit und Erbauung sei. Die griechische Landschaft und die gesamte Mediterraneis seien Ausdruck dieser prädestinierten Harmonie und einer ästhetischen Perfektion, wie sie

in dem Topos der arkadischen Landschaft (Arkadien) anklingt. Orte werden zu Aufenthalts-
orten von Göttern und göttlichen Wesen, ihre Tempel und Heiligtümer zu Begegnungsstätten
zwischen ihnen und dem Menschen (Kozalich 2004). Harmonie und Ästhetik finden für die
Anhänger der Stoa ihre Krönung in dem unbegreiflichen Wunder der permanenten Selbst-
reproduktion der Natur, die zugleich als Ausdruck ihres unerschöpflichen Reichtums interpretiert wird. Diese unbegreiflichen Wunder finden ihren krönenden Abschluss im Menschen, dessen aufrechter Gang von den Philosophen der Stoa als wesentliches Charakteristikum seiner
Andersartigkeit und Sonderstellung im gesamten Kanon der Natur gilt. Der Mensch hat seinen
Blick nicht – wie die Tiere – zur Erde gerichtet, sondern er blickt zum Himmel und auf die ihn
umgebende Welt auf, die er sich zudem kraft seiner Intelligenz erschließen und teilweise sogar
zu Nutzen machen kann.

Das griechisch-hellenistische Weltbild erfährt bei den Römern eine weitere utilitaristische
Konkretisierung und auf die Bedürfnisse des Menschen bezogene Sicht der Natur, des Kosmos
und der Umwelt. So schreibt Cicero (106 – 43 v. u. Z.) in seiner Abhandlung „De natura deo-
rum/Über das Wesen der Götter":

> „Man kann ja jetzt einmal auf scharfsinnige Erörterungen verzichten und gleichsam mit den Augen
> die Schönheit der Dinge betrachten, die, wie wir sagen, durch die göttliche Vorsehung geschaffen
> wurden. Und zunächst schaue man auf die Erde als ganze: Sie liegt im Mittelpunkt des Weltalls, ist
> fest, kugelförmig und infolge ihrer Schwerkraft auf allen Seiten in sich abgerundet, sie trägt ein
> Kleid aus Blumen, Kräutern, Bäumen und Feldfrüchten, deren unglaubliche Menge sich durch eine
> unerschöpfliche Vielfalt auszeichnet [...]. Und was für Tiere, wie viele verschiedene Arten, zahme
> und wilde! Wie die Vögel fliegen und singen, wie die Herden weiden, welch Leben die Tiere des
> Waldes führen! Was soll ich erst von den Menschen sagen, die, gleichsam zu Hütern der Erde be-
> stimmt, nicht zulassen, daß diese durch das Wüten reißender Tiere zur Wildnis und durch die Aus-
> breitung wilden Gestrüpps zum Dickicht wird, und durch deren Wirken die Fluren, Inseln und
> Küsten im Schmucke ihrer Häuser und Städte prangen. Wären wir imstande, all das mit dem Auge
> so zu sehen, wie wir es uns im Geiste vorstellen können, würde niemand mehr, sofern er die Erde
> als Ganzes im Blick hätte, die Existenz einer göttlichen Vernunft bezweifeln."
> *(Cicero: De natura deorum. Zweites Buch, Abschnitte 98 und 99; hier wird im Folgenden zitiert
> nach Cicero 1995)*

Und an anderer Stelle konstatiert er, unter Hinweis auf die lebensspendenden regelmäßigen
Überflutungen von Nil, Euphrat und Indus, eine göttliche Vorsehung im Jahresablauf der Wasser-
führung dieser Ströme und ihres Nutzens für den Menschen. Er schreibt:

> „An verschiedenen Orten finden sich auch noch jeweils andere glückliche Umstände, die zum
> Lebensunterhalt und Wohlstand des Menschen beitragen. Der Nil bewässert Ägypten, und wenn er
> das Land einen ganzen Sommer lang überschwemmt und bedeckt hat, tritt er zurück und hinter-
> läßt weiche, schlammige Felder zur Aussaat. Mesopotamien macht der Euphrat fruchtbar, in das er
> Jahr für Jahr gleichsam neues Ackerland hineinschwemmt. Der Indus hingegen, der größte aller
> Ströme, macht mit seinem Wasser die Felder nicht nur fruchtbar und locker, sondern sät sie auch
> ein; er soll nämlich eine große Menge getreideähnlichen Samens mit sich führen. Ich könnte noch
> viele andere erwähnenswerte Beispiele aus anderen Gegenden anführen [...]."
> *(ebd., Abschnitte 130 und 131)*

Schlussfolgerungen aller dieser Beobachtungen und Überlegungen sind:

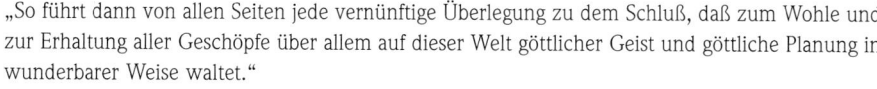

> „So führt dann von allen Seiten jede vernünftige Überlegung zu dem Schluß, daß zum Wohle und zur Erhaltung aller Geschöpfe über allem auf dieser Welt göttlicher Geist und göttliche Planung in wunderbarer Weise waltet."
> *(ebd., Abschnitt 132)*

Dass der den Göttern ähnliche Mensch selbstverständlich Nutznießer aller dieser Schöpfungen zu sein habe, zugleich aber auch als deren Hüter zu betrachten sei, steht für Cicero außer jedem Zweifel:

> „In wessen Interesse wurde also, so könnte einer fragen, die Welt erschaffen? Selbstverständlich doch für die Lebewesen, die Vernunft besitzen; das sind die Götter und die Menschen; es gibt bestimmt nichts Besseres als sie; die Vernunft nämlich ist es, die über allem steht. So wird auch glaubhaft, daß die Welt und alles, was in ihr ist, um der Götter und der Menschen willen geschaffen wurde".
> *(ebd.)*

Auch in der Folgezeit setzen sich die Diskussionen und Spekulationen um die Idee einer kreativ-gottähnlichen Schöpfergestalt von Mensch und Natur fort. So argumentiert beispielsweise der römische Dichter und Philosoph Lucretius/Lukrez (um 50 v. Chr.) in seiner Abhandlung „De rerum natura/Über die Natur der Dinge", dass – ähnlich wie der Mensch – auch die Welt einem organisch eigenen Prozess von Werden, Reifen und Vergehen unterliege: „Nichts entsteht aus Nichts" und „Nichts vergeht zu Nichts" – das sind die Kernaussagen seines ersten Buches, das dem Raum und der Materie gewidmet ist. Für unsere zentrale Frage, die Mensch-Umwelt-Beziehungen, ist indes das fünfte Buch entscheidend, in dem Lukrez die Entstehung der Welt und der Kultur thematisiert. Ausgehend von der These, dass nicht Götter die Welt erschaffen hätten, sondern dass – ganz im Sinne der epikureischen Naturphilosophie – die vier Elemente in einer einmaligen physikalischen Konstellation sich zur Entstehung der Erde verschmolzen hätten, wird die Erde zu einem vergänglichen Spielball der Elemente:

> „Zu guter Letzt [...] schau die Meere zunächst und die Länder, schaue den Himmel! Deren dreifache Natur, ihre Dreifalt von Körpern, drei so verschiedne Gebilde und dreierlei solche Gewebe: ein Tag weiht sie dem Tod, und die Masse, gehalten durch viele Jahre hindurch, wird stürzen ein, die Maschine des Weltballs."
> *(Lukrez. Fünftes Buch, Verse 94–96; zitiert nach Lukrez 1973).*

Naturbeobachtung und das Werden wie Vergehen aller Erscheinungen auf der Erdoberfläche sind für Lukrez wie für die Epikureer ganz allgemein Beweis dafür, daß auch die vier Elemente einem solchen Kreislauf unterliegen, wobei die Erde durch Verwitterung und Erosion wieder zu dem werde, was in der späteren christlichen Theologie als „Staub zu Staub" umschrieben werden wird. Licht wird gedeutet als ein unendlicher Strom von „Feuerpartikeln" (Atomen), die von der Sonne ausgehen und auf die Erde prallen und hier den ewigen Rhythmus von Werden, Reifen und Vergehen steuern. Insgesamt fungiert Gaia, die Erde, als eine Art „Mutter", die – wie die Menschen auch – einem Alterungsprozeß unterliege und die mit zunehmendem Alter immer unfähiger würde, neues Leben zu gebären. Abnehmende Bodenfruchtbarkeit, Erosion, Austrocknung und Desertifikation seien Ausdruck einer Art „environmental change" mit teleologischem

Charakter. Als Ergebnis dieses Umwandlungsprozesses der Natur zu einem degradierten Lebensraum des Menschen konstatiert Lukrez menschliches Leid und Elend.

Für eine ausführlichere Darstellung der kosmogonischen und kosmologischen Weltsichten in der griechisch-römischen Antike sei auf das immer noch unerreichte Standardwerk von
Glacken (1967) verwiesen. Zusätzlich mögen zwei andere Aspekte angesprochen werden, die
für unsere Frage der Mensch-Umwelt-Beziehungen von besonderem Interesse sind und die in
der griechisch-römischen Zeit erstmals explizit als Probleme erkannt und diskutiert werden: die
reale Gestalt und Gliederung unseres Planeten sowie die Rolle des Menschen als aktiver Gestalter seines Lebensraumes, zugleich aber auch als Opfer (über-)natürlicher Gewalten und Kräfte.

Gestalt und natürliche Differenzierungen der Erde nach Klima und biotischen Faktoren,
aber auch ihre Nutzung und Veränderung durch menschliche Aktivitäten werden erstmals ausführlich und systematisch durch Herodot von Halikarnassos (ca. 485 – 425 v. u. Z.) thematisiert.
Man kann ihn getrost als einen der Urväter der Geographie bezeichnen. Wie kaum ein anderer
Vertreter der abendländischen Antike hat er das Bild der Erde durch seine für die damalige Zeit
ungewöhnlichen Reiseaktivitäten und Länderbeschreibungen geprägt. Jenseits philosophisch-
spekulativer Erörterungen ging es Herodot vor allem um die Realien der damals bekannten Erde.
So verdanken wir ihm nicht nur die ersten umfassenden geographischen Beschreibungen der
Anrainergebiete des Mittelmeeres und ihrer Völker, sondern auch ausführliche Darstellungen
über die so genannten Barbaren Europas, Zentral- und Mittelasiens sowie Afrikas und Arabiens.
Dabei stellt er aufgrund eigener Beobachtungen und Erfahrungen unmittelbare Querverbindun-
gen zwischen der physischen Umwelt der Menschen und ihrer Lebensstile her. Erinnert sei an
seinen berühmten Vergleich der Skythen, deren umherschweifend-nomadische Lebensweise mit
mobilen Behausungen er als eine der Ursachen für ihre militärische Überlegenheit interpretiert
im Gegensatz zu den ägyptischen und griechischen Kulturen, die auf der Basis einer sesshaften
Lebensweise zwar kulturelle und zivilisatorische Hochleistungen hervorgebracht hätten, militärisch aber geschwächt bzw. verweichlicht seien. Auch seine Ausführungen über Architektur und
Baustile in Abhängigkeit von Klima und Umwelt oder die kulturelle Diversität entlang klimati-
scher Gradienten kann man als das Bemühen erkennen, Zusammenhänge zwischen der natürlichen Umwelt und gesellschaftlicher Entwicklung zu konstruieren und zu begründen. Bezüglich der Darstellung der Erde folgte Herodot der Vorstellung des Anaximander von Milet (ca.
610 – 540 v. u. Z.), wonach die Erde in der Mitte einer kugelförmigen Welt eine auf einem Weltozean schwimmende Scheibe sei, gegliedert in maximal vier Kontinente (Farbabb. 8). Eine solche Sicht der Erde weist im Übrigen bemerkenswerte Übereinstimmungen mit der sogenannten
„Babylonischen Weltkarte" aus dem 7. Jahrhundert v. Chr. auf. Auch in ihr, einer Tontafeldarstel-
lung, schwimmt die Erde als flache Scheibe auf einem sie umgebenden Weltmeer (Bitterfluss!).
Geographischer Mittelpunkt dieser Karte ist Babylon.

Aus historischer Sicht ist dem Werk Herodots, dessen ultimatives Ziel nach Schmithüsen
(1970, S. 19) „eine realistische Beschreibung und kartographische Darstellung der Ökumene"
war allenfalls die in 17 Bänden abgefasste, „Geographica" des Strabo (ca. 63 v. u. Z. bis 23 u. Z.),
eines Griechen in römischen Diensten, gleichzusetzen. Neben ausführlichen Länderbeschreibungen ist es ein Hauptverdienst von Strabo, das etwa 200 Jahre vor ihm von Eratosthenes von
Kyrene (295/280–Ende 3. Jh. v. u. Z.) entwickelte Weltbild von der Erde als einer Kugel, deren
Landmassen allseits vom Ozean umschlossen seien, erneut in Erinnerung zu rufen und zu be-

gründen. Ähnlich äußert sich dann übrigens auch der in Alexandrien lehrende und forschende Claudius Ptolemäus (ca. 100–170 u. Z.), der – in der Tradition des Eratosthenes stehend – die Idee eines geozentrierten Weltbildes mit der Erde als einer ruhenden Kugel im Mittelpunkt der Welt auch kartographisch dokumentierte. Das unter seinem Namen bekannt gewordene ptolemäische Weltbild blieb geistesgeschichtlich bis zum Ende des Mittelalters prägend, bis es vom heliozentrischen Weltbild des Kopernikus und anderer abgelöst wurde (für eine umfassende Darstellung antiker Erdvorstellungen vgl. z. B. Sonnabend 2007).

Die möglichst wirklichkeitsnahe Erfassung und Differenzierung menschlicher Lebensräume ging einher mit Spekulationen über die Rolle des Klimas und der physischen Umwelt auf Geist und Psyche des Menschen. Hier waren es, neben Geographen, vor allem die frühen griechischen Heilkundigen. Begründer und zudem herausragender Vertreter einer physiologischen Interpretation von Natur war der als Stammvater der Medizin geltende Hippokrates (um 460 bis 375 v. u. Z.). Seine Thesen über den Einfluss der Umwelt auf menschliches Verhalten und menschliche Kultur werden bis heute rezipiert und diskutiert. Nach Schmithüsen (1970, S. 20), der ihn wohl etwas übertrieben als „Begründer einer physischen Anthropogeographie und einer Umweltlehre für den Menschen" bezeichnet, unterscheidet Hippokrates drei Naturräume bzw. klimatisch definierte Regionen auf der Erde, die ihrerseits Charakter und Verhaltensweisen der dort Lebenden prägten: extrem kalte Regionen – extrem heiße Regionen – temperiert-intermediäre Regionen. Während Griechenland und die Mediterraneis den temperiert-intermediären Klima- und Kulturkreis repräsentieren, gelten alle Gebiete jenseits des Mittelmeeres als Lebensraum der Barbaren. Ihre Bewohner unterscheiden sich nicht nur durch Aussehen, Wuchs und Lebensweise, sondern auch durch ihre Gesittung und Kultur. Mit anderen Worten: Kulturelle Diversität ebenso wie Rassendifferenzierung und zivilisatorische Leistungen werden als umweltspezifisch determinierte Anpassungen menschlicher und gesellschaftlicher Entwicklung gedeutet. Die Umwelt prägt die Menschen und ihre Kultur, aber auch die Physiologie des Menschen und seiner durch Klima und Umwelt bestimmten psychischen Konstitution. Analog zu den vier Elementen, die von Aristoteles mit bestimmten physikalischen Qualitäten (trocken – feucht – warm – kalt) ausgestattet wurden, haben Hippokrates und (sehr viel später und ausführlicher) der römische Arzt Galen (2. Jh. u. Z.) den Menschen und seine Psyche differenziert. Ausgehend von der These, dass der Charakter des Menschen durch ihm eigene „Körpersäfte" auch von der natürlichen Umwelt geprägt wird, bewirken die Mischungen des Blutes (sanguinis), des Schleimes (phlegma), der „schwarzen" Galle (melas cholos) bzw. der „weißen/gelben" Galle (cholos) den Temperamenttypus des Sanguinikers, Phlegmatikers, Melancholikers bzw. des Cholerikers. Wir wissen, dass solche Differenzierungen bis in die jüngste Vergangenheit nachwirken. Das von Kintzinger (2003) zusammengestellte Schema der Humoralpathologie, das antike wie mittelalterliche Vorstellungen miteinander verbindet, lebt zumindest in der Typologie der Charaktereigenschaften bis heute fort (vgl. Tab. 3).

Erinnert sei an das Menschenbild des elisabethanischen England: „temper" und „humor" prägen das Verhalten der Dramenhelden Shakespeares und prägen durch Auf- und Absteigen der Säfte im menschlichen Körper das Verhalten der Charaktere. Bezogen auf die fachwissenschaftliche Geographie sei nur auf den später noch ausführlicher zu diskutierenden Versuch des amerikanischen Geographen Huntington verwiesen, der zu Beginn des 20. Jahrhunderts die These vertreten hat, dass das Klima das entscheidende Agens für die Ausbildung nicht nur der Hoch-

Tab. 3:   Antike und mittelalterliche Humoralpathologie (nach Kintzinger 2003)

1) Körpersäfte	Blut	Gelbe Galle	Schwarze Galle	Phlegma
2) Qualitäten	warm/feucht	warm/trocken	kalt/trocken	kalt/feucht
3) Elemente	Luft	Feuer	Erde	Wasser
4) Jahreszeiten	Frühling	Sommer	Herbst	Winter
5) Lebensalter	Kindheit	Jugend	Mannesalter	Greisenalter
6) Temperamente	Sanguiniker	Choleriker	Melancholiker	Phlegmatiker

kulturen, sondern auch der Überlegenheit der westlichen Zivilisationen gegenüber allen anderen Gesellschaften und Kulturen sei (Klimatheorie!). Auch die von dem Psychologen W. Hellpach (1877–1955) vertretene „Geopsyche" (1911), wonach Wetter, Klima und/oder Landschaft auf die menschliche Befindlichkeit und menschliches Denken wie Handeln entscheidende Wirkungen ausübt, gehört in diese Traditionslinie.

Was die Rolle des Menschen als Gestalter der Erde, aber auch als Verursacher und Opfer gravierender Umweltbeeinträchtigungen anbelangt, so werden im Schrifttum der Griechen und Römer erstmals und gleich auch sehr massiv Klagen über den Zustand des eigenen Lebensraumes artikuliert (vgl. dazu auch Sonnabend 1999a). Dabei geht es zum einen um die immer wieder auftretenden Gefährdungen der Menschen und ihrer Werke durch Poseidon/Neptun, Zeus/Jupiter oder andere zürnende Gottheiten. Sie waren die Auslöser gewaltiger natürlicher Katastrophen, die als Erdbeben, Vulkanausbrüche oder Tsunamis gerade in der Mediterraneis als dem Mittelpunkt der damals bekannten abendländischen Ökumene immer wieder verheerende Zerstörung von Städten und Kulturland auslösten und Menschenleben vernichteten (vgl. dazu Sonnabend 1999b). Es waren aber auch Umweltschäden, die als Folgen eines unklugen Umgangs der Menschen mit der sie umgebenden Natur und Umwelt erkannt wurden: Bergbau und Bodenerosion, Entwaldung und Verkarstung, Versumpfungserscheinungen an den Küsten, Überschwemmungen und Wassermangel. Die klassische Belegstelle für diese „man-made hazards" findet sich bei Platon in seinem „Kritias", der den Verfall der einst blühenden Kulturlandschaft Attikas durch menschlichen Raubbau beklagt. Berichte über die zunehmende Degradation des menschlichen Lebensraumes häufen sich bei römischen Historikern und Geographen. Erinnert seien in diesem Zusammenhang an die Warnungen von Strabo wie von Plinius dem Älteren (23–79 u. Z.), die einerseits den unerschöpflich erscheinenden Reichtum der Natur feiern, andererseits aber Waldvernichtung, Verlust der Bodenfruchtbarkeit wie auch den der Biodiversität mahnend beklagen. Besonders beeindruckende und bis in die Gegenwart nachwirkende Zeugnisse jener unheilvollen Kausalkette mediterraner Mensch-Umwelt-Beziehungen sind die gewaltigen Bodenabschwemmungen an fast allen Küsten des Mittelmeeres, die bereits in der Antike Häfen versanden, Städte verlagern und deren Hinterländer veröden ließen (vgl. Abb. 11). Noch heute säumen große Schwemmlandebenen (Maremmen), z. T. erst im 20. Jahrhundert trockengelegt und in Kulturland verwandelt, so manche Küstenabschnitte des Mittelmeeres, ganz zu schweigen von den verkarsteten und allenfalls von Macchie, Garrigue oder Phrygana eingenommenen Karstflächen der das Meer umgebenden Bergländer und Hochflächen. Die heutigen Rekonstruktionen antiker Natur- und Kulturlandschaften belegen das Ausmaß irreparabler Verände-

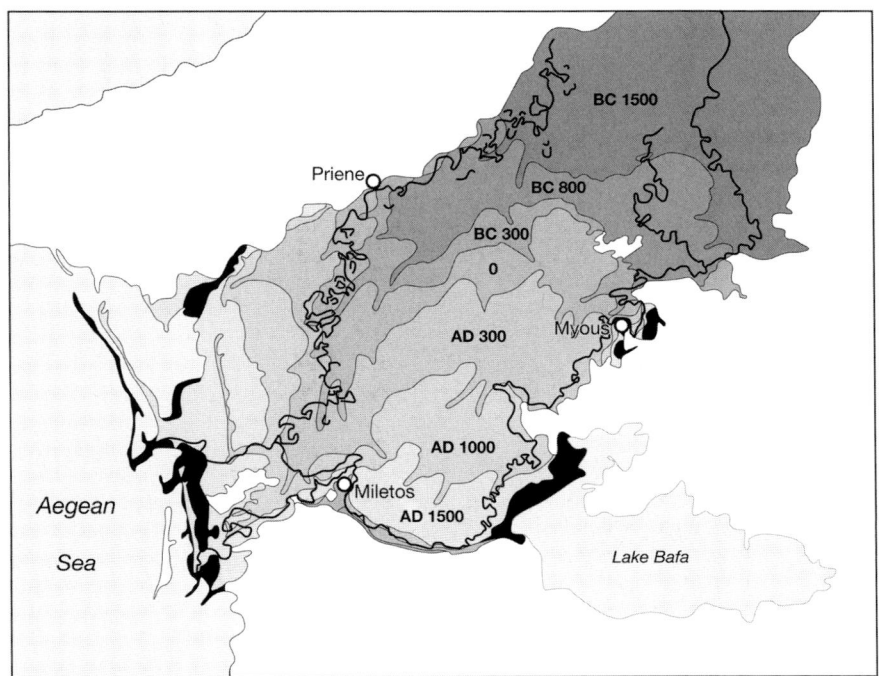

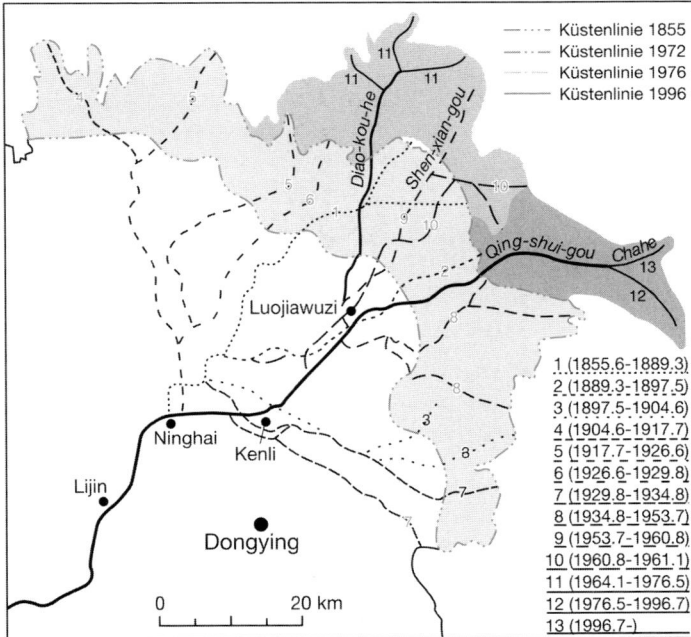

Abb. 11:   Veränderungen des Küstenverlaufs des Mittelmeeres im Bereich des Mäander-Deltas,
1.500 v. u. Z. bis in die Gegenwart (nach Müllenhoff 2005) – im Vergleich mit rezenter
Deltaentwicklung am Gelben Fluss/China (nach unveröffentl. chinesischen Quellen).

rungen der alten Landoberflächen, der Bodenerosion und Küstenbildungen (vgl. Brückner 1986 f., Müllenhoff 2005, Vött/Brückner 2006, Zielhofer 2006 u. v. a.). Sie alle haben ihren Ursprung in den schon von Platon beklagten Eingriffen des Menschen in die fragilen Naturhaushalte der Mediterraneis.

Der im Vergleich zur griechischen Geographie pragmatische Charakter der römischen Geographie wird in der Vorrede zu der monumentalen „Geographica" deutlich, wo Strabo die Wichtigkeit und Nützlichkeit der Erdbeschreibung z. B. für Geschäftsleute, aber auch für das Leben und die Bedürfnisse der Herrscher betont. Mehr aber noch drückt sich dieser Pragmatismus in den Handlungsanweisungen vieler Schriftsteller über den nutzbringenden Umgang mit der Natur aus. Vor allem Abhandlungen über die Landwirtschaft, verstanden z. T. explizit als Kolonisierung von Natur (vgl. Winiwarter 1997, 1999), belegen ein Mensch-Umwelt-Verständnis, das bei den Römern ausdrücklich zur Kontrolle und Aneignung der Natur tendiert. So ist auch zu verstehen, dass insbesondere mit dem Epikureismus und mit der Stoa „die Entdeckung der Kultur" (Müller 2003, insb. S. 418–433) zu einem zwischenzeitlichen Abschluss kommt. Allerdings bleibt ein resignierendes Fazit insofern als z. B. Plinius der Ältere zwar das gesamte Wissen seiner Zeit in seiner 37-bändigen „Naturalis historia" enzyklopädisch zusammenzufassen sucht (Astronomie, Biologie, Geographie, Medizin, Kunst usw.) und damit bis in die beginnende Neuzeit hinein zur Quelle anderer kompilatorischer Werke wird. Andererseits aber stellt er, im Anschluss an seine Ausführungen über Kosmologie und die Fürsorglichkeit der Mutter Erde fest:

> „Der erste Platz wird zu Recht dem Menschen zugewiesen werden; seinetwegen hat ja, wie es scheint, die Natur in ihrer Größe alles Übrige geschaffen. Freilich hat sie für ihre reichen Gaben einen schrecklich hohen Preis festgelegt, so dass man nicht recht entscheiden kann, ob sie dem Menschen gegenüber mehr eine gute Mutter oder eher eine böse Stiefmutter gewesen ist […]. Kein Geschöpf hat ein so hinfälliges Leben, aber dabei eine so große Begierde nach allem, was es gibt […]. Der Mensch aber, wahrhaftig, er verdankt seine meisten Übel dem Menschen selbst."
> *(Plinius der Ältere: Naturalis historia, S. 43–47; zitiert nach Plinius 2005).*

Homo homini lupus – klingt hier nicht bereits das Denken des 17. Jahrhunderts an? Aus einer historischen Retrospektive heraus sind allerdings nicht nur die bemerkenswerten Fortschritte in der Welt- und Menschensicht der griechisch-römischen Antike sowie die theoretische wie praktische Diskussion der Mensch-Umwelt-Beziehungen zu konstatieren, sondern auch deren Bedeutung für das weitere Denken und für die Religiosität des Abendlandes. Das, was in dem bereits genannten Timaios-Dialog von Platon gedacht wird, dass nämlich die Welt nach einem rationalen Bauplan entworfen und strukturiert sei und dass auch ihr Schöpfer, der Demiurg, als Vernunftwesen gesehen werden muss, findet im letzten Jahrtausend vor der Zeitenwende überraschende Parallelen auch in anderen kulturellen Kontexten. Wissenschaftshistoriker, Religionsphilosophen, Altertumsforscher: Sie alle verweisen auf nahezu parallel ablaufende geistige Transformationsprozesse in China und Indien, im alten Persien wie im Nahen Osten, nämlich auf den Übergang von Mythen zu Religionen, vom Polytheismus zum Monotheismus, von der oralen Überlieferung zur Verschriftlichung, von einer Religiosität, die die Welt von ihrem Anfang her betrachtet, zu einer Religiosität, die die Welt und den Menschen von ihrem Ende und ihrer Zielprojektion her begreift. Karl Jaspers hat diese formative Phase als Achsenzeit bezeichnet, d. h. als ein Zeitalter, in dem „der Mensch sich des Seins im Ganzen, seiner selbst und seiner

Grenzen bewusst wird. Er erfährt die Furchtbarkeit der Welt und die eigene Ohnmacht. Er stellt radikale Fragen […]" (1955, S. 15). Das zu Ende gehende „mythische Zeitalter" wird befragt und bekämpft „von Seiten der Rationalität und der rational geklärten Erfahrung (der Logos gegen den Mythos)" (ebd.). Vergeistigung – Philosophie – spekulatives Denken werden zu Kennzeichen dieser Achsenzeit der Geschichte, die die Vorgeschichte mit dem „Werden des Menschen über die Sprach- und Rassenbildungen bis zum Anfang der geschichtlichen Kulturen" fokussiert und selbst zum Ausgangspunkt der „Weltgeschichte" unter entscheidender Mitwirkung Europas wird (ebd., S. 75 – 80). Laotse – Buddha – Zarathustra – Homer und die vorsokratischen Philosophen Griechenlands werden somit zu den Wegbereitern dessen, was sich in der Folgezeit als „Das Schlechthin Neue: Wissenschaft und Technik" entwickeln sowie Denken und Fühlen, Planen und Handeln auch im Bereich der Mensch-Umwelt-Beziehungen prägen wird (vgl. auch Armstrong 2006).

Das geographische Weltbild des christlichen Mittelalters

Der abendländischen Antike verdanken wir die Grundlagen unseres Denkens und moralisch-ethischen Handelns. Auch das geographische Weltbild des abendländisch-christlichen Mittelalters ist ohne die mediterrane Antike unvorstellbar. Mit dem Verfall und schließlichen Untergang des Römischen Reiches setzt allerdings in der Philosophie, in den Künsten und Wissenschaften eine Stagnation ein. Die Völkerwanderungen germanischer Stämme bis in die mediterrane Welt hinein, die Konflikte zwischen West- und Ostrom, die Zerstörung Roms selbst, die Ablösung des antiken Götterpantheons durch die christliche Religion, das Aufkommen des Islam und schließlich die Auseinandersetzungen zwischen den beiden Weltreligionen einschließlich der sie begleitenden ideologischen wie kriegerischen Konflikte (Kreuzzüge): Sie alle haben in entscheidender Weise das überlieferte Geistesleben und die aus der Antike übernommenen Weltsichten im ersten Jahrtausend nach Christi Geburt verdrängt, überlagert, unterdrückt oder in neue Formen gegossen. In ihnen durchdringen und vermischen sich Altes und Neues, Antikes und Mittelalterliches, Christliches und Jüdisches, Abendländisches wie Morgenländisches und führen zu neuen Welt- und Menschenbildern.

     Das ideengeschichtlich herausragende und unsere westliche Kultur prägende Ereignis ist zunächst einmal die Verdrängung der griechisch-römischen Göttervielfalt durch den Monotheismus. Mehr oder weniger analog zu den Entwicklungen in anderen Kulturen (vgl. Armstrong 2006) erfahren mit dem Aufkommen der christlichen Theologie ab dem 3. Jahrhundert bei gleichzeitig starkem Rückbezug auf das Alte Testament und die Theologie des jüdischen Gottesbegriffs sowohl die „Institution Gott" als auch der Mensch innerhalb des kosmischen Gefüges eine neue Bewertung. Damit erlangen sie auch eine neue Stellung für die Schöpfung und alle ihr zugehörenden Kreaturen, seien es Pflanzen, Tiere oder die Menschen selbst. Das, was bei den Ägyptern, mehr aber noch bei den Griechen und Römern angelegt war, dass nämlich der Mensch innerhalb des Kanons alles Lebenden eine gewisse Sonderstellung einnehme, wird mit der wachsenden Bedeutung der jüdisch-christlichen Theologie ab dem 3./4. Jahrhundert zu einem der wichtigsten Leitbilder auch für die Mensch-Umwelt-Beziehungen bis in die Gegenwart hinein.

Aus wissenschaftshistorischer Sicht (vgl. hierzu und für die folgenden Ausführungen besonders Gloy 1995, S. 134 ff.) gilt, dass die unser abendländisches Mittelalter prägenden Vorstellungen aus zwei Wurzeln und Traditionslinien der antiken Philosophie gespeist werden. Die Frühphase an der Wendezeit von Spätantike und frühem Mittelalter wird in ihrer Synthese aus antikem Gedankengut und jüdisch-christlicher Gläubigkeit vor allem durch östlich-mediterrane und vom oströmischen Herrschaftsreich ausgehende Heilslehren und deren Interpretationen geprägt. Alexandria wird zum Schmelztiegel verschiedenster Heils- und menschlicher Erlösungssehnsüchte. Isis- und Osiris-Kulte vermischen sich hier mit persisch beeinflusster Mithras-Verehrung und alttestamentlich-jüdischen Heilserwartungen. Der Rückgriff auf Platons Ideenlehre schließlich schafft den Rahmen für das, was jüdische Gelehrte und dann besonders Plotin (um 205–270 u. Z.) zum Neuplatonismus verschmolzen, eine Mischung aus Philosophie und Erlösungsmystik. Mit dem Rekurs auf das Alte Testament hält – zunächst verborgen, in der Folgezeit dann aber wirkungsmächtig – indes auch der für das Christentum und sein auf den Menschen bezogenes Selbstverständnis aus Genesis 1, Vers 28 Einzug in die praktische Theologie: „Seid fruchtbar und mehret euch und füllet die Erde und machet sie euch untertan und herrschet […]". Ab dem hohen Mittelalter und dem für das christliche Abendland so fruchtbaren Kontakt mit der arabischen Philosophie gewinnen dann westlich-mediterrane Weltsichten an Gewicht. Die „Wiederentdeckung" der griechischen Antike, insbesondere die des aristotelischen Gedankenguts, in den Schriften jüdischer wie arabischer Gelehrter von Avicenna (arabisch Ibn Sina, persisch Bou Ali) über Maimonides bis hin zu dem durch seine Aristoteles-Kommentare berühmten Averroes machten das andalusisch-islamische Spanien zu einem Zentrum der hochmittelalterlichen Gelehrsamkeit, die das abendländisch-christliche Europa aus seiner geistigen Erstarrung erlösen sollte.

Unabhängig von diesen in Raum und Zeit unterschiedlichen Ursprungsherden des christlich-mittelalterlichen Naturverständnisses und des daraus resultierenden Bildes der Mensch-Umwelt-Beziehungen lassen sich die Eckpunkte eines ungleichen Dreiecks zwischen den drei Fixpunkten Gott, Mensch und Natur, das sich behutsam ab dem 5. Jh. u. Z. herauszubilden beginnt, wie folgt umschreiben:

- Gott ist der Schöpfer des Himmels und der Erde.
- Der Mensch selbst ist Gottes Geschöpf, nicht selber eine autonome Schöpfergestalt.
- Dennoch: Der Mensch soll sich die Erde untertan machen; d. h. ihm wird eine Sonderstellung gegenüber Pflanzen und Tieren zuerkannt.
- Die Schöpfung und der ihr zu Grunde liegende Schöpfungsplan sind Ausdruck und Beweis der Allmacht und der Herrlichkeit Gottes.
- Gott ist und bleibt unvorstellbar und darf nicht mit der Schöpfung gleichgesetzt werden. Und:
- Alle Schöpfung ist von Gott, nicht für Gott.

Vor diesen Hintergründen gewinnt der teleologische Grundgedanke, der uns bereits aus dem Griechentum bekannt ist, neues Gewicht. Der Mensch als Geschöpf wie auch – in begrenztem Umfang – als Nutzer, Mit- und Umgestalter der ihn umgebenden pflanzlichen wie tierischen Natur gelangt zu einer ambivalenten Zwischenstellung, deren herausragendes Kennzeichen allerdings die reduzierte Selbstbestimmung des Menschen und seines gesamten Tuns ist. Im Gegenteil: Die im Christentum ausgeblendete Autonomie des Menschen und die seinem Schöpfer gegenüber zu rechtfertigende Verantwortlichkeit seiner Handlungen werden durch die Verantwortlichkeit gegenüber dem einen Schöpfergott und die Abrechnung im „Jüngsten Gericht" in besonderer Weise manifest. Im Gegensatz zum Griechentum und seiner Götterwelt, wo die Götter zu Menschen wurden und als solche unerkannt unter den Menschen wandelten und – umgekehrt – Menschen zu Göttern oder Halbgöttern aufsteigen konnten, kennt das Christentum lediglich den entrückten und entpersonifizierten Weltenrichter, der sich dem Individuum in seinen Schöpfungen, besonders aber durch den menschlichen Glauben erschließt. Die Anerkennung des göttlichen Schöpfungsplanes wie die Glaubensbereitschaft werden somit wichtige Voraussetzungen der christlich-abendländischen Mensch-Umwelt-Beziehungen.

Mittel- und Ankerpunkt in dieser Übergangszeit zwischen Antike und Mittelalter und Ausgangspunkt eines neuen Welt- und Menschenbildes bildet das Werk des Hl. Augustinus (354–430 u. Z.). Er wird zur entscheidenden Persönlichkeit in diesen „formativen" Jahren der abendländischen Geistes- und Religionsgeschichte als Mitbegründer eines Gottesbildes, das bis zur Renaissance und damit für etwa eintausend Jahre Gültigkeit behalten soll: „Veni, Creator Spiritus!" – „Komme, Du Schöpfergeist!" – „Komme, Gott Vater, Schöpfer Himmels und der Erde" (Gloy 1995, S. 150–154). Es ist die in diesen Anrufungen zum Ausdruck kommende Superiorität Gottes, der mit der Erschaffung Himmels und der Erde und aller auf ihr lebenden Geschöpfe eine unumschränkte Allmacht zuerkannt bekommt. Diese Welt- und Natursicht wird das christliche Mittelalter grundlegend von der griechischen Ontologie unterscheiden, die weder eine entstandene/geschaffene noch eine vergängliche/endliche Welt imaginieren konnte. Mit der Erschaffung des Kosmos und des Lebens „aus dem Nichts" gewinnt der christliche Gott eine geradezu unumschränkte Allmacht, die ihn grundlegend vom antiken Götterpantheon der Griechen wie Römer unterscheidet. Der aus Nordafrika stammende Augustinus, vertraut mit den Schriften und dem Gedankengut der griechisch-römischen Philosophie, vorübergehend glühender Anhänger des aus Iran stammenden Manichäismus und geprägt durch die christliche Religiosität seiner Mutter, vereint in sich die geistige wie spirituelle Vielfalt dieser Zeit politischer wie geistesgeschichtlicher Turbulenzen. Und es ist vielleicht kein Zufall, dass er sich 410, nach der Brandschatzung Roms, endgültig in seine nordafrikanische Heimat zurückzog und dort mit der Abfassung seines theologischen Hauptwerkes „Vom Gottesstaat" (De Civitate Dei, 413–426) begann. In diesem in insgesamt 22 Büchern verfassten Text werden die wesentlichen Grundlagen nicht nur der christlich-mittelalterlichen Glaubenslehre, sondern die daraus resultierenden Konsequenzen für das Verhalten der Menschen gegenüber Gott, der Natur und ihrer Umwelten gelegt. Es sind vor allem vier Aspekte, die in diesen Kontexten genannt werden sollen:

- Erbsünde wie Gnade werden als wesentliche Bestandteile menschlicher Existenz verstanden; als Teil einer Prädestinationslehre ist der Mensch in seinem Handeln und Denken vorherbestimmt und daher weitestgehend „unfrei".
- Der Mensch verfügt über eine Selbstgewissheit des Bewusstseins als Ausgangspunkt aller Wahrheitserkenntnis; damit verbunden ist seine Willensfreiheit und damit auch seine Selbstverantwortlichkeit („christlicher Neuplatonismus").
- Durch göttliche Erleuchtung gewinnt der menschliche Geist Teilhabe am göttlichen Schöpfungsplan: Gott hat die Welt erschaffen, mit ihr Zeit und Raum und von Anbeginn auch gewisse Keimkräfte (rationes seminales) in jegliche Materie hineingelegt, die sich langsam entfalten und die somit auch dem Menschen zufallen. Sie im Sinne des göttlichen Schöpfungsplanes zu nutzen, ist dem Menschen aufgegeben.

Die vierte der hier zu nennenden Prämissen des augustinischen Gedankens- und Glaubensgebäudes ist die für unser Thema bedeutendste und markiert zugleich eine fundamentale Abkehr von dem Weltenplan der griechischen Antike:

- Im Gegensatz zum Kreislauf der ewigen Wiederkehr wird bei Augustinus Natur- und Menschheitsgeschichte als ein unilinearer und einmaliger Ablauf von der Schöpfung bis zum Jüngsten Tag, vom A (alpha) zum O (omega), als ein einmaliger Weg zwischen Anfang und Ende gedeutet; im christlich-religiösen Sinne wird somit Heilsgeschichte zum Prozess.

Was bedeutet dieses für die Frage der Mensch-Umwelt-Beziehungen? Die Antwort auf diese Frage kann nur differenziert erfolgen, nämlich in einem *ideengeschichtlich-religiösen Sinne*, in einem *religiös-praktischen Sinne* und schließlich im Hinblick auf das besondere Anliegen dieses Buches – in einem *religiös fundierten geographiegeschichtlichen Sinne*.

Mensch-Umwelt-Beziehungen des abendländisch-christlichen Mittelalters im ideengeschichtlich-religiösen Sinne: Seit Augustinus lehrt das frühe Christentum eine klare Trennung zwischen Mensch und Natur. Die Phänomene der Natur einschließlich des pflanzlichen wie des tierischen Lebens sind durch sich und für sich da und unterliegen ihren eigenen Gesetzmäßigkeiten von Entstehen, Werden und Vergehen. Pflanzliche wie tierische Kreatur sind von Natur aus gut. In der Achtung der Kreatur und in ihrem Schutz drückt der Mensch Achtung und Liebe gegenüber dem Schöpfer aus – Pflanzen und Tiere sind also der Obhut des Menschen unterstellt. Obwohl ihm untertan, bedeuten ihre Hege und Pflege durch den Menschen zugleich Lobpreisung und Ehre Gottes: „Lerne in der Kreatur den Schöpfer zu lieben".

Ganz anders ist es demgegenüber um die Rolle des Menschen in diesem Wechselverhältnis bestellt. Anders als Pflanze und Tier ist der Mensch potentiell böse. Bereits als sündiges Geschöpf geboren, der aber dennoch von Gott in seiner Vollkommenheit und Widersprüchlichkeit geliebt wird, stehen dem Menschen eigene Entscheidungsmöglichkeiten zur Verfügung. Hin- und hergerissen zwischen Diesseits und Jenseits, zwischen Sündhaftigkeit und Gottwohlgefälligkeit, zwischen Verdammnis und Gnade vermag der Mensch – so Augustinus und andere – sich selbst zu entscheiden. Die im Menschen angelegte Zweipoligkeit zwischen einem irdischen Werten und Normen entrückten engelhaften Entwicklungsweg einerseits und einem im Irdischen verhafteten und auf bestialisch-tierische Weise ausgerichteten Lebensweg andererseits wird in der mittelalterlichen Metaphorik mit dem Gegensatzpaar von *Jerusalem* und *Babylon* zum Ausdruck gebracht. Jerusalem steht dabei als Symbol für die Liebe Gottes; Babylon dient als Metapher für die Liebe der Menschen. Anders ausgedrückt: Jerusalem und Babylon werden zur metaphorischen Antithese von Mensch und Natur, von Himmel und Hölle, von erstrebenswerter Jenseitigkeit und vordergründiger Diesseitigkeit. Dem Menschen obliegt es, die Entscheidung zu fällen, welchen Weg er gehen will.

Diese die Diskussion des frühen Mittelalters prägenden Diesseits- und Jenseitssichten bestimmten die Diskussion um die Stellung des Menschen über viele Jahrhunderte. Erst die Auseinandersetzung mit dem Islam und hier insbesondere die Wirkungen der Kreuzzüge (vgl. Eliade 2002, Bd. 3), aber auch das seit dem hohen Mittelalter zunehmende Ringen zwischen Papsttum und Kaiser um die geistliche wie weltliche Vorherrschaft in Europa führen zu grundlegend neuen Bewertungen von Mensch und Natur. Ausgangspunkt solcher Bestrebungen sind Mönchsorden. Im 11. Jahrhundert hatte bereits im Rahmen der cluniazensischen Klosterreform eine Rückbesinnung auf die durch Benedikt von Nursia (um 480–547 u. Z.) formulierten Grundwerte christlichen Lebens eingesetzt. Die Gründung des Zisterzienserordens im Jahre 1098, genannt nach dem Kloster Citeaux bei Dijon, sowie seine schnelle Ausbreitung in Europa durch Bernhard von Clairvaux (1090–1153 u. Z.) jedoch sollte für die Frage der Mensch-Umwelt-Beziehungen in Theorie und Praxis von besonderer Bedeutung werden.

Im Bereich der spirituell-religiösen Neuorientierungen sind es vor allem die Gedankengänge des Franz von Assisi (1181/82–1226 u. Z.), der – in gewisser Analogie zu Augustinus und durch Abkehr von einem ausschweifenden weltlichen Leben – die Rückkehr zu einer christlichen Verinnerlichung und damit auch zu einer neuen Sicht der natürlichen Umwelt des Menschen findet. Ausdruck dieser Verherrlichung der Natur und von Gottes Schöpfung sind die berühmten Lobgesänge auf den Schöpfer (Laudes creatoris), die Gesänge zum Lobe der Kreatur (Canticus creaturarum) – auch unter dem Namen des „Sonnengesangs" (Il Cantico di Frate Sole) bekannt –, sowie seine berühmten Tierpredigten. Jüngere Forschungen (Cunningham 2000/2001) haben allerdings ergeben, dass ein nicht unbeträchtlicher Teil der Franziskus zugeschriebenen Worte, Taten und Legenden erst späteren Datums sind. Cunningham verweist darauf, dass der von Franziskus verwendete Begriff der „natura" durchaus auch – und wohl sehr wahrscheinlich – als Allegorie für die „Kraft Gottes" stand. Auch Begriffe wie „Schöpfer" – „Schöpfung" – „Geschöpf" – von zentraler Bedeutung in den Reden des Franziskus – stehen als Ausdruck und Allegorie eines *göttlichen* Schöpfungsaktes. Sie sind Objekte und Werkzeuge, durch die Gott seine Absichten und Ziele verfolgt. Vor diesem Hintergrund wandelt sich in der Deutung Cunninghams der Gehalt des Wortes „Mitgeschöpf" von einem dem Menschen gleichwertiges Wesen in den eines streng hierarchisch gegliederten Schöpfungsbildes. Schöpfung in diesem Sinne ist eine Stufenleiter, auf der der gläubige Naturbetrachter spirituell emporsteigen kann von sichtbarer Schöpfung zu deren unsichtbaren Hintergründen und Absichten. Eine solche Kontemplation des göttlichen Schöpfungsaktes aber entfernt den Gläubigen letzten Endes von seinen lebenden Mitgeschöpfen, den Pflanzen und Tieren, und treibt ihn den höheren Sphären zu, z. B. dem „Bruder Sonne" oder der „Schwester Mond" im sogenannten Sonnengesang zu. Die zentralen Strophen dieses Lobpreises Gottes und der Natur vermitteln eindrucksvoll den Gleichstellungsgedanken aller Geschöpfe Gottes und aller Teile der Natur, wobei der Rekurs auf die vier Elemente der Antike zugleich als Ausdruck antiken Gedankenguts zu verstehen ist.

[II. Sonnenstrophe]
„Sei gelobt, mein Herr, mit all [den] Deinen Geschöpfen,
besonders [mit] meinem Herrn, dem Bruder Sonn,
welcher ist Tag, und [Du] erleuchtest uns durch ihn.
Und er ist schön, und strahlend mit großem Glanz
Von Dir, Höchster, bringt er Sinndeutung [Gleichnis]."

[III. Mond- und Sternenstrophe]
„Sei gelobt, mein Herr, durch Schwester Mond und die Sterne.
Am Himmel hast [Du] sie geformt, klar und kostbar und schön."

[IV Wind-(Luft-)Strophe]
„Sei gelobt, mein Herr, durch Bruder Wind

und durch Luft und Wolke und heiteres und jedes Wetter,
durch welches [Du] deinen Geschöpfen gibst Erhaltung."

[V Wasserstrophe]
„Sei gelobt, mein Herr, durch Schwester Wasser,
welches ist viel nützlich und demütig und kostbar und keusch."

[VI Feuerstrophe]
„Sei gelobt, mein Herr, durch Bruder Feuer,
durch welches [Du] uns erleuchtest die Nacht,
und es (er!) ist schön und fröhlich und kräftig und stark."

[VII Erdstrophe]
„Sei gelobt, mein Herr, durch unsere Schwester, Mutter Erde,
welche uns erhält und lenkt und hervorbringt
verschiedene Früchte mit bunten Blumen und Gras (Kraut)."
(Franz von Assisi: Il Cantico di Frate Sole, zitiert nach Gloy 1995, S. 142–143)

Nachhaltiger wirksam als die dem Mystizismus des Franz von Assisi und seiner Gefolgsleute nahe stehende Theologie wird Thomas von Aquin (1225–1274). Gestützt auf aristotelisches Gedankengut begründet Thomas von Aquin in seinem Hauptwerk „Summa theologiae" (1266–1273) die Einheit von Glauben und Wissen. Er lehrt, dass alle Erscheinungen der Welt Glieder einer göttlichen Schöpfungskette sind, die in logischer Abfolge stufenweise zur Offenbarung Gottes selbst hinaufführen. Insbesondere im vierten und fünften seiner insgesamt fünf Gottesbeweise schafft Thomas von Aquin eine wichtige Grundlegung des Verhältnisses von Gott, Mensch und Umwelt. Der vierte Beweis postuliert die Hierarchisierung aller Dinglichkeit auf Erden als Ausdruck göttlicher Schöpfung. Der fünfte Beweis belegt die These, dass nicht eine einzelne Spezies Gottgefälligkeit widerspiegeln kann, sondern dass sich gerade in der Vielheit und Verschiedenheit der Schöpfung der Schöpfer selber repräsentiert. Diese Vielgestaltigkeit äußert sich in der Natur durch das zuvor begründete Hierarchieprinzip, das auch auf die Natur angewendet werden kann. Ausgleich und Harmonie in der Vielfalt, in dem alles seinen Sinn, seinen Wert und seine Funktion hat, werden zu einem ökologischen Grundprinzip ausgeweitet: Die Vielzahl der Arten ist wichtiger als die Vielzahl der Vertreter einer bestimmten Art. Anders ausgedrückt: Ordnung, Plan und Design der natürlichen Umwelt sind Ausdruck eines grandiosen Bauplanes des Schöpfergottes, in dem sich Gottes Intellekt widerspiegelt. Dabei sieht Thomas von Aquin den göttlichen Schöpfungsakt als eine dreiphasige Abfolge: Der Schöpfung von Himmel und Erde als erstem Schritt folgt als zweiter Schritt die Trennung und Perfektionierung von Himmel und Erde zu den ihnen von Gott zugedachten Aufgaben und Funktionen. Der dritte und letzte Schritt dient der Ausschmückung und Ausgestaltung beider Sphären, wobei dem Menschen eine besondere Rolle zufällt. Die Reflexion über diesen Schöpfungsakt und das Anerkennen seiner Grandiosität ist dem Menschen angemessen und aufgetragen. Auch hier also die immer wieder zu beobachtende Symbiose platonisch-aristotelischer Philosophie mit jüdisch-christlichen Schöpfungsvorstellungen, die der Natur eine Ambivalenz von selbstständigem und unselbstständigem Sein zuschreibt: „So ist die Schöpfung – die Natur – zwar nicht Gott selbst, sondern ‚nur' sein Produkt und damit etwas anderes als Gott, wohl aber bleibt sie ‚sein' Produkt und ist insofern mit dem Prädikat ‚göttlich' zu versehen" (Gloy 1995, S. 141).

Mensch-Umwelt-Beziehungen des abendländisch-christlichen Mittelalters im religiös-praktischen Sinne: Das theologische Buchwissen – in lateinischer Sprache abgefasst und diskutiert – war allenfalls der Geistlichkeit sowie wenigen Angehörigen der weltlichen Oberschicht zugänglich. Der großen Masse der in Analphabetismus und sozialer wie wirtschaftlicher Abhängigkeit von Klerus und Adel lebenden Bevölkerung blieb die ideengeschichtlich-religiöse Bedeutung dieser Diskurse unbekannt. Das breite Volk war „Befehlsempfänger" seiner Grundherrschaften – und wohl auch in seinen religiösen Anschauungen und Pflichten. Umso bedeutender und eindrucksvoller werden somit die gleichzeitigen Beispiele eines „tätigen" Christentums, wie es in den Kolonisationsleistungen weltlicher Landesherren und christlicher Mönchsgemeinschaften sowie in der planvollen Entwicklung von Geräten und Institutionen zur Domestikation und Beherrschung der Natur zum Ausdruck kommt.

Ab dem hohen Mittelalter beginnt eine planmäßige Umgestaltung der Erde durch den Menschen. In Mitteleuropa sind es Landgewinnungsarbeiten an den Küsten der Nordsee, die Rodung großer Wälder, die Trockenlegung von Sümpfen oder aber die Erschließung von See- und Flussmarschen, die das in der Nacheiszeit entstandene Naturlandschaftsbild nachhaltig verändern werden. Zu den frühesten agrarkolonisatorischen Erschließungsmaßnahmen in deutschen Mittelgebirgen zählen die Rodungsaktivitäten, die im 10. Jahrhundert durch die Grafen von Calw beginnen und im Bereich des nördlichen Schwarzwaldes Wald in Ackerland umwandeln. Weiter nördlich wird das Kloster Lorch im Odenwald bereits im 9. Jahrhundert einer der Schrittmacher dieser Entwicklung. Es wäre indes falsch, die hochmittelalterlichen Mensch-Umwelt-Beziehungen nun ausschließlich unter dem Aspekt des religiös-praktischen Umgangs des Menschen mit der Natur zu sehen. Im Gegenteil: Es waren eine ganze Reihe sehr weltlich-pragmatischer Gründe, die ab dem 10./11. Jahrhundert zunächst langsam, ab dem 12./13. Jahrhundert dann in verstärktem Maße zu Eingriffen des Menschen in die ihn umgebende Natur führten. Der wohl wichtigste Auslöser war das Bevölkerungswachstum, das nach Ende der Völkerwanderungszeit und der allmählichen Herausbildung staatlich-territorialer Ordnungen in Mitteleuropa einsetzte. Parallel dazu erfolgte eine Intensivierung der Landwirtschaft, die in der zelgengebundenen Dreifelderwirtschaft zwischen dem 10. und 17. Jahrhundert zu einer Art Prototyp der Landnutzung im deutschsprachig-mitteleuropäischen Raum wurde. Ihr Prinzip bestand idealtypisch in einer dreifach gegliederten Feldflur (Zelge), in der jeder der dörflichen Nutzungsberechtigten über Eigentumsanteile verfügte und die im regelmäßigen Wechsel von Sommergetreide – Wintergetreide – Brache bewirtschaftet wurde. Der Wechsel von Sommer- und Wintergetreide produzierte Nahrungsmittel für die Bevölkerung; die Brache diente der natürlichen Regeneration der Bodenfruchtbarkeit; Stoppelweiden wie Brachflächen ermöglichten zusammen mit Wiesen und Weiden ergänzende Viehhaltung. Die Ränder der dörflichen Gemarkungen und die Allmende mit ihren Wäldern sicherten die für die Energieversorgung der Menschen notwendige Holzproduktion. Reichte die verfügbare land- und weidewirtschaftliche Fläche für die Ernährung der nachwachsenden Bevölkerung nicht aus, so kam es überall dort, wo potentielles Acker- und Weideland zur Verfügung stand, zur Sprossung/Filialisierung bestehender Siedlungen und zur Rodung neuer Ländereien. Wo die Bodenreserven erschöpft waren, erfolgte das Vordringen der Besiedlung in ökologisch weniger günstige Standorte. In Mitteleuropa waren dieses die mehr oder weniger dicht bewaldeten Mittelgebirge und ihre Täler oder aber die nur dünn besiedelten Landstriche jenseits der Elbe, insbesondere im Rahmen der ab dem 11./12. Jahrhundert einsetzenden Ostkolonisation. In ihrem Gefolge kam es

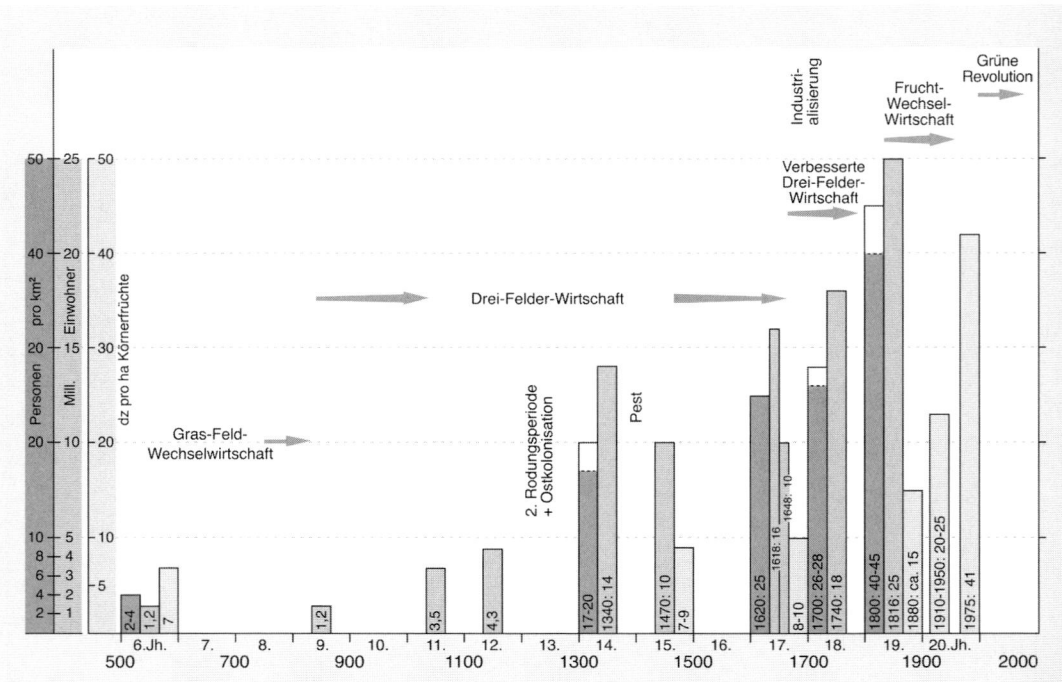

Abb. 12:   Entwicklung der Bodennutzungssysteme in Mitteleuropa vom 6. bis zum 20. Jahrhundert und in Bezug zur Bevölkerungsentwicklung (nach Weischet 1986)

zu großflächigen Rodungen der Wälder durch Ritter- und Mönchsorden ebenso wie durch Klöster
und weltliche Landesherren. Ergebnis war eine schnelle Zurückdrängung und Zerstörung der
natürlichen Ökosysteme und ihre Umwandlung in bäuerlich geprägte Kulturlandschaften (für zusammenfassende Darstellungen vgl. Abel 1967, Bork 1985, 1998, Born 1977, Jäger 1963, Nitz
1974). Die Mechanismen der Bodennutzung und der mit ihr verbundenen energiewirtschaft-
lichen Konsequenzen werden in den Abb. 12 und 13 verdeutlicht.

Eine besondere Bedeutung in diesem Kontext kommt den von Klöstern und Mönchsorden ausgehenden Rodungen von Wäldern oder Meliorisierung von Mooren und Sümpfen zu
insofern als sie zumindest teilweise eine ideologisch-religiöse Basis haben. Mönchische Arbeiten
zur Ehre Gottes werden ab dem 12. Jahrhundert zu einem wesentlichen Bestandteil klöster-
lichen und christlichen Lebens schlechthin. Dabei bleibt es zunächst nachrangig, ob diese Arbeit
in praktisch-umweltgestaltender Form wie z. B. durch Landgewinnung oder Rodung erfolgt oder
aber ob sie im Rahmen von Bibelexegese, der Anfertigung von Inkunabeln oder in anderen Bereichen geleistet wird. Die mit Abstand einflussreichste Klostergemeinschaft in Bezug auf die
Mensch-Umwelt-Beziehungen sind die Zisterzienser, deren Mönchsideal – basierend auf dem be-
nediktinischen „ora et labora" – in besonderer Weise auf Rodung und Neulanderschließung ausgerichtet war. Die großen kolonisatorischen Leistungen der Zisterzienser in den deutschen Waldgebirgen, mehr aber noch in der agrarkolonisatorischen Neulanderschließung östlich der Elbe,

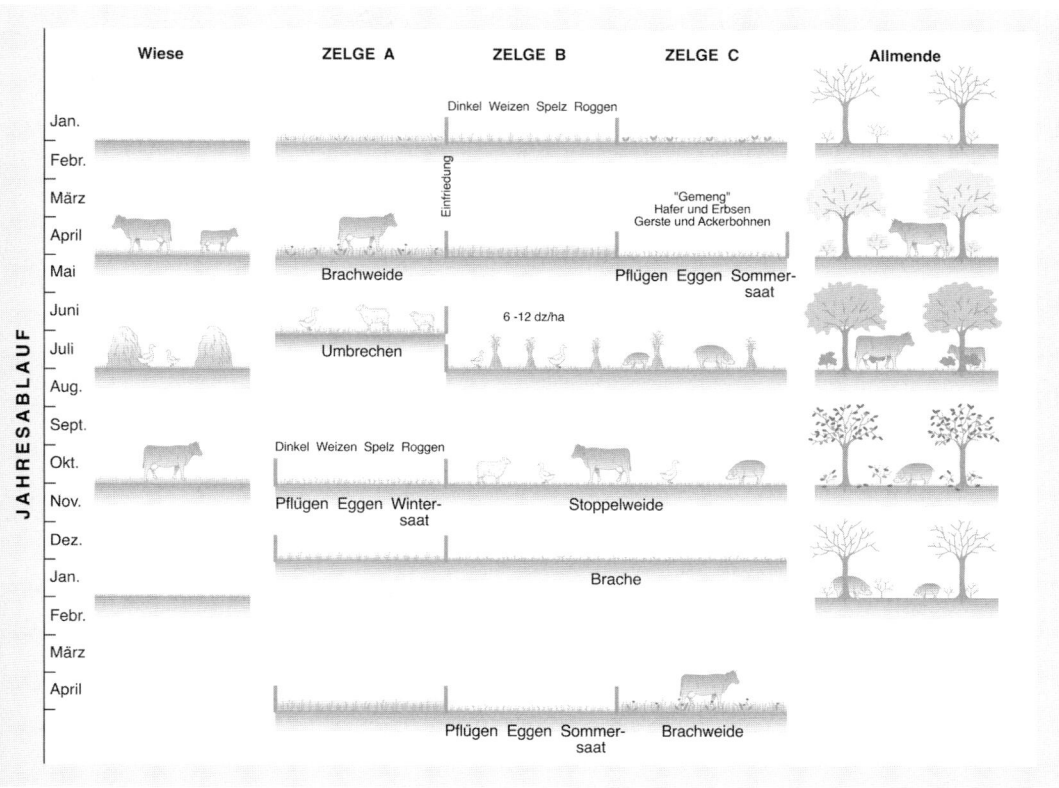

Abb. 13:   Das Prinzip der zelgengebundenen Dreifelderwirtschaft und ihre Bedeutung für Land-,
           Weide- und Holzwirtschaft (nach Weischet 1986)

sind Ausdruck eines „Gottesdienstes". Umwandlung der Natur zu einer domestizierten Kulturlandschaft ist ein gottgefälliges und der Ehre Gottes dienendes Unterfangen. Kolonisation als
Naturbeherrschung ist Ausdruck einer Frömmigkeit und Demut, die theologisches Streben mit
praktischer Umweltgestaltung verbindet. Die schlicht-eindrucksvollen Klosteranlagen von
Pforta, Lehnin, Chorin, Doberan, Eldena oder Oliva sind herausragende Beispiele und Kristalli-
sationspunkte dieser mönchischen Aktivitäten.

Das geographische Weltbild des abendländisch-christlichen Mittelalters: Angesichts des
überwältigenden Einflusses der Kirche und ihrer Organisationen auf alle Bereiche des täglichen
Lebens und des Menschen ist es nicht verwunderlich, dass die Theologie auch die sogenannten
„Wissenschaften" durchdrang und ihnen zunehmend ihren Stempel aufdrückte – Wissen wird
Macht (Kintzinger 2003). In eben diesem Sinne wurden naturgemäß nun – neben gesicherten
wissenschaftlichen Kenntnissen und zum Großteil noch vagen Spekulationen – auch die geographischen Weltsichten in den Dienst der Kirche und des Glaubens gestellt. Ungeachtet des bereits
in der Antike erreichten Wissenstandes erfährt im hohen Mittelalter die Erde als der diesseitige

Lebensraum des Menschen die interpretative Darstellung, die ihr aus der Sicht der Kirche zukam. Es geht dabei vor allem um die kartographisch-geographische Vermittlung eines Weltbildes, das als letztes Ziel die Stellung der Erde und des Menschen im christlich-theologischen Kontext zu erläutern und verständlich zu machen habe. Die diesbezügliche Fachliteratur ist umfassend und detailliert; zusammenfassend sei auf die Übersicht von Edson/Savage-Smith/Brincken (2005) verwiesen.

Unter den mittelalterlichen Erdkarten ist die Ebstorfer Weltkarte die wohl berühmteste und inhaltsreichste Darstellung des christlich-abendländischen Weltbildes im hohen Mittelalter. Das Original der etwa 3,56 m im Durchmesser messenden Rundkarte, im Kloster Ebstorf bei Lüneburg entstanden und aufbewahrt, fiel den Bomben des Zweiten Weltkriegs zum Opfer. Die wesentlichen Merkmale und Inhalte der Karte lassen sich nach formalen wie inhaltlichen Kriterien wie folgt zusammenfassen: *Nach formalen Kriterien* handelt es sich bei der Ebstorfer Weltkarte um eine Radkarte, d. h. die Erde ist als runde Scheibe dargestellt und allseits am Rande vom Weltmeer umgeben. Die Karte ist nach Osten hin ausgerichtet (Oriens = Osten). Topographisch werden Europa, weite Teile Asiens sowie Afrika nördlich der Sahara sowie der vermutete Lauf des Nils dargestellt. Orohydrographisch werden – von einigen Flußläufen und Bergketten abgesehen – weder Relief noch Vegetation noch sonstige geographische Details erfasst. Wichtiger indes sowohl für das „wissenschaftliche Selbstverständnis" der Auftraggeber dieser Karte als auch für deren ideologische Intentionen ist die *inhaltliche Ausgestaltung* des monumentalen Blattes. Unter Beschränkung auf das Wesentliche: Jerusalem liegt im Zentrum des Kartenblattes, stellt also den Mittelpunkt und „Nabel der Welt" dar. Die Erdscheibe selbst wird an ihren vier Quadranten durch die Figur des gekreuzigten Christus getragen. Der Kopf des Erlösers ziert den oberen nach Osten orientierten Kartenrand, seine stigmatisierten Füße halten den unteren westlichen Kartenrand. Norden wie Süden werden von den ebenfalls stigmatisierten Händen eingefasst. Alt- wie neutestamentliche Lokalitäten der Bibel nehmen einen prominenten Teil des Karteninhalts ein: Neben der überdimensionierten Darstellung des himmlischen Jerusalem erfahren Adams und Evas Vertreibung aus dem Paradies, die Arche Noah, der Berg Ararat, Babylon und sein Turmbau, Bethlehem und andere biblische Orte bildhafte Darstellungen. Anleihen aus der Antike und wohl Ausdruck einer humanistischen Gelehrsamkeit der Verfasser der Karte sind deutliche Hinweise auf das alte Troja, auf Karthago oder auf Pharos, eines der Weltwunder der Antike. Bezüge zur mittelalterlichen Gegenwart werden durch Hinweise auf heilige Stätten der Christenheit (z. B. Rom), durch Wiedergaben von Kirchen und Klöstern (z. B. Reichenau oder Kloster Ebstorf selbst) und andere Zentren der Christenheit hergestellt. Für die zur Entstehungszeit der Karte (Mitte des 13. Jahrhunderts) noch unbekannten Peripherien der Erde, vor allem in den topographisch wenig bekannten Randbereichen Afrikas und – mehr noch – Asiens, nehmen Fabelwesen und mythische Gestalten breiten Raum ein (Farbabb. 9).

Inwieweit kann die Kartographie der Ebstorfer Weltkarte Repräsentanz und Allgemeingültigkeit für das mittelalterlich-christliche Weltbild allgemein beanspruchen (vgl. dazu vor allem Wilke 2001)? Und was bedeutet das alles für die uns interessierende Frage der Mensch-Umwelt-Beziehungen im hohen Mittelalter Europas? Auf S. 62 wurde auf die berühmte Darstellung Babyloniens im 7. vorchristlichen Jahrhundert hingewiesen. Auch dort haben wir es mit einer Rundkarte zu tun, wobei das in ihr erfasste „Weltbild" ausschließlich auf die Städte Babylon, Euphrat und Tigris sowie das im Nordosten gelegene Zagros-Gebirge beschränkt sind. Auch dieser babylonische Mikrokosmos wird von einem Wasserkörper umgeben, der offensichtlich eine Art Weltmeer repräsentieren soll, wie er dann auch in den zeitnahen ionischen Erd- und Weltbildern als Weltozean auftaucht. Was indes die aus der griechisch-römischen Kartographie bekannte Kugelgestalt der Erde anbelangt, so ist davon in keiner der zahlreichen Erddarstellungen des Mittelalters etwas übriggeblieben. Schon ein sehr frühes Zeugnis der christlich-abendländischen Kartographie, die Karte des irischen Mönches Beatus aus dem 7. Jahrhundert, enthält in grob vereinfachter Form alle jene Elemente, die dann ganz offensichtlich in der Folgezeit in Klöstern und Mönchsschulen mit immer größerer inhaltlicher Raffinesse ausgefüllt werden. Insofern stellt die Ebstorfer Weltkarte zusammen mit der wenig älteren Hereford-Karte aus England den uns bekannten Höhepunkt dieser Form der Repräsentation unseres irdischen Planeten dar. Nach unserem bisherigen Wissens- und Kenntnisstand dürfen wir also davon ausgehen, dass die Ebstorfer Weltkarte in der Tat eine gewisse Repräsentanz für die christliche Kartographie und Geographie des hohen Mittelalters hat (vgl. Brincken 1968, 2006; Edson/Savage-Smith/Brincken 2005; Hahn-Woernle 1993; Kugler 1987; Miller 1896b; Wilke 2001), zugleich aber Ausdruck eines Rückfalls hinter die Kenntnisstände der Griechen und Römer wie auch gegenüber der zeitgleichen arabischen Geographie und Kartographie ist.

Was bedeutet das alles für die uns hier zentral interessierende Frage der Mensch-Umwelt-Beziehungen im hohen Mittelalter Europas? Das Denken und Trachten der Kirche ist auf Verbreitung, Vertiefung und Absicherung der christlichen Glaubensinhalte ausgerichtet. Wort, Schrift und Bild stehen ganz im Zeichen dieser Priorität. Die Tatsache, dass die bildlichen Darstellungen der Erde letzten Endes nichts anderes als kirchliche Inhalte und Artefakte vermitteln, spricht dafür, dass ihr Ziel die Untermauerung biblischer Aussagen, nicht aber die Unterweisung in „weltlichem Wissen" ist. Dem Menschen als autonom handelndem Wesen wird eine allenfalls marginale Rolle zugebilligt. Die Erde wird für ihn zu einem von Gott gewollten Wohnsitz mit einem ausgesprochenen Bewährungscharakter, wo sich das Schicksal des Menschen und seine jenseitige Bestimmung (Himmel oder Hölle) entscheidet. Auch deshalb unterstellt Wilke (2001) in seiner textkritischen Analyse der Karte und ihrer Entstehungsgeschichte, die er – eng gefasst auf die Jahre 1298 bis 1308 ansetzt – sowohl eine lokal- wie machtpolitische Aufgabe der Karte als auch eine didaktisch-exegetische im religiösen Sinne (S. 284). Für die erstgenannte Interpretation sprechen die vergleichsweise genaue und umfassende Darstellung Verden- und Lüneburg-spezifischer Bezüge (Grabsignaturen, Klöster, Kirchen und ihre Patrone) einschließlich der Hinweise auf das Welfengeschlecht, das in enger Verbindung zum Kloster Ebstorf stand. Der zweitgenannte Aspekt ergibt sich nach Wilke „aus der Interpretation der Randlegende zur Schöpfung", wonach die „zentrale Aussageabsicht der Karte die Darstellung der Weltgeschichte in ihrem Beginn durch die Schöpfung bis zur Vollendung im Jüngsten Gericht und im Erscheinen der neuen Welt und des Himmlischen Jerusalem ist, welches im Zentrum der Karte dargestellt wird" (Wilke 2001, S. 286).

Das (geographische) Weltbild des christlichen Mittelalters ist, sowohl was die religiöse Glaubens-Ideologie als auch die mönchisch-klerikalen Praktiken etwa der zisterziensischen Aktivitäten in der Umgestaltung der Natur anbelangt, durch eine sehr rigide Durchdringung allen Denkens und Handelns durch das Lehr- und Gedankengebäude der katholischen Kirche und der Kirchenväter geprägt. Eine zentrale Rolle in der Festigung und Perpetuierung dieses aus ihr resultierenden Mensch-Umwelt-Verhältnisses spielt die geistliche Klosterbildung, die von einer

Vielzahl von Ordensvereinigungen geleistet wird. Kintzinger (2003, S. 72) hat darauf hingewiesen, dass „der Unterricht in der Schule [...] Teil der monastischen Wissenskultur" war und blieb, aber auch darauf, dass „der immer wieder betonte und von den kirchlichen Autoritäten gegen abweichende Meinungen durchgesetzte Bezug auf die Schriften der Kirchenväter, wie diejenigen des heiligen Augustinus [...] den theologischen Lehren, der philosophischen Gedankengebäude und nicht zuletzt der stilistisch gewählten lateinischen Sprache eine während des gesamten Mittelalters ungebrochene Geltung spätantiker Traditionen innerhalb der gelehrten Wissensstände" sicherte. Ihr dient auch die das gesamte Mittelalter anhaltende und letzten Endes bis zur Aufklärung und den Enzyklopädisten wirksame Gliederung der Wissenschaften und der akademischen Lehre in die „septem artes liberales". Dem Trivium der Künste (artes) mit den grundlegenden Disziplinen Grammatik – Dialektik/Logik – Rhetorik steht das Quadrivium der Wissenschaften (scientiae) gegenüber: Arithmetik – Astronomie – Geometrie – Musik. Diese hatten zum Ziel, Harmonien und Proportionen zu erkennen und somit wiederum die Vollkommenheit der göttlichen Schöpfung zu ergründen und zu belegen (ebd., S. 81 f.). Dieses Primat theologisch-kirchlicher Weltsicht, das sich wie eine lähmende Decke über Wissen und Bildung des abendländischen Europa legte, wird erst im 14. und 15. Jahrhundert langsam und allmählich durch städtisch-bürgerliche, gelegentlich auch adelige Bildungseinrichtungen konterkariert und in Frage gestellt.

Exkurs:
Das Weltbild der arabisch-islamischen Wissenschaften und Anfänge einer rationaleren Weltsicht in Europa

Unabhängig von diesen Entwicklungen im Kernraum des mittelalterlichen Europa gab es an der südlichen Peripherie des Kontinents wie auch in den vorderasiatischen Zentren des Islam eine kulturelle und geistige Blüte, die in fast allen Bereichen von Kultur, Wissenschaft, Handel und Handwerk dem christlichen Abendland überlegen war. Nach dem Sieg des Islam im Vorderen Orient und seiner schnellen Ausbreitung bis nach Zentralasien im Norden, in den Maghreb und auf die Iberische Halbinsel im Westen waren es auf dem Gebiet der Bildung und Wissenschaft vor allem die vom abbassidischen Kalifen Al-Mamun (813 – 833) in Bagdad in Auftrag gegebenen Übersetzungen griechischer Philosophen, die der islamischen Welt einen ungeahnten Aufschwung von Mathematik, Astronomie, Medizin, Geographie und in technischen Fähigkeiten erlaubten. Die Gelehrtenschulen und Universitäten von Bagdad, Samarkand und Kairo, Tunis, Fes und Cordoba entwickelten sich zu blühenden Zentren von Kunst und Kultur. Hinzu kam der von arabischen Kaufleuten betriebene See- und Fernhandel, der die seit der Antike stagnierende Kenntnis der Erde erheblich ausweitete. Bezogen auf die Geschichte der Mensch-Umwelt-Beziehungen und der Entwicklung der Geographie bietet sich an, die Blütezeit mittelalterlich-islamischer Wissenschaften und die Problematik der Mensch-Umwelt-Beziehungen in drei Aspekten zu skizzieren. Zum einen im Hinblick auf Länderkunde und Länderbeschreibung; zum zweiten hinsichtlich der Darstellung der Erde im Gegensatz zum gleichzeitigen christlich-abendländischen Weltbild. Zum dritten schließlich sei ein kurzer Exkurs zu kulturgeschichtlichen Erörterungen zum Verhältnis Mensch-Umwelt angefügt.

Zur Länderkunde und Länderbeschreibung: Die zweifellos größten Erfolge erzielten arabische wie auch persische Reisende auf dem Gebiet der Länderkunde. Fast ausnahmslos handelt es sich bei diesen in großer Zahl verfassten Reisebeschreibungen und Länderkunden um praktisch anwendbare und systematisch angelegte Kompendien, die eine weitgehende Einheitlichkeit in Inhalt und Darstellung aufweisen. Ihr primärer Zweck bestand wohl darin, für die Verwaltung der schnell expandierenden islamischen Reiche statistische Grundlagen für Steuereintreibung und Verwaltung zu schaffen, sodass Tabellen und Statistiken über die jeweiligen Provinzen und ihre Bevölkerung wie Wirtschaft einen breiten Raum der Darstellungen einnehmen (Scholten 1976).

Eines der frühesten Beispiele für eine solche auf Anwendungsorientierung ausgerichtete Übersicht dürfte das Buch von Ibn Khordabeh (entstanden um 840) sein, der – analog zu den Itineraren der Römer – vor allem Poststellen, Entfernungen zwischen Orten sowie das Steueraufkommen der von ihm erfassten Provinzen registrierte. Der deutsche Titel des Buches „Buch der Straßen und Königreiche" gibt treffend den Charakter dieser Beschreibungen wieder. Auch andere Bücher weisen ähnliche Titel wie Inhalte auf, z. B. wenn es heißt: „Wissenschaft von den Längen und Breiten", die „Wissenschaft von der Bestimmung der Positionen der Länder", „Wissenschaft der Wege und Länder". Auch die Tatsache, dass die Muslime kein eigenständiges Wort für das griechische „geografia" entwickelten, zeigt, dass die ursprünglichen Intentionen der arabischen und persischen Reisenden nicht so sehr auf ein wissenschaftliches Verständnis der Erde, sondern eher auf Nützlichkeit und Anwendung ausgerichtet waren. Es waren letzten Endes nicht mehr als Itinerare eigener Reisen oder aber kompilierte Aufzeichnungen. So publizierte der bereits erwähnte Ibn Khordabeh um 840 Berichte aus Indien, Ceylon und China, die er von anderen Reisenden gesammelt und zusammengestellt hatte. Der in Bagdad geborene Al-Massoudi (888–956) legte in über 30 Bänden eine sogenannte Weltgeschichte vor, die mit einer großen Akkumulation von geographischen und auch historischen Berichten, Beobachtungen und Fakten angehäuft war. Auch Ibn Hauqal, dessen Hauptwerke um 980 erschienen, ist als Reisender sowohl in Mesopotamien, Nordafrika (947), Spanien (948) und Sizilien (973), in Ägypten und dem Vorderen Orient sowie – um 955 – am Kaspischen Meer und in Transoxanien belegt. Auf einer dieser Reisen muss er dem nicht minder berühmten Al-Istakhri begegnet sein, dessen um 950 erschienenes „Buch der Straßen und Länder" er ergänzte und in sein eigenes Werk (977) aufnahm. Auch die Schriften des persischen Gelehrten Al-Balkhi (850–938) muss Ibn Hauqal gekannt haben wie möglicherweise auch das erst 1882 in Bukhara wiederentdeckte „Hudud-al Alam", eine persische Geographie der Regionen der Welt aus dem Jahr 982. Den Abschluss der islamischen „Geographie" des 10. Jahrhunderts bildet Muqqadasi, dessen Buch „Die beste Kenntnis von der Anordnung der Provinzen" ebenfalls um 985/990 erschienen sein muss. Als absoluter Höhe- und zugleich Schlusspunkt der arabischen Reiseliteratur gilt das Werk des aus Tanger stammenden Ibn Batuta (1304–1377). Auf einer insgesamt fast 25 Jahre währenden Weltreise (1325–1349), die als Pilgerfahrt nach Mekka begann und die ihn dann durch weite Teile Afrikas, Spaniens, Arabiens, Kleinasiens, Rußlands, Afghanistans und Zentralasiens sowie durch Indien und China führte, wurde er zum Wegbereiter und Zeitgenossen auch europäischer Weltreisender – nahezu zeitgleich mit dem flämischen Franziskanerpater Wilhelm von Rubruk und dem venezianischen Kaufmann Marco Polo!

Kartographie: Nicht nur auf dem Gebiet der überwiegend kompilierenden Länderkunde und Erdbeschreibung, sondern auch auf dem Gebiet der kartographischen Abbildung der Erde haben sich die Muslime hervorgetan und waren ihren Zeitgenossen nördlich der Alpen überlegen. Sieht man ab von dem berühmten Isidor von Sevilla (560 – 636), der – unter Berufung auf Plinius und Enzyklopädisten des 4. Jahrhunderts u. Z. – die Gestalt der Erde als Scheibe vertrat und damit vielleicht zu einem Wegbereiter des christlich-abendländischen Weltbildes wurde, so folgten die Araber anderen Denktraditionen. Sie griffen auf griechisch-römische Vorbilder zurück, die ihnen nach dem Sieg über das Byzantinische Reich um 800 n. Chr. in die Hände fielen. Insbesondere der Kalif Harun-er-Rashid (763/6 – 809), im übrigen in engem geistigen und politischen Austausch mit Karl dem Großen stehend, soll auf der Auslieferung griechischer Manuskripte als Kriegsbeute bestanden und ihre Übersetzung angeordnet haben. Dazu zählen u. a. auch die Schriften des Ptolemäus, der, wie schon erwähnt, ein konsequent geozentrisches Weltbild vertrat mit der Vorstellung des Planeten Erde als einer in sich ruhenden Kugel im Zentrum des Kosmos. Als Hauptwerk des Ptolemäus gilt seine „Syntaxis", eine auf des Autors mathematisch-astronomischen Beobachtungen und Berechnungen basierende Sternenkunde, die unter dem Namen „Almagest" in das Arabische übersetzt wurde. Während Ptolemäus im christlichen Abendland erst im Spätmittelalter „wiederentdeckt" wurde und dann durch die Erfindung des Buchdrucks eine weite Verbreitung erfuhr (die erste Drucklegung seiner „Cosmographia" erfolgte 1475 in Vicenza/Italien; die erste gedruckte Ptolemäus-Ausgabe mit Landkarten erschien zwei Jahre später in Bologna!), griffen die Araber bereits im 9. Jahrhundert auf das Werk des Alexandriners zurück. Basierend vor allem auf der Übersetzung der Geographie des Ptolemäus in das Arabische durch Al-Qindi (789 – 873) im Jahre 827 wurde das griechisch-römische Weltbild ptolemäischer Provenienz fest im Geistesleben der arabischen Mittelmeerwelt verankert und ausgebaut. Berühmtestes Beispiel arabischer Kartographie in der Nachfolge der antiken Geographen und Kartographen ist die Weltkarte des Al-Idrisi (1100 – 1166), die dieser im Auftrag des in Palermo/Sizilien regierenden Normannenkönigs Roger II (Farbabb. 10) erstellte. Basierend auf Ptolemäus, betont Al-Idrisi die Kugelgestalt der Erde und ergänzt das Bild der in der Mitte des 12. Jahrhunderts bekannten Welt um die Kenntnisse der arabischen Geographen. Erwähnenswert ist auch, dass Al-Idrisi seiner Erdkarte eine aus der Antike bekannte klimatische Zonengliederung der Erde hinzufügt, die in der christlich-abendländischen Geographie und Kartographie des Mittelalters keine Rolle spielt. Auch unter Friedrich I (1212 – 1250), Sohn von Roger II, bleiben enge Kontakte zu arabischen Wissenschaften und Gelehrten erhalten und machen Sizilien und Süditalien zu einem Hort der Aufklärung gegenüber dem nur wenig nördlich gelegenen Rom.

Der Vergleich der arabischen Geographie und Kartographie mit der des zeitgleichen Europa (dazu: Edson/Savage-Smith/Brincken 2005, Sabra 2002) ist symptomatisch für den Gegensatz zwischen souveräner und pragmatisch auf das Diesseits gerichteter Wissenserkenntnis und Wissensvermittlung der Araber, während der Dogmatismus des europäischen Klerikalismus und die Dominanz der römischen Kurie den Aufschwung objektiver Wissenschaften massiv be- und verhinderte.

Philosophisch-kulturgeschichtliche Erörterungen zum Verhältnis Mensch-Umwelt: Im Gegensatz zu den zahlreichen faktisch-nüchternen Orts-, Landes- und Länderbeschreibungen oder den Kartographien ist es vor allem die arabische Philosophie, die für die uns interessierende

Frage der Mensch-Umwelt-Beziehungen von Bedeutung ist. Wie betont, waren es die abbassidi-schen Kalifen, die seit dem 8. Jahrhundert systematisch die Übersetzung griechischer Wissen-schaft und Philosophie beförderten. Vor allem Aristoteles wurde rezipiert, wobei es nicht nur um Übersetzung, sondern zugleich um deren Kommentierung und Ausdeutung im Lichte des Islam ging. Wie bereits in der Einleitung zu Kap. 3 angedeutet, waren es vor allem der bereits genann-te Arzt, Naturforscher und Philosoph Avicenna (980–1037) sowie Averroes (Ibn Rushd; 1126–1198), die die Rezeption der griechischen Antike in der islamisch-arabischen Welt nachhaltig be-fördert haben. Avicenna fasste den „tätigen Verstand" des Aristoteles als eine Art Weltgeist auf, der mit der Mondsphäre als deren Beweger verbunden sei und den einzelnen Menschen seine spezifischen Erkenntnisformen einpräge. Averroes, der vor allem als Übersetzer und Kommenta-tor der Schriften des Aristoteles nachwirkte, setzte sich demgegenüber für eine Lehre vom an-fanglosen Bestehen der Welt ein, die von einem Demiurgen erschaffen sei. Der denkende Geist, der „Nus" des Aristoteles, ist nach Averroes nicht in den Individuen vervielfältigt und repräsen-tiert, sondern ein einziges und rein geistiges Wesen, das von außen auf die menschlichen Seelen einwirke. Aus diesem Grunde auch leugnete Averroes die Unsterblichkeit der individuellen See-len, wobei er diese These vor allem mit dem Koran in Einklang zu bringen versuchte. Der dritte große Denker der arabisch-islamischen Mittelmeerwelt ist der jüdische Philosoph und Arzt Mai-monides/Rabbi Mose ben Maimon (1135–1204), der den antik-arabischen Diskursen jüdisches Gedankengut hinzufügte. Dass mit Averroes eine griechisch-arabische Weltdeutung die Über-hand gegenüber einer christlichen Weltsicht gewann, musste die römische Kurie ebenso irritie-ren wie die Tatsache, dass sich Andalusien, der Maghreb, Kairo und Bagdad zu Zentren des Geis-teslebens in der mediterranen Welt entwickelten. Andererseits aber sind die großen Kirchenleh-rer des christlichen Mittelalters, wie z. B. Albertus Magnus (1193–1280) oder Thomas von Aquin ohne die arabische Wiederentdeckung der griechischen Antike und deren Kommentare unvorstellbar.

Aus geographischer Sicht und für die Frage der Mensch-Umwelt-Beziehungen ist beson-ders das Werk des 1332 in Tunis geborenen Ibn Khaldun (gest. 1406) von Bedeutung. In seiner geschichtsphilosophischen „Muqqadimah" hat er eine bis heute nachwirkende und lesenswerte Kulturmorphologie und Soziologie der islamischen Welt einschließlich ausführlicher Betrachtun-gen zur Problematik des Mensch-Umwelt-Verhältnisses verfasst. Schon in der Widmungsformel des Buches „The Muqqadimah. The Introduction and Book One of the World History, entitled Kitab al-Ibar" werden wesentliche Aspekte seines Weltbildes deutlich:

> „Praised be God! He is powerful and mighty [...]. His power is such that nothing in heaven or on earth is too much for Him or escapes Him.
> He created us from the earth as living, breathing creatures. He made us to settle on it as races and nations. From it, He gave us sustenance and provisions.
> Our mothers' wombs, and then houses, are our abode. Sustenance and food keep us alive. Time wears us out. Our lives' final terms, the dates of which have been fixed for us in the Book (of Desti-ny), claim us. But He lasts and endures. He is the Living One who does not die."
> *(Ibn Khaldun 1967, S. 3)*

Wie aufgeklärt-fortschrittlich Ibn Khaldun in seiner „Muqqadimah" argumentiert, wird sowohl in der Gliederung als auch in den einzelnen Kapiteln deutlich. Seine Zielsetzung ist, Zivilisation,

Urbanisierung und die wesentlichen Merkmale menschlicher Sozialorganisation seinen Lesern so zu präsentieren, dass sie verstehen, wie und warum Dinge sind, wie sie sind. Die „Muqqadimah" ist ein Werk, das aus einer allgemeinen philosophisch-historischen Einführung und drei Büchern besteht, die der Verfasser selbst wie folgt umschreibt:

- Einleitung: Sie handelt von den großen Verdiensten der Historiographie, präsentiert eine Würdigung ihrer verschiedenen Methoden und elaboriert die offenkundigen Fehler vorangegangener Historiker.
- Erstes Buch: Es handelt von dem Begriff der Zivilisation und ihren wesentlichen Charakteristika, nämlich königlicher Autorität, Regierung, verdienstvoller Beschäftigungen, Art und Weisen der Lebensführung, der Handwerke, der Wissenschaften wie auch der Ursachen und Begründungen derselben.
- Zweites Buch: Es handelt von der Geschichte, den menschlichen Rassen und Dynastien der Araber von den Anfängen der Schöpfung bis zur Gegenwart. Es schließt Hinweise auf berühmte Völker und Dynastien im Lauf der Geschichte ein, wie z. B. der Nabatäer, der Syrer, der Perser, der Israeliten, der Kopten, der Griechen, der Byzantiner und der Türken.
- Drittes Buch: Es handelt von der Geschichte der Berber und von den Zanatah, die ein Teil von ihnen sind, mit ihren Ursprüngen und rassischen Differenzierungen und, in besonderem Maße, mit den königlichen Familien und Dynastien des Maghreb.

Insbesondere in dem für die Frage der Mensch-Umwelt-Beziehungen besonders aufschlussreichen Ersten Buch reflektiert Ibn Khaldun den Zusammenhang zwischen der Naturausstattung unseres Planeten und der Entwicklung von Kulturen und Zivilisationen. Ausführlich diskutiert er die Klimazonierung der ihm bekannten Welt sowie den Einfluss des Klimas auf die menschliche Physis, seine Psyche und den Zusammenhang zwischen Klima und menschlichem Charakter. Unter explizitem Rückgriff auf Ptolemäus Geographie und auf den bereits erwähnten Al-Idrisi legt er eine detaillierte Klimagliederung der Erde vor und bringt diese in Verbindung mit Armut und Reichtum von Völkern und dem gesellschaftlichen Entwicklungsstand ihrer Bewohner. Besondere Bedeutung misst er dabei dem Gegensatz zwischen beduinisch-nomadischer Zivilisation einerseits und andererseits Ländern und Städten und allen anderen Formen sesshafter Zivilisationen zu. Zur Rolle des Menschen und seiner Stellung im Kosmos heißt es, dass Gott den Menschen durch seine Fähigkeit des Denkens und rationalen Handelns von den Tieren abgehoben habe. Diese Sonderstellung markiert die Quintessenz von Ibn Khaldun's Denken, derzufolge Gott den Menschen Überlegenheit über viele seiner Kreaturen durch die Fähigkeit des Verstandes und des Intellekts gab. Diese Fähigkeit zu vorausschauendem Denken und Handeln ist indes weniger ein a priori vorhandenes intellektuelles Geschenk, sondern hat sich – so Ibn Khaldun – über die Entwicklung der Wissenschaften, vor allem in den sesshaften Zivilisationen und in den Städten, entwickelt. Die von ihm vorgelegte Liste wissenschaftlicher Disziplinen ist ein Kosmos wissenschaftlichen und spekulativen Denkens in sich selbst: Am Anfang stehen jene Wissenschaften, die sich mit der Lektüre und Interpretation des heiligen Koran befassen, aber auch die Jurisprudenz und ihre Abteilungen, die Dialektik, die spekulative Theologie wie auch die Traumdeutung. Unter den sogenannten „intellektuellen Wissenschaften" steht an erster Stelle für ihn die Logik, gefolgt von den verschiedenen Naturreichen (Physik), der Metaphysik und der großen Zahl quantitativer Disziplinen (Mathematik), zu denen aber auch Musik, Astronomie usw. gehören. Der Hinweis auf insgesamt sieben philosophische Disziplinen ist ein Indikator für die ihm offensichtlich bekannte griechische Antike, die an verschiedenen Stellen in der Muqqadimah auch explizit angesprochen wird.

Gegen Ende des 13. und zu Beginn des 14. Jahrhunderts erscheinen indes auch Berichte europäischer Diplomaten und Kaufleute, die das Weltbild des gebildeten Europa erweitern. Vor allem die kirchlich-diplomatischen Missionen des flämischen Franziskaners Wilhelm Ruysbroek (1210–1270), bekannt unter dem Namen Rubruk, in der Mitte des 13. Jahrhunderts an den Mongolenhof eröffnen solche Weitungen des Blicks. Folgenreicher für die Ausweitung des abendländischen Bildes der Erde wurden indes die Handelsreisen der Venezianer. Insbesondere die Erfahrungen der Gebrüder Nicolo und Matteo Polo nach und in China (1260–1266) sowie die von Nicolos Sohn Marco Polo (1254–1324). Marco Polos Bericht seines 17 Jahre währenden Aufenthaltes in China (1275–1292) und sein Buch „Il Milione"/„Die Wunder der Welt" sind die wohl berühmteste Beschreibung fremder Länder und Völker aus europäischer Hand.

Insgesamt deutet sich gegen Ende des hier skizzierten Zeitabschnitts in der europäischen Geistesgeschichte ein allmählicher, dann zunehmend grundsätzlicher Wandel in Wahrnehmung und Bewertung von Natur, Mensch und Umwelt an. Wohl nicht zufällig nehmen solche Veränderungen des Blickwinkels ihren Ausgangspunkt in urbanen Kulturen Italiens. Neben Dante Alighieri (1265–1321) aus Florenz ist es vor allem Petrarca (1304–1374) aus Arezzo. Beide suchen einerseits die antike Philosophie in ihren Dichtungen zu rezipieren, sie andererseits aber symbiotisch mit christlichen Heilslehren zu verbinden (Aristoteles und Thomas von Aquin bei Dante; Cicero und Augustinus bei Petrarca). Für die Frage der Mensch-Umwelt-Beziehungen entscheidend geworden ist allerdings eine petrarcische Marginalie: sein berühmter (fiktiver?) Brief vom 26. 04. 1336 über die Besteigung des Mont Ventoux. Seine oft und umfassend analysierte Bedeutung liegt in dem, was Groh/Groh (1996 S. 51 f.) als eine religiöse Naturerfahrung bezeichnen: „Nirgends ist von Gottes herrlicher Schöpfung die Rede [...]. Schöpfer der Schönheit ist vielmehr die Natur selbst." Wird damit der Grundstein gelegt für eine anthropozentrische Naturerfahrung, die „sich Augustins Schöpfungstheologie nicht aneignen konnte" (ebd., S. 53)? Geistesgeschichtlich wird Petrarcas Gipfelerlebnis nicht selten als „Epochenschwelle" und Beginn der Renaissance gesehen.

Mensch-Umwelt-Diskurse in Renaissance und Empirismus: Theorien und Praxis

Es gibt Phasen in der Menschheitsgeschichte – in Abwandlung von Stefan Zweigs auf einzelne Menschen und historische Konstellationen bezogene Novelle: „Sternstunden der Menschheit" (1929) –, in denen Ereignisse und Umstände zusammentreffen, die geistes- und ideengeschichtliche Umbrüche und, nicht selten in Verbindung damit, auch welthistorische Veränderungen bewirken. Eine solche Zeitphase ist das ausgehende 14. und das 15. Jahrhundert. Konkret genannt wird oft das Jahr 1492, ein Jahr, in dem die Reconquista der Iberischen Halbinsel mit dem Fall Granadas und des letzten muslimischen Königreichs auf spanischem Boden (02. 01. 1492), mit der Wieder-Entdeckung Amerikas (12. 10. 1492) und damit der Conquista der Neuen Welt einherging.

Der Verfall der kirchlichen Autorität, aber auch das allmähliche Zerbröckeln des christlich-abendländischen Menschen- und Weltbildes ab dem frühen 14. Jahrhundert, die Wiederentdeckung der Antike, der aufkommende Skeptizismus einer vom Bürgertum getragenen Schicht ebenso wie das urbane Bürgertum selbst trugen zur Erosion kirchlicher Lehrmeinungen bei. Hinzu kommt die zunehmende Entschleierung der Erde. Das Mittelmeer und der Mittelmeerraum, seit der Antike das historische, kulturelle und geistige Zentrum des abendländischen Europa, gerieten immer mehr in eine geographische Abseitslage. Neue und in europäischem Kontext bislang eher peripher gelegene Staaten traten auf den Plan und entwickelten sich zu Großmächten: Portugal und Spanien, die Niederlande und England. Mit der Verlagerung des politischen Schwergewichts von der Mediterraneis zum atlantischen Saum des Kontinents begann die Expansion Europas über seine alten Grenzen hinaus. Damit einher ging das, was man getrost als eine erste Europäisierung, zugleich aber auch eine erste Globalisierung der Erde bezeichnen könnte (HABW 2006).

Europäische Expansion und Kolonisation begründeten das kapitalistische Weltsystem (Wallerstein 1974–1989). Und dieses war der Schrittmacher nicht nur für territoriale und ökonomische Expansion, sondern auch für den Export europäischen Geistes- und Gedankenguts, manifestiert vor allem in den Versuchen einer weltumspannenden Missionierung und Christianisierung der Erde und ihrer Völker. Damit gewann das alttestamentarische „Macht Euch die Erde untertan!" eine neue und nicht nur theologisch zu interpretierende Bedeutung: Die Ausbreitung des christlichen Glaubens wird Ausdruck auch einer neuen Mensch-Umwelt-Beziehung. Europäische Denkvorstellungen rücken in eine globale Dimension und überlagern indigen-autochthone Wertvorstellungen und Verhaltensweisen der Menschen gegenüber ihren spezifischen Umwelten, verändern oder vernichten sie gar.

Bereits diese einleitenden Bemerkungen machen deutlich, dass der Umbruch des europäischen Denkens und Handelns im ausgehenden Mittelalter viele Wurzeln und Voraussetzungen, aber auch ebenso vielfältige Konsequenzen hat. Die Entschleierung der Erde durch Seefahrer und Handelsreisende ist die eine Seite eines neuen von Europa ausgehenden Weltbildes. Der beginnende naturwissenschaftliche Empirismus ist die andere. Er beginnt aus zunehmend rationaler Sicht das geozentrische Weltbild zu hinterfragen und trägt, langsam zwar, aber fundamental zur Entschleierung der mystisch-christlichen Weltdeutung bei. Beide Entwicklungen bereiten den Boden für das Erd-, Welt- und Menschenbild der Neuzeit, das in Kapitel 4 behandelt wird.

Die Entschleierung der Erde und die Wiederentdeckung der Kugel

Tabelle 4 enthält eine ausgewählte Übersicht über die für unsere Fragestellung folgenreichsten Reisen und die mit ihnen verbundenen Erkenntnisse sowie den Entdeckungen der parallel laufenden „technischen Innovationen", die der Verbreitung dieser Kenntnisse einer größeren Öffentlichkeit gegenüber Vorschub leisteten (vgl. dazu Degenhard 1987, Penrose 1962).

Es muss an dieser Stelle genügen, auf einige wenige und besonders markante Beispiele geographischer Entdeckungen zu verweisen. Die Berichte des Venezianers Marco Polo und die seines arabischen Zeitgenossen, des Maghrebiners Ibn Batuta (1304–1377), blieben für lange Zeit die herausragenden Reisebeschreibungen, die eine erweiterte und in vielen Aspekten auch eine realistische neue Sicht unserer Erde und ihrer Bewohner begründeten. Auch sie blieben

Tab. 4:   Meilensteine geographischer Entdeckungen und technisch-wissenschaftlicher Innovationen von Anfang des 15. bis zum Ende des 16. Jahrhunderts sowie einige Eckdaten der Vorgeschichte der „West-Ost"-Beziehungen (nach verschiedenen Quellen
zusammengestellt von E. Ehlers)

Zeichenerklärung:	○	Schlachten, Reiche, Diplomatie und Eroberungen
	□	Reisen, Entdeckungen, Expeditionen und Handel
	△	Wissenschaft, Religion und sonstiges

○	732	Schlacht von Tours und Poitiers: weitestes Vordringen der Araber nach Westeuropa
○	756–1031	Omajjiden-Reich von Cordóba
□	1000/1001	Die Wikinger an der nordamerikanischen Ostküste: Leif Erikssons Expedition nach Vinland
○	1056–1147/ 1163	Reich der Almoraviden in Nord- und Westafrika und auf der iberischen Halbinsel
○	1243	Niederlage der türkischen Seldschuken gegen die Mongolen; Entstehung türkischer Kleinfürstentümer unter mongolischer Oberhoheit; unter Osman I (ab 1300) erneut Stärkung und Ausdehnung eines sich nunmehr als „Osmanen" bezeichnenden Türkenstammesverbands in Kleinasien
○	1244	Endgültiger Fall Jerusalems, des Mittelpunkts des Kreuzfahrerkönigreichs Jerusalem
○	1253–1255	Reise des Franziskaners Wilhelm von Rubruk in diplomatischer Mission zum mongolischen Großkhan
□	1271–1292	Der Venezianer Marco Polo bereist Asien und tritt in den Dienst des Großkhans Kublai. Sein umfassender Reisebericht hat Einfluss u. a. noch auf Heinrich den Seefahrer und Kolumbus
○	1272	Khan-balyq (chin. Dadu, das spätere Peking) löst unter der Herrschaft Kublai Khans Karakorum als Reichshauptstadt der Mongolen ab
□	1336	Lanzarotto Malocello entdeckt die Kanarischen Inseln
△	1348–1350	Die Große Pest in Europa
□	1415–1439	Nicolò de'Conti bereist als Kaufmann Indien, Hinterindien und wahrscheinlich China. Noch Kolumbus benutzt seinen Bericht auf seinen Suchfahrten nach Asien auf dem westlichen Seeweg als Leitfaden.
○	1418/1419	Portugiesische Inbesitznahme des Madeira-Archipels
□	1429	Diego de Silves entdeckt die östlichen Azoren.
○	1433	Heinrich der Seefahrer erhält von der portugiesischen Krone die Madeira-Inselgruppe als persönliches Eigentum übertragen.
□		Er fördert auf Madeira vor allem den Zuckerrohranbau, der von dort aus weiter zu den Kanarischen und Kapverdischen Inseln, zu den Azoren, nach São Tomé und – erstmals 1493 auf der zweiten Reise des Kolumbus – auf die Antillen wanderte. Grundformen der kolonialen Organisation und der Finanzierung von Kolonialunternehmen, der Landvergabe und der wirtschaftlichen Nutzung – vor allem der Plantagenwirtschaft – werden hier erprobt.
□	1443	Die Portugiesen unternehmen eine erste Sklavenfangexpedition an die westafrikanische Küste.
□	1444	Dinis Dias erreicht das Kap Verde.
□	1448	Vor der mauretanischen Künste eröffnen die Portugiesen im Landesinnern des 1444 gegründeten Handelsstützpunktes Arguim auf der Insel Gete eine Faktorei und suchen den Sahara-Goldhandel an die Westküste zu lenken.

Tab. 4 (Fortsetzung)

□	1452	Auf Madeira nimmt die erste portugiesische Zuckermühle ihre Produktion auf.
○	1453	Eroberung Konstantinopels durch die Osmanen unter Mehmed II., das als „Istanbul" bald neue Reichshauptstadt wird; Untergang des Byzantinischen Reiches. Nach dem Fall Konstantinopels verliert Venedig zusehends die Seeherrschaft im östlichen Mittelmeer.
○	1455	Papst Nikolaus V. überträgt in der Bulle „Romanus pontifex" dem portugiesischen Afonso V. und dem Infanten Heinrich [dem Seefahrer] die Länder, Häfen, Inseln und Meere Afrikas samt dem Patronat über die Kirchen, dem Handelsmonopol und dem Recht, die Ungläubigen in die Sklaverei zu führen.
△	1459	Weltkarte des Fra Mauro
○	1479	Vertrag von Alcaçovas zwischen Portugal und Kastilien: erste Vereinbarung europäischer Mächte hinsichtlich ihrer Interessen in Übersee. Kastilien erhält die Kanarischen Inseln, Portugal die westafrikanische Küste und das Alleinrecht auf den Seeweg nach Indien.
□	1483/1486	Diogo Cão erreicht die Kongomündung und Kap Cross.
□	1488	Bartolomeu Dias umfährt das Kap der Guten Hoffnung und eröffnet den östlichen Seeweg nach Indien.
○	1492	Kapitulation und Fall des Königreichs Granada, dem letzten Stützpunkt des Islam auf der Iberischen Halbinsel
□		Christoph Kolumbus stößt in spanischen Diensten auf der Suche nach einem westlichen Seeweg nach Indien auf die „Neue Welt"; er hält es jedoch zeitlebens für Ostasien.
△		Martin Behaim baut in Nürnberg den ältesten erhaltenen Globus: Er spiegelt noch das Weltbild des Toscanelli.
○	1494	Im Vertrag von Tordesillas teilen Portugal und Spanien die überseeische Welt in zwei Interessensphären auf: Portugal erhält Afrika und Asien (und später Brasilien), Spanien die von Kolumbus entdeckte Neue Welt.
□	1497	Giovanni Caboto (engl. John Cabot) stößt in englischem Auftrag auf der Suche nach China auf dem westlichen Seeweg auf die nordamerikanische Küste zwischen Maine und Labrador.
□	1498	Eine portugiesische Flotte unter der Leitung Vasco da Gamas erreicht erstmals Indien.
□		Kolumbus stößt auf der Suche nach Südostasien als erster Europäer auf das südamerikanische Festland, und zwar im Bereich des Orinoco.
□	1500	Pedro Álvares Cabral entdeckt ein neues Land an der Ostküste des südamerikanischen Festlandes; er nimmt es im Verlauf der zweiten portugiesischen Indien-Expedition auf der Grundlage des Vertrages von Tordesillas für sein Land in Besitz. Seit 1503 wird es nach seinem bedeutendsten Exportartikel, dem Brasilholz, Brasilien genannt.
○	1500–1530	Portugiesische Generalkapitäne bauen im Auftrag der Krone rund um den Indischen Ozean ein strategisch nahezu perfekt konzipiertes Stützpunktsystem auf, mit dessen Hilfe Portugal die Kontrolle sowohl über den einträglichen innerasiatischen Seehandel wie über den via Kap der Guten Hoffnung gehenden Handel mit Europa gewinnt.
□	1501	Die Spanier beginnen mit dem systematischen Anbau von Rohrzucker auf La Española.
□	1502	Amerigo Vespucci erkundet die brasilianische Küste und stößt bis tief in den südlichen Atlantik vor.

Tab. 4 (Fortsetzung)

□		Kolumbus unternimmt seine vierte und letzte Reise in die Neue Welt.
○	1502–1509	Die portugiesische Kolonialflotte erobert und zerstört die ostafrikanischen Stadtstaaten Kilwa, Mombasa und Malindi.
□		Die Portugiesen errichten an der Küste von Moçambique bis Mombasa sowie auf einigen der Küste vorgelagerten Inseln Forts und Faktoreien zur Kontrolle des ostafrikanischen Gold-, Sklaven- und Textilhandels.
□	1503	Die Spanier importieren erstmals schwarze Sklaven nach La Española.
□	1506	Der französische Kapitän Jean Denis erreicht Neufundland und Brasilien. Seit dieser Zeit frequentieren bretonische Fischer die Fanggebiete in Neufundland, bretonische Kaufleute schalten sich in Handel mit Brasilholz ein.
△	1507	Matthias Ringmann und Martin Waldseemüller verwenden in ihrer „Cosmographiae introductio" erstmals den Namen „America" für die Neue Welt.
○	1510	Eroberung Goas durch die Portugiesen, das Mittelpunkt des späteren portugiesischen Kolonialreiches rund um den Indischen Ozean wird.
□		Portugiesische Händler erreichen erstmals die chinesische Küste, sie importieren vor allem Porzellan nach Europa.
□		Erste Sklaventransporte erreichen das südamerikanische Festland.
○	1511	Der portugiesische Generalkapitän Albuquerque erobert Malakka und sichert auf diese Weise den portugiesischen Zugang zu den legendären „Gewürzinseln", den Molukken; gleichzeitig erreicht er die Kontrolle über den chinesisch-indischen Handel.
○	1519–1522	Eroberung des Aztekenreiches unter Hernán Cortés
□	1520	Magellan findet auf der Suche nach einer SW-Passage die seither nach ihm benannte Meeresstraße zwischen Atlantik und Pazifik und im weiteren Verlauf seiner Expedition die schon von Kolumbus gesuchte westliche Seeroute nach Asien.
□	1522	Elcano kehrt mit 18 Überlebenden der Magellan-Expedition von der ersten Weltumsegelung nach Spanien zurück.
△	1524–1540	Nach eigenen Angaben bekehren die Franziskaner bis 1540 sechs Millionen Indios in Mexiko zum christlichen Glauben.
○	1529	Im Vertrag von Saragossa teilen Portugal und Spanien die Welt des pazifischen Raumes in zwei Interessensphären auf (die Trennungslinie verläuft 297 ½ Leguas bzw. 17 Grad östlich der Molukken von Pol zu Pol): Spanien tritt gegen 350.000 Golddukaten seine Ansprüche auf die Molukken an Portugal ab.
□	1531	Gründung der Börse von Antwerpen; die Stadt blieb bis zur Zerstörung durch die Truppen des Herzogs von Parma (1585) der Umschlagplatz für spanische und portugiesische Kolonialwaren.
○	1531–1533	Francisco Pizarro erobert das Inkareich für Spanien.
○		Gefangennahme des Inka-Kaisers Atahualpa, der trotz fristgerechter Zahlung eines ungeheuren Lösegeldes ermordet wird.
□	1534/1535	Jacques Cartier dringt auf der Suche nach einer NW-Passage auf zwei Reisen in den St.-Lorenz-Golf und -Strom (den er für die Passage hält) ein.
□	1542	Francisco de Orellana durchquert von Ecuador kommend auf dem Amazonas ganz Südamerika.
□	1543	Erste Landung der Portugiesen in Japan
□	1545	Entdeckung der Silbervorkommen von Potosí (im heutigen Bolivien) durch Villaroel und Diego Centeno, es kommt zu einem Verfall der Silberpreise und zu einer vermehrten Wertschätzung von Gold.

Tab. 4 (Fortsetzung)

☐	1549	Mit der Ernennung von Tomé de Souza zum Generalgouverneur von Brasilien kommt es zu einer systematischen Förderung von Zuckerplantagen und zu massenhaften Sklavenimporten.
○	1557/1558	Die Portugiesen erhalten von China gegen Tributleistungen das Niederlassungsrecht auf Macao.
○	1564–1581	Unter D. Francisco Toledo, dem Vizekönig von Peru, kommt es zu einer Neuordnung der Verwaltung. Er führt die „Mita" ein: Jeweils ein Siebtel der Indio-Bevölkerung hat in den Manufakturen und in den Minen Arbeitspflichten zu leisten.
☐		Peru exportiert Silber und Gold, Edelsteine, Schokolade, Tabak und Chinin; europäische Haustiere werden ebenso heimisch gemacht wie Getreide, Wein, Oliven, Orangen und Zuckerrohr.
☐	1576–77	Gründung der englischen Cathay-Company als Bergbau-Explorationsunternehmen mit den Ziel der Ausbeutung der vermeintlich reichen Goldminen von Cathay (China).
☐	1577–80	Francis Drake ist bei seiner Weltumseglung u.a. die Aufgabe gestellt, nach der Straße von Anian (heute: Beringstraße) zu suchen, die als westlicher Ausgang der NW-Passage gilt; er stößt im Pazifik aber nur bis zur nordkalifornischen Küste vor..
☐	1579	Der Lissabonner Hafen erreicht seine höchste Blüte, er wird jährlich von 500 bretonischen und englischen sowie von 200 Schiffen aus deutschen Hansestädten angelaufen.
○	1593	Beginn der Deportierung von Sträflingen nach Sibirien
☐	1594–1601	Acht verschiedene niederländische Ostindiengesellschaften (1594 entsteht die Compagnie Van Verre, 1595 die Nieuwe Brabantsche Compagnie von Isaac Le Maire, 1600 die Oostindische Compagnie te Amsterdam) entsenden 14 Flotten mit 65 Schiffen nach Asien, sie erreichen Bantam, die Molukken, Japan, es kommt zu ersten Handelsverträgen und zur Errichtung von Kontoren.
☐	1599	In Frankreich kommt es zur Gründung einer Compagnie du Canada et de l'Acadie.
☐	1600	Gründung der englischen East India Company (EIC)
☐	1602	Gründung der niederländischen Verenigden Oostindischen Compagnie (VOC) zur Vermeidung konkurrierender niederländischer Asienhandelsgesellschaften, die in Übersee die Preise in die Höhe treiben. Damit treten England und die Generalstaaten der Niederlande in offene, bewaffnete Handelskonkurrenz gegen die seit 1580 in Personalunion verbundenen iberischen Mächte. EIC und VOC suchen Zugang in den Fernen Osten nunmehr über die Route rund um das Kap der Guten Hoffnung.
☐	1603–1635	Samuel de Champlain (der „Vater Kanadas") erkundet Kanada und Teile Neu-Englands von der Küste bis zu den Großen Seen; 1608 gründet er Québec.
○	1607	Gründung der ersten englischen Siedlung auf dem nordamerikanischen Festland: Jamestown.
☐	1610	Gründung des holländischen Stützpunktes Batavia auf Java; wird 1619 Verwaltungszentrum der VOC im Fernen Osten, dient ferner als Sammelstelle der Handelsschifffahrt und als Stapelplatz der nach Europa bestimmten Güter des Fernen Ostens.
○	1611	Erste englische Landvergabe in Virginia, auf den Parzellen wird 1612 mit dem Tabakanbau begonnen.

jedoch infolge allenfalls handschriftlicher Überlieferungen auf einen nur kleinen Teil einer gebildeten Oberschicht begrenzt. Ebenso erging es den Entdeckungen und Berichten der Seefahrer, die im Auftrag ihrer Regierungen zur Erkundung der Küsten, der Anlage von Militärforts und Handelsniederlassungen sowie zur Exploration der Küstenhinterländer ausgestattet wurden. Es waren vor allem die Portugiesen, die nach Gründung der berühmten Seefahrerschule in Belem/Lissabon im Jahre 1419 durch den portugiesischen Infanten Heinrich den Seefahrer (1394–1460) marine Entdeckungsfahrten systematisch vorbereiteten und durchführten. Ihre Kapitäne drangen langsam entlang der Westküste Afrikas vor – und die Portugiesen waren es auch, die den Entdeckungen Eroberungen folgen ließen: Die Inseln Fernando Pó und Sáo Thomé vor der Guineaküste Westafrikas gelten als die frühesten Überseekolonien eines europäischen Staates und sollten bald als Standorte erster Plantagen und Umschlagplätze des frühen Sklavenhandels traurige Berühmtheit erlangen (Tab. 4).

Die Rekonstruktion des abendländisch-europäischen Kenntnisstandes der bekannten Erde nach Behrmann (1948) zwischen 400 v. Chr. und 1800 n. Chr. zeigt das Auf und Ab ihrer Entdeckungsgeschichte (vgl. Abb. 14). Bezogen auf die *globale Ebene* sei stellvertretend für etliche andere Darstellungen auf die Weltkarte des Fra Mauro (1459) verwiesen, die an der Wende von Mittelalter zu Neuzeit steht. Sie zeigt als eine der ersten europäischen Karten die Erde in einer Form, die nur noch wenig gemein mit den mittelalterlichen Rad- bzw. flachen Scheibenkarten hat. Zwar hat sie immer noch Kreisform, ist aber gesüdet. Jerusalem ist nicht mehr ihr Mittelpunkt, dafür ist ihr Inhalt durch eine ungemein große Vielfalt geographischer Realia geprägt, die auch Informationen arabischer wie persischer Quellen verarbeiten ebenso wie die ersten Küstenbeschreibungen portugiesischer Seefahrer. Die Kugelgestalt der Erde wird angedeutet. In noch eindrucksvollerer Weise wird dieses Faktum durch Martin Behaim (1459–1507) aus Nürnberg manifestiert, der im Dezember 1492, also wenige Wochen nach der Entdeckung Amerikas und noch vor der Kenntnis von diesem epochalen Ereignis, den ersten Globus der Erde der Öffentlichkeit vorstellt. Wenn dieser Globus auch naturgemäß immer noch ein nur unvollständiges Bild der Oberfläche unseres Planeten und der Verteilung von Land und Wasser beinhalten kann, so stellt er dennoch den sichtbaren wissenschaftlichen Beweis dafür dar, dass die Weltbilder des christlich-abendländischen Mittelalters in Bezug auf die Form unserer Erde endgültig überwunden sind. Es wird allerdings noch einmal fast 30 Jahre dauern, bis die Kugelgestalt unseres Planeten dann auch empirisch bewiesen wird durch Fernao de Magalhaes (Magellan) und die erste Weltumsegelung (1519–1522). Die zweite Umsegelung der Erde durch den Engländer Francis Drake (1577–1580) hat demgemäß eine nur noch untergeordnete Bedeutung.

Auf *regionaler Maßstabsebene* erfahren seit dem frühen 14. Jahrhundert solche Darstellungen an Bedeutung, die für Handel und Verkehr wichtig sind. Vor allem im Gebiet des Mittelmeeres und in ihren großen Häfen bzw. Städterepubliken – z. B. in Genua, Venedig oder Mallorca, aber auch in Portugal und an den Küsten des Atlantik – tauchen Seekarten auf, die als „portolano" (d. h. zum Hafen führend) bezeichnet werden und die vor allem für küstennahe Navigation hilfreich waren. Ob diese Portolan-Karten im Gefolge römischer Itinerarkarten zu sehen sind, bleibt fraglich. Tatsache ist, dass römische Itinerare auch im 12. und 13. Jahrhundert noch kopiert und wohl auch gebräuchlich waren, wie die berühmte Tabula Peutingeriana des Augsburger Kaufmanns Peutinger belegt (Miller 1962). Portolane wie Itinerare sagen indes jenseits ihrer rein quantitativen Angaben über Distanzen und Lokalitäten wenig über Mensch-Um-

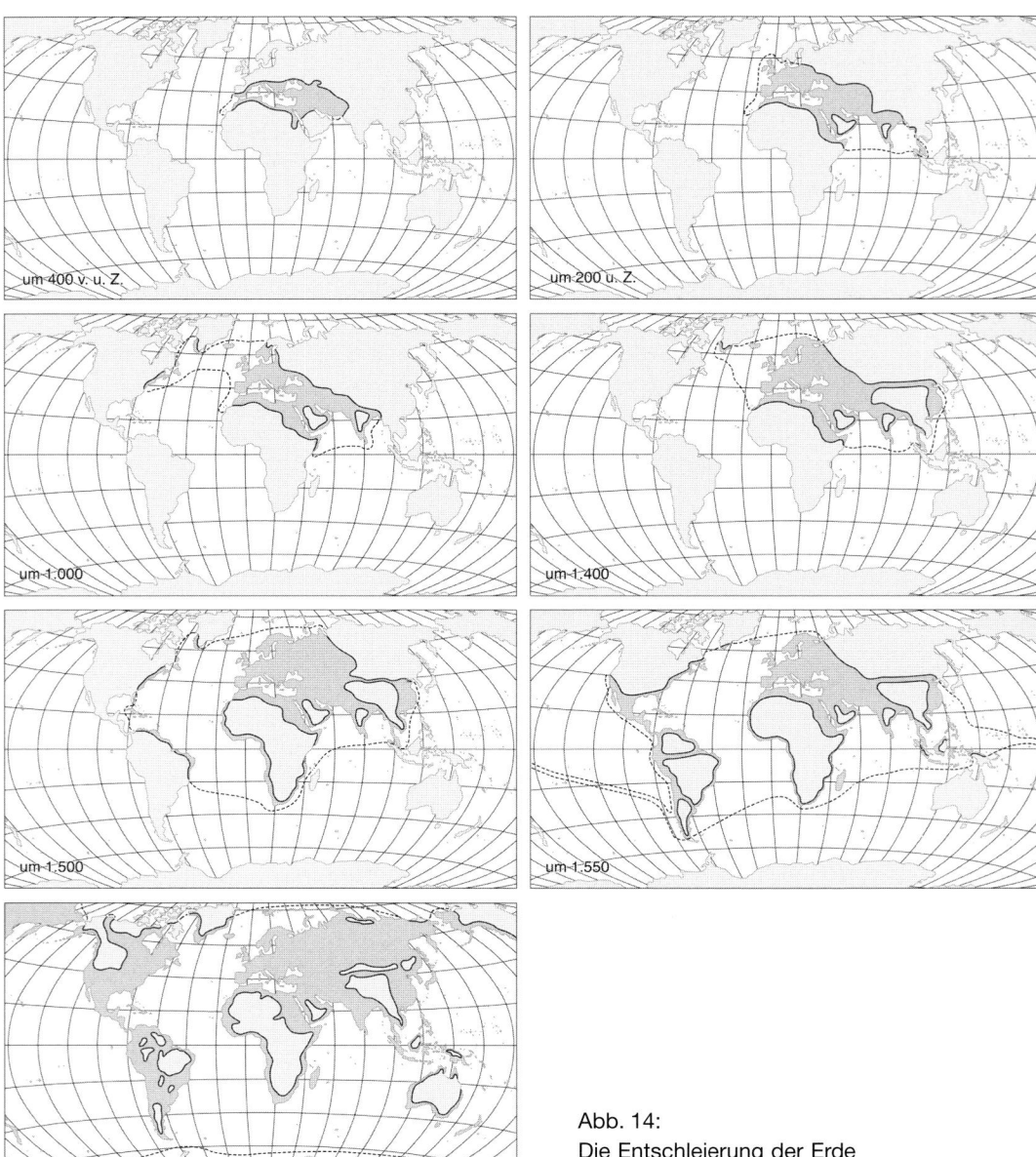

Abb. 14:
Die Entschleierung der Erde
(nach Behrmann 1948)

welt-Beziehungen aus. Ähnliches gilt übrigens auch für andere Darstellungen von Räumen mitt-
lerer Maßstabsebenen, wie sie insbesondere in späteren „Landtafeln" oder Regionaldarstellun-
gen praktiziert werden: Die bildlich-kartographische Wiedergabe der Räume dokumentiert in
bestem Falle ihre Ausstattung mit Flüssen, Bergen und ähnlichen topographischen Details, sagt
aber wenig über ihre Nutzung durch den Menschen aus. Allenfalls größere Siedlungen, die Ver-

breitung von Wäldern und gelegentlich von Ackerländereien geben grobe Anhaltspunkte zur Aneignung der Natur durch den Menschen.

Anders verhält es sich demgegenüber bei den teilweise sehr aussagekräftigen bildlichen oder kartographischen Darstellungen von Aktivitäten und geographischen Phänomenen auf *lokaler Maßstabsebene*. Bereits im 12., verstärkt dann seit dem 13. und 14. Jahrhundert vermitteln Holzdrucke, Stiche und Zeichnungen ein zunehmend differenziertes Bild von menschlichem Umgang mit der Natur und von seinen Eingriffen in seine natürlichen Umwelten. Ob die Nutzung der Wasserkraft oder Windenergie durch Getreide- und Windmühlen oder Hammerwerke oder aber die auf Holzkohlebasis betriebene Eisenerzeugung, – viele dieser Techniken sind bereits im Hellenismus belegt, in der Spätantike nicht nachweisbar und dann im Mittelalter erneut verbreitet (Lindgren 1987, 1998). Alle diese Darstellungen dokumentieren eine zunehmende Beanspruchung und Veränderung der natürlichen Umwelten des mittelalterlichen Menschen in Europa (Abb. 15). Dabei sind Agrarkolonisation und ihre Konsequenzen wohl der physiognomisch wirksamste Aspekt; Städte sind deren ökologisch fragilste Zentren (vgl. Küster 1998b).

Kosmos – Mensch – Natur in einem heliozentrischen Weltbild …

Es wurde bereits angedeutet, dass – ausgehend von den Städten Norditaliens, aber auch in zunehmend welterfahrenen Kaufmannskreisen und unter dem Einfluss muslimischen Gedankenguts – sich das menschliche Selbstverständnis zunehmend aus der kirchlich-theologischen Umklammerung zu lösen beginnt. Es sucht seinen Standort als Zwischenglied zwischen Gott und Natur zu definieren und sich entweder als ein gottähnliches (alter deus) oder gar als gottgleiches (homo secundus deus) Wesen zu verstehen. Einer der wesentlichen Wegbereiter eines solchen autonomen Menschenbildes kam übrigens aus der Kirche selbst: Nikolaus von Kues/Nicolaus Cusanus (1401–1464). Basierend auf seiner These, „Nichtwissen als Wissen" zu verstehen, propagiert er auf rein gedanklicher Grundlage eine neue Art des Wissens, die zugleich eine neue Kosmologie enthält. Da nach Cusanus in der Erfahrung nichts vorkommt, das das absolut Größte oder Kleinste ist, weil immer noch Steigerung oder Minimierung möglich ist und weil auch Bewegung und Ruhe einer solchen Relativierung unterliegen (Flasch 2004, S. 33), schlussfolgert er in seiner 1460 erschienenen Schrift „De docta ignorantia"/„Nichtwissen als Wissen" bezüglich der Erde wie folgt:

> „Die Erde kann nicht Weltzentrum sein. Sie kann also auch nicht ohne jede Bewegung sein. Sie muss sogar in dem Maße in Bewegung sein, dass sie um unendliche Stufen weniger bewegt sein könnte. Die Erde ist so wenig das Weltzentrum, wie die Fixsternsphäre der Weltumfang ist. Obwohl, wenn man die Erde mit dem Himmel vergleicht, es so aussieht, als sei die Erde näher beim Zentrum und der Himmel näher beim Weltumfang."
> *(zitiert nach Flasch 2004, S. 34)*

Und in Bezug auf den Menschen konstatiert er in seiner ebenfalls 1460 erschienenen Abhandlung „De coniecturis"/„Über die Mutmaßungen":

> „Der Mensch ist Gott, nicht im absoluten Sinn, weil er Mensch ist. Er ist also ein menschlicher Gott. Der Mensch ist auch die Welt. [...]. Er ist Mikrokosmos oder menschliche Welt. Der Bereich

der Menschheit umgreift mit seiner menschlichen Macht Gott und die Welt. Der Mensch kann also ein menschlicher Gott oder wie Gott sein. Er kann als Mensch ein menschlicher Engel oder eine menschliche Bestie sein, ein menschlicher Löwe, ein Bär oder was immer sonst."
(ebd., S. 46)

Zweifel am hochmittelalterlich-theologischen Menschen- und Weltbild einerseits, die Entwicklung scholastisch-geistlicher Bildung in Klöstern und Klosterschulen andererseits und – zum dritten – der daraus resultierende Skeptizismus in Verbindung mit der Wiederentdeckung der griechischen Philosophie: Dieses ist der Nährboden, auf dem Nikolaus von Kues und manche seiner geistlichen wie weltlichen Zeitgenossen eine neue Kosmologie und in ihr auch eine neue Stellung des Menschen begründen (Flasch 2005). W. Kluxen (2002) umschreibt den gedanklichen und keineswegs unumstrittenen Fortschritt des Nikolaus im Vergleich etwa zu Thomas von Aquin wie folgt: „In diesem Kosmos wird auch die Stellung des Menschen neu zu bestimmen sein. Ein Thomas von Aquin, und nicht nur er, hatte ihn dem aristotelischen Kosmos eingeordnet, in welchem die Erde der niedere Ort ist, auf dem unter dem Einfluss der „ewigen" Himmelsbewegung (die durch die Sphären vermittelt und vermannigfaltigt wird) das Lebendige entsteht, das zeugt und stirbt. Das Werden des Lebendigen hervorzurufen, das ist der offenbare Sinn der Himmelsbewegung, und der Sinn des Werdens ist wiederum, das höchste Lebendige hervorzubringen, den Menschen, der als Körper-Geist-Wesen an der Grenze von Ewigkeit und Zeit steht (*in horizonte aeternitatis et temporis*). Der Himmel dreht sich also um den Menschen, aber dessen Stellung ist dadurch physikalisch bestimmt, die Physik andererseits anthropologisch fixiert. Diese Bindung löst Cusanus auf; der Mensch tritt in anderer Weise und in einem anders gesehenen Kosmos in die Mitte" (S. 34).

In der Schrift „De coniecturis" (1442) zeichnet Cusanus eine *figura universi,* an der sich das verdeutlichen lässt. Kluxen beschreibt diese Konstellation wie folgt: „Das Universum – die Gesamtheit der Schöpfung – wird durch einen Großkreis symbolisiert [...]. Der Kreis des Menschen ist in der Mitte, sein Mittelpunkt derjenige des Großkreises. In ihm sind wiederum drei kleinere Kreise eingezeichnet, die übereinander stehen und sich berühren. Wieder lassen sich ihnen die Vermögen von *Intellectus, Ratio, Sensus* zuordnen. In der Mitte steht die *Ratio*; das Zentrum des Kreises ist zugleich Zentrum der Menschenregion wie des Großkreises. Hier liegt das Zentrale, Eigene und Eigentümliche des Menschen" (2002, S. 34). Eine wichtige Stützung der in vielerlei Hinsicht revolutionären Gedanken des Cusanus erhält dieser durch den italienischen Philosophen und Frühaufklärer Pico della Mirandola (1463–1494), der mit 900 Thesen sein Welt- und Menschenbild vor europäischen Gelehrten in Rom 1486/87 verteidigen wollte, wobei die Thesen „aus den Gebieten der Dialektik, der Moralphilosophie, der Physik, der Mathematik, der Metaphysik, der Theologie, der Magie und der Kabbalistik von Philosophen der Chaldäer, Araber, Juden, Griechen, Ägypter und Lateiner" (Pico della Mirandola 1997, S. 108) stammen sollten. Dieser wahrhaft umfassende Anspruch des Renaissance-Denkers war begleitet von der Rede „De hominis dignitate", in der Pico noch weit über das bereits von Cusanus propagierte Menschenbild hinausgeht. Er schreibt (1997, S. 5 f.):

„Schließlich glaubte ich erkannt zu haben, warum der Mensch das glücklichste und demgemäß das Lebenswesen ist, das jegliche Bewunderung verdient, und worin schließlich jene Stellung besteht, die er in der Ordnung des Universums erhalten hat, um die ihn nicht allein die Tiere, sondern auch die Gestirne und auch die überweltlichen Geister beneiden? Die Sache übersteigt den Glauben und scheint wunderbar. Warum auch nicht? Denn auch deshalb sagt man mit Recht und glaubt es auch, der Mensch sei ein großes Wunder und in der Tat ein Lebewesen, das Bewunderung verdient. Doch hört, ihr Väter, was es denn mit dieser Sache auf sich hat, und schenkt mit gütigen Gehör – wollt ihr so freundlich sein – mir für mein heutiges Bemühen eure Nachsicht.

Schon hatte der höchste Vater und Schöpfergott dieses Haus der Welt, das wir hier sehen, den hocherhabenen Tempel seiner Göttlichkeit nach den Gesetzen geheimer Weisheit kunstvoll errichtet. Die Gegend oberhalb des Himmels hatte er mit Geistern ausgestattet, des Himmels Sphären mit unsterblichen Seelen belebt und die schmutzigen und unreinen Bereiche der unteren Welt mit einer Schar von Lebewesen aller Art gefüllt. Doch als das Werk vollendet war, da wünschte sein Erbauer, es sollte jemanden geben, der imstande wäre, die Einrichtung des großen Werkes zu beurteilen, seine Schönheit zu lieben, seine Größe zu bewundern. Deswegen dachte er, als alles schon vollendet war (wie Moses und Timaios es bezeugen), zuletzt daran, den Menschen zu erschaffen." *(Pico della Mirandola 1997, S. 5–7)*

Und kurz darauf lässt er Gott zu dem Menschen sagen (ebd., S. 9):

„Keinen bestimmten Platz habe ich Dir zugewiesen, auch keine bestimmte äußere Erscheinung und auch nicht irgendeine besondere Gabe habe ich dir verliehen, Adam, damit du den Platz, das Aussehen und alle die Gaben, die du dir selber wünscht, nach deinem eigenen Willen und Entschluß erhalten und besitzen kannst. Die fest umrissene Natur der übrigen Geschöpfe entfaltet sich nur innerhalb der von mir vorgeschriebenen Gesetze. Du wirst von allen Einschränkungen frei nach deinem eigenen freien Willen, dem ich dich überlassen habe, dir selbst deine Natur bestimmen. In die Mitte der Welt habe ich dich gestellt, damit du von da aus bequemer alles ringsum betrachten kannst, was es auf der Welt gibt. Weder als einen Himmlischen noch als einen Irdischen habe ich dich geschaffen und weder sterblich noch unsterblich dich gemacht, damit du wie ein Former und Bildner deiner selbst nach eigenem Belieben und aus eigener Macht zu der Gestalt dich ausbilden kannst, die du bevorzugst. Du kannst nach unten hin ins Tierische entarten, du kannst aus eigenem Willen wiedergeboren werden nach oben in das Göttliche."

Der ausführliche Rückbezug auf Nikolaus von Kues, immerhin Kardinal und Berater zweier Päpste, sowie auf Pico della Mirandola ist geboten, weil beide einen theologischen Perspektivenwechsel parallel zu der zunehmenden Entschleierung der Erde und Zweifel an überlieferten Kosmologien bedeuten (Kanitschneider 2002, insb. S. 96 ff.). Hinzu tritt ein wachsender Skeptizismus gegenüber tradierten kirchlichen Dogmen wie auch Welt- und Menschenbildern als Vorstufe eines sich ausbreitenden naturwissenschaftlichen Empirismus. Die Wiederbelebung der lange Zeit „verschütteten" platonischen „natura naturata"-Idee, mehr aber noch jene der „natura naturans" des Aristoteles – beide übrigens in der Scholastik durch Duns Scotus in diesen lateinischen Bezeichnungen zusammengefasst – befördert die Auffassung der Natur als einer hochkomplexen Maschine, deren Mechanismen und interdependenten Ursache-Wirkungsverhältnissen es nachzuspüren gilt. Die Welt als eine „machina mundi" wird verstanden als ein stark differenziertes und auf äußere Antriebe hin funktionierendes Machwerk, dessen Wirkweise es mit den Mitteln des Verstandes, mit den Gesetzen der Mathematik und vor allem der Physik zu entschlüsseln gilt (Gloy 1995, S. 162–177).

Die sich in Dichtung und Philosophie anbahnenden Neubestimmungen des Menschenbildes in seinem Verhältnis zu Gott und natürlicher Umwelt, die vielfältigen Anregungen und

Einflüsse aus dem islamischen Kulturkreis, die Aufbruchstimmung aufgeklärter Herrscher in Süditalien oder Portugal, das Vortasten europäischer Reisender und Seefahrer in neue Länder, die ersten vom städtischen Bürgertum ausgehenden Bildungseinrichtungen und die über Gotteser-klärungen und Schöpfungsbeweise hinausgehenden Erkenntnisse der im Quadrivium gelehrten Mathematik, Geometrie und Astronomie: Alle diese Entwicklungen, ko-evolutionär einander be-dingend und beeinflussend, werden die Basis des Empirismus, jener auf Erfahrung aufbauenden Quelle des Wissens über die Welt. Aus heutiger Sicht spricht man gelegentlich von den drei gro-ßen Ernüchterungen bzw. „Entthronungen" des Menschen: die Stellung der Erde als Zentrum des Kosmos, die aus göttlicher Schöpfung resultierende Existenz des Menschen und sein allein durch den Verstand geleitetes Handeln und Verhalten.

Die erste dieser Relativierungen ist mit dem Namen Nikolaus Kopernikus (1473 – 1543) verbunden und fällt in das frühe 16. Jahrhundert (Carrier 2001). Kopernikus steht für die Ab-lösung eines auf den Menschen und seines Wohnplatzes Erde ausgerichteten „anthropozentri-schen Weltbildes" zu Gunsten eines um die Sonne zentrierten Planetensystems, dem „heliozen-trischen Weltbild". Die zunächst nur behutsam publizierten Thesen des Kopernikus bedeuteten eine Revolution der über Jahrhunderte durch die Kirche genährten und von der Bevölkerung ge-glaubten Vorstellung von der Erde als dem Zentrum des Kosmos. Erstmals 1514 vertrat Koperni-kus die These von der Sonne als Mittelpunkt des Planetensystems. Aufgrund von astronomi-schen Beobachtungen und mathematischen Berechnungen gelang ihm der Nachweis, dass die Erde um die Sonne kreise und der Mond seinerseits um die Erde. Damit waren die Grundlagen für die Abhandlung „De revolutionibus orbium coelestium" (1543) und die darin enthaltene aus-führliche Begründung eines heliozentrischen Weltbildes gelegt. Diese bis 1614 auch von der katholischen Kirche unbeanstandet gebliebenen Thesen eines heliozentrischen Weltbildes gelten als der endgültige Durchbruch naturwissenschaftlicher Forschung gegenüber einer theologisch inspirierten philosophisch-spekulativen Weltsicht. Die nördlich der Alpen gleichzeitig ablaufende Reformation von 1527 bot einen fruchtbaren Nährboden für die Ausbreitung des neuen Weltbil-des. Es blieb allerdings Johannes Kepler (1571 – 1630) vorbehalten, in seinem 1596 erschienenen „Mysterium Cosmographicum" dem kopernikanischen Weltbild endgültig zum Durchbruch zu verhelfen. In der genannten Schrift, in der die relativen Abstände der Planeten von der Sonne an-satzweise berechnet werden, liegt sowohl eine Vervollkommnung des kopernikanischen Systems als auch dessen endgültige Bestätigung.

Konnten Kopernikus und Kepler von Mitteleuropa aus ihre Erkenntnisse und Schlussfol-gerungen ohne Furcht um Leib und Leben veröffentlichen, so gerieten die in Italien und im Ein-flußbereich des Papstes arbeitenden Zeitgenossen Keplers, nämlich Giordano Bruno (1548 – 1600) und Galileo Galilei (1564 – 1642) noch in den Bannstrahl der kirchlichen Inquisition. Giordano Bruno (vgl. Bruno 1994), der als Mönch von Neapel aus ein an Kopernikus ausgerich-tetes einheitliches Weltbild propagierte und es, unter Einschluss magisch-okkulter Gedanken, mit der Lehre von einer das gesamte All umgebenden Weltenseele verband, musste 1576 aus Ita-lien fliehen und lehrte an verschiedenen Universitäten in Frankreich, England und Deutschland. 1592 der Inquisition in Italien überstellt, wurde er nach siebenjähriger Haft 1600 in Rom als Ket-zer öffentlich verbrannt. Ähnliches widerfuhr Galileo Galilei (1564 – 1642), der seit 1610 durch eigene Beobachtungen und Berechnungen die Befunde des Kopernikus bestätigte, ergänzte und vervollständigte. 1616 wurden auch seine Schriften durch den Papst offiziell verboten. 1632 veröffentlichte Galilei seinen berühmten „Dialogo", d. h. ein fiktives Gespräch über die beiden Hauptweltsysteme, wobei Ptolemäus für das geo- und anthropozentrische, Kopernikus für das heliozentrische Weltbild stehen. Auch hier erzwang die Inquisition einen öffentlichen Widerruf seiner das kopernikanische Weltbild bestätigenden Lehre. Ob das Galileo Galilei zugeschriebene Trotzwort „Und sie bewegt sich doch!" tatsächlich so gefallen ist, bleibe dahingestellt. Tatsache ist, dass von 1633 an Galilei fast zehn Jahre unter einer Art Hausarrest bis zu seinem Tode 1642 verbrachte und mit einem Lehrverbot durch den Papst belegt wurde (z. T. detaillierte Übersichten: Fried 2001, Gloy 1995, Silk 2006).

Zu den Begleiterscheinungen des rasch um sich greifenden wissenschaftlichen Empirismus gehören seit dem ausgehenden 15. Jahrhundert auch eine große Zahl technischer Experimente und die Entwicklung anwendungsorientierter Technologien, die das Verhältnis der Menschen zur Natur grundlegend verändern sollten. Dass bei diesen Entwicklungen vor allem Vertreter eines stadtsässigen und kapitalkräftigen Bürgertums Vorreiterrollen übernahmen, zeigt das Aufbrechen auch überkommener Sozialstrukturen. Im Gegensatz zum „gemeinen Volk", das in seiner ganz überwiegenden Mehrheit immer noch auf dem Land lebte und sich im Gefolge der Reformation erstmals lautstark politisch zu Wort meldete (z. B. Bauernkriege in Deutschland!) waren es geistesgeschichtlich vor allem Vertreter eines urbanen Bildungsbürgertums, die am Bild und am Selbstverständnis des neuen Menschen arbeiteten. Eine revolutionäre Rolle kommt hierbei dem Mainzer Buchdrucker Johannes Gutenberg (um 1397–1468) mit seiner Erfindung des Buchdrucks im Jahre 1440 zu. Sie wurde zum Motor einer Popularisierung des Wissens, ermöglichte sie doch die Massenherstellung von Druckerzeugnissen zu günstigen Preisen. Vor allem das städtische Bürgertum war Nutznießer dieser Entwicklung, zumal es entscheidend zur effizienteren Abwicklung geschäftlicher Transaktionen beitrug, aber auch zur Ausweitung der schulischen Bildung. Für die Verbreitung von Luthers Bibelübersetzung in die deutsche Sprache und damit für den Erfolg der Reformation war der Buchdruck eine wichtige Voraussetzung. Aber auch in anderen Bereichen von Wissenschaft und Technik gab es ungeahnte Fortschritte. Stellvertretend seien nur genannt die bergbaulichen Traktate und die „Zwölf Bücher vom Berg- und Hüttenwesen" (De Re Metallica Libri XII), mit denen der unter dem Namen Agricola bekannt gewordene Georg Bauer (1494–1555) zum Wegbereiter des frühneuzeitlichen Hüttenwesens wurde. Sein 1556 posthum erstmals publiziertes Werk mit seinen über 300 Abbildungen ist nicht nur ein Musterbeispiel für die überragende Bedeutung des Buchdrucks für angewandtpraktische Zwecke, sondern zugleich ein Beleg für den eindrucksvollen Aufschwung z. T. hoch spezialisierter Wissenschaft in der frühen Neuzeit (Abb. 15). Agricola gilt deshalb zu Recht nicht nur als einer der Begründer von Mineralogie und Geologie, sondern seine praktischen Anweisungen zu Bergbau und Metallurgie vermitteln auch ein lebendiges Bild der Alltagswelt und der Mensch-Umwelt-Beziehungen des frühen 16. Jahrhunderts. Nutzung der Wasserkraft, Intensität des Holzverbrauchs, menschlicher Arbeitsaufwand: Diese und andere Aspekte der Mensch-Umwelt-Beziehungen lassen sich eindrucksvoll aus dem Buch und seinen zahlreichen Illustrationen erschließen.

Bekanntester Vertreter eines das neue Selbstbewusstsein des Menschen verkörpernden Künstlers, Gelehrten und Wissenschaftlers ist ganz zweifellos Leonardo da Vinci (1452–1519). Einerseits im Dienste der Kirche und der Kurie stehend, andererseits Angestellter und Auftragnehmer von Adel und städtischem Bürgertum, vereinigt er in sich wie kein zweiter seiner Zeitge-

*Pferde mit Saumsätteln A. Eine Sturzrolle, geneigt an den Felsen gestellt B. Die zugehörigen Bretter C.
Der Karren mit einem Rade D. Der zweirädrige Karren E. Die Baumstämme F. Der Wagen G.
Das Erz wird vom Wagen abgeladen H. Die Riegel I. Der Steiger, der die Anzahl Wagen am Kerbholz
verzeichnet K. Die Behälter, in die die Erze zur Verteilung geworfen werden L.*

*Die Grube mit darübergelegten Holzscheiten A. Der Vorherd B. Die Kelle C.
Eiserne Gußformen D. Metallkuchen E. Leere, mit Steinen ausgekleidete Grube F. Holzrinne G.
Die Sammelgruben der Rinnen H. Das über die Rinnen gelegte kleine Holz I. Der Wind K.*

Abb. 15:   Beispiele frühneuzeutlicher Erzgewinnung und Erzverhüttung (nach Agricola 1556)

nossen eine Einheit von darstellender Kunst, einem unersättlichen Erkenntnisdrang und einem unbändigen Gestaltungswillen auf vielen Bereichen: ob Festungsbau, menschliche Anatomie, Planung von Kanal- und Straßennetzen, ob Vogelflug oder Architektur – alle diese Aktivitäten weisen Leonardo als Künstler, Ingenieur und Naturforscher aus, der empirischen Erkenntnisdrang mit Anwendungsorientierung und zugleich ästhetischem Harmoniebedürfnis verbindet. Für die Frage der Mensch-Umwelt-Beziehungen an der Wende von Mittelalter und Neuzeit sind beispielsweise seine Berechnungen und Versuche, Wasser mittels Siphons bergauf zu leiten, ebenso bedeutsam wie seine Planungen zur Be- und Entwässerung großer Landstriche durch Ingenieurbauten und seine Konstruktionen von Flugmaschinen und mechanischen Waffensystemen. Nicht zu Unrecht hat man Leonardo deshalb wohl auch als Vertreter jenes neuen Menschentyps bezeichnet, dessen Selbstbewusstsein in die eigenen Fähigkeiten ihn nicht nur zum bloßen Initiator technischer und künstlerischer Innovationen, sondern zugleich auch zum Transformator und Perfektionierer der göttlichen Schöpfung machen (Kemp 2005). Kontrolle und Beherrschung der Natur setzen deren Verständnis voraus. Sie sind zugleich indes ein Weg zu einem besseren Verständnis Gottes.

... und die Realitäten des Lebens

Der mit dem späten Mittelalter einsetzende Zerfall tradierter Glaubens- und Heilsvorstellungen und das Heraufdämmern eines neuen Weltbildes ist die eine Seite einer neuen Sicht der Mensch-Umwelt-Beziehungen. Diesseitigkeit und Weltoffenheit, Unternehmungsgeist und Wagemut, Streben nach Erfolg und Lebensfreude ist die andere. Beharrung und Wandel, Kirche und Welt, Tradition und Moderne: Solche Gegensatzpaare prägen die Zeit zwischen der Scholastik und dem aufkommenden Rationalismus; Renaissance wird zum Inbegriff der Symbiose von Altem und Neuem. Und es dauert, wie wir gesehen haben, eine Zeit, bis sich das Neue durchsetzen kann. Musterbeispiele dieses Konfliktes sind die Apennin-Halbinsel wie auch der Europäische Kontinent. In Italien beispielsweise sind die großen Städterepubliken Venedig, Florenz, Genua oder Mailand Vorreiter einer Modernisierung vieler Lebensbereiche von Wirtschaft, Kunst und Kultur, während die katholische Kirche im Süden der Halbinsel ihre Vorherrschaft zu verteidigen und sich dem Geist des Humanismus und der Renaissance entgegenzustellen sucht. Nördlich der Alpen bereiten Reformation, Handel und bürgerliches Selbstbewusstsein den Boden für einen ungeahnten Aufschwung der Städte und städtischer Kultur, für den Manufakturwesen, Fernhandel und territoriale Expansion kennzeichnend werden. Protestantismus und Katholizismus teilen den Kontinent in zwei religiöse Sphären.

Geistiger Umbruch und der ihm folgende gesellschaftliche wie wirtschaftliche Aufbruch vollziehen sich langsam und sind mit gravierenden politischen und militärischen Konflikten verbunden. Konflikte prägen nicht nur die Gegensätze zwischen der mediterranen Welt (vgl. Braudel 1990) und dem nördlichen und westlichen Europa. Auch innerhalb einzelner Länder kommt es zu blutigen Auseinandersetzungen, wobei Kriege der Ausdruck religiös-ideologischer Gegensätze wie auch sozialer Probleme sind. Die Bauernkriege in Deutschland (1525), der Schmalkaldische Krieg (1546/47) oder der Dreißigjährige Krieg (1618–1648) sind Belege dafür. Aber auch innerhalb politischer Territorien werden die Gegensätze zwischen wachsender Prosperität der Städte gegenüber ihren agraren Hinterländern deutlich. Nicht nur, dass deren Bevölkerungen für noch lange Zeit vom geistigen und materiellen Fortschritt der Städte ausgeschlossen bleiben und somit tradierte Lebenswirklichkeiten fortsetzen; nein, im ländlichen Bereich vollziehen sich die gravierendsten Eingriffe des Menschen in seine natürlichen Umwelten.

Aus geographischer Sicht drängen sich, bezogen auf das spätmittelalterliche Mensch-Umwelt-Verhältnis, vor allem drei Problemkreise auf, die von nachhaltiger und bis heute fortwirkender Konsequenz sind: die Kulturlandschaftsentwicklung und ihre ökologischen Voraussetzungen wie Konsequenzen; die Wald- und Wasserwirtschaft und ihr Einfluss auf Natur- und Kulturlandschaft sowie das Mensch-Umwelt-Wahrnehmungsproblem des Durchschnittsmenschen.

Bevor indes auf diese Aspekte eingegangen wird, ist ein kurzer Hinweis auf die natürlichen Rahmenbedingungen des mitteleuropäischen Umweltwandels an der Wende zur frühen Neuzeit notwendig. Denn es ist ja keineswegs so, dass nur der Mensch die Natur verändert, sondern auch die Natur selbst wandelt sich. Dieses ist für das mittelalterlich-frühneuzeitliche Europa besonders eindrucksvoll nachweisbar – und entbehrt gerade für die gegenwärtige Diskussion um natürliche oder anthropogen verursachte Klimaschwankungen nicht einer gewissen Aktualität. Viele diesbezügliche Fakten sind seit langem bekannt und machen das hohe wie späte

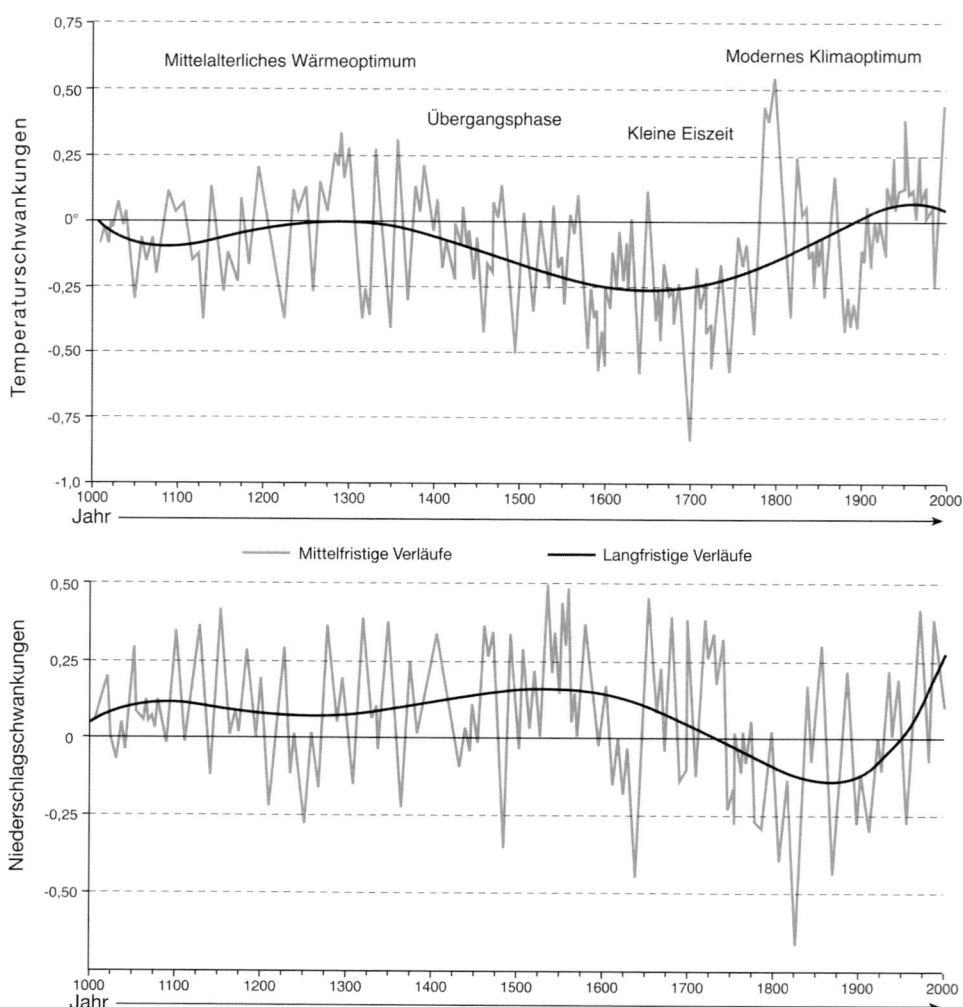

Abb. 16: Jahresgang von Temperatur und Niederschlag in Mitteleuropa, 1000–2000
(nach Glaser 2001)

Mittelalter zu einer eindrucksvollen Parallele der Gegenwart. Die umfassende Rekonstruktion der Klimageschichte Mitteleuropas durch R. Glaser (2001) zeigt, dass bereits geringfügige Schwankungen von Temperatur und Niederschlag genügen, um erhebliche Konsequenzen für Natur- und Kulturlandschaft zu zeitigen (vgl. Abb. 16). So geht das mittelalterliche Wärmeoptimum z. B. einher mit einer massiven Ausweitung des Weinbaus in das Saale-Unstrut-Gebiet und bis an die Elbe, aber auch mit einer Ausweitung der agraren Nutzflächen in Mittelgebirgen und östlich der Elbe. Konterkariert wurden indes solche Gunstphasen des Klimas, die im Übrigen korrespondierten mit vergleichsweise friedlichen Phasen hochmittelalterlicher Kulturlandschaftsentwicklungen und entsprechendem Bevölkerungswachstum, durch anthropogen verursachte Rückschläge. Zu ihnen gehören Seuchen und Epidemien. Besonders verheerend wirkten

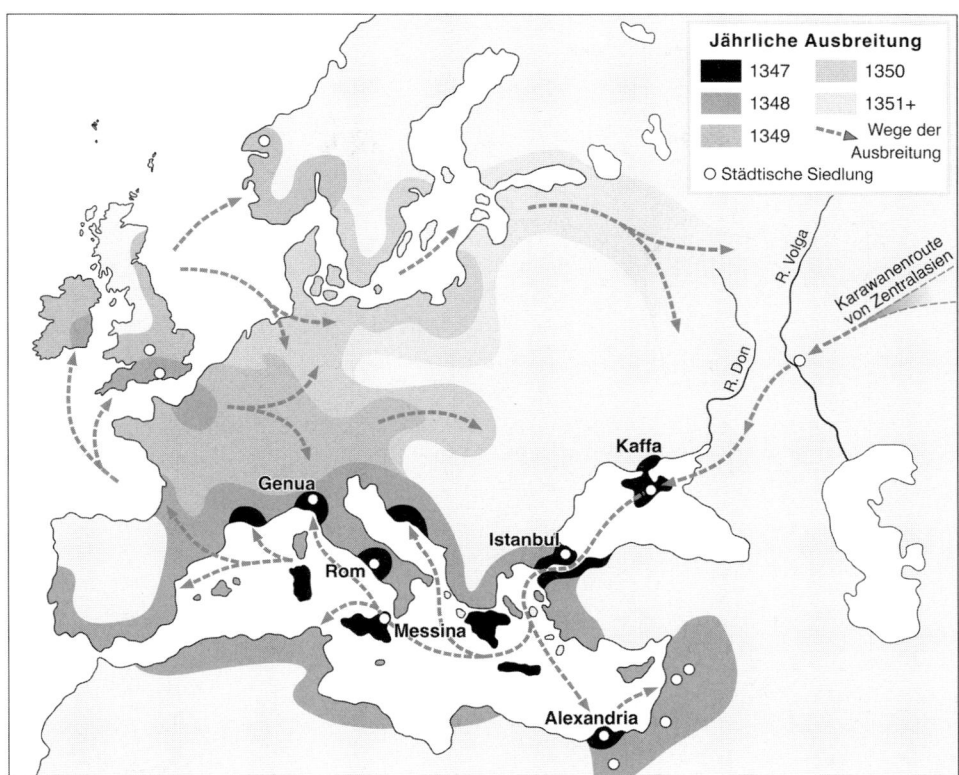

Abb. 17:   Die Ausbreitung der Pest im Mittelmeerraum und in Europa, 1347–1351+
(nach McMichael 2001)

die aus Zentralasien und aus dem Vorderen Orient eingeschleppten Pestepidemien, die sich über Kaufleute und Seefahrer rasend schnell in Europa verbreiten. Berüchtigt ist der „Schwarze Tod", der zwischen 1347 und 1354 in Europa wütete und der getrost als eine Begleiterscheinung des ersten Globalisierungsprozesses gedeutet werden darf (M. Meier 2005).

Dem mittelalterlichen Wärmeoptimum folgt im 17. Jahrhundert die aus vielfältigen zeitgenössischen Berichten und Dokumenten, aus den niederländischen Genremalereien der holländischen Malerfamilie Pieter (1525/30–1569) und Jan Breughel (1568–1625) und ihrer Zeitgenossen sowie aus naturwissenschaftlichen ex post-Datierungen bekannte „Kleine Eiszeit".

Neben den Breughels (Herold 2002) sind es vor allem „Monatsbilder" italienischer und französischer Provenienz sowie detaillierte Landschaftsgemälde z. B. von A. Dürer (1496–1500) und anderen Meistern der europäischen Malerei, deren Detailbesessenheit gute Einblicke in Kulturlandschaftsentwicklung und -wandel und Mensch-Umwelt-Verhältnisse an der Wende vom Mittelalter zur Neuzeit vermitteln (Makowski-Budrath 1983; Schenk 1997; Steingräber 1985).

Haben die klimatischen Rahmenbedingungen des hohen Mittelalters in Verbindung mit einem merklichen Bevölkerungsanstieg das Vordringen von Siedlung und Wirtschaft in die mitteleuropäischen Waldgebirge und die Ostkolonisation befördert, so dürfte umgekehrt das Zusam-

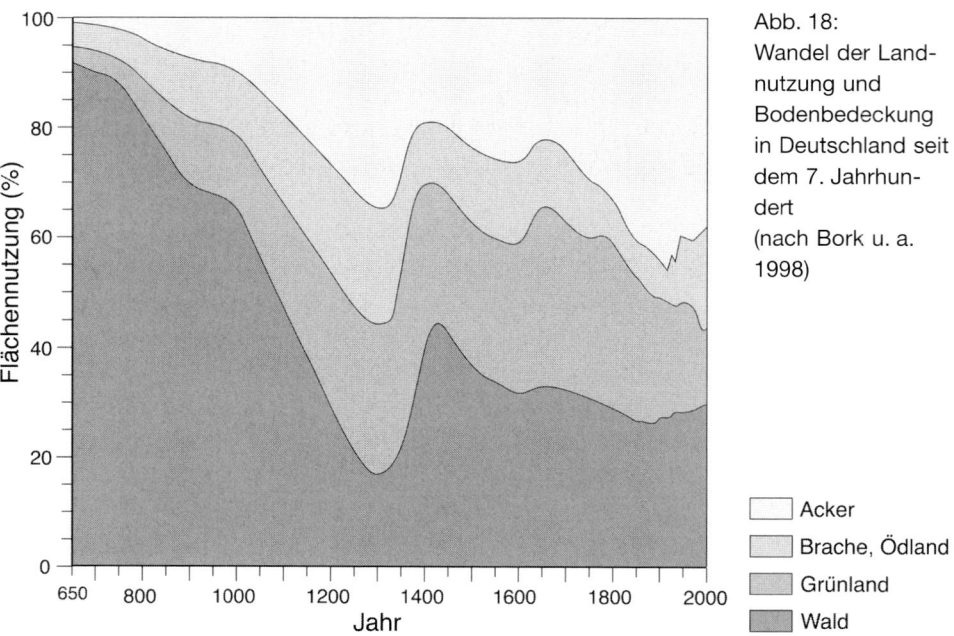

Abb. 18:
Wandel der Land-
nutzung und
Bodenbedeckung
in Deutschland seit
dem 7. Jahrhun-
dert
(nach Bork u. a.
1998)

mentreffen eines zwar nur geringfügigen, dennoch aber merklichen Temperaturabschwungs im Zusammenspiel mit Bevölkerungsverlusten durch Kriege und Seuchen für die spätmittelalterliche Agrardepression, Auflassung von Rodungsland und natürliche Wiederbewaldung ab dem 14. und 15. Jahrhundert mitverantwortlich sein (für weitere Interaktionen zwischen Natur und Kultur dieser Zeit vgl. Behringer 2007).

Die Kulturlandschaftsentwicklung und ihre ökologischen Konsequenzen: Zur Rekonstruktion früher Umwelten des Menschen in Mitteleuropa, ihrer Landnahme und deren Auswirkungen auf die Naturlandschaft liegen vielfältige und disziplinenübergreifende Studien vor. Tiefe Einblicke in den Alltag der Durchschnittsmenschen im hoch- und spätmittelalterlichen Deutschland vermittelt die Studie von Schubert (2002). Sie macht eindrucksvoll deutlich, wie Wasser und Wald schon vor mehr als 500 Jahren nicht nur dem Druck einer schnell wachsenden Bevölkerung ausgesetzt waren, sondern wie Agrarkolonisation und Ausweitung der Landwirtschaft sowie der ständig steigende Holzbedarf der Städte und Städter zu einer nachhaltigen Degradation der natürlichen Umwelt beitrugen. Andererseits bedeuteten die – vor allem in den seit dem hohen Mittelalter an Zahl und Größe schnell wachsenden Städten – angehäuften Abfälle, Haushaltsrückstände, Fäkalien gravierende Belastungen für die natürlichen wie sozialen Lebenswelten der Dorf- und Stadtbewohner. Aus geographischer Sicht sind es vor allem die im Detail zwar überholten, im Grundansatz aber immer noch anregenden Studien von O. Schlüter zur Siedlungsgeschichte Mitteleuropas (1952–1958). Kernfrage bleibt, wie denn der Naturraum aussähe, „wenn alle Kultur aus ihm verschwände und nur die Naturkräfte wirksam blieben". H. Jäger (1988) unterscheidet für Mitteleuropa drei Grundformen der natürlichen Umweltveränderungen, die indes auch auf andere Räume und Muster der Mensch-Umwelt-Beziehungen anwendbar scheinen: Naturprozesse sensu stricto, d. h. ohne jegliches Zutun der Menschen; direkte Eingriffe des Menschen, z. B. durch Rodungen, Vernichtung ursprünglicher Tier- und Pflanzengemeinschaften oder durch Einführung neuer Tier- und Pflanzenarten sowie indirekte Einwirkungen des Menschen auf die frühere Landesnatur (vgl. dazu Bork u. a. 1998; Jäger 1994; Jankuhn 1977 sowie die inzwischen auf über 20 Bände angewachsene Reihe der „Siedlungsforschung".

Vor allem die mittelalterliche Agrarkolonisation hat zu fundamentalen Veränderungen der natürlichen Umwelt in weiten Teilen Mitteleuropas beigetragen. Wesentliche Aspekte dieser sich gegenseitig bedingenden und gegeneinander aufschaukelnden „Mensch-Umwelt-Spirale" haben Bork u. a. (1998) zusammenfassend analysiert. Für die uns hier interessierende Periode unterscheiden sie die früh- und hochmittelalterliche Landnutzungsphase mit allmählichem Nutzungsdruck, in deren Gefolge der Wald erheblich zurückgedrängt wird. Dieser massiven Rodungsperiode folgen die dramatischen Ereignisse der ersten Hälfte des 14. Jahrhunderts mit stark witterungsbedingten Landschaftsveränderungen und schließlich die Phase von der Mitte des 14. bis in das frühe 18. Jahrhundert mit Wüstfallen, Restabilisierung, Rodung und erneut allmählich wachsendem Nutzungsdruck (vgl. dazu auch Abb. 18). Vor allem in dem mittleren dieser drei Abschnitte gehen Bork u. a. auf die extrem interaktive Kausalität von natürlichen wie anthropogenen Ursachen und Wirkungen der „Mensch-Umwelt-Spirale" ein. Sie konstatieren, dass „der Landnutzungswandel von der völkerwanderungszeitlichen Wald- zur ausgeräumten hochmittelalterlichen Agrarlandschaft den Energie- und Wasserhaushalt [veränderte], Klimaveränderungen mit der Zunahme von Witterungsextremen und exzessiver Bodenerosion [hervorrief], Missernten, Hungersnöte, Seuchen und Massensterben, das Wüstfallen von Fluren und Orten und schließlich veränderte Ernährungsgewohnheiten [bewirkte]" (ebd., S. 249). Die in Abb. 18 deutlich werdenden Rodungsaktivitäten sind bis heute nachhaltig in der Natur- wie Kulturlandschaft Deutschlands und Mitteleuropas, zumal auch bei agraren Wüstungsvorgängen die landwirtschaftlichen Nutzflächen nur gering oder nur vorübergehend der Wiederbewaldung anheim fielen. Die Kehrseite dieser Rodungsprozesse sind die vom Menschen ausgelösten Erosionsformen vor allem in den Mittelgebirgen, denen die Akkumulationsformen in den Tälern und Vorländern der Waldgebirge gegenüber stehen. Anhand etlicher Fallbeispiele haben Bork u. a. die Wirkungen linien- wie flächenhafter Bodenerosion im Einzugsgebiet der Elbe unter verschiedenen Rahmenbedingungen als Ergebnis des Landnutzungswandels bilanziert (vgl. Tab. 5). Ausdruck dieser anthropogenen Verursachungen sind bis heute allenthalben nachweisbare morphologische Kleinformen wie Tilken und Sieke (Hempel 1954), Kerbtälchen, Dellen und andere Formen der Bodenerosion (Bork 1985, Bork u. a. 1998, Richter 1976, 1980). Zu den auffälligsten Akkumulationsformen der durch die mittelalterliche Kulturlandschaftsentwicklung geprägten Umwelten gehören die Auelehme in den Talungen vieler Tributäre von Elbe, Weser oder Rhein (Mensching 1952; Richter 1976, 1980; Strautz 1962; Wagner 1961). Die heute viele Mittelgebirgsflüsse wie Neckar, Main oder Lahn kennzeichnenden breiten, überschwemmungsgefährdeten und immer noch siedlungsfreien Talböden sind mit oftmals mehrere Meter mächtigen Sedimenten aufgefüllt: ausgespülte und abgelagerte Böden aus den mittelalterlichen Rodungsflächen der Mittelgebirge.

Neben den Konsequenzen mittelalterlicher Rodungstätigkeit in den Mittelgebirgen (Denecke 1992; Kühl 1992; Sick 1992) sind es vor allem die Eingriffe des Menschen in Moor- und Marschgebiete (Krämer 1984; M. Müller-Wille 1984; Nitz 1984; zusammenfassend Born

Tab. 5:   Feststoffeinträge über die Elbe in die Nordsee (Quelle: Bork u. a. 1998)

Feststoffbilanzen für Mittelalter und Neuzeit (Summe über 1.000 Jahre)	
Masse des gesamten in 1.000 Jahren	
durch Bodenerosion abgetragenen Bodens	32 Mrd. t
über die Elbe in die Nordsee ausgetragenen Bodens	0,8 Mrd. t
Tieferlegung des Elbeeinzugsgebietes in 1.000 Jahren durch	
Bodenerosion	14 cm
Bodenaustrag in die Nordsee	0,3 cm
Feststoffbilanzen für die 1. Hälfte des 14. Jh. (Summe über 30 Jahre)	
Masse des in diesem 30jährigen Zeitraum	
durch Bodenerosion abgetragenen Bodens	15 Mrd. t
über die Elbe in die Nordsee ausgetragenen Bodens	0,4 Mrd. t
Tieferlegung des Elbeeinzugsgebietes in 30 Jahren durch	
Bodenerosion	6 cm
Bodenaustrag in die Nordsee	0,1 cm
Feststoffbilanzen für Zeiträume ohne anthropogene Einflüsse (Summe über 50 Jahre)	
Masse des gesamten in 50 Jahren unter Wald	
durch Bodenerosion abgetragenen Bodens	< 0,1 Mrd. t
über die Elbe in die Nordsee ausgetragenen Bodens	< 0,001 Mrd. t
Tieferlegung des Elbeeinzugsgebietes in 50 Jahren unter Wald	
durch Bodenerosion	< 0,1 cm
durch Bodenaustrag in die Nordsee	< 0,001 cm

1977 und Nitz 1974) wie auch die Trockenlegung von Sümpfen oder die (Wieder-)Eindeichung von Meeresbuchten, die bis heute fortwirkende Veränderungen der Naturlandschaften in hoch- und spätmittelalterlicher Zeit hervorgerufen haben.

Wald- und Wasserwirtschaft und ihr Einfluss auf Natur- und Kulturlandschaft: Die bergbauliche Nutzung der Waldgebirge und der mit ihr verbundene Einfluss auf deren Naturraumpotential und -gestaltung sind seit vorgermanischer Zeit bekannt. Die Kelten haben die Waldbestände in der Latène-Zeit bereits nachhaltig genutzt und verändert, um erzhaltiges Gestein zu verhütten. Besonders das Siegerland (vgl. Fickeler 1954) bietet hierfür eindrucksvolle Belege. Aber auch aus anderen Waldgebirgen Mitteleuropas haben wir zahlreiche Zeugnisse menschlicher Nutzung des Waldes in vorchristlicher Zeit (Hasel 1985; Jankuhn 1969, Moosbauer u. a. 2001, Pott 1985). Mit dem steigenden Landhunger einer wachsenden Bevölkerung und mit den steigenden Bedürfnissen der Städte nach Brenn- und Bauholz begann die nachhaltige Degradation der Waldbestände. Kürzlich hat Schubert (2002, S. 50 f.) mit eindrucksvollen Beispielen seine These untermauert, dass „Holznutzung als Grundlage spätmittelalterlicher Urbanität und Wirtschaft" zu sehen ist. Ob als Baumaterial für die im hohen Mittelalter aus dem Boden schießenden und expandierenden Städte, ob als Energielieferant für die Haushalte in Stadt und Land, ob als Rohstoff für die verschiedensten Handwerke und Gewerbe: Holz war ein vielseitig begehrter Rohstoff und unterlag damit mehr oder wenigen starkem Raubbau: „Die Waldarmut im Umland spätmittelalterlicher Städte ist Folge der langen Übernutzung; denn ohne Holz hätte sich keine Stadt entwickeln können" (ebd., S. 54). Welches Ausmaß Holzkonsum allein für repräsentative Zwecke oder für Stadtentwicklungsmaßnahmen annahm, mögen zwei Zahlen belegen: Für den

Bau der Münchener Frauenkirche wurden zwischen 1468 und 1488 rund 20.000 Baumstämme die Isar herabgeflößt (ebd., S. 54). Ungleich anspruchsvoller und ökologisch problematischer waren die Holzbedürfnisse in der ohnehin seit der Antike devastierten Mediterraneis. Musterbeispiel extremer Art ist dabei das in die Lagune hineingebaute Venedig. Auf Holzpfählen errichtet, vermerkt Radkau (2000, S. 142 ff.), dass allein die Fundamentierung der Barockkirche Saluti 1.150.657 Pfähle benötigt habe. Überträgt man diese Zahl auf den baulichen Gesamtbestand Venedigs, auf seine städtischen Expansionen und auf die über Jahrhunderte immer wieder notwendigen Reparaturen der Bausubstanz, dann werden die waldfressenden Konsequenzen des mittelalterlichen Siedlungsausbaus deutlich. Amsterdam und viele andere Städte im holländisch-flämischen Bereich wären sicherlich nicht weniger eindrucksvolle Beispiele, zumal weite Teile deutscher Mittelgebirge von diesen steigenden Holzbedürfnissen direkt betroffen waren (für weitere aktuelle Details im mitteleuropäischen Kontext: Schubert 2002, S. 36–66; für die eher globale Dimension: Radkau 2000, S. 107–182). Wilhelm Hauff hat diesem auch unter dem Namen der Hollandflößerei bekannten Holzeinschlag und -export aus dem Schwarzwald in seiner Erzählung „Das kalte Herz" ein literarisches Denkmal gesetzt.

Neben Holz aus deutschen Mittelgebirgen für den schnell wachsenden Bedarf der Bevölkerung wie der Städte, aber auch für den Export sind es insbesondere bergbauliche Aktivitäten unterschiedlichster Art, die Natur- wie Kulturlandschaft in besonders nachhaltiger Weise im Mittelalter zu verändern beginnen. An dieser Stelle sollen nur zwei der wichtigsten bergbaulichen Waldzerstörer erwähnt werden: Bergbau und Verhüttung von Eisen sowie die Salzgewinnung. Stehen die Begriffe „Kupfer- und Bronzezeit" oder „Eisenzeit" für die Rolle des Bergbaus in vorchristlicher Zeit, so ist das Mittelalter selbst der Beginn einer die Waldbestände nachhaltig prägenden Umweltbeeinflussung. Ein beeindruckendes Beispiel für eine eher räumlich begrenzte mittelalterliche Bergbaulandschaft ist der berühmte Rammelsberg bei Goslar. Hier hatte sich schon um 1300 ein lokal begrenztes Bergbaurevier mit allen umweltrelevanten Begleiterscheinungen des Blei- und Silberbergbaus herausgebildet (vgl. Farbabb. 11), deren Folgen bis heute sichtbar sind (Jäger 1972).

Ein besonders schönes Beispiel für die Geschichte des mitteleuropäischen Waldes in Abhängigkeit von nachweisbarer menschlicher Nutzung und Einflussnahme auf das natürliche Milieu ist die detaillierte Rekonstruktion der Waldgeschichte des Siegerlandes (vgl. Tab. 6). Die seit dem Neolithikum durch Pollenanalyse nachvollziehbare Klima- und Landschaftsentwicklung belegt mit der neolithischen Landwirtschaft um 2000 v. u. Z. erste Eingriffe des Menschen in die natürliche Waldbedeckung des Berglandes. Seit der Hallstattzeit beginnt dann die für das Siegerland bis in die jüngste Vergangenheit kennzeichnende Eisenerzgewinnung. Die von den Kelten betriebenen Eisenschmelzen in den zahlreichen noch heute nachweisbaren Rennöfen führten zu starken Eingriffen in die Wälder. Ihr Wandel von geschlossenen Hochwäldern zu Niederwaldwirtschaften mit Wanderwaldbau in der Latènezeit kam erst mit der Völkerwanderungszeit zu einem vorübergehenden Ende, um dann im Mittelalter erneut aufgenommen und bis in die Gegenwart hinein mehr oder weniger kontinuierlich betrieben zu werden.

Ab dem Spätmittelalter beginnt dann eine Waldwirtschaft, die auf dem Prinzip der Nachhaltigkeit basierend eine Kombination von Wald- und Landwirtschaft sowie Eisenverhüttung verfolgt. Die unter dem Namen der Siegerländer Haubergwirtschaft bekannt gewordene Waldnutzung ist eine spezifische Form der in deutschen Mittelgebirgen verbreiteten Niederwaldwirt-

Tab. 6: Klima- und Landschaftsgeschichte in deutschen Mittelgebirgen und menschliche Einflussnahmen, 4000 v. u. Z. bis heute: Beispiel Siegerland (nach Pott 1985/1990)

Periode v. Chr./n. Chr.	Menschl. Einfluss	Waldentwicklung/ wichtige waldverändernde Faktoren	Auswirkungen auf Vegetation und Landschaft
+ 1900	Umwandlung von Haubergen	moderne Land- und Waldwirtschaft	Nadel- und Laubholzforsten, Weide-, Weizen- und Ackerlandschaft
+ 1850 Neuzeit	Rhein-Sieg-Bahn 1861		
+ 1800			
+ 1750	erste Nadelholzaufforstung seit ca. 1750		
+ 1700	großflächige Lohgerbereien seit 1718	Eichenschälwälder	Vegetationskomplexe der Waldfeldbausysteme (Schlagfluren, Niederwälder, Ackerunkräuter, Triftfluren)
+ 1650 Frühe Neuzeit			
+ 1600			
+ 1500	1467 „Hauberg", mittelalterlicher Bergbau, Waldverwüstungsperiode, Holz und Waldrodungen	Haubergskulturen, zyklische Wald- und Landnutzungen Maßnahmen zum Erhalt von Wäldern	
+ 1450 Spätmittelalter			
+ 1400	agrare Krisen und Siedlungsdepressionen	spontane Rückentwicklung von Buchenwäldern	kurze Wiederbewaldungsphase
+ 1350 Mittelalterliche Wüstungen	1311 erste Lohschälerei		
+ 1300			
+ 1250			
+ 1200	Binnenkolonisation mit Rodungsinseln Kulturlandgewinnung Neugründung von Dörfern	Entwaldung	hohe Diversität der Vegetation; alle Typen halbnatürlicher Vegetation (Wiesen, Weisen, Niederwälder, Heiden und Triften)
+ 1100 Hochmittelalter			
+ 1000			

Jahr	Periode	Ereignisse	Vegetationsentwicklung	Vegetation
			SUBATLANTIKUM	
+ 900	Frühmittel-alter	spätkarolingisch-frühottonische Rodungsphase	Rodungen, extensive Beweidung, Holzschlag	halboffene Landschaften; Vegetation mit Sekundärwäldern, Eichen-Birken-Niederwäldern, Haselhainen und Buchenwäldern
+ 800				
+ 700				
+ 600		sächsisch-karolingische Rodungen		
+ 500	Völkerwande-rungszeit	abnehmender menschlicher Einfluss	kurzfristige Wiederbewaldung vorwiegend mit Buche	
+ 400				
+ 300				
+ 200				
+ 100	Römische Zeit	stellenweise römerzeitlicher Bleibergbau Siegerland war Eisenregion des Römerreiches		
± 0				
– 100	Latène-Zeit	Intensivierung der Eisen- und Holzkohleproduktion	Zunahme von Stockausschlagflächen, wandernder Waldbau	Zunahme der Eichen-Niederwald-Flächen
– 200				
– 300	Eisenzeit	Agrar- und Bergbausiedlungen mit Verhüttungsplätzen, Schmieden und Wohnplätzen		
– 400				
– 500				
– 600	Hallstatt	Beginn der Eisenschmelzen, Holzkohleproduktion seit 700 v. Chr.	Entstehung von Wäldern aus Stockausschlag	Niederwälder, Heiden, Ruderalgesellschaften
– 700				
– 800	Bronzezeit	bronzezeitliche Expansion und Exploitation		Schaffung halbnatürlicher Vegetationseinheiten
– 900				
– 1000	Steinzeit	Beginn der Kolonisation, neolithische Landnahme 2000 v. Chr. erster Ackerbau	SUBBOREAL — Massenausbreitung der Buche; Ausbildung von Buchenwäldern	erste Eingriffe in die Waldlandschaft; offene, instabile Vegetation, erste Sukzessionsstadien
– 2000				
– 3000			ATLANTIKUM — erste Ausbreitung der Buche im Eichenmischwald	geschlossene Wälder vor dem Eingriff des Menschen
– 4000				

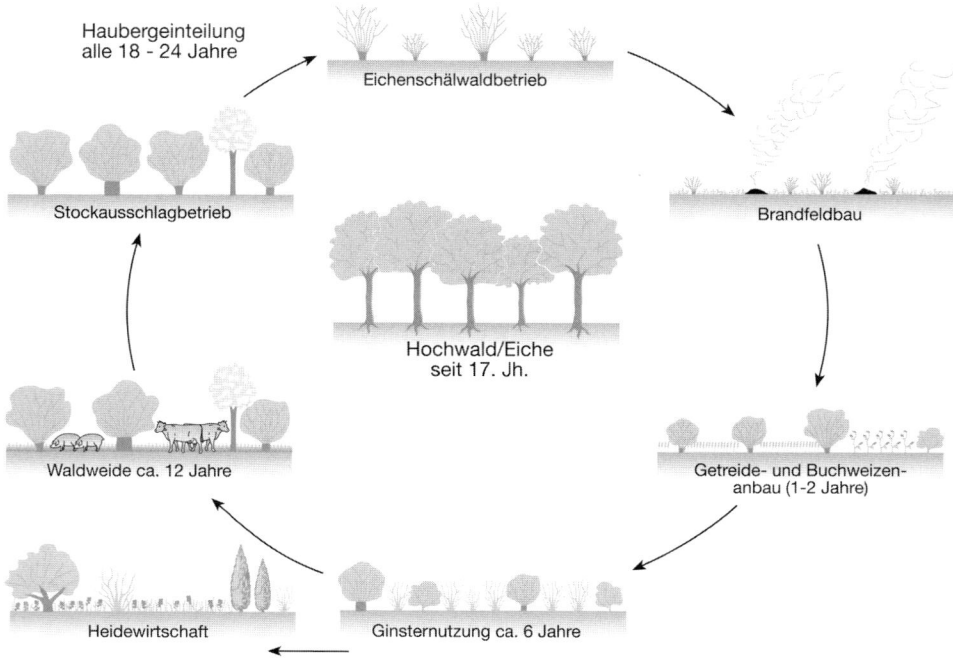

Abb. 19: Haubergwirtschaft im Siegerland als Beispiel für eine nachhaltige Form der spätmittelalterlichen und frühneuzeitlichen Waldwirtschaft (verändert nach Pott 1990)

schaft (W. Müller-Wille 1938). Sie hat mit ihrem im Durchschnitt über 25 bis 30 Jahre
angelegten Rotationszyklus über Jahrhunderte hinweg sowohl als Acker- und Weideland, als Lie-
ferant von Holzkohle und Gerberlohe, aber auch als Versorger mit Baumaterial und mit Rohstoffen für Heimindustrien (Besenherstellung, Kleinmobiliar etc.) gedient (Abb. 19). Die noch heute
allenthalben sichtbaren Reste der Haubergwirtschaft sind ein schönes Beispiel für diese Form einer nachhaltigen Niederwaldwirtschaft, die übrigens auch in anderen deutschen Mittelgebirgen
seit dem Mittelalter praktiziert wurde (Kohl 1978, Schüttler 2008).
    Wie knapp die Ressource Holz bereits im späten Mittelalter wurde, geht aus einer Reihe
von Rechtsverordnungen zum Schutz wie auch zur nachhaltigen Nutzung der Wälder hervor.
Schubert (2002, S. 59) verweist zwar mit Nachdruck darauf, dass die hochmittelalterliche
Eisengewinnung und -verarbeitung noch kein „Holzfresser" gewesen sei, andererseits betont er
aber auch die seit dem 14. Jahrhundert sich mehrenden Schutzvorschriften zum Erhalt und zur
Pflege der Wälder (ebd., S. 60 – 64). Wenn das im Folgenden kurz zu skizzierende Beispiel der
Wittgensteiner Holzordnung vom 10. 8. 1579 auch bereits der frühen Neuzeit zuzurechnen ist,
so zeigt ihr Wortlaut die schon frühzeitig einsetzenden restriktiven Maßnahmen bei der Nutzung und Bewirtschaftung der Wälder:

Auszüge aus der Wittgensteiner Holzordnung vom 18. 8. 1579

„Allgemeines
Nach dem das Gehöltze vnd Gewelde durch vnordentlich vebermessig Bawen, Roden vnd Kolen
ein gute Zeit hero, vnd noch in vnser Graffschafft dermassen verwüstet vnd außgehawen, also, wo
dem in Zeiten nicht vorkommen, vnd das abgeschafft würde vnsere Graffschafft vnd Gepieten in
kurtzer Zeit Holtzes in großem Mangel stehen würden, […].

Von Bawen vnd Bawholtz
Erstlich soll keiner vnserer Underthanen bawen, er ersuche dann zuuor die Amptleute vnd
Amptknechte, vnd zeige denselben seinen Mangel vnd notturft des Bawes an, […].

Brennholtz
Niemandt soll grün Brennholtz abhawen, das liegende Holtz sey dann zuvor auß den Welden ge-
fürt, bey buß einem Gülden […].

Von Kolen
Das Kolen soll ohn vnser verwilligung austrücklich, vnd darnach beweisung des Waldfürsters bey
der höchsten Buß in allwege verbotten sein […].
Sonderlich aber soll zu Walpurgi vnd im Herbst das Kolen vnd alles Hawen in den Welden verbotten sein, bey 10 Gülden vnd verlierung der Arbeit.

Von pflanzung fruchtbarn Gehöltzes
Auff das auch jungs Eichenholtz gezilet werden, soll alle Jar ein jeder Underlaß zween Eichenstem-
me setzten an Ort vnd Ende, […].

Überfahrung mitt Holtzhawen, Laubstrepffen vnd Stümmeln
Wie verbieten menniglichen keinen Eichen oder Buchen stamm, bey poen zweier Gülden ohn er-
laubnuß abzuhawen, […]
Wer ein Eichen oder Buchen stümmelt soll einen Gülden verbüßen. Deßgleichen soll keiner kein
Fewr weder an Eichen oder Buchenbaum machen, bey itzgenannter poen […].
Wer für das Viehe oder Schafe Eychen oder Buchenstemme niederhawet, soll 2 Gulden zur Buße
gebenn. Es soll bey buß 1 Gülden keiner in die Welde Laubstrepffen gehen, oder aber grüne Este
von den Beumen abbhawen.

Maste
Wenn Maste in den Welden ist, […]. Keiner vnser Amptknechte oder Fürster soll einige frembde
Schweine vmd sunst ohne vnsern Vorwissen vnnd Willen inn den Waldt zu Eckern gehen lassen.

Ziegen
Die Ziegen sollen hinfurter in vnsrer Graffschafft an allen Ortten verbotten seinn, vnnd abgeschafft
werden."
(zitiert nach Pott 1990)

Hintergrund dieser Restriktionen war der mit der Eisenproduktion verbundene enorme Bedarf
an Holzkohle. Im Durchschnitt benötigte man ca. 3,5 to Holzkohle für die Gewinnung von 1 to
Eisenerz. Die Holzkohle ihrerseits hatte ein Gewichtsverhältnis von 1:5, d. h. für 1 to Holzkohle
waren ca. 5 to Kohlholz vonnöten, sodass das Verhältnis von Eisenerz zu Holz auf etwa 1:17
beziffert werden muss. Rechnet man die ab dem 17. Jahrhundert zunehmende Bedeutung der
Gerberlohe hinzu, so wurde auch das Lohschälen der Eichenrinden für die Gerbereien des Sie-

gerlandes zu einem wichtigen Teil der Haubergwirtschaft. In ihrer industriewirtschaftlichen Bedeutung kam die Holzkohleproduktion indes im ausgehenden 18. Jahrhundert vollends zum Erliegen (Fickeler 1954) und wurde durch die Steinkohle des Ruhrgebiets und anderer Regionen abgelöst.

Aber nicht nur die Verhüttung von Erzen, sondern auch die Salzsiederei, z. B. im Raum Reichenhall – Traunstein – Hallein (vgl. Abb. 20) oder aber auch in der Lüneburger Heide, führte zu gravierenden und teilweise irreversiblen Umgestaltungen ehemaligen Waldlandes. Wie bewusst und vorsorglich eine nachhaltig betriebene Wald- und Forstwirtschaft an der Wende vom Mittelalter zur Neuzeit auch von landesherrlicher Seite verfolgt wurde, belegen zahlreiche Urkunden und Dekrete. So heißt es z. B. für die Chiemgauer Forstrechtsverhältnisse nach der Bergfreiheit Herzogs Wilhelm IV. von 1515 wie folgt:

> „Doch also wo in solichem Wald Kuefholz zu bemelten unsern Saltz Sieden zu Reichenhall nutzlich, und zu gebrauchen were, erfunden wurde, daß sy unabgeschlagen und unabgehauen stee, und solich Kuefholz zu bemelten unsern Saltz Sieden kommen, und folgen lassen, ohn Widerstand; daß sy auch ainen jeden Maiß, den sy hacken, hayen und des verschonen, damit das Holtz herwider wachs, auch das Vich nit darein gehe, und die jungen Stosser abpeiß."
> *(zitiert nach Brütting 1997, S. 15)*

Und in einer Definition des „Ewigen Waldes" des Reichenhaller Ratskanzlers Schmidt aus dem Jahre 1661 heißt es:

> „Gott hat die Wäldt für den Salzquell erschaffen auf daß sie ewig wie er continuieren mögen/also solle der Mensch es halten: Ehe der alte ausgehet, der junge bereits wieder zum verhacken hergewaxen ist."
> *(ebd.)*

Neben der Umgestaltung der mitteleuropäischen Waldländer gewinnt auch die Nutzung der Wasserkraft Bedeutung (ausführlicher: Schubert 2002, S. 65–107). Vor allem die Klöster und insbesondere die der Zisterzienser wurden zu Schrittmachern dieser Entwicklung. Neben dem Bau vieler kleiner Rückhaltebecken zur Regulierung des Hochwasserabflusses, vor allem in den Tälern der Waldgebirge, wird das natürliche Gefälle der Abflussrinnen genutzt für Hammerwerke, Gebläse und Walkmühlen oder als Antriebskraft für Göpelwerke und Getreidemühlen. Verbunden damit sind erste Umleitungen und Regulierungen von Bächen und kleinen Flüssen, die Anlage von Staubecken und andere Eingriffe des Menschen in den natürlichen Wasserhaushalt, die bis heute viele Mittelgebirgslandschaften prägen. In welcher Intensität Wasser seit dem hohen Mittelalter nutzbar gemacht wurde und welche Rolle dabei die Klöster spielten, wird an hessisch-thüringischen Beispielen deutlich (Hoffmann 2004). Die seit dem 8. Jahrhundert systematische Erschließung dieses Raumes durch 25 Klostergründungen bis 1200 durch Benediktiner und Zisterzienser gestaltete selbst kleinste Wassereinzugsgebiete in hochproduktive Agrarräume mit einem weiten Spektrum landwirtschaftlicher wie handwerklicher Aktivitäten (vgl. Abb. 21 und Tab. 7).

Die beginnende Europäisierung der Erde und Aspekte einer „ersten Globalisierung":
Im Überblick über die allgemeine Geschichte der Mensch-Umwelt-Beziehungen wurde darauf hingewiesen, dass seit der Renaissance die Fortschritte in Wissenschaft und Technik, im Verständ-

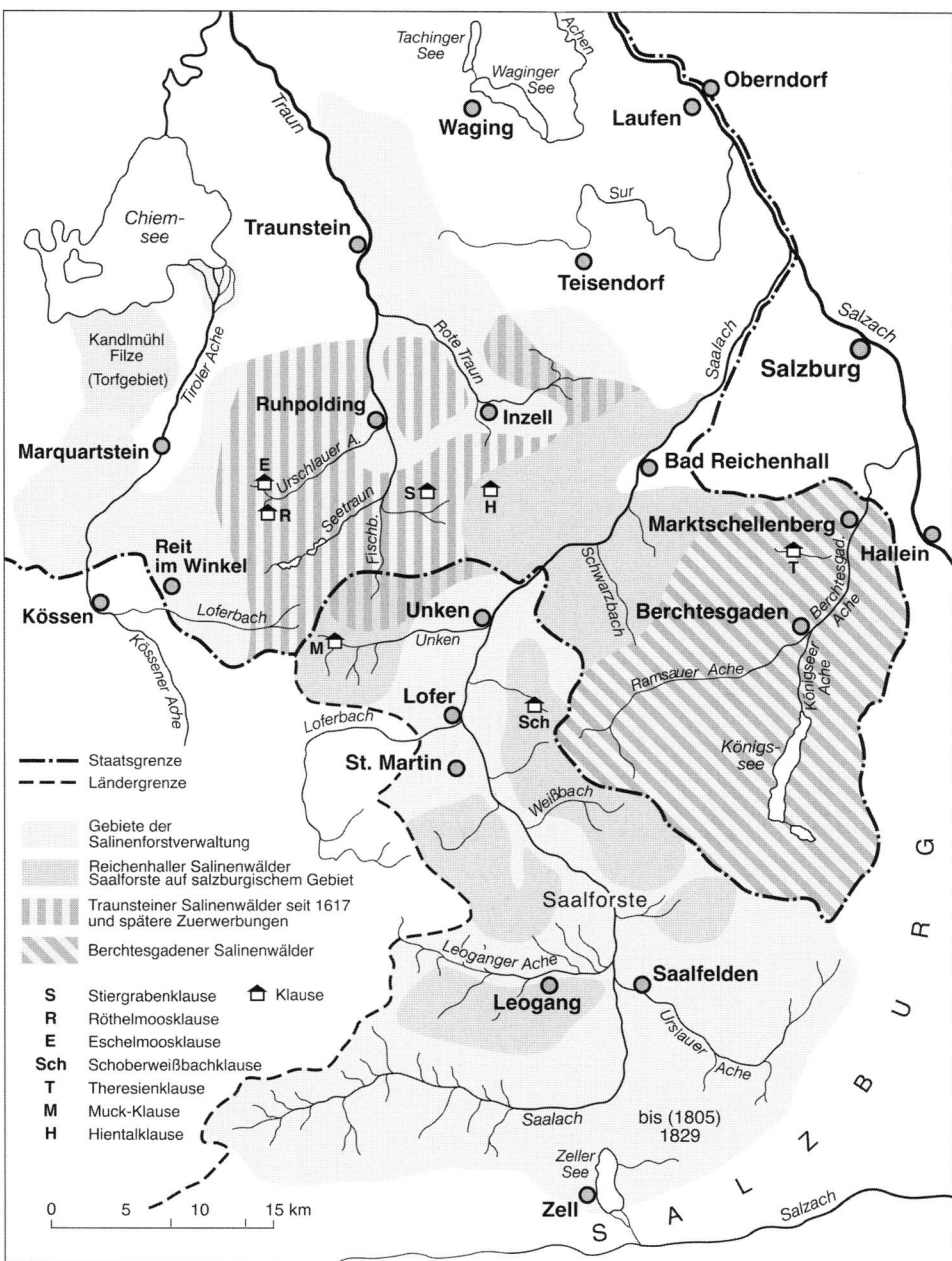

Abb. 20: Wald- und Torfgebiete im bayrisch-österreichischen Grenzgebiet im 16./17. Jahrhundert als Grundlage der Salzsiederei (nach Brütting 1997)

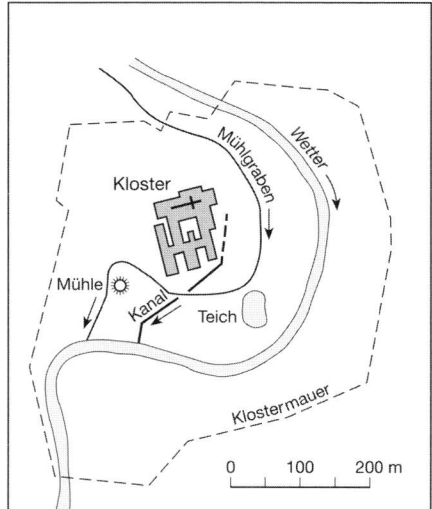 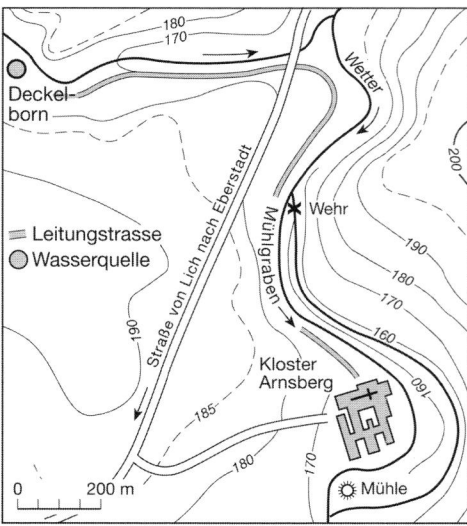

Abb. 21: Wasserwirtschaft und Kanalbau bei den Zisterziensern: Kloster Arnsburg
(nach Hoffmann 2004)

nis naturwissenschaftlicher Gesetzmäßigkeiten und Zusammenhänge, aber auch in der Entschleierung der Erde beispiellos waren. Mit dieser Erkenntnis und Einsicht beginnt aber auch die
Problematik einer Umgestaltung natürlicher Ökosysteme und kultureller Identitäten in einem globalen Maßstab. Die überlegene Technik europäischer Eroberer und Kolonisten, das konkurrieren-
de Herrschaftsdenken von Kirche und Staaten in den neu entdeckten Gebieten und ihren tradierten Gesellschaften sowie ungezügeltes Gewinnstreben der Eroberer führten sehr schnell zur
Europäisierung und Kolonialisierung überseeischer Territorien durch europäische Großmächte.
Der Schiedsspruch des Papstes im Vertrag von Tordesillas (1494), in dem der südamerikanische
Subkontinent entlang einer Nord-Süd verlaufenden Demarkationslinie 370 Meilen westlich der
Kapverden in eine spanische und eine portugiesische Einflusszone aufgeteilt wurde, wirkt bis
heute nach. Der Wettlauf zwischen Spaniern und Portugiesen, zwischen Engländern und Hollän-
dern um Menschen und Märkte, um Territorien und Einflusssphären lässt das 16. und 17. Jahrhundert als eine erste große Globalisierungsphase erscheinen. Die große Zeit der europäischen
Mittelmeere als Zentren politischer und ökonomischer Macht war endgültig zu Ende. Dies gilt sowohl für die Mediterraneis (Braudel 1990) als auch für Nord- und Ostsee (Bracker/Henn/Postel
1998; Dollinger 1989). An ihre Stelle treten die kontinentverbindenden Ozeane, deren Küsten
und küstennahen Hinterländer zu den neuen Aktionszentren der Weltwirtschaft, des Handels
und der kolonialen Eroberung aufstiegen. Die „Entstehung des kapitalistischen Weltsystems"
(Wallerstein 1974–1989) ist an diese Entwicklung gebunden, hat sie gefördert und wurde von
ihr geprägt. Die Rolle der europäischen Expansion nach Übersee mit all ihren Facetten, Ursachen
und Konsequenzen hat E. Schmidt (1984 ff.) in einer mehrbändigen Dokumentation eindrucksvoll belegt. Rückwirkungen dieses Expansionsprozesses auf Europa sind, in Auswahl, in einem
von H. J. Nitz herausgegebenen Sammelband (1993) zusammengefasst.

Tab. 7   Klöster der Benediktiner und Zisterzienser im Raum Hessen-Thüringen und ihre Wasserwirtschaft (nach Hoffmann 2004)

Standort des Klosters	Grün-dungsjahr	Z (= Zister-zienser) B (= Bene-diktiner)	Höhenlage des Klosters (in m ü. NN)	Name des Gewässerlaufes am Klosterstandort	Größe des Zuflussge-bietes am Standort (in km^2)
1 Volkenroda	1131	Z	280	Volkenroder Bach	1,0
2 Flechtdorf	1114	B	425	Itter	1,4
3 Gerode	1110	B	260	Geroder Eller	2,0
4 Reinhardsbrunn	1085	B	380	Schwarzbach	2,1
5 Rasdorf	815	B	325	Grüsselbach	2,2
6 Georgenthal	1190	Z	390	Hagenbach	2,8
7 Hardehausen	1140	Z	240	Hardehäuser Bach	3,6
8 Breitungen	vor 980	B	260	Truse	4,0
9 Fulda	744	B	250	Waidesbach	4,2
10 Seligenstadt	828	B	115	Breitenbach	5,0
11 Reifenstein	1162	Z	335	Giesbach	5,4
12 Eberbach	1116	Z	220	Kisselbach	5,6
13 Abterode	1077	B	230	Kupferbach	6,0
14 Walshausen	1300	Z	130	Mühlbach	6,3
15 Bredelar	1199	Z	295	Bredelarer Bach	6,9
16 Hersfeld	775	B	230	Wildes Wasser	9,0
17 Helmarshausen	998	B	110	Hainbach	11,0
18 Haina	1221	Z	325	Wohra	15,3
19 Georgenzell	1200	Z	335	Rosabach	17,5
20 Pöhlde	950	B	205	Beber	19,7
21 Walkenried	1129	Z	260	Wieda	30,0
22 Reinhausen	1112	B	205	Wendebach	34,0
23 Bursfelde	1099	B	110	Nieme	41,0
24 Oberellen	1121	B	275	Ellerbach	55,0
25 Arnsburg	1174	Z	165	Wetter	114,0

Für unseren Überblick über die Wechselverhältnisse von Mensch und Natur und für die Geschichte der Mensch-Umwelt-Beziehungen auf lokalen wie globalen Maßstabsebenen sind es vor allem drei Fragestellungen, die zumindest kurz angedeutet werden sollen: zum einen die Übertragung europäischer Raum- und Wirtschaftsvorstellungen auf die neuen Kolonialreiche; zum zweiten die großräumigen Bevölkerungsverschiebungen durch Siedlungskolonisation, Sklavenhandel und Arbeiterwanderungen und die mit ihnen verbundenen humanökologischen Probleme; sowie drittens der weltweite Transfer von Pflanzen und Tieren und die mit ihnen verbundenen Konsequenzen.

Transfer europäischer Raum- und Wirtschaftsvorstellungen: Mit der Eroberung und Besiedlung erster Kolonien durch europäische Großmächte setzte ein Transfer europäischer Raum- und Wirtschaftsvorstellungen nach Lateinamerika, Afrika und Asien ein. Die Anlage neuer und nach europäischen Vorbildern errichteter Siedlungen ging einher mit der Erschließung von deren Hinterländern durch ein mehr oder weniger planmäßig ausgelegtes Straßen- und Wegenetz. Ausgangspunkt der Kolonisation waren zumeist an den Küsten gelegene Handels- und Militärstützpunkte. Von hier aus erfolgte eine Überprägung der autochthonen Kulturlandschaften. Waren diese durch dezentrale und sehr häufig durch tribale bzw. stammesmäßig differenzierte kleinräumige Einheiten gekennzeichnet, so führten Kolonisation und Hafenbau zu einer Zentrierung und damit zugleich zu einem Zerbrechen überkommener Lebens- und Wirtschaftsstile.

Ein ganz entscheidender Faktor in diesem Transfer wurde die Ausbreitung einer Plantagen- und Pflanzungswirtschaft, die weitreichende Folgen für die kolonisierten Gebiete hatte. Neben dem Verlust indigener Wissenssysteme und Sozialstrukturen kam es zu einer Ausbreitung europäischer Agrartechniken, die den traditionellen Anbaugewohnheiten der einheimischen Bevölkerungen diametral entgegenstanden. Neben der Ausrichtung auf weltmarktorientierten Anbau in Monokultur wurden Landwechselsysteme (shifting cultivation) durch Formen permanenten Anbaus ersetzt. Diese Entwicklungen waren mit tiefgreifenden Eingriffen in die überlieferten Sozialsysteme verbunden. Der große Bedarf an teilweise nur saisonal benötigten Arbeitskräften löste bald auch Sklavenarbeit und andere Formen sozioökonomischer Unterdrückung aus. Die von den Portugiesen auf Sao Tomé begründete Zuckerrohr-Plantagenwirtschaft war Kern- und Ausgangspunkt dieses Systems, das von hier auf die Westindischen Inseln und sodann nach Südamerika übertragen wurde. Nur wenig später wurde die Plantagenwirtschaft insbesondere von den Engländern zu höchster Blüte gebracht und erlebte ihren Höhepunkt in dem berühmten britischen Dreieckshandel zwischen den Britischen Inseln, Afrika und Zentral- bzw. Nordamerika. Dieser Dreieckshandel wurde nicht nur eine der Quellen der späteren britischen Industrialisierung, sondern gilt zudem auch als Beginn des kapitalistischen Weltsystems im engeren Sinne (Denzer 2005, Schmidt 1986, 1987, Wallerstein 1974; allgemeiner Behrmann 1948 u. a.).

Bevölkerungsverschiebungen: Mit der Ausbreitung der Pflanzungs- und Plantagenwirtschaft war ein Transfer auch von Menschen verbunden. Ausgangspunkt dieser Veränderungen war zunächst einmal die Ausbreitung der Europäer selbst über die Erde. Die Auswanderungen britischer Glaubensflüchtlinge nach Nordamerika, Siedlungskolonisation in Kanada, Australien und Südafrika sowie die Ausbreitung von Spaniern und Portugiesen in Mittel- und Südamerika gehen einher mit der Vernichtung der indigenen Populationen durch direkten bzw. indirekten Bevölkerungsdruck, durch Vertreibungen und Ausrottungen sowie die Übertragung von Krankheiten und Seuchen. Vor allem dort, wo Siedlungskolonisation mit Agrarkolonisation Hand in Hand gingen und wo zudem noch durch Missionierung und Aufbau europäischer Schulsysteme indigene Wert-, Glaubens- und Normsysteme ausgelöscht wurden, waren diese Auswirkungen der ersten Globalisierung verheerend mit bis heute nachwirkenden Konsequenzen.

Dass europäische Eroberer mit den Bevölkerungen der von ihnen annektierten Gebiete leichtes Spiel hatten, erklärt sich aus der überlegenen Technik gegenüber Populationen, die um 1500 noch zu einem guten Teil auf der Stufe der Wildbeuterkulturen oder aber als Sammler und Jäger lebten. Die Rekonstruktion der Verbreitung dieser Sammler- und Jägerkulturen durch Grahmann/Müller-Beck (1967) zeigt, dass insbesondere Nordamerika, aber auch weite Teile des südamerikanischen Südens, des subsaharischen Afrika und Australiens noch durch Lebens- und Wirtschaftsformen geprägt waren, die die Europäer seit Jahrtausenden überwunden hatten (vgl. dazu Kap. 2, Umwelt und Spiritualität). So ist es kein Wunder, dass deren Grundlagen durch Kontakte mit europäischen Invasoren und Siedlern schnell und irreversibel eliminiert wurden (vgl. Farbabb. 12). Der Vergleich ihrer Verbreitung über einen Zeitraum von etwa 12.000 bis 15.000 Jahre hinweg zeigt, dass Wildbeuter auch an der Wende zur Neuzeit noch gewaltige Areale der bewohnten Erde einnahmen, der europäischen Expansion und ihrer überlegenen Technologie jedoch so gut wie nichts entgegenzusetzen hatten.

Es ist schwer, das gesamte Ausmaß der globalen Bevölkerungsveränderungen seit dem 16./17. Jahrhundert zu rekonstruieren. Die Vertreibung und Ausrottung ganzer Völker als Ergebnis dieses ersten Globalisierungsschubs ist die eine Seite. Eine andere ist der Transfer von Negersklaven zwischen dem 16. und 18. Jahrhundert nach Süd- und Nordamerika sowie durch den Sklavenhandel der Araber auch nach Südwestasien hinein. Die wichtigste Konsequenz dürfte allerdings die massenhaften Auswanderungen von Europäern in die neuen Kolonialgebiete hinein sein (Ehlers 1984). Die in Farbabb. 12 angedeuteten Bevölkerungsbewegungen sollen nur den Trend andeuten. Neben der rein physischen Präsenz der Europäer in Afrika, Asien und Amerika spielt der mit ihrem Kommen verbundene Transfer von Religion, Sprache und Kultur und damit auch die von ihnen propagierte Sicht der Mensch-Umwelt-Beziehungen eine wichtige Rolle. Insbesondere der im 18. und 19. Jahrhundert aufkommende Diskurs über die Zuordnung von und den Umgang mit autochthonen Bevölkerungen und ihrer Stellung in der Stufenleiter des Menschengeschlechts und ihrer Kulturen wird uns noch zu beschäftigen haben. Auf indigene Wissenssysteme und ihre Sicht der Natur und der menschlichen Umwelt wurde bereits kurz verwiesen.

Globale Ausbreitung von pflanzlichen wie tierischen Nutz- und Schädlingen: Die ökologisch nachhaltigste Konsequenz dieser ersten großen Globalisierungswelle im Rahmen der europäischen Überseexpansion dürfte der weltweite Transfer von Kulturpflanzen und -tieren sein. Dabei geht es nicht nur um die Ausbreitung europäischer Arten und Rassen in die neu kolonisierten und eroberten Gebiete, sondern umgekehrt auch um die Übertragung von alt- und neuweltlichen Pflanzen und Tieren in den europäischen Kulturkreis hinein. Ein solcher globaler Austausch von Pflanzen und Tieren ist dabei nicht nur auf Nützlinge begrenzt, sondern hatte die weltweite Ausbreitung von Schädlingen und Krankheiten bei Pflanzen, Tieren und Menschen zur Folge. Bereits Kreuzzüge sowie mediterraner Fern- und Karawanenhandel über die Seidenstraße bescherten der Bevölkerung Europas mit der Übertragung der Pest aus dem Vorderen Orient verheerende Konsequenzen – die Bevölkerung Mitteleuropas schrumpfte im 13./14. Jahrhundert als Folge der Pestepidemien um etwa ein Drittel (vgl. Abb. 17; Bergdolt 2006). Umgekehrt führte die Übertragung von Krankheiten durch die Europäer in die von ihnen kolonisierten Gebiete zu Epidemien und dramatischen Bevölkerungsverlusten vor allem in Afrika und in der Neuen Welt. Auch die Ausbreitung von Ratten und Mäusen nach Übersee durch europäische

Seefahrer hatte gravierende Folgen für Fauna und Flora der neu eroberten Gebiete. Ein besonders krasses Beispiel stellen dabei Australien und Neuseeland dar, wo durch die Übertragung von Nagern nicht nur weite Teile der endemischen Vogelwelt vernichtet wurden, sondern wo durch die Aussetzung von Kaninchen sowie die Verwilderungen von Hunden und Katzen bis heute nicht kontrollierte und kontrollierbare Verwüstungen ganzer Ökosysteme erfolgt sind.

Für die Weltwirtschaft bedeutsame Konsequenzen hingegen ergaben sich aus der Ausbreitung von Kulturpflanzen und Nutztieren. Im Bereich der Kulturpflanzen und -tiere sind insgesamt drei Tendenzen zu beobachten (vgl. dazu Franke 1975/76, Hehn 1911, Rudorf 1969, Zeuner 1967). Zum Einen geht es um die Diffusion altweltlicher Nutzpflanzen und Nutztiere der gemäßigten Breiten. Das berühmteste Beispiel hierfür ist der Siegeszug der aus dem „Fruchtbaren Halbmond" seit dem Neolithikum in Europa bekannten Getreidearten Weizen und Gerste, die seit 1492 in alle gemäßigten und winterkalten Areale der europäischen Kolonialräume transferiert wurden. Nordamerika, Argentinien, aber auch Südafrika und Australien/Neuseeland zählen heute zu den Getreidekammern der Menschheit. Aber auch mediterrane Pflanzen wie Wein oder Oliven sind heute in allen mediterranen Subtropen der Erde verbreitet. Gleiches gilt für fast alle Obstsorten inklusive Agrumen und Gemüse, die durch Europäer eine weltweite Verbreitung erfahren haben. Rinder, Schafe und Pferde sind Ende des 16. Jahrhunderts nach Nordamerika gekommen und werden im 17. und 18. Jahrhundert auch für Südamerika belegt. Der Export erster lebender Rinder nach Südafrika erfolgte 1652, der nach Australien im Jahre 1780. Zum Zweiten geht es um sogenannte Fremdlinge im europäischen Agrarraum. Das bekannteste Beispiel dürfte die Kartoffel sein, die seit dem 16. Jahrhundert zunächst durch die Spanier, im 18. Jahrhundert dann in großem Maßstab durch die Engländer nach Europa gebracht wurde. Aber auch Mais („Indian Corn") und Tabak zählen zu den neuweltlichen Kulturpflanzen, die heute bei uns heimisch sind. In den mediterranen Bereichen sind es vor allem in Asien beheimatete Pflanzen wie Feigen und Hülsenfrüchte, Agrumen, Reis und Baumwolle, die bereits seit der Antike eine erste Ausweitung nach Europa, seit der Renaissance dann in weltweitem Maßstab erfahren haben. Ein besonders eindrucksvolles Beispiel ist das Zuckerrohr (Blume 1985). Ursprünglich auf dem indischen Subkontinent beheimatet, wurde es durch die Araber schon im hohen Mittelalter in die mediterrane Welt, insbesondere nach Südspanien verpflanzt. Von hier aus erfuhr es dann durch die portugiesisch-spanische Kolonisation in Afrika und Zentral- bzw. Südamerika eine weltweite Ausdehnung mit den bereits angedeuteten Konsequenzen der Plantagenwirtschaft und des Sklavenhandels. Drittens schließlich geht es um den Austausch von Pflanzen und Tieren innerhalb der Tropen. Der bereits angesprochene Reis, ursprünglich in Ostasien beheimatet, gelangte über das südliche Europa 1745 nach Brasilien. Im 19. Jahrhundert erfolgte seine Übertragung nach Australien, Neuseeland, in das tropische Afrika und das südliche Nordamerika, wo der Reisanbau heute eines seiner weltwirtschaftlich bedeutsamsten Anbaugebiete hat. Auch für tropische Knollenfrüchte (Maniok und Batate aus Südamerika, Jams aus Afrika oder Taro aus Ostasien) gilt, dass sie heute weltweit um den Äquator herum vertreten sind. Schließlich haben auch Tee, Kaffee, Vanille, Kakao und Kautschuk ihre angestammten Ursprungsgebiete längst verlassen und sind zu globalen Produktionsgütern der Tropen geworden.

Fassen wir diesen kurzen Überblick zusammen, so sind die mit der sogenannten ersten Globalisierungswelle verbundenen ökologischen Veränderungen in der Alten und Neuen Welt nicht hoch genug zu veranschlagen (vgl. dazu auch Fels 1954, Goudie 1981/1994). Dieses gilt umso mehr als mit der globalen Ausbreitung von Pflanzen und Tieren auch neue Anbauformen, neue Wirtschaftsweisen und neue Denkvorstellungen in die Kolonisationsgebiete hineingetragen wurden. Für die Frage der Mensch-Umwelt-Beziehungen besonders gravierend sind dabei die großflächigen Rodungen, die mit Abholzung der Wälder in den Tropen, aber auch in den gemäßigten Breiten zum Beispiel Nordamerikas verbunden waren. Die Vernichtung der Wälder zum Zweck des Schiffbaus, der Gewinnung von Holzkohle sowie Heiz- und Baumaterialien war schon frühzeitig mit Winderosion und Bodendegredation verbunden.

Zum Abschluss der Ausführungen über diese Zeit des Übergangs vom späten Mittelalter zur frühen Neuzeit sei nochmals kurz auf Repräsentationen des neuen Weltbildes in Bild und Schrift verwiesen, in dem also, was man auch als Vorstufen einer geographischen Weltsicht bezeichnen könnte. Als letzte der großen Weltkarten im mittelalterlichen Stil hatten wir die Rundkarte des Fra Mauro erwähnt, die allerdings in wesentlichen Inhalten und Absichten sich von den Vorgängern unterschied. Heitzmann (2006) hat die schnelle Expansion der Europäer und die Aufnahme der Neuentdeckungen in den in schneller Folge erscheinenden Kartographien zusammengestellt und sie als „Globalisierung im Zeitalter der Entdeckungen" bezeichnet. Neben Kartendarstellungen (vgl dazu auch Bagrow/Skelton 1963) sind es vor allem sogenannte Kosmographien, die im 16. Jahrhundert auf großes Interesse stoßen. Sie fassen in gedruckter Form das geographische Wissen ihrer Zeit zusammen, wobei die zunehmend nüchterne Darstellung der neu entdeckten Gebiete und die Konzentration auf Land und Leute und deren Sitten ein besonderes Merkmal dieser Schriften ist. Spekulationen über religiöse oder gar kosmologische Sachverhalte treten zurück. Insbesondere die drei großen Kosmographien des Sebastian Münster (1489–1552) sind von nicht zu unterschätzender Bedeutung für die Rekonstruktion geographischer Kenntnisstände seiner Zeit. Die 1544 in Basel erschienene „Cosmographia, d. h. Beschreibung aller Lender […]", wird mit mehr als 45 Auflagen zu einem Bestseller ihrer Zeit und zu einem der meistgelesenen Bücher des 16. Jahrhunderts. In der in Inhalt und Aufbau explizit an Strabo orientierten „Cosmographia" erfasst Sebastian Münster in zuletzt sechs Bänden das geographische Wissen seiner Zeit. Wie sehr es an der Nahtstelle von alten und neuen Weltsichten steht, wird daran deutlich, dass beispielsweise Band 1 der Kosmographie, die man als einen Umriss der physischen und mathematischen Geographie mit einem Bericht über die Ausbreitung menschlicher Rassen nach der Sintflut umschreiben könnte, noch Rückbezüge zur Bibel hat. Nüchterner sind die Darstellungen von Band 2 und 3, die ihren Schwerpunkt auf Süd- und Westeuropa bzw. auf Deutschland haben. In ihnen werden Sitten und Gewohnheiten von Völkern und deren „Nationalcharakter" aufgelistet und mit Beobachtungen über Wirtschaft, Bodenfruchtbarkeit sowie den Unterschieden ihrer materiellen Kultur in Verbindung gebracht. In den Darstellungen außereuropäischer Gebiete spielen indes Mythenwesen und Fabeltiere immer noch eine gewisse Rolle und signalisieren Verwandtschaft mit früheren Darstellungen mittelalterlich-christlicher Kosmographie. Sebastian Münster, der seine „Cosmographia" übrigens mit einer großen Zahl von Karten und Landtafeln ausgestattet hat, ist zudem auch als Schöpfer von Landkarten auf verschiedenen Maßstabsebenen bekannt (Hodgen 1954). Berühmt sind dabei die inhaltsreichen und mit Kartensymbolen ausgestatteten Darstellungen des Odenwaldes und des „Heidelberger Bezirks" (1528), die ihn mit seinen Zeitgenossen Peter und Philipp Apian (1495–1552 bzw. 1531–

1589), Gerhard Mercator (1512–1594) und anderen zu einem der führenden Kartographen seiner Zeit macht.

Rationalismus, Aufklärung und „Encyclopédie": Die Grundlegungen der Moderne

Es ist deutlich geworden: Das 14. und mehr noch das 15. Jahrhundert werden zum Wendepunkt abendländischer Weltsichten und der mit ihnen verbundenen Diesseits- wie Jenseitsvorstellungen. Diese Entwicklung geht einher mit einer zunehmenden Hinwendung zu einem stark mathematisch-physikalisch und damit mechanistisch geprägten Weltbild einerseits, das aber auch auf die Geistes- und Humanwissenschaften andererseits starke Auswirkungen hatte. Die von Gloy (1995, S. 165) so bezeichnete „Hypostasierung und Verabsolutierung des emanzipierten bzw. selbstherrlichen Menschen" zu einem gottähnlichen Wesen führte – analog zur naturwissenschaftlichen Empirie – auch auf dem Gebiet des philosophischen Denkens zu revolutionären Veränderungen. Man kann diese neue Sicht der Philosophie als Rationalismus bezeichnen. Es handelt sich um eine Denkweise, die die Existenz von Vernunftwahrheiten jenseits empirischer Verifizierung postuliert. Demzufolge werden Logik und Deduktion als Mittel der Vernunfterkenntnis zu einem breit akzeptierten Instrument auch philosophischen Denkens.

Das 16. und 17. Jahrhundert ist demzufolge – analog zu den Methoden und Fortschritten der empirisch arbeitenden Naturwissenschaften – vor allem durch die Übertragung der mechanistischen Erklärungsweise auf weite Bereiche der menschlichen, sozialen, politischen wie ökonomischen Verhältnisse geprägt. In England, das sich im ausgehenden 16. Jahrhundert von Rom löste und mit der anglikanischen Kirche eine eigene Staatskirche schuf, war es vor allem der dem niederen Adel angehörende Philosoph und Staatsmann Francis Bacon (1561–1626), der zum Schrittmacher eines neuen, diesseitig orientierten Welt- und Menschenbildes wird. Mit seiner Forderung, die bis dahin vorherrschende philosophisch-theologische Spekulation durch Empirie und Pragmatismus zu ersetzen, legte er eine der Grundlagen für unser heutiges Wissenschaftsverständnis. Ausgangspunkt des Bacon'schen Wissenschaftsideals ist seine zentrale These, daß wissenschaftliche Erkenntnis und Forschung dazu da seien, der Natur ihre Geheimnisse zum Nutzen des Menschen zu entreißen. Naturbeobachtende Erfahrung und naturwissenschaftliche Empirie haben dabei das Ziel, die Erkenntnis und das Wissen zu fördern, nicht nur um ihrer selbst willen, sondern auch weil Wissen zugleich Macht darstellt: „Knowledge is power!" Dieses auf Bacon zurückgehende Postulat fasst Sinn und Ziel des neuen wissenschaftlichen Erkenntnisstrebens treffend zusammen. Angeregt durch Michel de Montaigne (1533–1592) und seine „Essais" (1580) publizierte Francis Bacon im Jahre 1597 seine berühmt gewordenen „Essays", die er – wie es im Untertitel heißt – als Ratschläge und Empfehlungen pragmatischer Lebensführung verstanden wissen wollte. Was hier als wissenschaftliches Erkenntnisprinzip angedeutet wird, findet in der Schrift „Cogitata et visa" des Jahres 1612 (1620 in einer überarbeiteten Form als „Novum organon scientiarum" erschienen) seine endgültige und die tradierte Wissenschaftstheorie umgestaltende Form. Bacon argumentiert, dass wahre Erkenntnis immer wieder durch Trugbilder und nur scheinbare Objektivitäten verschleiert und erschwert wird. Er identifiziert insgesamt vier solcher Trugbilder (idols), die es zu entlarven gilt, um hinter deren ablenkender Fassade sodann das wahre Wesen der Dinge und ihre Erklärung zu erkennen. Das Trugbild des Theaters („idola theatri") wendet sich gegen die Fortschreibung irrtümlicher Lehren der unterschiedlichsten Philosophenschulen und unbewiesener Annahmen von Theorien. Das Trugbild des Marktes („idola fori") kritisiert die leeren, nicht eindeutig definierten Begriffe der Umgangssprache, wodurch Worte sich vor die Dinge stellen und somit durch falsche Bedeutungen zu Irrtümern führen. Das Trugbild der Höhle („idola specus") betrifft die menschlich-allzumenschlichen Vorurteile, wie sie sich aus subjektiven Wünschen und Begehrlichkeiten eines jeden Individuums ergeben. Das vierte und letzte Trugbild schließlich, „idola tribus" (Trugbild des Stammes) versammelt die große Zahl anthropomorpher Deutungen der Welt, so wie sie vom Menschen gemacht und – kulturell und historisch differenziert – zu einer ideologisch verfremdeten Sicht dieser Erde und des Kosmos verarbeitet würden. Diese Erkenntnisbarrieren sind nach Bacon nur durch Induktion zu überwinden, d. h. durch methodisch-experimentelles Vorgehen: Sammeln und Vergleichen, planmäßig geordnete Wahrnehmungen und daraus abgeleitete zunehmende Verallgemeinerungen über Mensch und Natur. Gegen Ende seines Lebens veröffentlicht Francis Bacon mit seiner Utopie „Nova Atlantis" (1627) die Schilderung eines Idealstaates. Dieser ist gedacht als ein technisch perfekter Zukunftsstaat, in dem die weitgehende Beherrschung der Natur durch menschliche Ratio möglich wird. So lautet denn auch einer der Kernsätze zum letztendlichen Gründungsziel von Neu-Atlantis:

> „Der Zweck unserer Gründung ist die Erkenntnis der Ursachen und Bewegungen sowie der verborgenen Kräfte in der Natur und die Erweiterung der menschlichen Herrschaft bis an die Grenzen des überhaupt Möglichen."
> (Bacon: Nova Atlantis, Kap. IV, Abs. 3; zitiert nach Heinisch, Hg., 1960)

Mit diesem utopischen Zukunftsszenario setzt Francis Bacon seine durch Vernunft geprägten Ideen und Visionen denen des „Sonnenstaates" (1602) entgegen, in dem der Italiener Tommaso Campanella (1568–1639) ein utopisch-kommunistisches Gemeinwesen propagiert, in dem das Individuum in eine ideale Gemeinschaft eingebettet wird (Cosgrove 1999, Pelletier 1982).

Im Gegensatz zu Francis Bacon war der Franzose René Descartes (1596–1650), übrigens ebenfalls dem Adel angehörend, in der Formulierung seines philosophisch abgeleiteten Weltbildes ungleich vorsichtiger als sein englischer Vorgänger. Nicht zuletzt unter dem Eindruck der inquisitorischen Verfolgungen seines älteren Zeitgenossen Galilei, veröffentlichte der Philosoph und Mathematiker Descartes seinen berühmten „Discours de la Méthode" (1637) zunächst anonym. Erst in späteren Jahren bekannte sich Descartes offen zu seinen für die weitere Wirkungsgeschichte wissenschaftlichen Denkens so wichtigen Ideen und Schlussfolgerungen, die unter der Bezeichnung des Cartesianismus bis heute wirksam fortleben. Ausgehend von dem Dreieck Theologie – Philosophie – Mathematik verfolgt Descartes, ähnlich wie Bacon, eine durch und durch empirisch-rationalistische Vorgehensweise gegenüber wissenschaftlichen Problemen. Es sind insgesamt vier Prinzipien bzw. Vorgaben, aus denen die Logik des Descartes sich ableitet (préceptes, dont la logique est composée) und die zur Grundlage seines „Discours de la Méthode" werden:

> „Die erste Vorschrift besagte, niemals irgendeine Sache als wahr zu akzeptieren, die ich nicht evidentermaßen als solche erkenne; dies bedeutet, sorgfältig Übereilung und Voreingenommenheit zu vermeiden und in meinen Urteilen nicht mehr zu umfassen als das, was sich so klar und so deutlich in meinem Geist vorstellt, dass ich keine Möglichkeit hätte, daran zu zweifeln.

Die zweite besagte, jede der Schwierigkeiten, die ich untersuchen würde, in so viele Teile zu zerlegen, wie es möglich und wie es erforderlich ist, um sie leichter zu lösen.

Die dritte besagte, meine Gedanken mit Ordnung zu führen, indem ich mit den am einfachsten und am leichtesten zu erkennenden Dingen beginne, um nach und nach, gleichsam stufenweise, bis zu der Erkenntnis der am meisten zusammengesetzten aufzusteigen, und indem ich selbst dort Ordnung unterstelle, wo nicht natürlicherweise das eine dem anderen vorausgeht.

Und die letzte besagte, überall so vollständige Aufzählungen und so allgemeine Übersichten herzustellen, dass ich versichert wäre, nichts wegzulassen."

(Descartes 2001, 2. Teil, Abschnitte 7–10)

Alles das also, was ihm als „clairement et distinctement", als „clare et distincte" gilt, was also unmittelbar intuitiv und rational unterscheidbar erkannt werden kann, gilt als wahr. Eine solche Schlussfolgerung gilt sowohl für den gedanklich und logisch ableitbaren als auch für den empirisch-beobachtenden Teil seiner Philosophie und wissenschaftlichen Erkenntnisweise. Rationalistisch heißt dabei für Descartes, dass jedes einzelne Objekt als Einzelgegenstand unwiderlegbar zu beschreiben und zu begründen sein muss. Eine solch distinkt-unterscheidende Vorgehensweise hindert ihn indes nicht daran, zugleich die Vielzahl der Einzelerscheinungen miteinander in einem Zusammenhang, in einer mechanischen Verbindung zu sehen. Aufgabe wissenschaftlichen Denkens und Erklärens ist es demzufolge, die vielen Einzelerscheinungen in (re-)konstruierbaren Kontexten zu sehen und somit einer nicht bloß rationalistisch-mechanistischen Zusammenschau von Objekten das Wort zu reden. Descartes' Rationalismus geht soweit, dass er glaubte, sogar in lebendigen Organismen und auch im Menschen selbst eine Art von Maschine zu erblicken, die auf wunderbare Weise die Einzelteile des Organismus miteinander verbindet und zu einem lebenden Ganzen zusammenfügt (extrem bei La Mettrie 1749/2001). Anders ausgedrückt: Lebendige Organismen fungieren wie Maschinen, eine Denkweise, die – wie wir noch sehen werden – in der Folgezeit eine große Rolle auch für das Verhältnis der Mensch-Umwelt-Beziehungen spielen wird. Die Kehrseite der Medaille ist, dass bei Descartes eine weitgehende Verständnislosigkeit gegenüber allem Evolutionären und Geschichtlichen festzustellen ist: Die Dinge sind, wie sie sind; sie verändern sich nicht.

Diese für die Geschichte des abendländischen Denkens neuen Ansätze wissenschaftlichen Denkens und Argumentierens – einerseits der baconische Weg der In- bzw. Deduktion, andererseits der sogenannte „Cartesianismus" – legen die endgültigen Wurzeln für die Entstehung eines bis heute fortwirkenden positivistischen Weltbildes. Seit Bacon und Descartes entsteht ein zunehmend akkumuliertes Wissen, das sich in menschliches Vertrauen zur Beherrschung bzw. Beherrschbarkeit der Natur und damit zugleich in ein neues Verständnis der Mensch-Umwelt-Beziehungen ummünzt. Verständnis der Natur wird interpretiert als Verständnis von Gott. Je mehr wir von der Natur verstehen, umso mehr verstehen wir auch von Gott und seinem Schöpfungsplan. Der Mensch als „Krone der Schöpfung" wird somit, im Gegensatz zu anderen Geschöpfen der Natur, zu dem Wesen, das auf Grund seiner Geisteskräfte und der Vernunft, die Werke göttlicher Schöpfung als solche zu erkennen vermag. Der Mensch vermag sogar die Werke göttlicher Schöpfung zu perfektionieren, zu korrigieren und zu verändern. Ja: Der Mensch selber kann zum Werkzeug einfacher Schöpfungen aufsteigen.

Bezogen auf die Rolle und Bedeutung der Mensch-Umwelt-Beziehungen und auf die Stellung des Menschen gegenüber den Mitgeschöpfen der Natur zeichnet sich der Mensch nach

Descartes durch zwei Eigenschaften aus, die ihn von den Tieren unterscheiden: „Erstens können sie [die Tiere, E. E.] niemals Worte oder andere Zeichen zusammensetzen, um sie zu benutzen, wie wir es tun, um anderen unsere Gedanken darzulegen ...." und „[z]weitens werden sie, obwohl sie manche Dinge ebenso gut oder vielleicht besser als irgendeiner von uns verrichten, unzweifelhaft in manchen anderen versagen, durch die man entdecken würde, dass sie nicht durch Erkenntnis handelten, sondern nur gemäß der Disposition ihrer Organe." (Descartes 2001, 5. Teil, Abschnitt 10). Auch hier funktioniert die Natur einschließlich des Menschen wie eine große Maschine: Die materielle Welt besteht aus einem miteinander verwobenen Geflecht von Körpern, die – einem Zahnrad gleich – einander in Bewegung halten. Bezogen auf den Menschen ist das Gehirn Ausgangspunkt aller mechanischen Bewegungen des Körpers, wobei menschlicher Geist und menschliche Seele den Automatismus und Mechanismus des Körpers steuern. Urheber eines solchen Funktionalismus aber ist Gott. Er ist es, dessen Allwissenheit und Allmacht es zu verdanken ist, dass der menschliche Körper als eine Maschine anzusehen ist, „die, durch die Hände Gottes hergestellt, unvergleichlich besser konstruiert ist und bewunderungswürdigere Bewegungen in sich hat als irgendeine, die von den Menschen erfunden werden kann." (ebd., 5. Teil, Abschnitt 9).

Es liegt auf der Hand, dass mit der von Francis Bacon und René Descartes begründeten neuen Sicht der Natur und ihrer Werke ebenso wie mit der Doppelbödigkeit einer menschlichen Abhängigkeit von der Natur einerseits und deren menschliche Kontrollierbarkeit und Veränderbarkeit andererseits eine Reihe von Entwicklungen einhergehen, die das neue Bild des Menschen, seine Funktionsweise und seine dominierende Rolle wie Stellung im Reiche der Natur zum Gegenstand haben. Zum einen ist es Descartes selbst, der in seinem 1649 erschienenen Traktat „Die Leidenschaften der Seele", mehr aber noch in seiner posthum erschienenen Abhandlung „De homine" (1662; frz.: Traité de l'homme; dt.: Über den Menschen) die Anwendung der Maschinenvorstellung der Natur auf den Menschen und seine Seele überträgt und damit das physikalisch-mechanistische Weltbild seiner Zeit untermauert, das im Übrigen erst im unmittelbaren Vorfeld der französischen Aufklärung mit dem Traktat von La Mettrie (1709 – 1751) über „L'homme machine" (1749), der Mensch als Maschine, seinen provokanten Höhepunkt erreicht. Umgekehrt – und in Fortsetzung der idealen Staatsgedanken von Bacon und Campanella – publiziert 1651 Thomas Hobbes (1588–1679) seinen „Leviathan" (1651) als ein Musterbeispiel für die Mechanisierung auch des Staates und seiner Institutionen.

Aber nicht nur die Übertragung des naturwissenschaftlichen Mechanismusprinzips auf den Menschen und seine Werke, sondern auch Abhandlungen über Stellung und Bedeutung des Menschen im Reich der Natur gewinnen im Gefolge der empirisch-rationalistischen Weltsichten an Bedeutung. Es würde zu weit führen, auf die Vielzahl solcher Traktate näher einzugehen. Deshalb seien an dieser Stelle – stellvertretend für andere – die Versuche des Engländers Matthew Hale zitiert, der 1677 in einer Schrift mit dem Titel „The Primitive Origination of Mankind" dem zunehmenden Anthropozentrismus auch in argumentativer Form Rechnung zu tragen suchte. Hale empfand – wie viele seiner wissenschaftlichen Zeitgenossen – den Aufbau des Naturreiches einerseits als Ausdruck einer „devine wisdom and providence", andererseits aber erkannte er eine „admirable gradation of things" (Hale 1677, S. 310, 349). Während er das Naturreich insgesamt in eine Abfolge von Mineralien über Pflanzen und Tiere zum Menschen hin hierarchisierte, wird der tierisch-menschliche Lebensbereich noch einmal untergliedert, indem er an dessen unterer Skala die Insekten einordnete, darüber die Fische, sodann die Vögel und schließlich die höheren Wirbeltiere. An der Spitze aber dieser Rangfolge und in absoluter Übereinstimmung mit dem Wortlaut der biblischen Schöpfungsgeschichte platzierte Hale den Menschen, der nach göttlicher Vorsehung und nach göttlichem Plan eine Stellvertretung Gottes auf Erden und eine Fürsorgeaufgabe (stewardship) wahrzunehmen habe:

> „And hereby Man was invested with power, authority, right, dominion, trust and care, to correct and abridge the excesses and cruelties of the fiercer Animals, to give protection and defence to the mansuete and useful, to preserve the *Species* of divers Vegetables, to preserve the face of the Earth in beauty, usefulness, and fruitfulness. And surely, as it was not below the Wisdom and Goodness of God to create the very Vegetable Nature, and render the Earth more beautiful and useful by it, so neither was it unbecoming the same Wisdom to ordain and constitute such a subordinate Super-intendent over it, that might take an immediate care of it."
> *(Hale 1677, S. 370)*

Noch immer also steht der Mensch als Produkt und Werkzeug eines göttlichen Schöpfers fest eingeordnet in einen die gesamte unbelebte wie belebte Natur umfassenden Weltenplan, er hat aber die Spitze der „Schöpfungsskala" erklommen und darf, ja: muss, in göttlichem Auftrag und Dienst korrigierende Eingriffe in den Naturhaushalt und in seine natürliche Umwelt vornehmen.

Wie bereits angedeutet, erweisen sich im Gefolge von Bacon und Descartes sowohl die zweite Hälfte des 17. als auch der weitaus größte Teil des 18. Jahrhunderts als permanenter und aus vielen Quellen gespeister Wegbereiter eines neuen Welt- und Menschenbildes, in dem der Mensch immer mehr zu einem selbst bestimmenden und handelnden Subjekt wird, das aktiv und gestaltend in seine natürlich Umwelt eingreift. In England sind es in Fortführung von Francis Bacon und Thomas Hobbes vor allem John Locke (1632–1704) und David Hume (1711–1776). Dabei vertritt John Locke, angeregt durch cartesianisches Gedankengut, zugleich aber auch experimenteller Naturwissenschaftler und Freund von Boyle und Newton, ein Menschenbild mit einer von Natur aus gegebenen Freiheit und Gleichheit aller Menschen. Diese haben ein Recht auf Verteidigung dieser Werte, solange dadurch Leben und Eigentum und die gleichen Rechte der Nachbarn nicht genommen oder beeinträchtigt werden. Moralisches Handeln macht den Menschen zu einem ethischen Subjekt, das Anspruch auf den Verfolg eines subjektiven „pursuit of happiness" und damit ein distanziertes Verhältnis zum Hobbes'schen Leviathan hat. Der „common sense", d. h. der gesunde Menschenverstand (in wörtlicher Übersetzung und wohl besser die Intentionen der Autoren wiedergebend: der „Gemeinsinn"!) wird zum Leitprinzip zunehmend anthropozentrierter Philosophien, die damit zugleich zu Wegbereitern der Französischen Revolution von 1789 und der Formulierung der Menschenrechte werden. Ihre Ideale, von David Hume in seinen Abhandlungen über „A Treatise on Human Nature" (1739/40) und „The Natural History of Religion" (1755) fortgeführt, suchen eine „Naturgesetzlichkeit" des sozialen Lebens, frei von konfessionellen, nationalen und traditionell-überkommenen Beschränkungen und Regeln zu begründen. „Common sense" verlangt nach naturrechtlichen Prinzipien auch für das Staats- und Rechtsleben, die die gleiche allgemeine Gültigkeit und Anwendbarkeit haben sollen wie naturwissenschaftliche und/oder mathematische Gesetzmäßigkeiten. Diese Ideen werden, wie noch zu zeigen sein wird, auch Kant beeinflussen.

In ähnliche Richtungen gehen die von der französischen Philosophie und Staatslehre im Gefolge von Descartes entwickelten Gedanken. So soll z. B. der von Montesquieu (1689–1755) eingeforderte „contract social" allen Menschen und Gesellschaften auf der Basis eines aufgeklärten und dem Wohl der Allgemeinheit verpflichteten Staatswesens dienen. Dabei sollen Naturgesetze und Sittengesetze den gleichen Stellenwert erhalten. Für die Frage der Mensch-Umwelt-Beziehungen steuert Montesquieu einen Aspekt bei, der für die Frage der Wechselwirkungen von Natur und Gesellschaft von großer Bedeutung werden wird: die Rolle des Klimas und anderer natürlicher Gegebenheiten auf menschliche Gesittung und Ordnung, aber auch auf die von Menschen wie von Gesellschaften geschaffenen staatlich-politischen Organisationsformen. So argumentiert Montesquieu in der Einleitung zum 14. Buch seines Hauptwerks „De L'Esprit Des Loix" (dt. „Vom Geist der Gesetze") mit dem bezeichnenden Untertitel „Ou Les Rapports Que Les Loix Doivent Avoir Avec La Constitution De Chaque Gouvernement, Les Moeurs, Le Climat, La Religion, Le Commerce etc …" (1748, dt. „Oder über den Bezug, den die Gesetze zum Aufbau jeder Regierung, zu den Sitten, zum Klima, der Religion, dem Handel usw. haben müssen […]") in seinem einleitenden Grundgedanken wie folgt:

> „Wenn wirklich die Geisteshaltung und die Leidenschaften des Herzens unter andersartigem Klima äußerst menschlich sind, müssen die Gesetze sowohl dem Unterschied dieser Leidenschaften als auch dem Unterschied dieser Haltungen entsprechen."
> *(Montesquieu 1994, S. 261)*

Deutlicher – und wohl auch deterministischer – äußert er sich im vierten Kapitel des 19. Buches („Über die Gesetze in ihrem Bezug zu den Prinzipien, die den Gemeingeist, die Sitten und den Lebensstil einer Nation formen"), wenn er über die Grundlagen des „Gemeingeistes" wie folgt schreibt:

> „Mehrere Dinge regieren den Menschen: Klima, Religion, Gesetze, Staatsmaximen, Beispiele aus der Geschichte, Sitten, Lebensstil. Aus all dem bildet sich als ihr Ergebnis ein Gemeingeist. In dem Maße, wie bei jeder Nation eine dieser Ursachen mit größerer Stärke einwirkt, werden die anderen dementsprechend zurückgedrängt. Über die Wilden herrschen fast ausschließlich Natur und Klima. Die Chinesen werden vom Lebensstil regiert, die Japaner von den Gesetzen tyrannisiert. In Sparta gaben einst die Sitten den Ton an, in Rom taten es die Sitten und die Staatsmaximen."
> *(Montesquieu 1994, S. 295)*

Stärker noch als Montesquieu hat sich der französisch-schweizerische Philosoph Jean-Jacques Rousseau (1712–1778) mit dem Prinzip der Gleichheit aller Menschen, der Entwicklung ihrer Ungleichheit sowie der Überwindung dieses Zustandes durch einen entsprechenden Gesellschaftsvertrag befasst. Wenn das Traktat „Über den Ursprung und die Grundlagen der Ungleichheit unter den Menschen" (1755) und insbesondere der „Gesellschaftsvertrag" (1762) auch viele Anregungen englischen und französischen Vordenkern verdankt, so wird Rousseau über Montesquieu hinaus zum Vorreiter neuer Menschenbilder, die vor allem für den deutschen Idealismus prägend werden sollen. Unter Bezugnahme auf das uns hier interessierende Verhältnis der Mensch-Umwelt-Beziehungen argumentiert Rousseau, dass der Mensch in seinem Naturzustand in nahezu unreflektierter Harmonie mit seiner natürlichen Umwelt lebe. In seiner preisgekrönten Schrift zu der von der Akademie im burgundischen Dijon gestellten Frage „Welches ist der Ursprung der Ungleichheit unter den Menschen, und ist sie durch das natürliche Gesetz gerechtfertigt?" heißt es in deren erstem Teil, der sich mit dem Naturzustand des Menschen (homme sauvage) befasst, wie folgt:

> „Seine Begierden gehen nicht über seine physischen Bedürfnisse hinaus. Die einzigen Güter, die er auf der Welt kennt, sind die Nahrung, ein Weibchen und das Ausruhen; die einzigen Übel, die er fürchtet, sind der Schmerz und der Hunger. Ich sage: der Schmerz, und nicht: der Tod; denn niemals wird das Tier wissen, was Sterben ist; und die Kenntnis des Todes und seiner Schrecken ist eine der ersten Errungenschaften, die der Mensch gemacht hat, als er sich von dem tierischen Zustand entfernte."
> *(Rousseau 1998, S. 47)*

Der Mensch als Teil der natürlichen Ordnung und – im Gegensatz zu Hobbes' These, wonach der Mensch des Menschen Wolf sei (Homo homini lupus!) – als Teil eines friedvollen Naturzustands ändert sich, so Rousseau, erst mit dem Anwachsen des Menschengeschlechts: Der zunehmende Kampf um Ressourcen bedeutet nicht nur eine wachsende Dominanz des Menschen gegenüber seiner natürlichen Umwelt, sondern auch gegenüber seinen Mitmenschen. So wird das vom „homme sauvage" zum bürgerlich-zivilisierten Menschen (homme civil) mutierte Mitglied der Gesellschaft, in dem der Krieg aller gegen alle (Hobbes: Bellum omnium contra omnes!) herrscht, Teil eines Staatswesens, das die Organisation des geordneten Zusammenlebens seiner Bürger zu einem ihrer höchsten Ziele erhebt.

> „Auf der anderen Seite ist der Mensch, der zuvor frei und unabhängig war, nun durch eine Vielheit neuer Bedürfnisse sozusagen der gesamten Natur untertan, und besonders seinen Mitmenschen, deren Sklave er in gewissem Sinn wird, selbst wenn er zu ihrem Herrn wird: ist er reich, so benötigt er ihre Dienste, ist er arm, so benötigt er ihre Unterstützung, und auch mittelmäßiger Besitz setzt ihn durchaus nicht in den Stand, ohne sie auszukommen. Er muss also unaufhörlich versuchen, sie für sein Schicksal zu interessieren und sie ihren Gewinn wirklich oder scheinbar darin finden zu lassen, dass sie für den seinigen arbeiten. Dies macht ihn betrügerisch und hinterlistig gegenüber den einen, herrisch und hart gegenüber den anderen, und es versetzt ihn in die Notwendigkeit, alle, die er nötig hat, zu täuschen, wenn er ihnen keine Furcht vor sich selbst einflößen kann und auch nicht seinen Vorteil dabei findet, ihnen mit Nutzen zu dienen. Schließlich gibt der verzehrende Ehrgeiz, der Eifer, sein Vermögen im Vergleich zu anderen zu mehren – weniger aus einem wirklichen Bedürfnis, als um sich über die anderen zu stellen –, allen Menschen eine finstere Neigung ein, sich gegenseitig zu schaden: eine heimliche Eifersucht, die umso gefährlicher ist, als sie oft, um mit größerer Sicherheit ans Ziel zu gelangen, die Maske des Wohlwollens aufsetzt; mit einem Wort: Konkurrenz und Rivalität auf der einen Seite, Gegensatz der Interessen auf der anderen und immerzu die versteckte Begierde, seinen Gewinn auf Kosten anderer zu realisieren. Alle diese Übel sind die erste Wirkung des Eigentums und das unabtrennbare Gefolge der entstehenden Ungleichheit."
> *(Rousseau 1998, S. 88/89).*

Anders als bei Hobbes, wo der absolute Souverän (Leviathan) das staatliche Zusammenleben organisiert und dominiert, wird für Rousseau ein auf freiem und allgemeinem Willen basierender „contract social" die entscheidende Rolle für das menschliche Zusammenleben spielen. So kann nur menschliche Vernunft das Vehikel werden, das das von Rousseau erkannte zunehmende Auseinanderklaffen von Mensch und Natur, von Natur und Geist, von natürlicher Empfindung und mechanistischer Weltsicht aufzuheben vermag. Von daher sind seine insbesondere im „Gesellschaftsvertrag/Contract social" (1762) geäußerten Schlussfolgerungen von besonderer Bedeutung für die weitere anthropologische und philosophische Diskussion um ein selbstbewusstes und emanzipiertes Menschen- und Gesellschaftsbild, aber auch für die politischen Umbrüche im Zusammenhang mit der amerikanischen Unabhängigkeitserklärung (1776) und der französischen Revolution (1789). Wesentliche und uns heute selbstverständlich erscheinende Prinzipien sind dabei unter anderem (Rousseau 1986):

- Jeder Mensch ist frei geboren;
- Herrschaftsverhältnisse sind nur begründbar durch den Konsens aller Betroffenen;
- der Staat beruht auf einem ursprünglichen Gesellschaftsvertrag (contract social);
- die angeborenen (!) individuellen Menschenrechte – d. h. Leben, Freiheit, Eigentum und das Streben nach Glück – sind vom Staat zu schützen.

Der Empirismus angelsächsischer Prägung und der cartesianische Rationalismus bereiten somit den Boden für neue Welt- und Menschenbilder, die allerdings immer weniger im Gelehrtenlatein, sondern in den Landessprachen der Verfasser propagiert werden. Sie werden Gemeingut eines sich neben dem Adel behauptenden neuen Bürgertums und einer breiteren Bildungsschicht. Gott und die Bibel, die Autorität der Heiligen Schriften und kirchliche Dogmen wie Dogmatiker werden in Frage gestellt. An Gott selbst wird zwar noch festgehalten; er aber erschließt sich dem aufgeklärten Menschen durch Vernunft, nicht mehr durch klerikale Vermittlung. Parallel zum Abbau rückwärts gewandter Autoritäten entstehen neue, optimistische und vernunftgeleitete Zukunftsvisionen von der Güte und prinzipiellen Gleichheit aller Menschen. Und Aufklärung beginnt sich in Politik zu wandeln: Kritik führt zu Protest und Reform. Montesquieus Teilbarkeit der Gesetze, Rousseaus Postulat von Staat als Zweckverband, als eine Verbindung freier Menschen, die sich aus Gründen des Rechtsschutzes und des Nutzens zusammenschließen, die Definition des idealen Staats als Garant allgemeiner Wohlfahrt: Dieser Kritizismus macht die Anfänge der Aufklärung zu einer dezidiert politischen Bewegung, die alle Bereiche des menschlichen Lebens zu durchdringen beginnt, auch die Wissenschaften.

Wissenschaftliche Enzyklopädien werden zu Vehikeln einer zunehmenden Systematisierung der Wissenschaften, zu einem Spiegelbild der sich schnell mehrenden Wissensstände und zu einem integralen Bestandteil des neuen Selbstverständnisses einer aufgeklärten Gesellschaft. Schrittmacher dieser Entwicklungen sind die besonders seit dem 18. Jahrhundert erscheinenden Lexika und Enzyklopädien, die als Vorläufer der bis heute verbreiteten Nachschlagewerke wissenschaftshistorisch von nicht zu unterschätzender Bedeutung sind (Schneider 2006). Aber auch in ihnen spiegeln sich die zuvor genannten Unterschiede des Aufklärertums wieder. So ist das von J. H. Zedler herausgegebene deutsche „Universallexikon Aller Wissenschaften und Künste [...]", zwischen 1732 und 1754 in insgesamt 64 Bänden (plus 4 Supplementbänden) erschienen, noch stark dem spätbarocken Geist und Wissen verpflichtet. Mit über 68.000 Druckseiten und fast 290.000 Artikeln ist es nicht nur die mit Abstand größte Enzyklopädie, sondern zugleich eine noch wenig systematisierte Kompilation auch etlicher älterer Werke. Wie sehr der „Zedler" noch von einem traditionellen Wissenschaftsverständnis geprägt war, zeigt die Aufnahme von über 30 Wissensgebieten allein in der Titelei dieser größten aller „Wissensmaschinen". Im Gegensatz dazu erweist sich die kurz zuvor im Jahre 1728 publizierte englische „Cyclopaedia: Or, An Universal Dictionary of Arts and Sciences" von Ephraim Chambers bereits als unmittelbarer Vorläufer der „Encyclopédie" von Diderot und d'Alembert, dem Standardwerk der Aufklärung. Die zwischen 1751 und 1765 in insgesamt 17 Bänden und 11 Tafelbänden erschiene „Encyclopédie ou Dicti-

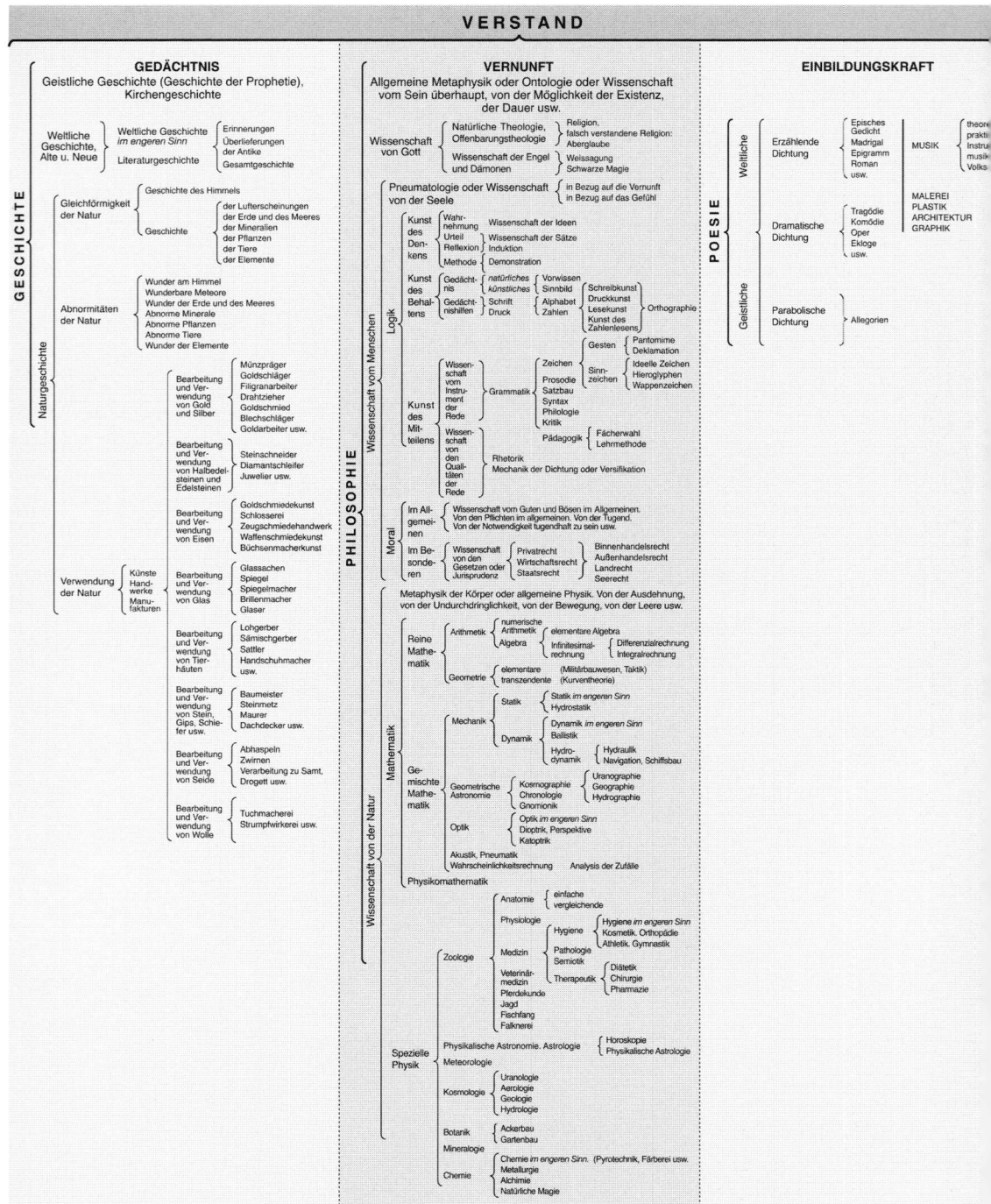

Abb. 22:　Gliederung der Wissenschaften bzw. des Systems der Kenntnisse des Menschen (nach Selg-Wieland, Hg.,

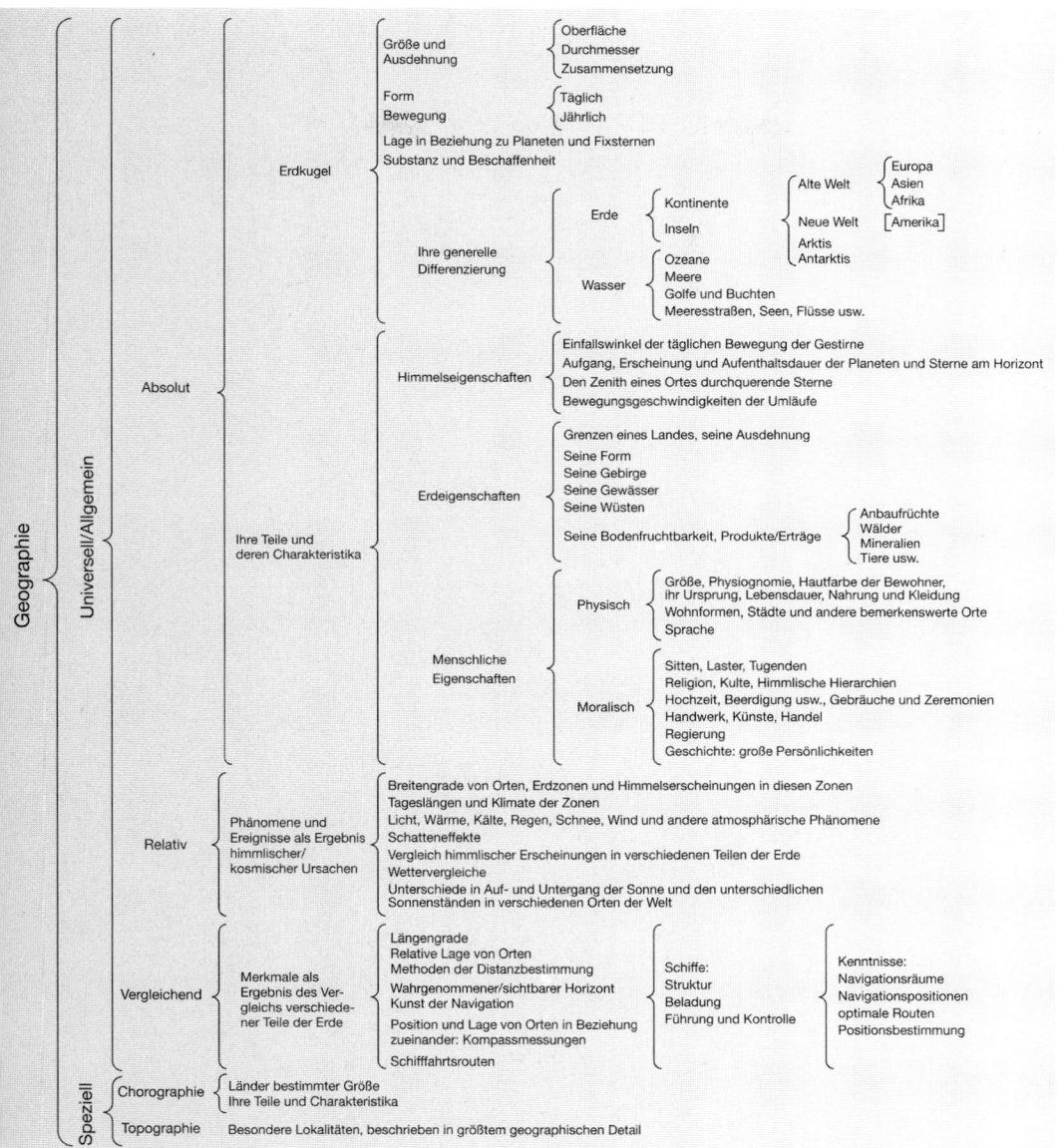

Abb. 23:   Das System der Geographie in der „Encyclopédie" (verändert nach Withers 1996)

onnaire Raisoné des Sciences, des Arts et des Metiers" markiert nicht nur den neuen aufkläreri-schen Geist der Wissenschaften, sondern dokumentiert zugleich das ausgesprochene Streben nach Klarheit. Wissenschaftliche Definitionen, Kategorisierungen und Differenzierungen, mehr noch: Die Systematisierung des zeitgenössischen Wissens sowie die disziplinäre Zuordnung zu be-stimmten Wissenschaften werden zur Grundlage unseres modernen Wissenschaftsverständnisses.

Die „Encyclopédie" wird mit ihrer systematischen Gliederung der Wissenschaften zugleich zum Dokument der modernen Aufspaltung der Wissenschaften in Einzeldisziplinen (vgl. Abb. 22). Wenn auch die grobe Einteilung mit ihren Grundkategorien Gedächtnis – Vernunft – Einbildungskraft noch weit von heutiger Systematisierung der Wissenschaften entfernt ist, so gehen Identifikation und Benennung einzelner Teildisziplinen wie auch ihrer inhaltlichen Aufgabenstellungen andererseits weit über tradierte Vorstellungen hinaus. Das gilt auch für die Geographie (vgl. Abb. 23), aber auch für environmentalistische Abhandlungen zu Mensch-Umwelt-Beziehungen, wobei diese in durchaus transdisziplinären Kontexten abgehandelt werden (vgl. dazu Livingstone-Withers, Hg., 1999).

Die Wirkmächtigkeit der Encyclopédie und ihrer Autoren auf Geographie und Mensch-Umwelt-Beziehungen in der Mitte des 18. Jahrhunderts ist bislang erst ansatzweise untersucht. Dabei sollte die aus englischen Vorläufern und Vorbildern hervorgegangene „Encyclopédie" für die Entwicklung der Geographie als wissenschaftlicher Disziplin von großer Bedeutung werden. War in einer beispielhaften Vorgängeredition, der in England von Ephraim Chambers im Jahre 1728 herausgegebenen „Cyclopaedia", Geographie noch als Teil einer „mixed mathematics" verstanden und vor allem im Zusammenhang mit Navigation und Handel als praktischen Anwendungsbezügen gesehen worden (Withers 1996), so gehen Diderot und d'Alembert weit über solche Zuordnungen hinaus. Einerseits taucht ihr Bezug zu dem Bereich der „mixed mathematics" als Teil der Philosophie wieder auf. Andererseits erfährt sie eine diagrammatische Ausdifferenzierung, die alles Bisherige in den Schatten stellt und die Geographie bereits in der Mitte des 18. Jahrhunderts zu einer Natur wie Menschen in gleicher Weise betreffenden Wissenschaft macht. Dörflinger (1976) hat in einer umfassenden Detailstudie die Rolle der Geographie in der „Encyclopédie" bearbeitet. Er kommt dabei zu dem Ergebnis, dass das Fach Geographie einerseits als expliziter Darstellungsgegenstand eine verhältnismäßig geringe Rolle spielt. Zum anderen aber weisen die 17 Textbände sehr unterschiedliche Schwerpunktbildungen auf, die immer wieder der Geographie sowohl als Teil anderer Fächer, aber auch als eigenständiger Disziplin größere Eintragungen zubilligen. So liegt der Durchschnittswert der Geographie, bezogen auf alle Bände, bei 8,75 % aller Ausführungen, ihre Anteile variieren aber zwischen 0,8 % (Bd. V) und 21,6 % (Bd. XVII) in den einzelnen Bänden. Des ungeachtet hat vor allem Withers in einer Reihe grundlegender Untersuchungen (1993, 1996) auf die große Bedeutung der „Encyclopédie" für die Disziplingeschichte der Geographie hingewiesen und auch ihre Ausdifferenzierung im Rahmen eines so genannten Wissenschaftsbaumes eindrucksvoll belegt (Abb. 24, Livingstone-Withers, Hg., 1999).

In diese Zeit einer allgemeinen Aufbruchsstimmung und einer Emanzipation der Menschen von geistiger und religiöser Bevormundung bricht eine Katastrophe herein: das Erdbeben von Lissabon vom 1. November 1755 (Gould 1999). Dieses Ereignis an der Wende von spekulativer Theologie und aufklärerischer Wissenschaft löste eine für den Geist der Aufklärung nachhaltig wirksame Diskussion aus. Sie entzündete sich an der These des G. W. Leibniz (1646 – 1716), wonach die Welt durch eine prästabilierte Harmonie gekennzeichnet und, trotz immer wieder auftretender Katastrophen im natürlichen wie gesellschaftlich-politischen Bereich, letzten Endes doch „die beste aller möglichen Welten" sei. Dieses von Leibniz propagierte Weltbild wurde unter dem 1710 geprägten Begriff der „Theodizee" bekannt, wobei die Theodizee verstanden wird als eine Verteidigung der Gerechtigkeit Gottes (théos = Gott; dikäh = Gerechtig-

KOSMOGRAPHIE
Beschreibung der Erde oder: Wissenschaft, die über Konstruktion, Form, Anordnungen und Beziehungen aller Teile des Universums unterrichtet. Gegliedert in ‚Uranographie', Hydrologie und Geographie.

DIE GEOGRAPHIE
*Oder die Beschreibung des terrestrischen Teils der Erdkugel, das heißt ihren trockenen Teil. Die Erde gliedert sich in Bezug auf den von Gewässern eingenommenen Teil in die innere oder mediterrane Erde und in die äußere Erde, d.h. den maritimen und oder küstennahen Teil.
Geographie muss gesehen werden unter drei zeitlichen Aspekten:
1. Die alte Geographie, d.h. die Beschreibung der Erde gemäß den Kenntnissen der frühen Gelehrten bis zum Fall des Römischen Reiches.
2. Geographie des Mittelalters seit dem Fall des Römischen Reiches bis zur Erneuerung der Gelehrsamkeiten: („lettres").
3. Moderne Geographie, d.h. die aktuelle Erneuerung der Gelehrsamkeit.
Die Geographie kann untergliedert werden in die folgenden Teile: natürliche, historische, zivile/politische, religiöse (sacred), kirchliche und physische Geographie.*

Natürliche Geographie
Bezieht sich auf die Unterteilungen, die die Natur auf der Erdoberfläche geschaffen hat durch die Meere, Gebirge, Flüsse, Meerengen etc.; und auf die Hautfarbe der verschiedenen Völker, ihre Sprachen etc.

Zivile oder Politische Geographie
Beschreibung von Formen der Souveränität in Bezug auf zivile und politische Administration.

Historische Geographie
Bezugnehmend auf ein Land oder eine Stadt erfasst die Historische Geographie die verschiedenen Aufstände, die regierenden Herrscher, die sich verändernden Handelstätigkeiten, die Schlachten, Belagerungen, Friedensverträge – mit einem Wort: alles, was zur Geschichte eines Landes gehört.

Religiöse (sacred) Geographie
Zu dem Zweck des Studiums der Länder, die in den Heiligen Schriften und in der Kirchengeschichte genannt werden.

Kirchliche (ekklesiastische) Geographie
Einteilung kirchlicher Rechtsprechungen nach Patriarchaten, Dekanaten, Diözesen/Bistümern, Kirchenbezirken etc.

Physische Geographie
Betrachtung der terrestrischen Erdkugel nicht so sehr nach der Oberflächenform, sondern nach der Zusammensetzung ihrer Substanz.

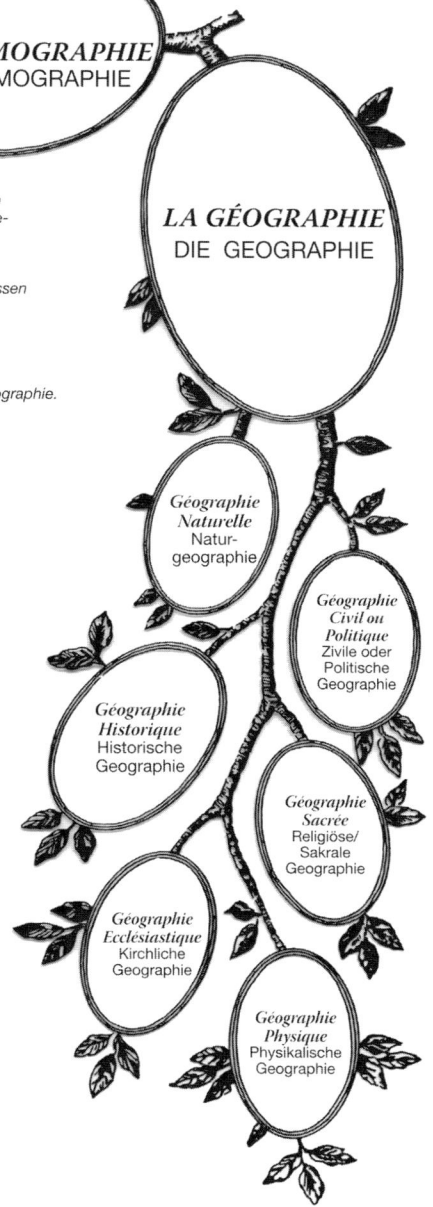

Abb. 24: Encyclopédie: Wissenschaftsbaum der Geographie (übersetzt und verändert nach Withers 1993)

keit), auch angesichts offenkundiger Missstände seiner Schöpfungen. Das Grundmuster dieser Idee, die auch in England öffentlichkeitswirksam durch Alexander Pope (1688–1744) in seinem berühmten „Essay on man" (1732/34) mit dem Satz „Whatever is, is right!" rezipiert wurde, bestimmte den in Europa noch vorwaltenden optimistischen Zeitgeist der ersten Hälfte des 18. Jahrhunderts. In Deutschland wurde dieser positive Grundton vor allem von Chr. Wolff (1 6 7 9 –1754), Mathematiker und Physiker, Theologe und Philosoph in Halle und Marburg, weiterentwickelt. Das Erdbeben und die vollständige Zerstörung der globalen Handelsmetropole Lissabon schürt indes Zweifel an der göttlichen Fügung und Führung des Menschengeschlechts durch postulierte höhere Mächte. Dieser Zweifel gewinnt in Voltaires Jahrhundertroman „Candide – ou l'optimisme" (1759) einen der nachhaltigsten Kritiker. Der Aufklärer Voltaire (1694– 1778), dem naturwissenschaftliche Erkenntnis allein nicht genug war, um die Menschen aus der geistigen Bevormundung der Kirche zu lösen, sondern der auch gegen Vorurteile aktiv kämpfend sich einsetzte, lässt gegen Ende seines Romans seinen Helden Pangloß (= Christian Wolff) im Dialog mit Candide (= Voltaire) resümieren:

> „Nun, mein teurer Pangloß", fragte ihn Candide, „als Sie gehängt, seziert, geprügelt wurden und dann auf der Galeere rudern mussten, haben Sie da immer noch geglaubt, alles in der Welt sei aufs beste eingerichtet? – „Ich habe stets an meiner ersten Meinung festgehalten", antwortete Pangloß, „denn schließlich bin ich Philosoph, und als solcher darf ich nicht widerrufen; außerdem kann Leibniz nicht unrecht haben, und die prästabilierte Harmonie ist doch das Schönste, was es gibt, so gut wie der Weltprozess und die Urmonaden."
> *(Voltaire 1971, S. 99)*

Aufklärung und vernunftgeleitete Rationalität erreichen ihren Höhepunkt im Werk des Königsberger Philosophen Immanuel Kant (1724–1804). Dabei ist für unsere Fragestellung insbesondere Kants Auffassung über die Rolle des Menschen gegenüber der Natur, seinen Mitgeschöpfen und gegenüber der Schöpfung selbst von Belang. Bereits in seiner „Kritik der reinen Vernunft" (1781) hatte er gegen jede Annahme kosmologischer oder physiko-theologischer Beweise göttlicher Schöpfungspläne und gegen Baupläne einer statischen „natura naturata"-Weltsicht argumentiert. Stattdessen propagiert er deren permanente Weiterentwicklung, Veränderung und Ausdifferenzierung als Resultat nun nicht mehr göttlicher Vorsehungen, sondern als Ergebnisse geologischer Zeitabläufe und biologischer Wachstumsprozesse. Die Natur allgemein und – spezieller – ihre Funktion als menschliche Umwelt seien Zwecke in sich selbst, die eine letzte Ursache und ein Ziel aus sich selbst heraus haben – ohne durch göttliche Schöpfungsabsichten legitimiert werden zu müssen. Diese Kantische Weltsicht drückt sich – aus Sicht einer geographischen Disziplingeschichte: wohl erstmals! – in einer explizit auch als Geographie bezeichneten wissenschaftlichen Aktivität des Philosophen aus: neben seiner offiziellen Funktion und Aufgabe, als Professor der Metaphysik und Logik an der Universität Königsberg zu forschen und zu lehren, hielt Kant im Rahmen eines wohl am ehesten als „studium generale" zu bezeichnenden Wissenschaftsverständnisses auch Vorlesungen über Physische Geographie und Anthropologie. Tatsache ist, daß Kant die Vorlesung über die Physische Geographie offensichtlich am längsten von allen seinen Vorlesungen gehalten hat, von 1757 bis 1795 (Gedan 1905). Die Vorlesung über „Pragmatische Anthropologie" wurde von Kant zwischen 1772/73 und 1795/96 angeboten. Dabei sind weder die Physische Geographie noch die Pragmatische Anthropologie Teil der

Kantischen Philosophie per se, sondern sie gehören in den Bereich seines Denkens, der die „Wirklichkeit der Menschenwelt" betrifft: „Das Ziel ist die Ermöglichung eines klugen Umgangs mit den Gegebenheiten von Natur und Gesellschaft" (Brandt 2001, S. N6). Nach Gedan argumentiert Kant zunächst einmal ganz im Sinne eines „dualen" Geographieverständnisses, indem er „die Welt als Gegenstand des äußeren Sinnes" der Natur zuschreibt, demgegenüber als „Gegenstand des inneren Sinnes aber Seele oder der Mensch" ausgemacht wird (1905, S. 7 f.). Die Kenntnis des Menschen wird als Aufgabe der Anthropologie, die Kenntnis der Natur als Aufgabe der physischen Geographie oder Erdbeschreibung zugeordnet. Demzufolge machen nach Kant „die Erfahrungen der Natur und des Menschen […] die Welterkenntnis aus". Ganz im Sinne des aufklärerischen Zeitgeistes betont er, dass die Kenntnis des Menschen dabei sich auf das zu konzentrieren habe, „was in dem Menschen pragmatisch ist und nicht spekulativ" (auch Richards 1974).

Was die Ausführungen Kants zu den uns interessierenden Mensch-Umwelt-Beziehungen anbelangt, bleiben sie im Bereich der Physischen Geographie eher vage. Lediglich in der einführenden Charakterisierung der von Kant sogenannten „theologischen Geographie" klingen potentielle Einflüsse der Natur auf die menschliche Gesittung auf, wenn er z. B. argumentiert:

> „Da die theologischen Prinzipien nach der Verschiedenheit des Bodens mehrenteils sehr wesentliche Veränderungen erleiden, so wird auch hierüber die notwendigste Auskunft müssen gegeben werden. Man vergleiche z. B. nur die christliche Religion im Oriente mit der im Okzidente und hier wie dort die noch feineren Nuancen derselben. Noch stärker fällt dies bei wesentlich in ihren Grundsätzen verschiedenen Religionen auf."
> *(zitiert nach Gedan 1905, S. 17)*

Leider liegen die von Kant offenkundig über etliche Jahrzehnte mit großem Erfolg angebotenen Vorlesungen zur Physischen Geographie, „welchen als populären Vorträgen beizuwohnen auch andere Stände geraten fanden" (Kant 1983, S. 32) nicht von ihm selbst zusammengefasst und publiziert vor (Gedan 1905). Umso aufschlussreicher für unsere zentrale Fragestellung, nämlich der Ideengeschichte der Mensch-Umwelt-Beziehungen aus eine primär geographischen Perspektive nachzuspüren, ist daher die schon zu Kants Lebzeiten in zwei Auflagen veröffentlichte „Anthropologie" in pragmatischer Hinsicht. Beiden jeweils im Sommer- bzw. im Wintersemester angebotenen Vorlesungen liegt als Ziel und Zweck die Vermehrung der „Weltkenntnis" zu Grunde. Ausgehend von der Prämisse, dass „die physiologische Menschenkenntnis … auf die Erforschung dessen, was die Natur aus dem Menschen macht [ausgehe], die pragmatische auf das, was er als frei handelndes Wesen aus sich selber macht, oder machen kann und soll" (Kant 1983, S. 29) eröffnet der Königsberger Philosoph seine Abhandlung mit der für die Frage der Mensch-Umwelt-Beziehungen programmatisch aufklärerischen Grundaussage:

> „Dass der Mensch in seiner Vorstellung das Ich haben kann, erhebt ihn unendlich über alle andere auf Erden lebende Wesen. Dadurch ist er eine *Person* und vermöge der Einheit des Bewusstseins bei allen Veränderungen, die ihm zustoßen mögen, eine und dieselbe Person, d. i. ein von *Sachen*, dergleichen die vernunftlosen Tiere sind, mit denen man nach Belieben schalten und walten kann, durch Rang und Würde ganz unterschiedenes Wesen, selbst wenn er das Ich noch nicht sprechen kann, weil er es doch in Gedanken hat: wie es alle Sprachen, wenn sie in der ersten Person reden,

doch denken müssen, ob sie zwar diese Ichheit nicht durch ein besonderes Wort ausdrücken. Denn dieses Vermögen (nämlich zu denken) ist der *Verstand.*"
(Kant 1983, S. 37)

Im Übrigen finden sich im geographisch-anthropologischen Werk Kants kaum explizite Ausführungen zum Verhältnis von Menschen oder Gesellschaften zu ihren spezifischen physischen Umwelten, und so gut wie gar nichts über etwaige Zusammenhänge und/oder Prägungen des Menschen durch die Natur. Selbst in den relativ ausführlichen Bemerkungen zu den Temperamenten der Menschen – Choleriker, Sanguiniker, Melancholiker, Phlegmatiker – finden sich keine Hinweise auf irgendwelche naturphänomenalen Einwirkungen auf das Menschengeschlecht. Im Gegenteil: Die physische Natur bleibt aus der Betrachtung ausgespart. Zur kosmologischen und spirituellen Umwelt des Menschen und seinem Verhältnis zu einem übergeordneten Schöpferwesen finden sich allenthalben in den als „Reflexionen zur Anthropologie" bezeichneten Anhängen zu dem Traktat vereinzelte Hinweise. So ergänzt Kant, ganz im Geiste der Aufklärung:

> „1396. Der Mensch erreicht wirklich seine ganze Naturbestimmung, d. i. Entwickelung seiner Talente, durch den bürgerlichen Zwang. Es ist zu hoffen, er werde auch seine ganze moralische Bestimmung durch den moralischen Zwang erreichen. Denn alle Keime des moralisch Guten, wenn sie sich entwickeln, ersticken die physischen Keime des Bösen. Durch den bürgerlichen Zwang entwickeln sich alle Keime ohne Unterschied. Dieses ist die Bestimmung der Menschheit, aber nicht des einzelnen, sondern des Ganzen. Darin müssen immer Verschiedenheiten der Ordnung sein, aber doch das *Maximum* der Summe.
> Das Reich Gottes auf Erden: das ist die letzte Bestimmung des Menschen. Wunsch (Dein Reich komme). Christus hat es herbeigerückt; aber man hat ihn nicht verstanden und das Reich der Priester errichtet nicht das Gottes in uns."
> *(ebd. 1983, S. 336)*

Und er fährt sodann in einer weiteren Anmerkung fort:

> „1454. Von der Naturbestimmung des Individuum und der Gattung, die am Menschen verschieden sein. Die letztere ist der ersteren entgegen, indem sie sich immer perfektioniert durch Vernunft, indessen dass die Natur immer dieselbe bleibt. Der größte Widerstreit ist immer in der Zeit des Überganges von der Naturbedürfnis durch den Luxus zur Vernunfteinrichtung, daher alle Laster im Streite der Tierheit mit der Menschheit. Allein vollkommene Kunst wird wieder zur Natur. Rousseau: vom Schaden der Wissenschaften und der Ungleichheit der Menschen hat ganz recht, aber nicht als Forderung dahin zurückzukehren, sondern darauf zurückzuweisen, um in dem Wege zur Vollkommenheit auf die Naturzwecke zu sehen, damit jene künstliche Anordnung immer mehr mit der Naturordnung einstimmig werde. Es lässt sich schwer ausmachen, ob die Kultivierung und Zivilisierung mehr Übel bei sich führe als die rohe Natur. Sie macht unerhörte Laster so wie Studieren neue Irrtümer, aber sie vergütet sie sowohl als Schmerz durch neue Tugenden. Streit der Rohigkeit mit der Kultur, des Instinkts mit der Vernunft, der Tierheit mit der Menschheit.
> Die (Natur) Bestimmung des Menschen ist die Entwickelung aller Talente und die auf die höchste Kunst gegründete Glückseligkeit und Gutartigkeit. Dazu bedient sich die Natur des Schmerzens und der Übel, die sie uns antut, noch mehr: die wir uns selbst zuziehen. Dieser Bestimmung der Menschengattung müssen wir folgen. Moralität ist eine Sache der Kunst, nicht der Natur. Rohe Zeitalter sind grausam, gewalttätig."
> *(ebd. 1993, S. 363 f.)*

Mit Immanuel Kant – und hier insbesondere mit den drei Kritiken: „Kritik der reinen Vernunft" (1781), „Kritik der praktischen Vernunft (1788) und „Kritik der Urteilskraft" (1790) – erreicht der sich über Jahrhunderte hinziehende und hier nur in Andeutungen rekonstruierte Emanzipationsprozess des Menschen als einem selbstbestimmten Wesen seinen Höhepunkt und wohl auch Abschluss: Der Mensch ist „sein eigener letzter Zweck", wie es in der Vorrede der „Anthropologie" ausdrücklich heißt.

Sucht man das Gesagte im Hinblick auf die Geschichte der Mensch-Umwelt-Beziehungen zusammenzufassen, so lassen sich in der Abfolge von Empirismus, Rationalismus und Aufklärung, die philosophisch ihren Höhepunkt in Kants Antwort auf die Frage „Was ist Aufklärung?", wissenschaftshistorisch in der großen Enzyklopädie von Diderot und d'Alembert findet, insgesamt fünf Ergebnisse festhalten:

A) Die definitive Hintanstellung religiös- und/oder philosophisch-spekulativer Deutungen der Welt zu Gunsten faktisch-nachweisbarer und empirisch-belegbarer Erklärungen.

B) Die Fixierung eines wissenschaftstheoretischen Dualismus mit einer zunächst sehr grobschlächtigen Zweiteilung in Naturwissenschaften einerseits, Geisteswissenschaften im weitesten Sinne andererseits.

C) Das nunmehr auch theoretisch begründete und damit legitimierte Auseinanderdriften wissenschaftlicher Fragestellungen sowie Methoden und Theorien zu ihrer Beantwortung.

D) Die endgültige Etablierung einer Vielzahl wissenschaftlicher Disziplinen mit speziellen Fragestellungen und wissenschaftlichen Arbeitsmethoden.

E) Das (vorläufige?) Ende holistisch-integrativer Weltsichten zugunsten differenziert-spezialisierter Detailforschung.

Alle diese Entwicklungen im Bereich von Theologie, Philosophie und Naturwissenschaften gehen einher mit entsprechenden Veränderungen in fast allen Lebensbereichen von Politik und Gesellschaft, Wirtschaft und Verkehr. Ähnlich wie der Übergang vom späten Mittelalter zur frühen Neuzeit ist auch das Ende des 18. Jahrhunderts durch eine Reihe ko-evolutionärer Entwicklungen gekennzeichnet, die das Menschenbild ebenso verändern wie die Weltsicht im naturwissenschaftlichen und religiös-geistesgeschichtlichen Sinne. Kants provokative Antwort auf die oben zitierte Frage lautet:

> *„Aufklärung ist der Ausgang des Menschen aus seiner sebstverschuldeten Unmündigkeit. Unmündigkeit* ist das Unvermögen; sich seines Verstandes ohne Leitung eines anderen zu bedienen. *Selbstverschuldet* ist diese Unmündigkeit, wenn die Ursache derselben nicht am Mangel des Verstandes, sondern der Entschließung und des Mutes liegt, sich seiner ohne Leitung eines anderen zu bedienen. Sapere aude! Habe Mut, dich deines *eigenen* Verstandes zu bedienen! ist also der Wahlspruch der Aufklärung."
> *(Kant 1783; zitiert nach Bahr 1996, S. 9)*

Dabei sei nochmals betont, dass ein derart emanzipiertes Selbstverständnis des Menschen nicht losgelöst von den sich gleichzeitig entwickelnden politischen wie wirtschaftlich-gesellschaftlichen Rahmenbedingungen gesehen werden kann. Insbesondere das soziale Elend der durch den Feudalismus geknechteten großen Masse der Bevölkerungen in vielen europäischen Ländern wie auch die politische Unruhe in den von Großbritannien abhängigen Kolonien in Nordamerika mit ihren an der französischen Aufklärung geschulten Ideen bildeten einen fruchtbaren

Nährboden für revolutionäres Gedankengut und wirtschaftliche Veränderungen. So waren es nicht nur die weithin theoretisierenden Schriften und Gedanken von Montesquieu, Rousseau, Voltaire oder Kant, sondern auch die soziale Lage der Bevölkerung, die das Fundament einer neuen Zeit bereiteten. In England beispielsweise entwickelte sich der Abfall der nordamerikanischen Kolonien und die auf den Britischen Inseln zur gleichen Zeit zunehmende Diskrepanz zwischen einer schnell wachsenden Bevölkerung und eines nur sehr begrenzt ausweitbaren Nahrungsspielraumes zu einer der zentralen Fragen auch der Sozialpolitik. Ihren Höhepunkt erreichte das Hauptproblem der künftigen Wirtschafts- und Gesellschaftsentwicklung mit dem zunächst anonym erschienenen Traktat „An Essay on the Principle of Population as it Affects the Future Improvement of Society" (1798), zu dessen Autorenschaft sich später der Theologe und Ökonom Thomas Robert Malthus (1766–1820) bekennen sollte. Mit diesem nicht mehr nur theoretisch-abstrakt, sondern explizit politisch argumentierenden Essay wurde ein neuer Weg beschritten, der sich praktisch und pragmatisch um die Lösung brennender politischer, sozialer und wirtschaftlicher Fragen bemühte. Damit aber tritt auch der Diskurs über die Rolle des Menschen in der Natur, über das Neben- und Miteinander von Natur und Kultur sowie über die Stellung beider in einem religiös-philosophischen Kontext in eine neue Phase, die in ganz entscheidender Weise von einer neuen Wirtschafts- und Gesellschaftsordnung bestimmt werden wird: die Industrialisierung und die sie begleitende „Große Transformation".

Fazit:
Ein Rückblick auf das Holozän und die Entwicklung der Mensch-Umwelt-Verhältnisse

Hatten wir das Pleistozän, insbesondere die letzte große Würm-/Weichseleiszeit als die Szene beschrieben, vor der sich die Entfaltung des modernen Menschen bei gleichzeitigem Verschwinden seines letzten stammesgeschichtlichen Konkurrenten, des Neandertalers, vollzog, so steht die Nacheiszeit, das Holozän, für das letzten Endes bis in die jüngste Vergangenheit anhaltende Nebeneinander verschiedenster Lebens- und Wirtschaftsformen des homo sapiens sapiens. Das letzte große Glazial mit einer Dauer von etwa 100.000 Jahren war gekennzeichnet durch eine extrem spärliche Bevölkerungsdichte mit einer allenfalls sporadischen Hordenbildung. Zudem verfügten die Menschen lediglich über Steinwerkzeuge, sodass insbesondere in den warmzeitlichen Oszillationen (vgl. Farbabb. 1) hier und da vorübergehende Eingriffe in die Naturhaushalte möglich waren, diese aber keine bleibenden Folgen hinterließen. So sind Hinweise auf die Tätigkeiten der Eiszeitmenschen und ihre Umweltwahrnehmungen uns erhalten geblieben in punktuellen Zeugnisse eindrucksvoller Eiszeitkunst, wie z. B. die großartigen Höhlenmalereien des Aurignacien in der Grotte von Chauvet/Frankreich oder die Plastiken des Aurignacien/Gravettien am Südrand der Schwäbischen Alb. Aber auch die Höhlenbildnisse von Altamira und Lascaux am Ende des Weichsel-Glazials gehören zu den wenigen materiellen Belegen einer kunstvollen Kultur jenseits der zahlreichen Relikte steinzeitlicher Schaber, Klingen und Messer. Wenn wir ehrlich sind, wissen wir bislang nur Weniges über Menschen und ihre Umwelten im Pleistozän.

Das Holozän, das vor etwa 15.000 v. h. langsam einsetzt und bis in die Gegenwart andauert, löst die Eiszeit ab. Nach kurzfristigen Schwankungen, insbesondere nach den zum Teil sehr vehementen Pendelschlägen im Spätglazial – in Norddeutschland: Meiendorf/Bölling/Alleröd als warme, die jüngere Tundrenzeit als nochmalige Kaltphase (vgl. Farbabb. 2) –, steigt mit dem Holozän 11.560 Jahre v. h. die Temperatur innerhalb von 10 bis 15 Jahren um etliche Grade an; manche Wissenschaftler argumentieren mit Anstiegen von 5 °C bis 6 °C. Es beschert der Erde Klimabedingungen, die, von geringfügiger Oszillation der Temperatur- und Niederschlagsverhältnisse abgesehen, den heutigen gleichen. Welch ein Unterschied jedoch in der Menschheitsentwicklung in diesem Zeitraum, der nur etwa ein Achtel der Zeitspanne der letzten Eiszeit ausmacht. Ganz abgesehen davon, dass das Holozän gekennzeichnet ist durch die Sesshaftwerdung des Menschen, beginnt nun die Umgestaltung der Natur zum Merkmal der neuen Mensch-Umwelt-Beziehungen zu werden. Anders ausgedrückt: Von der Anpassung an die Natur führt der Weg zur Aneignung der Natur! Und Aneignung der Natur heißt nicht nur ihre allmähliche physische Durchdringung und Veränderung, es heißt auch ihre geistige und religiös-philosophische Einverleibung. Die Ausführungen des Kap. 3 haben andeutungsweise diesen Diskurs aufgezeigt, und den Weg von der abendländischen Antike bis zur Renaissance und Aufklärung rekonstruiert.

Rückblickend lässt sich das Geschehen der letzten 12.000 Jahre seit der Neolithischen Revolution durch vielleicht drei grundlegende Entwicklungen, bezogen auf das Problem der Mensch-Umwelt-Beziehungen, zusammenfassen. Es handelt sich dabei um ein seit der Sesshaftwerdung des Menschen zu konstatierendes akzelerierendes *Bevölkerungswachstum*, das bis heute anhält und das allein durch die schiere Zahl der Menschen von Einfluss auf Natur und Umwelt sein muss. Das Bevölkerungswachstum geht einher mit einer in ihren Ausmaßen kaum erfassbaren *Entfaltung der geistigen Fähigkeiten, technisch-technologischer Innovationen und gezielter Interventionen* in die Natur und die natürliche Umwelt. Auch dieses ist ein Prozess, der bis heute andauert. Die Menschheitsentwicklung im Holozän ist schließlich geprägt durch eine gesteigerte *Reflexion des Menschen in seinem Verhältnis zu Gott und der Natur.* Sie trägt zu seiner Wandlung von einem naturbestimmten Wesen zu einem emanzipierten geist- und verstandbestimmten Wesen bei, dessen Blick auf die Natur sich wandelt.

Bevölkerungswachstum: Es ist selbstverständlich, dass die Rekonstruktion der globalen Bevölkerungsentwicklung auf mehr oder weniger spekulativen Schätzungen basiert. Dennoch weisen entsprechende Kompilationen ein überraschend hohes Maß an Übereinstimmungen auf (vgl. Tab. 8).

Der Anstieg der Bevölkerungszahlen von geschätzten 10 Millionen Erdbewohnern vor etwa 9.000 Jahren auf 600 Millionen in der Mitte des 19 Jahrhunderts zeigt die Dramatik der menschlichen Eroberung des Planeten Erde. Auch wenn diese Zuwächse ungleichmäßig über die Kontinente verteilt sind und viele Menschen noch bis in die Neuzeit hinein als Wildbeuter, Sammler und Jäger auch auf Wirtschaftsstufen verharrten, die kaum mit nachhaltigen Eingriffen in die natürlichen Ökosysteme verbunden waren (vgl. Farbabb. 12), so ist dennoch der naturraumverändernde Einfluss der Menschen hoch zu veranschlagen. Das gilt insbesondere für Europa, dem dichtbesiedelsten Teil der Erde (vgl. Tab. 9). Es musste die schnell zunehmende Bevölkerung ja nicht nur ernährt werden, sondern die Städte und ihre rasant wachsenden Einwohnerbedürfnisse entwickelten sich zu Motoren anthropogener Umweltzerstörung.

Tab. 8:   Das Wachstum der Erdbevölkerung und seine Verdoppelungszeiträume (Ehlers 1984)

Zeitraum	Steigerung	Verdopplung in Jahren
7000–4500 v. Chr.	von 10 Mill. auf 20 Mill.	2.500
4500–2500 v. Chr.	von 20 Mill. auf 40 Mill.	2.000
2500–1000 v. Chr.	von 40 Mill. auf 80 Mill.	1.500
1000 v. Chr.–Christi Geburt	von 80 Mill. auf 160 Mill.	1.000
Christi Geburt–900	von 160 Mill. auf 320 Mill.	900
900–1700	von 320 Mill. auf 600 Mill.	800
1700–1850	von 600 Mill. auf 1200 Mill.	150
1850–1950	von 1200 Mill. auf 2500 Mill.	100
1950–1980	von 2500 Mill. auf 5000 Mill.	30

Tab. 9:   Das Bevölkerungswachstum der Erde in Raum und Zeit (erweitert nach Ehlers 1984)

A. Bevölkerung (in Mill.)	1650	1750	1850	1950	1980	2007
Europa	100	140	266	529	754	733
Asien	330	479	749	1413	2608	4010
Afrika	100	95	95	198	486	944
Amerika	13	12	59	330	620	904
Australien/Ozeanien	2	2	2	13	23	35
Gesamt	545	728	1171	2482	4491	6626

B. Bevölkerungsanteile (in %)	1650	1750	1850	1950	1980	2007
Europa	18,4	19,2	22,7	21,3	16,8	11,1
Asien	60,5	65,8	63,9	56,9	58,1	60,5
Afrika	18,4	13,1	8,1	8,0	10,8	14,3
Amerika	2,4	1,6	5,1	13,3	13,8	13,6
Australien/Ozeanien	0,3	0,3	0,2	0,5	0,5	0,5

Die regional differenzierten Wachstumzahlen und ihre prozentualen Anteile an der Weltbevölkerung belegen für den Zeitraum 1650 bis 1850 die Dominanz Europas und Asiens, wobei die Bevölkerungszahl Europas vor allem durch ihre Relation zu dem relativ engen Raum gesehen werden muss. Im Vergleich dazu sind Afrika und Amerika durch Krankheiten, Epidemien oder systematische Ausrottung ihrer Bevölkerung in ihrem Wachstum gehemmt oder gar rückläufig. Erst in der Mitte des 19. Jahrhunderts beginnt der Umschwung zu der uns heute bekannten Situation: explodierendes Bevölkerungswachstum weltweit, rasante Zuwächse vor allem in Afrika und Asien, stagnative Tendenzen in den ursprünglichen Vorreitern des Booms, insbesondere in Europa.

Geistige Emanzipation und technologische Innovation: Auch nur annähernd die Prozesse der geistigen Menschwerdung im Holozän zusammenfassend anzusprechen ist im Rahmen dieses Buches und auch vom Selbstverständnis der Verfassers her nicht zu leisten. Auf einige wenige Fortschritte wurde verwiesen, z. B. auf die Entwicklungen von Schrift und Wissenschaften in den altorientalischen Hochkulturen und in der abendländischen Antike, auf die sogenannte „kopernikanische Wende" und ihre Konsequenzen für das Welt- und Menschenbild der Neuzeit oder auf die Errungenschaften der Aufklärung. Aber auch im Bereich technologischer Neuerungen kennt das Holozän Menschheit wie Natur verändernde Entwicklungen. Zu ihnen zählen beispielsweise die Erfindung von Rad und Wagen, die irgendwo in das 4. Jahrtausend v. u. Z. mit mehreren Ursprungszentren zugleich datiert wird (Fansa/Burmeister 2004). Es gehört dazu die Erfindung des Schießpulvers in China im 8./9. Jahrhundert ebenso wie die angesprochene Erfindung des Buchdrucks durch Gutenberg. Diese – und die nicht benennbare Zahl vieler weiterer Meilensteine der geistigen und technologischen Evolutionen wie Revolutionen der homines sapientes – führen, zumeist wohl unmerklich und ungewollt, zu einer Herauslösung des Menschen aus dem Reich der Natur, dem er angehört und entstammt, zu einer Kulturwelt, die anthropogen bestimmt wird, geistig wie materiell. Dieser Herauslösungsprozess wird begleitet von einem wachsenden Überlegenheits- und Souveränitätsgefühl des Menschen gegenüber seiner Mit- und Umwelt, die er zunehmend glaubt, nach seinem Willen und seinen Vorstellungen gestalten und manipulieren zu können.

Aus historischer Retrospektive wird man sogar konstatieren können, dass dem Menschen diese Versuche in vielen, vielleicht in den meisten Fällen sogar gelungen zu sein scheinen. Nicht nur, dass es gelang, die immer schneller wachsende Zahl von Erdbewohnern zu ernähren (wenn auch allzu oft mehr schlecht als recht!), sondern auch, dieses ohne jene Maße an Naturzerstörung zu bewerkstelligen, die irreparable Schädigungen des Systems Erde im gleichen Umfang wie heute zur Folge gehabt hätten. Natürlich gibt es auch hier Ausnahmen, die das Gegenteil beweisen. Erinnert sei nur an den anthropogenen Raubbau mediterraner Ökosysteme in der Antike!

Reflexionen des Menschen über „Gott und die Welt" und seine Stellung zum System der Natur: Herausragendes Ergebnis des menschlichen Emanzipationsprozesses im Holozän dürfte die Bewusstwerdung der Sonderstellung des homo sapiens sapiens im Reich der Natur sein. Dass es sich bei einer solchen Selbstvergewisserung ganz offensichtlich um ein Grundbedürfnis des Menschen handelt, belegen kultisch zu deutende Artefakte der Vor- und Frühgeschichte, ebenso aber auch die vielfältigen Mythen und Mythologien schriftloser Völker. Von den ältesten Texten an – und jenseits kultureller, religiöser oder historischer Grenzen – wird dann diese Selbstsicht konkreter fassbar. Der Mensch als Geschöpf eines göttlichen Wesens, dem zu huldigen und zu opfern ihm auferlegt und/oder Bedürfnis ist, ist ein fast ubiquitärer Topos. Dass sich dieses Abhängigkeitsverhältnis von einem Schöpferwesen im Laufe der Menschheitsgeschichte gewandelt und kulturraumspezifische Eigenheiten entwickelt hat, wurde im Überblick deutlich. Eine Schlüsselphase in diesen Entwicklungen scheint das erste Jahrtausend v. u. Z. zu sein, die sogenannte Achsenzeit. In ihr prägen sich jene vier Weltreligionen in vier Erdregionen heraus, die bis heute fortwirken: Konfuzianismus und Daoismus in China, Hinduismus und Buddhismus in Indien, der alttestamentliche Monotheismus in Israel sowie der philosophische

Rationalismus in Griechenland. Die beiden letzten werden die Wurzeln des nur kurze Zeit später entstehenden Christentums. Alle diese Religionen und ihre ethischen wie auch religiösen Vorstellungen enthalten jene Aussagen und Verhaltensvorschriften zur Frage der Mensch-Umwelt-Beziehungen, die bis heute als immer wieder verbindlich zitiert werden (vgl. dazu auch Coward 2003, Gerlitz 1998, Kessler 1996, Klöcker/Tworuschka 2005, Michaels 2003). Deutlich wird aber auch, dass mit zunehmender Reflexion über die Stellung des Menschen im Gesamtgefüge des Kosmos wie auch im Reich der Natur eine zunehmende Selbstsicherheit der Menschen zu beobachten ist: vom bedingungslos ergebenen Geschöpf zum „Ebenbild" Gottes und gar zur Schöpferpersönlichkeit selbst. Auch hier markiert in der westlichen Welt die Aufklärung einen Wendepunkt in dem über Jahrhunderte und Jahrtausende gewachsenen Selbstbewusstsein des Menschen.

Es ist naheliegend, dass sich mit der zunehmenden Selbstvergewisserung des Menschen auch eine Veränderung menschlicher Sichtweisen auf Gott und die Welt einstellen. Mittelstraß (2003) hat die menschlichen Interpretationen von Natur unter Rückgriff auf frühere Überlegungen (1981/1982, 1989) auf die Formeln der Aristoteles-, Hermes/Renaissance-, Newton-, Darwin-, oder Einstein-Welten zerlegt, wobei jede dieser Welten für ein wissenschaftliches Konstrukt stehe und damit auch die menschliche Sicht von Natur szientistischen Moden und Wandlungen unterliege. Sieferle (2003b) unterscheidet Welt- und Natursichten im christlichen Glaubenskontext, im Licht der Aufklärung und aus der Gegenwartsperspektive heraus. Er schlussfolgert, dass sich der traditionelle qualitative Gegensatz zwischen Natur und Kultur, zwischen Natur- und Kulturlandschaft, zwischen Stadt und Land angesichts der Umweltprobleme der Moderne aufzulösen beginnen. Auch er verweist auf den kulturellen Wandel des Gesellschaft-Natur-Verhältnisses (1989, 1997a) sowie auf den sozialen Konstruktivismus des Naturbegriffs. Beispiele dieser Art ließen sich fortsetzen.

Über lange Zeiten hinweg haben religiös und kulturell geprägte Vorstellungen und Vorschriften das Verhalten der Menschen gegenüber Natur und Umwelt geprägt. Und im Laufe des Holozäns sind die mit ihnen verbundenen Wert- und Normvorstellungen zu Maximen menschlichen Handelns geworden. Andererseits haben das globale Bevölkerungswachstum, die Migrationen von Menschen und Ideen sowie ein wohl in fast allen Kulturen zu beobachtender Säkularisierungstrend die moralisch-ethischen Dimensionen des Mensch-Umwelt-Verhältnisses immer stärker in den Hintergrund treten lassen. So verwies der Philosoph Honnefelder (1995) darauf, dass aus der Frage, was den Menschen denn vor der Natur schütze, inzwischen die Frage würde, was die Natur vor den Menschen schützen kann. Und aus der Sicht der Naturwissenschaften fordert H. Markl (1986, 2001), dass der Schutz der Natur sich zu einer Kulturaufgabe für die Menschheit entwickelt habe.

Der in den letzten Bemerkungen sich andeutende Perspektivenwechsel bezüglich des Verhältnisses der Menschen zu der sie umgebenden Natur und zu ihren spezifischen Umwelten ist relativ jungen Datums. Er geht zurück auf die in den 1980er-Jahren immer deutlicher werdenden Anzeichen eines offenkundigen Klimawandels und der gravierenden Veränderungen der lokalen wie globalen Umwelten der Menschen. Zunächst von primär wissenschaftlichem Interesse, haben Themen wie Temperaturanstieg, Gletscherschmelze, Spiegelanstieg der Weltmeere, Überschwemmungen oder Dürrekatastrophen heute längst weltpolitische Dimensionen erreicht und beherrschen die öffentliche Diskussion. Der Übergang von einer naturdeterminierten Erd-

und Klimageschichte zu einer menschengemachten Umgestaltung der Geo- und Biosphäre unseres Planeten und der ihn umgebenden Atmosphäre (Messerli u. a. 2000) scheint ausgemacht.

Vor diesem Hintergrund stellt sich die Frage nicht nur nach den Ursachen für einen solchen Wandel, sondern auch die nach den Implikationen für die Menschheit, für ein (verändertes?) Verhältnis des Menschen zu Natur und Umwelt sowie die Frage nach dem wissenschaftsgeschichtlichen Umgang mit diesem Phänomen. Im Vorhergehenden wurde betont, dass Pleistozän und Holozän gekennzeichnet waren durch Anpassung des Menschen an die Natur, später dann durch zunehmende Aneignung derselben, ohne jedoch die natürlichen Grundlagen menschlicher Existenz irreparabel zu vernichten. Nachwachsende Rohstoffe und erneuerbare Energien bildeten die Basis dieser heute als „nachhaltig" bezeichneten Lebens- und Wirtschaftsweise der Menschheit (Sieferle 2003a). Im 18. Jahrhundert jedoch begannen sich ökologische, ökonomische und soziale Krisensymptome so zu mehren und miteinander zu vermischen, dass das Gleichgewicht von Ökologie und Ökonomie zunehmend aus den Fugen geriet. Aus historischer Retrospektive ist es unschwer, die sogenannte Industrielle Revolution an der Wende vom 18. zum 19. Jahrhundert als Ursache des Wandels auszumachen, ging sie doch einher mit dem Übergang zur Nutzung fossiler Energien, die in unermesslicher Fülle verfügbar zu sein schienen.

Eine zunehmende Zahl von Wissenschaftlern neigt der Auffassung zu, dass die Industrielle Revolution eine ähnliche Bedeutung für die Menschheitsgeschichte habe wie die Neolithische Revolution vor etwa 10.000 bis 12.000 Jahren. Und so, wie diese einhergeht mit der Wende vom Pleistozän zum Holozän, so empfehlen sie, auch die Industrielle Revolution zu einer Zeitmarke zu erheben und mit ihr das Holozän zu einem Abschluss zu bringen. Ihr Vorschlag: mit der Industriellen Revolution beginnt eine neue und nicht nur menschheitsgeschichtlich, sondern auch erdgeschichtlich zu definierende Epoche: das Anthropozän!

Wir schließen uns dieser Empfehlung an, wie es ja auch im Titel dieses Buches zum Ausdruck kommt. Bevor indes im folgenden Kapitel ausführlichere Begründungen für die Sinnhaftigkeit einer solchen zeitlichen Kategorisierung und ihrer Bezeichnung als einer „geology of mankind" gegeben werden (vgl. dazu ausführlicher Crutzen 2002, 2006, Crutzen/Stoermer 2000), seien zwei einschränkende Vorabbemerkungen angebracht. Zum einen: Ob es sachlich gerechtfertigt ist, das Anthropozän als eine eigenständige geologische Epoche oder aber lediglich als rezente Facette des Holozän zu verstehen, wird erst die Zukunft erweisen müssen. Zum anderen: Es ist zu fragen, ob der Terminus der Industriellen Revolution und die Auswirkungen der Industrialisierung allein ausreichen, um die grundlegenden Veränderungen im Mensch-Umwelt-Verhältnis und in anderen Bereichen von Wissenschaft, Wirtschaft und Gesellschaft umfassend zu charakterisieren. Es wird daher vorgeschlagen, die Wende vom 18. zum 19. Jahrhundert als den Beginn einer Großen Transformation (Great Transformation; Polanyi 1944) zu bezeichnen, deren Merkmale die des Anthropozäns sind und von der die Industrielle Revolution ein wichtiger Teil und eine ihrer wichtigen Voraussetzungen ist.

4 Das Anthropozän –
Die „Große Transformation"

Wie angedeutet: Die Wende vom 18. zum 19. Jahrhundert markiert den Wandel von einer das gesamte Holozän über tragfähigen Lebens- und Wirtschaftsweise des Menschen zu einem wirtschaftlich wie sozial, politisch und geistig-kulturell neuen Abschnitt der Menschheitsgeschichte. Waren die vorangegangenen Jahrtausende durch weitestgehend sich die Natur aneignende und sie nutzende Lebens- und Wirtschaftsformen gekennzeichnet, so haben sich am Ende des 18. Jahrhunderts die Rahmenbedingungen grundlegend verändert. Einem globalen, v. a. aber in Europa ausgeprägten Bevölkerungszuwachs stehen immer knapper werdende Ressourcen gegenüber. Verknappung steht einmal für landwirtschaftliche Nutzflächen, die ausreichend Nahrungsmittel produzieren, wobei insbesondere die Bewohner der schnell wachsenden Städte neue Ansprüche stellen; zum anderen steht Verknappung für die immer schmaler werdende energetische Ressourcenbasis der Städte, des expandierenden Manufakturwesens und die in ersten Ansätzen sichtbar werdenden industriellen Aktivitäten. Die überkommen und über Jahrtausende hinweg ausreichenden Energieträger Wind, Wasser und Sonne vermögen Nachfrage und Bedürfnisse nicht mehr zu decken. Vor allem die Wälder sind erschöpft und vernichtet, sodass Holz als bevorzugter Energielieferant knapp und ein entsprechend wertvolles Gut wird.

Diesen ökonomischen Beschränkungen und ihren ökologischen Folgen stehen ein durch Rationalismus und Aufklärung beförderte Denken und Handeln einer zunehmend größer werdenden Zahl fortschrittsorientierter und unternehmungswilliger Entrepreneurs entgegen. Viele von ihnen entstammen dem Landadel oder der städtischen Kaufmannschaft. Bereit, neue Wege zu gehen und die Fortschritte in Wissenschaft und Technik zur Anwendung zu bringen, werden vor allem die unter der Erdoberfläche lagernden und als unermesslich reich empfundenen „unterirdischen Wälder" (Sieferle 1982, 2001) zu einem Objekt der Begierde. Ihre Förderung – so das Argument der Innovatoren – würde den Energiebedarf der Menschheit auf viele Jahrhunderte hinaus lösen und zugleich Grundlage eines ungeahnten wirtschaftlichen Aufschwungs und sozialen Fortschritts sein.

Es ist bekannt, dass die Britischen Inseln Schrittmacher dessen sind, was unter dem Namen „Industrielle Revolution" in die Wirtschafts- und Sozialgeschichte eingegangen ist. Und tatsächlich waren England und Wales bereits seit dem Mittelalter grenzwertig in der Produktion und dem Verbrauch von Holz (vgl. Abb. 25), sodass der wirtschaftliche Aufschwung Ende des 18. Jahrhunderts ernsthaft gefährdet war. Andererseits waren die Kohlelagerstätten in England und Wales bekannt, zumal einzelne Flöze – wie übrigens auch im Ruhrgebiet – in Taleinschnitten von Flüssen oberflächlich austraten und genutzt wurden. Der Erschließung dieser Lagerstätten kommt also zentrale Bedeutung nicht nur für die sozio-ökonomische Entwicklung der an der

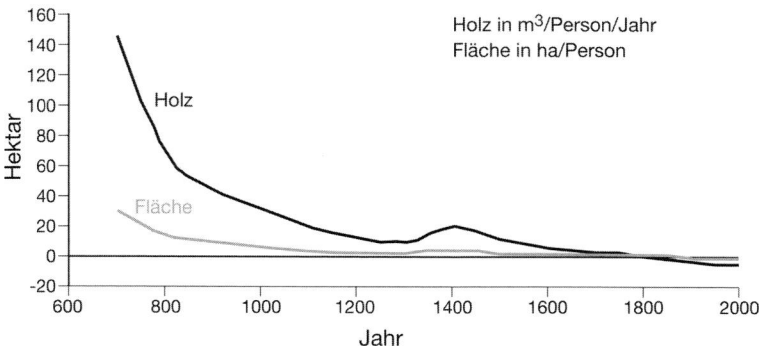

Abb. 25:   Flächen- und Holzverfügbarkeit in England und Wales, 600–2000 u. Z.
(nach Sieferle 1997b)

Wende vom 18. zum 19. Jahrhundert führenden Wirtschafts- und Kolonialmacht Europas zu, sondern der Übergang von einem auf erneuerbaren Energien basierenden Wirtschaftssystem zur Nutzung fossiler Lagerstätten soll von epochaler Bedeutung für die Menschheitsentwicklung allgemein werden. Lange Zeit galt der Terminus „Industrielle Revolution" als adäquate Umschreibung dieses Epochenwandels, wobei nicht selten das Jahr 1782 mit der Erfindung der Dampfmaschine durch James Watt als Fixpunkt genannt wird. Allerdings hat J. Radkau (2000, S. 226) darauf verwiesen, dass dieser Begriff inzwischen wohl als altmodisch zu bezeichnen sei. Als eine von mehreren möglichen neuen Umschreibungen dieser Umbruchsituation bezeichnet er ebenda den „Übergang vom solaren zum fossilen Energiesystem als Wesen dieses Wandels".

In der Zusammenfassung des vorangegangenen Kapitels wurde darauf verwiesen, dass die Wende vom 18. zum 19. Jahrhundert mehr ist als nur der Wandel von einem Energiesystem zu einem anderen. Im Gegenteil: Es ist eine grundsätzliche Veränderung von Mentalitäten, politischen Systemen, Technologie und Einstellungen zu Natur und Umwelt. Insofern sind der Wandel der Geisteshaltungen und der Weltbilder, die veränderten Interpretationen der Rolle des Menschen und seiner Stellung im Kosmos, die Entstehung neuer politischer Systeme und Kulturen oder das Heraufdämmern eines fortschrittsgläubigen Bürgertums Entwicklungen, die durch den Begriff der Industriellen Revolution nur unvollständig wiedergegeben werden. Vielleicht ist deshalb der von Polanyi geprägte Begriff der „Großen Transformation" geeigneter, die große Bandbreite der um 1800 einsetzenden Veränderungen zu umschreiben. Es geht um einen grundlegenden Wandel im Verhältnis von Mensch und Natur, physisch wie geistig. In den Worten Polanyis vollzieht sich um 1800 auf den Britischen Inseln im ökonomischen Sinne etwas, was wir in veränderter Form zuvor bei den Enzyklopädisten und Aufklärern schon kennen gelernt haben: die Auflösung ganzheitlicher Erd- und Weltsichten zu Gunsten differenzierter Teilanalysen. Er schreibt: „Traditionsgemäß waren Boden und Arbeit nicht getrennt; die Arbeit ist Teil des Lebens, Boden bleibt ein Teil der Natur, Leben und Natur bilden ein zusammenhängendes Ganzes. Grund und Boden sind […] verbunden mit Verwandtschaft, Nachbarschaft, Handwerk und Glauben, mit Stamm und Tempel, Dorf, Gilde und Kirche. Der einheitliche große Markt hingegen ist eine Form des ökonomischen Lebens, die Märkte für die einzelnen Produktionsfaktoren umfaßt […]" (1978,

S. 243 f.). Und er beklagt, dass die ökonomische Rolle des Produktionsfaktors Boden nur ein Aspekt sei. Im Gegenteil: „Er verleiht dem Leben des Menschen Stetigkeit, er ist der Ort seiner Behausung, er ist eine Bedingung für seine physische Sicherheit, er bedeutet Landschaft und Jahreszeiten" (ebd.). Der Begriff der „Großen Transformation" soll also zum Leitmotiv des Zeitabschnitts zwischen 1780/1800 und der Gegenwart werden. Ihr Kennzeichen wird die Dominanz des Menschen über die Natur oder das, was das Holozän ablöst: das Anthropozän.

Voraussetzungen und Verlauf der Industrialisierung

Alternativen zu den angedeuteten und gegen Ende des 18. Jahrhunderts immer offenkundiger werdenden Mangelerscheinungen waren begrenzt. Das gilt zunächst einmal für den Energiesektor. Wälder waren entweder durch Raubbau zerstört (Britische Inseln) oder aber degradiert (Mitteleuropa), sodass sie den steigenden Bedürfnissen der Städte und der nicht-agraren Wirtschaft nicht mehr gerecht wurden. Wind- und/oder Wasserkraft waren nur begrenzt verfügbare Ressourcen und vermochten die wachsenden Bedürfnisse nicht zu decken. Zudem waren sie standortgebunden. Das zeigen beispielsweise die Standorte der Eisenindustrie des 17. und 18. Jahrhunderts im Gebiet um die obere Lahn und die Dill im heutigen Hessen (Abb. 26). Einstmals ein durch Waldgebirge und Wasserreichtum mit stark und schnell strömenden Bächen geprägter Raum, stellten Holzkohle und durch Fließwasser getriebene Hammerwerke günstige Voraussetzungen für Abbau und Verarbeitung der seit keltischer Zeit bekannten und genutzten Eisenerze (vgl. dazu auch Tab. 6). Erst die Erschöpfung der Wälder und der damit verknüpften Holzkohlegewinnung leitete den Niedergang der hessischen und Siegerländer Eisenindustrie ein, die im 19. Jahrhundert dann weitestgehend von den steinkohleorientierten Standorten im Ruhrgebiet abgelöst wurde (vgl. Abb. 26).

Die Entwicklung in Deutschland war indes nur eine zeitlich verzögerte und in Ursachen wie Wirkungen abgeschwächte Wiederholung der veränderten Mensch-Umwelt-Beziehungen, die in England als dem Mutterland der Industriellen Revolution schon etwa 50 Jahre früher als in Mitteleuropa ihren Ausgangspunkt nahmen. Hier waren gegen Ende des 18. Jahrhunderts die wenigen noch verfügbaren Waldreserven vollkommen übernutzt bzw. zusammengebrochen, potentielle landwirtschaftliche Nutzflächen lagen brach oder waren in Schafweiden als Basis der Wollproduktion überführt. Damit waren die Möglichkeiten einer Ausweitung der Nahrungsmittelproduktion bzw. des Nahrungsspielraums erschöpft. Auch der Import neuer Kulturpflanzen, z. B. der Transfer der Kartoffel aus Amerika in die Alte Welt, sowie agrarwissenschaftliche Neuerungen vermochten der schnell anwachsenden Bevölkerung keine Sicherung ihrer Nahrungsbedürfnisse zu verschaffen. Das gilt auch für den bezeichnenderweise in England vollzogenen Übergang von der verbesserten Dreifelderwirtschaft zur Fruchtwechselwirtschaft im Rahmen der von Arthur Young (1741–1820) entwickelten Norfolk-Rotation (Abb. 12). Sie ermöglichte zwar höhere agrare Produktivität pro Flächeneinheit, doch die große Masse der Bevölkerung blieb von ihren positiven Effekten unberührt. So mehrten sich auf den Britischen Inseln mehr und früher als anderswo in Europa Hungersnöte, Seuchen und Epidemien, in deren Gefolge das soziale Elend ebenso wie die Sterberate der Bevölkerung zunahm. Die zu gleicher Zeit beginnende Abspaltung der nordamerikanischen Kolonien verschärfte die Situation, sodass die schnell

Abb. 26:
Holzkohlehütten, Wald-
schmieden und Hammerwerke
im Eder-, Lahn-Dillgebiet
vom 15.–18. Jahrhundert
(nach Nuhn 1965 und
Pletsch 1991)

wachsende Bevölkerung weder im eigenen Lande noch in Übersee ausreichende Auskommen fand. In diese Situation hinein platzte im Jahre 1798 die bereits erwähnte, zuerst anonym erschienene Schrift von Malthus mit dem Titel „An Essay on the Principle of Population, as it Affects the Future Improvement of Society [...]", die in kürzester Zeit sechs Auflagen erlebte und eine kontroverse Diskussion um die Lösung des Bevölkerungsproblems auf den britischen Inseln auslöste. Malthus argumentierte dabei, dass die Vermehrungskraft der Bevölkerung unbegrenzt größer sei als die Kraft der Erde, Unterhaltsmittel für den Menschen hervorzubringen. „Die Bevölkerung wächst, wenn keine Hemmnisse auftreten, in geometrischer Reihe an. Die Unterhaltsmittel nehmen nur in arithmetischer Reihe zu ..." (1977, S. 18). Dabei geht die Argumentation dieser als Bevölkerungsgesetz bezeichneten Grundannahme in den Worten von Malthus von der aus dem Reich der Natur abgeleiteten Beobachtung aus:

„Im Tier- und Pflanzenreich hat die Natur den Lebenssamen mit der verschwenderischsten und freigebigsten Hand weit umhergestreut. Dafür hat sie an Lebensraum und an Unterhaltsmitteln, die zur Ernährung nötig sind, gespart. Die Lebenskeime auf unserem Fleckchen Erde würden, falls sie ausreichend Nahrung und Platz zur Ausbreitung hätten, im Laufe einiger Jahrtausende Millionen

von Welten anfüllen. Die Not als das übermächtige, alles durchdringende Naturgesetz hält sie aber innerhalb der vorgegebenen Schranken zurück. Die Pflanzen- und Tierarten schrumpfen unter diesem großen, einschränkenden Gesetz zusammen. Auch das Menschengeschlecht vermag ihm durch keinerlei Bestrebungen der Vernunft zu entkommen. Bei Pflanzen und Tieren bestehen seine Auswirkungen in der Vertilgung des Samens, in Krankheit und vorzeitigem Tod, bei den Menschen in Elend und Laster. Das Elend ist eine absolut unausweichliche Folge. Das Laster ist eine sehr wahrscheinliche Folge, und wir konstatieren deshalb sein weitverbreitetes Vorkommen, aber es sollte vielleicht nicht als eine absolut notwendige Folge angesehen werden. Die Tugend fordert von uns, aller Versuchung zum Bösen zu widerstehen."
(Malthus 1977, S. 18 f.)

Am Ende des 19 Kapitel umfassenden Traktats – und das weist den Theologen wie Sozialökonomen Malthus als Mittler zwischen tradierten Glaubensvorstellungen und nüchternen politischen Pragmatiker, beeinflusst von Hume und Rousseau, aus – kommt er einerseits zu dem Schluss, dass Armengesetzgebung als Therapie gegen Not und Elend fragwürdig, wenn nicht sinnlos sei. Andererseits schließt er seine Überlegungen, unter Berufung auf Popes „Essay on Man", mit Hinweisen auf den göttlichen Schöpfungsplan:

„Der Gedanke, dass die Eindrücke und Anreize dieser Welt die Werkzeuge sind, mittels deren das Höchste Wesen aus Stoff Geist schafft, und dass die Notwendigkeit steter Mühe, um das Übel zu meiden und das Gute zu vollbringen, die hauptsächliche Quelle dieser Eindrücke und Anreize bildet, dürfte viele der Probleme mildern, die bei der Betrachtung des menschlichen Lebens ins Auge fallen. Dieser Gedanke scheint mir eine hinreichende Erklärung für die Existenz des physischen und des sittlichen Übels zu bieten, folglich auch für jenen Teil von beiden – und bestimmt handelt es sich hierbei um keinen unbedeutenden Teil –, der sich aus dem Bevölkerungsgesetz ergibt."
(ebd., S. 169)

Vor diesen geistes- und sozialwissenschaftlichen Diskursen, die im Übrigen auch bei Malthus immer wieder mit den Möglichkeiten von „improvements" als Auswegen aus der desolaten sozioökonomischen Misere versehen sind, gehen die bereits genannten technologischen Neuerungen einher, die gemeinhin als Ausdruck der Industriellen Revolution verstanden werden. Es waren Innovationen, die die Nutzung zwar bekannter, technologisch aber nicht zu beherrschender neuer Energieträger ermöglichten: die Nutzung der gewaltigen Steinkohlevorkommen der Britischen Inseln. Zum einen wurde mit Hilfe des sogenannten Puddle-Verfahrens die Verhüttung von Eisen auf der Basis der Verkokung von Steinkohle entwickelt. Nahezu parallel dazu verlief die Entwicklung der Dampfmaschine durch James Watt (1736–1819) im Jahre 1765 bzw. in einer verbesserten und auf der Basis der Kohlefeuerung arbeitenden Form in den Jahren 1782 bis 1784. Damit stand der Erschließung fossiler Energieträger nichts mehr im Wege, zumal die Dampfmaschine auch zur Entwässerung der Kohlegruben eingesetzt werden konnte und damit das Problem der Förderung von Kohle unter Tage erheblich erleichterte. Die Dampfmaschine entwickelte sich somit zum entscheidenden Agens der Industrialisierung, die von England aus ihren Siegeszug über die ganze Erde antrat.

Herausragendes Kennzeichen von Industrieller Revolution und Großer Transformation ist die Tatsache, dass um 1800 sich ein Bruch in den energetischen Grundlagen der Menschheitsentwicklung vollzieht. Das seit dem Neolithikum und bis zum späten 18./frühen 19. Jahrhundert waltende Prinzip der Mensch-Umwelt-Beziehungen kann in einem energetischen Sinne beschrieben werden als ein „agrargesellschaftliches Flächenprinzip" (dazu Sieferle 1977b). Mit dieser Kennzeichnung ist zum einen ausgedrückt, dass die seit der Sesshaftwerdung der Menschen und die seit der Domestikation von Pflanzen und Tieren sich etablierenden wirtschaftlichen Aktivitäten der Menschen durch die Agrarwirtschaft geprägt sind. Diese ist ihrer Natur nach flächig angelegt, sodass – zweitens – sich mit Land- und Viehwirtschaft ein allmählicher Transformationsprozess von einer Naturlandschaft zu einer flächenhaft agrarisch geprägten Kulturlandschaft vollzieht. Zum dritten ist mit dem Begriff „agrargesellschaftliches Flächenprinzip" ausgedrückt, dass die land- und weidewirtschaftliche Gütererzeugung von den flächenhaft verfügbaren natürlichen Ressourcen Boden, Wasser, Klima, Sonneneinstrahlung und damit von erneuerbaren Geo- und Biofaktoren geprägt ist. Daraus folgt die starke Einbettung des Menschen in seine naturgegebene Umgebung, die ihrerseits Denken, Fühlen und Handeln der Menschen seit dem Neolithikum geprägt hat. Motor des agrargesellschaftlichen Flächenprinzips aber ist die Sonnenenergie, da andere Energieträger (z. B. Wasser oder Wind) nur begrenzt und nicht überall verfügbar waren und sind.

Die Nutzung der ubiquitär vorhandenen Sonnenenergie und ihre Transformation in unterschiedliche Formen der Nutzbarkeit waren somit entscheidende Entwicklungsfaktoren der menschlichen Gesellschaften seit der „Neolithischen Revolution". Unter Auswertung einer umfangreichen Literatur hat Sieferle die Wirkungsweisen des agrarischen Energiesystems und seine Nutzung durch den Menschen über etwa 10.000 Jahre hinweg in Form von drei energetischen Metabolismen zusammengefasst; auf diese Analyse wird im folgenden explizit Bezug genommen (Sieferle 1997b, insb. S. 79–98). Demnach lässt sich Sonneneinstrahlung in drei Grundformen umwandeln:

A) metabolische Energie, bei der über Ackerbau landwirtschaftliche Güter als Basis menschlicher Ernährung erzeugt werden;

B) mechanische Energie, bei der über Weidewirtschaft tierische Futtermittel und damit tierische Arbeitskraft produziert werden;

C) kalorische Energie, die die Sonneneinstrahlung zum Wachstum der Wälder und damit zur Holz- und Wärmegewinnung nutzt.

Was konkret heißen diese Konversionen von solarer Energie in Nahrung, Arbeit und Wärme? Im *ersten* Falle – so das Argument – wird Sonnenenergie gezielt für die menschliche Nahrungserzeugung eingesetzt. Im Gegensatz zu den voragraren Gesellschaften, die sich durch Jagd und Sammelwirtschaft den natürlichen pflanzlichen wie tierischen Biomassezuwachs aneigneten, bedeuteten die seit dem Neolithikum übliche Hege und Pflege von Kulturpflanzen und Nutztieren eine gezielte Biomassenproduktion, die die Tragfähigkeit der menschlichen Lebensräume erhöhte und damit auch Bevölkerungswachstum ermöglichte. Mit anderen Worten: Die Tragfähigkeit eines beliebigen Raumes konnte durch Umwandlung in Ackerfläche und gezielte Produktion menschlicher Nahrungsmittel erheblich ausgeweitet werden.

Dieses Prinzip gilt auch für den *zweiten* energetischen Metabolismus, in dem Sonnenenergie in den Anbau von Futterpflanzen und damit in tierische Produktion umgewandelt wird. Die Erzeugung tierischer Biomasse ist indes mit weiteren Metabolismen verbunden: Weidefläche/Grünland in tierische Biomasse; tierische Biomasse in Fleischproduktion oder in tierische Arbeitskraft. Der energetische Wirkungsgrad der Umwandlung von pflanzlicher in tierische oder menschliche Biomasse wird jedoch auf allenfalls 15–20 % veranschlagt. Anders ausgedrückt:

Die durchschnittliche energetische Leistung eines Pferdes (in Form von Arbeit) wird auf 600–700 Watt veranschlagt, während der Mensch allenfalls 50–100 Watt verbrennt. Die Arbeitsleistung eines Pferdes beträgt also das Sieben- bis Achtfache der Leistungsfähigkeit eines Menschen. Beim Nahrungsenergiebedarf verhält es sich ähnlich: Er beträgt für ein Pferd etwa 100 MJ/pro Tag, bei einem Menschen etwa 12 MJ. Für unsere Fragestellung, nämlich das Verhältnis des Menschen zu seiner Umwelt, bedeutet dieses, dass der zweite energetische Metabolismus, die Umwandlung von Sonnenenergie in tierische Arbeitskraft und/oder Fleisch, die gleiche Fläche beansprucht, von der etwa 7–8 Menschen potentiell ernährt werden können.

Noch gravierender stellen sich die Effekte des *dritten* energetischen Metabolismus dar, bei dem Sonnenenergie in Holz als Grundlage der Wärmeerzeugung transformiert wird. Die gesamte Menschheitsgeschichte ist bis zum Beginn der Industriellen Revolution, wenn man einmal von Torf, Dung und anderen Formen pflanzlicher Biomasse absieht, wo immer möglich durch Holzverbrauch gekennzeichnet. Holz diente zum Bau menschlicher Behausungen, aber auch zur frühen Verhüttung von Eisen und anderen Metallen, zum Brennen von Glas, Steingut und Ziegeln, vor allem aber zum Kochen von Speisen und Heizen der menschlichen Siedlungen. War bis zum Vorabend der Industriellen Revolution und dem Bevölkerungsanstieg ein mehr oder weniger fragiles Gleichgewicht zwischen Angebot und Nachfrage in weiten Teilen Europas gegeben, so werden ab dem 18. Jahrhundert die verfügbaren Ressourcen allenthalben knapp. Für das mitteleuropäische Deutschland verweist z. B. Mitscherlich (1963) darauf, dass im frühen Mittelalter, d. h. um das 10. Jahrhundert herum, noch etwa 33 m^3 Holz/pro Person jährlich nachwachsend zur Verfügung standen. Nicht zuletzt durch die hochmittelalterliche Rodungsperiode und den Siedlungsausbau hatte sich dieses Volumen auf 6–8 m^3 Holz/pro Person im 13. Jahrhundert reduziert. Mitte des 18. Jahrhunderts werden im Durchschnitt nur noch etwa 1,5 m^3 Holz/pro Person als jährlich nachwachsend angenommen (vgl. dazu auch Radkau 1983).

Was bedeuten diese Metabolismen nun aber für die Problematik der Mensch-Umwelt-Beziehungen? Und was berechtigt uns, diese Veränderungen – über ihre technologisch-industrielle Komponente hinaus – als Ausgangspunkt einer Großen Transformation und sogar als Beginn eines potentiell neuen Erdzeitalters, des Anthropozän, zu verstehen? Der Zugriff des Menschen auf die „unterirdischen Wälder" (Sieferle 1982), auf die im wahrsten Sinne des Wortes „Black Forests" des Erdinneren, hat Konsequenzen, die im folgenden Kapitel im Hinblick auf ihre Mensch-Umwelt-Beziehungen kurz skizziert seien.

Industrialisierung und Landschaftswandel

Die Abkoppelung von der ubiquitär vorhandenen Sonnenenergie und damit von der „Fläche" als Energielieferanten und die Hinwendung zu fossilen Lagerstätten, die in räumlich konzentrierter Form auftreten, bedeutet zunächst einmal dieses: die Entmischung von über Jahrhunderte gewachsenen Raumstrukturen und agrikultureller Kulturlandschaften. Smil (1991, S. 323) hat darauf hingewiesen, dass der energetische Heizwert von Holz bei etwa 12 MJ/kg, der von Kohle bei etwa 30 MJ/kg liegt. Das heißt, dass bei einem mittleren spezifischen Gewicht von Holz von 0,5 gr/cm^3 der Heizwert der in 1 to Kohle angereicherten und verdichteten Biomasse dem Heizwert von 5 m^3 Holz bzw. dem jährlichen mittleren Zuwachs von 1 ha mitteleuropäischen Waldes entspricht. So bewirkt die fast 2-fach größere Energiedichte und ihre auf den Britischen Inseln, in Schlesien, im Ruhrgebiet oder anderswo hohe Konzentration auf engem Raum eine im Vergleich zum sonnenenergetischen System sehr viel höhere Produktivität der neuen Ressourcen. Die seit etwa 1800 zu beobachtende schnelle Erschließung immer neuer Bergwerke leitete räumliche Konzentrationsprozesse von Siedlung, Wirtschaft und Menschen ein, die die seit dem Neolithikum gewachsenen Mensch-Umwelt-Beziehungen grundlegend auf den Kopf stellten. Vorraussetzungen der Konzentration von Siedlung und Wirtschaft waren einerseits die Kohlelagerstätten und die sie bedingenden Förder- und Folgeeinrichtungen, andererseits die im Gefolge der Industriellen Revolution entstehenden neuen Verkehrsmittel. Vor allem der in der ersten Hälfte des 19. Jahrhunderts einsetzende Bau von Eisenbahnen förderte die Zentrierung des Siedlungssystems und vernetzte deren Knotenpunkte miteinander.

Ergebnis dieser Prozesse ist die Entwicklung einer neuen Raumordnung und Raumstruktur. Es formierte sich eine fragmentierte Kulturlandschaft mit dem Gegensatz von ländlich-agraren Produktionsräumen einerseits und sich dynamisch entwickelnden urbanen Industrie-, Handels- und Verwaltungszentren andererseits. Begleitet wurde dieser sich im Raum manifestierende Wandel von entsprechenden Veränderungen der Bevölkerungsverteilung. Prägten bis in das ausgehende 18. und frühe 19. Jahrhundert hinein der ländliche Raum sowie die große Zahl der im 12./13. Jahrhundert gegründeten Städte – zumeist Kleinstädte mit nur wenigen tausend Einwohnern – das Bild einer fast gleichmäßigen Bevölkerungsverteilung im (mittel-)europäischen Raum, so zogen Bergbau, Industrie und Verkehr immer mehr und immer schneller Menschen in deren Knotenpunkte. Eine zweite Urbanisierungsphase war die Konsequenz. Dabei handelte es sich allerdings nicht um eine Neugründungsphase von Städten wie im hohen Mittelalter, sondern um ein eher selektives Wachstum einzelner Städte als Industriezentren oder Verkehrsknotenpunkte des sich schnell ausbreitenden Straßen- und Eisenbahnnetzes.

Die Umgestaltung der über lange historische Zeiträume gewachsenen Agri-Kulturlandschaften in „totale Landschaften" (Sieferle 1997b, S. 205 ff.), die bis heute in permanenter Weiterentwicklung und Umgestaltung begriffen sind, ist die eine Seite dieser Großen Transformation. Ihre Kehrseite ist der gesellschaftliche Wandel. Er wird gesteuert durch verschiedene Faktoren. Zum einen ist es das natürliche Bevölkerungswachstum, von dem Malthus behauptet, dass es „festgefügter Bestandteil unserer Natur" sei: „Die Leidenschaft zwischen den Geschlechtern ist notwendig und wird in etwa in ihrem gegenwärtigen Zustand bleiben" (Malthus 1798/1977, S. 17). Da ihr Wachstum aber „unbegrenzt größer ist als die Kraft der Erde, Unterhaltsmittel für den Menschen hervorzubringen" (ebd., S. 18), seien Not und Elend permanente Begleiterscheinungen der Bevölkerungszuwächse. Natürliches Bevölkerungswachstum in den expandierenden oder neu entstehenden urbanen Zentren wird ergänzt durch Zuwanderer aus den ländlichen Gebieten. Schnell wachsende Vorstädte, Verdichtung bestehender Wohnquartiere, Entstehung immer neuer Slums mit ungesunden hygienischen Verhältnissen gehen einher mit sozialer Not, Hungersnöten und Epidemien, hohen Sterblichkeitsraten ihrer Bewohner. Städte, Industriequartiere und Bergbaureviere werden Ausdruck dieses neuen Mensch-Umwelt-Verhältnisses.

„Im Raume lesen wir die Zeit" – dieser Buchtitel von Schlögel (2003) trifft auf die neue Symbiose antagonistisch auftretender Agrar- und Industrielandschaften ohne Einschränkung zu. Sie treten in England, dem Mutterland der Industriellen Revolution, am frühesten in Erscheinung und wurden hier auch am stärksten wahrgenommen, und zwar nicht nur durch sozialkritische Wissenschaftler oder Politiker, sondern auch in der belletristischen Literatur. Dabei gehen die Wahrnehmungen der neuen Realitäten weit auseinander. Zwei Beispiele mögen diese Gegensätzlichkeiten beleuchten: Sieferle z. B. zitiert den sich an der Ästhetik der nächtlichen Industriestadt Leeds erfreuenden Fürsten von Pückler-Muskau mit folgenden Worten:

> „Von den Eindrücken des Tages ganz verschieden, und doch nicht minder schön war der Abend. Mit anbrechender Dämmerung erreichte ich die große Fabrikstadt Leeds. Eine durchsichtige Rauchwolke war über dem weiten Raum, den sie auf und zwischen mehreren Hügeln einnimmt, gelagert; hundert rote Feuer blitzten daraus hervor, und ebenso viele turmartige, schwarzen Rauch ausstoßende Feueressen reihten sich dazwischen. Herrlich nahmen sich darunter fünfstöckige, kolossale Fabrikgebäude aus, in denen jedes Fenster mit zwei Lichtern illuminiert war, hinter welchen bis tief in die Nacht hier der emsige Arbeiter verkehrt. Damit aber dem Gewerbe-Gewühl der industriellen Illumination auch das Romantische nicht fehle, stiegen hoch über den Häusern noch zwei alte gotische Kirchen hervor, auf deren Turmspitzen der Mond sein goldenes Licht ergoß und am blauen Gewölbe, die grellen Feuer der geschäftigen Menschen unter sich, mit majestätischer Ruhe zu dämpfen schien."
> *(Sieferle 1997b, S. 166)*

Ganz anders die Interpretation eines wohl durchaus vergleichbaren Szenarios aus sozialkritischer Sicht. Am Beispiel von Manchester, dem Zentrum des englischen Frühkapitalismus, berichtet Friedrich Engels (1845) über die Lage der hinter den illuminierten Fenstern arbeitenden Menschen und die physische Umwelt, in der sie sich bewegen, wie folgt:

> „*Manchester* liegt am Fuße des südlichen Abhangs einer Hügelkette, die sich von Oldham her zwischen die Täler des Irwell und des Medlock drängt, und deren letzte Spitze *Kersal Moor*, die Rennbahn und zugleich der Mons sacer von Manchester, bildet. Das eigentliche Manchester liegt auf dem linken Ufer des Irwell, zwischen diesem Flusse und den beiden kleineren, Irk und Medlock, die sich hier in den Irwell ergießen. [...] Der ganze Häuserkomplex wird im gewöhnlichen Leben Manchester genannt und faßt eher über als unter viermal-hunderttausend Menschen. Die Stadt selbst ist eigentümlich gebaut, so daß man jahrelang in ihr wohnen und täglich hinein- und herausgehen kann, ohne je in ein Arbeiterviertel oder nur mit Arbeitern in Berührung zu kommen – so lange man nämlich eben nur seinen Geschäften nach oder spazieren geht. Das kommt aber hauptsächlich daher, daß durch unbewußte, stillschweigende Übereinkunft wie durch bewußte, ausgesprochene Absicht die Arbeiterbezirke von den der Mittelklasse überlassenen Stadtteilen aufs schärfste getrennt oder, wo dies nicht geht, mit dem Mantel der Liebe verhüllt werden. [...]
> In der Tiefe fließt oder vielmehr stagniert der Irk, ein schmaler, pechschwarzer, stinkender Fluß, voll Unrat und Abfall, den er ans rechte flachere Ufer anspült; bei trockenem Wetter bleibt an diesem Ufer eine lange Reihe der ekelhaftesten schwarzgrünen Schlammpfützen stehen, aus deren Tiefe fortwährend Blasen miasmatischer Gase aufsteigen und einen Geruch entwickeln, der selbst oben auf der Brücke, vierzig oder fünfzig Fuß über dem Wasserspiegel, noch unerträglich ist. Der Fluß selbst wird dazu noch alle fingerlang durch hohe Wehre aufgehalten, hinter denen sich der Schlamm und Abfall in dicken Massen absetzt und verfault. Oberhalb der Brücke stehen hohe Gerbereien, weiter hinauf Färbereien, Knochenmühlen und Gaswerke, deren Abflüsse und Abfälle samt und sonders in den Irk wandern, der außerdem noch den Inhalt der anschließenden Kloaken und Abtritte aufnimmt. Man kann sich also denken, welcher Beschaffenheit die Residuen sind, die der Fluß hinterläßt. Unterhalb der Brücke sieht man in die Schutthaufen, den Unrat, Schmutz und Verfall der Höfe auf dem linken, steilen Ufer; ein Haus steht immer dicht hinter dem anderen, und

wegen der Steigerung des Ufers sieht man von jedem ein Stück – alle schwarzgeraucht, bröckelig, alt, mit zerbrochenen Fensterscheiben und Fensterrahmen. Den Hintergrund bilden kasernenartige, alte Fabrikgebäude. [...]

Im übrigen ist der Schmutz, die Schutt- und Aschenhaufen, die Pfützen auf den Straßen beiden Vierteln gemeinsam, und in dem Distrikt, von dem wir jetzt reden, finden wir außerdem noch einen anderen Umstand, der für die Reinlichkeit der Einwohner sehr nachteilig ist, nämlich die Masse Schweine, die hier überall auf den Gassen umherspazieren, den Unrat durchschnüffeln oder in den Höfen in kleinen Ställen eingesperrt sind. Die Schweinemäster mieten sich hier, wie in den meisten Arbeitsbezirken von Manchester, die Höfe und setzen Schweineställe hinein; fast in jedem Hofe ist ein solcher abgesperrter Winkel oder gar mehrere, in welche die Bewohner des Hofs allen Abfall und Unrat hineinwerfen – dabei werden die Schweine fett, und die ohnehin in diesen nach allen vier Seiten verbauten Höfen eingesperrte Luft vollends schlecht von den verwesenden vegetabilischen und animalischen Stoffen. Man hat durch diesen Bezirk eine breite, ziemlich honette Straße – Millers Street – gebrochen und den Hintergrund mit ziemlichen Erfolge verdeckt; wenn man sich aber von der Neugier in einen der zahlreichen Gänge, die in die Höfe führen, verleiten läßt, so kann man diese buchstäbliche Schweinerei alle zwanzig Schritt wiederholt sehen.

Das ist die Altstadt von Manchester – und wenn ich meine Schilderung noch einmal durchlese, so muß ich bekennen, dass sie, statt übertrieben zu sein, noch lange nicht grell genug ist, um den Schmutz, die Verkommenheit und Unwohnlichkeit, die allen Rücksichten auf Reinlichkeit, Ventilation und Gesundheit hohnsprechende Bauart dieses mindestens zwanzig- bis dreißigtausend Einwohner fassenden Bezirks anschaulich zu machen. Und ein solches Viertel existiert im Zentrum der zweiten Stadt Englands, der ersten Fabrikstadt der Welt! [...] Alles, was unsren Abscheu und unsre Indignation hier am heftigsten erregt, ist neueren Ursprungs, gehört der *industriellen Epoche* an. Die paar hundert Häuser, die dem alten Manchester angehören, sind von ihren ursprünglichen Bewohnern längst verlassen; nur die Industrie hat sie mit den Scharen von Arbeitern vollgepfropft, die jetzt in ihnen beherbergt werden; nur die Industrie hat jedes Fleckchen zwischen diesen alten Häusern verbaut, um Obdach zu gewinnen für die Massen, die sie sich aus den Ackerbaugegenden und aus Irland verschrieb; nur die Industrie gestattet es den Besitzern dieser Viehställe, sie an Menschen für hohe Miete zur Wohnung zu überlassen, die Armut der Arbeiter auszubeuten, die Gesundheit von tausenden zu untergraben, damit nur sie sich bereichern; nur die Industrie hat es möglich gemacht, daß der kaum aus der Leibeigenschaft befreite Arbeiter wieder als ein bloßes Material, als Sache gebraucht werden konnte, daß er sich in eine Wohnung sperren lassen muß, die jedem andern zu schlecht und die er nun für sein teures Geld das Recht hat vollends verfallen zu lassen. Das hat nur die Industrie getan, die ohne diese Arbeiter, ohne die Armut und Knechtschaft dieser Arbeiter nicht hätte leben können.“

(Engels 1845; zitiert nach Bayerl/Troitzsch 1998, S. 252)

Die Rekonstruktion dieser Verhältnisse, die eindrucksvoller noch als in so manchen Reiseberichten literarisch aufgearbeitet und z. B. in den großen Romanen von Charles Dickens in bedrückend-einfühlsamen Milieuschilderungen eingefangen sind (z. B. „A Tale of Two Cities"; „Oliver Twist" u. a.), zeigt sich auch im rapiden Wandel des Irk-Tales innerhalb weniger Jahre im Kartenbild. Nicht nur die Verdichtung des pechschwarzen und stinkenden Tals des Irk, voll Unrat und Abfall, vollzieht sich in schneller Abfolge, sondern auch neu angelegte Wohnquartiere mit ihren unhygienischen „back-to-back-houses" tragen zu Lebens- und Wohnverhältnissen bei, die denen der schlimmsten Slums in heutigen Großstädten Afrikas, Asiens oder Lateinamerikas in nichts nachstehen (vgl. Abb. 27).

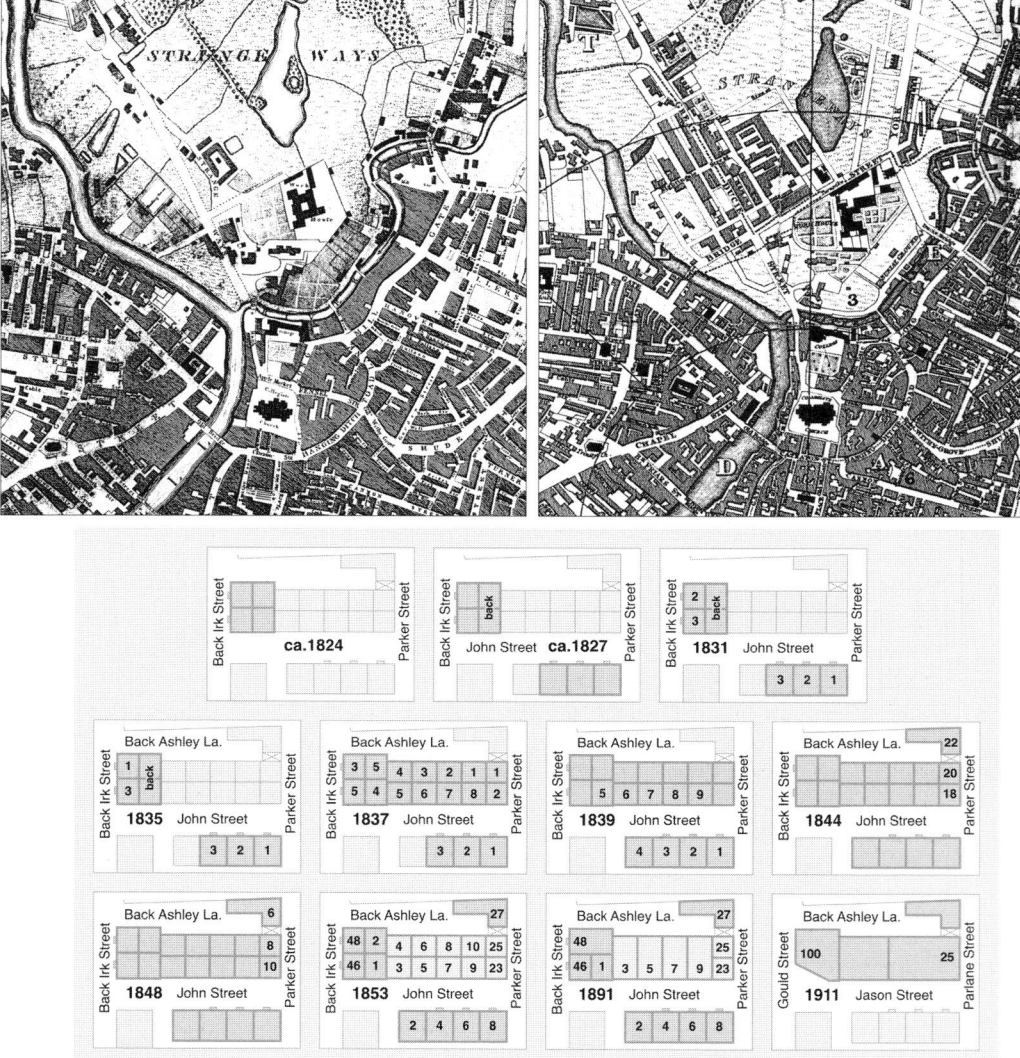

Abb. 27: Rand- und innerstädtische Verdichtungstendenzen im Irk-Tal, Manchester,
1809–1832 (nach Roberts 1983)

Aber nicht nur im Mutterland der Industrie, sondern auch in Deutschland bewirkte der
Wandel vom sonnen- zum fossilenergetischen Versorgungssystem tief greifende Veränderungen
der menschlichen Umwelten. Freilich vollzog sich dieser Übergang nicht nur später, sondern
auch langsamer und insgesamt verhaltener als auf den Britischen Inseln. So zeigt das Ruhrgebiet
bis in die Mitte des 19. Jahrhunderts hinein ein in weiten Teilen noch überwiegend agri-kulturel-

les Gepräge, vor allem entlang der fruchtbaren Hellwegzone von Mülheim – Essen – Bochum – Dortmund (vgl. Farbabb. 13). Industrielle Archipele bilden sich um 1840 allenfalls entlang der Ruhr und ihrer Nebentäler, wo der Abbau von Steinkohle zunächst im Stollenvortrieb an den Talkanten erfolgt. Ähnliches gilt für die Kohlereviere in Schlesien oder an der Saar, wie überhaupt der Industrialisierungsprozess in Mitteleuropa viele der extrem negativen sozialen Begleiterscheinungen des frühkapitalistischen Großbritannien vermeiden konnte.

Dennoch: ähnlich wie in Großbritannien stehen sich auch in Deutschland Zukunftsängste und Fortschrittsglaube vehement gegenüber. Und abermals sind es Texte zeitgenössischer Beobachter und Kritiker, die mehr als Statistiken oder Bilder die Umbrüche in ihren Schilderungen einzufangen vermögen. Einerseits stecken die Berichte voll geradezu prophetischer Aussagekraft, was die zerstörerische Rolle des Menschen gegenüber der Natur und die Konsequenzen seines Verhaltens anbelangt, andererseits werden der Verfall der Natur und der menschlichen Sitten und Gebräuche in unmittelbare Bezüge gesetzt. Die Natur wird zum Spiegelbild menschlicher Gesittung, die sich ihrerseits im Zustand von Natur und Umwelt der Menschen widerspiegelt. So klagte Ernst Moritz Arndt (1769–1860) in einer Schrift über den Verfall von Land- und Waldwirtschaft wie folgt:

> „Wo der Mensch schlecht und erbärmlich wird, da wird auch die Natur schlecht und erbärmlich, und man hat allerdings in der Regel etwas Wahres gehört, wenn man sich nur bemüht, deutlich zu denken und zu begreifen, wie das Verhältniß des Menschen und der Natur denn eigentlich zu einander ist und wie denn solches wohl wird und geschieht. Man kann den Spruch auch umkehren, und sagen: Wo die Natur schlecht ist oder schlecht wird, da ist oder wird der Mensch auch schlecht; und die Natur wird wohl häufig voran stehen müssen [...].
> Der Mensch und die Natur machen einander gegenseitig. Dies ist so unleugbar, daß ihm keiner widersprechen wird. Aber auch das ist unleugbar, daß die Natur mehr den Menschen macht, als der Mensch die Natur. Dies behaupten wir trotz alles unendlichen Uebergewichtes, das wir in der geistigen Kunst und sittlichen Kraft des Menschen anerkennen, denn auch die Natur mögten wir nicht gern als ein kraftloses und fast todtes Ding, worauf der Mensch nur pflügen und hauen und hämmern sollte, geglaubt und angesehen wissen."
> *(Arndt 1820; zitiert nach Bayerl/Troitzsch 1998, S. 231)*

Und er fährt fort:

> „Die ganze Atmosphäre ändert sich mit den zerstörten Wäldern und das Land wird dürr und häßlich und stellt wirklich das Bild dar, als wäre es auf ewig ausgebaut und erschöpft. [...]
> Ich glaube, seit einigen Jahrhunderten ist die Zeit gekommen, wo in vielen Gegenden Teutschlands des Waldes zu wenig geworden und die Unfreundlichkeit unsers Klima's dadurch vermehrt ist. [...]
> Durch die Verdünnung oder gar durch die Verwüstung von Wäldern, welche die höchsten Bergrücken bedeckten, und auch wohl durch die zu große Lichtung der tiefer unten liegenden Wälder ist die Wuth der Stürme ungezähmter und die Luft Teutschlands überhaupt wohl schärfer und kälter geworden, als sie wahrscheinlich im vierzehnten, fünfzehnten und sechszehnten Jahrhundert war. [...]
> Und wäre denn die Mehrmacherei oder Plusmacherei der Menschen in jenem eben getadelten Sinn wirklich das Höchste und Erste, wornach ein Staat streben und jagen müßte, so wird sie wahrlich durch die Abwaldung der Höhen und Berge und die Verwüstung und Verhäßlichung der Natur

nicht erreicht; denn wann die Verwüstung vollendet seyn wird, werden die Menschen verschwinden, die so lange mitgelebt und mitzerstört haben, als es etwas zu leben und zu zerstören gab."
(Arndt 1820; zitiert nach Bayerl/Troitzsch 1998, S. 233 f.)

Beklagt Arndt den bedauernswerten Zustand des deutschen Waldes, dessen Funktion als Holz-
und Energielieferant ausgedient hat und der degradiert darniederliegt, so hat Friedrich Körner,
Autor eines Buches mit dem schönen Titel „Die Märchenpoesie der Industrie" (1879), für die
aufblühende Industriearbeit nichts als Bewunderung und Anerkennung, wenn er z. B. über die
Industriearbeit beim Dampfkessel- und Lokomotivenbauer Borsig im Jahre 1856 schreibt:

„In dem Zusammensetzungssaale, unter dessen Decke, die halb aus Glas besteht, 20 Locomotiven
mitsammt den Tendern auf einmal können aufgestellt werden, finden sich die einzelnen verfertig-
ten Theile der Maschinen zusammen, um zu einem Ganzen vereinigt zu werden; da stehen strot-
zend in ihrer Eisenkraft jene furchtbaren Maschinen, welche die Handels= und Gewerbswelt beherrschen, die Walzenröhren der Locomotiven, die weitbäuchigen Kessel mit dem schlanken
Schlot, mit Schrauben und Drückern, mit Röhren und Ventilen, mit Kraftmessern und Laternen fix
und fertig da. Weit vernehmbar ist das Lärmen und Rasseln der drei Maschinen mit ihren Rädern,
Kloben, Ketten und Walzen, die in diesen Riesensälen arbeiten. Welches Fauchen der 80 Blasebälge
bei den Schmiedefeuern! Welche bewundernswerthe Ordnung und Pünktlichkeit der Arbeitsthei-
lung! Welche genaue Berechnung der Maschinen, bei denen jeder Zapfen auf die Secunde da eingreift, wo er eingreifen soll! Wie groß sind die Vorräthe an Eisen und Steinkohlen, dort in den Vor-
rathshäusern und auf dem Hofe aufgehäuft! Siehe dort das Leuchten und Strahlen von den 900
Gasflammen, welche alle jene Säle erhellen, die ein zusammenhängendes Ganzes bilden! Jährlich
werden über 40 000 Tonnen Steinkohle und Koaks, über 120 000 Ctr. Eisen und wöchentlich
8 000 Thlr. Arbeitslohn verwendet. Der edle Schöpfer dieser großartigen Thätigkeit hat aber nicht
etwa eigennützig nur an sich und seinen Vortheil gedacht, sondern auch an das Wohl seiner Arbeiter, indem er sie veranlaßte, eine Spar=, Kranken= und Sterbekasse zu errichten, damit sie bei
Unglücksfällen nicht ruiniert werden; er hat mit echt praktischem Sinne seine Leute gelehrt, für
sich selbst zu sorgen, und dies durch seine Freigebigkeit ermöglicht. Ehre dem Andenken dieses
Wackern, dessen Name seinem Vaterlande zum Ruhm und zur Ehre gereicht!"
(Körner 1879; zitiert nach Bayerl/Troitzsch 1998, S. 247 f.)

Was sich ab der Mitte des 19. Jahrhunderts in Deutschland und den deutschen Staaten abzuzeichnen beginnt und was in den beiden Texten andeutungsweise und wohl auch repräsentativ
an Sorgen und an Begeisterung ausgedrückt wird, wird durch wenige Zahlen statistisch untermauert. Wie bereits angedeutet, erfolgte die Große Transformation und ihr herausragender Ex-
ponent, die Industrialisierung, in Deutschland mit zeitlichem Phasenverzug von etwa 40 bis
50 Jahren gegenüber den Entwicklungen auf den Britischen Inseln. So wird die Frühphase der
Industrialisierung in Deutschland auf den Zeitraum zwischen der Gründung des Deutschen Zoll-
vereins 1833 und der Gründung des Zweiten Deutschen Reiches 1871 angesetzt; ihre Haupt-
phase beginnt nach 1871 und endet mit dem Ersten Weltkrieg.

Die in Tab. 10 zusammengefassten Daten vermitteln einen groben Eindruck von dem
verspäteten, dann zunächst verhaltenen und erst nach 1871 vehement einsetzenden Aufschwung von Bergbau und den in ihm eingesetzten Arbeitskräften. Bei dem Zahlenvergleich ist
zu bedenken, dass als Ergebnis des deutsch-französischen Krieges 1870/71 mit Elsaß-Lothringen
die reichen Minette-Erzlagerstätten an das Deutsche Reich fielen, die somit die Steigerung der

Tab. 10a: Entwicklung der Gewerbezweige in Deutschland 1800–1913 nach Beschäftigtenzahlen (in Tsd.) (verändert nach Henning 1995)

	1800	1835	1875	1913
Metall	170	250	751	2.330
Bau	240	325	530	1.630
Steine/Erden	70	150	398	1.042
Feinmechanik	20	30	83	217
Textil/Leder	1.170	1.585	2.048	2.705
Holz/Druck/Papier	230	360	652	1.430
Nahrung	300	470	676	1.427
Bergbau	40	80	286	863

Tab. 10b: Produktionsentwicklung und Produktionszuwächse sowie Entwicklung der
Beschäftigtenzahlen im deutschen Bergbau, 1800–1913 (nach Henning 1995)

Jahr Zeitraum	Produktionsentwicklung (in Mill. t)			Entwicklung (in % der Ausgangsjahre 1800 – 1835 – 1873)	
	Steinkohle	Braunkohle	Eisenerz	Produktion	Beschäftigte
1800	0,8	0,3	0,1		
1800–1835				140	100
1835	2,0	0,7	0,2		
1835–1873				500	260
1873	30,0	11,0	1,3		
1873–1913				400	200
1913	190,0	87,0	8,5		

Erzförderung erst möglich machten. Andererseits gilt zu bedenken, dass der Bergbausektor lediglich die Grundstoffe für den Industrialisierungsprozess bereit stellte; die für Mensch und Umwelt
entscheidenden Konsequenzen des technologischen Fortschritts und der Eingriffe in Naturhaushalte und Ökosysteme erfolgte in anderen Bereichen (vgl. Kap. 4, Technologischer Fortschritt).
Auf alle Fälle gilt, dass an der Wende vom 19. zum 20. Jahrhundert nicht der behutsame Umgang mit natürlichen Ressourcen angezeigt war, sondern Verschwendung ganz offenkundig als
Zeichen des Fortschritts verstanden wurde. Eine am 22. 9. 1911 abgestempelte Postkarte dokumentiert stolz den Umweltverbrauch der Krupp-Werke in Essen (Abb. 28).

Die wenigen Beispiele mögen genügen, die durch die beginnende Industrialisierung und
die Große Transformation sich abzeichnenden Veränderungen mit ihren neuen Landschafts- und
Gesellschaftsbildern anzudeuten. Den überwiegend sozialkritischen Wahrnehmungen dieses
Wandels in englischsprachigen Texten stehen extrem ambivalente Bewertungen im deutschen
Sprachraum entgegen. Ängste und Zuversichten halten sich die Waage, insbesondere in literari-

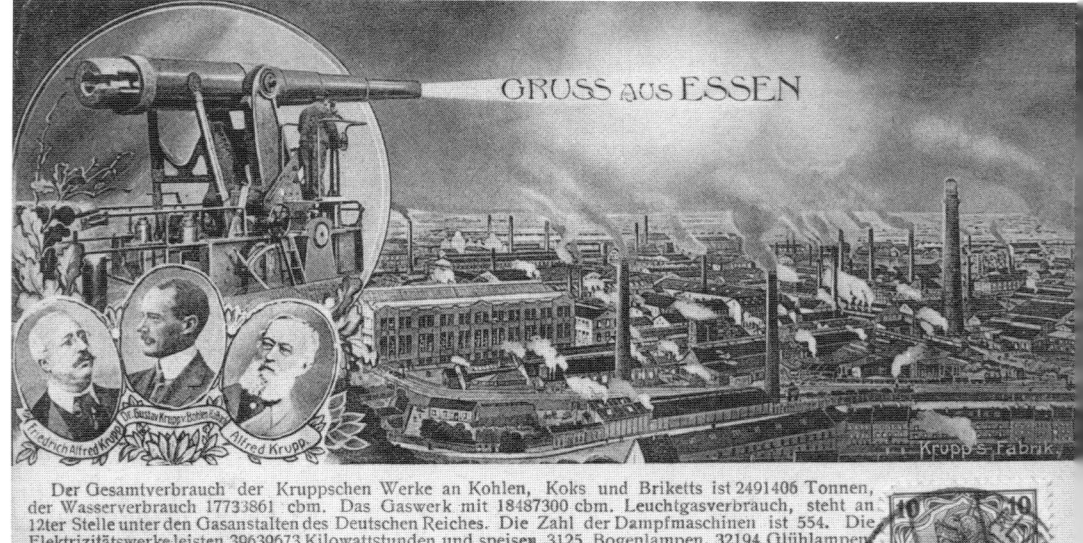

GRUSS aus ESSEN

Der Gesamtverbrauch der Kruppschen Werke an Kohlen, Koks und Briketts ist 2491406 Tonnen, der Wasserverbrauch 17733861 cbm. Das Gaswerk mit 18487300 cbm. Leuchtgasverbrauch, steht an 12ter Stelle unter den Gasanstalten des Deutschen Reiches. Die Zahl der Dampfmaschinen ist 554. Die Elektrizitätswerke leisten 39639673 Kilowattstunden und speisen 3125 Bogenlampen, 32194 Glühlampen, 2690 Elektromotoren mit 50491 Pferdestärken. In Tätigkeit sind rund 7500 Werkzeug- und Arbeits-maschinen, 18 Walzwerke, 82 hydraulische Pressen, Biegepressen zu 7000 t., Schmiedepressen zu 5000 t., 192 Dampf- und Transmissionshämmer bis zu 50000 kg. Fallgewicht. 872 Krane mit einer Gesamt-tragfähigkeit von 11811300 kg. Das normalspurige Eisenbahnnetz hat 82, das schmalspurige 59 km Geleise. Auf dem ersteren liefen 18 Tenderlokomotiven und 823 Wagen, auf dem letzteren 34 Lokomo-tiven und 1573 Wagen. Die Zahl der von der Firma Krupp Beschäftigten ist ca. 70000.

Abb. 28:   Energie- und Umweltverbrauch der Krupp-Werke in Essen, 1910
(Privatbesitz E. Ehlers)

schen Texten, und sie betrafen keinesfalls nur Stadt und Industrien. Auch die Zukunft des länd-lichen Raumes und dessen Umgestaltung sahen kritische Geister mit Sorge. Geradezu als pro-phetisch müssen die Mahnungen der Romantikerin Annette von Droste-Hülshoff (1797–1848) anmuten, die 1842 das folgende Bild deutscher Agrarlandschaften vorausahnte und dabei wohl ihre westfälische Heimat vor Augen hatte (vgl. Farbabb. 13):

> „Bevölkerung und Luxus wachsen sichtlich, mit ihnen Bedürfnisse und Industrie. Die kleinen male-rischen Heiden werden geteilt; die Kultur des langsam wachsenden Laubholzes wird vernachläs-sigt, um sich im Nadelholze einen schnellen Ertrag zu sichern, und bald werden auch hier Fichten-wälder und endlose Getreideseen den Charakter der Landschaft teilweise umgestaltet haben, wie auch ihre Bewohner von den uralten Sitten und Gebräuchen mehr und mehr ablassen; fassen wir deshalb das Vorhandene noch zuletzt in seiner Eigentümlichkeit auf, ehe die schlüpfrige Decke, die allmählich Europa überfließt, auch diesen stillen Erdwinkel überleimt hat.“
> *(Droste Hülshoff 1842; zitiert nach Sieferle 1997b, S. 173 f.)*

Die von den Britischen Inseln ausgehende und von dort auf das europäische Festland wie auch auf die Ostküste der Vereinigten Staaten von Amerika überspringende Industrialisierung als viel-leicht signifikantester Teil der Großen Transformation erfolgte allenthalben nach einem ähn-lichen Verlaufsschema. Auf den Britischen Inseln gingen das sogenannte „enclosure move-ment“, in dem Ackerland zu gewinnträchtigen Weidearealen für die Schafzucht umgewandelt wurde, einher mit Entvölkerung ländlicher Räume, Vertreibung und Verelendung ihrer Bevölkerung, die in die Städte abwanderte. Adelige, mehr aber noch die oberen Schichten bürgerlicher Kaufleute, viele von ihnen reich geworden durch Wollhandel und Textilherstellung, wurden zu Wegbereitern einer auf der Kombination von Kohlebergbau, Eisenerzgewinnung und technisch-technologischen Innovationen einschließlich Ausbau der Verkehrsinfrastruktur beruhenden Industrialisierung. In Deutschland waren Bauernbefreiung und Einführung der Gewerbefreiheit, Aufbau und Schaffung eines einheitlichen Freihandelsraumes (Zollverein) Voraussetzungen, die teilweise erst in der zweiten Hälfte des 19. Jahrhunderts durch ebenso einheitliche Währungen, Maße und Gewichte ergänzt wurden. Ergebnis dieser Bemühungen ist dann auch in Deutschland das, was als Transformation der Landschaften sichtbar wird. Der Bau von Chausseen, Kanälen und Eisenbahnen verbindet die urbanen Zentren, die zwischen diesen Netzwerken liegenden Dörfer und ihre Fluren werden modernisiert und „bereinigt". Letzte Naturlandschaften – die großen Moorgebiete Norddeutschlands – werden trockengelegt und umbrochen, Flüsse begradigt und Wälder aufgeforstet: Die Dominanz des Menschen gegenüber der Natur beginnt sich auch in Mitteleuropa durchzusetzen, wobei die von Droste-Hülshoff beklagten Vereinheitlichungstendenzen von Landschaften und Landnutzungen einhergehen mit den seit etwa 1850 deutlich werdenden Antagonismen von Stadt und Land. Die Physiognomie der den Menschen umgebenden Umwelten und die Entwicklung von unterschiedlichen „Landschaften als Netzwerke gesellschaftlicher Naturbeziehungen" (Kaufmann 2005, S. 150 ff.) wird sichtbar im Übergang von einer solarenergetisch geprägten Agri-Kulturlandschaft zu einer zunehmend fragmentierten, den Gegensatz von Stadt und Land akzentuierenden, die Natur eingrenzenden und zerstörenden und fossilenergetisch betriebenen Industrie- und Stadtlandschaft. Damit werden Landschaft und Landschaftsgestaltung zu differenzierten Indikatoren nicht nur eines neuen Mensch-Umwelt-Verhältnisses, sondern auch Anzeiger für die Frage des Umgangs des Menschen mit der Natur. Der Historiker Blackbourn (2006) hat allen diesen Entwicklungen unter dem Titel „Die Eroberung der Natur" eine umfassende Analyse gewidmet.

Technologischer Fortschritt, Forschungsreisen und die Entwicklung neuer Menschen- und Weltbilder im Widerstreit von Idealismus und naturwissenschaftlicher Erkenntnis

In der Einleitung zu diesem Kapitel wurde bereits darauf hingewiesen, dass die „Industrielle Revolution" als epochaler Wendepunkt in der Menschheitsgeschichte eigentlich nur ein Mosaikstein eines größeren Ganzen darstellt, der Großen Transformation. Allerdings ist unbestritten, dass Aufschwung und Ausbreitung der Industrie die wohl spektakulärste Facette dieses Transformationsprozesses und das entscheidende Agens des Übergangs der Menschheit von solar- zu fossilenergetischen Lebens- und Wirtschaftsformen, zum Anthropozän, sind. Wie so oft in Umbruchsphasen der Menschheitsgeschichte – in der Neolithischen Revolution, während der Achsenzeit oder auch in der Renaissance – erlebt die Wende vom 18. zum 19. Jahrhundert in einem gleichsam ko-evolutionären Prozess eine Reihe von Parallelentwicklungen, die die Zeit seitdem in der Tat als eine ganz neue Epoche und alles Vorherige als antiquiert und „mittelalterlich" erscheinen lässt. Es sind nicht nur die mit der Aufklärung einhergehenden neuen Selbstverständnisse des Menschen gegenüber seiner Herkunft und seiner Stellung im Kosmos. Es ist auch eine neue Fortschrittsgläubigkeit in die geistigen und technischen Fähigkeiten des Menschen in zuvor nicht gekanntem Ausmaß. Wissenschaft und Technik blühten auf. Sie produzierten neue Erkenntnisse und neue Erfindungen, die auch für das Verhältnis des Menschen zur Natur von grundlegender Bedeutung werden sollten. Dabei waren es vor allem technologische Innovationen, die – über die bereits angesprochenen landschaftlichen Veränderungen hinaus – dem Menschen zuvor unbekannte Möglichkeiten der Eingriffe in die Naturhaushalte eröffneten und die Natur manipulierbar werden ließen. Dieses galt nicht nur für den Bergbau und die ihm nachgeordneten industriellen Aktivitäten, sondern in zunehmendem Maße auch für die Landwirtschaft. Nach wie vor blieben der agrare Sektor und die in und von der Landwirtschaft lebende Bevölkerung in weiten Teilen Europas die Basis des Industrialisierungsprozesses, die jedoch ihrerseits in einem engen Wechselverhältnis mit den anderen Wirtschaftsfaktoren stand. Auch hier gilt: Entwicklungen in dem traditionellen Sektor der Landwirtschaft gingen einher mit technologischen Fortschritt, der seinerseits wieder dem ländlichen Raum zugutekam. Wenn der Durchbruch technischer wie wissenschaftlicher Innovationen in Deutschland (neues Saatgut, chemische Düngung, Maschineneinsatz bei Aussaat und Ernte) auch noch auf sich warten ließ, so wurden dennoch erste Keime nachhaltiger und bis heute wirksamer Umwelt(zer-)störungen gelegt. Schlimmer noch: Mit den wissenschaftlichen und technologischen Fortschritten begann in der zweiten Hälfte des 19. Jahrhunderts ein ökologisch schleichender „Vergiftungsprozess", dessen toxische Stoffe sich über Jahrhunderte in Atmosphäre und Geosphäre anzureichern begannen. Eine Schlüsselstellung kommt hier der Schrift von J. v. Liebig (1803 – 1873) mit dem Titel „Die organische Chemie in ihrer Anwendung auf Agrikultur und Physiologie" (1840) zu. Wenn die in ihr propagierte chemische Düngung auch erst Jahrzehnte später zur vollen Anwendung gelangte, so liegen ihre Wurzeln wie auch ihre umweltproblematischen Konsequenzen – ebenso wie die vieler anderer Entwicklungen – in der Frühphase der Industrialisierung und der Großen Transformation.

Die Erfahrungen, die der europäische Mensch im Zusammenhang mit der Veränderung vieler seiner gewohnten Lebensbereiche sozusagen „vor der eigenen Haustür" machen musste, waren begleitet von mehr oder weniger zeitgleich ablaufenden neuen Sichten der Welt, der sie bewohnenden Völker und ihrer Kulturen. Gingen Renaissance, beginnende Neuzeit und die Entschleierung der Erde Hand in Hand, so waren auch Aufklärung und Industrielle Revolution von einer neuen Phase der Erderkundung begleitet (Tab. 11). Anders aber als die Reisen der frühen Neuzeit, die primär der Rekognoszierung der Kontinente, ihrer topographischen Konfiguration sowie der Einrichtung von Handelsniederlassungen und Militärstützpunkten an den Küsten dienten, verfolgten die Expeditionen des 18. und 19. Jahrhunderts andere Zielsetzungen: Es ging zum einen um Forschung, deren Ziel die Mehrung unserer Kenntnisse fremder Länder und Völker war. Messung – Sammlung – Beschreibung wurden wichtige Merkmale dieser Aktivitäten. Sie markieren das primär wissenschaftliche Interesse einer neuen und über Europa hinausgehenden Weltkenntnis. Zum anderen aber ging es natürlich auch um die Exploration der Ressourcen und der Naturausstattung der neuen Erdteile, ihrer Bevölkerungen und ihrer wirtschaftlichen Aktivitäten, der möglichen Verkehrserschließung und Nutzungspotentiale. Konkret: Es ging um politische wie auch ökonomische Interessen der sich etablierenden europäischen Großmächte, die nicht nur den natürlichen Reichtum ihrer eigenen Territorien, sondern auch den überseeischer Besitzungen zur Steigerung ihres eigenen Wohlstandes nutzen wollten.

Tab. 11:   Geographische Entdeckungs- und Forschungsreisen im 18./19. Jahrhundert sowie Meilensteine wissenschaftlich-geographischer Veröffentlichungen dieser Zeit (zusammengestellt nach H. Beck 1958 f. u. a. Quellen)

1754–1755	A.F. Büschings „Neue Erdbeschreibung" beginnt zu erscheinen; 9. und letzte Aufl.: Hamburg 1809. Standardwerk der präklassischen Geographie.
1761–1767	Carsten Niebuhrs Reise nach Ägypten – Jemen – Vorderasien.
1766–1768	Erste französische Weltumseglung unter Bougainville.
1768–1771	James Cooks erste Weltumseglung.
1768–1772	James Bruce sucht nach den Quellen des Nils. Reist in Ägypten und Nubien, drei Jahre in Abessinien, 1770 Ursprung des Blauen Nils im Tana-See wiederentdeckt.
1768–1773	Große Expeditionen der Russischen Akademie der Wissenschaften nach Sibirien und Zentralasien unter Beteiligung von P. S. Pallas, S. G. Gmelin d. J. u. a.
1770–1784	S. G. Gmelin: Reisen durch Russland. 4 Bde.
1771–1776	Peter Simon Pallas: Reisen durch verschiedene Provinzen des russischen Reiches. 3 Bde. Petersburg.
1772–1775	J. Cooks zweite Weltumseglung unter Beteiligung von Joh. Reinhard und Georg Forster. Cook und die beiden Forster sammeln zuerst planmäßig Geräte, Waffen und Kleidungsstücke fremder Völker.
1779–1788	A. Fr. Büsching: Magazin für die neue Historie und Geographie. Theil I–XII, Halle.
1788	Gründung der „Association for Promoting the Discovery of the Interior Parts of Africa" in London.
1791–1794	Georg Forster: Ansichten vom Niederrhein [...]; Höhepunkt der geographischen Reiseliteratur, Begleiter: A. v. Humboldt.
1799–1804	A. v. Humboldts amerikanische Reise mit Aimé Bonpland: Moderne Forschungsreise, vorbildlicher Einsatz vieler Instrumente u. a. zu Längen- und Breitenbestimmungen, Länderprofile mit eingezeichneten barometrisch vermessenen Pflanzenstandorten, erster Höhepunkt der Untersuchung der vertikalen Gliederung, Morphographie und Pflanzengeographie, Kartenentwürfe, Eingaben an die Regierung, Verbindung von deutscher Klassik, Naturgefühl und exakter Naturforschung. Vorbild aller folgenden Reisen.
1803–1805	Meriwether Lewis und William Clark: Erste Durchquerung Nordamerikas auf dem Gebiet der USA im Auftrag von Präsident Th. Jefferson.
1804	Carl Ritter: Europa, ein geographisch-historisch-statistisches Gemälde, für Freunde und Lehrer der Geographie, 2 Bde. Frankfurt 1804 und 1807, 2. Aufl. 1811.
1807	A. v. Humboldt: Ideen zu einer Geographie der Pflanzen, nebst einem Naturgemälde der Tropenländer, auf Beobachtungen und Messungen gegründet [...]. Tübingen.
1807–1833	A. v. Humboldt: Voyage aux régions équinoxiales du Nouveau Continent, fait en 1799, 1800, 1801, 1802 et 1804 par A. de Humboldt et Aimé Bonpland, 30 Bde. Paris.

1809–1813	Die wissenschaftlichen Resultate der napoleonischen Expedition nach Ägypten (1798-1801) werden in 38 Bänden veröffentlicht: Déscription de L'Egypte, ou Recueil des observations et des recherches pendant l'expédition de L'Armée Française. Paris.
1809–1814	A. v. Humboldt: Versuch über den politischen Zustand des Königreichs Neu-Spanien. Tübingen.
1817–1820	Spix und Martius: Reise in Brasilien; Bericht; 3 Bde. München 1823–1831. Beginn der wissenschaftlichen Erforschung der Hyläa, Reisen auf dem Amazonas bis nach Peru.
1817–1859	Carl Ritters großes Werk: Die Erdkunde im Verhältnis zur Natur und zur Geschichte des Menschen oder allgemeine vergleichende Geographie. 1. Auflage 2 Bde. 1817 und 1818; 2. vermehrte Auflage Bd. 1-19, Berlin 1822–1859 (unvollendeter Torso).
1826–1827	A. v. Humboldt: Essai politique sur l'île de Cuba. 2 Bde. Paris.
1828	7. Juli: Gründung der Gesellschaft für Erdkunde zu Berlin im Zusammenhang mit Humboldts Rückkehr nach Berlin.
1828–1836	Zwei Reisen des Vermessungsschiffs „Beagle"; bei der zweiten Reise (1831–1836) Teilnahme von Ch. Darwin.
1829–1843	Annalen der Erd-, Völker- und Staatenkunde. Berlin. Herausgegeben von Heinrich Berghaus.
1838–1848	Heinr. Berghaus: Physikalischer Atlas. 1. Aufl. in 90 Blättern, Gotha. – Verwirklichung Humboldtscher Ideen, starke Betonung der dritten Dimension.
1840–1873	Forschungen und Entdeckungsreisen David Livingstones im südlichen Dreieck Afrikas. Entschleierung der großen Ströme. Der größte afrikanische Reisende.
1845–1862	A. v. Humboldt: Kosmos. Entwurf einer physischen Weltbeschreibung. 5 Bde. Stuttgart und Tübingen.
1849–1878	August Petermann (1822–1878), der „Vater der Expeditionen", Blütezeit der explorativen Geographie.
1855	Petermanns Geographische Mitteilungen erscheinen in Gotha.
1859	6. Mai: Alexander v. Humboldt in Berlin gestorben; 6. August: Alfred Hettner in Dresden geboren; 19. September: Carl Ritter in Berlin gestorben.

Ein kurzer Blick auf wesentliche und insbesondere auch für die Frage der Mensch-Umwelt-Beziehungen wichtige Forschungsreisen und darauf aufbauende Publikationen für den Zeitraum 1750 bis 1850 belegt das Ausmaß einer auch im wissenschaftlichen Bereich sich abzeichnenden Großen Transformation. Als Ausgangspunkt mag dabei Büschings „Neue Erdbeschreibung" (1754) dienen, die als eines der Standardwerke einer sich gegen Ende des 18. Jahrhunderts herausbildenden Geographie gilt (Tab. 11). Noch ganz in merkantilistisch-aufklärerischem Sinne abgefasst, ist sie weniger ein genuin wissenschaftliches Werk, sondern vielmehr ein Beitrag zur „Weltkenntnis" im Sinne Kants. Der Erfolg dieses in vielen Auflagen erschienenen Kompendiums der präklassischen Geographie steht in mancher Hinsicht am Ende der dem Geist der Enzyklopädisten verpflichteten Sammeltätigkeit. Sie ist zugleich Ausgangspunkt eines neuen Wissenschaftsverständnisses, das sich über die Dokumentation von „facts and figures" hinaus zunehmend um systematische Forschung, die Analyse von Ursache- und Wirkungskomplexen sowie um die erklärende Zusammenschau von unterschiedlichen Naturphänomenen und menschlichen Anpassungen bemüht.

Es würde zu weit führen, Rolle und Bedeutung dieser Reisen, Forschungen und Publikationen hier für unser Thema der Geschichte der Mensch-Umwelt-Beziehungen im Detail zu analysieren. Dazu gibt es zahlreiche Abhandlungen, von denen auf einige wenige hier verwiesen sei (vgl. dazu Degenhard 1987, Grimbly 2003). Entscheidend für unsere Fragestellung ist, dass – parallel zu den geistigen wie technologischen Umbrüchen in Europa – die Europäer sich nunmehr anschicken, in einer zweiten Europäisierungswelle den Rest der Welt sich anzueignen und dabei zugleich europäisches Gedankengut in globalem Maßstab zu „exportieren". Insofern stehen die im Geiste der Aufklärung und die in ihrem Gefolge durchgeführten Reisen und Forschungen im Sinne dieses zweifachen Selbstverständnisses. Ein sehr schönes Beispiel für Art und Umfang der Beobachtungen und der Sammeltätigkeiten einerseits, der Formulierung von Nutzanwendungen andererseits ist die von J. R. Forster 1783 als Teilnehmer an der zweiten Weltumseglung durch James Cook (1728–1779) publizierte Abhandlung „Bemerkungen über Gegenstände der physischen Erdbeschreibung, Naturgeschichte und sittlichen Philosophie auf seiner Reise um die Welt gesammlet". Auch dieser Bericht, der die ganze Bandbreite erdwissenschaftlicher Beobachtungen und Messungen bis hin zu detaillierten Schilderungen anthropologisch-ethnologischer Art umfasst, steht noch in der Tradition der enzyklopädischen Bestandsaufnahme. Er lässt aber mit der umfangreichen Beschreibung menschlicher Zustände und ihrer spirituellen Einordnung in „kosmogenische" Zusammenhänge sowie Mitteilungen über Kulturvergleiche mit anderen Völkern zugleich auch vergleichendes Interesse an Fragen sittlicher Gesinnung sowie an solchen unterschiedlicher Mensch-Umwelt-Beziehungen deutlich werden.

„Von Erde und Land; ihren Unebenheiten, Schichten und Bestandtheilen.
Große Länder – Inseln – Schichten – Berge – Entstehung des Erdreichs.
Von Wasser und vom Weltmeere.
Quellen – Bäche – Weltmeer (Tiefe des Weltmeeres; Farbe; Salz; Wärme oder Temperatur; Phosphorisches Leuchten; über das Daseyn eines südlichen festen Landes) – Eis und dessen Entstehung.
Vom Dunstkreis, dessen Veränderungen und Erscheinungen.
Wässerige Erscheinungen (Thau; Regen; Nebel; Schnee, Schlossen und Hagel; Wasserhosen) – Lufterscheinungen (Farben des Gewölks; Regenbogen; Hof um Sonne oder Mond) – Feurige Erscheinungen (Gewitter; Feuerkugeln; Südlichter) – Winde (Beständige Winde; Veränderliche Winde; Sturm).
Von Veränderungen der Erdkugel.
Regelmäßige Veränderungen – Zufällige Veränderungen – Abnahme der See und des Wassers überhaupt – Lehrgebäude über die Entstehung der Inseln.
Von organischen Körpern.
Pflanzenreich (Zahl der Gattungen; Standort; Spielarten; Kultur; Klassen und Geschlechter) – Thierreich (Zahl der Arten; Heimath; Varietät; System).
Vom Menschengeschlechte.
Bevölkerungszustand der Inseln im Südmeer – Abarten der Menschengattung – Grund der Ver-

schiedenheit der Stämme im Südmeer; Ihr Ursprung und ihre Wanderungen – Fortgang der Völker von der Wildheit zur Kultur – Unterhalt, und Mittel ihn zu verschaffen: Fischfang, Jagd, wilde Früchte. Barbarische Verfassung kleiner Gesellschaften. Ursprung des Menschenfressens. Gang der Vorsehung in Vervollkommnung menschlicher Gesellschaften. – Allgemeine Grundsätze der Volksglückseligkeit. Zunehmende Bevölkerung. Veranlassung zur Vereinigung. Anbau, Eigenthum; Gesellschaft; Staatsverfassung. – Grundsätze, sittliche Begriffe, Sitten, Verfeinerung, Luxus, Zustand der Weiber bey den Völkern der Südländer. – Öffentlicher und Privatunterricht; Ursprung und Fortgang der Manufacturen, Künste und Wissenschaften – Religion; fabelhafte Kosmogenie, Gottesdienst; Ursprung des Menschengeschlechts; Künftiger Zustand: Gebräuche bey der Geburt, Hochzeit und Begräbniß. – Recapitulation. Allgemeines Gemälde vom Glück der Insulaner im Südmeere. Vergleichung ihrer Sitten und Gebräuche mit denen anderer Völker. – Mittel die Gesundheit auf langen Seereisen zu erhalten. Nachricht von den Krankheiten, Hülfs- und Erhaltungsmitteln auf unserer Reise."
(nach Forster 1782/1981)

Glanz- und Höhepunkte wissenschaftlicher Forschungsreisen und ihrer bis heute nachwirkenden Bedeutung sind die Unternehmungen von Alexander von Humboldt und Charles Darwin. Ihre Reisen und Forschungen sowie ihre Hauptwerke „Kosmos" (1845–1862) bzw. „On the Origin of Species by Means of Natural Selection" (ebenfalls 1859) sollten sowohl das bisherige Bild der Naturbeschreibung und Deutung der natürlichen Umwelten des Menschen als auch das Bild der Biologie und der Entwicklung und Deutung des Lebens revolutionieren. Auf sie wird in anderem Zusammenhang noch ausführlicher einzugehen sein.

Wie so oft in der Politik- und Geistesgeschichte der Neuzeit blieb Deutschland auch in den Entwicklungen im Gefolge der Französischen Revolution auf vielen Gebieten im Abseits. Nicht nur die politischen Fraktionierungen des deutschen Territoriums, sondern auch die napoleonischen Kriege und Neuordnung des Landes im Rahmen des „Deutschen Bundes" (1815) sowie die restaurativen Tendenzen im neu geordneten Deutschland verhinderten innen- wie außenpolitisch Wettbewerb und Interessenvertretung gegenüber den europäischen Nachbarstaaten und Großmächten. Umso intensiver gestaltete sich das Geistesleben in den verschiedenen deutschen Territorien. Vor diesem Hintergrund ist es nicht überraschend, dass die Ideen der deutschen Aufklärung, vor allem durch Kant entwickelt und personifiziert, in dem politisch zerrissenen Vielfürstenstaat nicht nur auf Zustimmung stoßen. Im Gegenteil: Gerade die kulturelle, geistige, religiöse wie historische und politische Mannigfaltigkeit des deutschsprachigen Flickenteppichs und die Eigeninteressen ihrer Herrscher ließen Gegenbewegungen gegen die von der Aufklärung geforderte „einheitliche Gesetzmäßigkeit" des Menschseins entstehen. Es war vor allem der Theologe Johann Gottfried Herder (1744–1803), der – wie Johann Wolfgang von Goethe (1749–1832) ein Zeitgenosse Kants – von Weimar aus den Ideen der Aufklärung heftig widersprach. Im Gegensatz zu Goethe, dessen auch für die Mensch-Umwelt-Beziehungen wichtiges Wirken noch angesprochen werden soll, verfocht Herder vor allem idealistisches und Empfindungen der Romantik vorwegnehmendes Gedankengut. Der kulturelle und historische Formenreichtum der Menschheit – so Herder! – sei eben nicht scheinbar Willkürliches und/oder „Unregelmäßiges", sondern er sei Ausdruck einer organisch gewachsenen Vielfalt, die ihre Wurzeln in der geographischen, historischen wie auch ethnisch-sprachlichen Vielfalt ihrer Erzeuger habe. Ausdruck dieser Betrachtungsweise sind unter anderem Herders Kompilationen von „Volksdichtungen" aller Zeiten und Räume. Sie umfassen Texte des Alten Testaments ebenso wie die der griechischen und römischen Antike, slawisches wie keltisches Lied- und Sagengut, die Gesänge Ossians oder die Dichtungen der deutschen Klassik. In seinen Sammlungen „Stimmen der Völker" blieb Herder ebenso wie in seinem unvollendet gebliebenen philosophischen Hauptwerk „Ideen zur Philosophie der Geschichte der Menschheit" (1784–1791) stets biblischer Theologe. Im Gegensatz zur Aufklärung verstand er geschichtliche Entwicklung nicht als Fortschritt. Für ihn war Geschichtsbetrachtung verbunden mit der Erkenntnis der Eigentümlichkeit einer jeden Epoche und eines jeden Raumes, mit der Einmaligkeit geschichtlicher Entwicklung als Ergebnis menschlichen Handelns sowie eines dennoch unbestreitbaren „fortwirkenden Zusammenhangs". Diese radikale Antithese zum rationalistischen Welt- und Menschenverständnis der Aufklärung mit der Auffassung von Geschichte als Fortschrittsträger propagiert das idealistische Ziel der Humanität als letztem und höchstem Streben des Menschen. Eine solche Sicht der Geschichte werde zu der Einsicht führen, so Herder, dass ein übergeordneter göttlicher Wille den Gang und die Entwicklung der Menschheit lenke, dass der Gang Gottes in und über den Nationen stehe und sich auch in deren Widersprüchen, in ihren Revolutionen oder in ihren Aufstiegen wie Untergängen manifestiere. Die Erde also ist göttlicher Erziehungsplatz der Menschheit. Ziel menschlichen Strebens sei die Erahnung bzw. die Erkenntnis des Unendlichen im Endlichen. So vertritt Herder, letzten Endes die naturwissenschaftlichen Erkenntnisse seiner Zeitgenossen ignorierend, eine hinter die Thesen der Aufklärung zurückfallende Sicht über die Erde und die sie bewohnenden Lebewesen einschließlich des Menschengeschlechts. Mehr als viele Worte signalisiert die auf den 23. April 1784 datierte Vorrede Herders seine dem allgemeinen Zeitgeist der Aufklärung eher zuwiderlaufende Grundposition:

> „Niemand irre sich daher auch daran, daß ich zuweilen den Namen der Natur personificirt gebrauche. Die Natur ist kein selbstständiges Wesen, sondern *Gott ist Alles in seinen Werken*; indessen wollte ich diesen hochheiligen Namen, den kein erkenntliches Geschöpf ohne die tiefste Ehrfurcht nennen sollte, durch einen öftern Gebrauch, bei dem ich ihm nicht immer Heiligkeit genug verschaffen konnte, wenigstens nicht mißbrauchen. Wem der Name *Natur* durch manche Schriften unsres Zeitalters sinnlos und niedrig geworden ist, der denke sich statt dessen *jene allmächtige Kraft, Güte und Weisheit*, und nenne in seiner Seele das unsichtbare Wesen, das keine Erdensprache zu nennen vermag."
> (Herder o. J., S. 48)

Das in den Worten „sinnlos und niedrig" deutlich werdende Unbehagen Herders mit den Grundpositionen der sich etablierenden Naturwissenschaften seiner Zeit klingt in den Ausführungen zu seinen „Ideen zur Philosophie der Geschichte der Menschheit" allenthalben an. So heißt es z. B. in den sogenannten „Hauptsätzen des ersten Theils", deren fünf Bücher folgende Kapitelüberschriften tragen:

> „Erstes Buch
> I.   Unsre Erde ist ein Stern unter Sternen
> II. Unsre Erde ist einer der mittleren Planeten
> III. Unsre Erde ist vielerlei Revolutionen durchgegangen, bis sie das, was sie jetzt ist, worden
> IV. Unsre Erde ist eine Kugel, die sich um sich selbst und gegen die Sonne in schiefer Richtung bewegt

V.   Unsre Erde ist mit einem Dunstkreise umhüllt und ist im
     Conflikt mehrerer himmlischer Sterne
VI. Der Planet, den wir bewohnen, ist ein Erdgebirge, das über die
     Wasserfläche hervorragt
VII. Durch die Strecken der Gebirge wurden unsre beiden Hemispären
     ein Schauplatz der sonderbarsten Verschiedenheit und
     Abwechslung

Zweites Buch
I.   Unser Erdball ist eine große Werkstätte zur Organisation sehr
     verschiedenartiger Wesen
II. Das Pflanzenreich unsrer Erde in Beziehung auf die
     Menschengeschichte
III. Das Reich der Thiere in Beziehung auf die
     Menschengeschichte
IV. Der Mensch ist ein Mittelgeschöpf unter den Thieren der Erde

Drittes Buch
I.   Vergleichung des Baues der Pflanzen und Thiere in Rücksicht
     auf die Organisation des Menschen
II. Vergleichung der mancherlei organischen Kräfte, die im Thier
     wirken
III. Beispiele vom physiologischen Bau einiger Thiere
IV. Von den Trieben der Thiere
V.   Fortbildung der Geschöpfe zu einer Verbindung mehrerer
     Begriffe und zu einem eignen freiern Gebrauch der Sinne und
     Glieder
VI. Organischer Unterschied der Thiere und Menschen

Viertes Buch
I.   Der Mensch ist zur Vernunftfähigkeit organisirt
II. Zurücksicht von der Organisation des menschlichen Haupts auf
     die niedern Geschöpfe, die sich seiner Bildung nähern
III. Der Mensch ist zu feinern Sinnen, zur Kunst und zur Sprache
     organisirt
IV. Der Mensch ist zu feinern Trieben, mithin zur Freiheit organisirt
V.   Der Mensch ist zur zartesten Gesundheit, zugleich aber zur
     stärksten Dauer, mithin zur Ausbreitung über die Erde organisirt
VI. Zur Humanität und Religion ist der Mensch gebildet
VII. Der Mensch ist zur Hoffnung der Unsterblichkeit gebildet

Fünftes Buch
I.   In der Schöpfung unsrer Erde herrscht eine Reihe aufsteigender
     Formen und Kräfte
II. Keine Kraft der Natur ist ohne Organ; das Organ ist aber nie die
     Kraft selbst, die mittelst jenem wirkt
III. Aller Zusammenhang der Kräfte und Formen ist weder Rückgang
     noch Stillstand, sondern Fortschreitung

IV. Das Reich der Menschenorganisation ist ein System geistiger
     Kräfte
V.   Unsre Humanität ist nur Vorübung, die Knospe zu einer
     zukünftigen Blume
VI. Der jetzige Zustand der Menschen ist wahrscheinlich das
     verbindende Mittelglied zweier Welten"

Als Fazit seiner geschichtsphilosophischen Überlegungen gelangt Herder im abschließenden Kapitel des fünften Buches zu der Feststellung:

> „Alles ist in der Natur verbunden; ein Zustand strebt zum andern und bereitet ihn vor. Wenn also der Mensch die Kette der Erdorganisation als ihr höchstes und letztes Glied schließt, so fängt er auch eben dadurch die Kette einer höhern Gattung von Geschöpfen als ihr niedrigstes Glied an; und so ist er wahrscheinlich der Mittelring zwischen zwei ineinander greifenden Systemen der Schöpfung. Auf der Erde kann er in keine Organisation mehr übergehen, oder er müßte rückwärts und sich im Kreise umhertaumeln; stillstehen kann er nicht, da keine lebendige Kraft im Reiche der wirksamsten Güte ruht; also muß ihm eine Stufe bevorstehen, die so dicht an ihm, und doch über ihm so erhaben ist, als er, mit dem edelsten Vorzuge geschmückt, ans Thier grenzt. Diese Aussicht, die auf allen Gesetzen der Natur ruht, giebt uns allein den Schlüssel seiner wunderbaren Erscheinung, mithin die einzige *Philosophie der Menschengeschichte*. Denn nun wird der sonderbare *Widerspruch* klar, in dem sich der Mensch zeigt. Als Thier dient er der Erde und hängt an ihr als seiner Wohnstätte; als Mensch hat er den Samen der Unsterblichkeit in sich, der einen anderen Pflanzgarten fordert. Als Thier kann er seine Bedürfnisse befriedigen, und Menschen, die mit ihnen zufrieden sind, befinden sich sehr wohl hienieden. Sobald er irgend eine edlere Anlage verfolgt, findet er überall Unvollkommenheiten und Stückwerk; das Edelste ist auf der Erde nie ausgeführt worden, das Reinste hat selten Bestand und Dauer gewonnen; für die Kräfte unsres Geistes und Herzens ist dieser Schauplatz immer nur eine Übungs= und Prüfungsstätte. Die Geschichte unsres Geschlechts mit ihren Versuchen, Schicksalen, Unternehmungen und Revolutionen beweist dies sattsam."
>
> *(Herder o. J., S. 193)*

Herders Versuch, aufklärerisches Vernunftdenken, Naturgesetzlichkeiten und theologisch-religiöse Offenbarung in Einklang zu bringen, weist ihn in vielerlei Hinsicht als einen typischen Vertreter des deutschen Idealismus aus. Dies gilt auch für seine Schlussfolgerungen, wonach „Humanität" das letztendliche Ziel menschlicher Existenz sei und die Sonderstellung des Menschen im Reiche der Natur ausmache. Die im vierten Buch des ersten Teils (6. Abschnitt) geäußerte Auffassung, dass der Mensch zu Humanität und Religion gebildet sei, offenbart Herders Welt- und Menschensicht wohl am deutlichsten:

> „Nein, Du hast Dich Deinen Geschöpfen nicht unbezeugt gelassen, Du ewige Quelle des Lebens, aller Wesen und Formen! Das gebückte Thier empfindet dunkel Deine Macht und Güte, indem es seiner Organisation nach Kräfte und Neigungen übt; ihm ist der Mensch die sichtbare Gottheit der Erde. Aber den Menschen erhobst Du, daß er, selbst ohne daß er's weiß und will, Ursachen der Dinge nachspähe, ihren Zusammenhang errathe und Dich also finde, Du großer Zusammenhang aller Dinge, Wesen der Wesen! Das Innere Deiner Natur erkennt er nicht, da er keine Kraft eines Dinges von innen einsieht; ja wenn er Dich gestalten wollte, hat er geirrt und muß irren; denn Du bist gestaltlos, obwol die erste, einzige Ursache aller Gestalten. Indessen ist auch jeder falsche Schimmer von Dir dennoch Licht, und jeder trügliche Altar, den er Dir baute, ein untrügliches Denkmal

nicht nur Deines Daseins, sondern auch der Macht des Menschen, Dich zu erkennen und anzube-
ten. Religion ist also, auch schon als Verstandesübung betrachtet, die höchste Humanität, die erha-
benste Blüthe der menschlichen Seele.
Aber sie ist mehr als dies – eine Uebung des menschlichen Herzens und die reinste Richtung seiner
Fähigkeiten und Kräfte. Wenn der Mensch zur Freiheit erschaffen ist und auf der Erde kein Gesetz
hat, als das er sich selbst auflegt, so muß er das verwildertste Geschöpf werden, wenn er nicht bald
das Gesetz Gottes in der Natur erkennt und der Vollkommenheit des Vaters als Kind nachstrebt.
Thiere sind geborne Knechte im großen Hause der irdischen Haushaltung; sklavische Furcht vor
Gesetzen und Strafen ist auch das gewisseste Merkmal thierischer Menschen. Der wahre Mensch
ist frei und gehorcht aus Güte und Liebe; denn alle Gesetze der Natur, wo er sie einsieht, sind gut,
und wo er sie nicht einsieht, lernt er ihnen mit kindlicher Einfalt folgen."
(ebd., S. 167)

Angesichts solcher Postulate nimmt es denn auch nicht Wunder, dass Kant selbst Herders „Ideen
zur Philosophie der Geschichte der Menschheit" einer höflich devastierenden Kritik unterwarf:

„Daher möchte wol, was ihm Philosophie der Geschichte der Menschheit heißt, etwas ganz Anderes sein, als was man gewöhnlich unter diesem Namen versteht; nicht etwa eine logische Pünktlichkeit in Bestimmung der Begriffe oder sorgfältige Unterscheidung und Bewährung der Grundsätze, sondern einen sich nicht lange verweilenden, viel umfassenden Blick, eine in Auffindung von
Analogien fertige Sagacität, im Gebrauche derselben aber kühne Einbildungskraft, verbunden mit
der Geschicklichkeit, für seinen immer in dunkler Ferne gehaltenen Gegenstand durch Gefühle
und Empfindungen einzunehmen, die als Wirkungen von einem großen Gehalte der Gedanken
oder als vielbedeutende Winke wol mehr von sich vermuthen lassen, als kalte Beurtheilung wol geradezu in ihnen antreffen würde."
(ebd., S. 15)

Ungeachtet dieser Kritik und ungeachtet auch der Tatsache, dass Herders Anthropologie von Ansatz und Methode her nahezu diametral derjenigen von Kant gegenübersteht, entwickelte Herders Gedankengut in der Folgezeit große Wirksamkeit. Diese Feststellung gilt zum einen für die
weitere Diskussion der Mensch-Umwelt-Beziehungen. Hier ist es insbesondere die von Herder
immer wieder betonte Rolle des Klimas. Seine im dritten Kapitel des siebten Buches gestellte
Frage: „Was ist Klima und welche Wirkung hat's auf die Bildung des Menschen an Körper und
Seele?" wird – wie noch zu zeigen sein wird – ein Grundthema in der Mensch-Umwelt-Diskussion des 19. und 20. Jahrhunderts. Daneben aber auch wird Herder wichtig für die Entwicklung
der Geographie als wissenschaftlicher Disziplin (vgl. dazu u. a. Birkenhauer 2001; Schultz 1998,
2005). Herders Einfluss auf die spätere Geographie beruht dabei vor allem auf seiner wirkmäch-
tigen These, dass die Erde nicht nur die Wohnstätte der Menschen sei, sondern auch ihr „Erziehungshaus". Das sechste Buch beginnt mit dieser Metapher, um von hier aus dann zu einer regional differenzierenden Behandlung der „Organisationen der Völker" vorzudringen, was man
auch mit physischer wie geistiger Anthropologie bezeichnen könnte. Der Darstellung der Völker
in der Nähe des Nordpols folgen weitere Ausführungen: „um den asiatischen Rücken der Erde",
„des Erdstrichs schöngebildeter Völker", „der afrikanischen Völker", „der Menschen in den Inseln des heißen Erdstrichs" und abschließend „der Amerikaner". Seine diesbezügliche Schlussfolgerung und als Wunsch geäußerte Idee wird wenig später durch A. v. Humboldt zu einem eindrucksvollen und nachhaltig wirksamen Darstellungsprinzip erhoben:

„Es wäre schön, wenn ich jetzt durch eine Zauberruthe alle bisher gegebenen unbestimmten Wort-
beschreibungen in Gemälde verwandeln und dem Menschen von seinen Mitbrüdern auf der Erde
eine Galerie gezeichneter Formen und Gestalten geben könnte."
(Herder o. J, S. 38)

Herders Räume und Zeiten überschreitende Anmerkungen zu Ländern und Völkern von China
im Osten bis nach Europa im Westen bestimmen die Inhalte der Bücher 11–20, nach denen das
Werk dann abbricht. Wichtiger indes als die auf umfangreichem Literaturstudium basierenden
Beschreibungen sind die Interpretationen, die Herder den materiellen wie geistig-religiösen Manifestationen von deren Sitten und Gewohnheiten unterlegt. Immer wieder wird dabei den Einflüssen des Klimas eine entscheidende Rolle zuerkannt.

Fassen wir abermals zusammen: Auch wenn man Herder als eine Art „retardierenden Elements"
sehen mag, so sei dennoch die These gewagt, dass der Zeitraum zwischen 1780 und 1820 wenn
nicht die Geburtsphase, so aber doch die entscheidende Gestaltungsphase des modernen Wis-
senschaftssystems ist. Ausgehend von den Enzyklopädisten über die Aufklärung bis hin zu den
Ideen Herders, wonach Bildung absoluter Selbstzweck und in Verbindung mit schöpferisch-täti-
ger Arbeit die Grundlage einer jeden vernünftigen, sich selbst regelnden und somit von der reinen Natur unabhängigen Gesellschaft sei, ist die Wende vom 18. zum 19. Jahrhundert, somit
auch in wissenschaftlicher Hinsicht eine Wendemarke im Rahmen der Großen Transformation.
Natürlich ist der Übergang von der tradierten Agrargesellschaft und von der Agri-Kulturlandschaft zu einer Industriegesellschaft und einer zunehmend sich urbanisierenden Industrieland-
schaft die vordergründig spektakulärste Erscheinung des Transformationsprozesses, aber eben
nur ein Teil. Die angedeuteten geistigen Umbrüche, die gesellschaftlichen und politischen Revolutionen sowie die Entwicklung insbesondere der Naturwissenschaften laufen parallel, haben
einander teilweise zur Voraussetzung und/oder bedingen sich in ihren Konsequenzen und Ausprägungen. Diese ko-evolutionären Entwicklungen tragen zur weiteren Emanzipation des Menschen bei, der zunehmend eine selbstbestimmte Rolle spielt und sich zum Gestalter seiner Umwelt und der Natur aufzuspielen beginnt.

Die heute weithin akzeptierte Auffassung von Wissenschaftshistorikern besagt, dass bis
in das 18. Jahrhundert hinein kaum zwischen Philosophie und Wissenschaft, z. B. zwischen
Naturphilosophie und naturwissenschaftlicher Physik, unterschieden wurde. Beide verstanden
sich – und verstehen sich auch heute noch – als Lebens- und Weltorientierungen, die auf speziellen Begründungspraktiken aufbauten und somit spezifisch begründete Handlungsorientie-
rungen hervorbrachten. Seit dem 19. Jahrhundert ist nach Kambartel (1996/2004, S. 720) eine
Aufweichung des begründungsorientierten Wissenschaftsbegriffes zu beobachten „und zwar
zugunsten methodischer Normen, die lediglich der Beherrschung empirischer Daten verpflichtet sind". Damit entwickeln sich dann auch neben den klassischen wissenschaftlichen Disziplinen und den neuzeitlichen Naturwissenschaften seit dem 18. Jahrhundert zunächst in ersten
Ansätzen, später dann auf breiterer Front neue wissenschaftliche Disziplinen, die sich mit der
Analyse von Gesellschaft und Wirtschaft befassen. Vor diesem Hintergrund ist es nicht überraschend, dass das Wechselverhältnis von Mensch und Natur im Rahmen des Übergangs vom
neuzeitlichen zum modernen Naturverständnis einer neuen Sicht und Interpretation unterzo-

gen wird. K. Gloy (1995, S. 223 ff.) hat darauf verwiesen, dass bis dato von der Prämisse ausgegangen worden sei, „dass die Natur ein absolut geschlossenes System sei und entsprechend auch das theoretische Konzept von ihr". Diese sei die seit der Antike eindeutig dominierende Natur- und Weltsicht gewesen, d. h. „eine ewige, unentstandene, unvergängliche und unverwandelbare Welt, die Ausdruck von Stabilität, Konstanz und Perfektion war". Dieses das Mittelalter überdauernde und auch die frühe Neuzeit prägende Naturverständnis erfuhr erste Relativierungen und letztlich dann seine Ablösung mit der Transformationsphase im Gefolge von Aufklärung und beginnender Industrialisierung mit dem „Aufkommen des Historismus und Relativismus" und dem wachsenden „Bewusstsein der Fragmentarität der Erkenntnis". In diesem Sinne schlussfolgert Gloy: „Mit der Dynamisierung der Natur und Naturwissenschaft wird erkenntnis- und wissenschaftstheoretisch ein Problem akut, das bislang eher verdeckt blieb, das der Beziehung zwischen objektiver und subjektiver Sphäre, zwischen Natur und Wissenschaft von ihr. Die klassische Vorstellung basierte auf der idealen Einheit beider, dadurch dass entweder im realistischen Sinne die Einheit der Natur die Einheit der Wissenschaft ermöglichte oder im transzendentalphilosophischen die Einheit der Wissenschaft die Einheit der Natur. Dieses Verhältnis wird spannungsreicher im Falle der Historisierung beider. Denn klar ist, dass Naturgeschichte und Wissenschaftsgeschichte nicht konform zu sein brauchen. Naturgeschichte meint die Entstehung, Entwicklung und Veränderung, eventuell Evolution des Kosmos, seiner Gattungen, Arten und Individuen, allgemein: den Prozess des Objekts. Wissenschaftsgeschichte bezeichnet die Entstehung und den Wandel von Theorien über das Objekt, das statischer wie dynamischer Art sein kann, wobei es im letzteren Falle darum geht, eine dynamische Theorie zu finden, die nicht nur die Dynamik des Objekts, sondern auch die ihrer eigenen wissenschaftshistorischen Entstehung und Wandlung mit abdeckt" (ebd., S. 225).

Damit stellt sich nun auch für den Rahmen dieser Abhandlung zur Ideengeschichte der Mensch-Umwelt-Beziehungen der Übergang zu einer wissenschaftlichen Disziplingeschichte, in der das Wechselverhältnis zwischen Mensch und Natur eine zentrale Rolle spielt: die Geographie. Es ist sicherlich kein Zufall, dass die Anfänge der Geographie als einer eigenständigen wissenschaftlichen Disziplin immer wieder und von vielen unterschiedlichen Autoren an die Wende vom 18. zum 19. Jahrhundert gestellt, und dass Alexander von Humboldt sowie Carl Ritter als ihre Begründer genannt werden. Ob zu Recht oder zu Unrecht: Tatsache ist, dass mit Kant, Herder und anderen der Boden bereitet wird, aus dem heraus sich das Fach Geographie entwickelt.

Das Anthropozän – Ein vorausschauender Rückblick und eine Dokumentation

Die Industrielle Revolution als Teil der Großen Transformation markiert den Übergang zu dem, was man heute, 200 oder 250 Jahre nach dem epochalen Wandel des Übergangs vom sonnen- zum fossilenergetischen Versorgungssystem der Menschheit, als Anthropozän zu bezeichnen beginnt (Crutzen 2002, 2006). Mit dem Anthropozän findet die die Eiszeit ablösende erdgeschichtliche Phase der Nacheiszeit, das Holozän, ihr Ende. Mit dem Anthropozän findet aber auch die mit der Neolithischen Revolution einsetzende menschheitsgeschichtliche Phase einer naturbestimmten, zumindest naturabhängigen Lebens- und Wirtschaftsweise ein Ende. Aus wirtschaftshistorischer Sicht bringen es Brüggemeier/Rommelspacher (1987) auf den Punkt. Sie sprechen von „besiegter Natur".

Bereits in der Einleitung zu diesem Kapitel wurde darauf hingewiesen, dass die mit Industrialisierung und Technisierung verbundenen Veränderungen der menschlichen Existenzbedingungen als ein ko-evolutionär vielschichtiger Prozess anzusehen sind. Wissenschaftliche Fortschritte, technische Erfindungen und Verbesserungen, politische Wandlungen und gesellschaftliche Umbrüche gingen einher mit neuen Wahrnehmungen und Deutungen menschlichen Lebens und des Verhältnisses des Menschen zu Natur und der ihn umgebenden Umwelt. Parallel zu diesen bereits skizzierten Transformationen begann indes ein weiterer schleichender Prozess, der zu seiner Zeit weder als gravierendes Problem erkannt wurde und noch weniger in seinen Langzeitwirkungen vorherzusehen war: die Degradation natürlicher Ökosysteme und menschlicher Umwelten – und damit die Grundlegung dessen, was wir heute als globalen Umweltwandel umschreiben oder eben auch als Anthropozoikum bzw. Anthropozän zu bezeichnen beginnen. Anders ausgedrückt: Ab etwa 1800 differenziert sich der Einfluss des Menschen auf die Natur und auf seine unmittelbare Lebensumwelt in zwei Stränge auf. Auf der einen Seite stehen die offenkundigen, physiognomisch wahrnehmbaren Eingriffe des Menschen seit dem Neolithikum auf die ihn umgebende Naturlandschaft. Auf sie wurde hinreichend verwiesen. In weltweitem Maßstab spielt die Entwaldung und die Umwandlung von Wald in Acker- und Weideland mit allen ihren Folgeerscheinungen wahrscheinlich die größte Rolle. Mit der Expansion der Europäer in die Neue Welt oder nach Asien und Afrika erfolgt schnell und rücksichtslos die agrarkolonisatorische Erschließung der großen Grasländer: Die Prärien Nordamerikas sowie die Steppen der Ukraine und des unteren Wolgagebietes werden als erste umgepflügt; nur wenige Jahre später folgen die Pampas Argentiniens und die Grasfluren Afrikas. Ab dem 19. Jahrhundert erfolgen dann jene durch neuen Technologien erleichterten Übergriffe des Menschen auf die ihn umgebende Restnatur: zunehmend maschinelle Drainage von Feuchtgebieten, Begradigung mäandrierender Flüsse und Vernichtung der sie begleitenden Auenwälder und Altwässer (Farbabb. 17; Blackbourn 2006), Einleitung zunehmender Mengen städtischer Fäkalien und verschmutzter Industrieabwässer in die natürlichen Vorfluter, Rauch- und Rußbelastungen insbesondere in den neuen Industriezentren, in denen die Rückstände der Kohleverbrennung die Luft verschmutzen und den Menschen das Atmen schwer machen. Gegen Ende des 19. Jahrhunderts dann tut die beginnende Maschinisierung der Landwirtschaft ein Übriges: Dampfpflüge brechen großflächig bislang unfruchtbare und durch Ortsteinbildung geprägte Heide- und Moorflächen um und in den USA bereitet das Vordringen des Ackerbaus in die Gebiete jenseits der Trockengrenze den ökosystemaren Kollaps der „short grass prairies" vor. In Russland fragt L. Tolstoi in seiner 1886 erschienenen Erzählung: „Wieviel Erde braucht der Mensch?" Und er lässt seinen landgierigen Helden Pachom am Ende eines langen heißen Tages in der Baschkirensteppe bei dem Versuch, möglichst viel Land durch Umschreiten abzustecken, tot zusammenbrechen. Wir wissen heute, dass Mensch und Natur nur begrenzt belastbar sind: Die physiognomisch fassbaren Schäden und Wunden von Natur und Umwelt nehmen ab dem 19. Jahrhundert spürbar und sichtbar zu. Dieses also ist die eine Seite anthropogener Wirksamkeit: die Verwüstung von Natur- wie auch Kulturlandschaften im Anthropozän.

Nicht minder dramatisch und im Grunde aber sehr viel gefährlicher sind die seit dem Übergang von erneuerbarer Solarenergie zum Verbrauch fossilenergetischer Ressourcen zu beobachtenden schleichenden Veränderungen menschlicher Lebensumwelten. Dieses ist der zweite Strang, der erst mit dem Eintritt in das Anthropozän wirksam wird. Seine Eigenheit und Neuartigkeit liegt in der physiognomisch nicht wahrnehmbaren menschlichen Beeinflussung von Natur und Umwelt. Mit Sicherheit vom Menschen nicht gewollt und angesichts des schleichenden wie auch im wahrsten Sinne des Wortes subkutanen Verlaufs dieses Einflusses nicht vorhersehbar – und schon gar nicht im 19. Jahrhundert! –, bedeuten die „Industrielle Revolution" und ihre wissenschaftlichen Fortschritte vor allem in Bergbau und Chemie eine bislang unbekannte Dimension der Mensch-Umwelt-Beziehungen. Das vermeintlich unerschöpfliche Füllhorn der Natur wird zunehmend auch als eine vermeintlich unerschöpflich belastbare Deponie von Abfallprodukten industriell-agrarischen Fortschritts verstanden und genutzt: Die Abwässer von Industrie und Städten, die Klärschlämme und Rückstände des Bergbaus versickern in den Böden ebenso wie die gegen Endes des 19. Jahrhunderts zunehmenden Chemikalien des Ackerbaus und der Industrie – und sie scheinen keine negativen Folgen zu haben. Gleiches gilt für Abgase und industrielle Rauchentwicklung – sie lösen sich in Luft auf. Und alles scheint gut! So jedenfalls sehen es Politik und das Selbstbewusstsein des fortschrittsgläubigen und seinen Fähigkeiten vertrauenden industriellen Bürgertums: Alles scheint machbar und die Natur scheint eine mit den Mitteln von Wissenschaft und Technik manipulierbare Verfügungsmasse, die es auszunutzen gilt.

Heute wissen wir es besser. Gerade jene Teile der Umweltveränderung, die wir als neuen und erst mit der Großen Transformation einsetzenden „zweiten Strang" bezeichnet haben und der durch die schleichende, subkutane Anreicherung von Schadstoffen in Böden und Grundwasser, in Pflanzen oder in der Atmosphäre gekennzeichnet ist, erweisen sich heute als Umweltkatastrophe. Mit dem Beginn des Anthropozäns wird der Mensch, wie der Nobelpreisträger Paul Crutzen es ausgedrückt hat, zu einem geologischen Faktor. Globaler Temperaturanstieg, Abschmelzen arktischer und antarktischer Eisschilde, Gletscherschwund und Meeresspiegelanstieg, Überschwemmungen und Dürreperioden, zunehmende Wind- und Sturmaktivitäten – sind sie bereits Ausdruck und Zeugnis der menschlichen Intervention in die Natur? Auf jeden Fall sind sie Ausdruck chaotisch erscheinender Ereignisse, wie sie beim Übergang von einem Naturzustand zu einem anderen nicht untypisch sind. Erinnert sei an die nachweisbaren Turbulenzen des Übergangs vom Pleistozän zum Holozän (vgl. Kap. 2, Ressourcennuntzung und Spritualität sowie Umwelt und Spiritualität). So gilt auch heute zu bedenken, dass die menschlichen Einflüsse eingebettet sind in natürliche Veränderungsprozesse, die die gesamte Erdgeschichte begleitet haben und sie bis heute prägen. Der Mensch ist, geologisch gesehen, ja nur eine Marginalie. Erst in den letzten zwei- oder dreihundert Jahren, konkreter: mit der durch die Aufklärung ausgelösten Emanzipation des Menschen und seines Ausgangs „aus seiner selbst verschuldeten Unmündigkeit" (Kant) einerseits, mit dem Beginn der Industrialisierung und der weltweiten Freisetzung fossiler Energiespeicher andererseits, beginnt der sich heute so dramatisch präsentierende globale Wandel. Ob er allerdings eine ausschließlich anthropogene Verursachung hat, ob es sich vielleicht um eine der immer wieder nachgewiesenen natürlichen Oszillationen des Klimas handelt oder eine Überlagerung beider Ursachenkomplexe – diese Frage soll im abschließenden Kapitel aufgegriffen werden.

Der Titel dieses Abschnitts „Das Anthropozän – ein vorausschauender Rückblick" bedarf einer kurzen Erläuterung. Die Retrospektive hat bereits deutlich gemacht, dass etwa 1800 ein grundlegender Wandel in den Mensch-Umwelt-Beziehungen eingesetzt hat. Global change/globaler Wandel sind die zunächst wissenschaftlich, heute bereits umgangssprachlich genutzten Bezeichnungen für den in vollem Gange befindlichen Prozess der Veränderung von Natur und Umwelt. Und es ist ein Prozess, dessen Steuerung den Menschen immer mehr zu entgleiten droht, der offensichtlich zunehmend Ängste auslöst sowie individuelle wie kollektive Befindlichkeiten menschlicher Existenz berührt. Die von der Natur und menschlicher Umwelt gegebenen Signale sind unübersehbar. Und sie sind nicht nur subjektiv gefühlt, sondern objektiv nachweisbar. Einige wenige Beispiele mögen genügen, um Formen und Wirkungen des globalen Wandels zu belegen. Einer der bekanntesten und in der allgemeinen Diskussion um die Zusammenhänge zwischen Bevölkerungsentwicklung, menschlicher Einflussnahme auf Landnutzung, Klimaentwicklung und andere Parameter sind die in Farbabb. 14 wiedergegebenen Datensätze. Selbst wenn man die unterschiedlichen Zeitskalen der in Farbabb. 14 zusammengestellten Parameter berücksichtigt, wird deutlich, dass nicht nur ein enger Zusammenhang zwischen dem Bevölkerungswachstum und geo- bzw. biochemischen Prozessen besteht, sondern auch, dass eine bedrohliche Beschleunigung der Umweltveränderungen seit etwa 1800 zu beobachten ist.

Noch dramatischer werden die Befunde, wenn wir uns den gegenwärtigen Zustand unseres Planeten Erde veranschaulichen. Bereits um die Jahrtausendwende konstatierten Wissenschaftler, dass das Ökosystem Erde durch menschlichen Raubbau an den Rand seiner Leistungs- und Regenerationsfähigkeit gebracht worden sei. Beträchtlichen Zuwächsen in menschlichen Aktivitäten mit teilweise dramatischen Einwirkungen auf die Chemie der Atmosphäre, der Erde oder der Meeresfauna stehen ebenso dramatische Verluste pflanzlicher und tierischer Spezies entgegen, wobei zu bedenken ist, dass die genannten Beispiele nur die „Spitze eines Eisbergs" sind, hinter dem sich der Kollaps ganzer Nahrungsketten und natürlicher Ökosysteme verbirgt (Tab. 12). Diesen Verlusten und Veränderungen stehen ebenso spektakuläre Zuwächse an umweltschädlichen und die menschliche Gesundheit gefährdenden Spurengasen und -elementen entgegen. Es sind eben jene anthropogen verursachten chemischen Reaktionen, die mit normalen menschlichen Sinnesorganen nicht fassbar werden, statt dessen sich in Böden, Wasser, Luft, Pflanzen oder Tieren anreichern, um dann plötzlich – und für den Menschen gelegentlich immer noch unfassbar – natürliche bzw. natürlich erscheinende System zum Kippen zu bringen (vgl. Farbabb. 15). Die Natur schlägt also zurück. Und sie tut es, so will es zumindest scheinen, nicht nur immer häufiger, sondern auch in immer neuen Formen und mit zunehmender Vehemenz. Schon heute gehören Begriffe wie „Kollaps" (Diamond 2005) oder „Syndrome" globaler Umweltveränderungen (WBGU 1993) zum Krisenvokabular der Umweltforscher wie einer besorgten Öffentlichkeit. Kasperson u. a. (1995) haben ganze „Regions at Risk" identifiziert, unter denen der Aral-See und weite Teile Zentralasiens bereits heute apokalyptische Dimensionen erreicht haben.

Der hier nur kursorisch angedeutete Rückblick auf die Auswirkungen eines immer rücksichtsloser werdenden Raubbaus des Menschen an den natürlichen Ressourcen und seiner Einwirkungen auf die ihn umgebende Geo-, Atmo- und Biosphäre sind nicht etwa Vermutungen. Sie basieren auf Fakten. Diese werden seit dem Ende des 20. Jahrhunderts in großem Maßstab im Rahmen internationaler und interdisziplinärer Forschungs- und Beobachtungsprogramme gemessen, analysiert und publiziert. Eine besondere Rolle kommt dabei dem 1988 gegründeten Zwischenstaatlichen Ausschuss für Klimaänderungen (Intergovernmental Panel on Climate Change,

	Zunahme um den Faktor:
Weltbevölkerung insgesamt	4
Urbane Weltbevölkerung	13
Weltwirtschaft	14
Industrielle Produktion	40
Energieverbrauch	16
Kohleproduktion	7
CO_2-Emissionen	17
SO_2-Emissionen	13
Wasserverbrauch	9
Mariner Fischfang	35
Rinderhaltung	4
Schweinehaltung	9
Bewässerungsareale	5
Ackerland	2
	Abnahme (in %):
Waldareal der Erde	20
Blauwalpopulation	99,75
Finnwalpopulation	97
Artenschwund (Vögel und Säugetiere)	1

Tab. 12: Veränderungen der natürlichen Rahmenbedingungen des Öko-systems Erde durch menschliche Aktivitäten im 20. Jahrhundert (verändert nach McNeill 2000 und Crutzen 2006)

IPCC) zu, gegründet von der World Meteorological Organization (WMO) und dem Umwelt-Programm der Vereinten Nationen (United Nations Environment Programme, UNEP). Seit 1990 publiziert der IPCC im Abstand von etwa vier Jahren Berichte zum Zustand des Planeten Erde und der auf ihm ablaufenden Prozesse des Klimawandels und seiner Konsequenzen. Hatte es im zweiten Bericht des IPCC im Jahre 1997 noch geheißen, dass nach Abwägung aller Befunde es nahe liege, menschliche Einflüsse auf das Klimageschehen in Anrechnung zu bringen, so sind die Grundaussagen des dritten Berichtes aus dem Jahre 2001 sehr viel deutlicher und klarer. Dort heißt es u. a. (IPCC 2001):

• Das Klimasystem der Erde hat sich seit der vorindustriellen Zeit sowohl auf globaler wie auch auf regionaler Ebene nachweislich verändert, und einige dieser Veränderungen sind auf menschliche Aktivitäten zurückzuführen.

• Emissionen von Treibhausgasen und Aerosolen, verursacht durch menschliche Aktivitäten, verändern die Atmosphäre auf unterschiedliche Arten, von denen angenommen wird, dass sie das Klima beeinflussen.

• Es gibt neue und klarere Belege, denen zufolge der größte Teil der beobachteten Erwärmung der letzten 50 Jahre auf menschliche Aktivitäten zurückgeführt werden kann.

Diese Aussagen wie auch die dem IPC-Bericht 2001 entnommene Farbabb. 15 zeigen für die letzten 1000 Jahre jeweils seit Beginn der Großen Transformation um 1800 signifikante Anstiege der globalen Konzentration von gut durchmischten Treibhausgasen. Und der neueste Vorab-Bericht des IPCC 2007 bestätigt die Schlussfolgerungen eindrucksvoll, indem er die im Jahr 2001 geäußerten Vermutungen zu einer nahezu unumstößlichen Gewissheit erhebt. So heißt es heute (2007) beispielsweise:

- Die globalen atmosphärischen Konzentrationen von Kohlendioxid, Methan und Lachgas sind als Folge menschlicher Aktivitäten seit 1750 markant gestiegen und übertreffen heute die aus Eisbohrkernen über viele Jahrtausende bestimmten vorindustriellen Werte bei Weitem. Der weltweite Anstieg der Kohlendioxidkonzentration ist primär auf den Verbrauch fossiler Brennstoffe und auf Landnutzungsänderungen zurückzuführen, während derjenige von Methan und Lachgas primär durch die Landwirtschaft verursacht wird.

- Das Verständnis der erwärmenden und kühlenden anthropogenen Einflüsse auf das Klima hat sich seit dem Dritten Sachstandsbericht (TAR) verbessert und zu einem *sehr hohen Vertrauen* geführt, dass der globale durchschnittliche Netto-Effekt der menschlichen Aktivitäten seit 1750 eine Erwärmung war, mit einem Strahlungsantrieb von + 1,6 [+ 0,6 bis + 2,4] $\mathrm{W\ m^{-2}}$.

- Die Erwärmung des Klimasystems ist eindeutig, wie dies nun aufgrund der Beobachtungen des Anstiegs der mittleren globalen Luft- und Meerestemperaturen, des ausgedehnten Abschmelzens von Schnee und Eis und des Anstiegs des mittleren globalen Meeresspiegels offensichtlich ist.

- Auf der Skala von Kontinenten, Regionen und Ozeanbecken wurden zahlreiche langfristige Änderungen des Klimas beobachtet. Zu diesen gehören Änderungen der Temperaturen und des Eises in der Arktis sowie verbreitet Änderungen in den Niederschlagsmengen, im Salzgehalt der Ozeane, in Windmustern und bei Aspekten von extremen Wetterereignissen wir Trockenheit, Starkniederschlägen, Hitzewellen und der Intensität von tropischen Wirbelstürmen.

- Paläoklimatische Informationen stützen die Interpretation, dass die Wärme des letzten halben Jahrhunderts für mindestens die letzten 1.300 Jahre ungewöhnlich ist. Das letzte Mal, als die Polargebiete für längere Zeit signifikant wärmer waren als heute (vor etwa 125.000 Jahren), führten die Rückgänge der polaren Eismassen zu einem Meeresspiegelanstieg von vier bis sechs Metern.

Der vorausschauende Rückblick auf einige Konsequenzen der seit der Großen Transformation sich abzeichnenden Veränderungen der Natur und der menschlichen Umwelten lassen es somit auch im Sinne eines vorausschauenden Rückblicks gerechtfertigt erscheinen, von einer menschheitsgeschichtlichen Zeitenwende zu sprechen. Ob diese objektiv mess- und subjektiv wahrnehmbaren Wandlungen allerdings so eindeutig menschengemacht und auch so langfristig wirksam sein werden, dass die biologisch-geologische Kennzeichnung der ab 1800 veränderten Mensch-Umwelt-Verhältnisse durch die besetzten Begriffe Anthropozoikum bzw. Anthropozän Bestand haben und sich durchsetzen werden, muss abgewartet werden. Im Schlusskapitel des Buches wird unter der Formulierung einer „rückblickenden Vorausschau" auf diese Frage nochmals Bezug genommen werden.

Unabhängig von solchen derzeit noch spekulativen Details soll mit den vorangegangenen Bemerkungen auf das Kapitel 5 vorbereitet und übergeleitet werden, in dem es um eine spezifisch disziplingeschichtliche Eingrenzung der Mensch-Umwelt-Problematik geht. Mit immer differenzierteren Wissenschaftsverständnissen (vgl. Farbabb. 12 und Abb. 22) entwickelt sich eine neue, zunächst „embryonale", im Laufe des 19. Jahrhunderts dann jedoch an Konturen gewinnende Diskussion um das Wechselverhältnis Mensch – Natur, das angesichts der vielfältigen ökologischen, ökonomischen und politischen Implikationen des industriellen Aufschwungs eine breite Aufmerksamkeit erregte und auch Dichtung wie Malerei zu Auseinandersetzungen herausforderte (vgl. dazu als Beispiele die Lesetexte von Brüggemeier/Toyka-Seid 1995 oder Bayerl/Troitzsch 1998). Angesichts der von den Enzyklopädisten, von Kant, Herder und anderen begründeten Wissenschaftsverständnisse zu Beginn des 19. Jahrhunderts hätte man mit guten Gründen erwarten können, dass sich das gerade etablierende Fach Geographie mit seiner Brückenfunktion zwischen Natur und Mensch und seinen breitgefächerten Ansprüchen dieser Thematik und Problematik annehmen würde. Der folgende Rück- und Ausblick auf die Geschichte dieses Faches, jenes notorischen Grenzgängers zwischen Natur und Mensch, zwischen Naturwissenschaft einerseits, Geistes- und Sozialwissenschaft andererseits, wird indes zeigen, dass dieses nicht geschehen ist – von wenigen Ausnahmen abgesehen. Es mag daran liegen, dass die gegenseitige Beeinflussung beider Pole und die Wechselbeziehungen zwischen beiden schlichtweg kein Problem waren. Es mag auch sein, dass der Brückenschlag zwischen Natur und Kultur, zwischen Mensch und Umwelt nicht als tragfähiges Fundament einer fachlichen Spezialisierung und Eigenständigkeit gesehen wurde. Es mag weitere und andere Gründe geben. Tatsache ist jedoch, dass die sich als Wissenschaft etablierende Geographie nicht den Weg einer Mensch-Umwelt-Wissenschaft eingeschlagen hat, obwohl auch und gerade mit Humboldt ein solcher Weg bereitet wurde. Aus heutiger Sicht mag man das bedauern, geht es doch heute wiederum um die so kontrovers diskutierte Frage nach hochgradiger Spezialisierung versus holistisch-integrativer Zusammenschau. Dass sich alle drei Wissenschaftsbereiche – Natur-, Geistes- und Sozialwissenschaften – im Fach Geographie vereinen, machen Reiz und Problematik der Geographie aus. Sie bedeuten aber auch eine Herausforderung für ein Fach, das sich als Mensch-Umwelt-Disziplin versteht, seine Geschichte und sein heutiges Selbstverständnis zu reflektieren.

5 Mensch und Umwelt: Zur wissenschaftstheoretischen Grundlegung der Mensch-Umwelt-Beziehungen im Anthropozän – zugleich: Eine geographische Disziplingeschichte

Der an der Wende vom 18. zum 19. Jahrhundert einsetzende geistesgeschichtliche wie auch technologisch-wirtschaftliche und soziale Umbruch schlug sich, wie bereits angedeutet, auch in der Entwicklung der Wissenschaften nieder. Die letzten Endes seit der Antike bestehende holistische Sicht des Welt- und Menschenbildes begann zwar mit der frühen Neuzeit brüchig zu werden, ordnete indes die schnell anwachsende Zahl vor allem naturwissenschaftlicher Erkenntnisse immer wieder der Ratio eines göttlichen Schöpfungsplanes unter. Die „septem artes liberales" vermochten das Verständnis, und wo das nicht reichte, das Interpretationsbedürfnis der neuen Forschungsergebnisse bis weit in die Neuzeit hinein abzudecken. Erst die mit der Renaissance allmählich einsetzende Profilierung einzelner Wissenschaften – allen voran die Mathematik, die Physik und die Astronomie – und die mit dem Empirismus zunehmende Entwicklung weiterer Disziplinen führte zu dem, was der französische Wissenschaftsphilosoph Bruno Latour im Rückblick auf die frühe Neuzeit als eine zunehmend strikte Unterscheidung analysiert hat. Er konstatiert das zunehmende und immer schneller werdende Auseinanderdriften eines bislang fest gefügten und holistischen Welt- und Menschenbildes. Er nennt es das „moderne Paradox", d. h. die Negation der vormodernen Kenntnisse um Netzwerke und Hybriden zwischen Natur und Kultur. Dieser Prozess – so Latour – nimmt seinen Ausgangspunkt etwa in der Mitte des 17. Jahrhunderts und wird von dem bereits genannten Philosophen Thomas Hobbes, Vertreter einer materialistischen Lehre vom Menschen, und seinem Landsmann, dem Physiker und Chemiker Robert Boyle (1627–1691), als Ausgangspunkten personifiziert. Noch beide scheinen – trotz aller Gegensätzlichkeit – vereint in der Sicht von Mensch und Natur als einem im Prinzip wesens- und strukturverwandten mechanischen Räderwerk. Hobbes sieht die Menschen nicht grundsätzlich anders als eine Maschine, angetrieben durch den physischen Trieb der Selbsterhaltung. Boyle andererseits hatte keine Schwierigkeiten, die Welt nicht als Natur, sondern als einen „mechanicus cosmicus", als eine gigantische Maschinerie zu verstehen, deren Deutung einherging mit seinem Glauben an einen göttlichen Schöpfer dieses perfekten Mechanismus. Für ihn war die Welt „like a rare clock, such as may be that at Strasbourg, where all things are so skillfully contrived, that the engine being once set a-moving, all things proceed, according to the artificer's first design" (Boyle 1682: A Free Inquiry into the Vulgarly Received Notion of Nature, zitiert nach Livingstone 1992, S. 105). Das Wesen des von Latour postulierten Paradoxons liegt also in der immer stärkeren Polarisierung von Natur und Gesellschaft, in der sich steigernden

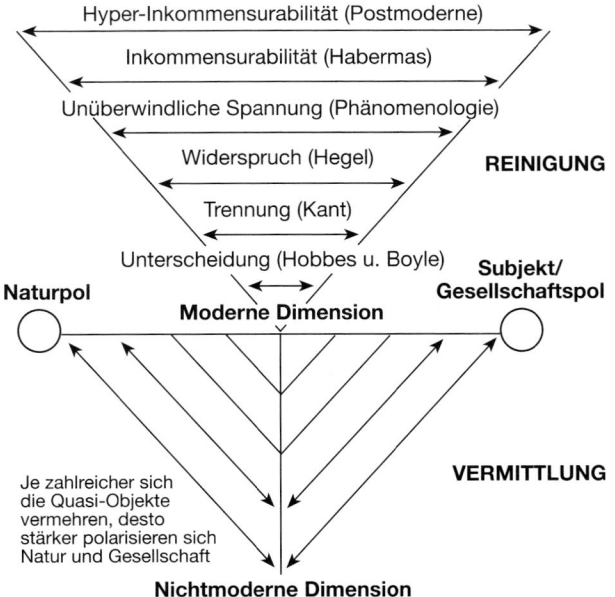

Abb. 29:
Das moderne Paradoxon:
Das Auseinanderdriften von
Natur und Gesellschaft im
Wissenschaftsverständnis
der Moderne
(nach Latour 1998)

Entfremdung von Mensch und Umwelt und auch in dem Auseinanderdriften von philosophisch-spekulativer Theologie, naturwissenschaftlicher Methodik und wissenschaftlichem Erkenntnis-gewinn (vgl. Abb. 29). Dieser Weg zu einer extremen Polarisierung von Natur und Kultur in der Gegenwart muss durch Rückbesinnung auf und Bewusstwerdung des konstruktivistischen Charakters dieser Trennung korrigiert werden. Zu deren Überwindung bedarf es, so Latour, wohl eines Entrümpelungsprozesses tradierter Wissenschaftsverständnisse – ein Postulat, das in der gegenwärtigen Diskussion auch um den „Brückenfachcharakter" eines Faches wie der Geographie sich großer Zustimmung erfreut. Latour schlägt dafür auch ein ganzes Arsenal von seiner Meinung nach verzichtbarem Ballast vor (vgl. Tab. 13).

Die von Latour angeregte Rückbesinnung fällt in eine Zeit, in der wiederum ein stärker vernetzt-ökologisches Wissenschaftsverständnis für die wissenschaftlichen Disziplinen ganz allgemein, für das Fach Geographie speziell zu beobachten ist. Allgemein gilt, dass mit der Entwicklung immer neuer Problem- und Fragestellungen an der Peripherie verschiedenster Wissenschaftsdisziplinen und im grenzüberschreitenden Bereich zwischen den Kernfächern sich „Hybriden", d. h. Quasi-Objekte oder auch „Mischwesen zwischen Natur und Kultur" entwickeln. Beispiele für solche Hybriden wären z. B. Umweltprobleme oder, allgemeiner, Mensch-Umwelt-Beziehungen (vgl. auch Latour 2002). Damit sind wir zurück bei dem zentralen Anliegen auch dieses Buches.

Da es wissenschaftsgeschichtlich keine Disziplin gab und gibt, die sich mit den hybriden Wechselbeziehungen von Natur und Kultur, zwischen Mensch und Umwelt explizit beschäftigt, umgekehrt aber Geographie mehr als einmal und in jüngster Zeit zunehmend als „Umweltwissenschaft" (Ehlers 1998) oder auch als „Wissenschaft von den Wechselbeziehungen zwischen Mensch und Umwelt" verstanden wird, ist dieses Kapitel mehr als nur eine geographische Dis-

Tab. 13:   Katalog (un-)verzichtbarer Kategorien eines relationalen Weltbildes
(nach Latour 1998)

	Was wir behalten	Was wir verwerfen
Von den Modernen	– weit reichende Netze – Größendimensionen – Experimente – relative Universalien – Trennung zwischen objektiver Natur und freier Gesellschaft	– Trennung zwischen Natur und Gesellschaft – Heimlichkeit der Vermittlungspraktiken – äußere Große Trennung – kritische Denunziation – Universalität, Rationalität
Von den Vormodernen	– Nicht-Trennbarkeit der Dinge und Zeichen – Transzendenz ohne Gegenteil – Vervielfältigung nicht-menschlicher Wesen – Zeitlichkeit durch Intensität	– Verpflichtung, natürliche und soziale Ordnung stets zu verknüpfen – Opfermechanismus der Anklage – Ethnozentrismus – Territorium – Maßstab
Von den Postmodernen	– multiple Zeiten – Dekonstruktion – Reflexivität – Denaturalisierung	– Glaube an die Moderne – Ohnmacht – kritische Dekonstruktion – ironische Reflexivität – Anachronismus

ziplingeschichte. Am Beispiel der modernen Geographie wird einerseits die durchaus nicht widerspruchsfreie, in weiten Teilen sogar extrem kontroverse Entwicklung einer wissenschaftlichen Disziplin seit der Aufklärung bis zur Gegenwart aufgezeigt. Und viele der von Latour entdeckten Trennungen, Widersprüche und Spannungen des Wissenschaftsverständnisses allgemein (vgl. Abb. 29) treten in der Geographie fachintern auf – und halten bis zur Gegenwart an. Andererseits ist es gerade der „Hybridcharakter" dieses Faches, der in besonderer Weise geeignet ist, das problematische Mit-, Neben- und Gegeneinander von Natur-, Sozial- und Geisteswissenschaften in ihrem Wechselverhältnis und in ihren Gegensätzlichkeiten im 19. und 20. Jahrhundert zu belegen und zu diskutieren. Zur gegenwärtigen Diskussion des Hybridcharakters der Geographie, seiner Grenzen und Chancen sei beispielsweise auf Flitner (1998 f.) und Zierhofer (1999, 2003), für ökologische Fragestellungen auf entsprechende Arbeiten von Blaikie (1985, 1999), Castree/Braun (1998, 2001), Steiner (1992 f.) und andere verwiesen. Interessant und bedenkenswert sind auch die Ausführungen von Markl zu Charakter und Aufgaben künftiger Umweltforschung (1986, 1998).

Natur- und geowissenschaftliche Diskurse sowie Grundlegungen einer wissenschaftlichen Geographie im 18. und 19. Jahrhundert

Mit den grundlegenden Wandlungen der Großen Transformation und den Folgen der Aufklärung treten im Bereich der Wissenschaften neue Strukturen hervor. Ihr allgemeiner Aufschwung wird zunehmend begleitet durch jene von Latour wie Gloy (1995) betonten „Fragmentierungen" von Kenntnissen und Erkenntnissen, die ein neues spezialisiertes und differenziertes Wissenschaftsverständnis andeuten. Auf die Rolle Kants wurde in diesem Kontext mit seinen Vorlesungen und Publikationen zur Physischen Geographie und Anthropologie verwiesen. Und auch Herders Interpretationen der Mensch-Umwelt-Beziehungen mit der besonders prägenden Rolle des Klimas vermögen nur unbefriedigend jenen Zwiespalt zwischen der Erde als einem holistischen Ganzen und der Rolle einzelner Disziplinen als Interpretatoren dieses holistischen Kosmos aufzuheben: „[...] dienen Geographie und Geschichte der nützlichsten Philosophie auf der Erde, nämlich der Philosophie der Sitten, Wissenschaften und Künste: sie schärfen den sensum humanitatis in allen Gestalten und Formen [...]" (Herder 1784). Parallel zu dem pragmatischen Geographie- und Anthropologieverständnis Kants und der idealistisch-spekulativen Geographie Herders, von Beck (1958) der Phase der präklassichen Geographie zwischen 1750 und 1798 zugerechnet, gibt es allerdings auch in Deutschland eine ganze Reihe eher enzyklopädisch-lexikalischer Ausprägungen der Geographie, die über die philosophischen Begründungen und Legitimationen geographischer Diskurse hinausgingen und ganz explizit utilitaristische Zwecke und Nutzanwendungen verfolgten. Zu ihnen zählen insbesondere die im 18. Jahrhundert besonders beliebten und dementsprechend verbreiteten Landes- und Erdbeschreibungen auf einer überwiegend statistischen Grundlage. Ihre Herkunft aus und ihre Nähe zu den zahlreichen Enzyklopädien und Lexika des 17. und 18. Jahrhunderts ist unübersehbar (vgl. dazu Schneider 2006). D. Denecke (1996) hat für Deutschland eine entsprechende Übersicht vorgelegt. Aus ihr wird deutlich, dass unter dem Namen Geographie eine breite Palette von Themen und Inhalten als Teil von Haushaltungs- und Wirtschaftswissenschaften oder von Statistik und Kameralwissenschaften behandelt wurden. Nicht nur Atlanten und Reisekarten, auch statistische Kompendien und auf überwiegend statistischer Grundlage beruhende Mitteilungen über Länder und Völker, über Land und Leute waren Gegenstände einer so verstandenen Kompendiengeographie. Ziele dieser Publikationen waren Information und Belehrung einer an Bildung und Wissen interessierten Öffentlichkeit. Musterbeispiel einer solchen vorwissenschaftlichen Geographie ist das von J. M. Franz 1751 veröffentlichte Pamphlet über die „Nothwendigkeit eines Staatsgeographus", in dem Sinn und Zweck einer solchen Person und der ihr obliegenden „wissenschaftlichen" Aktivitäten begründet werden. Er schreibt wie folgt:

> „Weil man im gemeinen Wesen nicht recht weis, was ein Geographus für ein Tier ist [...,] so kann man ihn auch den Land- und Grenzkommissarius nennen, sowie man am königlich-polnischen und kurfürstlich-sächsischen Hof den dasigen ‚Landes- oder Staatsgeographus' zu nennen beliebet hat, und damit man noch deutlicher ersehe, was man bei der Kosmographischen Gesellschaft von einem solchen Mann erfordere, so wollen wir diejenigen Pflichten, die man einem in Bestellung genommenen Geographus vorschreiben müßte, überhaupt in folgenden Artikeln begreifen [...]:
> ‚die Länder und Staaten zum Gebrauch des Kabinetts und der Regierung geometrisch aufnehmen und in einem sogenannten Kabinettsatlas verfassen zu lassen – die vollständige Land- und Ortsbeschreibung zum Gebrauch der Regierung in Aufsatz zu bringen – alle Seltenheiten der Natur in allen und jeden Gegenden des Landes bemerkend verzeichnen, beschreiben und den Landesherrn bekande zu machen – aus der gemeldten Sammlung soll er soviel als dem Publico zu wissen nötig ist Erlaubnis haben, ein Lehrgebäude zur Staatsgeographie desselben Landes, wovon er be-

stellter Geographus ist, aufzubauen und mit nötigen Landkarten zu erläutern – weil er des Landes vollkommen kundig geworden, so soll er auf allerhand Landesverbesserungen denken und seine gesammelte Anmerkungen zu nützlichen Vorschlägen anwenden. Die Landwirtschaft, Baukunst, Handel und Wandel mit der allergenauesten Kenntnis des Landes verknüpft, geben Stoff genug zur Erfindung neuer Dinge, die einem Volk und Land erspriesslich fallen können'."
(zitiert nach Denecke 1996, S. 117)

Aus der vergleichsweise großen Zahl solcher Aktivitäten im kleinstaatlichen Kontext Deutschlands ragt indes eine Persönlichkeit heraus, die für die weitere Entwicklung der Geographie hin zu einer wissenschaftlich-eigenständigen Disziplin von großer Bedeutung werden sollte. Diese Person war Anton Friedrich Büsching (1724–1793). In dem Teil seines Werkes, das der Theologe, Pädagoge und Geograph zur Erdbeschreibung verfasste, spiegelt sich die nur aus dem Epochenwandel heraus verständliche Janusköpfigkeit des vorwissenschaftlichen Geographieverständnisses in der Mitte des 18. Jahrhunderts wieder. Auf der einen Seite schlägt der Theologe in ihm voll durch, wenn er, ganz im Sinne einer noch stark in den Traditionen der Physikoteleologie verhafteten, den Nutzen der Erdbeschreibung vor allem in der Erkenntnis eines christlichen Schöpfergottes sieht:

„Der Nutzen der Erdbeschreibung ist wichtig, und verdienet eine eigene Abhandlung, die aber meinem Zwecke nach nicht weitläufig seyn darf. *Ihr Hauptnutzen*, den ich am ausführlichsten abhandeln will, ist, daß dadurch *die Erkenntniß Gottes, des Schöpfers und Erhalters aller Dinge, ansehnlich befördert wird.* Unser Erdboden ist zwar nur ein kleines, aber ein sehr merkwürdiges, Stück seiner herrlichen Werke; und wie die ganze Welt zeuget, daß ein Gott sey: so enthält insonderheit unsere Erde davon die unwidersprechlichsten Beweistümer. Wir mögen uns hinwenden, wohin wir wollen; so können wir deutliche Spuren der göttlichen Macht, Weisheit und Güte bemerken. Solche Bemerkung ist um desto pflichtmäßiger und vortheilhafter, weil wir einen Theil der großen Werke Gottes außer unserm Erdboden, ich will sagen, weil wir die Weltkörper, welche uns bey Anschauung des prächtigen Himmels in die Augen fallen, zwar in weiter Entfernung sehen und bewundern können, aber doch keine nähere Nachricht davon haben, die uns ihre Einrichtung und Beschaffenheit bekannt machte, und dadurch unsere Erkenntniß von Gott vermehrete. Es ist aber unser Erdboden voritzt zur Erkenntniß Gottes aus der Natur hinreichend: denn er ist so voll von den bewundernswürdigsten Werken Gottes, daß wir auch bey der allersorgfältigsten und fleißigsten Aufmerksamkeit nur das wenigste davon recht einsehen, ja, eigentlich zu reden, kein einziges vollkommen erkennen."
(Büsching 1754; zitiert nach Schwarz 1948, S. 25)

Auf der anderen Seite aber schlägt der physiokratisch-kameralistisch geprägte Statistiker in ihm durch, wenn er fortfährt:

„Der Nutzen der Erdbeschreibung erstrecket sich noch weiter. Es ist überhaupt angenehm, nützlich und nöthig, daß wir die Welt kennen lernen, in der wir leben. Wie unangenehm ist es allemal, und wie schimpflich in manchen Fällen, wenn man die Zeitungen und Geschichtsbücher liest, oder sonst im gemeinen Leben von Kriegen, Land- und Seereisen, merkwürdigen Begebenheiten und dergleichen Dingen höret, und nicht weiß, wie und wo die Länder und Oerter liegen, von denen die Rede ist, und wie sie beschaffen sind? Es ist alsdenn unmöglich, daß wir uns einen richtigen und nützlichen Begriff von diesen Dingen machen können. Viele Menschen, selbst studirte, kennen ihren Geburtsort und ihr Vaterland nicht, geschweige denn andere Länder; welches schändlich ist. [...] Die Erdbe-

schreibung ist allen Menschen nützlich, undvielen unentbehrlich. Ein *Regent* muß seine eigene und fremde, sonderlich die benachbarten Länder, nothwendig kennen, und je besser er sie kennt, je vorteilhafter ist es für ihn. Keiner kann ein *Staatsmann* ohne die Erdbeschreibung werden. Wie soll einer die Stärke und Schwäche der Länder seines Landesherrn, und derer Regenten, mit welchen der seinige in Verbindung steht, kennen lernen, wenn er keine geographisch-politischen Bücher hat? Diese gehören also unter die nothwendigsten in seiner Bibliothek. [...] Der *Gottesgelehrte* kann weder die heilige Schrift recht verstehen und erklären, noch Gott und seine großen Werke recht erkennen und andern bekannt machen, wenn er in der Erdbeschreibung unerfahren ist. Der *Naturkündige* kann dieselbe ungemein nützlich zu seinem Zwecke gebrauchen. Der *Kaufmann*, dessen Handel sich in die Nähe und Ferne erstrecket, kann ihrer nicht entbehren. Und was für großen Nutzen kann nicht ein *Reisender* von einer guten Erdbeschreibung haben? Sie lehret ihn die Merkwürdigkeiten eines jeden Landes und Ortes, und zeiget ihm also an, was er zu besehen und zu untersuchen habe. Allen übrigen Arten von Menschen dient sie zu einer nützlichen Belustigung."
(ebd., S. 26 f.)

Ohne hier auf das umfangreiche und zu seiner Zeit breit sowie durch Übersetzungen auch im Ausland rezipierte Werk Büschings einzugehen (vgl. dazu Plewe 1957, 1958), mag nur soviel seine geographiehistorische Wirksamkeit belegen: Ab 1767 erschienen unter seiner Ägide insgesamt 22 Bände des „Magazin für die neue Historie und Geographie", ab 1773 insgesamt 15 Jahrgänge einer Zeitschrift mit dem immer noch zeitgeisttypischen Titel „Wöchentliche Nachrichten von neuen Landkarten, geographischen, statistischen und historischen Büchern und Sachen". Bereits ab 1754 aber beginnt Büschings „Neue Erdbeschreibung" zu erscheinen, die – mit einer stetig zunehmenden Zahl von Bänden – insgesamt neun Auflagen erlebt, deren letzte 1809 in Hamburg publiziert wird. Das Werk bleibt allerdings ein Torso. Lediglich die europäischen Länder werden erfasst; der letzte Band gilt Asien und einigen seiner Staatsgebilde.

Das, was im Vorhergehenden für die Geographie ausgeführt wurde, gilt wohl auch für die vorwissenschaftlichen Phasen anderer Disziplinen auf dem Gebiet der Naturgeschichte. Verwiesen sei in diesem Kontext auf Wege und Irrwege in der frühen Entwicklung der Biologie (vgl. Wuketits 1998; sehr viel profunder und differenzierter: Mayr 1998) oder im Bereich der Geowissenschaften. In beiden Disziplinfeldern, deren historische Entwicklungen nicht bzw. nur randlich zum Anliegen dieses Buches zählen, gibt es indes offensichtlich gewichtige wissenschaftliche Thesen und Theorien, die für die uns interessierende Frage nach den Mensch-Umwelt-Beziehungen von Belang und auch für die Entwicklung geographischer Fragestellungen bedeutsam wurden. Bereits im Zusammenhang mit der Renaissance und der kopernikanischen Wende unseres Weltbildes wurde von der ersten der drei großen „Entzauberungen" des Menschen gesprochen: Nicht die von uns bewohnte Erde als der Mittelpunkt des Planetensystems, sondern die Erkenntnis, dass die Sonne in deren Zentrum stünde, hatte das Selbstverständnis der abendländischen Welt erstmals nachhaltig erschüttert. Das 19. und das frühe 20. Jahrhundert bringen zwei weitere Erkenntnisse, nämlich:

- die Erkenntnis, dass der Mensch vom Affen abstamme und damit biologisch-evolutionären Ursprungs sei: Evolutionstheorie durch Charles Robert Darwin (1809–1882);
- die Erkenntnis, dass menschliches Tun, Handeln und Denken nicht nur rational begründbar und nachvollziehbar sei, sondern dass auch das Unbewusste eine entscheidende Triebkraft menschlichen Handelns und Wirkens sei: Psychoanalyse durch Sigmund Freud (1856–1939).

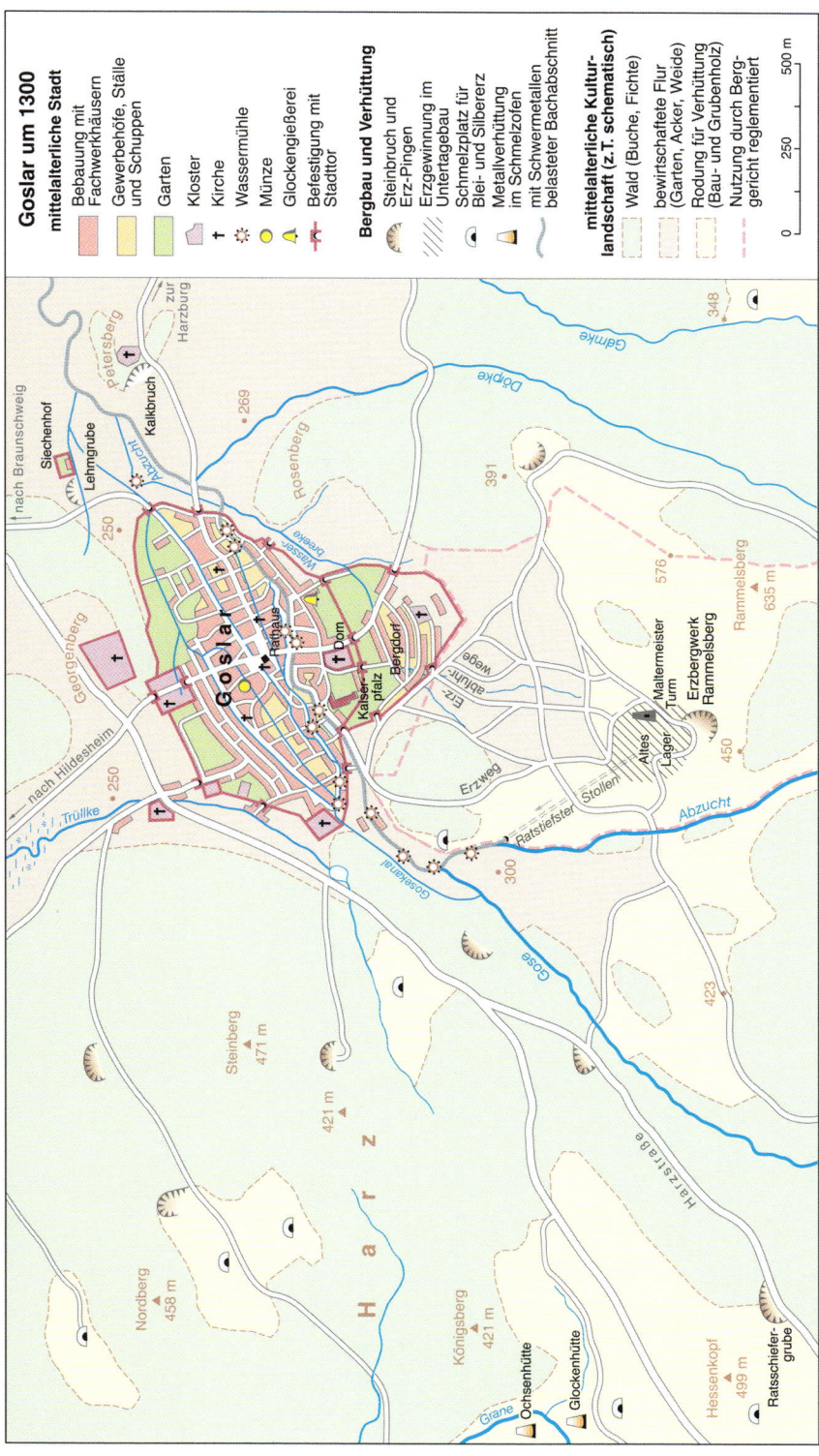

Farbabb. 11: Goslar um 1300: Mittelalterliche Stadt – Bergbau und Erzverhüttung – Agrare Landnutzung (nach Diercke 3 Universalatlas, Braun-schweig 2001, S. 49)

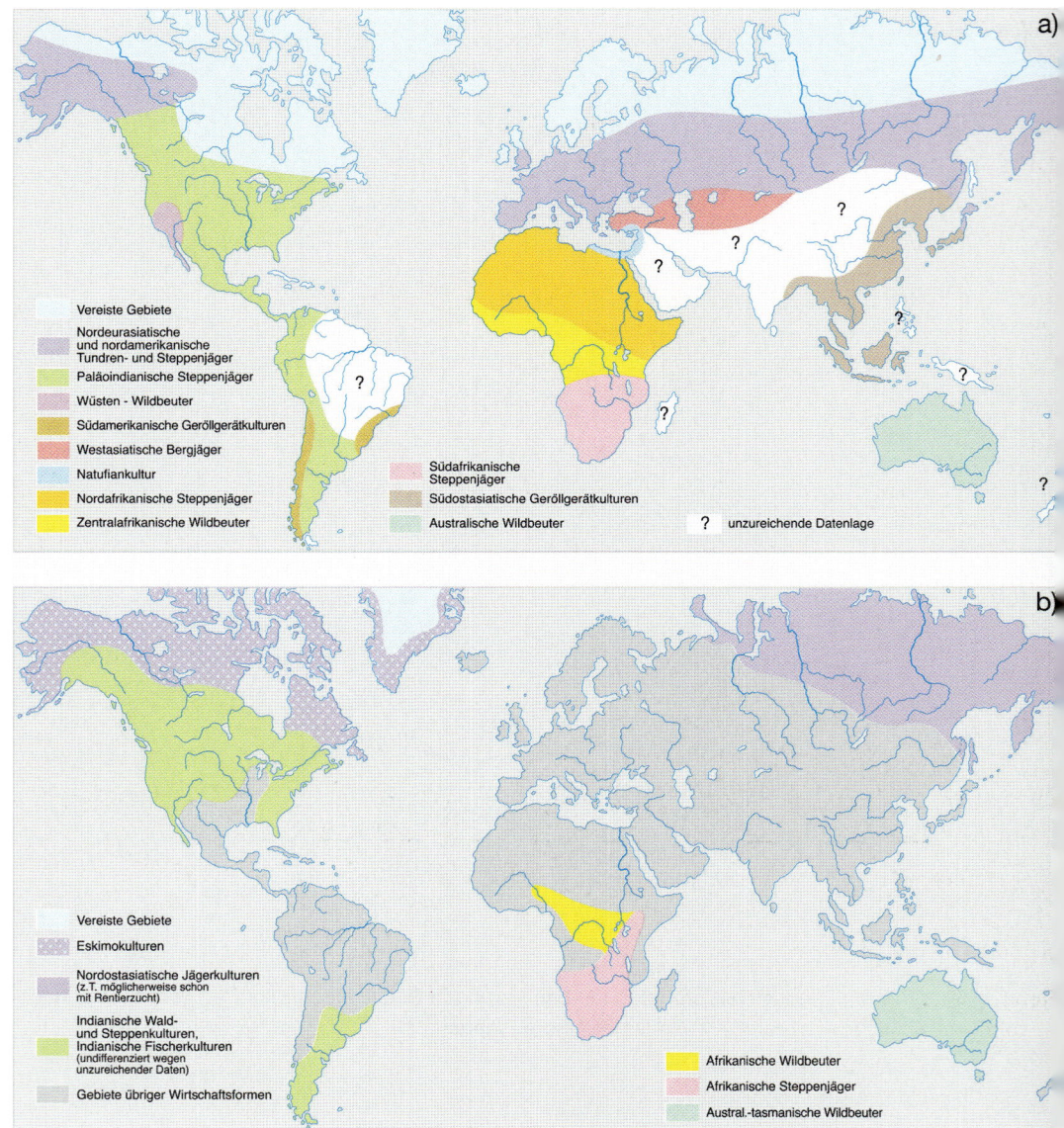

Farbabb. 12: Wildbeuterkulturen der Erde a) am Ende des Jungpleistozäns/Holozäns und
b) um 1500 u. Z. (nach Grahmann und Müller-Beck 1967)

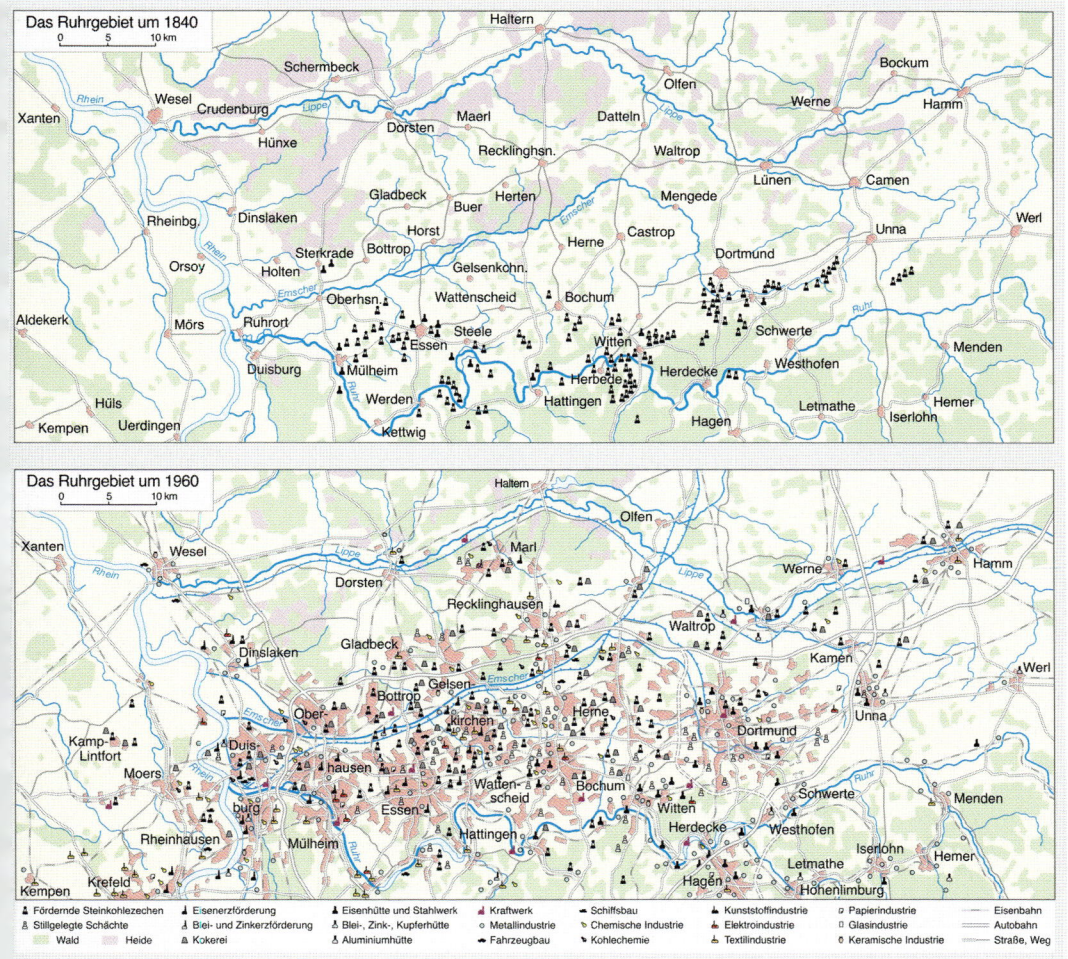

Farbabb. 13: Bergbau, Industrialisierung und Urbanisierung in Deutschland: das Ruhrgebiet 1840 und 1960 (nach Diercke Weltatlas/Braune Ausgabe)

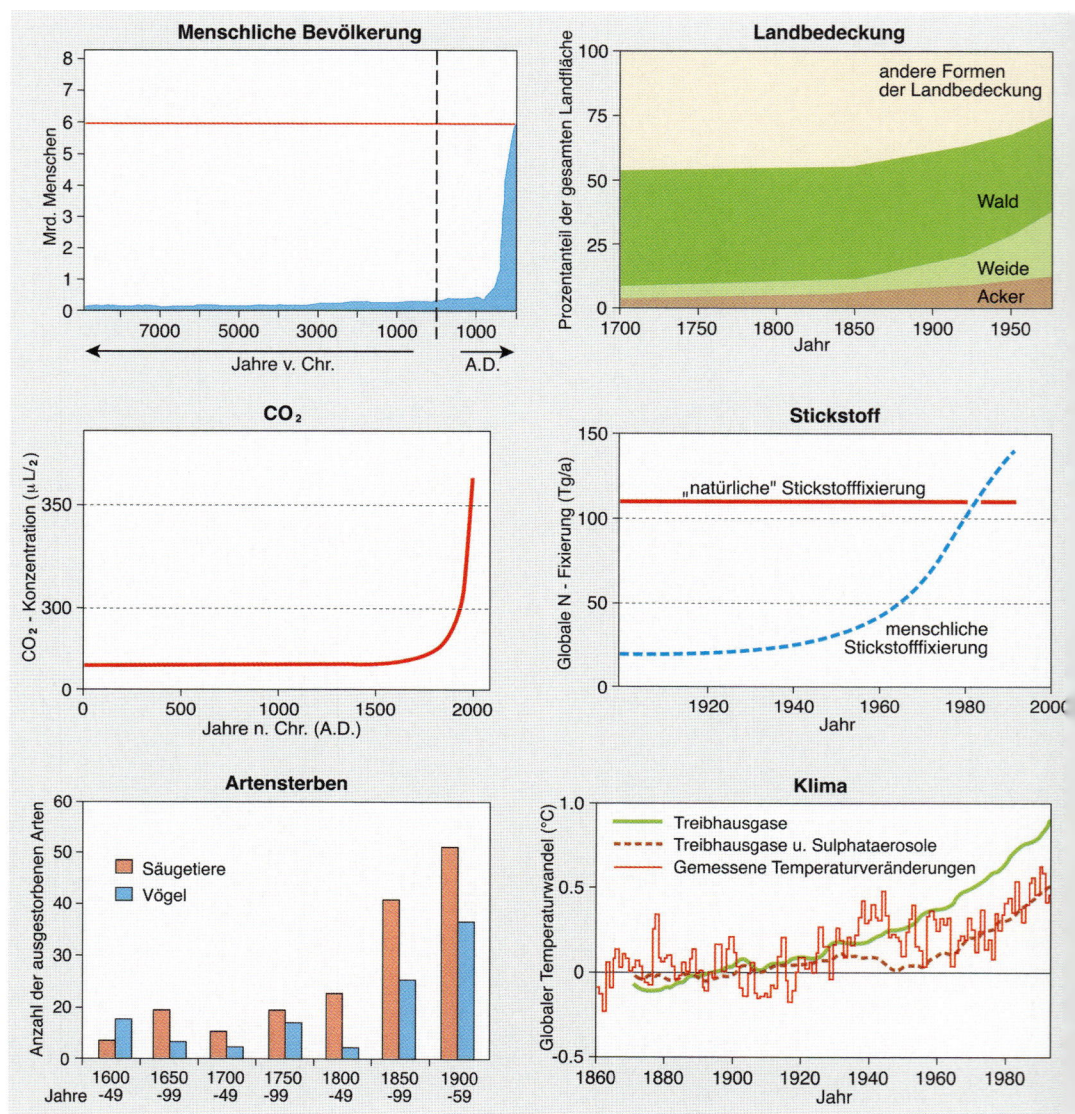

Farbabb. 14: Der Zusammenhang von Bevölkerungswachstum – Wandel der Landbedeckung –
Stickstoffverbindungen – Klimaveränderungen (nach Vitousek u. a. 1997)

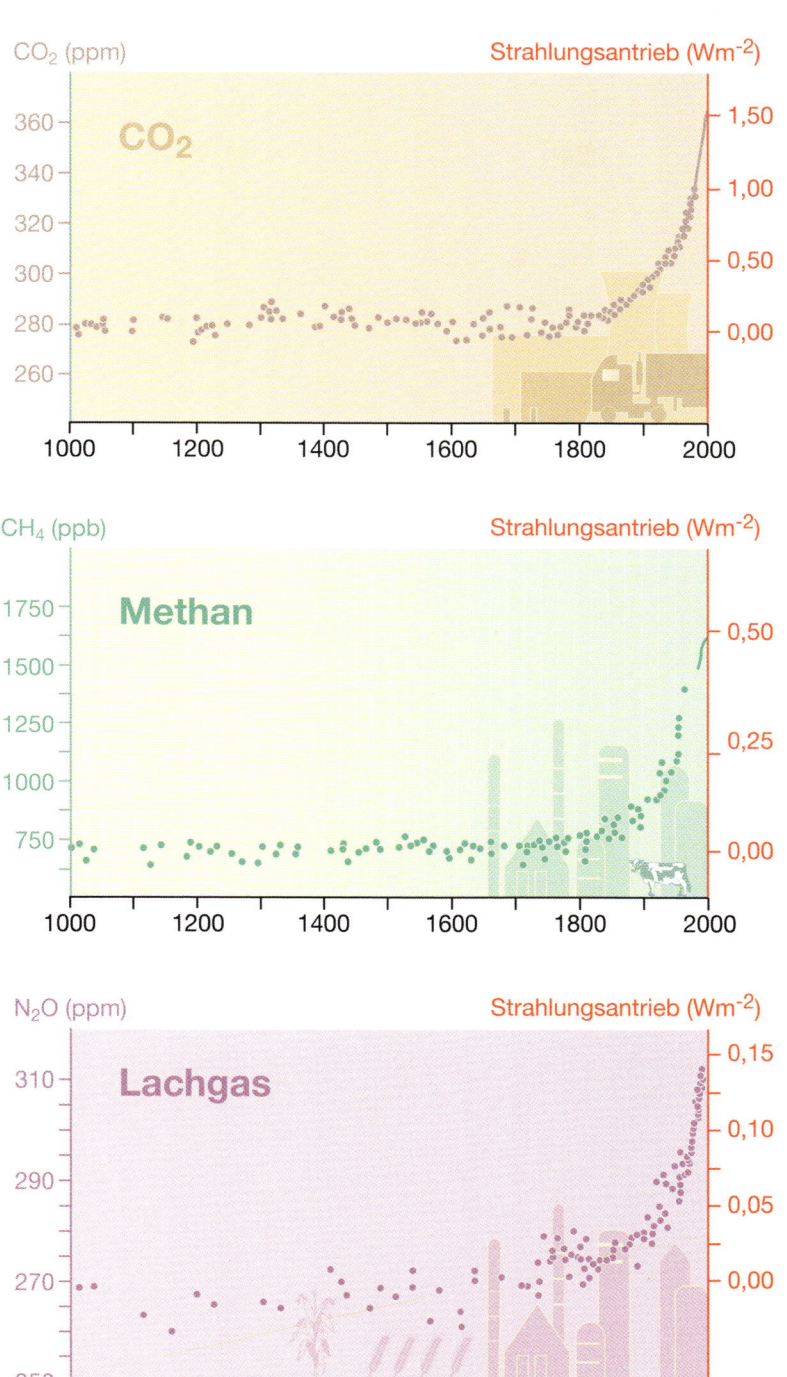

Farbabb. 15: Anstieg der Konzentrationen von Treibhausgasen 1000–2000 (nach IPCC 2001)

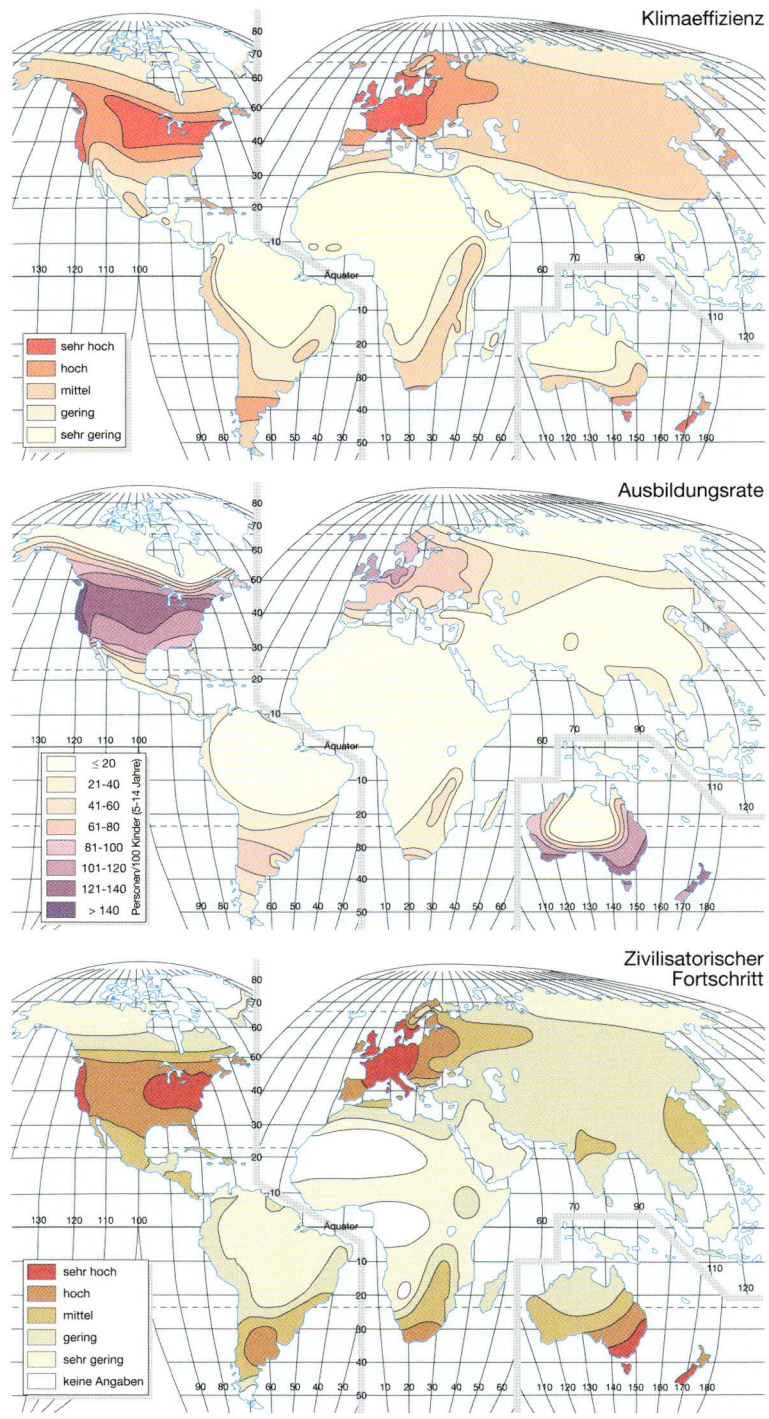

Farbabb. 16: Zum Zusammenhang von Klimaeffizienz, Bildungsstand und zivilisatorischem
Fortschritt (nach Huntington 1945/1959)

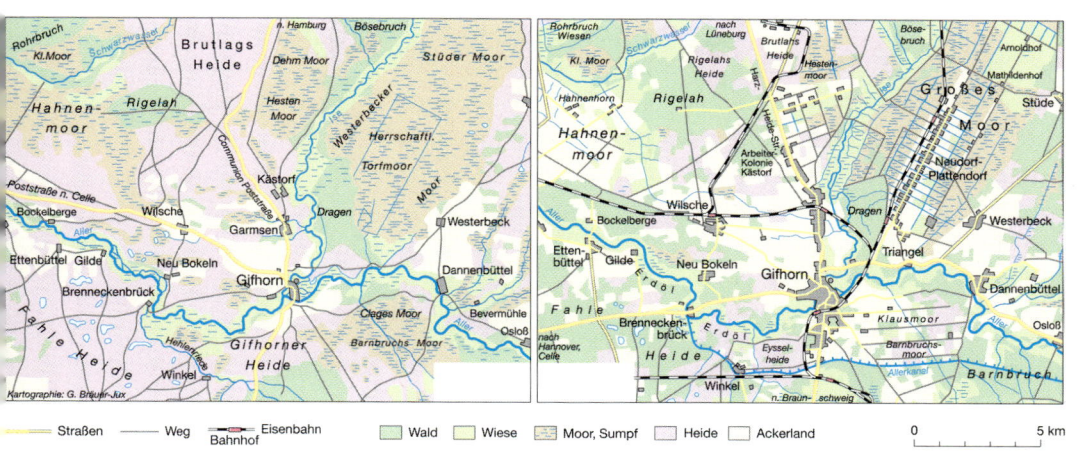

| Straßen | Weg | Eisenbahn Bahnhof | Wald | Wiese | Moor, Sumpf | Heide | Ackerland | 0 | 5 km |

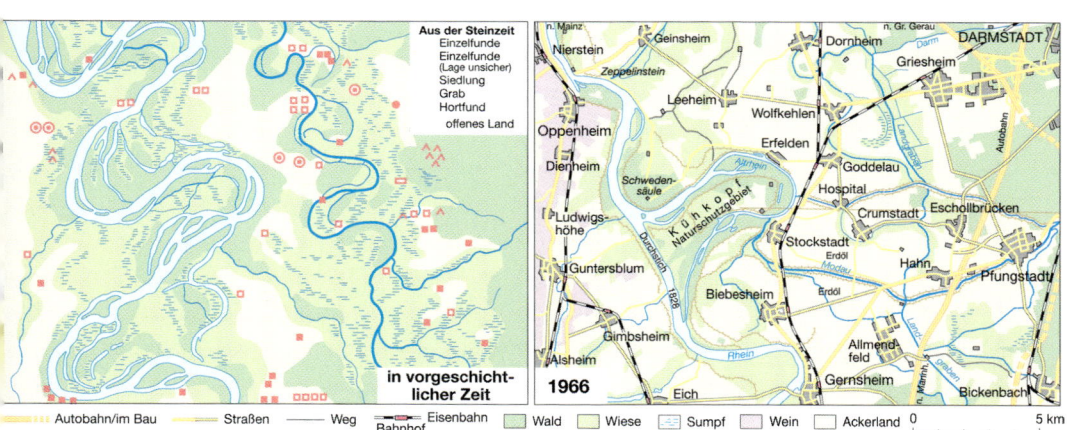

Aus der Steinzeit
Einzelfunde
Einzelfunde (Lage unsicher)
Siedlung
Grab
Hortfund
offenes Land

in vorgeschicht-licher Zeit

1966

| Autobahn/im Bau | Straßen | Weg | Eisenbahn Bahnhof | Wald | Wiese | Sumpf | Wein | Ackerland | 0 | 5 km |

Farbabb. 17: Wandel von Natur- in Kulturlandschaften in Deutschland im 19. und 20. Jahrhundert
(Diercke Weltatlas/Braune Ausgabe)

Anzahl
Sonstige
Überschwemmung
Sturm
Erdbeben, Vulkanausbruch

167 Mrd.US $
Mrd.US $
Volkswirtschaftliche Schäden (in Werten von 2001)
Davon versicherte Schäden (in Werten von 2001)
Trend volkswirtschaftliche Schäden
Trend versicherte Schäden

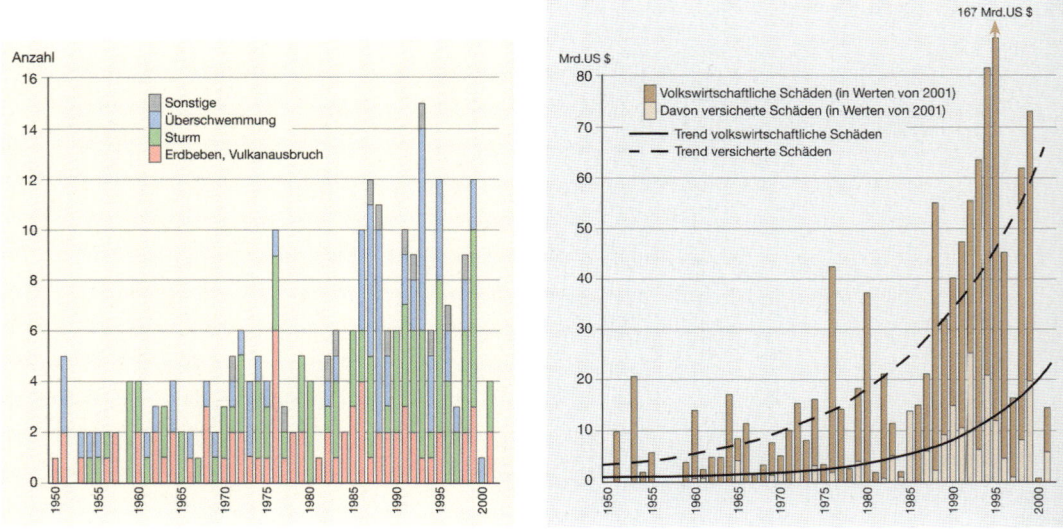

Farbabb. 18: Globale Versicherungsschäden: Ursachen und Entwicklung 1950–2006 (Münchener Rück, München, Georisikoforschung/NatCat Service 2007)

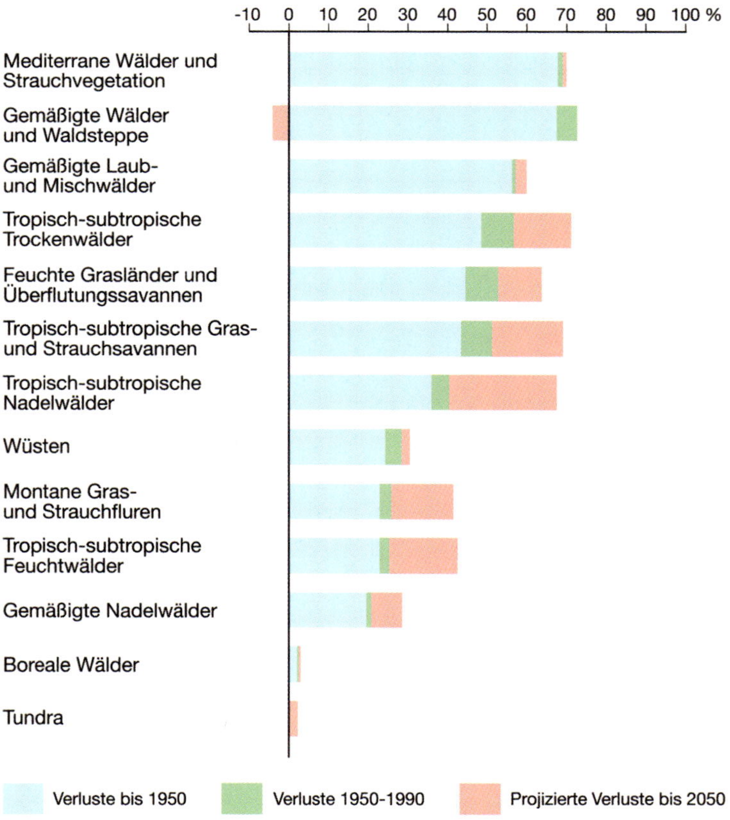

-10 0 10 20 30 40 50 60 70 80 90 100 %
Mediterrane Wälder und Strauchvegetation
Gemäßigte Wälder und Waldsteppe
Gemäßigte Laub- und Mischwälder
Tropisch-subtropische Trockenwälder
Feuchte Grasländer und Überflutungssavannen
Tropisch-subtropische Gras- und Strauchsavannen
Tropisch-subtropische Nadelwälder
Wüsten
Montane Gras- und Strauchfluren
Tropisch-subtropische Feuchtwälder
Gemäßigte Nadelwälder
Boreale Wälder
Tundra
Verluste bis 1950
Verluste 1950-1990
Projizierte Verluste bis 2050

Farbabb. 19: Veränderung terrestrischer Biome seit 1950 und prognostizierte Zerstörungen bis 2050 (nach MEA 2005)

Vor allem die mit der zweiten „Entzauberung" des Menschen, von Freud auch als „Kränkung" des menschlichen Selbstverständnisses bezeichnet, einhergehende Diskussion hat wissenschaftshistorisch verschiedene Ursachen und Konsequenzen. Dabei ist es der im Mittelpunkt dieser Diskussion stehende Charles Darwin, in dem sich die modernen Forschungsergebnisse seiner Zeit bündeln. Darwin steht deshalb – ähnlich wie sein älterer Zeitgenosse A. v. Humboldt – für die neue und extrem fruchtbare Symbiose verschiedener Wissenschaftsdisziplinen, allen voran der Bio- und Geowissenschaften (Hösle/Illies 1999, Wuketits 2005).

Aus biowissenschaftlicher Sicht sind es vor allem die Thesen des französischen Biologen Jean Baptiste de Lamarck (1744–1829) und seiner 1809 erschienenen „Philosophie Zoologique", die von Darwin gleichsam wiederentdeckt und für sein eigenes Werk instrumentalisiert wurden. Lamarck argumentierte, dass der häufige oder dauernde Gebrauch bestimmter Organe diese allmählich stärke und vergrößere, während ihr Nichtgebrauch sie verkümmern ließe. Die Vererbung aller positiven wie negativen Organentwicklungen auf die Nachkommenschaft setze voraus, dass die genannten Entwicklungen bzw. Veränderungen von beiden Elternteilen der betreffenden Individuen weitergegeben würden. Wenn diese unter dem Namen „Lamarckismus" bekannt gewordene Abstammungstheorie, die von ihrem Verfasser allerdings nicht auf den Menschen übertragen wurde, auch in Vergessenheit geriet, so wurde sie für Darwin und den Darwinismus doch von entscheidender Bedeutung. Beide gingen davon aus, dass alle Organismenarten veränderlich sind und sich auch im Laufe ihrer Entwicklung immer wieder verändert haben, dass Evolution nicht ein einmaliger oder periodischer, sondern ein permanent-kontinuierlicher Vorgang sei, der allerdings über lange Zeiträume und in jeweils nur kleinen Schritten erfolge, und dass Evolution eine Höherentwicklung (Aszendenz) von Organismen bedeute und damit Evolution auch mit einer Art Fortschritt verbunden sei.

Aus geowissenschaftlicher Sicht wurden – neben den vielleicht als ökologisch-holistisch zu bezeichnenden Schriften A. v. Humboldts – vor allem die geologisch-geowissenschaftlichen Diskurse auf den Britischen Inseln zu einer Inspiration für Darwin. Dabei war es vor allem die Lektüre von Lyells „Principles of Geology", die Darwin wichtige Einsichten in die Naturgeschichte der Erde und des Lebens auf der Erde vermittelten. Ganz abgesehen davon, dass Geologie und Paläontologie sich spätestens seit James Hutton (1726–1797) anschickten, das noch immer weithin akzeptierte Kalendarium der Bibel ad absurdum zu führen, vermittelten die stratigraphischen Befunde der historischen Geologie und ihre aufeinander aufbauenden Datierungen untrügliche Beweise für die Kontinuität der Evolutionen pflanzlichen und tierischen Lebens auf unserem Planeten. Hatte schon Hutton, im übrigen Mitglied der „Schottischen Aufklärung" und Angehöriger eines sich regelmäßig treffenden Gelehrtenkreises mit dem Philosophen David Hume, dem Physiker James Watt und dem Staatsrechtler und Ökonomen Adam Smith (vgl. dazu Repchek 2007), die These vom „Uniformitarianismus" vorausgedacht, so war es Lyell, der dieser Auffassung zum Durchbruch verhalf.

Es ist das große und nicht hoch genug zu veranschlagende Verdienst von Charles Darwin, diese und andere bio- wie geowissenschaftliche Erkenntnisse symbiotisch mit den eigenen Beobachtungen und Schlussfolgerungen verbunden zu haben. Die Entwicklung seiner Befunde zur Rolle natürlicher Selektionsprozesse im Evolutionsgeschehen der Natur sowie zur Abstammungslehre des Menschen werden zu entscheidenden Komponenten des großen Transformationsprozesses des 19. Jahrhunderts. Andererseits muss betont werden, dass Darwin in seinem berühmten Werk, dem 1859 erschienenen „The Origin of Species by Means of Natural Selection, or the Preservation of Favoured Races in the Struggle for Life", der Frage der Abstammung des Menschen und damit der „Affenfrage" noch keine Bedeutung zumaß. Diese Diskussion griff Darwin erst 1871 in seinem zweiten Hauptwerk „The Descent of Man, and Selection in Relation to Sex" auf, nachdem die „Affenabstammung" des Menschen bereits breit und nicht nur in der englischen Öffentlichkeit diskutiert wurde.

Die vergleichsweise intensive Diskussion des durch Darwin und seine Mitstreiter ausgelösten neuen Welt- und Menschenbildes kann nicht losgelöst gesehen werden von dem in England gleichzeitig ablaufenden Industrialisierungsprozess und dem damit verbundenen Hegemonieanspruch des britischen Imperiums im globalen Maßstab. Dies gilt vor allem für die von London ausgehende Erschließung eines britischen Kolonialreiches. Beide waren verbunden mit einem zutiefst gefühlten und nicht selten auch explizit formulierten Überlegenheitsgefühl der weißen „Rasse" gegenüber anderen Kulturen. „Rule Britannia" und Rudyard Kiplings berühmtes Gedicht „White Man's Burden" sind herausragende Metaphern dieses Anspruchs. Für die Frage der Mensch-Umwelt-Beziehungen wichtiger indes sind die aus dem Darwinismus abgeleiteten Schlussfolgerungen nicht nur im Hinblick auf die psychischen und geistigen Biologismen menschlichen Handelns und Verhaltens, sondern auch auf die Mensch-Mensch-Beziehungen. Auf der einen Seite war sich Darwin offensichtlich des Evolutionismus auch menschlicher Gesellschaften bewusst. Dies wird besonders deutlich an jener berühmten Textpassage, in der er aus seinen Beobachtungen der Urbevölkerung Feuerlands folgende Bemerkung ableitet:

> „Mein Erstaunen beim ersten Anblick einer Herde Feuerländer an einer wilden und zerklüfteten Küste werde ich nie vergessen; denn ganz plötzlich fuhr es mir durch den Kopf: so waren unsere Vorfahren. Diese Menschen waren absolut nackt und mit Farbe beschmiert, ihre langen Haare waren durcheinander gewirrt, ihr Mund schäumte in der Erregung und ihr Ausdruck war wild, erschreckt und mißtrauisch. Sie kannten kaum irgend eine Kunst, und gleich wilden Tieren lebten sie von dem, was sie gerade erlangen konnten. Sie hatten keine Regierung, und waren erbarmungslos gegenüber allen, die nicht ihrem eigenen kleinen Stamm angehörten. Wer einen Wilden in seiner Heimat gesehen hat, wird sich nicht mehr schämen, anzuerkennen, daß in seinen Adern das Blut noch niedrigerer Kreaturen fließt."
> *(Darwin 1871; zitiert nach Wuketits 1998, S. 78)*

Auf der anderen Seite ist Darwin nicht der explizite Verfechter jener vor allem von anthropologischer Seite entwickelten Stufentheorien menschlicher Gesellschaften, die im späteren 19. wie auch im frühen 20. Jahrhundert in verschiedenen, auch geographischen Ausprägungen die Diskussion über gesellschaftliche Evolution – und mit ihr die Entwicklung von Kultur und Zivilisation! – prägten. In diesem Kontext ist vor allem der deutsche Biologe Ernst Haeckel (1834–1919) zu nennen, der als der große Popularisierer Darwins im deutschen Sprachraum gilt. Nicht nur, dass Haeckel mit seinen vielen und auf Massenverbreitung angelegten Büchern, z. B. seinen Schriften „Natürliche Schöpfungsgeschichte" (1868), „Anthropogenie" (1874) und insbesondere seinem Bestseller „Die Welträthsel. Gemeinverständliche Studien über Monistische Philosophie" (1899), jene Stammbaumlehre des Lebens bis in das 20. Jahrhundert hinein popularisierte, sondern Haeckel war auch einer jener Verfechter von (sozial-)darwinistischen Hierarchisierungen menschlicher Gesellschaften, die wenige Dekaden später verbrecherischem Rassenwahn und „völkischen" Überlegenheitsideologien Vorschub leisteten. Bei der späteren Thematisierung dieser wissenschaftsgeschichtlich ebenso bedeutsamen wie problematischen Konsequenzen (vgl. Kap. 5, Geographie als Mensch-Umwelt-Wissenschaft?) sollte aber schon jetzt verdeutlicht werden, dass sich die vor allem von Biologen und Anthropologen entwickelten Stufentheorien mit ihrer überwiegend evolutionistisch-historischen Betrachtungsweise von den geographisch-aktualistischen Verbreitungsanalysen unterschiedlicher Wirtschafts- und Gesellschaftsstufen unterscheiden. Des ungeachtet gilt, dass die Gliederungen mit der Unterscheidung in „niedere" und „höhere" Völker auch für die geographischen Interpretationen von Mensch-Umwelt-Beziehungen von Bedeutung wurden und in die Entwicklung geographischer Klassifikationen menschlicher Gesellschaften und zwischen-gesellschaftlicher Hierarchisierungen Eingang fanden (Hettner 1929; Schmitthenner 1938; Bobek 1959; vgl. dazu auch Ehlers 1996).

Netzwerk des Wissens und Erziehungshaus des Menschen – Alexander von Humboldt und Carl Ritter als Begründer moderner Geographie?

Der Rückblick auf einige natur- und geowissenschaftliche Diskurse des späten 18. und frühen 19. Jahrhunderts belegt die nach wie vor große Ambivalenz der wissenschaftlichen Diskussion zwischen physiko-theologischen Weltdeutungen und Menschenbildern und naturwissenschaftlichen Erklärungsversuchen, wie sie etwa von geologischer Seite um die Entstehung der Erde geführt wurden. In diese Kontroversen hinein fallen auch die Anfänge dessen, was wir mit Beck (1958) als „die klassische Geographie" bezeichnen können. Und es ist vielleicht symptomatisch, dass die immer wieder als ihre Gründungsväter apostrophierten Repräsentanten Alexander von Humboldt (1769–1859) und Carl Ritter (1779–1859) die disziplinäre Ambivalenz im Grenz- und Übergangsbereich zwischen Natur- und Geisteswissenschaft des neuen Faches Geographie symbolisieren. Bereits in den Titeln der Hauptwerke beider Geographen wird aber auch das dem Zeitgeist des frühen 19. Jahrhunderts noch zuwiderlaufende Bemühen deutlich, Mensch und Natur, natürliche Umwelten und Gesellschaften nicht als getrennt voneinander existierende Phänomene zu betrachten, sondern ihre Wechselwirkungen und gegenseitigen Bedingtheiten und Einflüsse zu erkennen und zu verstehen. „Kosmos" und „Erdkunde" stehen für dieses Bemühen eines integrativ-holistischen Welt- und Menschenbildes. Geographen wissen, dass dieser Spagat zwischen einer sich naturwissenschaftlich und einer sich geistes- und sozialwissenschaftlich definierenden Geographie seit Humboldt und Ritter besteht – und dass diese Ambivalenz bis heute andauert.

Alexander von Humboldt, geboren in Berlin als Sohn eines preußischen Hofbeamten und Bruder des älteren Wilhelm von Humboldt, dem Begründer eines bis heute fortwirkenden Wissenschaftsideals (Einheit von Forschung und Lehre) und der Berliner Universität, gilt der Nachwelt nicht nur als Begründer der naturwissenschaftlich orientierten Physischen Geographie, sondern zugleich als Prototyp des wissenschaftlichen Forschungsreisenden schlechthin. Seine auf exakter Naturbeobachtung basierenden Forschungsergebnisse, sein umfangreiches wissenschaftliches Œuvre, die Zusammenfassung seiner vergleichenden Studien in Atlanten und kartographischen Tableaus, seine innovativen methodischen und experimentellen Feldforschungen, seine Kooperation mit Fachkollegen anderer Disziplinen (v. a. mit dem französischen Botaniker Aimé Bonpland; über ihn vgl. Schulz 1960), seine über die Geographie hinwegreichenden wissenschaftlichen Interessen und Veröffentlichungen: Alle diese Leistungen haben ihn nicht nur zum Prototypen eines „homme de lettres", sondern auch zum Inbegriff des modernen Forschungsreisenden werden lassen. Ohne hier auf Details des gewaltigen wissenschaftlichen Werkes von Humboldt einzugehen (vgl. dazu u. a. Krätz 1997; HKW-KAH 1999) soll angesichts des besonderen Interesses dieses Buches an der Geschichte der Mensch-Umwelt-Beziehungen der Schwerpunkt der Betrachtung auf das geowissenschaftlich-geographische Disziplinverständnis Humboldts sowie auf die Frage nach Spezialisierung und Fragmentierung des Wissens bzw. seines Strebens nach Integration gelegt werden.

Es ist schwierig und auch nicht gerechtfertigt, Humboldt allein einer Disziplin zuzuordnen. Wenn Geographen dazu neigen, ihn als einen der Gründungsväter ihres Faches und hier insbesondere der Physischen Geographie zu sehen, so muss man sowohl das Studium Humboldts als auch sein wissenschaftliches Werk beachten, wenn man zu einem ausgewogenen und gerechten Urteil gelangen will. Als Student war er an den Universitäten Frankfurt/Oder, Göttingen und Hamburg eingeschrieben mit dem Schwerpunkt auf der Kameralistik, bevor er 1791 an der Bergakademie in Freiberg/Sachsen im Fach Bergbau abschloss. Auch seine kurze berufliche Karriere als Oberbergmeister (1793/1794) ist eher mit geologisch-mineralogischen Aufgaben verbunden gewesen, bevor er sich in der Folgezeit breit und umfassend auf seine große Forschungsreise nach Südamerika (1799–1804) vorbereitete. Deren wissenschaftliche Ergebnisse auf den Gebieten der Astronomie, Geologie, Meteorologie und Ozeanographie, vor allem aber auf dem der Botanik weisen ihn fast als einen Allround-Naturwissenschaftler aus, der aber auch Gewichtiges zu Geschichte und Anthropologie der von ihm bereisten Regionen beigetragen hat.

Und dennoch: Schon in seinen beiden ersten großen Veröffentlichungen im Gefolge der großen Amerikareise, die Humboldt schlagartig bekannt und berühmt machen, schlägt das durch, was man als Gegenstand der Geographie apostrophieren sollte. Allein der Titel der 1807 erschienenen „Ideen zu einer Geographie der Pflanzen, nebst Naturgemälde der Tropenländer" sowie die ein Jahr später folgenden und in zwei Bänden publizierten „Ansichten der Natur" (1808) weisen Humboldt von Anbeginn an als Geographen aus, der stets das Ganze im Auge hat. Bei aller Unbestechlichkeit exakter Naturbeobachtung und Naturbeschreibung stellt er sich gegen die zunehmenden Spezialisierungen und Fragmentierungen naturwissenschaftlichen Denkens und Handelns anderer Disziplinen. Allein die Titel „Naturgemälde" oder „Ansichten der Natur" deuten auf ein solches Bemühen von Gesamtsichten hin, die er in der Vorrede zur ersten Ausgabe der „Ansichten der Natur" begründet:

> „Überblick der Natur im großen, Beweis von dem Zusammenwirken der Kräfte, Erneuerung des Genusses, welchen die unmittelbare Ansicht der Tropenländer dem fühlenden Menschen gewährt, sind die Zwecke, nach denen ich strebe. Jeder Aufsatz sollte ein in sich geschlossenes Ganzes ausmachen, in allen sollte eine und dieselbe Tendenz sich gleichmäßig aussprechen. Diese ästhetische Behandlung naturhistorischer Gegenstände hat, trotz der herrlichen Kraft und der Biegsamkeit unserer vaterländischen Sprache, große Schwierigkeiten der Composition. Reichtum der Natur veranlaßt Anhäufung einzelner Bilder, und Anhäufung stört die Ruhe und den Totaleindruck des Gemäldes."
>
> *(Humboldt 1808; Vorrede zur 1. Ausgabe, zitiert nach der Ausgabe von 1859, S. V)*

Und er wird diese sein gesamtes Lebenswerk durchziehende Philosophie wiederholen, wenn er fast 40 Jahre später in seinem Hauptwerk „Kosmos. Entwurf einer physischen Weltbeschreibung" (1845–1862; hier: 1845, S. 40) das Streben nach einer einheitlichen Sicht der Naturphänomene wie folgt umschreibt: „In der Lehre vom Kosmos wird das Einzelne nur in seinem Verhältnis zum Ganzen, als Theil der Welterscheinungen betrachtet". Sein weitspannendes „Netzwerk des Wissens" – so der Titel einer Humboldt ehrenden Ausstellung im Jahre 1999 (vgl. HKW-KAH 1999) reicht von der Kosmologie über die verschiedenen Aspekte der Physischen Geographie bis hin zu Fragen der Wirtschafts- und Gesellschaftsordnung. Das wissenschaftliche Selbstverständnis Humboldts wird erstmals und sogleich in voller Breite in seinen 16 Vorlesungen der Jahre 1827/1828 deutlich. Gehalten in der Berliner Singakademie und in der Universität vor einem Auditorium, zu dem auch der preußische Kronprinz und Carl Ritter gehörten, entfalten die erst vor wenigen Jahren publizierten Vorlesungen die ganze Bandbreite der Interessen und Kenntnisse des Gelehrten, von dem behauptet wurde, dass er eine ganze Akademie in sich vereine (Krätz 1997).

Physikalische Geographie

„1. und 2. Vorlesung
Ziel der Vorlesungen; die kosmischen Körper (Milchstraße, Nebelflecke, Sterne, Dunkelnebel, Zodiakallicht), die Bestandteile unseres Planetensystems, die Größenverhältnisse im Weltall und auf der Erde, die Gestalt der Erde
3. Vorlesung
Vergleich der Planeten untereinander, die Aggregatzustände der Stoffe auf der Erde und auf anderen Himmelskörpern; der Einfluß des Sonnenlichts auf die organische Natur; fossile Menschenknochen, der Aufbau des Erdinnern
4. Vorlesung
Der Aufbau des Erdinnern, die Bildung der Erde, Thermalquellen, Vulkanismus
5. Vorlesung
Die Erdrinde, Gebirgsarten, deren Gesteine und fossile Einschlüsse, die Tiere der Urzeit
6. Vorlesung
Die Luft- und Wasserhüllen der Erde, die Relativität der Aggregatzustände, Winde, Luftdruck, die Verdunstung des Meerwassers
7. Vorlesung
Die Verteilung des Wassers auf der Erde, die Fische; Ballonaufstiege und ihr Nutzen für die Wissenschaft, die Temperaturzonen der Erde, der Einfluß der Wasserhülle auf das Klima, Meeresströmungen, die physikalische Wellentheorie, historische Veränderungen des Meeresniveaus
8. Vorlesung
Die Klimate der Erde, die Lebensumstände der Menschen in den verschiedenen Klimaten, die Reaktionen des menschlichen Körpers auf äußere Temperaturen; die Pflanzenformen in den Klimazonen, Urformen der Pflanzen, Zwerge und Riesen unter den Gewächsen, die Zahl der Pflanzenarten
9. Vorlesung
Die geographische Verbreitung der Tiere, die Zahl der Tierarten, Vögel und Insekten, die Tierarten in Nord- und Südamerika sowie in Afrika, Zwerge und Riesen unter den Tieren
10. Vorlesung
Die Natureinheit des Menschengeschlechts, die Verurteilung der Sklaverei, die Abstammung des Menschen, Menschenrassen und deren Charakteristik: Neger, Kaukasier, Mongolen
11. Vorlesung
Weitere Untersuchung der Menschenrassen: die Mongolen, die Bewohner Afrikas und Amerikas, die Eskimos, die fragliche Verwandtschaft zwischen Affe und Mensch

12. Vorlesung
Die Erkenntnis der Einheit der Natur in der Geschichte, mystische Einkleidungen und Epochen der rationalen Erkenntnis, die ionische Naturphilosophie, die Züge Alexanders d. Gr.
13. Vorlesung
Fortsetzung, die Araber, frühe Entdeckungsreisen, das Weltsystem von Copernikus, die Entdeckung Amerikas, die Kenntnis des südlichen Sternenhimmels; die Durchsetzung der modernen Naturanschauung (Bruno, Bacon, Campanella), die Entdeckung des Fernrohrs, des Thermometers und des Barometers, neuere Entdeckungsreisen, die Geognosie als Wissenschaft, Elektrizität, Magnetismus, Polarisation
14. Vorlesung
Die Elektrizität und deren Anwendung in Physik und Chemie, neuere Entdeckungen in der Optik, die Polarisation des Lichtes und deren Anwendung in der Astronomie, die Entwicklung der Mikrometer, die Einheit von Elektrizität und Magnetismus; Fortschritte in der Astronomie von Copernicus bis Newton, Lichterscheinungen der Erde (Nordlicht), die Dunkelheit des Nachthimmels, kosmische Dunkelwolken, der Einfluß der Astronomie auf die Kultur des Menschen, die Wellennatur des Lichtes
15. Vorlesung
Die Sichtbarkeit der Sterne am Tage, die Zahl der Sterne, der südliche Sternenhimmel, die Topographie des Mondes
16. Vorlesung
Die kosmische Natur der Meteorite, die Natur der Sonne, die Sonnenflecken; die Geschichte der Naturbeschreibung, die Darstellung der Natur in der Kunst"
(Humboldt 1827/1828, Ausgabe 1993, S. 7–10)

Der Überblick über Inhalte und Aufbau der Vorlesungen zeigt nicht nur den holistisch-integrativen Anspruch Humboldts in Beschreibung, Erklärung und Deutung der natürlichen Erscheinungen der Erde, sondern auch seine dezidierten Stellungnahmen zu den wissenschaftspolitisch wie zeitgeschichtlich brisanten Kontroversen des frühen 19. Jahrhunderts. Hinter allen diesen Bezügen steht indes immer wieder das Bekenntnis zur Einheit von Natur und Kultur, Mensch und Umwelt. Methodisches Vehikel dieser Symbiose ist die Metapher von einem Naturgemälde, das Humboldt zu vermitteln sucht. So heißt es zu Beginn der 12. Vorlesung explizit:

> „Wenn bei Aufstellung des Naturgemäldes [...] die einzelnen Theile der großen Gesammtheit gewissermaßen als coexistirend betrachtet wurden, so möge sich jetzt die Untersuchung anschließen, wie durch den Lauf der Jahrhunderte wir zu den Kenntnissen gelangt sind, deren wir uns jetzt erfreuen. Eine geschichtliche Entwickelung dieses Fortschreitens kann nicht erwartet werden, und ich begnüge mich mit der Andeutung, wie sich allmälig die Idee von der Einheit des großen Natur Ganzen verbreitet hat. Ein dunkles Gefühl, eine begeisterte Ahndung derselben, müssen wir selbst bei den sogenannten wilden Völkern voraussetzen; das vernunftmäßige Begreifen jenes Natur Ganzen kann sich aber nur bei gebildeteren Nationen vorfinden: so wie der Horizont der Erkenntniß sich in allen Wissenschaften erweitert. So rückt auch dieser Begriff uns näher und näher. Mit gewonnener geistiger Freiheit wird der Glaube an die Einheit der Natur, zur lebhaften Erkenntniß, zum klaren Begreifen."
> *(ebd., S. 147)*

Dass er aber auch ein dezidierter „homo politicus" ist, beweist sich in seinen Ausführungen über die Gleichheit aller Menschen als auch in seinen Ausführungen zur Deszendenz/Aszendenz des

Menschen. Er wendet er sich gegen die Sklaverei, um sodann ebenso dezidiert, wenngleich vor-
eilig, zur „Affenfrage" Stellung zu beziehen. Im Zusammenhang mit der Diskussion um den
Sklavenhandel, den etliche seiner Zeitgenossen mit der Differenzierung des Menschengeschlechts in höherwertige und weniger privilegierte Rassen zu legitimieren suchen, schreibt er
gegen den Vertreter einer solchen These, derzufolge

> „[...] das Menschengeschlecht augenscheinlich in 2 bestimmt ver/schiedene Klassen zu trennen
> sey. Er nimmt an, daß es eine schöne, weiße Menschenrace gebe, der höhern Intelligenz fähig, und
> eine 2te häßliche, böse, dunkelgefärbte, stumpfsinnige, die er sogar die unvollkommenere nennt,
> und zu ewiger Sclaverei mit Recht verdammt glaubt.
> Noch tiefer hat man die Würde der menschlichen Natur entadelt, indem man auf der Stufenleiter
> der Humanität sogar den Übergang gesucht hat, der unser Geschlecht an die Thiere knüpft, und
> den man in der Verwandschaft des gefableten *Orang-Utang*, mit dem Waldneger, von diesem zum
> Buschhottentotten, und zum *Papua* von *Neu-Guinea* gefunden zu haben wähnte."
> *(ebd., S. 143)*

Es sollte nach den Akademie-Vorlesungen noch etwa 20 Jahre dauern, bis er die Ausarbeitung
seines opus magnum „Kosmos. Entwurf einer physischen Weltbeschreibung" beginnt (1845–
1862). Wenn das fünfbändige Werk nebst einem von H. Berghaus besorgten Atlasband vollstän-
dig auch erst nach dem Tode des Verfassers gedruckt vorliegen wird, so zeigt die Neuauflage
dieses Werkes in einem Band (2004) einschließlich des Faksimiles des Atlas die bis heute ungebrochene Aktualität des Gedankengebäudes Alexander von Humboldts.

Carl Ritter: Ganz im Gegensatz zu dem Welt- und Menschenbild Humboldts stehen die Auffassungen seines großen Zeitgenossen Carl Ritter. Sowohl seiner Herkunft als auch seiner Ausbildung nach steht Ritter für ein durch Philanthropie einerseits, durch den deutschen Idealismus
im Sinne Herders andererseits geprägtes Welt- und Menschenbild (vgl. dazu insb. Plewe
1959 ff.). Im Gegensatz zu dem in jeder Beziehung weltläufigen Humboldt entstammte Ritter
der deutschen Provinz, wo er in Quedlinburg in eine Arztfamilie hinein geboren wurde. In dem
berühmten „Philanthropinum" in Schnepfenthal bei Gotha erhielt er bis 1796 eine im Geiste
Rousseaus geprägte aufklärerisch-philanthropische Ausbildung, die er zwischen 1796 und 1798
mit dem Studium der Kameralistik und Pädagogik an der Universität Halle/Saale ergänzte und
abschloss. Auch die folgenden Jahre zeigen Ritter als bodenständigen Pädagogen und Hausleh-
rer und zwar in der Frankfurter Bankiersfamilie von Bethmann-Hollweg. In diesem weltoffenen
und feinsinnig-gebildeten Milieu knüpfte Ritter nicht nur persönliche Kontakte zu Künstlern,
Gelehrten und Wissenschaftlern (so 1807 z. B. mit Humboldt), sondern erhielt Gelegenheit zu
Reisen mit seinen Zöglingen. Ergebnis und Früchte dieser Reisen rheinabwärts bis Köln sowie in
die Schweiz (ab 1807) und Italien (1812/13) waren erste wissenschaftliche Publikationen, wie
z. B. „Etwas über den Unterricht im Zeichnen" (1802), sein ihn berühmt machendes „Europa,
ein geographisch-historisch-statistisches Gemälde" (1804/1807) oder eine „Tafel der Culturge-
wächse, geographisch nach Climaten dargestellt" (1806). Seine ebenfalls 1806 publizierten
„Sechs Karten von Europa" gelten als erster thematischer Atlas eines Kontinents (zusammenfassend bei Zögner 1979). Schon diese Titel belegen, dass es Ritter im Gegensatz zu Humboldt von
Anbeginn an um andere Zielsetzungen geht: um Belehrung eines bildungshungrigen Bürger-

tums, dessen Bedürfnisse primär auf umfassende und immer noch stark enzyklopädisch aufge-
baute Informationen ausgerichtet ist. Dieses kommt insbesondere in dem additiv-kompendien-
haften Charakter seiner auf Europa konzentrierten Landeskunde zum Ausdruck, wo er – ähnlich wie Humboldt – immer wieder auf das reziproke Verhältnis von Natur, Mensch und
Umwelt eingeht, um Ursachen wie Folgen als einander bedingende Wirkmechanismen zu verstehen. In der Vorrede zum ersten Band schreibt er:

> „[…] den Leser zu einer lebendigen Ansicht des ganzen Landes, seiner Natur und Kunstproducte,
> der Menschen und Naturwelt zu erheben, und dieses alles, als ein zusammenhängendes Ganze so
> vorzustellen, dass sich die wichtigsten Resultate über die Natur und die Menschen von selbst, zu-
> mahl durch die gegenseitigen Vergleichungen, entwickelten. […] Da meine Hauptabsicht Verede-
> lung des Geistes und nicht bloße Sammlung für das Gedächtnis war, so suchte ich alles soviel als
> möglich in Zusammenhang zu bringen und als Ursache und Folge darzustellen; ich suchte die Geo-
> graphie […] pragmatisch zu machen. Die Erde und ihre Bewohner stehen in der genauesten Wech-
> selverbindung und ein Theil läßt sich ohne den anderen nicht in allen seinen Verhältnissen getreu
> darstellen. Daher werden Geschichte und Geographie immer unzertrennliche Gefährten bleiben
> müssen. Das Land wirkt auf die Bewohner und die Bewohner auf das Land."
> *(Ritter 1804/1807; zitiert nach Zögner 1979, S. 27 f.)*

Von daher dürfte auch die in der Titelei gewählte Ausdrucksweise „Gemählde" verständlich wer-
den, vermag doch unter allen Künsten die (Landschafts-)Malerei am ehesten das gleichzeitige
Neben- und Miteinander von Natursphäre und Anthroposphäre abzubilden, eine Auffassung, die
Ritter und Humboldt eint.

Bereits in den frühen Schriften wird das im Vergleich zu Humboldt grundlegend anders-
artige Geographieverständnis Ritters deutlich. Nicht nur, dass weite Teile seines Wissens und
Wirkens auf „den neuesten und besten Quellen" (vgl. Abb. 30) und weniger auf eigenen Reisen
und Forschungen basieren, sondern wichtiger noch: Über Belehrung und Information hinaus sollen die Kenntnis der Welt und das Wissen um die spezifische Stellung der Erde im Kosmos auch
eine pädagogische Aufgabe erfüllen. Ganz im Sinne seiner philanthropischen Ausbildung in
Schnepfenthal durch seine Lehrer Salzmann und Gutsmuths sowie im Geiste Pestalozzis sollte
Geographie als Wissenschaft einen erzieherischen Wert haben, eine metaphysische Erkenntnis-
dimension. Sie war ihm eine wissenschaftliche Disziplin, die die Erde als eine Art „Erziehungshaus" der Menschen auf dem Wege zu einem gottgefälligen und vor Gott zu verantwortenden
Umgang mit dessen Schöpfung verstand. Dieser Anspruch wird in späteren Jahren, d. h. nach
der Ernennung Ritters zum Professor der Geographie im Jahre 1820 und nach der Errichtung
des ersten deutschen Lehrstuhls für Geographie in Berlin im Jahre 1832 immer deutlicher. Vor
allem in seinem Torso gebliebenen Werk „Die Erdkunde im Verhältnis zur Natur und zur Geschichte des Menschen […]" (19 Teile in 21 Bänden, 1822–1859), aber auch in etlichen anderen Schriften wird deutlich, dass für Ritter „die Welt eine Gotteswelt, voller Wunder" sei und
„jede Einsicht in neue Gesetzlichkeiten […] ihn in diesem Glauben nur bestärken" könne, wie es
Plewe (1959, S. 64) aus Anlass des hundertsten Todestages Ritters formulierte. Diese Welt- und
Menschensicht kommt schon in der Einleitung zu der 1817/1818 in zwei Bänden erschienenen
„Die Erdkunde im Verhältnis zur Natur und zur Geschichte des Menschen oder die allgemeine
vergleichende Geographie" zum Ausdruck. Später wird H. A. Daniel (1862), ein Schüler Ritters,
die Vorlesungen seines Lehrers zusammenfassend publizieren. Dort heißt es:

EUROPA

ein

geographisch-historisch-statistisches

Gemälde,

für Freunde und Lehrer der Geographie,
für Jünglinge, die ihren Cursus vollendeten,
bey jedem Lehrbuche zu gebrauchen.

Nach den neuesten und besten Quellen bearbeitet

von

C. RITTER.

Erster Theil.

Frankfurt am Mayn, 1804.
In der Joh. Christ. Hermann'schen
Buchhandlung.

Gezeichnet von J. Carl Au efeld 1804.

Abb. 30: Titelblatt des Europa-Buches von Carl Ritter, 1804

„Die Ansicht des Menschen von der Erde, von der Natur, von dem, was wir Welt, Universum nennen, ist in stetem Fortschritt begriffen, wenn auch der einzelne Mensch, das einzelne Jahrzehnt oder Jahrhundert sich dieses Fortschreitens nicht einmal deutlich bewußt werden sollte.

Die Erde als Wohnplatz des Menschen

Aber die Erde zieht nicht blos als Weltkörper unsere Aufmerksamkeit auf sich. Sie ist uns wichtig als Wohnplatz des Menschengeschlechts.

Die physikalische Erdbeschreibung unterscheidet sich von der allgemeinen geographischen Wissenschaft dadurch, daß sie nur die Erforschung der Erde als Naturkörper sich zu ihrer Aufgabe stellt. Unsere allgemeine Erdkunde hat die Erde aber auch wesentlich als Wohnplatz des Menschengeschlechts zu betrachten. Die Erde ist uns die gemeinsame Heimath aller Menschen, der sichtbare Grund und Boden nicht nur aller Naturwirkung, sondern auch alles menschlichen Daseins. Auf ihr stellt sich uns die ganze leblose und lebendige Schöpfung zur Betrachtung dar. Ohne sie würde für uns keine Natur vorhanden sein – ohne sie würden die Geschlechter der Menschen und der Gang ihrer Geschichte gar nicht einmal gedacht werden können. Unter allen Weltkörpern ist uns die Erde nicht nur der bekannteste, sondern unter allen hat sie für uns unstreitig auch dass nächste Interesse. Sie ist die Basis für die ganze Physik und für alle Historie. Die Erde ist für jeden denkenden Menschen einer tiefern wissenschaftlichen Erforschung werth.

Auf derjenigen Stufe der Cultur, die der Europäer insbesondere nun einmal erstiegen hat, sagte schon Georg Forster vor fast einem Jahrhundert, ist die Kenntniß der eigenthümlichen Beschaffenheit aller Gegenden der Erde ganz in sein Bedürfniß hinein verwebt. Und um wie vieles seitdem noch inniger in der Mitte unseres neunzehnten Jahrhunderts! Bei den Gebildeten aller Erbtheile ist diese Kenntniß eine Nothwendigkeit der Existenz und für die Wohlfarth aller Staaten geworden. Aber wir sind noch weit entfernt von einer vollen wissenschaftlichen Erkenntniß, von einer Wissenschaft dieses Erdplaneten, von einer Erdwissenschaft, die man, als solche, wohl früher schon mit dem Namen der Gäa zu bezeichnen versuchte, als eine rein tellurische Disziplin. Wir nennen sie Erdkunde; was man bisher Geographie nannte, ist nur ein kleiner elementarer Theil einer Erdwissenschaft. [...] Die Kenntniß der Verhältnisse eines Ganzen aber führt erst zur Wissenschaft, nicht die Beschreibung der Theile. Bis jetzt war Geographie nur Beschreibung, aber noch nicht einmal Lehre der wichtigsten Verhältnisse. Wir fangen jetzt erst an, die wahren Elemente einer Erdwissenschaft zu begreifen und können es nur erst versuchen, die Erdkunde wissenschaftlicher zu behandeln, obgleich die Fortschritte der Entdeckungen zu unserer Zeit alle frühern weit hinter sich zurücklassen. [...]

Begriff der Erdkunde als Wissenschaft

Die Erde an sich gedacht ist nur ein Theil des Weltalls, des Kosmos im umfassenden Sinne, wie A. v. Humboldt in seinem bekannten Werke ihn aufgefaßt hat. Diese Erde ist die Grundlage (Substanz) der Natur; sie ist die Heimath oder die Wiege der Menschen und Völker, der Wohnplatz des Menschengeschlechts. Daher ist sie, extensiv gedacht, nicht nur eine räumliche Grundlage, sondern mehr noch, intensiv gedacht, auch ein Schauplatz aller Wirkungen der Naturkräfte und Naturgesetze in ihrer großen Mannigfaltigkeit. Sie ist aber auch der Schauplatz aller menschlichen Wirksamkeit, ein Schauplatz göttlicher Offenbarung. So zeigt sich die Erde beim ersten Blick in dreifachem Verhältniß: a) zur Welt im Allgemeinen, b) zur Natur, c) insbesondere zur Geschichte. Nicht blos leidend (passiv), d. h. blos als Träger, besteht sie, sondern thätig (activ) wirkt sie mit ein nach dieser dreifachen Richtung. Sie ist ein unausschließbarer, ein integrirender Theil, ein mitwirkendes Glied in der Ordnung der Dinge. Denn es ist der Erde auch noch ein höheres Verhältniß als sichtbare Welt übrig, das nämlich zur unsichtbaren Welt, zur geistigen Natur der Wesen überhaupt, oder zum Schöpfer und zum vernunftbegabten Geschöpfe auf ihr."

(Ritter 1817, zitiert nach Daniel 1862, S. 11–19)

Diese kleine Textpassage definiert und umschreibt die Geographie ganz eindeutig als Disziplin, die Natur *und* Mensch zum fachlichen Gegenstand hat. Zum zweiten betont sie die enge Verbindung von Geographie und Historie, wobei Geschichte als Natur- wie auch als Menschheitsgeschichte zu verstehen ist. Zum dritten wird auf die geographische Relevanz dynamischer Veränderungen von Raum und Zeit, explizit im Sinne eines Fortschrittgedankens verwiesen. Viertens ergibt sich daraus implizit der raum-zeitliche Vergleich als einer speziellen Methode geographischer Betrachtung und Analyse. Fünftens schließlich wird aber auch der letzten Endes teleologische Charakter der Erde und des sie bevölkernden Menschengeschlechts deutlich, wodurch Ritter – ganz im Gegensatz zu Humboldt – in die Traditionslinie von Büsching und Herder einzuordnen ist. Ritter selbst hat diese Auffassung in einem Zitat zusammengefasst, wenn er z. B. 1832 schreibt: „Unsere Erde ist nur *ein* Stern unter den Sternen, und wir *auf ihm* sollten nicht auch *durch ihn* uns vorbereiten zur Anschauung der Welt und ihres Schöpfers und Meisters?" (zitiert nach Zögner 1979, S. 65).

Alexander von Humboldt und Carl Ritter im Vergleich: Bereits in der Überschrift zu diesem Kapitel wurde die Frage gestellt, ob und wenn Ja, in welcher Form es gerechtfertigt sei, Alexander von Humboldt und Carl Ritter als die Begründer der modernen Geographie zu bezeichnen. Bevor auf diese Fragestellung zurückgekommen wird, sei der Versuch einer vergleichenden Bewertung beider Wissenschaftler und ihres spezifischen Geographieverständnisses gewagt (Tab. 14). Dass Vergleich und Versuch problematisch sind, ist angesichts der Fülle und des Umfangs der beiden wissenschaftlichen Œuvres wie auch im Hinblick auf das kaum überschaubare sekundäre Schrifttum zu beider Leben und Werk schwierig. Doch schon ein kursorischer Überblick verrät gravierende Unterschiede.

Das Gros der wissenschaftlichen Veröffentlichungen Humboldts basiert auf den Ergebnissen seiner Forschungsreisen, die ihn – neben Zentral- und Südamerika sowie in die Karibik – nach Russland, Sibirien und Zentralasien führten. Sie sind gefüllt mit der Darstellung zahlreicher Entdeckungen und neuen wissenschaftlichen Erkenntnissen, basierend auf naturwissenschaftlichen Messungen mit modernen Instrumenten (Quadranten, Sextanten, Barometer, Thermometer, Hygrometer, Mikroskop oder Botanisiertrommel). Systematische Beobachtungen über Geologie und Gesteine, über Klima und Vegetation der von ihm bereisten Gebiete oder zu Meeresströmungen und ozeanischen Wassertemperaturen sind ebenso Ergebnisse dieser Forschungsreisen wie auch die Entwicklung neuer Methoden zu deren Darstellung. Berühmt sind z. B. die die Dreidimensionalität tropischer Hochgebirge darstellenden Höhenprofile von Klima und Vegetation oder Humboldts erste Darstellung der Temperaturverteilung auf der Erde mittels der von ihm schon 1817 publizierten Isothermenkarten als eine „der Hauptgrundlagen der vergleichenden Klimatologie." Am stärksten jedoch drückt sich Humboldts Universalität und Originalität in seinen umfangreichen Buchpublikationen aus. Gelten die frühen Schriften noch explizit der Pflanzengeographie und tropischen Landschaftsskizzen (z. B. Ansichten der Natur, 1808) und sieht man von der zusammen mit Bonpland verfassten und auf 30 Bände angewachsenen Forschungsdokumentation „Voyage aux régions équinoxiales du Nouveau Continent" (1807–1833) ab, so sind es insbesondere seine Schriften zur politischen und wirtschaftlichen Lage in Mexiko (1809–1814) und Kuba (1826/27), die ihn als einen auch landeskundlich interessierten wie politisch engagierten Wissenschaftler ausweisen. Die von Humboldt immer wieder gesuchte und

Tab. 14:   Alexander von Humboldt und Carl Ritter: Lebensdaten und wissenschaftliches Werk –
ein Vergleich (zusammengestellt von E. Ehlers)

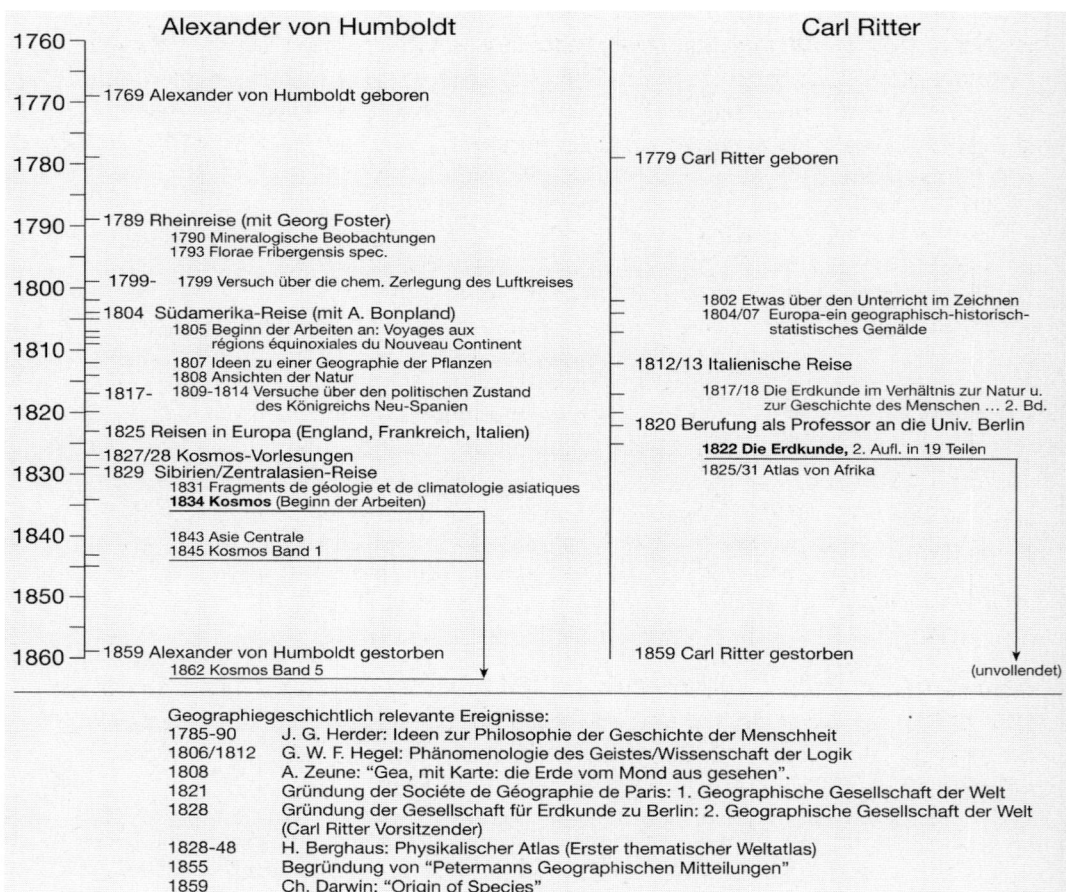

Geographiegeschichtlich relevante Ereignisse:
1785-90	J. G. Herder: Ideen zur Philosophie der Geschichte der Menschheit
1806/1812	G. W. F. Hegel: Phänomenologie des Geistes/Wissenschaft der Logik
1808	A. Zeune: "Gea, mit Karte: die Erde vom Mond aus gesehen".
1821	Gründung der Société de Géographie de Paris: 1. Geographische Gesellschaft der Welt
1828	Gründung der Gesellschaft für Erdkunde zu Berlin: 2. Geographische Gesellschaft der Welt (Carl Ritter Vorsitzender)
1828-48	H. Berghaus: Physikalischer Atlas (Erster thematischer Weltatlas)
1855	Begründung von "Petermanns Geographischen Mitteilungen"
1859	Ch. Darwin: "Origin of Species"

gefundene Symbiose von Mensch und Natur kulminiert in seinem abschließenden fünfbändigen opus magnum „Kosmos. Entwurf einer physischen Weltbeschreibung" (1845–1862), aus dessen zweitem Band ein Autograph des Verfassers eine charakteristische Textpassage mit seiner Sicht von Natur und Mensch wiedergibt (vgl. Abb. 31).

Anders stellen sich Leben und Werk Carl Ritters dar. Eine solche Feststellung gilt für den Umfang des wissenschaftlichen Œuvres, das allerdings auch bei Ritter gewaltig ist, mehr aber noch für dessen Entstehungsbedingungen, Inhalte und Wirkungsgeschichte. War Humboldt ein entdeckender Forscher auf neuem und weithin unbekanntem Terrain, so mag Ritter als ein weithin Bekanntes ordnender, vergleichender und interpretierender Wissenschaftler verstanden werden. Ritters Stärke lag in einer unglaublichen Belesenheit und in seiner Fähigkeit, die Vielfalt und Breite der ihm verfügbaren Informationen sammelnd zu ordnen und geographisch-systematisierend zusammenzuführen. Ausdruck dieser Kompetenz ist sein vom Volumen und Anspruch her „maßloses" opus magnum „Die Erdkunde im Verhältnis zur Natur und Geschichte des Menschen, oder allgemeine vergleichende Geographie [...]". Ursprünglich auf 12 Bände konzipiert, erschienen 1817 und 1818 zunächst zwei Bände, die allerdings ein Torso blieben. Auf der Auswertung umfangreicher Sekundärliteratur basierend, enthalten die Ausführungen über Afrika (1817) und Teile Asiens (1818) inhaltlich wenig Neues, wohl aber in der Anordnung und Bewältigung des dargestellten Materials. In der Einleitung zu seinem ersten Band schreibt Ritter über seine Methodik:

> „Der Titel der gegenwärtigen Arbeit zeigt an, dass sie in das Gebiet der historischen oder Erfahrungs-Wissenschaften fällt, deren Vervollkommnung nur in gleichem Schritte mit der Summe der wichtigen Erfahrungen wachsen, und daher jedem folgenden Geschlechte in immer veredelter Gestalt überliefert werden kann. [...]
>
> Die Methode, nach welcher dieser specielle Theil beobachtender Naturwissenschaft angeordnet wurde, ist diejenige, welche sehr bezeichnend die reduzirende, als die objective, genannt worden ist, die den Haupt-Typus der Bildungen der Natur hervorzuheben, und dadurch ein natürliches System zu begründen sucht, indem sie des Verhältnissen nachspürt, die im Wesen der Natur selbst gegründet sind.
>
> So mußte die ganze Anordnung völlig abweichend werden von denjenigen trefflichen, frühern Arbeiten, welche dieselbe Wissenschaft, unter dem Namen von Geographie oder physikalischer Erdbeschreibung nach der classificirenden oder subjektiven Methode, für das Bedürfniß anderer Wissenschaften und zu besonderen Zwecken, vortrugen."
>
> *(Ritter 1817, S. 20)*

Sehr treffend charakterisiert ein früher Rezensent Konzeption und intellektuelle Leistung Ritters, wenn er über die „Erdkunde" von einem Werk spricht, „dessen Eigenthümlichkeit weniger in der Neuheit der vorgetragenen Sachen, als in der Methode ihrer Anordnung, ihrer Zusammenstellung besteht". Und er fährt fort:

> „Wir sind eben sowohl über den Reichthum der Materialien, als über die Ordnung erstaunt, in welcher wir sie hier zusammengestellt finden. [...] Wir finden hier keine politische Erdbeschreibung, noch weniger eine von den sogenannten Naturgeographien, wie während der Napoleonischen Weltdictatur zu Dutzenden erschienen sind, sondern eine Einleitung zu dem Studium der Erdbeschreibung, die aber das Ganze in einem lebendigen Bilde auffängt, und uns vor die Augen führt."
>
> *(Ritter 1804/1807; zitiert nach Zögner 1979, S. 68)*

Es spricht für die Problematik des wissenschaftlichen Œuvres von Carl Ritter und seine schnell verblassende Wirkungsgeschichte, dass die 1822 begonnene und vermehrte Neuauflage mit dem Band 19 (1859) und dem Tode des Verfassers mit einem Umfang von mehr als 20.000 Druckseiten unvollendet blieb.

Ungeachtet der ganz unterschiedlichen Selbstverständnisse von Humboldt und Ritter haben sie doch eines gemein: das Bemühen, Menschen und ihre Umwelten als eine Einheit und als ein sich gegenseitig bedingendes und beeinflussendes Ganzes zu sehen. Und sie haben gemeinsam, dieses Ganze auch als Einheit nicht nur zu begreifen, sondern in eben diesem Sinne auch darzustellen. Beide bedienen sich dazu der Metapher eines „Naturgemäldes", das sie darzustellen versuchen.

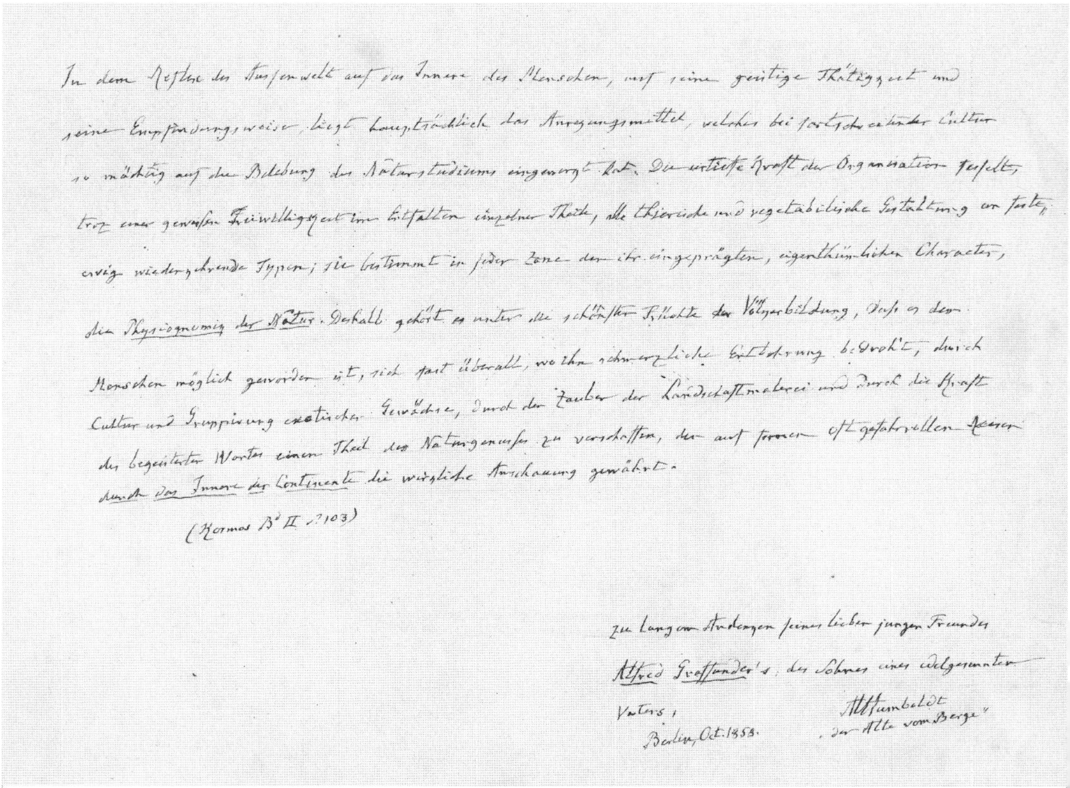

In dem Reflex der Außenwelt auf das Innere des Menschen, auf seine geistige Thätigkeit und
seine Empfindungsweise, liegt hauptsächlich das Anregungsmittel, welches bei fortschreitender Cultur
so mächtig auf die Belebung des Naturstudiums eingewirkt hat. Die urtiefe Kraft der Organisation fesselt,
trotz einer gewissen Freiwilligkeit im Entfalten einzelner Theile, alle thierische und vegetabilischen an feste,
ewig wiederkehrende Typen; sie bestimmt in jeder Zone den ihr eingeprägten, eigenthümlichen Charakter,
die <u>Physiognomie</u> <u>der</u> <u>Natur</u>. Deshalb gehört es unter die schönsten Früchte der Völkerbildung, daß es dem
Menschen möglich geworden ist, sich fast überall, wo ihn schmerzliche Entbehrung bedroht, durch
Cultur und Gruppirung exotischer Gewächse, durch den Zauber der Landschaftsmalerei und durch die Kraft
des begeisterten Wortes einen Theil des Naturgenusses zu verschaffen, den auf fernen oft gefahrvollen Reisen
<u>durch</u> <u>das</u> <u>Innere</u> <u>der</u> <u>Continente</u> die wirkliche Anschauung gewährt.

    (Kosmos B^d II S. 103)

    zu langem Andenken seines lieben jungen Freundes
    <u>Alfred</u> <u>Graffunder's</u>, des Sohnes eines Wohlgenannten
Vaters,   Al. Humboldt
    Berlin, Oct. 1858   „der Alte vom Berge"

Abb. 31: Widmung Alexander von Humboldts aus seinem „Kosmos", Band 2,
       an Alfred Graffunder (1801–1875) im Jahr 1858
       (Autograph: Eigentum E. Ehlers, jetzt Geographisches Institut der Universität Bonn).

Sind Alexander von Humboldt und Carl Ritter also die Begründer moderner Geographien? Die Antwort muss trotz aller Unterschiede im Verständnis der Mensch-Umwelt-Beziehungen und von Sinn und Zweck der Erdbetrachtung bei beiden Protagonisten wohl positiv ausfallen. Die Gründe dafür sind mannigfaltig und können hier nur angedeutet werden. Bei beiden wird die Erde, sei sie nun bewohnt oder unbewohnt, zum Selbstzweck wissenschaftlicher Betrachtung und Erkenntnis. Wie gezeigt: Bei den Enzyklopädisten und Kameralisten war Geographie ein auf Fakten- und Datensammlung ausgerichtetes Nebeneinander von deskriptiv angehäuften Maß- und Zahlenangaben, im Wesentlichen auf statistische Informatik angelegt. Bei den Aufklärern fungierten Physische Geographie und Anthropologie als getrennt voneinander existierende Erkenntnisziele, wobei erstere die Kenntnis der Natur, die zweite die Kenntnis des Menschen als letzten Zweck habe (Kant). Die Idealisten betrachteten demgegenüber Erde und Mensch in einem als Physikotheologie bezeichneten Kontext, wonach die den Menschen umgebende Natur ihren Sinn und Zweck darin habe, ihm als Anschauungsobjekt göttlicher Offenbarung und als Erziehungs- und Bewährungsanstalt einer gottgefälligen Lebensführung zu dienen. Damit hat Erdkunde in des Wortes wahrster Bedeutung ein theologisch-ideologisches Fundament. Was also ist der Fortschritt? Wenn Humboldt auch stärker der *Natur*betrachtung und *Natur*beschreibung, Ritter dem Wirken des *Menschen* auf der Erde zugewandt ist, so gewinnt bei beiden das Erkenntnisstreben nach den Wechselwirkungen und Wechselbeziehungen zwischen Natur und Mensch das Hauptinteresse wissenschaftlicher Betätigung. Humboldt drückt es in der 12. Vorlesung seiner Kosmos-Vorträge so aus, dass „die einzelnen Theile der großen Gesammtheit gewissermaßen als coexistierend betrachtet" werden (Humboldt 1993, S. 147). Und ein solches Postulat, das von beiden Protagonisten auf unterschiedlichen Wegen eingelöst wird, kann man mit Fug und Recht als den Beginn einer eigenständigen wissenschaftlichen Disziplin bezeichnen, gab und gibt es doch keine andere Wissenschaft, die das Wechselverhältnis von Mensch und Natur sich zum Gegenstand ihres Erkenntnisstrebens erwählt hat. Mit Alexander von Humboldt und Carl Ritter rücken die Beschreibung und Erklärung von Erscheinungsformen der Erdoberfläche – Relief, Vegetation, Gewässernetze, Menschen und ihre Differenzierungen nach Rasse, Wirtschaft und Sozialorganisation, Siedlungen, Landnutzungen usw. – in das Zentrum des wissenschaftlichen Interesses; nicht aber nur mehr als additive Zusammenstellung dieser Fakten bezogen auf einen Raum oder ein bestimmtes Territorium, sondern im Streben nach Analyse und Verständnis der einander bedingenden Wechselwirkungen und ihrer Differenzierungen dieser Phänomene in Raum und Zeit. Damit rücken Fragestellungen in den Vordergrund eines Interesses, die bis dahin keine eigenständige akademische Heimat hatten: Sie werden Gegenstände der Geographie als wissenschaftlicher Disziplin.

Zur Diskussion von Mensch und Umwelt in der zweiten Hälfte des 19. Jahrhunderts: Geographie als Mensch-Umwelt-Wissenschaft?

Die im vorhergehenden Kapitel geschilderte Grundlegung einer wissenschaftlichen Geographie war zunächst mit sich selbst und mit den von ihr definierten Zielsetzungen beschäftigt. Ausgehend von dem umfangreichen Schrifttum seit der Antike und den im Gefolge der Entdeckungs- und später der Forschungsreisen rapide anwachsenden Kenntnissen über die Erde und ihre Bewohner durch Reisebeschreibungen und kartographischen Darstellungen ging es zum einen um die systematische Erfassung und Ordnung dieser Materialien, zum anderen um deren Einordnung in und Zuordnung zu übergeordnete(n) philosophische(n) Wissen(schaft)skategorien. Das frühe 19. Jahrhundert erfährt durch die berühmte „Expédition d'Egypte" (1798– 1802) im Gefolge des napoleonischen Ägyptenfeldzugs, durch die Durchquerung des nordamerikanischen Subkontinents durch M. Lewis und W. Clark (1803–1805), durch die Reisen und Berichte von J. L. Burckhardt in den Orient (1809–1817), durch jene des Prinzen von Wied (1815–1817) sowie von Spix und Martius (1817–1820) nach Brasilien, durch E. Pöppig in das spanisch geprägte Südamerika und vor allem durch die Reise von Charles Darwin mit der „Beagle" (1831–1836) ungeahnte Wissenszuwächse. Ihnen folgen um die Mitte des 19. Jahrhunderts die nicht minder Aufsehen erregenden Forschungs- und Entdeckungsreisen nach Afrika (D. Livingstone ab 1840, H. Barth 1850–1855); Sibirien und Zentralasien (Humboldt 1829; der Gebrüder Schlagintweit 1854–1857; Semenov 1856/57). Diese und viele andere Reisen und Forschungen brachten der sich emanzipierenden Geographie als wissenschaftlicher Disziplin breite öffentliche Anerkennung, zugleich aber auch zunehmendes politisches Interesse insbesondere der an Kolonialpolitik und imperialistischer Machterweiterung interessierten Regierungen.

Unmittelbarer Ausfluss solcherart gesteigerten Interesses an der Geographie und ihrer rapide sich erweiternden Wissensbasis waren drei Entwicklungen, die für das künftige Selbstverständnis des Faches und seiner zunehmenden Akzeptanz im Bildungsbürgertum des 19. Jahrhunderts von großer Bedeutung wurden:
- die Entwicklung der Atlaskartographie und geographischer Journale;
- die Errichtung geographischer Lehrstühle und Institute an Universitäten;
- die Gründung geographischer Gesellschaften.

Wir müssen es uns versagen, auf diese disziplingeschichtlich bedeutsamen Entwicklungen der Geographie in der Mitte des 19. Jahrhunderts ausführlicher einzugehen. Nur soviel: Kartenwerke und Atlanten, Journale und Reisebeschreibungen weckten das Interesse immer weiterer Kreise des Bildungsbürgertums. Forschungsreisen und die mit ihnen verbundene Beseitigung „weißer Flecken" auf der Landkarte, mehr aber noch die Berichte über Ausdehnung und Größe der neu entdeckten Länder und Völker und ihren Reichtum an natürlichen Ressourcen – Pflanzen, Tiere, Bodenschätze usw. – entzündeten politische und wirtschaftliche Begehrlichkeiten, insbesondere europäischer Staaten. Die Etablierung geographischer Lehrstühle an Universitäten ebenso wie die Gründung immer neuer „Geographischer Gesellschaften" in Europa (Kopp 2004) belegen die wachsende Bedeutung der Geographie nicht nur als Bildungsfach, sondern auch als Schrittmacher kolonialer Expansion und Annektion immer größerer Teile Afrikas und Asiens zu einem Zeitpunkt, wo südamerikanische Staaten sich bereits aus der politischen Umklammerung Spaniens und Portugals zu lösen beginnen (vgl. dazu z. B. Kost 1988, Schulte-Althoff 1971, Schultz 1989).

Die koloniale Expansion und der europäische Imperialismus mit ihren Zielen der Schaffung von Kolonialreichen als Rohstofflieferanten und Absatzmärkte und die damit verbundenen wirtschaftlichen wie sozialen Prozesse einer zweiten Globalisierung der Erde bestimmen die Politik des 19. Jahrhunderts (dazu allg. Bell-Butlin-Heffernann, Hg., 1995). In ihrem Windschatten aber gewinnen die konkreten wirtschaftlichen und sozialen Probleme in Europa wie auch die wissenschaftliche Auseinandersetzung mit ihnen immer mehr an Bedeutung. Die Industrialisierung führt zu gravierenden Problemen zunehmender Zerstörung der Natur und menschlicher Umwelten. Die Urbanisierung macht das Leben in den Ballungszentren für große Teile der Bevölkerung zur Hölle. Krankheiten kehren zurück: Pest, Cholera; neue Krankheiten kommen hinzu. Proletarisierung bewirkt Politisierung in Europa; 1848 erscheint das „Kommunistische Manifest". Der mit der Großen Transformation und der Industriellen Revolution verbundene Fortschritt beflügelt die (Natur-)Wissenschaften, fordert sie aber auch zunehmend zur Lösung der industriezivilisatorischen Fehlentwicklungen heraus.

Exkurs:
Geographie und die Mensch-Umwelt-Diskussion in den Bio- und Geowissenschaften

Für die Frage der Mensch-Umwelt-Beziehungen gewinnen, nicht zuletzt angesichts des parallel zur Geographie sich steigernden Interesses an fremden Völkern und Kulturen durch das, was sich später als Ethnologie und Anthropologie als wissenschaftliche Disziplinen etablieren wird, aber auch in Verbindung mit der „Affenfrage", stufentheoretische Überlegungen über die Aszendenz des Menschengeschlechts, über die Prägung menschlicher Gruppen durch die Natur wie auch die Überprägung der Natur durch den Menschen zunehmende Bedeutung. Auch die „Entdeckung" des Neandertalers im Jahre 1856, vor allem aber die Publikation von Darwins Buch „The Origin of Species" im Jahre 1859 sowie seine öffentlichkeitswirksame Verbreitung im deutschen Sprachraum durch den Biologen Ernst Haeckel befördern Forschung und öffentliches Interesse, wobei zunehmend ökologische Zusammenhänge zwischen Mensch und biologischer Umwelt eine Rolle spielen.

Bereits im Zusammenhang mit Humboldt und Ritter wurde auf Begriffe wie „Naturgemälde" oder „Naturganzes" hingewiesen als Ausdruck eines untrennbaren Zusammenhangs zwischen Mensch und Natur. Auch im Titel von Lamarcks „Philosophie zoologique", einem Meilenstein der Evolutionsbiologie, kommt die enge Verbindung von geistes- und naturwissenschaftlichem Denken zum Ausdruck. Darwins Thesen vom „struggle for existence" und vom „survival of the fittest" wurden sehr schnell aus dem Bereich der Biologie auf die Menschheitsentwicklung allgemein und die aktuelle wirtschaftliche wie soziale Situation des 19. Jahrhunderts speziell übertragen. Der Begriff des „Sozialdarwinismus", d. h. die Verbindung evolutionsbiologischer Kategorien mit industriegesellschaftlichen Konkurrenzkämpfen, ist ein weiterer Beleg für die enge Symbiose unterschiedlichster Wissenschaftsbereiche. Bedeutende Adepten und zugleich Transformatoren darwinistischen Gedankenguts waren dabei der englische Philosoph Herbert Spencer (1820–1903) und Alfred Russell Wallace (1823–1913), Biologe wie Darwin, zugleich aber auch philosophisch orientierter Spiritualist, der den menschlichen Geist aus dem Evolutionsgeschehen herausnehmen wollte (Hösle/Illies 1999; Wuketits 1998). Andererseits ist auffällig, dass auch jenseits von Darwin das 19. Jahrhundert durch eine Reihe von Fortschrittsideologien geprägt ist, die ihre Wurzeln im Industrialismus haben, von Europa aus dann aber auf außereuropäische Länder und Völker ausstrahlen. Notorisch für eine solche die Superiorität des „weißen Mannes" begründende und damit auch die Rassenkunde vorwegnehmende Sicht des Menschen ist das vierbändige Werk des Franzosen J. A. de Gobineau (1816–

1882), das – vor Darwin – die natürliche Ungleichheit der Menschen propagierte. Damit lieferte er einen gewichtigen Beitrag nicht nur zu der im 19. Jahrhundert aufblühenden Diskussion um Superiorität oder Inferiorität menschlicher Rassen, sondern auch um deren Gründe. Eine besondere Rolle kommt dabei wiederum den spezifischen Umwelten der Menschen zu (vgl. dazu Sieferle 1989). Alle diese Entwicklungen tragen bei zu einer großen Popularisierung der Evolutionsbiologie und – mit dieser – zur Entwicklung dessen, was wir heute als „Ökologie" bezeichnen (auch Mayr 1998; Trepl 1994).

Es ist sicherlich kein Zufall, dass die früheste Definition des Begriffes „Ökologie" auf den in Jena lehrenden Zoologen und Naturphilosophen Ernst Haeckel (1834–1919) zurückgeht, der zugleich ein glühender Gefolgsmann und Propagator der Abstammungslehre von Charles Darwin war. 1866 definierte Haeckel „Ökologie" wie folgt:

> „Unter Oecologie verstehen wir die gesammte Wissenschaft von den Beziehungen der Organismen zur umgebenden Außenwelt, wohin wir im weiteren Sinne alle Existenz-Bedingungen rechnen können. Diese sind theils organischer, theils anorganischer Natur [...]. Als organische Existenz-Bedingungen betrachten wir die sämmtlichen Verhältnisse des Organismus zu allen übrigen Organismen, mit denen er in Berührung kommt."
> *(Haeckel 1866)*

Wenn in dieser frühen Definition der Mensch auch noch keine explizite Rolle spielt, so greift Haeckel in seinen philosophienahen Schriften zur „Natürlichen Schöpfungsgeschichte" (1868) und speziell in seinem Buch „Anthropogenie oder Entwicklungsgeschichte des Menschen" (1874) nicht nur die von Darwin formulierten Entwicklungsgedanken auf, sondern erhebt die Evolutionsbiologie in den Rang einer historischen Wissenschaftsdisziplin. Mit anderen Worten: Die Biologie stellt für ihn nicht nur innerhalb der Naturwissenschaften eine eigene und eigenständige Wissenschaft dar, die auch jenseits von Physik oder Mathematik Bestand habe, sondern er postuliert, dass sie zugleich Basis eines Brückenschlags zum Menschen sei. Haeckel nennt sie „monistische Natur-Philosophie", wobei er die Evolution des Lebens als eine hierarchische Stufenleiter versteht. Das in seinem Buch „Generelle Morphologie" von 1866 erstmals vorgestellte Lebensbaummodell zeigt dabei den Menschen als „Krone" und Endpunkt biologischer Entwicklung (vgl. Abb. 32). Es wird dabei allerdings deutlich, dass der Mensch – anders als z. B. bei den Physikotheologen oder gar noch bei Haeckels Zeitgenossen Carl Ritter – nicht etwa die „Krone der *Schöpfung*", sondern die Krone und das Endstadium eines evolutionären Entwicklungsweges der Natur sei.

In seinen späteren Werken, in denen Ernst Haeckel sich immer mehr zum großen Popularisierer des Darwinismus entwickelt, strebte er nicht nur eine Totaldeutung allen Lebens an, sondern verstieg sich zunehmend zu der These, dass auch Kultur und Moral naturgesetzlichen Regeln unterliegen und naturgesetzlich zu analysieren und zu erklären seien. Somit wurde die Biologie zu einer „Leitwissenschaft" erhoben, die nicht nur die Entwicklung des Lebens und die besondere Stellung und Bedeutung des Menschen in diesem Prozess zu erklären vermöge, sondern die auch die wissenschaftliche Basis einer menschlichen Sittenlehre in sich trage. Vor allem in seinem 1899 publizierten „Welträthsel", einem Bestseller an der Wende vom 19. zum 20. Jahrhundert, hat er diesen Natur wie Mensch in gleicher Weise einbeziehenden Brückenschlag zwischen Natur-, Geistes- und Sozialwissenschaften dahingehend zu erweitern versucht, dass das Prinzip des evolutionsbiologischen Fortschritts auch auf die Geschichte der Menschheit und ihrer Institutionen zu übertragen sei. Deshalb plädiert Haeckel sogar für die politische Neu-

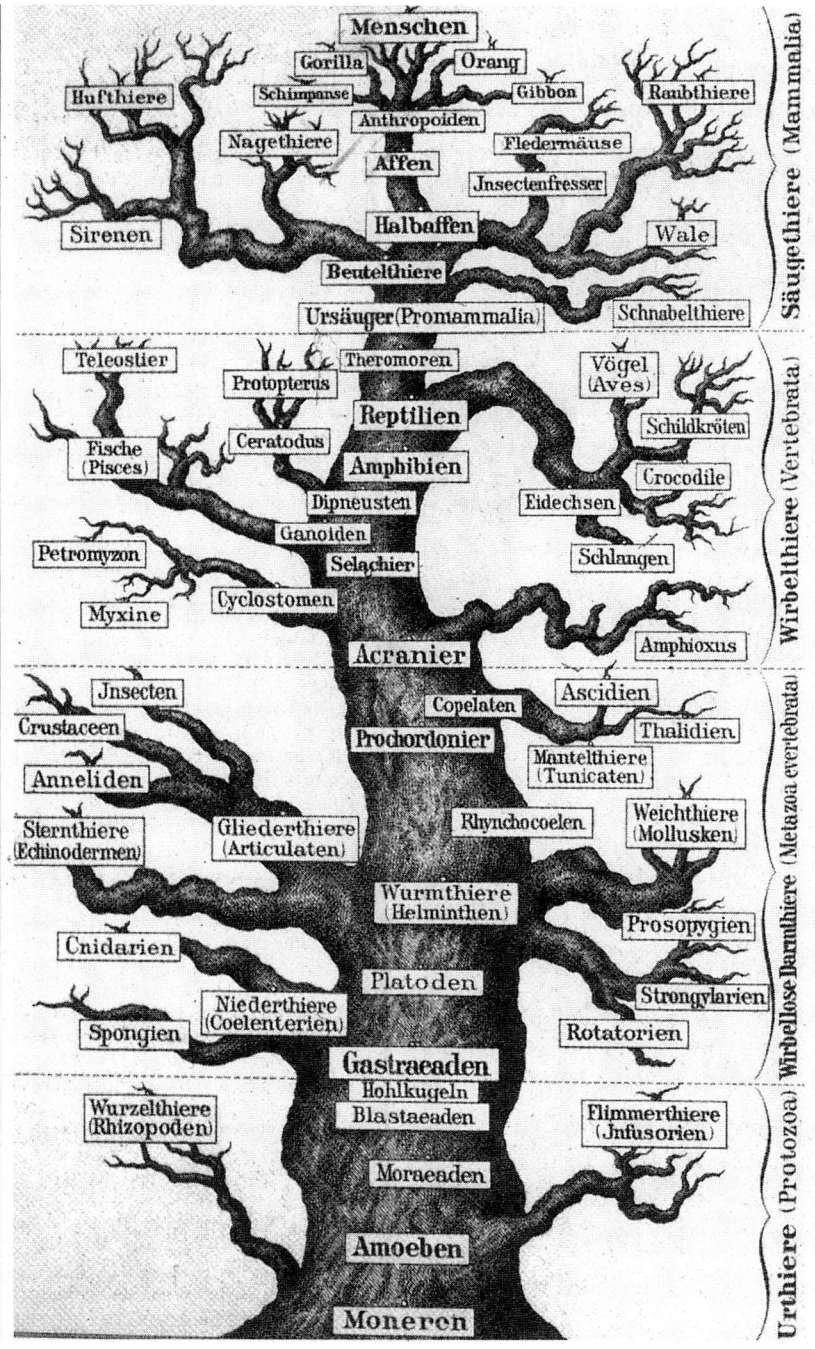

Abb. 32: Lebensbaummodell der Evolution (nach Haeckel 1866)

und Umgestaltung kultureller und sozialer Systeme und Leistungen nach biologisch-naturwissenschaftlichen Kriterien. Kurzum: Der Darwin'sche Evolutionsgedanke sei letzten Endes auf alle Phänomene dieser Welt übertragbar. Er gelte für das Verständnis von der Entstehung des Kosmos, für das der Arten und Artenvielfalt als auch für die Genese der Menschen und ihrer unterschiedlichen Kulturen.

So verwundert nicht, dass Haeckel als einer der ersten auch eine Stufentheorie bzw. eine Hierarchie von Völkern und Kulturen vorgelegt hat. Sie gehört in der Diskussion um die Mensch-Umwelt-Beziehungen zu den vielen Versuchen, nicht nur im Hinblick auf die Stellung des Menschen gegenüber seinen natürlichen Mitgeschöpfen Ordnungsschemata zu entwickeln, sondern auch innerhalb des Menschengeschlechtes hierarchische Ordnungen und Werteskalen zu begründen (vgl. Tab. 15). Dem Vorbild Haeckels folgend, teilweise auch parallel zu ihm, wurden es in der Folgezeit vor allem Ethnologen, später auch Geographen, die solche „Kulturstufen"-Theorien propagierten und modifizierten. Am unteren Ende solcher Skalierungen rangierten stets die indigenen Gesellschaften und Kulturen Afrikas, Asiens und Amerikas, während insbesondere europäische Völker meist deren Spitzenplätze einnahmen. Dass daraus nicht nur moralische, ethische und zivilisatorische Führerschaft abgeleitet, sondern auch politische Aufträge zur „Zivilisierung der Barbaren" legitimiert wurden, hebt solche Versuche weit über deren wissenschaftlichen Anspruch hinaus. Während sich Darwin in seinen Schlussfolgerungen solcher Wertungen wohlweislich enthielt, wurden Gliederungen im Stile von Haeckel, ganz sicher aber auch unter dem Einfluss von Gobineau, in der Folgezeit zur Diskriminierung vermeintlich „niedrig stehender" Völker und „Rassen" und zu deren Unterdrückung oder gar Vernichtung genutzt, in vielen Fällen aber auch zur vordergründigen Legitimation eines chauvinistischen Imperialismus und Kolonialismus. Aus heutiger Sicht sind solche Differenzierungen geradezu Paradebeispiele für die in der Gegenwart engagiert geführte Diskussion um die soziale Konstruktion und Interpretation von Natur, aber auch von Kultur und kultureller Entwicklung.

Kehren wir vor dem Hintergrund dieser parallel zur industriellen Entwicklung Europas und seiner kolonial-imperialistischen Expansion ablaufenden Diskussion um die Stellung des Menschen im Reich der Natur zurück zur Geographie. Bereits am Ende des vorigen Kapitels wurde darauf hingewiesen, dass der Schwerpunkt des Humboldt'schen Schaffens auf der *Naturbeschreibung* und *Naturerkenntnis* lag, während Ritter das *Wirken des Menschen auf der Erde* und seine Wechselbeziehungen zu der ihn umgebenden Natur und Umwelt in den Mittelpunkt seines Geographieverständnisses rückte. Damit ist ein offensichtlich von Anbeginn an bestehendes Grundsatzproblem der Geographie angesprochen, das bis in die Gegenwart hinein nicht entschieden ist: die Frage nach der Einheit der Geographie und ihres wissenschaftlichen Gegenstandes. Bereits 1831 brach ein unbekannter junger Geograph, Julius Fröbel, einen von ihm selbst als „anmaßend" empfundenen Diskurs vom Zaun: Er stellte nicht nur die teleologischen Grundanschauungen Ritters und ihre wissenschaftstheoretischen Begründungen in Frage, sondern sorgte sich auch um den „jetzigen formellen Zustand der Erdkunde". Vor allem seine Äußerungen „Ueber die Unterscheidung einer Erdkunde als eigentliche Naturwissenschaft und einer historischen Erdkunde" (1832) beleuchten schon frühzeitig das bis heute von vielen als wissenschaftstheoretisches Problem betrachtete Selbstverständnis der Geographie als Naturwissenschaft einerseits, als Geistes- und Sozialwissenschaft andererseits.

Tab. 15:   Hierarchien der Völker nach Haeckel 1905 (zitiert nach Wuketits 1998)

I	**Naturvölker oder „Wilde"**	
I A.	Niedere Wilde (Pygmäen)	
I B.	Mittlere Wilde (Australneger, Tasmanier, Ainu, Hottentotten, Feuerländer, brasilianische Wildstämme)	
I C.	Höhere Wilde (z. B. Samojeden, die meisten Indianerstämme in Nord- und Südamerika)	
II	**Barbarvölker oder Halbwilde**	
II A.	Niedere Barbaren (z. B. die Eingeborenen von Neuguinea, Irokesen, die Bewohner von Nikaragua und Guatemala)	
II B.	Mittlere Barbaren (z. B. Kalmücken, Aschanti, Lappen vor 200 Jahren, die alten Germanen, die Griechen der Zeit Homers)	
II C.	Höhere Barbaren (z. B. Malayen, Abessinier, Mexikaner und Peruaner vor der spanischen Eroberung)	
III	**Zivilvölker**	
III A.	Niedere Zivilvölker (z. B. Mauren, die alten Ägypter, Babylonier, Phönizier, Assyrer)	
III B.	Mittlere Zivilvölker (z. B. Siamesen, die Finnen und Magyaren des 18. Jahrhunderts)	
III C.	Höhere Zivilvölker (z. B. Chinesen, Japaner, Türken, Engländer und Deutsche des 15. Jahrhunderts)	
IV	**Kulturvölker**	
IV A.	Niedere Kulturvölker (in Europa vom 16. bis zum 18. Jahrhundert)	
IV B.	Mittlere Kulturvölker (Europäische Nationen im 19. Jahrhundert)	
IV C.	Höhere Kulturvölker (noch nicht wirklich entwickelt)	

In welchem Zwiespalt das neu etablierte Fach im Gefolge seiner beiden „Gründungs- und Überväter" stand, zeigt die Geschichte der Geographie in der zweiten Hälfte des 19. Jahrhunderts. Symptomatisch für die von Anbeginn an empfundene Ambivalenz des Faches sind Lebensweg und geographisches Wirken von Oscar Ferdinand Peschel (1826 – 1875), des ersten Lehrstuhlinhabers für Geographie an der Universität Leipzig. Zunächst Kaufmann, Jurist und Journalist kam er als alleiniger Redakteur der wöchentlich erscheinenden Zeitschrift für Länder- und Völkerkunde „Das Ausland" zur Geographie. Seine frühen Buchpublikationen „Geschichte des Zeitalters der Entdeckungen" (1858) und „Geschichte der Erdkunde" (1865), z. T. Ausfluss seiner früheren journalistischen Tätigkeiten, machten ihn berühmt. Sein Versuch, sich auf dem Feld der Physischen Geographie zu profilieren, dokumentiert sich in dem Buch „Neue Probleme der vergleichenden Erdkunde – als Versuch einer Morphologie der Erdoberfläche" (1869). Entstanden auf der Basis von Kartenstudien und damit als eine reine Schreibtischtätigkeit ohne Feldforschung, lässt ihn der Buchtitel als Physischen Geographen erscheinen. Dem stehen seine zahlreichen, z. T. populärwissenschaftlichen Beiträge gegenüber – zusammengefasst und herausgegeben unter dem Titel „Abhandlungen zur Erd- und Völkerkunde" (1877/1878) von J. Löwenberg. In ihnen finden sich viele Titel, die immer wieder das Wechselverhältnis zwischen Natur und Mensch zum Gegenstand haben. Als Beispiele mögen dienen „Erd- und Völkerkunde, Staatswirthschaft und Geschichtschreibung", „Über den Einfluß der physikalischen Länderbeschaffenheit auf das Wesen der Völker", „Die Rückwirkung der Ländergestaltung auf die menschliche Gesittung", „Über die Bedeutung der Erdkunde für die Culturgeschichte". Sie belegen Peschels Versuch, Natur und Mensch als Einheit zu verstehen, betonen aber auch immer wieder die aus dem Zeitgeist heraus verständliche Hervorhebung von Natur und Umwelt als prägenden Merkmalen menschlicher Kultur und Gesittung. Auch der zweite Band mit seinen Abteilungen „Zur Geschichte der Geographie", „Zur mathematischen und Physischen Geographie" sowie „Zur Länder- und Völkerkunde" setzt das Bemühen um ein allumfassendes Geographieverständnis fort. Interessant ist in diesem Kontext, dass Peschel sich 1861, d. h. unmittelbar nach Erscheinen des „On the Origin of Species by Means of Natural Selection", schon zu „Darwinistischem" äußert.

In Deutschland setzt – analog zu den Entwicklungen der Hochschulgeographie und der geographischen Gesellschaften – der Durchbruch des Faches als akademische Disziplin erst nach der Reichsgründung 1871 ein. Dabei stehen angesichts der imperialen Interessen des Kaiserreiches außereuropäische Feldforschungen im Mittelpunkt der Geographie (Schulte-Althoff 1971, Schultz 1980, 1989). Daneben gewinnt die Politische Geographie eine herausragende Bedeutung, wobei dem Zusammenhang von Topographie, geographischer Lage und geostrategischer Nutzung durch den Menschen besonderes Augenmerk geschenkt wird (Kost 1988). Auch die Klimaforschung, und zwar sowohl naturwissenschaftlich als auch in ihrer Wechselbeziehung Klima – Mensch, erlebt einen großen Aufschwung. Und dennoch bleibt die Grundfrage, ob Geographie Natur- oder Geisteswissenschaft oder beides sei, zunächst noch unbeantwortet. Und sie wird abermals personifiziert durch die beiden Hauptvertreter der deutschen Geographie im letzten Drittel des 19. Jahrhunderts: Ferdinand von Richthofen (1833–1905) und Friedrich Ratzel (1844–1904).

Ferdinand von Richthofen und mehr noch Friedrich Ratzel verkörpern sowohl in ihren Lebensgeschichten als auch in ihren akademischen Werdegängen die immer noch „diffusen" Wurzeln geographischer Biographien. Richthofen begann und verstand sich zunächst einmal als Geologe. Als solcher wurde er 1875 nach Bonn berufen, bevor er 1883 als Geograph nach Leipzig und 1886 nach Berlin wechselte. Seine berühmt gewordene Antrittsvorlesung in Leipzig zum Thema „Aufgaben und Methoden der heutigen Geographie" gilt allgemein als grundlegender Versuch zu einer wissenschaftstheoretischen Begründung des Faches Geographie, in der er sich zu einer Natur wie Gesellschaft umfassenden Einheit des Faches bekennt:

> „Als die erste Aufgabe der wissenschaftlichen Geographie haben wir gefunden: die Erforschung der festen Erdoberfläche nebst Hydrosphäre und Atmosphäre nach den vier Principien der Gestalt, der stofflichen Zusammensetzung, der fortdauernden Umbildung und der Entstehung, unter dem leitenden Gesichtspunkt der Wechselbeziehungen der drei Naturreiche untereinander und zur Erdoberfläche.
> Die zweite Aufgabe ist die Erforschung der Pflanzenbekleidung und der Thierwelt in ihren nach denselben vier Principien stattfindenden Wechselbeziehungen zur Erdoberfläche.
> Die dritte behandelt den Menschen und einzelne Momente seiner materiellen und geistigen Cultur unter demselben Gesichtspunkt nach denselben vier Principien.
> Zwei Methoden führen zum Ziel.

Der concret beschreibenden Methode bedient sich die darstellende Geographie, welche in ihrer reinsten Form, der Chorographie, den Thatsachenschatz nach einem obersten räumlichen Eintheilungsprincip in den durch die sechs Naturreiche gegebenen Unterabtheilungen registriert.
Die zweite Methode, welche analytisch verfährt, ist bezeichnend für die allgemeine oder analytische Geographie. Diese fasst die in der beschreibenden Geographie aus jedem der sechs Naturreiche gegebenen Gegenstände und Erscheinungen in Kategorien zusammen und betrachtet dieselben, unabhängig von den Erdräumen, nach den vier angeführten Principien, unter steter Berücksichtigung des leitenden Gesichtspunktes der causalen Wechselbeziehungen zur Erdoberfläche.
Aus der Verbindung Beider geht die chorologische Betrachtungsweise hervor. Ihr Wesen besteht darin, dass sie alle einen Planetentheil constituierenden Factoren, oder einen Theil derselben, in ihrem ursächlichen Zusammenwirken betrachtet. Durch die analytische Methode der Forschung wird sie mit der allgemeinen, durch die von der Synthese ausgehende Methode der Darstellung mit der beschreibenden Geographie verbunden. In specieller Anwendung erscheint sie entweder als Chorologie eines Erdraums, oder als Betrachtung mehrerer oder aller einzelnen Erdräume unter dem Gesichtspunkt einer Gruppe von Causalverbindungen, z. B. der klimatischen Factoren allein, oder des Klimas und der Pflanzenbekleidung, oder des Einflusses der Gebirge auf den Menschen. Durch die Einführung einer allgemeinen chorologischen Betrachtungsweise wird die Chorographie philosophisch durchgeistigt."
(Richthofen 1883, S. 65 f.)

Mit der Einführung der Begriffe „Chorologie" und „Chorographie" wurden der Geographie ein zentraler Gegenstand und eine zentrale Begrifflichkeit zugeordnet, die andere wissenschaftliche Disziplinen nicht für sich reklamierten und deren wissenschaftlich-theoretische wie praktisch-anwendungsorientierte Bedeutung akzeptiert war. Auch die ausdrückliche Integration von Natur und Kultur, von Mensch und Umwelt sowie die gegenseitige Durchdringung beider Seinsbereiche findet in der Leipziger Antrittsvorlesung eine durchdachte Begründung. Wenn Richthofen auch zeitlebens selbst Geomorphologe und damit Naturwissenschaftler blieb, so war er auch ein typischer „homo politicus". Die deutsche Polar- und Meeresforschung ebenso wie die Kolonialpolitik des Kaiserreiches Deutschland erfuhren durch ihn nachhaltige Förderung und Anregungen. Chorologie und Chorographie wurden schon zu Lebzeiten Richthofens durch Alfred Hettner (1859–1941) zu einem methodischen Kern wissenschaftlicher Geographie ausgeweitet.

Stärker noch als bei Ferdinand von Richthofen kann man in dem Werk Friedrich Ratzels (1844–1904) einen Meilenstein in der geographischen Mensch-Umwelt-Forschung erkennen. Ratzel gilt als Begründer der modernen Anthropogeographie. Dabei kam auch er von den Naturwissenschaften: Als Zoologe promoviert, wandte er sich im Gefolge europäischer Reisen erfolgreich dem Journalismus und der Reiseschriftstellerei zu, die ihn schließlich zur Geographie führten. Neben seinen publikumswirksamen Reiseschilderungen, insbesondere aus der Mediterraneis, aber auch aus Nordamerika, Mexiko und Kuba schaltete er sich mit dem Buch „Sein und Werden der organischen Welt. Eine populäre Schöpfungsgeschichte" (1869) schon früh auch in die Darwinismus-Diskussion ein, bevor er sich habilitierte und zunächst in München (1876), dann in Leipzig (ab 1886) als Nachfolger Richthofens als Professor der Geographie wirkte. Es sind insbesondere drei große Werke, die Ruhm und Einfluss Ratzels begründeten: „Anthropogeographie I – Grundzüge der Anwendung der Erdkunde auf den Menschen (1882); II – Die geographische Verbreitung der Menschen" (1891); eine dreibändige „Völkerkunde" (1885–1888) sowie seine „Politische Geographie" (1897). Schon aus den Titeln der Bücher wird deutlich, dass Ratzel mit dem von ihm geprägten Begriff der „Anthropogeographie" oder dem der „Politischen Geographie" Präzisierungen und Spezialisierungen des Faches anstrebte, die es in dieser Form zuvor nicht gab. Bereits im ersten Teilband der „Anthropogeographie" postuliert Ratzel eine so profunde Wirkung der Natur auf den Menschen (siehe Textkasten!), dass man ihm das Etikett eines „Naturdeterministen" anzuheften versucht hat. Tatsache ist, dass Ratzel unter dem Eindruck Darwins und dessen sozialdarwinistischen Exegeten wie z. B. des Soziologen H. Spencer (1820–1903; auf ihn geht übrigens die von Darwin übernommene Formulierung „survival of the fittest" zurück!), auf der Basis völkerkundlicher Thesen des Ethnologen Adolf Bastian (1826–1905) oder der frühen naturphilosophischen Schriften Haeckels ein Mensch-Umwelt-Verhältnis beschreibt, in dem die Natur als prägend für „das innere Wesen der Völker", für die „innere Konstitution eines Volks-Organismus" oder für die „Elementarorganismen der menschlichen Gesellschaft" gedeutet wird. Auch Ratzels Geschichtsverständnis und – in der „Völkerkunde" und in der „Politischen Geographie" besonders betont – seine Prognosen über die Zwangsläufigkeiten weltpolitischer Entwicklungen aus geographischen Lageprinzipien heraus reflektieren die Einflüsse soziologischer Organismustheorien und mancher materialistisch-evolutionistischer Geschichtsdeutungen seiner Zeitgenossen. Vor allem seine Interpretationen von Völkern und Staaten als lebendigen Organismen und ihres Selbsterhaltungstriebes, der sich etwa in der Verteidigung und Eroberung von „Lebensraum" ausdrücke, rücken Ratzels Verständnis der Mensch-Umwelt-Beziehungen sehr stark in die Nähe biologistisch-evolutionärer Deutungen von der Entwicklung des Lebens auf der Erde. Wie sehr Ratzel den aus der Biologie entlehnten Organismusgedanken auf die Mensch-Umwelt-Beziehungen wie auch auf Werden und Vergehen von politischen Räumen überträgt, wird in der Einleitung sowie in den Grundideen einzelner Kapitel seiner Anthropogeographie deutlich, die hier am Beispiel des sechsten Kapitels erläutert seien:

Friedrich Ratzel (1882):
Anthropo-Geographie oder Grundzüge der Anwendung der Erdkunde
auf die Geschichte
Mathematisch-astronomische Propädeutik, gewöhnlich als mathematische Geographie
bezeichnet.

A) Physische Geographie
    a) Die Lehre von den Erdräumen.
    b) Die Lehre von den Oberflächenformen oder Orographie.
    c) Die Lehre von den Gewässern: Hydrographie.
    d) Die Lehre von den atmosphärischen Erscheinungsformen: Klimatologie.
    e) Pflanzengeographie.
    f) Tiergeographie.

B) Anthropogeographie (Kulturgeographie)
    a) Die Lehre von den Faktoren der geographischen Verbreitung der Menschen und ihrer Werke: mechanischer Teil der Anthropogeographie.
    b) Die Lehre von der geographischen Verteilung, Form, Größe der Völker und ihrer Staaten: statistischer Teil der Anthropogeographie.
    Zu ihr gehören derzeit noch:
    b^1) Völkerkunde, die nur zufällig vom geschichtlichen Gebiet auf unsres herüberragt.
    b^2) Staatenkunde, die aus praktischen Gründen vom national-ökonomischen Gebiete auf unsres herüberragt.

„So haben wir hier also vier Gattungen von Wirkung der Natur auf den Menschen. 1) Eine Beeinflussung des Körpers oder Geistes der Einzelnen, die zu dauernden Umänderungen derselben führt; sie trifft zunächst den Einzelnen und ist ihrem Wesen nach physiologisch bzw. psychologisch und tritt erst in den Gesichtskreis der Geschichte und der Geographie durch ihre Ausbreitung über ganze Völker oder über Völkerbruchteile. 2) Eine Wirkung auf die räumliche Ausbreitung der Völkermassen, sowohl was die Richtung, als die Weite und die Grenzen derselben anbetrifft. 3) Eine mittelbare Wirkung auf das innere Wesen der Völker durch Anweisung auf räumliche Verhältnisse, welche die Absonderung und damit die Erhaltung bezw. Verschärfung bestimmter Eigenschaften, oder aber die Vermengung und damit die Abschleifung der letzteren befördern. 4) Endlich eine Wirkung auf die innere Konstitution eines Volks-Organismus durch Darbietung mehr oder weniger reicher Naturgaben, durch Erleichterung oder Erschwerung der Gewinnung einmal des zum Leben Notwendigen, dann des zum Betrieb der Gewerbe und des Handels und damit zur Bereicherung durch Austausch Förderlichen. Man sieht, daß die Geographie sehr nahe den drei letzten Problemen, aber sehr ferne dem ersten steht und daß es daher unbedingt notwendig ist, dieselben auseinanderzuhalten, ehe man an das Gesamtproblem der Wirkung der Natur auf die Geschicke der Menschen herantritt.

Die Lage und Gestalt der Wohnsitze der Menschen
Kapitel 6:
I. Kontinente, Inseln und Halbinseln
Grundidee. Nichts ist in der Betrachtung der Naturbedingungen der Geschichte wichtiger als die strenge Auseinanderhaltung des dauernd Bewohnbaren und Unbewohnbaren. Da das Land das Bewohnbare, das Wasser aber das wesentlich Unbewohnbare ist, zeigt die Verteilung des ersteren durch das andre hin die Anordnung der auf der Erde dem Menschen zu dauerndem Wohnen und Wirken bestimmten Räume, und weil der Mensch, auf das Wasser sich begebend, immer wieder zum Lande strebt, die großen Wege und Ziele seines Erdenwanderns an.

II. Länder und ihre Grenzen
Grundidee. Da die Völker in beständiger Bewegung sind, so können ihre Abgrenzungen auf dem Bewohnbaren der Erde weder absolut noch dauernd sein, außer wo sie das Unbewohnbare berühren.

III. Verteilung der Wohnstätten
Grundidee. Auch die kleineren und kleinsten Elementarorganismen der menschlichen Gesellschaft: Stämme, Gemeinden, Familien sind in Lage und Ausdehnung ihrer Wohnsitze vielfach von der Natur abhängig.

Raumverhältnisse
Grundidee. Zum Wesen des menschlichen Geistes gehört unaufhörliche Bewegung, die an den Raum- und Zeitgrößen sich mißt und, wenn auch immer weiter dieselben verkleinernd, doch stets in sie gebannt bleibt. Zum Wesen der Völker gehört gleichfalls unaufhörliche Bewegung, die als Geschichte im Raume sich vollzieht und im Raume ihre Grenzen findet. Ebenso wie Bewegungsmöglichkeit hat auch Raumerfüllung durch Menschen ihre Schranken. Doppelt ist daher die Größe und geschichtliche Leistung der Völker von dem Raume abhängig, den ihnen die Geschichte zumißt.“
(Ratzel 1882)

Eine andere Form der Mensch-Umwelt-Beziehungen, oder besser: eine andere Interpretation derselben findet sich in seiner „Politischen Geographie“ des Jahres 1897, in der er nicht nur die schon zuvor genannten Lagekriterien als Determinanten menschlichen Handelns erneut aufgreift, sondern Staaten als „menschliche Gebilde" versteht, die biologistischen Prinzipien und zudem auch von der Natur vorgegebenen Gesetzmäßigkeiten unterliegen:

> „Die politische Geographie kann aber ihre Lehre vom Staat nur auf dem gegebenen Boden der Erde aufbauen. Der Staat kann ihr nur ein menschliches Gebilde sein, aber eines, das nur auf dem Boden der Erde gedeiht. Die Berührung von Problemen der Soziologie und der Staatswissenschaft ist dabei nicht zu vermeiden; auch müssen die Gesetzmäßigkeiten der politischen Geographie naturgemäß einen Teil der Gesetzmäßigkeiten der Geschichte bilden. Aber die Geographie muß hier selbst Hand anlegen, denn es handelt sich um echt geographische Auffassung und Arbeit, und eine rechte politische Geographie kann nach Anlage, Methode und Ziel doch nur geographisch sein.
>
> Aus dieser Auffassung heraus ist dieses Buch entstanden, in dem daher die Staaten auf allen Stufen der Entwickelung als Organismen betrachtet werden, die in einem notwendigen Zusammenhang mit dem Boden stehen und deswegen geographisch betrachtet werden müssen. Auf diesem Boden entwickeln sie sich, wie uns die Ethnographie und die Geschichte zeigt, indem sie sich immer enger an ihn anschließen und tiefer aus seinen Energiequellen schöpfen. So treten sie als räumlich begrenzte und räumlich gelagerte Gebilde in den Kreis der Erscheinungen, die die Geographie wissenschaftlich beschreibt, mißt, zeichnet und vergleicht. Und zwar reihen sie sich den übrigen Erscheinungen der Verbreitung des Lebens an, als deren Höhepunkt gleichsam uns die Staaten erscheinen.
>
> Verlangt nun die politische Geographie keine andere Methode als die geographische, so muß diese allerdings dem Beobachter politisch-geographischer Erscheinungen so ins Blut übergehen, daß sie eine Gewohnheit der räumlichen Auffassung wird, ein „geographischer Sinn", vergleichbar dem historischen Sinn, der gar nicht anders kann, als jede Erscheinung des Völkerlebens als Glied einer in die unergründliche Tiefe der Zeit hinabsteigenden Kette aufzufassen. Dieser geographische Sinn hat den praktischen Staatsmännern nie gefehlt und zeichnet auch ganze Nationen aus. Bei ihnen verbirgt er sich unter Namen wie Expansionstrieb, Kolonisationsgabe, angeborener Herrschergeist; und wo man von gesundem politischem Instinkt spricht, da meint man meistens die richtige Schätzung der geographischen Grundlagen politischer Macht. Da ich nun glaube, daß dieser „geographische Sinn", wenn nicht gelehrt, so doch entwickelt werden kann, und daß er viel zum Verständnis und zur gerechten Beurteilung geschichtlicher und politischer Verhältnisse beitragen wird, hege ich auch die Hoffnung, dieses Buch werde nicht bloß Geographen interessieren."
>
> *(Ratzel 1897, S. III– IV)*

Die Übertragung biologistischer Prinzipien auf geographische Raumstrukturen und Mensch-Umwelt-Verhältnisse findet bei Ratzel seine stärkste Ausprägung in seinem ein Jahr vor der „Politische Geographie" publizierten Aufsatz über „Die Gesetze des räumlichen Wachstums der Staaten" (Ratzel 1896). Auch in ihm werden – analog zu den bereits genannten Stufenmodellen von Gesellschaften (vgl. Tab. 15) – Stufenmodelle räumlichen Wachstums postuliert. So heißt es u. a., dass der Raum von Staaten mit dem Wachstum ihrer Kultur einhergehe und „Völker auf niedern Kulturstufen" auch kleinstaatlich organisiert seien. An anderer Stelle heißt es, dass Grenzen als „periphere Organe des Staates" sowohl Träger ihres Wachstums als auch seiner Befestigung seien und alle Wandlungen des Organismus des Staates mitvollziehen würden (dazu Steinmetzler 1956). Dass es von solcher Argumentation zu Thesen wie „Der Staat als Lebensform" (Kjellén 1917) nur ein Schritt war, liegt auf der Hand. Dass die These vom Staat als Lebensraum eines Volkes zu einem machtpolitisch übel missbrauchten Schlagwort für militärische Expansion in Verbindung mit rassisch begründeten Überlegenheitsideologien genutzt wurde, haben die verheerenden Jahre des Nationalsozialismus in Deutschland schmerzvoll bewiesen.

Wie sehr das Gedankengut Ratzels Ausdruck des Wilhelminischen Zeitgeistes war und das Thema der Mensch-Umwelt-Beziehungen Gegenstand auch anderer Disziplinen, belegen die zeitgleichen Entwicklungen der Ethnologie/Völkerkunde als eigenständiger wissenschaftlicher Disziplin. Einer ihrer prägenden Gestalten war der bereits genannte Adolf Bastian, für den die Ethnologie notwendig zur „einheitlichen Abrundung unseres Zeitalters der Naturwissenschaften" war. Sie hatte für ihn aber auch die Aufgabe, sich „um Lebensfragen in heutiger Gegenwart, um brennend empfundene Zeitaufgaben" zu bemühen. Ein Ziel der Ethnologie sollte dabei sein, im imperialen Konkurrenzkampf um Kolonien und Überseeterritorien zu gewährleisten, dass „der eigenen Nation (als bestunterrichteter) der Löwenanteil gesichert sei kraft des Stärkeren Recht (denn: ‚knowledge is power')" (vgl. dazu Fiedermutz-Laun 1990). Auch hier kamen also soziologische Organismustheorien einerseits, materialistisch-evolutionistische Weltbilder andererseits zum Tragen. Dass Bastian, übrigens auch Begründer des Berliner Völkerkundemuseums, den Begriff der völkerkundlich relevanten „geographischen Provinz" prägte und mit Ratzel zusammen die noch heute bestehende „Zeitschrift für Ethnologie" begründete, sei nur am Rande vermerkt.

Wenn das Werk Ratzels heute zumeist nur aus einer historisch-retrospektiven Sicht diskutiert wird, so darf man nicht verkennen, dass er nicht nur zu seiner Zeit auch außerhalb des deutschen Sprachraums rezipiert wurde und einflussreich war. Dies gilt sowohl für Frankreich (vgl. Kap. 5, Das Lehrgebäude der Geographie), mehr aber noch für die Geographie Nordamerikas. Es ist vielleicht nicht einmal unberechtigt zu behaupten, dass insbesondere in den USA Ratzels Thesen von der Wirksamkeit der Natur und der Umwelt auf den Menschen auf besonders fruchtbaren Boden fielen und vielleicht sogar noch überhöht wurden. Die wohl einflussreichste Verfechterin eines im Englischen als „environmentalism" bezeichneten Geodeterminismus war die amerikanische Professorin Ellen Churchill Semple (1863–1932), eine zeitweilige Studentin von Ratzel. Schon in ihrem ersten großen Werk „American history and its geographic conditions" (1903) legte sie am Beispiel der USA eine explizit als Determinismus zu bezeichnende Interpretation der Genese und räumlichen Differenzierung amerikanischer Kulturlandschaft vor. In ihrem Hauptwerk, dem 1911 erschienenen „Influences of Geographic Environment" wird der Dominanzcharakter der natürlichen Umwelt zu einem allgemeinen Prinzip der Mensch-Umwelt-Beziehungen ausgebaut und für die anglophone Geographie zu einem wichtigen Denkmodell vieler Geographen (vgl. Hartshorne 1939, S. 122: „Semple's concept of geographic influences [...] determined the methodological thought of at least a generation"). Die Gliederung ihres opus magnum und einige Kernsätze aus dem Einleitungskapitel mögen die Rigidität ihres Ansatzes beleuchten.

Gliederung:
1) Operation of Geographic Factors in History
2) Classes of Geographic Influences
3) Society and State in Relation to the Land
4) Movements of Peoples in their Geographical Significance
5) Geographical Location
6) Geographical Area

7)   Geographical Boundaries
8)   Coast Peoples
9)   Oceans and Enclosed States
10) Man's Relation to the Water
11) The Anthropo-Geography of Rivers
12) Continents and Their Peninsulas
13) Island Peoples
14) Plains, Steppes and Deserts
15) Mountain Barriers and Their Passes
16) Influence of a Mountain Environment
17) The Influence of Climate upon Man

„The writer's own method of research has been to compare typical peoples of all races and all stages of cultural development, living under similar geographic conditions. If these peoples of different ethnic stocks but similar environments manifested similar or related social, economic or historical development, it was reasonable to infer that such similarities were due to environment and not to race [...]."
(Semple 1911, Preface, p. IV)

„Man is a product of the earth's surface. This means not merely that he is a child of the earth, dust of her dust; but that the earth has mothered him, fed him, set him tasks, directed his thoughts, confronted him with difficulties that have strengthened his body and sharpened his wits, given him his problems of navigation or irrigation, and at the same time whispered hints for their solution. She has entered into his bone and tissue, into his mind and soul. On the mountains she has given him leg muscles of iron to climb the slope; along the coast she has left these weak and flabby, but given him instead vigorous development of chest and arm to handle his paddle or oar [...]."
(ebd., Chapter 1, p. 1)

„Stability of geographic factors in history.
In every problem of history there are two main factors, variously stated as heredity and environment, man and his geographic conditions, the internal forces of habitat. Now the geographic element in the long history of human development has been operating strongly and operating persistently. Herein lies its importance. It is a stable force. It never sleeps. This natural environment, this physical basis of history, is for all intents and purposes immutable in comparison with the other factor in the problem – shifting, plastic, progressive, retrogressive man."
(ebd., Chapter 1, p. 2)

Neben Topographie und räumlicher Lage spielen seit Montesquieu und Herder auch klimatische Faktoren in der weiteren Diskussion um die Mensch-Umwelt-Beziehungen eine determinierende Rolle. Stehr/Storch (1999) weisen darauf hin, dass in der zweiten Hälfte des 19. Jahrhunderts eine neue Phase der „Auseinandersetzung mit der Klimaproblematik" begann, die dann bis in das erste Drittel des 20. Jahrhunderts andauerte. Auch sie ist in ganz entscheidender Weise von nordamerikanischen Geographen geprägt worden, allen voran durch Ellsworth Huntington (1876–1947). In seinem im Jahre 1915 publizierten „Civilization and Climate" ebenso wie in seinem letzten großen Werk „Mainsprings of Civilization" (1945) wurden Klima und klimatische Beschaffenheit eines Raumes zu entscheidenden Determinanten menschlichen Handelns wie auch menschlichen Fortschritts. Es sind vor allem „optimale" klimatische Rahmenbedingungen, die für Huntington zur Voraussetzung der Leistungsfähigkeit einer Gesellschaft werden. So nehmen im dritten Teil seines Alterswerkes mit dem Titel „Physical Environment and Human Activity" u. a. die folgenden Teilkapitel breiten Raum ein: Health and National Character – Human Activity and Temperature – Social Conditions, Religion, and Climate – Regions and Seasons of Mental Activity – Psychological Reactions to Weather. Klimaschwankungen und Klimazyklen werden als entscheidende Agentien für den Aufstieg und Fall von Kulturen verstanden. Die Vielzahl der von Huntington verwendeten Klimavariablen sowie der durch Klima ausgelösten Auswirkungen auf menschliche Individuen und menschliche Gesellschaften wird deutlich in seiner Zusammenfassung des genannten dritten Teils seines Buches „Mainsprings of Civilization". Dort heißt es:

> „In Part III of this book we laid greater stress on the physiological adaptations which man has inherited from a vast line of animal ancestors. We began, to be sure, with a study of the geographical distribution of civilization. This led to the conclusion that the main pattern is set by climate but is greatly modified by other conditions, especially migration, diet, and density of population. In studying both climate and diet we found ourselves face to face with man's biological inheritance. We discovered that the human body inherits a hitherto unsuspected sensitivity to atmospheric conditions. Temperature, to be sure, has always been recognized as important, but in such matters as religion we find that it has a pervasive influence which has rarely been fully appreciated."
> *(Huntington 1945/1959, S. 615)*

Angesichts solcher Extrempositionen ist es nicht verwunderlich, dass Kritiker des Werkes und der Gedanken von Huntington diesem einen „radikalen klimatologischen Determinismus" vorwerfen (Stehr/Storch 1999), zumal das Ergebnis eines solchen Ansatzes auch hier zu einer Begründung der Überlegenheit der weißen Rasse und des hohen Zivilisationsstandes West- und Mitteleuropas sowie weiter Teile Nordamerikas gegenüber anderen Regionen und Völkern diente. Ganz abgesehen davon, dass viele der in Farbabb. 16 genannten Kriterien und Begrifflichkeiten sich einer klaren Begründung und eines objektivierbaren Nachvollzugs entziehen, haben die Thesen von Huntington große Beachtung und Verbreitung auch außerhalb der Geographie gefunden; heute sind sie obsolet und sollen nur der zeitgeistigen Dokumentation dienen. Ungeachtet dieser Schlussfolgerungen muss aber darauf hingewiesen werden, dass klimatologischer Determinismus und die These von einer Klimaabhängigkeit menschlichen Handelns keineswegs ein Spezifikum ausschließlich geographischer Mensch-Umwelt-Forschung war.

Ein Rückblick auf die Geographiegeschichte des 19. Jahrhunderts wäre unvollständig, wollte man gerade im Hinblick auf die Mensch-Umwelt-Beziehungen nicht eines Wissenschaftlers gedenken, der in den Annalen des Faches weithin unbeachtet geblieben ist und den nicht einmal R. Hartshorne (1939) in seiner „Nature of Geography" für erwähnenswert erachtet. Dabei handelt es sich bei ihm um einen der ganz wenigen visionären Geographen, dessen Bedeutung erst in den letzten Jahren und im Zusammenhang mit der gegenwärtigen Diskussion um den globalen Klima- und Umweltwandel erkannt worden ist. Es handelt sich um George Perkins Marsh (1801–1882). Sein 1864 erschienenes Buch mit dem programmatischen Titel „Man and Nature. Or: Physical Geography as Modified by Human Action" gilt heute als Meilenstein in der geographischen Erforschung der Mensch-Umwelt-Beziehungen. Nicht zuletzt aufgrund seines langen Aufenthalts als US-amerikanischer Diplomat in Italien und in der Mediterraneis gelangte Marsh schon in der Mitte des 19. Jahrhunderts zu der Einsicht, dass nicht die Natur, sondern der Mensch das entscheidende Agens eines weltweiten Umweltwandels sei. Hineingeboren in die beginnende Phase einer unbegrenzten Fortschrittsgläubigkeit der Amerikaner und geprägt durch eine enge Vertrautheit mit der abendländischen Antike erkannte er sehr bald die Rolle des Menschen als dem entscheidenden Faktor lokaler, regionaler wie globaler Umweltzerstörung. Ausgangspunkt seiner Analysen waren zwei Beobachtungen und daraus abgeleitete Schlussfolgerungen. Zum einen war es die in seinem Buch immer wieder belegte These, dass der physische Verfall der Umwelt – die Abholzung der Wälder, der Bodenabtrag, die Verkarstung, die Schwemmlandbildungen an den Küsten – eine der wesentlichen Ursachen für den Untergang des Römischen Reiches gewesen sei. Zum anderen war es der Transfer dieser Schlussfolgerungen auf seine amerikanische Heimat und des in ihr grassierenden „myth of superabundance", den G. P. Marsh anprangert und der ihn heute so aktuell macht. Er erkannte, dass Europa und seine Kulturlandschaft sich langsam und über Jahrhunderte hinweg entwickelt haben, dass Amerika indes innerhalb einer Generation einen Naturraum erschloss, umwandelte und kolonisierte, der größer als Europa ist. Ausgehend von der Grundüberzeugung, dass der Mensch als Bewahrer der Natur zu wirken habe, denn „the earth was given to him for usufruct alone, not for consumption, still less for profligate waste" (Marsh 1864, S. 36) lehrten ihn seine Erfahrungen in Europa wie in seiner amerikanischen Heimat indes, dass der Mensch der große Zerstörer der von der Natur vorgezeichneten Harmonie ist. Und er erkennt: „whereas others think that the earth made man, man in fact made the earth" (Vorwort zu Marsh 1964). In den Schlussbemerkungen zu „Man and Nature" kommt dieser Aspekt deutlich zum Ausdruck, wenn er schreibt:

> **„Nothing Small in Nature**
> It is a legal maxim that „the law concerneth not itself with trifles," *de minimus non curat lex*; but in the vocabulary of nature, little and great are terms of comparison only; she knows no trifles, and her laws are as inflexible in dealing with an atom as with a continent or a planet. The human operations mentioned in the last few paragraphs, therefore, do act in the ways ascribed to them, though our limited faculties are at present, perhaps forever, incapable of weighing their immediate, still more their ultimate consequences. But our inability to assign definite values to these causes of the disturbance of natural arrangements is not a reason for ignoring the existence of such causes in any general view of the relations between man and nature, and we are never justified in assuming a force to be insignificant because its measure is unknown, or even because no physical effect can now be traced to it as its origin. The collection of phenomena must precede the analysis of them, and every new fact, illustrative of the action and reaction between humanity and the material world around it, is another step toward the determination of the great question, whether man is of nature or above her."
> *(Marsh 1864, S. 464–465)*

Es sind dabei aber nicht nur die faktischen Befunde über die naturzerstörerische Wirkung des Menschen, die Marsh so aktuell machen. Es sind vielmehr jene im Laufe der Geschichte der Mensch-Umwelt-Beziehungen immer wieder beschworenen und uns seit Platons „Kritias" und dann insbesondere seit der Renaissance bekannten Mahnungen an die Ethik und Moral des Menschen als einem autonom handelnden Wesen und als Sachwalter der ihm als Kulturaufgabe anvertrauten Natur, die auch bei Marsh wieder auftauchen und ihn an seine Verantwortung für Natur und Umwelt mahnen:

> „No, nothing is further from my belief, that man is a ‚part of nature‘ or that his action is controlled by the laws of nature; in fact a leading spirit of the book is to enforce the opposite opinion, and to illustrate the fact that man, so far from being [...] a soul-less, will-less automaton, is a free moral agent working independently of nature [...].“
> *(Marsh 1864, Vorwort)*

Es wird allerdings noch einmal fast 150 Jahre dauern, bis Marshs Schlussfolgerungen aus seinen historisch-geographischen Befunden über des Menschen Rolle für den Erhalt der Natur und seiner eigenen Umwelt erneut und ernsthaft diskutiert werden: in der gegenwärtig ablaufenden Diskussion um den Klima- und globalen Umweltwandel nämlich (vgl. Kap. 6).

Der Rückblick auf die Entwicklung der Geographie in der zweiten Hälfte des 19. Jahrhunderts lehrt vor allem zwei Dinge: Zum einen beginnt sich das Fach als wissenschaftliche Disziplin zögerlich zu etablieren. In Deutschland erfährt es erst nach der Gründung des Zweiten Deutschen Reiches im Jahre 1871 einen Aufschwung. Mit der Errichtung geographischer Lehrstühle an den verschiedenen Universitäten setzen hier wie auch in Frankreich, England und anderen europäischen Ländern gegen Ende des 19. Jahrhunderts zum Teil lebhafte Diskussionen um Sinn, Zweck und Ziel geographischer Forschung ein, um theoretische Begründungen und methodische Grundlegungen für das Fach als eigenständiger Disziplin im Grenzbereich unterschiedlichster Wissenschaftsverständnisse. Es wird zunehmend deutlich, dass die im Zusammenhang mit Kolonialisierung und imperialer Expansion intensiven Rekognoszierungen fremder Länder und Völker keine Grundlage für die Begründung einer wissenschaftlichen Disziplin abgaben. Wenn auch, gefördert und unterstützt durch die Aktivitäten der aus dem Boden schießenden Gesellschaften für Erd- und Völkerkunde eine Art „Kolonialgeographie“ ihre Blütezeit erlebt, so wird die Vordergründigkeit ihrer wissenschaftlichen Legitimation und ihrer „Relevanz“ spätestens mit dem Ende des Ersten Weltkriegs hinfällig – in Deutschland mehr als in europäischen Nachbarstaaten. Es wird aber auch immer offenkundiger, dass die von Richthofen entwickelten Konzepte einer Chorographie und Chorologie als zentrale Aufgaben und Methoden einer wissenschaftlichen Geographie weiterer Begründung bedürfen.

Zum anderen fällt auf, dass die Geographie „an der Heimatfront“ sich nur sehr begrenzt in Szene zu setzen weiß. Dabei haben die Industrielle Revolution und die Große Transformation die Mensch-Umwelt-Beziehungen in der zweiten Hälfte des 19. Jahrhunderts in weiten Teilen Europas grundlegend verändert. Dies gilt in ganz besonderer Weise für Deutschland seit 1871. Nicht nur, dass Agrarlandschaften in Industrgebiete umgewandelt wurden (vgl. Farbabb. 13), sondern letzte naturnahe Heideflächen, Moore und Sümpfe wurden mittels moderner Technologien zu Ackerland, Wälder zu Forsten. Flüsse wurden begradigt und Straßen, Eisenbahnen und Kanäle begannen das Land in immer engeren Abständen zu durchziehen (Farbabb. 17). Städte uferten aus. Agri-Kulturlandschaften wurden zu dem, was Sieferle (1997b) zunächst als „industrielle Archipele“ im Übergang zu „totalen Landschaften“ bezeichnete (dazu ausführlich Blackbourn 2006).

Aber Kolonisation gilt nicht nur für Deutschland und Europa, sondern der Transformationsprozess erreicht globale Ausmaße. Vor allem die Erschließung des nordamerikanischen Sub-

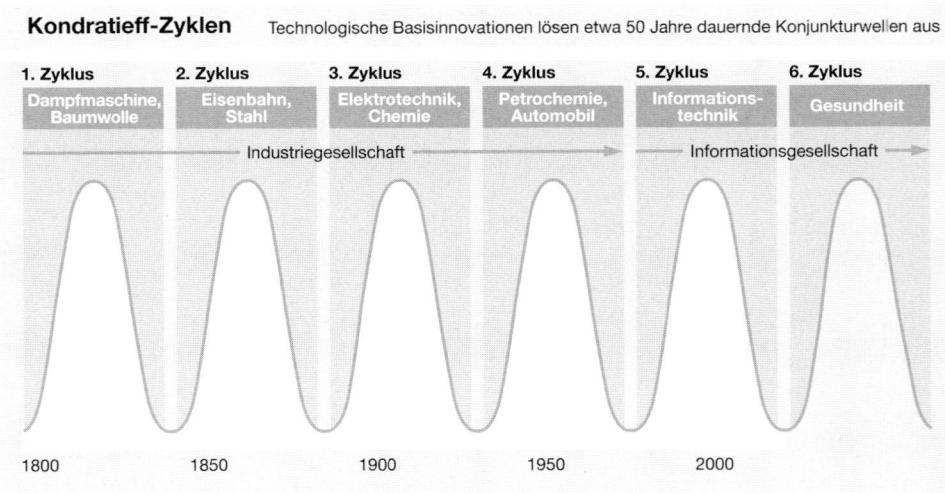

Kondratieff-Zyklen Technologische Basisinnovationen lösen etwa 50 Jahre dauernde Konjunkturwellen aus

Abb. 33: Der Industrialisierungsprozess seit 1800: Kondratieff-Zyklen und der Übergang von der Industrie- zur Informationsgesellschaft (zusammengestellt nach verschiedenen Quellen von E. Ehlers)

kontinents geht mit einer weitgehenden Vernichtung seiner Natur wie auch seiner indigenen Kulturen einher. Auch in anderen Kolonialländern – in weiten Teilen Südamerikas, in Afrika, Asien und Australien – setzt sich die geistige wie materielle Europäisierung durch, begleitet von einer rapiden und nach offensichtlich „ehernen" Gesetzen ablaufenden Industrialisierung. Ab 1800 durchläuft zunächst Europa, mit zeitlichem Verzug später dann Nordamerika und andere Teile der Erde jene in den sogenannten „Kondratieff'schen Wellen" abgebildeten Industrialisierungsphasen (vgl. Abb. 33), die die Große Transformation begleiten und zudem erst seit Ende des Zweiten Weltkriegs zu einem allmählich schwindenden Vorsprung Europas und Nordamerikas gegenüber anderen Kulturen und Regionen der Erde führen.

Der Rückblick auf die Große Transformation und ihre vielfältigen Konsequenzen im 19. Jahrhundert (vgl. Kap. 4) hat deutlich gemacht, warum es gerechtfertigt sein mag, die mit ihr einsetzende neue Phase der Menschheits- und Naturgeschichte als Anthropozän zu bezeichnen. Der mit Transformation und Industrialisierung einhergehende Aufschwung der Wissenschaften hat ganz im Zeichen der Stärkung und Beschleunigung dieser Prozesse gestanden. Dieses gilt insbesondere für die Natur- und Ingenieurwissenschaften. Dass dabei offenkundige Fehlentwicklungen, z. B. im Bereich der Zerstörung von Natur und menschlicher Umwelt, auftraten, wurde zwar wahrgenommen, zumeist aber als (bedauerlicher) Preis des Fortschritts abgetan und als langfristig bedrohliches Problem nicht erkannt. Im Gegenteil: immer mehr Landschafts- und Ressourcenverbrauch (vgl. Abb. 28; Tab. 12) war das Zeichen der Zeit! Vor diesem Hintergrund ist es aus dem Zeitgeist heraus verständlich, dass weder Kritik noch wissenschaftliche Analytik offenkundiger Fehlentwicklungen dieses Fortschritts angezeigt waren. Die mit dem Übergang zu „totalen Landschaften" verbundenen Veränderungen, die die natürlichen Lebensräume von Pflanzen und Tieren ebenso zu beeinträchtigen begannen wie die Umwelten der Menschen, beschäftigten weder die Geographie noch irgendeine andere wissenschaftliche Disziplin. Der zweite Kondratieff'sche Zyklus war in vollem Schwunge, der dritte befand sich in der Aufbauphase. Wirtschaftlicher Aufschwung, soziale Entwicklung, politischer Erfolg, militärische Stärke, territoriale Expansion: Alle diese Merkmale des zu Ende gehenden 19. Jahrhunderts überdeckten den „schleichenden Verfall" von Natur und menschlicher Umwelt, ohne dass dieser als Problem erkannt worden wäre.

Aus heutiger Sicht, in der vom Menschen verursachter Klimawandel und Umweltdegradation Ausmaße erreicht haben, die als existenzbedrohlich empfunden werden, muss es befremden, dass keine der sich etablierenden Wissenschaften die Krisensymptome jenes schleichenden Verfalls erkannt hat. Eine solche Feststellung gilt auch für die Geographie, die vielleicht an vorderster Stelle herausgefordert gewesen wäre, die aber – wie andere Wissenschaften auch – sich bevorzugt mit kolonialen Fragen befasste. So sind es, von ganz wenigen Ausnahmen wie z. B. Marsh abgesehen, abermals wieder Dichter und andere Künstler, die die Mensch-Umwelt-Problematik an der Wende vom 19. zum 20. Jahrhundert erkennen und mahnen. Die „besiegte Natur" (Brüggemeier/Rommelspacher 1987) in all ihren Facetten und als bedrohlich empfundene Auswüchse kommt in dem folgenden Text des Jahres 1913 von Ludwig Klages, einem promovierten Chemiker, vor allem aber Psychologe und Philosoph, zum Ausdruck:

> „Schrecklicher noch, als was wir bisher gehört, wenn auch vielleicht nicht ganz im gleichen Maße unverbesserbar, sind die Wirkungen des ,Fortschritts' auf das Bild besiedelter Gegenden. Zerrissen ist der Zusammenhang zwischen Menschenschöpfung und Erde, vernichtet für Jahrhunderte, wenn nicht für immer, das Urlied der Landschaft. Dieselben Schienenstränge, Telegraphendrähte, Starkstromleitungen durchschneiden mit roher Geradlinigkeit Wald und Bergprofile, sei es hier, sei es in Indien, Ägypten, Australien, Amerika; die gleichen grauen vielstöckigen Mietskasernen reihen sich einförmig aneinander, wo immer der Bildungsmensch seine ,segenbringende' Tätigkeit entfaltet; bei uns wie anderswo werden die Gefilde ,verkoppelt', d. h. in rechteckige und quadratische Stücke zerschnitten, Gräben zugeschüttet, blühende Hecken rasiert, schilfumstandene Weiher ausgetrocknet; die blühende Wildnis der Forste von ehedem hat ungemischten Beständen zu weichen, soldatisch in Reihen gestellt und ohne das Dickicht des ,schädlichen' Unterholzes; aus den Flußläufen, welche einst in labyrinthischen Krümmungen zwischen üppigen Hängen glitten, macht man schnurgerade Kanäle; die Stromschnellen und Wasserfälle, und wäre es selbst der Niagara, haben elektrische Sammelstellen zu speisen; Wälder von Schloten steigen an den Ufern empor, und die giftigen Abwässer der Fabriken verjauchen das lautere Naß der Erde – kurz, das Antlitz der Festländer verwandelt sich allgemach in ein mit Landwirtschaft durchsetztes Chicago!"
> *(Klages 1913; zitiert nach Bayerl/Troitzsch 1998, S. 313)*

Das Fazit dieses Rückblicks auf die zweite Hälfte des 19. Jahrhunderts und auf das in der Kapitelüberschrift angebrachte Fragezeichen muss also wohl lauten, dass sich die Geographie als wissenschaftliche Disziplin in ihrer Gründungsphase nur sehr bedingt als eine ökologisch ausgerichtete Mensch-Umwelt-Wissenschaft verstanden hat. Wo sie es tat, basierte der Ansatz zumeist auf der Akzeptanz einer die Menschen dominierenden und sie auch prägenden Natur. Die Chance, den Menschen selbst als autonom handelndes Wesen zu begreifen und seine freien und selbstbestimmten Entscheidungen wie Handlungen als ein wesentliches Moment auch negativer Entwicklungen in der Umweltgestaltung zu erkennen, ging in der allgemeinen Aufbruchstimmung des Hochkapitalismus unter. Das „Umweltproblem Mensch" (Kaufmann-Hayoz/Giulio 1996) wurde als wissenschaftliche Herausforderung nicht erkannt. Damit aber wurde zugleich der Grundstein gelegt für ein bis in die Gegenwart anhaltendes Geographieverständnis, das sich bislang weniger als eine problem-, anwendungs- wie lösungsorientierte Mensch-Umwelt-Forschung verstand, sondern vielmehr als eine „chorologische" und phänomenologisch-beschreibende wie erklärende Wissenschaft der Erscheinungen auf der Erdoberfläche.

Physische Geographie – Geographie des Menschen – Landschafts- und Länderkunde: Das Lehrgebäude der (deutschen) Geographie und die Dichotomie von Mensch und Umwelt als wissenschaftstheoretisches Problem

Aufklärung – Industrialisierung – Fortschritt das sind die Epitheta der neuen Zeit und eines alle Lebensbereiche durchdringenden neuen Stils menschlichen Handelns und Denkens. Es wurde gezeigt, dass im Gefolge dieses wirtschaftlichen, politischen wie auch geistigen Umbruchs sich auch die Wissenschaften entfalteten und ausdifferenzierten. Dazu zählt auch die Geographie, die sich als eigenständige wissenschaftliche Disziplin zu etablieren vermochte. Anders als in den Naturwissenschaften i. e. S., die sich im Rahmen ihrer vorgegebenen Grenzen spezialisierten und in ihren Theorien wie Methoden vertieften, bedeutete der vor allem mit Ratzel beginnende „Einbruch des Menschen" als einem selbständigen Forschungsobjekt in die Geographie die Akzentuierung ihres dichotomischen Charakters als Natur-, Geistes- und Sozialwissenschaft zugleich. Mit der stärkeren Berücksichtigung des Menschen als einem frei entscheidenden und autonom gegenüber seiner Umwelt handelnden Wesen (vgl. Vidal de la Blache: „Les genres de vie") wird die Kluft zwischen *Physischer Geographie* und *Anthropogeographie* zu Beginn des 20. Jahrhunderts noch tiefer – die Dichotomie von Mensch und Umwelt wird als wissenschaftstheoretisches Problem manifest.

Die Frühphase der wissenschaftlichen Geographie im 19. Jahrhundert bis zu Beginn des 20. Jahrhunderts wurde als eine im Wesentlichen durch die Physische Geographie gekennzeichnete umschrieben. Sie blieb auch in der Folgezeit, vor allem in Form der Geomorphologie, prägend. Doch gibt es gute Gründe, das frühe 20. Jahrhundert und die Zeit zwischen den beiden Weltkriegen als eine Zeit zu charakterisieren, in der die Geographie des Menschen nicht nur gleichberechtigt neben der Physischen Gerographie stand, sondern zeitweise die fachwissenschaftliche Diskussion dominierte. Dass mit diesem Aufschwung der Anthropogeographie auch die Diskussion um die Mensch-Umwelt-Beziehungen innerhalb der Geographie einen großen Auftrieb erhielt, ist einerseits nicht überraschend, andererseits aber in ihren Ergebnissen – wie noch zu zeigen sein wird – eher ernüchternd.

Physische Geographie: Aus heutiger Sicht dürfte unwidersprochen sein, dass die Wende vom 19. zum 20. Jahrhundert durch eine Dominanz der Physischen Geographie und damit der geo-/ naturwissenschaftlichen Komponente des Faches gekennzeichnet ist. Nicht zuletzt unter dem Einfluss Richthofens und seinem 1886 erschienenen „Führer für Forschungsreisende", von ihm explizit verstanden als eine „Anleitung zu Beobachtungen auf denjenigen Gebieten der physischen Geographie und der Geologie [...], welche in ihrer Vereinigung die Grundlage für die Morphologie der Erdoberfläche zu bilden geeignet sind" (S. III), entwickelte sich die Allgemeine Geomorphologie. Sie erlebte unter Richthofens Nachfolger auf dem Berliner Lehrstuhl für Geographie Albrecht Penck (1858–1945; in Berlin seit 1906) einen weiteren, auch international beachteten Aufschwung. Vor allem das mit seinem Wiener Kollegen E. Brückner verfasste mehrbändige Werk „Die Alpen im Eiszeitalter" (1901–1909) wurde zu einem Meilenstein physischgeographischer Feldforschung und markiert den Beginn der bis heute wichtigen Eiszeitforschung. Ähnlich wie andere Schwerpunktbildungen der frühen Geomorphologie blieben sie für die Fragen der Mensch-Umwelt-Beziehungen jedoch irrelevant.

Auch in der Klimatologie/Klimageographie wurden mit den Arbeiten von J. v. Hann (1839–1921) und denen der russischen Klimatologen/Meteorologen W. Köppen (1846–1940) sowie A. Woeikoff (1842–1916) die Grundlagen der bis heute gültigen und wichtigen Mittelwertsklimatologie gelegt. Wenn erste systematische und langjährige Beobachtungen von Klimaphänomenen auch weiter zurückreichen (T. Brahe z. B. 1582–1597 am Öresund; J. Kepler 1617–1629), so werden die Voraussetzungen vergleichender und lückenloser Temperatur- und Niederschlagsmessungen zu festen Terminen an mehreren Orten mit vergleichbaren Instrumenten erst mit dem Aufbau entsprechender Institutionen geschaffen. So liegen für Schweden (Uppsala – Stockholm – Lund) seit der Mitte des 18. Jahrhunderts, für Prag seit 1752 kontinuierliche Beobachtungen vor. Auf deutschem Boden war es insbesondere die in Mannheim gegründete „Societas Meteorologica Palatina", die zwischen 1780 und 1792 erste systematische Messungen durchführte. Aber erst mit der Errichtung flächendeckender Beobachtungsnetze in Preußen (Berlin um 1832/35), Russland (St. Petersburg 1849), Österreich – Ungarn (Wien 1851) sowie in Frankreich und Großbritannien (Paris und London, beide 1855) begann die Erfassung weltweit verfügbaren Datenmaterials. Seit dem späten 19. Jahrhundert wurden diese Anfänge zur Entwicklung des heute global operierenden meteorologischen Beobachtungsnetzes ausgeweitet. Damit waren zugleich die Grundlagen geschaffen für eine physikalisch orientierte Meteorologie mit weitreichenden Konsequenzen für die heute dominante synoptisch-dynamische Betrachtungsweise von Witterung, Wetter und Klima. Was aber ist mit einer für die Mensch-Umwelt-Beziehungen wichtigen Klimatologie? Auf die Ende des 18. bis Anfang des 19. Jahrhunderts lebhafte Diskussion über die Rolle des Klimas für die Menschen, ihre Wirtschaft, Gesellschaft wie Gesittung wurde bereits hingewiesen.

Aus disziplinhistorischer Sicht ist vielleicht überraschend, dass erst nach einem längeren zeitlichen Hiatus zu Beginn des 20. Jahrhunderts die Rolle des Klimas für den Menschen und seine Umwelt neu thematisiert wurde. Sieht man einmal von dem bereits genannten Huntington ab, so sind es in Deutschland vor allem Psychologen und Mediziner, die sich der Erkenntnisse der Kimaforschung annehmen und ihre Wirkungen auf den Menschen analysieren. Der Mediziner Wundt glaubte, in dem durch das Klima mitbestimmten Willens- und Gefühlsleben der Völker eine direkte Abhängigkeit menschlicher Gesellschaften von ihren natürlichen Umwelten ausmachen zu können (1904 ff.). Und auch der Heidelberger Sozialpsychologe Hellpach argumentiert in seinem 1911 erstmals publizierten „Geopsyche" in Bezug auf die Klimawirkungen auf den Menschen nach dem Zweiten Weltkrieg in der 7. Auflage (1965) des Buches:

> „Je im Nordteil eines Erdraums überwiegen die Wesenszüge der Nüchternheit, Herbheit, Kühle, Gelassenheit, der Anstrengungswilligkeit, Geduld, Zähigkeit, Strenge, des konsequenten Verstan-

des- und Willenseinsatzes – je im Südteil die Wesenszüge der Lebhaftigkeit, Erregbarkeit, Triebhaftigkeit, der Gefühls- und Phantasiesphäre, des behäbigeren Gehenlassens oder augenblicklichen Aufflammens. Innerhalb einer Nation sind ihre nördlichen Bevölkerungen praktischer, verlässlicher, aber unzugänglicher, ihre südlicheren musischer, zugänglicher (gemütlicher, liebenswürdiger, gesprächiger), aber unbeständiger."

(Hellpach 1911, 1965)

In der Geographie finden sich lediglich in einigen länderkundlichen Versuchen des frühen 20. Jahrhunderts Ansätze zu umweltgeleiteten Interpretationen fremder Völker und Kulturen. Zu expliziten Versuchen, Natur und Umwelt als prägende Faktoren menschlicher Gesittung und ganzer Kulturen zu sehen, zählen in Deutschland vor allem etliche der von E. Banse publizierten Bücher über den Islamischen Orient, aber auch zu Deutschland und seinen Landschaften, seine heute vergessene Abhandlung „Landschaft und Seele" (1928). International bemerkenswerte Beispiele klimadeterminierter Geographie sind demgegenüber die im Geiste von Ratzel und Semple stehenden umfangreichen Publikationen von Griffith Taylor (1880–1963), der sich selbst als einen „determined environmentalist" bezeichnete. Wohl nicht zuletzt unter dem Einfluss seiner durch extreme Klimate geprägten Arbeitsgebiete Antarktis, Australien und Kanada tragen alle seine Arbeiten den Einflüssen des Klimas auf den Menschen und seiner Umwelten Rechnung: z. B. „Environment and Nation" (1936) oder „Environment, Race and Migration" (1937). Der Titel seiner letzten großen Länderkunde lautet „Canada. A Study in Cool Continental Environments and Their Effects on British and French Settlements" (1947).

Insgesamt wird man wohl nicht fehlgehen in der Feststellung, dass die Physische Geographie des frühen 20. Jahrhunderts mit ihren Schwerpunkten vor allem in der Geomorphologie und, nachgeordnet, in der Klimatologie sich explizit als Naturwissenschaft verstand. Wo die Rolle des Menschen angesprochen wird, geschieht dies zumeist in einem geodeterministischen Ansatz, in dem Individuen wie Gesellschaften als Objekte einer übermächtigen Natur gesehen werden. Zeugnis dieses environmentalistischen Geographieverständnisses, in dem die Mensch-Umwelt-Beziehungen eine besondere Rolle spielen, ist abermals das in der Mitte des 20. Jahrhunderts einflussreiche, von Taylor herausgegebene Sammelwerk „Geography in the 20th Century" (1951), in dem der zweite Teil des Buches dem Thema „The Environment as a Factor" gewidmet ist.

Anthropogeographie/Geographie des Menschen: Angesichts der postulierten Dominanz der Physischen Geographie zu Beginn des 20. Jahrhunderts und ihres letztlich geringen Interesses an einer Untersuchung der Interdependenzen zwischen physischer Natur und natürlicher Umwelt einerseits und des Menschen und seiner Kultur andererseits darf die sich vertiefende Kluft zwischen den beiden Hauptrichtungen der wissenschaftlichen Geographie nicht wirklich überraschen. Wie schwer die von Ratzel begründete Anthropogeographie sich noch 25 Jahre nach ihrer Etablierung als eigenständigem Zweig in ihrer Abgrenzung zu Geomorphologie und Klimatologie tut, zeigt der 1906 gehaltene Habilitationsvortrag von O. Schlüter (1872–1959) in Berlin. Er markiert allerdings den Beginn eines noch stark in der Physischen Geographie verwurzelten Emanzipationsprozesses der Anthropogeographie/Geographie des Menschen, indem er nicht den Menschen als ein autonom handelndes Wesen, sondern die vom Menschen auf der Erdoberfläche geschaffenen Kulturzeugnisse, z. B. Flur- und Siedlungsformen, in den Mittelpunkt anthropogeographischer Forschung stellt. Er schreibt in Bezug auf die Wissenschaften, die sich mit der Erdoberfläche befassen:

> „So haben wir denn im ganzen drei Arten von Wissenschaften, die sich mit der Erdoberfläche befassen und sie unter verschiedenen Gesichtspunkten betrachten. Nach ihrer Gestalt mit aller ihrer Mannigfaltigkeit tut es die Geographie, und zwar in ausgeprägtester Eigenart als spezielle Geographie oder Länderkunde, in einer den Gesetzeswissenschaften näher stehenden Weise als allgemeine Morphologie der Erdoberfläche oder – wie man es wohl genannt hat – als allgemeine vergleichende Länderkunde. Nach den allgemeinen Gesetzen, die bei der Bildung der Erdoberflächenelemente maßgebend sind, tut es die allgemeine physische und die allgemeine Biogeographie, nach dem geschichtlichen Werden die Geologie nebst denjenigen historischen Wissenschaften, die der Geographie des Menschen zur Seite stehen. Alle drei zusammen machen erst das Ganze aus. Ihre Vereinigung aber liegt in dem gemeinsamen Gegenstand. Er allein gibt dem Ganzen Ziel und Zusammenschluß. […]
> Wir müssen auch in der Geographie des Menschen das aufsuchen, was selbst schon als Teil der Erdoberfläche in der erweiterten Auffassung der Geographie angesehen werden kann und nicht nur zu ihr in einer Beziehung der Abhängigkeit oder des örtlich verschiedenen Vorkommens steht. […]
> Und da lehrt uns denn sogleich ein Blick auf die Ansiedelungen, die Verkehrsstraßen und Kanäle, die Felder, Gärten u. a. m., daß es auch im Bereich der menschlichen Lebensäußerungen nicht an Objekten fehlt, die ganz ebenso das Landschaftsbild mit zusammensetzen, wie es Wälder und Wiesen, Flüsse und Gebirge tun."
> *(Schlüter 1906, S. 25 f.)*

Die Dreigliederung der „Wissenschaften, die sich mit der Erdoberfläche befassen", mehr aber noch die Aufgabenbestimmung einer Geographie des Menschen zeigt den nach wie vor dominanten Einfluss physisch-geographischer Methodik. Es geht Schlüter (1906, S. 27) vor allem um die Erscheinungen und Formen menschlicher Aktivitäten im Raum, also um die Erfassung ihrer materiellen Kultur; der Mensch selbst in seinen Motivationen und Handlungsursachen bleibt unbeachtet. Anders ausgedrückt: Nicht der Mensch selbst ist Gegenstand der Anthropogeographie, sondern „die große Gruppe der Spuren, welche die menschliche Tätigkeit in der Landschaft hinterläßt" (ebd., S. 28). Man hat deshalb in einer historischen Retrospektive Schlüters Verständnis von Anthropogeographie als eine „kulturlandschaftsmorphogenetische Betrachtungsweise" bezeichnet, d. h. als eine der Geomorphologie verwandte Methodik, den Formenschatz der Kulturlandschaften zu sichten, zu ordnen und in ihrer Genese zu erklären und zu verstehen. Dass aus diesem Bemühen heraus dennoch auch ein für die Frage der Mensch-Umwelt-Beziehungen wichtiges Forschungsergebnis herausgekommen ist, belegt Schlüters dreibändige Rekonstruktion der „Siedlungsräume Mitteleuropas in frühgeschichtlicher Zeit" (1952–1958), ein Versuch, der allerdings angesichts der durch naturwissenschaftliche Forschungsmethoden zwischenzeitlich erzielten Fortschritte vor- und frühgeschichtlicher Forschung heute eher historisches Interesse beanspruchen kann.

Sieht man von dem Werk Marshs in der Mitte des 19. Jahrhunderts ab, der den Menschen als einen entscheidenden Faktor der Oberflächengestaltung der Erde erkannte, so dauerte es nochmals einige Jahre, bis die Rolle des Menschen und damit auch die geographisch relevante Untersuchung der Mensch-Umwelt-Beziehungen die ihr angemessene Betrachtung wie auch theoretisch-methodologische Beachtung fand. Es war der französischen Geographie und hier insbesondere Vidal de la Blache (1845–1918) vorbehalten, diesen Durchbruch zu schaffen. Nicht zu Unrecht bezeichnet Claval (1998, S. 87 ff.) Vidal de la Blache als den eigentlichen Begründer einer „école française de géographie", die – nach Berdoulay (1976, 1981) – zu einem der Meilensteine nicht nur der Anthropogeographie/Geographie des Menschen, sondern auch zu einem solchen der Erforschung der Mensch-Umwelt-Beziehungen werden wird. Tatsächlich ist das Gedankengebäude, das Vidal entwickelt, das er aber zugleich entscheidend über seine deutschen Anreger hinaus weiterführt, disziplingeschichtlich revolutionär. Claval betont zwar, dass Ritters Einfluss auf Vidal sich in der „idée de totalité" (1998, S. 91), derjenige Ratzels in der „dimension écologique" (S. 93) manifestiere. Aus beiden aber ist das hervorgegangen, was Vidal de la Blache zu einem Pionier der modernen Geographie schlechthin und zu einem Wegbereiter einer problemorientierten Forschung auf dem Gebiet der Mensch-Umwelt-Beziehungen machen wird. Die Begriffe „milieu" und „genre de vie" werden zu Schlüsselbegriffen einer neuen und weit über Ratzel und Schlüter hinausweisenden „géographie humaine", in der Menschen und Gesellschaften als Akteure begriffen werden, die sich selbstbestimmt und im Rahmen ihrer sozialen, wirtschaftlichen wie auch geistig-technischen Möglichkeiten mit ihren spezifischen Umwelten auseinandersetzen. Es sind insbesondere der Aufsatz „Les genres de vie dans la géographie humaine" (1911) und sein posthum 1922 unter dem Titel erschienenes „Principes de géographie humaine", in denen die für die Frage der Mensch-Umwelt-Beziehungen wichtigen Begriffe „milieu" und „genre de vie" (deutsch „Lebensform") exemplifiziert werden.

Ausgangspunkte und zentrale Thesen der französischen „géographie humaine" und von Vidal de la Blache wurzeln in der Soziologie bzw. der „science sociale" seines Heimatlandes. Hier hatte schon Mitte des 19. Jahrhunderts Le Play (1806–1882) mit einer systematischen und vergleichenden Untersuchung der Lebensbedingungen europäischer Industriearbeiter und ihrer Familien, „Ouvriers européens" (1855), Aufsehen erregt. Ganz abgesehen davon, dass ein Ergebnis dieser Studien die Ausweisung bestimmter „modes du travail" waren, liegt das geographisch und für die Frage der Mensch-Umwelt-Beziehungen relevante Verdienst dieser Studien darin, dass Le Play die natürlichen und von Natur vorgegebenen Umweltbedingungen wie auch die regionalen Wirtschaftsstrukturen in seine Analysen einbindet. Mit den Interdependenzen von Natur/Raum einerseits, der wirtschaftlichen Potentiale andererseits und, drittens, gesellschaftlichen Responsen auf diese Gegebenheiten war einer integrativen Betrachtung sozialer Prozesse der Boden bereitet, wenngleich der Natur noch stark determinierende Auswirkungen zugebilligt wurden. So war es letzten Endes erst – und dieses bereits als Reaktion auf die Anthropogeographie Ratzels – die „Morphologie sociale" (1897/1898) des französischen Soziologen E. Durkheim (1858–1917) und seiner Anhänger, die eine erbitterte, im Nachhinein aber sehr fruchtbare Debatte zwischen der Soziologie und der sich etablierenden Anthropo-/Humangeographie hervorrief. Durkheim und seine Schule postulierten, dass soziale Wirklichkeiten im Grunde zweigeteilt seien. Auf der einen Seite stünden die „inneren sozialen Milieus". Sie seien jene durch Erziehung, Religion, Rechtsverhältnisse etc. bestimmte Normen und Verhaltensweisen, die die „Tatbestände des Handelns" ausmachten. Auf der anderen Seite aber existieren „äußere soziale Milieus", die gleichsam das Substrat der kollektiven Lebensgemeinschaften ausmachen und modifizierend wirksam sind. Dazu zählen Bevölkerungsverteilung und -zusammensetzung, Lage, Verteilung und Gestaltung der Wohnplätze und Siedlungen, Straßen- und Wegenetze, kurz: demographische wie kulturlandschaftliche Faktoren. Sie bilden nach Durkheim das formale Substrat, das demzufolge auch im Sinne einer soziologischen Formenlehre (morphologie sociale) zu erfassen sei.

In dem Begriff „morphologie sociale" taucht das aus der Physischen Geographie der Jahrhundertwende bekannte Prinzip der Formenbeschreibung und Formenanalyse wieder auf. In Frankreich führte die kontroverse Debatte zwischen Durkheim und Vidal zu zwei wegweisenden Aufsätzen, die Vidals „géographie humaine" nachhaltig beeinflussen sollten: „Les conditions géographiques des faits sociaux" (Vidal 1902) und „La géographie humaine, ses rapports avec la géographie de la vie" (Vidal 1903). Diese unter dem Begriff „Vidal-Durkheim-Debatte" in die Wissenschaftsgeschichte eingegangene Kontroverse hat viel zur geographischen Analyse der Mensch-Umwelt-Beziehungen beigetragen (vgl. dazu auch Andrews 1984; Berdoulay 1978, 1981; Claval 1998). Sie reicht über die Emanzipationsversuche der Anthropogeographie im deutschsprachigen Raum weit hinaus. Vidal de la Blache erkennt, dass das Handeln des Menschen auf der Erde und gegenüber seinen natürlichen Umwelten nicht unbedingt von einer übermächtigen Natur aufgezwungen wird, diese ihn also nicht determiniert. Vielmehr haben Individuen und mehr noch Gesellschaften – nach Maßgabe des geographischen Milieus, ihrer sozialen Organisation wie auch ihrer technisch-organisatorischen Möglichkeiten – verschiedene Möglichkeiten, variabel und flexibel auf ihre Umwelt einzuwirken, sich anzupassen oder sie zu verändern (vgl. dazu Buttimer 1971). Angesichts dieser Optionen und Potentiale des Menschen ist der Mensch also keineswegs nur ein Opfer seiner natürlichen Umwelt und dieser hilflos ausgesetzt. Er ist vielmehr ein aktiver Gestalter und Umgestalter der Natur, allerdings in Maßen und in begrenzten Umfängen. Vidal de la Blache drückt es in der Einleitung zu seinen „Principes de la Géographie Humaine" (1922) wie folgt aus:

> „Die Humangeographie ist im Grunde eine Geographie, die den Menschen in den Mittelpunkt stellt, und schafft eine neue Auffassung des Verhältnisses von Erde und Mensch, eine Auffassung, die auf der genauen Kenntnis der physikalischen Gesetze der Welt einerseits und der soziologischen der sie bevölkernden Lebewesen andererseits beruht. [...]
> Die Umformung des Menschen geschieht nicht nur durch die unorganischen Kräfte, er selbst bildet seine Umgebung um, indem er sich mit Hilfe des Pfluges die unterirdischen Zersetzungsstoffe oder die Wasserfälle und ihre Schwerkraft, die durch die Unebenheiten der Landschaft erhöht wird, nutzbar macht; er arbeitet im Verein mit allen diesen lebenden Energien, die sich gemäß den Bedingungen der Umgebung zusammenfinden. Er tritt mit ein in das Spiel der Natur. [...]
> Und der Mensch darf sich deshalb beglückwünschen; denn gäbe es in der Natur feste Grenzen, die die Dinge der Wirkung einer Transformation oder Restauration entzögen, so gelangte der Mensch nie zur Auswertung der ihm innewohnenden Kräfte."
> *(zitiert nach Schwarz 1948, S. 102 f.)*

Mit diesen Formulierungen greift Vidal einerseits – und wohl ohne Kenntnis derselben – auf Gedankengut von Marsh zurück, indem er dem Menschen eine aktive Rolle in der Umgestaltung seiner natürlichen Umwelt zubilligt. Andererseits wird er zu einem folgenreichen Wegbereiter einer Sozialgeographie, die in Frankreich und insbesondere in den Niederlanden bereits vor dem Zweiten Weltkrieg, in Deutschland seit etwa 1950 zu einem vorübergehend dominanten Zweig der Anthropogeographie wird.

Versuchen wir ein Zwischenfazit bezüglich der Rolle und Bedeutung der Anthropogeographie/Geographie des Menschen und seiner Bedeutung für die Erforschung der Mensch-Umwelt-Beziehungen zu ziehen, so können wir für die Zeit bis etwa 1925 folgende Bilanz konstatieren: Der Mensch und menschliche Gesellschaften werden zunehmend als selbstständiger Forschungsgegenstand der Geographie erkannt und bearbeitet. Wohl unter dem Einfluss der methodischen Dominanz der Physischen Geographie spielen zunächst formale Kriterien auch in der Anthropogeographie/Geographie des Menschen eine besondere Rolle. Ausdruck dieser Adaption sind die Begriffe der „Morphogenese" und der „Morphologie der Kulturlandschaft" bei Schlüter, der „morphologie sociale" bei Durkheim oder auch der „morpholgy of landscape" im Sinne von C. O. Sauer. Vidal wird zum Überwinder dieser naturwissenschaftlichen Dominanz, indem er sowohl deren Determinismus als auch deren Methodik aufhebt und den Menschen als „activ et passiv, il est à la fois les deux" erkennt und erforscht. Mit dieser disziplingeschichtlich auch als „Possibilismus" (Berdoulay 1976) bezeichneten Phase der Anthropogeographie/Geographie des Menschen wird dieser eine neue, selbstbestimmende und selbstbestimmte Rolle vis-à-vis der Natur zugewiesen, die der Mensch im Rahmen seiner Möglichkeiten (Possibilitäten) auch nutzt und anwendet.

Landschaft und Landschaftskunde/Länderkunde: Die bisherigen Ausführungen machen deutlich, dass Geographie als Mensch-Umwelt-Wissenschaft auch mit der Etablierung der Anthropogeographie/Geographie des Menschen als einem gleichberechtigtem Komplement zur Physischen Geographie für die Frage der Mensch-Umwelt-Beziehungen nur wenig erreicht hatte. Im Gegenteil: fast möchte man meinen, die beiden Zweige der Geographie seien so sehr mit der Begründung ihrer jeweils eigenen Identität beschäftigt gewesen, dass sie den Menschen einerseits bzw. die Natur andererseits als „lästiges Accessoire" ihrer eigenen Bedeutsamkeit empfanden. Im Falle der Physischen Geographie waren Relief, Klima, Boden und Vegetation den Menschen, seine Tätigkeiten und Daseinsformen prägende Kräfte. In der Anthropogeographie konnten sich die Menschen und ihre Tätigkeiten wie Daseinsformen allenfalls in Anpassung (im Sinne des berühmten „creative adjustment" nach Vidal de la Blache) an ihre Umwelt entfalten. Verbindende Glieder zwischen Physischer Geographie und Anthropogeographie blieben die bis heute immer wieder beschworenen und letzten Endes doch trivialen Querverweise z. B. zwischen Topographie und Kulturlandschaft, Klima und Landwirtschaft oder Verkehr und Relief. Aber reichen sie aus, der Geographie einen einheitlichen Gegenstand zu erschließen oder sie gar als Wissenschaft von den Mensch-Umwelt-Beziehungen zu legitimieren? Mit Sicherheit nicht! Im Gegenteil: Nicht nur in Deutschland standen sich, in Ermangelung eines nach wie vor überzeugenden zentralen Gegenstandes des Faches Geographie, nicht nur die naturwissenschaftlich ausgelegte Physische Geographie und eine geistes-/sozialwissenschaftliche Anthropogeographie mehr oder weniger wesensfremd gegenüber, sondern mehr noch: Nachbardisziplinen wie die Geologie, Meteorologie oder Biologie hier, Soziologie, Demographie oder Politologie dort standen bereit, die Ansätze geographischer Eigenständigkeiten in ihre eigenen Fächer zu integrieren – trotz Chorographie und Chorologie. Mit anderen Worten: Die Suche nach einem eigenen und identitätsstiftenden Gegenstand der wissenschaftlichen Geographie war immer noch nicht abgeschlossen.

Das Jahr 1859 – Todesjahr Alexander v. Humboldts und Carl Ritters und Erscheinungsjahr von Darwins „Origin of Species" – sollte als Geburtsjahr Alfred Hettners († 1941), des bis heute wohl bedeutendsten Methodikers der Geographie, wichtig werden. Seit der Jahrhundertwende und stark beeinflusst durch Richthofen entwickelte Hettner ein Geographieverständnis, das nicht nur in der deutschen Fachwissenschaft, sondern – über Hartshorne (1939) vermittelt – insbesondere in Nordamerika nachhaltig wirksam wurde. Zusammengefasst in seinem von ihm selbst als Lebenswerk bezeichneten Buch „Die Geographie. Ihre Geschichte, ihr Wesen und ihre Methoden" (1927) argumentiert Hettner zunächst einmal vor dem Hintergrund einer nach seiner Auffassung inzwischen vollzogenen „Gleichberechtigung" von Physischer Geographie und Anthropogeographie:

> „Die Geographie kann sich auf kein bestimmtes Reich der Natur oder des Geistes beschränken, sondern muß sich über alle Naturreiche und den Menschen zugleich erstrecken. Sie ist weder Natur- noch Geisteswissenschaft – ich gebrauche beide Worte im üblichen Sinne –, sondern beides zugleich."
> *(Hettner 1927, S. 121 ff.)*

Wenn er auch erkennt, dass die von ihm postulierte und argumentativ unterlegte Gleichzeitigkeit des Faches als Natur- und Geisteswissenschaft „mit gewissen praktischen Unzuträglichkeiten" verbunden sei, so besteht an der Einheit des Faches für ihn kein Zweifel:

> „Daß man in der Geographie Natur und Mensch gleichmäßig berücksichtigen müsse, wird heute eigentlich nur noch von Außenstehenden bezweifelt, die sich noch nie in geographische Probleme versenkt oder es doch nur mit einem Teile der Geographie zu tun gehabt haben; von den Geographen selbst dagegen wird es fast allgemein anerkannt und, je nachdem, ungern hingenommen oder freudig begrüßt."
> *(ebd.)*

Vor diesem Hintergrund erklärt sich Hettners Schlussfolgerung, dass Geographie „nicht Wissenschaft von der örtlichen Verteilung der verschiedenen Objekte, sondern von der Erfüllung der Räume" sei. Geographie ist „Raumwissenschaft, wie die Geschichte Zeitwissenschaft ist" (ebd., S. 125). Im Raum also offenbaren sich für Hettner die verschiedenen Seinsbereiche der Natur und der menschlichen Kultur in allen ihren Ausprägungen und Differenzierungen, aber auch in ihren Interdependenzen. Die bereits von Richthofen als „philosophische Durchgeistigung" reiner Raumbeschreibung gepriesene Chorologie, d. h. Raumforschung, wird von Hettner zum unverwechselbaren Charakteristikum der Geographie erhoben; Landschaften und Länder in ihrer spezifischen Einmaligkeit und Unverwechselbarkeit – in ihrem „Wesen" – zum Erkenntnisobjekt und -ziel der wissenschaftlichen Geographie:

> „Die Einheitlichkeit der Geographie im Sinne einer chorologischen oder länderkundlichen Wissenschaft kann demnach nicht aus der Einheit des Landschaftsbildes gewonnen, sondern nur auf das innere Wesen der Länder, Landschaften und Örtlichkeiten begründet werden. Dieses beruht auf zwei Verhältnissen, die den beiden für eine besondere geschichtliche Betrachtung der Dinge maßgebenden Verhältnissen logisch entsprechen. Das eine ist die dem zeitlichen Ablauf und dem Zusammenhange der aufeinander folgenden Ereignisse entsprechende Verschiedenheit von Ort zu Ort nebst dem räumlichen Zusammenhange der neben einander liegenden Dinge, also das Vorhandensein geographischer Komplexe und Systeme [...]. Das zweite Verhältnis ist der ursächliche Zusammenhang der an einer Erdstelle vereinigten Naturreiche und ihrer verschiedenen Erscheinungen. [...] Einer solchen fähig und bedürftig sind solche Tatsachen der Erdoberfläche, die örtlich verschieden sind und deren örtliche Verschiedenheit für andere Erscheinungskreise bedeutsam ist,

die, wie man es wohl auch ausgedrückt hat, geographisch wirkungsvoll sind. Das Ziel der chorologischen Auffassung ist die Erkenntnis des Charakters der Länder und Örtlichkeiten aus dem Verständnis des Zusammenseins und Zusammenwirkens der verschiedenen Naturreiche und ihrer
verschiedenen Erscheinungsformen [...]."
(ebd.)

Mit der Einführung und Begründung von Begriffen wie Chorologie, Landschaft und Länder
sowie deren innerem Wesen hat Hettner der Geographie des 20. Jahrhunderts einen Forschungsgegenstand erschlossen, der sich für die weitere Entwicklung des Faches in Deutschland wie
auch außerhalb des deutschen Sprachraums als ungemein anregend erwiesen hat (vgl. Schultz
1980, S. 95 – 228). Vor allem seine Differenzierung von idiographischer und nomothetischer
Analytik, das Neben- und Miteinander von „geographischem Tatsachenschatz" und „geographischer Ursächlichkeit" sowie das Postulat nach Gliederung und Klassifikation von Naturreichen
und anthropogeographischen Räumen mit den von Hettner hervorgehobenen Möglichkeiten
künstlicher, teleologischer oder natürlicher Einteilungen führt ihn zur Diskussion der „Erdteile,
Länder und Landschaften" (ebd., S. 293 – 317) als letzten Endes dem höchsten Ziel geographischer Forschung. In Ländern – als politische Gebilde zumeist künstlich entstanden und definiert
– und insbesondere in den natürlich abzugrenzenden Landschaften gehen Natur, Mensch,
Kultur spezifische und nicht selten über lange Zeiträume gewachsene Symbiosen ein, die ihnen
Eigenheiten und Eigenarten verleihen, die sie von Nachbarräumen unterscheiden.

Für die uns interessierende Frage der Mensch-Umwelt-Beziehungen bleibt festzuhalten,
dass mit Hettner die Frage der Einheit der Geographie wie auch die der integriert-holistischen
Mensch-Umwelt-Forschung gelöst zu sein schien. Die Differenzierung des Faches in eine syste-
matisch-analytische Allgemeine Geographie mit der nach Nomothetik strebenden Untersuchung
physischer wie anthropogener Geofaktoren einerseits sowie in eine synthetische und die idiographische Eigenwertigkeit von Landschaften und Ländern erfassende Regionale Geographie andererseits billigte der Physischen Geographie wie der Anthropogeographie Gleichwertigkeit zu. Im
Raume begegnen sich Natur und Gesellschaft, Mensch und Umwelt in gegenseitiger Abhängigkeit und Wechselbeziehung: Mensch-Umwelt-Forschung als Erkenntnisziel der wissenschaftlichen Geographie! Ausdruck dieser vermeintlichen Harmonie und der zentralen Rolle von Land-
schafts- und Länderkunde als den Katalysatoren der Widersprüche zwischen Physischer Geographie und Anthropogeographie und Exponenten eines eigenständigen Forschungsfeldes sind nach
1950 etliche Darstellungsversuche, die „Die Landschaft im logischen System der Geographie"
(Bobek/Schmithüsen 1949) zu verankern suchen. Ihnen wie auch vielen anderen Entwürfen
(vgl. dazu Storkebaum 1967, Turba-Jurczyk 1990, Winkler 1977 u. a. m.) ist dabei ein Primat
der Regionalen Geographie gegenüber der Allgemeinen Geographie/Geofaktorenlehre eigen.
Und dennoch: So unbestritten es ist, dass sich im Begriff der „Landschaft" wie dem des Landes
Natur und Gesellschaft, Mensch und Umwelt vereinen, so sehr sind mit den Zielvorgaben
„Landschaftskunde" und „Länderkunde" und der „Wesenserkenntnis" solcher Raumgebilde als
ultimativem Ziel der wissenschaftlichen Geographie inhaltliche Fragen und wissenschaftstheoretische Probleme angesprochen. Erst jüngst hat Brogiato (2005, S. 67) darauf hingewiesen, dass
Hettners Gliederung der Geographie in eine Allgemeine Geographie (physisch wie anthropogeo-
graphisch und nomothetisch) und – darauf aufbauend – in idiographische Landschafts- bzw. Län-

derkunde sich nur vorübergehend als geeignet erwiesen hat, „die latente Gefahr eines Auseinan-
derbrechens des Faches", die Überwindung des Dualismus von Natur und Mensch und die Ver-
ankerung der „Geographie als Raumwissenschaft im Wissenschaftsgefüge" zu beseitigen. Hinzu
kam, dass mit der Machtübernahme durch die Nationalsozialisten im Jahre 1933 eine Abkopp-
lung der deutschen Wissenschaft von vielen internationalen Entwicklungen begann. Das betrifft
auch und in besonderer Weise die Geographie (vgl. dazu z. B. Eisel 1980; Heinrich 1991; Kost
1988; Sandner 1983, 1989; Schöller 1957, Troll 1947 u. a.). Es waren rassisch-völkische Ideologien, Postulate nach territorialer Expansion in Europa wie Übersee, militärgeographische und
geopolitische Traktate sowie „Blut und Boden"-Ideologie durchtränkte Heimattümeleien, die se-
riöse anthropogeographische Arbeiten einschränkten, und nicht wenige Geographen sich einer
vermeintlich ideologiefreien Physischen Geographie zuwenden ließen. Im Ausland, insbesondere in den Niederlanden, in Skandinavien sowie in Teilen der anglophonen Welt erlebten indes-
sen anwendungsorientierte Fortentwicklungen z. B. der Sozialgeographie (Thomale 1972; Werlen 2000) oder anderer Richtungen einer praxisbezogenen Anthropogeographie (Stadtforschung,
Regionalplanung usw.) richtungsweisende Neuorientierungen. Als Deutschland nach dem Zweiten Weltkrieg erst langsam sich aus seiner internationalen Isolierung lösen konnte, musste die
deutsche Geographie – vor dem Zweiten Weltkrieg in Theorie und Methodik international führend und anregend – feststellen, dass sie etliche der zwischenzeitlich erzielten Fortentwicklungen verpasst und erhebliche Nachholbedürfnisse zu verzeichnen hatte. Die nachholende Entwicklung und die Aufarbeitung der verlorenen Jahre wurde noch erschwert dadurch, dass die
deutsche Geographie, insbesondere die Anthropogeographie, einerseits an Diskussionsstände der
frühen 1930er-Jahre anzuknüpfen suchte, andererseits die internationalen Diskussionsstände
(insbesondere im Bereich der Sozialgeographie) aufzuarbeiten und weiterzuentwickeln trachtete
(vgl. S. 222 f.).

Ist es übertrieben, wenn man aus heutiger Sicht konstatiert, dass die Jahre zwischen
1933 und 1950 als „verlorene Jahre" zumindest für die deutsche Geographie zu bezeichnen
sind? Die Unterbrechung der aufgezeigten Traditionslinien und ihre Wiederaufnahme nach
1950 setzte die ungewollte Isolation der deutschen Geographie fort. Die Anknüpfung an die großen Vorkriegstraditionen mag psychologisch zwar nachvollziehbar sein, wissenschaftshistorisch
aber erwies sie sich als kontraproduktiv. Das gilt insbesondere für die Wiederaufnahme der
durch Hettner begründeten Landschafts- und Länderkunde als spezifischem Erkenntnisziel der
Geographie, die in Deutschland nach 1950 eine Renaissance erlebte. Dabei war es nicht nur die
wissenschaftliche Länderkunde, die aufblühte, sondern in Verbindung mit ihr auch eine im internationalen Vergleich bemerkenswert umfangreiche und intensive „geographische Überseefor-
schung". Ihre primären Erkenntnisziele waren dabei jedoch weniger anwendungs- oder problemlösungsorientierte Feldforschungen, sondern das, was Wirth noch 1988 (S. 11) als „syste-
matic and organized accumulation of geographical knowledge" und als eine spezifische Tradition
deutscher Geographie bezeichnen konnte.

Neben dieser an die Traditionen der Länderkunde anknüpfenden Fragestellungen der
Nachkriegszeit erlebte auch die Landschaftskunde eine ungeahnte und in dieser Form nur in
Deutschland praktizierte Fortsetzung. Sie basierte auf drei Wurzeln, deren erste – Hettner – hier
nicht wiederholt zu werden braucht. Die zweite war die während des Dritten Reiches imple-
mentierte „Naturräumliche Gliederung Deutschlands", die nach dem Kriege fortgesetzt wurde

und als Grundlage einer wissenschaftlich-ökologischen Raumgliederung dienen sollte (vgl. dazu Meynen/Schmithüsen 1953–1962, Uhlig 1970b). Drittens schließlich hatte schon 1939 Carl Troll den Begriff der „Landschaftsökologie" kreiert; in bewusster und betonter Anlehnung an Haeckel übrigens. Der von ihm vorgeschlagene Weg einer integrierenden Raumanalyse entwickelte sich indes schwerpunktmäßig zu einer Naturraumanalytik, in der die physischen Geofaktoren und ihre wechselseitigen Abhängigkeiten wie Interaktionen im Mittelpunkt standen und stehen. Im Übrigen hat sich die heute noch in Blüte stehende Landschaftsökologie disziplinär verselbständigt und versucht, ihr Integrationskonzept auch auf den Menschen zu übertragen (vgl. z. B. Haber 2004; Leser 2002).

Unter den vielfältigen Versuchen, die Einheit von Physischer Geographie und von Anthropogeographie, von Natur- und Sozial- bzw. Geisteswissenschaft wissenschaftstheoretisch zu begründen und damit die Einheit des Faches Geographie als eigenständiger Disziplin auf Dauer abzusichern, hat sich Hettners Bemühen um Landschaft und Länderkunde als langlebigste und zugleich auch wirkungsvollste erwiesen. Wenn sie aus heutiger Sicht dennoch ebenfalls als gescheitert betrachtet werden muss, dann liegt es zum einen wohl an der Brüchigkeit wissenschaftlicher Konzeptualisierung der Vereinbarkeit von letzten Endes Unvereinbarem, zum anderen aber auch an den veränderten Stellenwerten von Länderkunde speziell und geographischer Forschungsprogrammatik allgemein. Die Dekonstruktion des geographischen Landschaftsbegriffes ist vor allem mit dem Namen G. Hard (1964 ff.) verbunden. Vor allem in seiner Habilitationsschrift (1970b) mit dem Titel „Die ‚Landschaft' der Sprache und die ‚Landschaft' der Geographen" auf die Problematik eines besonders im Deutschen umgangssprachlichen Gebrauch des Wortes als Fachterminus hingewiesen hat (1969a). Aber nicht nur die semantische Vieldeutigkeit der Umgangssprache macht diesen Begriff für eine fachwissenschaftliche Terminologie wenig geeignet. Auch in der Geographie selbst ist der Landschaftsbegriff durch mindestens ein Dutzend unterschiedlichster Bedeutungsvarianten definitorisch vertreten. Hard (1977) hat mindestens zehn verschiedene Bedeutungsgehalte des Landschaftsbegriffes ausgemacht, nämlich erlebtes Landschaftsbild (1) – Physiognomie eines Erdraumes (2) – Landschaftsraum (Erdraum mit einheitlichem physiognomischen Charakter) (2a) – Erdraum mit einer gesamten dinglichen Füllung (3) – Region (4) – räumliche Ordnungsstruktur (5) – Ökosystem (6) – Umwelt von Organismen (7) – die naturgeographischen Verhältnisse als „Gegenspieler" des Menschen (8) – die „historischen Konstanten" eines Raumes (9) – Erdraum mit charakteristischen historischen Konstanten (9a) – räumlich begrenztes Interaktionssystem (10) und Phänomengestalt beliebiger Art (metaphorische Verwendungsweise) (11). Hinzukommt, dass Hard mit überzeugenden Argumenten auf den in der deutschen Klassik basierenden Ursprung einer „Idee der Landschaft" (1965, 1969c) hingewiesen hat, wobei ästhetisch-harmonische Raumwahrnehmungen und Landschaftserfahrungen zeitbedingt Pate standen. Auch Humboldts Anspruch, in verbalen Naturgemälden den „Totalcharakter einer Landschaft" (vgl. dazu Hard 1970a) zu veranschaulichen und emotional erfahrbar zu machen, deutet eher auf eine künstlerisch-ästhetische denn auf eine wissenschaftlich-rationale Bestimmung des Landschaftsbegriffes hin. Wie problematisch und widersprüchlich die Auseinandersetzung mit diesem zentralen Begriff ist, zeigen die Titel einiger einschlägiger Publikationen zwischen 1923 und 1964: „Natur- und Kulturlandschaft" (Krebs 1923), „Das harmonische Landschaftsbild" (Gradmann 1924), „Harmonie und Rhythmus der Landschaft" (Passarge 1925), „Die Physiognomie der

Abb. 34: Organisationsplan und System der Geographie (nach Uhlig 1970a)

Landschaft" (Lehmann 1950), „Der geographische Landschaftsbegriff" (Blume 1950), „Sinn und Ausdruck der Landschaft" (Schwind 1950), „Natur und Geist in der Landschaft" (Schmithüsen 1961), „Der wissenschaftliche Landschaftsbegriff" (Schmithüsen 1963), „Was ist eine Landschaft?" (Schmithüsen 1964). Auch die Tatsache, dass noch 1967 (Storkebaum) bzw. 1973 (Paffen) zwei Sammelbände „Zum Gegenstand und zur Methode der Geographie" bzw. über „Das Wesen der Landschaft" sowie ein großes Lehrbuch „Allgemeine Geosynergetik. Grundlagen der Landschaftskunde" (Schmithüsen 1976) erschienen sind, zeigt die nachhaltige Wirksamkeit Hettners und seines Versuches, die Elemente der Physischen Geographie und der Anthropogeographie/Geographie des Menschen in Landschafts- und Länderkunde chorologisch zu einer Einheit zusammenzuführen.

Eine der letzten und zugleich detailliertesten Darstellungen zum System einer als Einheit sich verstehenden Geographie, in der Nomothetik und Idiographie, Allgemeine Geographie und Landschafts- bzw. Länderkunde zu einem Ganzen verschmolzen erscheinen, verdanken wir Uhlig (1970a). Seine Gliederung und sein Organisationsplan der Geographie bedeutete in gewisser Weise einen Abschluss dieser Diskussion, zeigte aber zugleich nochmals das nach wie vor ungelöste Problem des Nebeneinanders von Physischer Geographie und Anthropogeographie, von Allgemeiner und Regionaler Geographie (Abb. 34, auch Turba-Jurczyk 1990).

Die Geographie der Gegenwart:
Die fortwährende Suche nach Profil

Mit den Ausführungen im vorangegangenen Abschnitt wurde der im Nachhinein am besten als restaurative Phase der deutschen Geographie zu bezeichnende Weg umschrieben. Das Anknüpfen an die große und auch international hochgeschätzte Tradition bis 1933 (vgl. Ehlers 2007) wurde begleitet durch einen beachtlichen Aufschwung der Physischen Geographie, insbesondere im Bereich der Klimamorphologie, aber selbstverständlich auch einzelner herausragender Fortschritte auf dem Gebiet der Anthropogeographie. Aus historischer Sicht wird man sagen können, dass diese Phase mit dem inzwischen berühmten 37. Deutschen Geographentag in Kiel endete. Mit Kiel begann abermals eine ebenso breit gefächerte wie erbitterte Diskussion um Wesen, Aufgabe und Methoden der Geographie – jenseits von Hettner und dem geographischen „mainstream" in Deutschland bis 1970. Wegbereiter der Ende der 1960er-Jahre neuerlich einsetzenden Diskussion um Aufgabe und Stellung der wissenschaftlichen Geographie waren dabei zwei Publikationen: die im Jahre 1968 publizierte Habilitationsschrift von Bartels „Zur wissenschaftstheoretischen Grundlegung einer Geographie des Menschen" sowie die bereits erwähnte Habilitationsschrift von Hard mit dem Titel „Die ‚Landschaft' der Sprache und die ‚Landschaft' der Geographen" (1970b). Das vordergründig spektakulärste Ereignis jedoch war der Kieler Geographentag mit seinen provokativen wie plakativen Thesen einer „Bestandsaufnahme zur Situation der deutschen Schul- und Hochschulgeographie". Die vor allem von studentischer Seite formulierten Postulate forderten theoriegeleitete Forschung, Ablösung tradierter Inhalte und Fragestellungen des Faches sowie dessen stärkere gesellschaftliche Relevanz. Sie lauteten:

- Geographie entzieht sich ihren Aufgaben und ihrer Verantwortung innerhalb der Gesellschaft.
- Darüber hinaus kann Geographie, soweit sie sich als Landschafts- und Länderkunde begreift, nicht einmal wissenschaftlichen Ansprüchen gerecht werden.
- Landschafts- und Länderkunde als Inbegriffe der Geographie verfügen über keine Problemstellungen. Sie konstruieren Schemata oder sogenannte „logische Systeme", in die Daten eingelesen werden können. Die konstatierten Zusammenhänge wie die Abhängigkeit von Klima und Relief sind trivial und zudem nicht von der Landschaftskunde erforscht. Sie sind weit entfernt von dem behaupteten Gesamtzusammenhang, der als utopische Zielvorstellung postuliert wird. Sie sind in der Konstatierung von Trivialzusammenhängen Allgemeinplätze, in der Zielvorstellung Leerformeln, Geographie als Landschafts- und Länderkunde ist Pseudowissenschaft.

Diese von den Fachschaften (1969/1970, S. 291–232) öffentlichkeitswirksam formulierten Thesen waren die nach außen sichtbaren Spitzen eines Eisberges, deren wissenschaftstheoretische Fundamente allerdings in den Arbeiten von Bartels (1968 ff.) und Hard (1964 ff.) und anderer vorgedacht waren. Bartels z. B. – ausgehend übrigens von einem mindestens vierfach zu definierenden Geographieverständnis! – plädierte nicht nur für eine Trennung des Faches in eine naturwissenschaftlich und eine sozialwissenschaftlich ausgerichtete Geographie, sondern stellte auch den Landschaftsbegriff als „Kern des disziplinären Selbstverständnisses" (1968, S. 57) und Länderkunde (ebd., S. 121 f.) in Frage. Andererseits aber verweist er in den Schlussfolgerungen seiner Analyse (ebd., S. 180) auf bemerkenswerte, in der heutigen Diskussion gern übersehene „Wandlungs- und Wachstumsprozesse im Bereich der Wissenschaften", deren eine für die heutige Geographie besonders wichtige Tendenz lautet: „Ausbau und gegenseitige Annäherung einzelner Naturwissenschaften in Richtung auf Forschungsprobleme übergreifender, heterogene Gegenstandsbereiche verbindender Systemzusammenhänge unter häufig gleichzeitiger Aufnahme chorologischer (geographischer) Betrachtungsaspekte". Radikaler als Bartels geht Hard mit der Landschaft als zentralem Forschungsgegenstand der Geographie ins Gericht. Die semantischen wie forschungslogischen Analysen zeigen, wie bereits angedeutet, die vielschichtige Indifferenz dieses vermeintlich zentralen terminus technicus der deutschen Geographie. Dass es sich dabei tatsächlich um ein deutsches fachwissenschaftliches Spezifikum handelt, ist mehrfach betont worden. Weder das englische „landscape" noch das französische Analogon „paysage" haben fachwissenschaftliche Bedeutung erlangt. Umso kontroverser auch die Definitions- und Abgrenzungsproblematik des Begriffs „Landschaft" gegenüber Begriffen wie „Raum" oder „Region" (vgl. dazu auch Bartels 1974, Weichhart 1975, 1993).

In einer groben Zwischenbilanz „zur Situation der deutschen Geographie zehn Jahre nach Kiel" hat P. Sedlacek (1979, S. 8) einige ebenso kurzfristige wie schnelllebige Trends und vermeintliche Überwindungsstrategien der Dilemmata aufgezeigt. Dazu zählen u. a.

- „das Vordringen der empirisch-analytischen und kritisch-rationalen Wissenschaftstheorie […]
- die Euphorie für eine quantitative Geographie mit der nachfolgenden Ernüchterung […]
- der Aufstieg der „Münchener Sozialgeographie" […] und der wachsende Bedeutungsverlust […]
- die Hinwendung zur „Regionalforschung" und in Abwendung von dieser der neuerliche Schritt zur Verhaltensforschung […]."

Zeigen schon diese Formulierungen – ebenso wie die seit 1979 abermals überholten Prioritäten! – die offenkundige und bis heute anhaltende Kurzatmigkeit etlicher Reaktionen auf das Dilemma der deutschen fachwissenschaftlichen Geographie gegen Ende des 20. Jahrhunderts, so haben sich andere Bemühungen wie etwa die Begründung einer „Theoretischen Geographie" als folgenlos erwiesen (Wirth 1979; zur Kritik Bartels 1980). Bemerkenswert bei allen diesen Diskussionen ist der Befund, dass Geographie als eine Wissenschaft der Mensch-Umwelt-Beziehungen ebenso wenig diskutabel erscheint wie die geographische Mitwirkung an der sich etablierenden Klima- und Umweltforschung.

Fazit: Insgesamt wird man sowohl im organisatorischen als auch im fachspezifischen Bereich kaum fehlgehen in der Feststellung, dass das Beharrungsvermögen überkommener Strukturen auch in der zweiten Hälfte des 20. Jahrhunderts als beachtlich gelten muss (Ehlers 1992). Die deutsche Geographie hat sich souverän und über Jahrzehnte hinweg ihrer potentiell sehr guten Mitwirkungsmöglichkeiten an neuen inter- wie transdisziplinär ebenso wie anwendungs- und problemlösungsorientierten Fragestellungen und Forschungsprojekten entzogen bzw. verweigert, wobei Ausnahmen diese Regel bestätigen (Ehlers 2000 f.). Und dennoch: neben den z. T. diffusen Bemühungen um eine Aktualisierung und verstärkte Problemorientierung wissenschaftlicher Geographie und ihrer Methoden sind einige allgemeine Trends in der Entwicklung des Faches zu beobachten, die seit etwa 1970 als (vorübergehende?) Konstanten erkennbar werden.

- Physische Geographie versus Humangeographie und die Folge geographischer Spezialisierungen: Trotz aller Bemühungen um Legitimationen und theoretische Begründungen zur Einheit der Geographie sowie um die Entwicklung methodischer Instrumente zur Erreichung dieses Ziels sind die Tendenzen zu einer zunehmenden Spezialisierung innerhalb der Physischen Geographie wie auch in der Anthropogeographie/Humangeographie unübersehbar. Damit ist die von Anbeginn bestehende Dichotomie des Faches hin zu einer Trichometrie von Natur-, Geistes- und Sozialwissenschaften heute vielleicht noch stärker ausgeprägt als in der Vergangenheit. Ursache dieses ungeschmälerten Trends ist die in allen Wissenschaftsdisziplinen zunehmende Verfeinerung von Theorien, Methoden und Fragestellungen, die ein hohes Maß von entsprechender theoretischer wie methodischer Kompetenz seitens der Forschenden verlangen. Dass eine solche Tendenz in der heutigen Zeit gerade wegen der immer komplexer werdenden Umweltprobleme im Anthropozän kontraproduktiv ist, gehört zu den immer noch ungelösten Dilemmata der wissenschaftlichen Geographie.
- Der Sonderfall der Sozialgeographie: Wie viele andere wissenschaftliche Disziplinen ist auch die Geographie immer wieder inhaltlichen Pendelschlägen unterlegen, die das Profil des Faches geprägt haben (vgl. Otremba 1973). Waren die 1950er- und frühen 1960er-Jahre durch Länderkunde und Physische Geographie, insbesondere Klimageomorphologie geprägt, so zeichnete sich seit den 1960er-Jahren eine Hinwendung zur Sozialgeographie ab, als deren Exponenten Bobek einerseits, Hartke und Ruppert (Münchener Schule) andererseits galten. Wenn beide Sozialgeographien heute schon wieder eher disziplinhistorisches Interesse beanspruchen können (vgl. Heinritz 1999; Ruppert/Schaffer 1999) – und das wohl vor allem deshalb, weil theoretische Bezüge zur Soziologie und anderen Nachbardisziplinen fehlten oder nur schwach entwickelt waren –, so hat die Sozialgeographie in ihrer modernen theoriegeleiteten Ausprägung (vgl. Werlen 1987 ff.) eine Renaissance erlebt. Dabei geht es vor allem um handlungstheoretische Bezüge im Dreieck von Gesellschaft – Handlung – Raum bzw. um Regionalisierungsdiskurse der gesellschaftlichen, wirtschaftlichen wie auch ökologischen Wandelbarkeit von Räumen und deren Vernetzungen mit anderen Räumen.
- GIS – Fernerkundung – Anwendungsorientierung: Der mit der „Quantitativen Revolution" Ende der 1960er–Jahre einsetzende, durch die Entwicklung extraterrestrischer Beobachtungssysteme des Planeten Erde akzentuierte und in der Gegenwart unverkennbare Trend zu mehr Praxisbezug, Anwendungsorientierung und Problemlösungskompetenz hat in den Jahren seit etwa 1980 auch der Geographie neue Perspektiven eröffnet. Vor allem die Entwicklung Geographischer Informationssysteme (GIS) in Verbindung mit immer sensibleren Fernerkundungsmethoden (Remote Sensing) haben der Geographie als wissenschaftlicher Disziplin nicht nur neue Betätigungsfelder verschafft, sondern zugleich der Forderung nach Anwendungsorientierung geographischer Forschung Vorschub geleistet. GIS und Fernerkundung als

wissenschaftliche Methoden zur Lösung komplexer Problemlagen werden somit zu einem integrierenden Bestandteil geographischer Forschungspraxis.

- Zunehmendes Theorie- und Methodenbewusstsein: Das fehlende inhaltliche Profil des Faches Geographie, seine überwiegend auf Deskription ausgerichtete „Wissenschaftlichkeit", seine Zwitterstellung zwischen allen Wissenschaftsfeldern usw.: Alle diese Klagen sind so alt wie die wissenschaftliche Disziplin selbst. Bereits in der zweiten Hälfte des 19. Jahrhunderts wird und ist das vorformuliert, was Bartels und andere zu Beginn des dritten Drittels des 20. Jahrhunderts wiederholen. Umso begründeter sind deren Schlussfolgerungen, dass sowohl mehr Theorie- als auch Praxisbezug vonnöten sei. Retrospektiv wird man vor allem die Anregungen von Bartels (1968; 1970a, b) nicht hoch genug veranschlagen können. Sie sind Meilensteine auf dem Wege zu einer zunehmend stärkeren Theoriebereitschaft wie auch eines verstärkten Methodenbewusstseins der jüngeren Geographie.

Seit dem Ende des 20. Jahrhunderts haben Theorie- und Methodenbewusstsein in der Geographie eine neue Aktualität gewonnen. Während die Physische Geographie konsequent ihr durch die Fortschritte der Technik schnell wachsendes methodisches Instrumentarium ausbaut und zunehmend modelliert, vollzieht sich im sozial- und geisteswissenschaftlichen Bereich derzeit ein „cultural turn" (Bachmann-Medik 2006), dessen Konsquenzen für die Einheit des Faches Geographie, aber auch für die Fragen einer integriert-holistischen Mensch-Umwelt-Forschung noch nicht abschätzbar sind. Für die sozial- und geisteswissenschaftliche Seite des Faches bedeutet sie derzeit eher eine neuerliche Diskussionsphase mit terminologischen Unschärfen und dringenden Definitionsbedürfnissen (Ehlers 2005, 2007). Vor allem der so genannten „Neuen Kulturgeographie" geht es nicht mehr um objektive Bestandsaufnahmen von Kultur, sondern vielmehr um die Konstruktionen von Kultur, Gesellschaft und/oder Raum bzw. ihrer linguistischen respektive semiotischen Interpretationen. In den Worten von J. Pohl ergibt sich die Abgrenzung und inhaltliche Neubestimmung gegenüber der tradierten Kulturgeographie entlang folgender Trennlinien:

> „Die ‚new cultural geography' beschäftigt sich – wie die ‚alte' Kulturgeographie – mit dem Zusammenhang von Kultur und Raum. Dabei geht es ihr jedoch nicht um materielle Artefakte, sondern um Sinnstiftungen, Wertvorstellungen und Bedeutungen. Ziel wissenschaftlichen Arbeitens ist nicht die Abbildung der Wirklichkeit, sondern ein Verstehen des Diskurses, wie die Wirklichkeit in unterschiedlichen Kulturen hergestellt wird. Es ist die Überzeugung all ihrer Vertreter, dass die Dinge nicht eine bestimmte Bedeutung erhalten, die der Wissenschaftler nur aufdecken muss, sondern dass die Bedeutungen den Dingen erst im Rahmen sprachlicher Äußerungen zugewiesen werden. Jede wissenschaftliche Beschreibung ist keine Kopie der Wirklichkeit, sondern fügt ihr eine neue Sinnschicht hinzu. Sprache ist kein Instrument zur Erfassung und Kommunikation der Wirklichkeit, sondern konstruiert sie erst."
>
> *(zitiert bei Ehlers 2005, S. 52)*

So finden theoretisch eingebettete Auseinandersetzungen um Themen wie soziokulturelle Beziehungen auf lokalen bis globalen Maßstabsebenen, postmoderne Wirtschafts- und Sozialstrukturen oder auch die Konstruktionen von „imaginären Geographien" und ihre gleichzeitige sprach- und zeichenanalytische Dekonstruktion breite Beachtung. Ob und inwieweit diese neuen Ansätze, die sich zugleich – wie ihr Name schon andeutet – als Fortsetzung älterer Denktraditionen mit stark sozialwissenschaftlichem Einschlag verstehen, für die künftige Humangeographie/Anthropogeo-

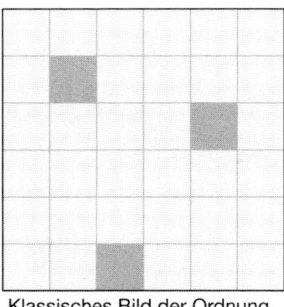
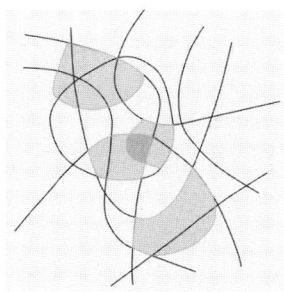

Abb. 35:
Traditionelles und
modernes Bild von
Wissenschaftsordnungen
und Forschungsansätzen
(nach Bartels 1968)

Klassisches Bild der Ordnung   Modernes Bild
der Wissenschaften   von Forschungsansätzen

graphie als tragfähiges Kontinuum erweisen, muss abgewartet werden. Dass sie mit ihren theore-tisch-methodologischen Anleihen bei Beck, Bourdieu, Foucault, Giddens oder Habermas eine Öffnung zu den Sozialwissenschaften erreichen, ist unbestritten. Ob sie einen Schulterschluss mit ihren physisch-geographischen Fachkollegen sowie inhaltliche Gemeinsamkeiten mit diesen ent-wickeln, muss wohl eher bezweifelt werden.

Wie auch immer: in Anlehnung an Latour (vgl. dazu auch Abb. 29) sowie in Anerken-nung eines traditionellen Gegensatzes zwischen traditionellen und modernen Wissenschafts-verständnissen (vgl. Abb. 35) ist die Hybridisierung der Wissenschaften einschließlich der Geo-graphie ein seit etwa 1970 allenthalben feststellbarer Prozess. Die Verlagerung der Forschungs-fronten an den Rand disziplinärer Grenzen sowie die Zunahme disziplinenübergreifender Forschungs- und wissenschaftlicher Problemfelder zeigt die brodelnde Mobilität des modernen Wissenschaftsbetriebes. Nicht mehr Physik, Biologie oder Geologie, sondern Geophysik, Bio-chemie, Geopolitik oder Kultur-Geographien (alt wie neu!) prägen die Forschungsfronten, – und solche Hybriden überspringen inzwischen auch die Grenzen von Natur- und Sozialwissen-schaften. Die Interpretation von Naturgefahren als soziale Konstruktionen (Weichselgartner 2002), die Sicht der Natur als gesellschaftlichem Konstrukt (Flitner 1998), die Ökologisierung der Politik wie die Politisierung der Ökologie (z. B. Blaikie 1999): Alles das sind wissenschaft-liche Grenzerfahrungen, die zumindest ansatzweise für ein neues bzw. die Wiederentdeckung eines alten Wissenschaftsverständnisses stehen. Der amerikanische Biologe (und nicht selten im Gefolge von Haeckel auch als Biosoziologe apostrophiert!) E. O. Wilson (1998) hat es als eine neue „Einheit des Wissens" bezeichnet, die er einfordert und begründet (vgl. auch Markl 1998b).

Der Rückblick auf die zweite Hälfte des 20. Jahrhunderts lehrt uns, dass die Suche nach einem eigenständigen Profil des Faches Geographie und nach einem überzeugenden Brücken-schlag zwischen der physisch-naturwissenschaftlichen Geographie und der geistes- bzw. sozial-wissenschaftlichen Anthropogeographie bis heute fortwährt. Es zieht sich also ein kontinuier-licher Faden des Bemühens von Richthofen über Ratzel, Schlüter, Hettner, Bobek und Schmit-hüsen zu Uhlig, Bartels und anderen durch die deutsche Geographie bis in die Gegenwart, ohne dass es bislang eine verbindliche Antwort auf die Frage nach dem unverwechselbaren Ziel und den Aufgabenstellungen einer wissenschaftlichen Geographie gegeben hätte.

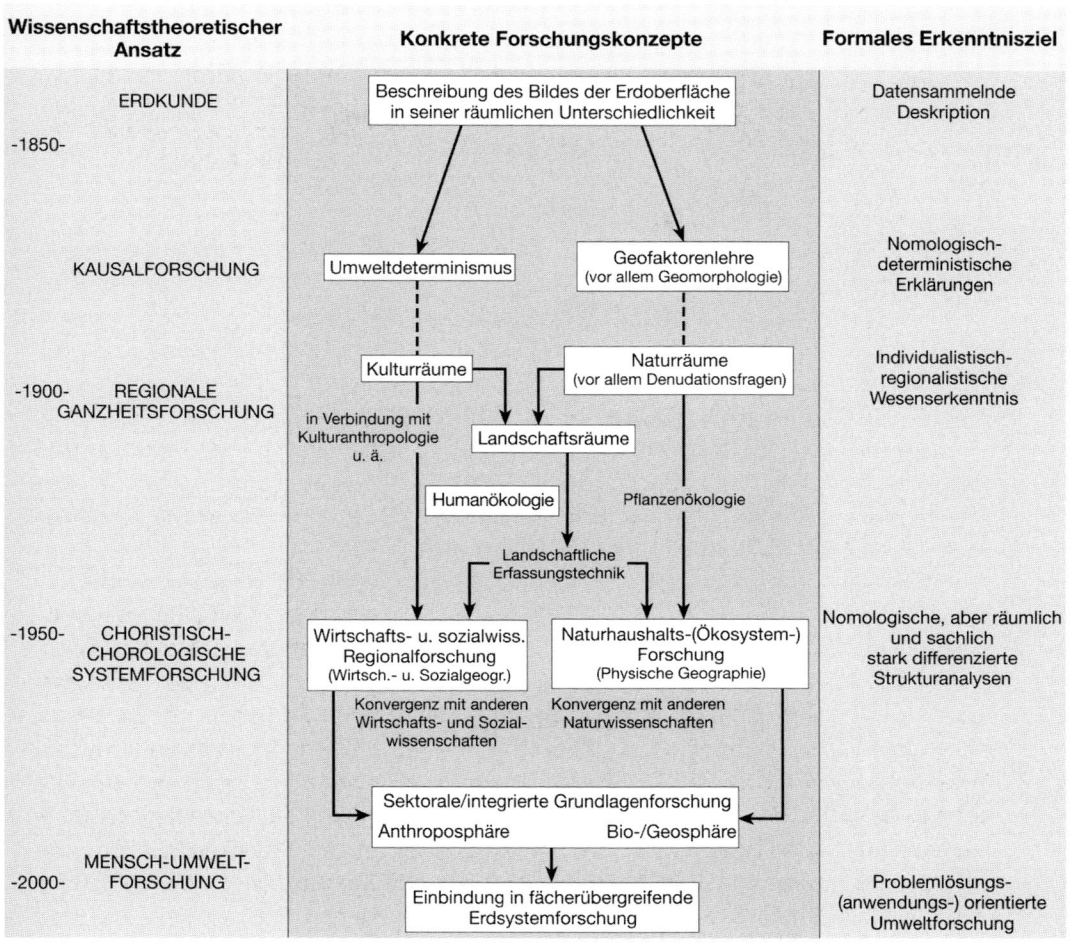

Wissenschaftstheoretischer Ansatz	Konkrete Forschungskonzepte	Formales Erkenntnisziel

Abb. 36: Entwicklungsphasen geographischer Forschung in Deutschland seit der Mitte des 19. Jahrhunderts (nach Bartels 1970b; verändert und erweitert durch E. Ehlers)

Mensch und Umwelt in der Geographie – ein gescheitertes Experiment?

Seit der Großen Transformation an der Wende vom 18. zum 19. Jahrhundert und dem mit ihr einsetzenden Anthropozän ist der Mensch zu einem „geologischen Faktor" geworden (Crutzen 2002). Das heißt, ebenso wie die Geo-, Bio- oder Atmosphäre trägt auch die Anthroposphäre im Wechselspiel mit den natürlichen Umwelten des Menschen zu ihrer permanenten Veränderung nachhaltig prägend bei. Waren während des Pleistozäns und des Holozäns die natürlichen Faktoren von prägender, aber auch limitierender Wirksamkeit auf den Menschen und seine Aktivitäten, so gerät mit der Industriellen Revolution und den Fortschritten von Wissenschaft und Technik die Natur immer stärker unter den sie prägenden und verändernden Einfluss des Menschen.

Die Mensch-Umwelt-Beziehungen erfahren einen grundlegenden Wert- und Bewertungswandel. Sie stellen neue Probleme und Herausforderungen an Wirtschaft und Politik, aber auch an die Wissenschaften. Die Geographie als „Wissenschaft von der Erdoberfläche und den Erscheinungen, die mit ihr in kausalen Wechselbeziehungen stehen" (Richthofen 1883) wäre in besonderer Weise und mehr als jede andere der sich gerade etablierenden wissenschaftlichen Disziplinen in der Lage gewesen, sich der neuen Mensch-Umwelt-Verhältnisse und der mit ihnen verbundenen Probleme anzunehmen. Hat sie es getan?

Der Versuch von Bartels (1970b), Ansätze, Konzepte und Erkenntnisziele der wissenschaftlichen Geographie seit der Mitte des 19. Jahrhunderts zu umschreiben (vgl. Abb. 36), zeigt die wesentlichen Entwicklungsschritte, ohne dass der Wechselbeziehung zwischen Natur, Mensch und Umwelt eine besondere, und schon gar nicht eine herausgehobene Bedeutung zugefallen wäre. Aus heutiger Sicht ist das vielleicht nicht überraschend, denn – wie gezeigt – andere Prioritäten standen höher; zudem wurden Umweltprobleme nicht als bedrohlich, allenfalls als „Preis des Fortschritts" bewertet. Es ist müßig, im Nachhinein über diese nicht erkannten Potentiale zu lamentieren. Im Übrigen gilt, dass auch andere Disziplinen sich der Problematik veränderter Mensch-Umwelt-Beziehungen nicht angenommen und sie wohl ebenso wenig erkannt haben. Allerdings stellt sich für die Geographie und ihre Geschichte im Anthropozän die Frage anders. Immer wieder wurde seit Humboldt und Ritter auf das enge Wechselverhältnis Natur – Mensch verwiesen, ohne dass es je gelungen wäre, diese Interdependenz zu einem tragfähigen und belastbaren Fundament des Faches zu machen, oder aber es problem- und anwendungsorientiert zu thematisieren. Insofern ist die in der Kapitelüberschrift gestellte Frage, ob es sich um ein gescheitertes Experiment handelt, falsch gestellt. Das Experiment hat praktisch nie stattgefunden oder aber es blieb, wie im Fall der Landschafts- und Länderkunden, wissenschaftspolitisch folgenlos. Umso mehr stellt sich die Frage nach der zukünftigen Rolle der Geographie angesichts der heute offenkundigen Mensch-Umwelt-Probleme und ihrer zukünftigen Entwicklung im Anthropozän.

6 Das Anthropozän und die Frage der Natur-Mensch-Umwelt-Beziehungen heute: Eine rückblickende Vorausschau

Der Rückblick auf eine etwa 150.000 Jahre währende Geschichte des homo sapiens sapiens hat gezeigt, dass im Laufe seiner Entwicklung und bis in die jüngste Vergangenheit hinein der Mensch als Teil der Natur und eingebettet in seine natürliche Umwelt gelebt hat. Im *Pleistozän* war er auf Gedeih und Verderb den Kräften der Natur ausgesetzt. Das Ende der Weichsel-Eiszeit und die vor etwa 12.000 Jahren einsetzende Klimaerwärmung markiert den Beginn des *Holozäns*. Dieser geht einher mit einem Quantensprung in der Menschheitsentwicklung: die Domestikation von Pflanzen und Tieren sowie die langsam beginnende und sich vom Fruchtbaren Halbmond ausbreitende Sesshaftwerdung des Menschen in der Alten Welt. Die Neolithische Revolution leitet ein neues Mensch-Umwelt-Verhältnis ein. Immer noch bleibt der Mensch von der Natur abhängig, aber er beginnt sie aktiver und gezielter als zuvor nach seinen Vorstellungen und Plänen zu gestalten und zu seinem Nutzen zu verändern. Mit der Großen Transformation und ihrer vordergründig eindrucksvollsten Manifestation, der Industriellen Revolution, beginnt menschheitsgeschichtlich um 1800 ein neues Zeitalter: das *Anthropozän*. Bereits in dem einleitenden Kapitel dieses Buches wurde darauf hingewiesen, dass seit etwa 1800 immer weniger die Natur den Menschen bestimmt, sondern dass das Gegenteil der Fall ist: Der Mensch beginnt die Natur zu dominieren, zu manipulieren und zu zerstören. Und dieses in einem Ausmaß, das unvorstellbar ist. In nur 200 Jahren, d. h. in einer Zeitspanne von nur 0,0013 % der gesamten modernen Menschheitsgeschichte, hat es der sogenannte homo sapiens sapiens verstanden, seinen Lebensraum und seine natürliche Umwelt so zu verändern, dass „Natur" in dem im Einleitungskapitel definierten Sinne nur noch in letzten Residuen existiert und selbst dort das Wirken des Menschen und seine Konsequenzen unübersehbar sind.

In Kapitel 4 wurde ein erster Versuch unternommen, den Brückenschlag von Vergangenheit zur Gegenwart zu versuchen und die gegenwärtigen Deformationen des Mensch-Umwelt-Verhältnisses aus der jüngeren Geschichte heraus abzuleiten (vgl. Farbabb. 14 und 15, Tab. 12). Wenn jetzt eine „rückblickende Vorausschau" angekündigt wird, dann soll damit angedeutet werden, dass nunmehr die Gegenwart in die Zukunft hinein projiziert werden soll, um die künftigen Probleme und Herausforderungen veränderter Natur-Mensch-Umwelt-Beziehungen im Anthropozän zu verstehen. Prämisse ist dabei die These, dass die Probleme der Mensch-Umwelt-Beziehungen inzwischen so komplex geworden sind und Überwindungsstrategien so differenziert sein müssen, dass sie nur im interdisziplinären Verbund von Wissenschaft und Technik, von Politik und Gesellschaft und von Verhaltensänderungen eines jeden Individuums angegangen werden können. Und so sind es heute nicht mehr die traditionellen Wissenschaftsdisziplinen, die

Jahresdurchschnittstemperaturen in Deutschland

Temperaturen von 1901 bis 2006

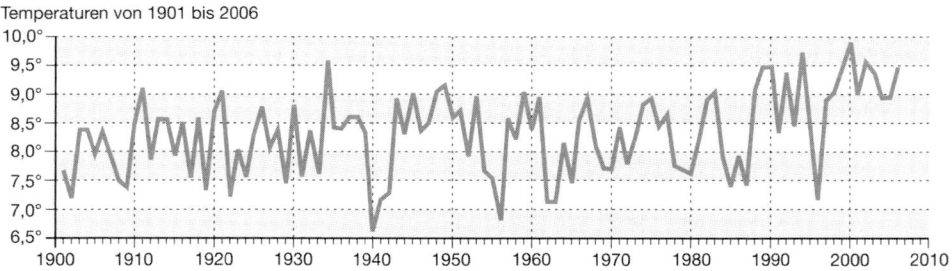

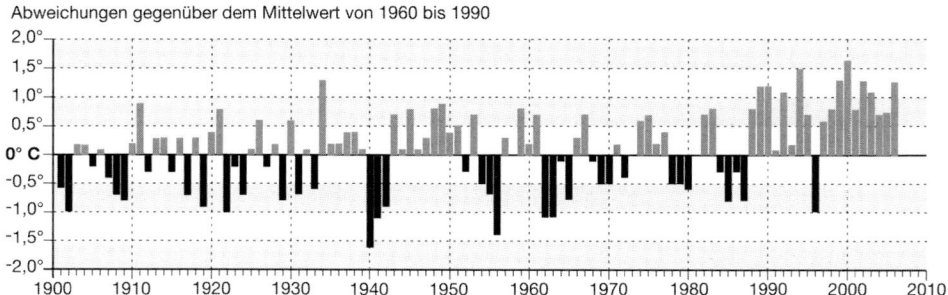

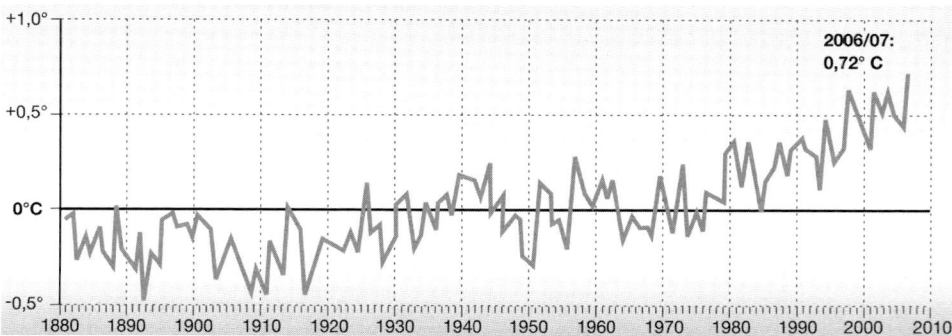

Abb. 37:   Jahresdurchschnittstemperaturen in Deutschland 1901–2006
(zusammengestellt nach verschiedenen Quellen)

sich der Ursachen- und Folgenforschung des unübersehbaren Klima- und Umweltwandels und seiner Konsequenzen annehmen. Nein, es sind vor allem die Naturwissenschaften und unter ihnen jene Hybriden, die Latour (1998) als die „Moderne" bezeichnet: Atmosphärenphysik, Geochemie, Quartärgeologie oder Meeresforschung. In Deutschland waren es vor allem die Warnrufe des Hamburger Max Planck-Instituts für Meteorologie, die seit Anfang der 1980er Jahre vor einer bevorstehenden „Klimakatastrophe" zu warnen begannen. Die Signale einer weltweiten Klimaerwärmung wurden seitdem nicht nur immer dichter, sondern sie werden auch immer dramatischer. Und heute gilt es als sicher, dass der Mensch einer der wesentlichen

Verursacher dieser global verbreiteten und spürbaren Veränderungen ist (vgl. Kap. 4, Vorausschauender Rückblick). Und festzustehen scheint ebenfalls, dass die Große Transformation/Industrielle Revolution einer der entscheidenden Auslöser dieses Wandels ist, sodass auch von diesen Befunden her die Kennzeichnung „Anthropozän" gerechtfertigt erscheint.

Globaler Umweltwandel im Anthropozän: Zahlen und Fakten

Es vergeht gegenwärtig kein Tag, an dem nicht neue Erkenntnisse über Ursachen und Wirkungen des offenkundigen Klima- und Umweltwandels in die Öffentlichkeit gelangen. Dabei geht es nicht nur um die globale Erwärmung, das Abschmelzen der Gletscher an den Polen und in den Hochgebirgen oder dem daraus folgenden Meeresspiegelanstieg. Nein, es geht zunehmend auch um lokale Ereignisse von regionaler Bedeutung: die Zunahme tropischer Wirbelstürme, neue Hitzerekorde in Mitteleuropa oder Hochwässer und Überschwemmungen zuvor nicht gekannten Ausmaßes.

Die jüngsten und vor dem Hintergrund nicht nur eines extrem milden Winters 2006/ 2007 und extrem heißer Sommer in den Jahren 2000, 2002 und 2005 gemessenen Jahresdurchschnittstemperaturen zeigen für Deutschland und für das 20. Jahrhundert einen signifikanten Trend zu Gunsten eindeutiger Temperaturanstiege: Seit Beginn regelmäßiger Klimamessungen ist in Deutschland 19mal die Jahresmitteltemperatur von 9 °C oder mehr erreicht worden. Zwischen 1901 und 1950 war dies sechsmal der Fall, seit 1999 praktisch jedes Jahr (vgl. Abb. 37). Mit diesen Anstiegen der Temperatur verbunden sind eine Vielzahl weiterer Indikatoren, die auf eine Erwärmung des mitteleuropäischen Raumes verweisen. So zeigt der Vergleich der phänologischen Uhr für Blüte, Reife und Blattverfärbung von Zeigerpflanzen in Deutschland für den Zeitraum 1991–2000 deutliche Verkürzungen der Wachstums- und Reifezeiten gegenüber früheren Dezennien (vgl. Abb. 38; auch DWD 2003). Zudem treten zunehmend neue pflanzliche und tierische Arten in Deutschland auf, die ihre traditionellen Verbreitungsgebiete in wärmeren Regionen haben. Ebenso gehören die zunehmende Überwinterung von Zugvögeln, die ihre angestammten Winterreviere in der Mediterraneis oder in Afrika haben, in Mitteleuropa und die späteren Aufbruch- und früheren Rückkehrzeiten des Vogelflugs in dieses Bild (BAW 2007).

Es muss mit Nachdruck betont werden, dass die hier nur in kleiner Auswahl genannten Beispiele ein Spiegelbild globaler Trends sind. Das Abschmelzen der arktisch-grönländischen wie antarktischen Eisschilde ebenso wie der schnelle Rückzug der Gletscher in fast allen Hochgebirgen der Erde belegen die globale Dimension der Erwärmung unseres Planeten. Ihre Kehrseite sind die zwar langsamen, aber unaufhaltsamen Anstiege des Weltmeerspiegels, der sich gegen Ende des 21. Jahrhunderts um 28 bis 43 cm erhöht haben wird. Die Folgen dieses Meeresspiegelanstiegs für die Koralleneilande des Indischen und Pazifischen Ozeans oder für die Küsten bevölkerungsreicher Staaten und dicht besiedelter Litorale sind schon heute spürbar. In vielen Industrieländern sind die präventiven Deicherhöhungen seit dem 19. Jahrhundert Ausdruck dieses globalen Phänomens (Abb. 39). Sie sind aber auch Ausdruck einer neuen Mensch-Umwelt-Problematik angesichts der Tatsache, dass große Teile gerade der Ärmsten der Menschheit in unmittelbarer Küstennähe wohnen und hier auch etliche der schnell wachsenden urbanen Zentren lie-

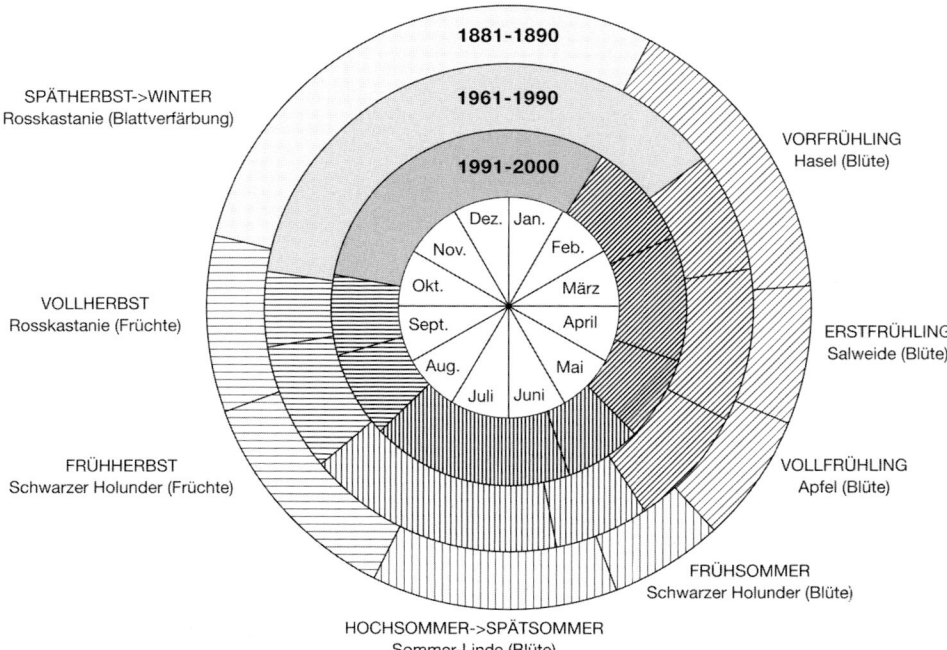

Abb. 38: Phänologische Uhr 1881–2000: Veränderungen pflanzlicher Wachstums- und Reifephasen in Deutschland (nach DWD 2003, S. 70)

gen. Sie aber sind schon heute nicht durch Deiche geschützt und werden es auch in absehbarer
Zukunft nicht sein!

Globaler Temperaturanstieg befördert aber auch die Verdunstung des Meerwassers über
den Ozeanen der Erde und wird damit zu einem Motor verstärkter Luftmassenbewegungen und
Luftdruckgegensätze. Tropische Wirbelstürme – Taifune und Hurricanes – wie auch Tornados
nehmen zu: Stürme mit Tausenden von Toten und Sachschäden von vielen hundert Millionen
Dollar sind inzwischen an der Tagesordnung. Allein ein Vergleich der Versicherungsschäden zwischen 1950 und der Gegenwart (2006) macht den durch klimatische Veränderungen ausgelösten dramatischen Anstieg der Verluste deutlich (vgl. Farbabb. 18).

Klimawandel und Temperaturanstieg sowie Veränderung der Niederschlagsverhältnisse
sind aber nur *ein* Aspekt der im Anthropozän sich schneller als zuvor wandelnden Mensch-Umwelt-Beziehungen. Ebenso gravierend sind die vom Menschen unmittelbar ausgehenden Eingriffe in seine natürliche Umwelt. Die Ausführungen des Buches haben hinreichend deutlich gemacht, dass seit dem Neolithikum und in sonnenenergetisch gesteuerten Wirtschaftssystemen
bis heute der Mensch „natürlich" in seine Umwelt eingegriffen und diese zum Teil nachhaltig
verändert hat. Insgesamt jedoch sind diese Verwundungen der Natur über einen Zeitraum von
bis zu 10.000 Jahren gering im Vergleich zu den indirekten und mehr noch direkten Eingriffe
des homo sapiens sapiens in seine Umwelten seit etwa 200 oder 250 Jahren, und insbesondere
seit Ende des Zweiten Weltkriegs. Der 2005 erschienene Syntheseberichte des Millennium Eco-

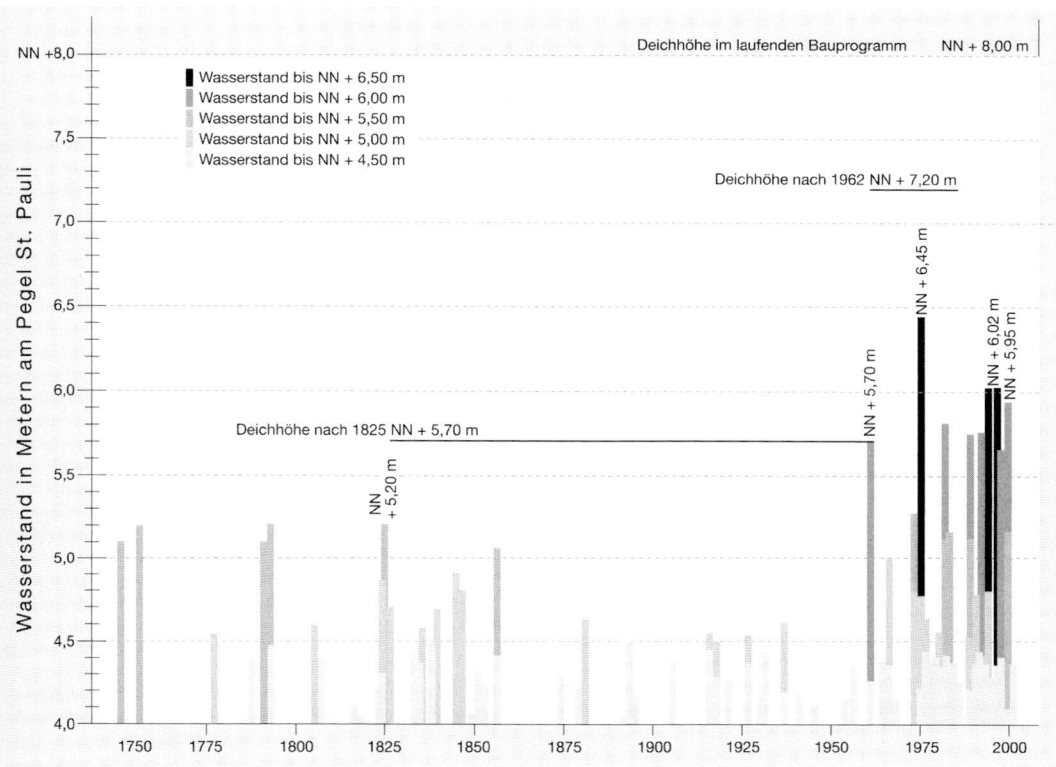

Abb. 39: Deichbaumaßnahmen an der deutschen Nordseeküste als Antwort auf den globalen
Anstieg des Meeresspiegels (nach Hauser, Hg., 2003)

system Assessment (MEA 2005) „Ecosystems and Human Well-Being" verweist auf die enge Ver-
zahnung zwischen natürlichen Umwelten und menschlicher Wohlfahrt. Die in Farbabb. 19 dokumentierten Befunde wie Prognosen sprechen für sich selbst: Allein durch menschliche Einflussnahme sind schon heute die meisten Biome der Erde zu mehr als 50 % vom Menschen
umgewandelt worden. Bis zum Jahre 2050 stehen insbesondere den tropischen Gras- und Wald-
ländern gravierende Eingriffe in ihre Naturhaushalte bevor, sodass sie zu den größten Opfern
menschlicher Interventionen gehören werden. Lediglich die Tundren und die borealen Waldländer der Erde werden nach den Prognosen der MEA-Experten mehr oder weniger unangetastet
bleiben. Aber nicht nur die Landoberflächen, sondern auch die Weltmeere haben inzwischen
nachhaltige Schädigungen durch den Menschen erfahren (vgl. Tab. 12). Die zunehmende Verschmutzung der Ozeane durch Einträge z. T. hochtoxischer Schadstoffe aus den kontinentalen
Zuflüssen, durch Erdöl- und Erdgasförderung im Meeresbereich sowie durch Verklappung
chemischer Rückstände auf hoher See sind Ursachen dafür, aber auch die Überfischung hat die
marine Ökologie und die Biodiversität der Ozeane teilweise irreparabel zerstört (vgl. Abb. 40).
Es wäre ein Leichtes, die Liste menschlicher Eingriffe in die Natur fortzusetzen. Eine
solche Zusammenstellung würde indes die in den Farbabb. 19 und Abb. 40 dokumentierten

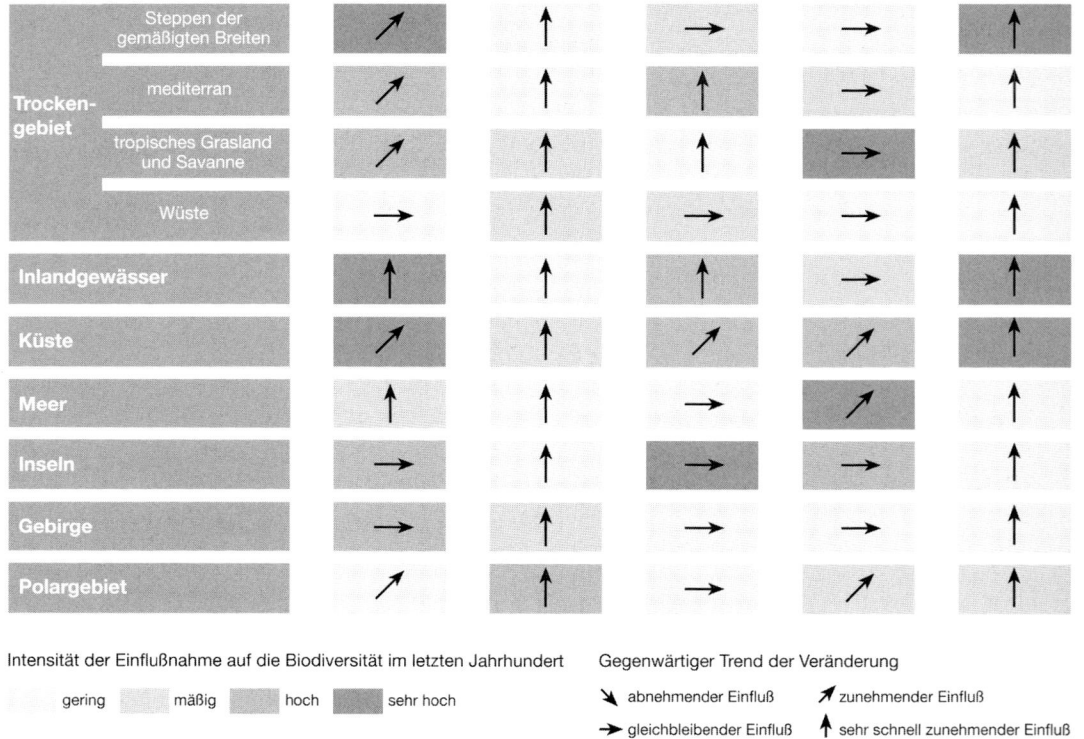

Abb. 40: Verursacher des Wandels von Biodiversität und Ökosystemen auf der Erde
(nach MEA 2005)

Verursachungskomplexe nur unwesentlich modifizieren. Sowohl die Ursachen als auch die angesprochenen Konsequenzen belegen übereinstimmend, dass der Mensch nicht mehr nur Verursacher der Degradation der Natur und seiner eigenen Umwelten ist, sondern zugleich Betroffener seines Handelns! Nicht Naturkatastrophen wie Vulkanismus, Erd- oder Seebeben gehen auf sein Konto, sehr wohl aber Umweltkatastrophen. Eingriffe in und Übernutzung von Ökosystemen, Verschmutzung terrestrischer wie mariner Biome, Entwaldung, Versiegelung von Böden, Artenschwund, Produktion von Treibhausgasen usw.: Alle diese die Gegenwart kennzeichnenden Symptome des Umweltwandels haben eine ausschließlich oder zumindest stark anthropogen gesteuerte Komponente, die zunehmend auch wissenschaftlich bestätigt ist (vgl. dazu auch Abb. 3, 4, 42 und 43; Tab. 12; Kap. 4, Vorausschauender Rückblick).

Im Gegensatz zum Umweltwandel ist die Frage des Klimawandels in ihren Ursachen-komplexen weniger eindeutig. Die Aussagen des IPCC versichern mit zunehmender Konfidenz, dass der Mensch ein entscheidendes Agens der globalen Erwärmung und damit des Klimawan-dels sei. Dem stehen die gesicherten Kenntnisse über die teilweise extremen Klimaschwankun-gen während der Eiszeiten (vgl. Farbabb. 1) und insbesondere im Übergang zum Holozän (vgl. Farbabb. 2) gegenüber, die mit Sicherheit nicht auf menschliche Verursachung zurückgehen (Litt 2003, Schneider-Lohmann 2003). Sie sind Ausdruck jener natürlich gesteuerten Variabilitäten, die die Antwort auf die Frage nach der gegenwärtigen Erwärmung der Erde so schwer machen: Ist sie natürlich; ist sie anthropogen verursacht; ist sie eine Überlagerung und Selbstverstärkung beider Möglichkeiten? In gleichem Maße, wie sich die Befürworter einer anthropogenen Verur-sachung der rezenten Temperaturanstiege zu Wort melden, regen sich Widersprüche der Advo-katen einer natürlichen, z. B. durch Sonnenzyklen verursachten Erwärmung. Sie verweisen darauf, dass es in dem Zeitraum von 8.000 bis 10.000 Jahren vor heute wärmer war als heute ohne dass sich das in den ppm-Werten (vgl. Abb. 2) niedergeschlagen hätte. Auch die vorüberge-henden „Warmzeiten" um die Zeitenwende oder um das Jahr 1000 u. Z. (Grönland-Besiedlung durch die Wikinger) sei ohne menschliche Einflussnahme erklärbar ebenso wie die sie unterbre-chenden kälteren Zeitabschnitte der Völkerwanderungszeit an der Wende zum frühen Mittel-alter oder zwischen dem 16. und 18. Jahrhundert, der sogenannten „Kleinen Eiszeit" (vgl. dazu v. a. Pfister 1984 ff., Pfister u. a. 1996). Sowohl historische Daten als auch naturwissenschaft-liche Befunde (vgl. Glaser 2001) decken sich weitgehend mit Pfisters „Wetternachhersage" (1999), wonach auch ohne Große Transformation und Industrielle Revolution natürliche Klima-variabilitäten – nicht selten auf eher regionalen statt globalen Maßstabsebenen – an der Tages-ordnung sind. Die Frage also, ob der gegenwärtige Klima- und Umweltwandel anthropogenen Ursprungs oder aber natürlicher Verursachung ist, bleibt offen.

Natur-Mensch-Umwelt-Forschung
als Gegenstand einer neuen Interdisziplinarität

Eines der zentralen Anliegen des Buches war es, die Rolle der Geographie und ihres Selbstver-ständnisses, nämlich die Wechselbeziehungen zwischen Natur und Kultur, zwischen Mensch und Umwelt zu einem zentralen Gegenstand ihres Interesses zu machen, zu überprüfen. Der Rückblick auf die Geschichte des Faches mündete in der ernüchternden Feststellung, dass theo-retisch zwar immer wieder die Einheit der beiden so gegensätzlichen Pole Natur – Kultur, Mensch – Umwelt beschworen, praktisch indes nur gelegentlich und ansatzweise beforscht wor-den sind. Damit hat sich die Disziplin zumindest in historischer Retrospektive der Besetzung eines „weißen Flecks" auf der Landkarte der Wissenschaft begeben und stattdessen andere, of-fenkundig aber wohl weniger tragfähige Themenfelder bevorzugt.

Seit den 1980er-Jahren ist das, was damals als Klimakatastrophe bezeichnet wurde, ein Thema allgemeiner Diskussion. Ein entscheidendes Datum für die öffentlichkeitswirksame Popu-larisierung war dabei die Titelgeschichte des „Spiegel" vom 11. 08. 1986. Dabei zeigte das Titel-blatt den halb im Wasser stehenden Kölner Dom, die Fiktion einer eisfreien Erde und eines ent-sprechenden Hochstandes des Weltmeeres (Hauser 2002). Spätestens seit diesem Zeitpunkt ist

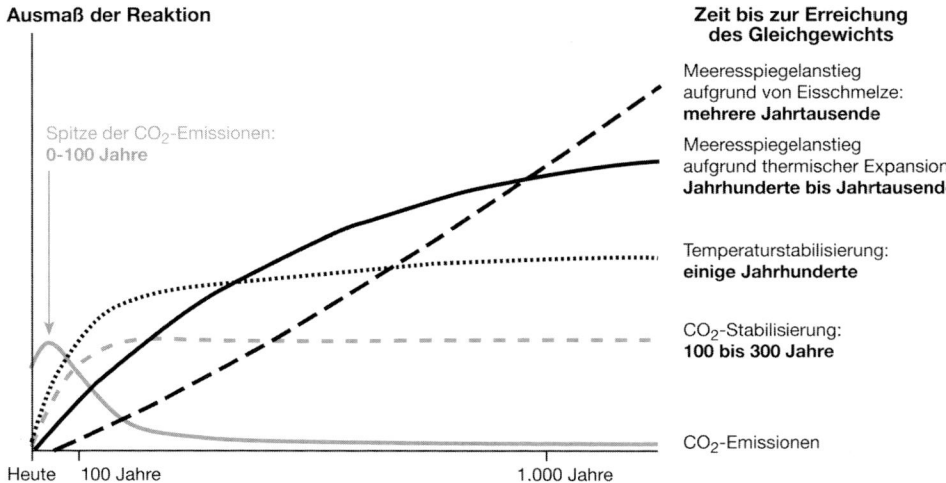

Abb. 41: Langzeitwirkungen erhöhter CO_2-Emissionen auf Temperatur- und Meeresspiegelanstieg in globalem Maßstab (nach IPCC 2001)

die Problematik des globalen Klimawandels eine „res publica", wobei die kontroversen Diskussionen um Ursachen und Konsequenzen dieses Phänomens bis zur Gegenwart hin zugenommen
haben.

Globale Klima- und Umweltforschung ist heute „big business". Ganz abgesehen davon,
dass angesichts der Komplexität der Ursachen und Wirkungen von Klima- und Umweltwandel
schon längst nicht mehr disziplinäre Forschungen und Lösungsansätze ausreichend sind, genügen auch nationale Forschungsprogramme immer weniger den Anforderungen. Interdisziplinarität und Internationalität sind heute ihre Markenzeichen – und sie reichen von der Meeresforschung bis zur Observation des Planeten Erde aus dem Weltall. Auf internationaler Ebene sind es
vor allem die globalen Umweltprogramme, die sich ab 1980 den Fragen zunächst des Klimawandels, in der Folgezeit dann auch der globalen Umweltveränderungen und ihrer Ursachen annahmen. Im einzelnen handelt es sich bei ihnen um

1) World Climate Research Programme (WCRP): Erforschung der physikalischen Grundlagen
    des Klimasystems einschließlich der Dynamiken der Atmosphäre, der Ozeane, der Land-
    oberflächen und der Eisschilde;

2) International Geosphere-Biosphere Programme (IGBP): Erforschung der globalen Wechsel-
    beziehungen zwischen biotischen und nicht-biotischen Prozessen, die die Bewohnbarkeit
    und Produktivität des Planeten Erde ausmachen;

3) International Human Dimensions Programme on Global Environmental Change (IHDP): Er-
    forschung der Wechselbeziehungen zwischen der menschlichen Gesellschaft und ihren Um-
    welten auf einer globalen Maßstabsebene;

4) DIVERSITAS: Erforschung der Strukturen und Funktionen der pflanzlichen, tierischen und
    mikrobiologischen Diversität auf dem Lande, in den Süßwasserreservoirs und den Welt-
    meeren.

Diese vier Programme, jedes für sich durch ein hohes Maß an intradisziplinärer Zusammenarbeit gekennzeichnet (vgl. auch Ehlers 1998 f.), haben sich jüngst (2006) zur Earth System Science Partnership (ESSP) zusammengeschlossen, um angesichts der Komplexität der gegenwärtigen Mensch-Umwelt-Probleme noch stärker auch interdisziplinär zusammenarbeiten zu können. Interdisziplinarität gilt auch für das bereits mehrfach genannte IPCC, dessen jüngste Befunde bereits zitiert wurden, vgl. Kap. 4, Vorausschauender Rückblick).

Zusammen mit dem ebenfalls genannten Millennium Ecosystems Assessment (MEA 2005; vgl. auch Farbabb. 19 und Abb. 40) ist allen diesen Programmen eigen, dass Forschungen zum Klima- und Umweltwandel nicht länger als akademischer Selbstzweck, sondern als problemlösungsorientierte Anweisung zu politischem Handeln verstanden werden. Das aber bedeutet zugleich, dass nicht mehr so sehr wissenschaftstheoretische Reflexionen oder disziplinäre Selbstzweifel das Mitwirkungspotential von Wissenschaften bestimmen, sondern die Bereitschaft zu Kooperation mit anderen Disziplinen, mit Anwendern und Politikern, insbesondere aber mit den sogenannten „Stakeholdern" des Klima- und Umweltwandels, d. h. mit den unmittelbar Betroffenen.

Zwei Beispiele mögen stellvertretend für viele andere die pragmatische und von der Problematik her bestimmte Methodik der Zusammenarbeit zwischen Natur- und Sozialwissenschaften innerhalb dieser Programminitiativen belegen. So zeigt das zwischen IGBP und IHDP abgelaufene Kooperationsprojekt zu der Problematik des „Land Use and Land Cover Change" (LUCC) in nahezu mustergültiger Weise Bandbreite und Potentiale fächerübergreifender Kooperationsmöglichkeiten verschiedenster Fachdisziplinen (vgl. dazu Lambin/Geist 2006; aber auch Turner u. a. 1990). Die Kombinationen von „Social Driving Forces" mit denen der „Biophysical Driving Forces" auf verschiedenen Maßstabsebenen, die von der „Haushaltsebene" über die lokale Ebene (Dorf, Talschaft usw.) bis zur „Region" reichen, sind – ebenso wie die auf den verschiedenen Maßstabsebenen zu erfassenden Parameter der natur- und sozialwissenschaftlichen Dimension – zumindest zu einem guten Teil dem Geographen nicht unvertraut. Und auch die Verwendung des Begriffes „Landscape" in dem Forschungsdesign (vgl. Abb. 42) weist auf die nicht unerhebliche Mitwirkung von Geographen an diesem Projekt hin (vgl. Turner u. a. 1993).

Die Frage der veränderten Mensch-Umwelt-Beziehungen im Anthropozän wurde in Deutschland in ganz entscheidender Weise von dem von der Bundesregierung eingesetzten Wissenschaftlichen Beirat für Globale Umweltveränderungen (WBGU) betrieben. Wie nicht anders zu erwarten, spielte in dem ersten, 1993 veröffentlichten Gutachten des sowohl natur- als auch sozialwissenschaftlich besetzten Wissenschaftlergremiums das Problem der Mensch-Umwelt-Beziehungen eine zentrale Rolle. Auf der einen Seite stehen die Seinsbereiche der Natur unseres Planeten, die Geosphäre und ihre Teile, die Hydrosphäre, die Atmosphäre sowie die Biosphäre in ihren unterschiedlichen zonalen Ausprägungen. Auf der anderen Seite steht die Anthroposphäre, die – im Gegensatz zu den in geologischen Zeiträumen langsamen Veränderungen – in den letzten 150.000 Jahren sich rapide gewandelt hat und im Anthropozän zu einer der entscheidenden Antriebskräfte von Klima- und Umweltwandel geworden ist. Die vom Menschen ausgehenden Wirkungen auf die verschiedenen Natursphären übertrifft heute die traditionell postulierte Dominanz der Natur bei Weitem (vgl. Abb. 43).

Nach dem, was zuvor über die Geographie und ihr Bemühen um eine wissenschaftstheoretische Begründung einer geographischen Mensch-Umwelt-Forschung gesagt wurde, muss man

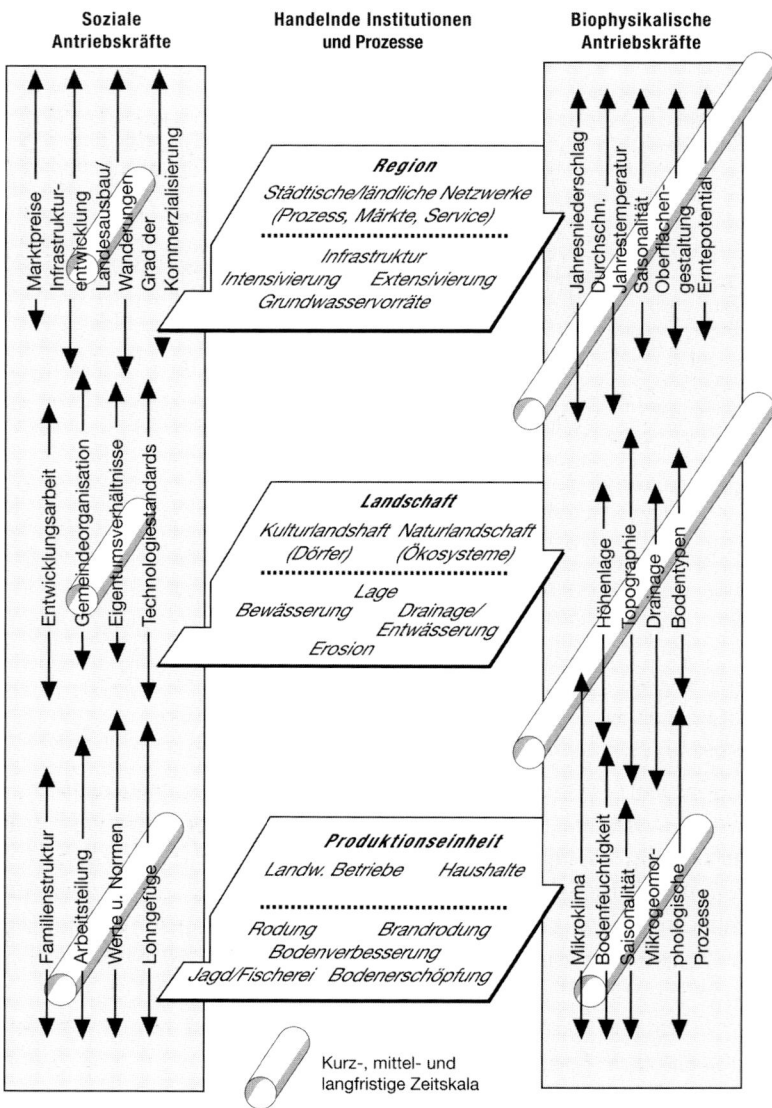

Abb. 42: Matrix zur Analyse sozialer wie natürlicher Verursachungen von Wandlungen der Landbedeckung und Landnutzung (nach Turner u. a., 1993)

festhalten, dass das vom WBGU erarbeitete Grundschema sich in vielerlei Hinsicht z. B. mit dem bereits genannten Schema der Gliederung und der Aufgabenstellung einer anwendungsorientierten Geographie, wie sie beispielsweise Uhlig (1970a) vorgelegt und begründet hat (vgl. dazu Abb. 34), deckt. Dies gilt vor allem dann, wenn man nicht nur die intradisziplinären Wechselbeziehungen zwischen den einzelnen Teilkomponenten des physischen oder des anthropogenen Bereichs betrachtet, sondern mehr noch jene, die zwischen den natur- und sozialwissenschaft-

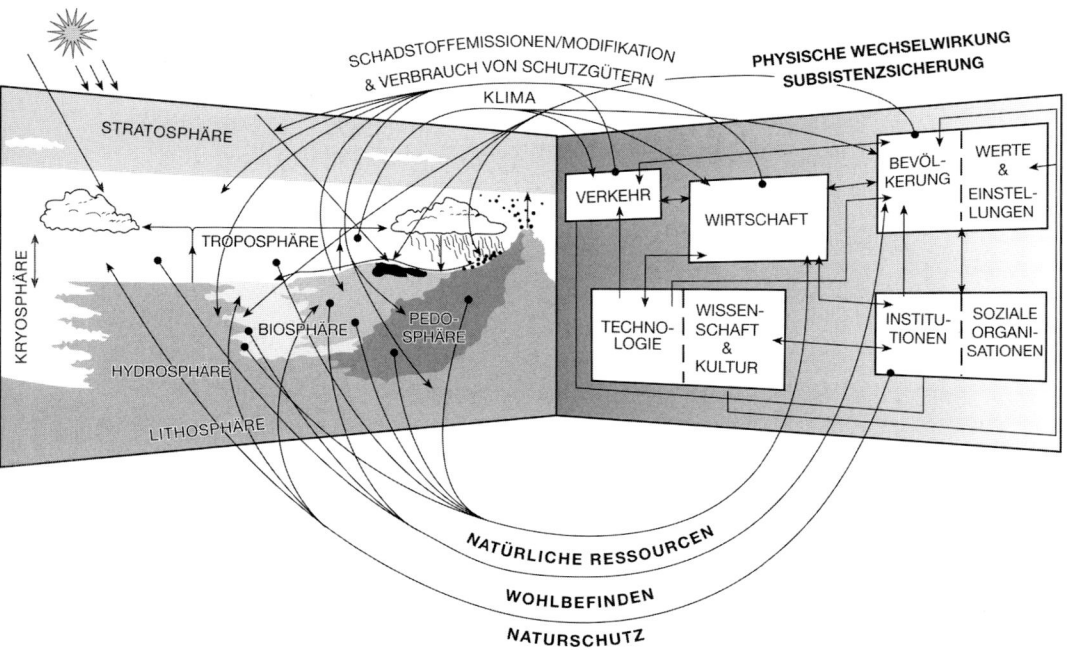

Abb. 43: Grunddiagramm Natursphäre – Anthroposphäre (nach WBGU 1993, verändert durch E. Ehlers)

lichen Teilkomponenten des Grunddiagramms postuliert werden. Auch die ökologischen Fehlentwicklungen, wie sie vom WBGU als sogenannte „Syndrome" beschrieben werden, gehen von engen Ursache-Wirkungs-Zusammenhängen zwischen dem physischen und dem anthropogenen Bereich aus (vgl. WBGU 1993), wobei heute der Mensch das eindeutig dominierende Agens ist. Seine Interventionen in Natur und Umwelt fallen unter das, was man in der deutschsprachigen Geographie als „Kausalforschung" bezeichnet hat. So wirft der Hinweis auf die inhaltlich-methodologische Koinzidenz von Uhlig (1970a) und WBGU (1993) abermals die Frage auf: Warum hat es die deutsche Geographie nicht vermocht, wesentliche Felder der in den letzten Jahren ständig an Bedeutung gewinnenden globalen Umweltforschung, speziell der Mensch-Umwelt-Beziehungen, zu besetzen und fortzuentwickeln?

In der Einleitung zu diesem Buch ist darauf hingewiesen worden, dass es von einem Geographen geschrieben worden ist. Es sei deshalb, auch vor dem Hintergrund der ausführlichen Betrachtungen der geographischen Mensch-Umwelt-Forschung in Kapitel 5, ein kurzer Ausblick auf die gegenwärtige Situation der (deutschen) Geographie innerhalb der globalen Klima- und Umweltforschung und ihre künftigen Mitwirkungspotentiale gewagt. Nicht nur das innerfachliche Nebeneinander von Physischer Geographie und Anthropogeographie und die einst wie heute großen Verständnis- und Verständigungsbarrieren haben sinnvoller und zukunftsträchtiger Kooperation beider Fachrichtungen entgegengestanden, sondern sehr oft wohl auch ein mangelndes Interesse der Mehrheit der Profession, sich neuen, ungewohnten und Teambereitschaft bedingenden Herausforderungen zu stellen. So wird nachvollziehbar, dass die Forschungen zum anthropozänen Klimawandel in den Naturwissenschaften – in der Meteorologie, in der Atmosphärenphysik und -chemie, in der Meeres- und Polarforschung – ihren Ausgangspunkt und von hier aus sehr bald auch den Menschen als Verursacher ins Visier nahmen. Mit dem Beitritt der Geo- und Biowissenschaften zu der schnell expandierenden Global Change-Forschung gewann die anthropogene Dimension an ungeahnter Bedeutung.

Kehren wir also zu der zuvor gestellten Frage nach der Rolle der Geographie in Bezug auf die globale Mensch-Umwelt-Forschung zurück. Es scheint geboten, den Versuch einer Antwort zu differenzieren. In der anglophonen Geographie, insbesondere in der Großbritanniens und der USA, haben Fragen des globalen Klima- und Umweltwandels und ihre Bedeutung für die Mensch-Umwelt-Beziehungen schon frühzeitig eine vergleichsweise große Aufmerksamkeit erhalten und aktive Mitwirkung an nationalen wie internationalen Forschungsprogrammen hervorgerufen. Stellvertretend – und ohne Ansprüche auf Vollständigkeit – seien hier für den Bereich der Britischen Inseln T. E. Downing (1996, 2000) und M. L. Parry (1998) genannt, die beide vor allem den Fragen des Klimawandels und seines Einflusses auf die regionale wie globale Nahrungsversorgung der Menschheit nachgegangen sind. In Nordamerika ist es besonders G. F. White, der schon in den 1960er-Jahren der Interdependenz von Klima – Wasser – Bevölkerung im Rahmen einer von ihm entwickelten Risikogefahrenforschung (risks and hazards) und ihrer Wahrnehmungen durch den Menschen nachging. Aus der White-Schule hervorgegangen sind so bedeutende Mensch-Umwelt-Forscher wie J. Burton, R. W. Kates, R. Kasperson oder A. Whyte. Auf Kates u. a. geht übrigens auch der Begriff der „sustainability science" (2001) als Ausdruck der Kooperation von biologischen, technologischen, sozialen und geophysikalischen Systemen zurück. Zu nennen ist aber auch B. L. Turner II, der vor allem im Bereich des LUCC Hervorragendes geleistet hat und sich im Übrigen – unter besonderer Rückbesinnung auf Humboldt – für eine koordinierte Kooperation von Physischer Geographie und Anthropogeographie auf dem Gebiet der Mensch-Umwelt-Forschung eingesetzt hat (1989, 2002). Ist es für die deutsche und die deutschsprachige Geographie nicht beschämend, dass es anglophone Geographen (Buttimer 2001, Turner 2002) oder aber Literaten waren und sind, die die Rolle Alexander von Humboldts für die globale Umweltforschung und für die Einheit des Wissens in Erinnerung rufen mussten (Humboldt-Projekt 2004)?

Im deutschen Sprachraum hat die Forschung zum globalen Klima- und Umweltwandel vergleichsweise spät eingesetzt und ist, von einigen wenigen Ausnahmen abgesehen, auch international wenig integriert. Erst in den letzten Jahren hat eine nachholende Entwicklung begonnen. Rezente Beispiele schließen unter anderen ein die Arbeiten von Bork (1988 f.), Dikau/Weichselgartner (2005), Glade (2004; Glade u. a. 2005) oder Glaser (2001). Von anthropogeographischer Seite verdienen vor allem die Arbeiten von Bohle (2001 f.) Beachtung: Fokussiert auf die Frage der Betroffenheit des Menschen durch Klima- und Umweltwandel versuchen sie insbesondere ökologische wie sozioökonomische Vulnerabilität in Einklang zu bringen; als solche sind diese Arbeiten nicht nur interdisziplinär, sondern auch stark international ausgerichtet.

Ohne abermals Plädoyers über Sinn und Notwendigkeiten eines integrativ-holistischen Geographieverständnisses zu wiederholen, sei auf das Faktum verwiesen, dass gerade im Bereich der Geowissenschaften sensu strictu, aber auch im intellektuellen Umfeld der globalen Umweltforschung die Forderung nach „Erdsystemanalyse" die Runde macht (vgl. dazu Ehlers/Krafft 2006). Besonders in Verbindung mit der Nachhaltigkeitsdiskussion hat dieses Postulat große Verbreitung und Anerkennung gefunden (vgl. Schellnhuber/Wenzel 1998); ob indes dieses mit einer zweiten kopernikanischen Revolution gleichzusetzen ist, bleibe dahingestellt (vgl. Schellnhuber 1999): Tatsache ist allerdings, dass auch unabhängig von erdwissenschaftlicher Systemanalyse die Forderungen nach einer neuen „Einheit des Wissens" (Wilson 1998) lauter und gewichtiger werden. Die Legende von den „zwei Kulturen" wissenschaftlichen Arbeitens, Denkens und Handelns (Snow 1959) schmilzt angesichts der immer komplexer werdenden Problem- und Fragestellungen einer globalisierten Wirtschaft und Gesellschaft dahin wie der Schnee in der Sonne. Insbesondere im Bereich des Wechselverhältnisses zwischen Mensch und Umwelt werden Rolle und Bedeutung des Menschen als Verursacher und Betroffener lokaler wie globaler Veränderungen immer stärker erkannt (vgl. dazu Kock 2002); Lösungen der meist sehr komplexen Deformationen dieser Wechselbeziehungen werden in neuen holistisch-integrativen Sicht- und Handlungsweisen der Wissenschaften gesehen (vgl. dazu Coenen 2001, Gethmann/Lingner 2002, Janich 2002).

Herausforderungen an Wissenschaft und Ethik – Ein Ausblick

Die Reise durch 150.000 Jahre moderner Menschheitsgeschichte und ihres Verhältnisses zu Natur und Umwelt hat die Gegenwart erreicht. Die seit dem 19. Jahrhundert aufblühenden Naturwissenschaften, insbesondere die heute so genannten Lebenswissenschaften, haben mit zunehmender Intensität und immensem Erfolg zur Entschlüsselung des Lebens und seiner Entstehung auf der Erde, die Physik zum Verständnis des Kosmos und seines Aufbaus beigetragen. Diese Erkenntnisfortschritte haben die Entmythologisierung und Entmystifizierung religiöser Schöpfungsvorstellungen befördert. Sie haben aber auch neue Verunsicherungen über die Rolle, Bedeutung und Stellung des Menschen innerhalb des Kosmos und seiner Mitgeschöpflichkeit hervorgerufen. Dazu zählen gerade das in der Gegenwart wachsende Unbehagen in einer zunehmend dem Menschen entfremdeten technisierten Welt, Verluste heimatlicher Geborgenheit, die Unwirtlichkeiten vieler unserer Umwelten, die Suche nach Ersatz- und Scheinwelten. Natur wird zunehmend – ebenso wie der Begriff der Landschaft – zu einem Synonym für idyllisch empfundene Geborgenheitsräume, womit zugleich Entscheidendes über Mensch-Umwelt-Beziehungen in der technisch-rationalen und in globale Zusammenhänge eingebetteten Gegenwartswelt gesagt wird (vgl. Tab. 16).

Solchen holistisch-emotionalen Naturbildern steht das rationale Bild von Erde und Kosmos gegenüber, wie es uns die Naturwissenschaften entziffert haben und weiterhin enträtseln. Die Gegenstände der hierarchischen Differenzierungen von den Atomen bis hin zu den Galaxien und dem Kosmos werden im 19. und 20. Jahrhundert die Keimzellen hoch spezialisierter Fachwissenschaften, die sich in ihren Gegenständen, Fragestellungen und Erkenntniszielen immer mehr verfeinerten und voneinander abgrenzten. In gleichem Maße wie sich die Wissenschaftsdisziplinen verselbstständigten, verloren sie aber auch Interesse und Fähigkeit zu kooperieren. Nicht nur, dass sie den Eigengesetzen ihrer Forschungsgegenstände nachspüren, sondern mehr noch: Mit zunehmender Spezialisierung wird es immer schwieriger, die Gesamtkontexte der kosmischen, chemischen, biologischen oder kulturellen Evolutionen zu verstehen, geschweige denn ihre Interaktionen und gegenseitigen Beeinflussungen zu ergründen. Aus biologischer

Tab. 16:   Naturbilder in Deutschland (zitiert nach WBGU Sondergutachten 1999)

Kategorie	Erklärung	Häufigkeit der Nennung
Romantischer Naturbegriff	Schönheit, Wiesen, Wälder, Naturliebe, Idylle, stets positiv wertende Aussagen	38 %
Evaluativer Naturbegriff	Natur ist gut, optimal, sehr wichtig, stets positiv wertend	5 %
Ontologischer Naturbegriff	Schöpfung, Apotheose der Natur: Natur ist Gott oder gottähnlich	4 %
Reproduktionsbegriff	Gesundheit, Erholung, Entspannung, Wandern, Sport, Urlaub, Ernährung	27 %
Bedrohte, zerstörte Natur	Bedrohte Lebensgrundlage, verschandelte, zerstörte Natur, Abgase, Müll, Lärm, Verkehr, Ozon, negativ wertende Aussagen	23 %
Umwelt(schutz)begriff	Ökologie, Umweltschutz, Natur erhalten	22 %
Gegenkultureller Naturbegriff	Natur ist Gegensatz von Kultur, Unberührtheit, Natürlichkeit, Ursprünglichkeit, Verzicht menschlicher Eingriffe in Natur	9 %
Produktive Ressource	Energie, Rohstoffe, Landwirtschaft	3 %
Systembegriff	Zusammenspiel von Lebewesen, Pflanzen, Luft, Erde, Bewegung, Autopoiesis	3 %
Wissenschaftlicher Naturbegriff	Natur-(Wissenschaften), Naturgesetze, Natur als Wissen, Erkenntnisgrundlage	1 %
Natur als Leben (-sgrundlage)	Natur ist Leben, Natur ist lebenswichtig	8 %
Nostalgischer Naturbegriff	Natur, wie sie früher einmal war (meist positiv wertend	1 %
Visionärer Naturbegriff	Natur, wie sie einmal sein wird, Verweis auf nachfolgende Generationen (meist normative Aussagen)	2 %
Natur als Bedrohung	Naturkatastrophen, Auslese, Natur kann grausam sein	3 %
Geographischer Naturbegriff	Draußen sein, Landschaft, Garten, Lebensraum Umgebung	12 %
Funktioneller Naturbegriff	Entstehen, Wachsen, Kraft, Energie, Sterben	5 %
Universeller Naturbegriff	Himmel und Erde, Kosmos, All, Sterne	5 %
Syntagmatischer Naturbegriff	Nicht wertende Aufzählung von Elementen	29 %
Sonstige und keine Angaben		1 %

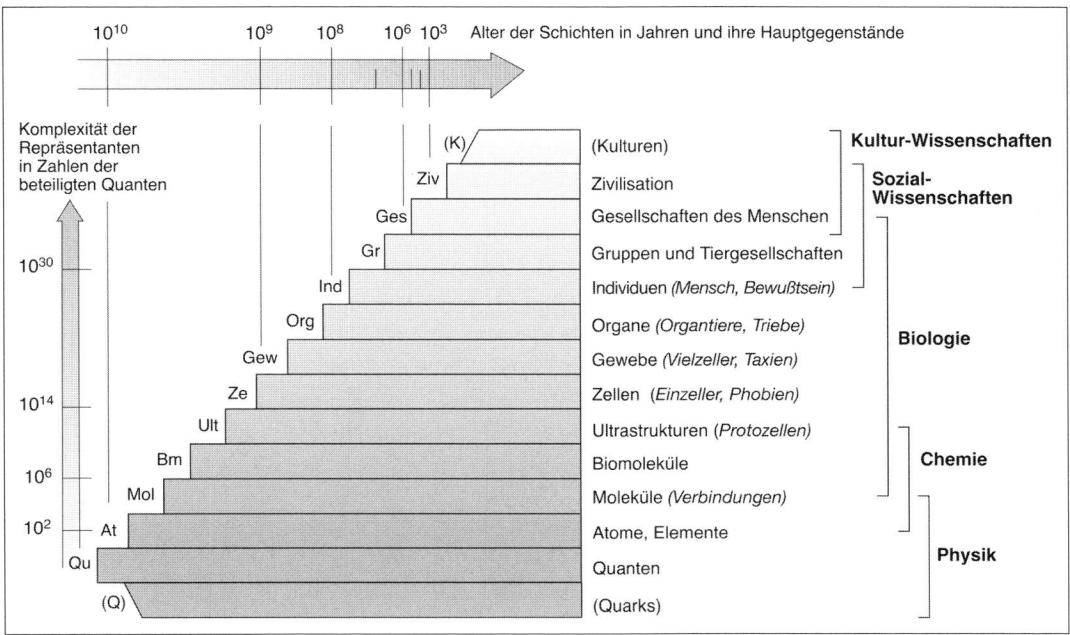

Abb. 44:   Der hierarchische Aufbau der Natur (nach Riedl 1985)

Sicht hat Riedl (1985) ein Schema der hierarchischen Strukur der Natur vorgelegt und dabei 14 aufeinander aufbauende Schichten wissenschaftlicher Sachgebiete ausgewiesen (vgl. Abb. 44). Diese Schichten sind nicht nur bestimmten Disziplinen zugeordnet, sondern sie sind in ihrer x-Achse auch zeitlich verortet. Dabei zeigt sich, dass die physikalischen, chemischen und biologischen Evolutionsprozesse sich in ihrer Abfolge nicht nur beschleunigen, sondern dass ihre Komplexität mit Annäherung an die Gegenwart zunimmt, denn: „es gilt nun als unangezweifelt, dass die Gesetze einer jeden Schicht durch alle darübergelagerten hindurchreichen" (Riedl 1975, S. 69). Anders ausgedrückt: Die auch in der Evolutionsgeschichte jüngsten Repräsentanten, nämlich die soziokulturelle Evolution und ihre Ausprägungen, sind durch alle vorhergehenden Evolutionen mitgeprägt. In den Worten von Riedl: „Jede der Schichten im hierarchischen Bau wird [...] von zwei Seiten bestimmt. Es liegt eine Symmetrie von Gründen vor. Die Material- und Strukturgesetze reichen von den Unterschichten durch die Systeme hindurch, die Form- und Selektionsgesetze von den Oberschichten" (ebd., S. 71).

Die Komplexitäten der kosmischen, der biologisch-ökologischen oder auch der soziokulturellen Evolution (vgl. Abb. 45) unterliegen also wissenschaftlichen Gesetzen und Gesetzmäßigkeiten, auf die der Mensch bis vor kurzem keinerlei Einfluss hatte, seit der Großen Transformation indes modifizierend und gestaltend einwirkt. Der Mensch wird, wie es einzelne Denker vor allem des Empirismus, des Rationalismus und der Aufklärung vorausgedacht haben, selbst zu einem die Naturgesetze nutzenden und sie in seinem Sinne verändernden Modifikator/Manipulator von Natur, ohne jedoch Naturgesetzlichkeiten neu bestimmen oder modifizieren zu können. Daraus erwachsen ihm moralisch-ethische Verantwortlichkeiten gegenüber Natur und Umwelt.

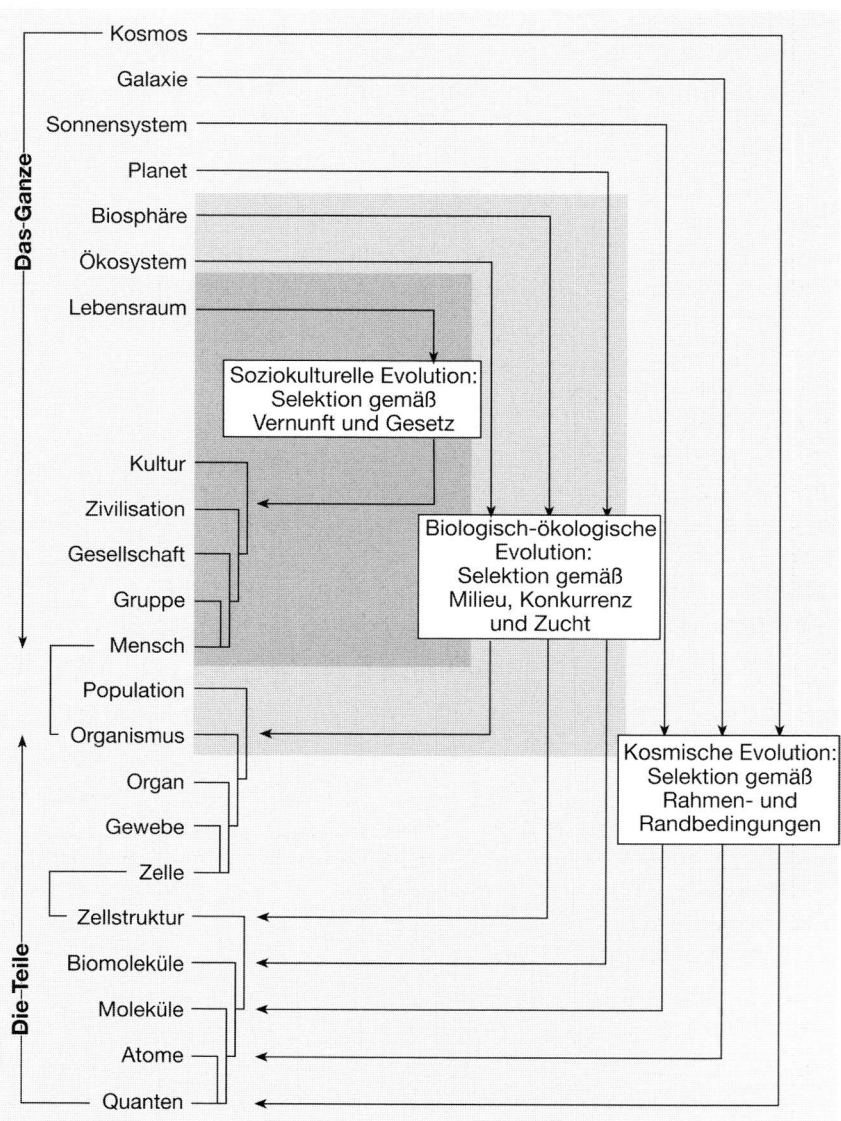

Abb. 45: Differenzierung des Kosmos und seine Selbstorganisation durch Material- und Strukturgesetze bzw. durch Form- und Selektionsgesetze (nach Riedl 1985, Jantsch 1992
und Klaus 1998)

Denn wir haben es bereits mehrfach betont: Als einziges Geschöpf ist der moderne Mensch, der
homo sapiens sapiens, ein als Ergebnis eines über Millionen von Jahren während Evolutions-
prozesses über seine rein biologische Existenz hinausgewachsenes Lebewesen. Er ist ein vernunft-
begabtes, vorausschauend-planendes und um die Wirkungen seines Handelns wissendes Wesen.
Er ist ein erkennendes und bewusst handelndes Wesen, geprägt durch das kantische „Faktum der

Vernunft", d. h. die Prinzipien der Gegenseitigkeit, der Verallgemeinerungsfähigkeit und der Verantwortlichkeit seines Handelns (vgl. Honnefelder 1995; Markl 1983, 1998a, 2001). Und das unterscheidet ihn grundsätzlich von allen Mitgeschöpfen der Natur. Es macht ihn einzigartig.

Zu der Fähigkeit der Natur, sich selbst zu organisieren und dabei evolutionär weiterzuentwickeln, tritt der Mensch als das Wesen, das Herder in seinen „Ideen zur Philosophie der Geschichte der Menschheit" (Viertes Buch, Kap. IV) wie folgt umschreibt: „Der Mensch ist der erste Freigelassene der Schöpfung; er steht aufrecht. Die Wage des Guten und Bösen, des Falschen und Wahren hängt an ihm: er kann forschen, er soll wählen [...]". Eine solche Wahlfreiheit gilt auch – und gerade! – für den emanzipierten und sich seiner Souveränität oftmals im Übermaß bewussten Menschen des Anthropozäns; und sie gilt auch – und abermals gerade! – im Umgang mit Natur und Umwelt. Die mit der Großen Transformation einsetzenden und die seit Ende des Zweiten Weltkriegs zunehmend „verkürzten Aufenthalte in der Gegenwart" bzw. die sich akzellerierenden „Gegenwartsschrumpfungen" (Lübbe 1996) stellen mehr denn je die ethisch-moralische Frage, ob der Mensch überhaupt noch Teil der Natur ist oder bereits außerhalb derselben steht. Nicht nur die Unterschiedlichkeiten der Wahrnehmung von Natur (vgl. Tab. 16), sondern ebenso der Umgang mit Natur als Absolutum und Relativum in Form der natürlichen Umwelt des Menschen sind irritierend. Eine gute Übersicht über potentielle Perspektiven der Natur aus der Sicht des modernen und westlich geprägten Menschen geben Knaus/Renn (1998), wenn sie folgende generelle Typologie von gängigen Naturverständnissen vorschlagen:

„**1a. Anthropozentrische Perspektiven utilitaristischer Prägung**
Natur als „Füllhorn" für die Ressourcennutzung: In diesem Verständnis bietet die Natur die Ressourcengrundlage für die Erfüllung menschlicher Bedürfnisse.
Natur als Modelliermasse oder Ausgangspunkt für die Schaffung von Kulturland (Garten, Landwirtschaft, Forstwirtschaft, Stoffkreisläufe): In diesem Verständnis heißt Umweltgestaltung, die Möglichkeiten des Menschen, Naturland in das für ihn fruchtbringende Kulturland umzuwandeln, es wirtschaftlich zu nutzen und auf Dauer zu erhalten. Natur ist nicht unmittelbar nutzbringend für den Menschen, sondern nur in ihrer Umformung als Kulturland. Diese Umformung ist aber von natürlich gegebenen Bedingungen abhängig und durch die Leistungsfähigkeit der naturgegebenen Stoffkreisläufe begrenzt.

1b. Anthropozentrische Perspektiven mit protektionistischer Prägung
Natur als erhaltenswerte Wildnis: In diesem Verständnis von Natur ist die Erhaltung von unberührten Naturflächen ein für die Menschen unmittelbar gegebenes Bedürfnis unabhängig von der möglichen Nutzung der dort enthaltenen Ressourcen. Umweltnutzung bedeutet deshalb nicht nur den Erhalt der Ressourcenbasis, sondern darüber hinaus die Anerkennung eines von Menschen geschützten Existenzwerts der Natur, wie sie sich ohne menschliche Eingriffe darstellt.
Natur als Schutzobjekt vor menschlichen Eingriffen: Nach diesem Verständnis geht es bei der Umweltgestaltung weniger um den Erhalt der Lebensgrundlage des Menschen als um den Erhalt der Natur (oder der heute vorhandenen Umwelt) vor dem Eingriff des Menschen. Jede weitere Expansion menschlicher Eingriffe in die Umwelt und jede intensive Nutzung der Umwelt ist nach diesem Naturkonzept zu vermeiden.

Biozentrische Perspektiven
Natur als Einheit der Schöpfung: In diesem Verständnis haben alle Lebewesen eine prinzipielle Berechtigung, ihren Platz in der Natur einzunehmen. Durch die Möglichkeiten der Menschen, den

ihnen naturgemäß zustehenden Platz weiter auszudehnen, als es diesem Verständnis der natürlichen Ordnung entsprechen würde, obliegt ihnen die besondere Verantwortung, das Lebens- und Ressourcennutzungsrecht der Mitgeschöpfe nicht über Gebühr zu beeinträchtigen und sich selbst in den eigenen Ansprüchen so weit zu bescheiden, dass eine naturnahe Koexistenz zwischen Menschen, Tieren und Pflanzen zustande kommt. Dabei wird aber die Priorität menschlicher Interessen im Zielkonflikt zwischen Ressourcennutzungskonkurrenten nicht in Frage gestellt.

Natur als Hort von gleichberechtigten Mitgeschöpfen: In diesem Verständnis haben alle Lebewesen nicht nur eine Berechtigung auf adäquaten Lebensraum, sie haben auch die gleichen Rechte auf Lebensentfaltung im Rahmen der natürlichen Ordnung wie die Menschen. Im Zielkonflikt um die Ressourcennutzung sollen alle Lebewesen prinzipiell gleich Chancen erhalten. Nur im Fall einer existenziellen Bedrohung des eigenen Lebens hat der Mensch Vorrang vor den immanenten Ansprüchen seiner belebten Umwelt."

(Knaus/Renn 1998, zitiert nach WBGU 1999, S. 29)

Für welche der Sichtweisen man sich auch immer entscheiden mag: Eine jegliche wirft Fragen und Probleme auf. Der utilitaristische Aspekt stellt die moralisch-ethische Frage, bis zu welchem Grade und für welche Zwecke wir die Natur verändern und sie z. B. in Kulturlandschaft umwandeln dürfen. Und wo liegen die Grenzen dieses Umgestaltungsprozesses? Wenn wir heute bereits zurück steuern und Kulturlandschaften „renaturieren" oder aber versuchen, quasi natürliche Zustände wiederherzustellen, ist dann nicht das Maß des Utilitarismus längst überschritten? Und wo liegt die Grenze zu einer Anthropozentrik mit protektionistischer Prägung? Der Philosoph Honnefelder (1993) hat die berechtigte Frage gestellt, welche Natur wir denn überhaupt schützen sollen. Obliegt es unserer Gesellschaft zu entscheiden, welche Natur wir zu welchem Zwecke und zu welchem Ziel erhalten oder aber verändern wollen? Gehen hier nicht Utilitarismus und Protektionismus nahtlos ineinander über? Und unterliegen vom Menschen gesetzte Zweckabsichten und Prioritätensetzungen nicht ohnehin permanentem Wandel? Ähnlich widersprüchliche Fragen ergeben sich bei der biozentrierten Sicht der Natur durch den Menschen. Was heißen schon die Aussagen nach der „Möglichkeit der Menschen, den ihnen zustehenden Platz weiter auszudehnen"? Was steht ihm denn naturgemäß zu? Und wie soll man bewerten, dass „nur im Fall einer existentiellen Bedrohung des eigenen Lebens [...] der Mensch Vorrang vor den immanenten Ansprüchen seiner belebten Umwelt" (vgl. Zitate S. 249 f.) hat? Nach Auffassung des Verfassers münden auch solche sogenannten biozentrischen Perspektiven nahezu zwangsläufig in die zuvor als anthropozentrisch gekennzeichneten Sichtweisen ein.

Die ganze Problematik von Physio-/Biozentrismus versus Anthropozentrismus der Natursicht wird vollends deutlich, wenn wir „Natur als Ware" sehen und Ökosysteme ausschließlich auf ihre wirtschaftliche Bedeutung für die Funktionsfähigkeit des Systems Erde und der auf ihr lebenden Menschheit reduzieren. In einer 1997 in der Zeitschrift „Nature" publizierten Übersicht haben amerikanische Wissenschaftler (Costanza u. a. 1997), differenziert für 16 marine und terrestrische Ökosysteme, insgesamt 17 ökosystemare Dienste identifiziert und diese in ihrer monetären Wertschöpfung zu berechnen versucht. Was also ist einem derart utilitaristischen Weltbild, das ideologisch wie auch ideengeschichtlich so eng mit der abendländisch-christlichen Entwicklung und Kultur und ihrer mehr oder weniger weltweiten Ausbreitung verbunden ist, entgegenzusetzen? Und was soll man von einer moralisch-ethischen Verhaltensmaxime halten, die in der gegenwärtigen Diskussion um „Umwelt und Ethik" (WBGU 1999, S. 36) unter Bezugnahme auf eine „Philosophie der ökologischen Krise" (Hösle 1991) wie folgt argumentiert: „Der Mensch ist also moralisch dazu angehalten, gegenüber der belebten Natur eine Art Vormundschaft auszuüben, weil die Natur aus sich heraus keine eigenen Rechte beanspruchen kann, dennoch aber eine für den Menschen wichtige und über den wirtschaftlichen Nutzwert hinausgehende Wertigkeit besitzt". Eine solche Deutung der Mensch-Umwelt-Beziehungen und eine solche Verantwortlichkeit des Menschen gegenüber der ihn umgebenden Natur dürfte einerseits in unserer westlich-industrialisierten Gesellschaft konsensfähig sein. Allerdings ist eine solche Ethik, die Frage also nach dem richtigen Handeln und der Begründung normativer Handlungsempfehlungen, nur bedingt auf andere Kulturkreise übertragbar. Für so viele Aussagen und Thesen dieses Buches müssen wir uns stets vor Augen halten, dass sie den moralisch-ethischen Grundsätzen einer über Jahrtausende gewachsenen abendländisch-„westlichen" Geisteshaltung entstammen. Umso mehr scheint es geboten, abschließend zumindest zu signalisieren, dass es auch andere, „nicht-westliche" Naturverständnisse gibt (vgl. Nakamura 1992).

Generell darf man wohl davon ausgehen – und darauf weisen die dem Verfasser bekannten kultur- und religionsökologischen Schriften fast übereinstimmend hin –, dass insbesondere in den Verkündigungstexten der großen Weltreligionen stets der Mensch im Mittelpunkt des Interesses steht. Vergleichsweise wenig indes wird über die die Menschen umgebende Natur und Umwelt und deren Wechselverhältnisse gesagt; und so gut wie gar nichts über deren Eigenwertigkeit und somit über deren menschlichen Bewahrungsauftrag. Diesen Eindruck jedenfalls vermittelt ein zugegebenermaßen nur kursorischer und somit keineswegs repräsentativer Einblick in das auch auf diesem Feld im Übermaß vorhandene Schrifttum. Ausführlichere Darstellungen zu den Interaktionen von Mensch, Gesellschaft und Natur- wie Weltsicht finden sich z. B. in Eliade (2002), Gerlitz (1998), Heiler (1999) oder Klöcker/Tworuschka (2005), um nur einige der jüngeren Publikationen in deutscher Sprache mit jeweils weiterführenden Literaturangaben zu nennen. Auf die offenkundig große Bedeutung von Naturphänomenen in prähistorischer Zeit wurde andeutungsweise hingewiesen. Die weite Verbreitung und besonders die große Rolle von Jagd- und Kampfzauberritualen, von Idolen und Fruchtbarkeitssymbolen in enger Verbindung mit Tier- und Pflanzenkulten ist ein fast in allen prähistorischen „Religionen" zu beobachtendes Phänomen. Bemerkenswert aber ist, dass in den von westlichem Kultur- und Gedankengut nur wenig beeinflussten kultisch und kosmologisch geprägten Vorstellungen afrikanischer oder pazifisch-ostasiatischer Naturreligionen solche als Theriomorphismus bzw. Animalismus bezeichneten Beziehungen zwischen Menschen und den sie umgebenden spirituellen Umwelten bis heute eine nicht zu unterschätzende Rolle zu spielen scheinen (vgl. Baumann 1964, Gerlitz 1992/2003, Zwernemann 1968). Über diese uns fremd anmutenden Diesseits- und Jenseitsvorstellungen hinaus sollten wir aber nicht vergessen, dass auch in unserer eigenen Vergangenheit bis zum Erscheinen des Christentums und der Missionierung unserer Vorfahren sowohl kosmologische Ereignisse (z. B. Sommersonnenwende) als auch besondere topographische Lokalitäten (Quellen, Flüsse, Teiche, Berghöhen usw.) und Pflanzen als Träger göttlicher Kräfte Verehrung genossen (vgl. Grönbech 2002, Maier 2003a). Das, was uns historisch weit zurückliegt, ist in außereuropäischen Kulturen weit verbreitete Gegenwart. Die Verehrung heiliger Bäume und Haine in vielen Teilen der Erde sind dort Teil spezieller Mensch-Umwelt-Beziehungen und werden heute sogar als Sanktuarien nartürlicher Biodiversität geschützt (vgl. dazu Baumann 1964 und Zwernemann 1968 für Afrika, Ramakrishnan u. a. 1998 für Indien u. v. a. m.).

Wie sieht es aber im Gegensatz zu diesen religiös nicht kodifizierten Mensch-Umwelt-Beziehungen mit einer Umweltethik in den großen Buchreligionen der Menschheit aus? Wie sehen Islam oder Buddhismus, Hinduismus (Michaels 2003, Pandeya 2002, Singh 1992) oder Konfuzianismus/Taoismus (Zhongshu 1992) das Verhältnis des Menschen gegenüber seinen Mitgeschöpfen und seine Verantwortung für die ihn umgebende Natur, seine Umwelt? Es wäre reizvoll, den uns aus dem Christentum bekannten Blick des Menschen auf Natur und Umwelt durch entsprechende Vergleiche zu ergänzen. Wir müssen uns mit Andeutungen begnügen. Auf die großen Affinitäten zwischen Judentum und Christentum wurde bereits mehrfach verwiesen. Beiden gemein ist der Mensch als Krone göttlicher Schöpfung, dem zugleich die Überlegenheit gegenüber Pflanzen und Tieren zuerkannt wird. Dabei verweist das Alte Testament immer wieder auf den Bewahrungsauftrag an den Menschen, der die Leihgaben Gottes – das Land und seine Früchte, die Kreatur ebenso wie die gesamte Natur und ihre Geheimnisse – zu behüten und zu bewahren habe. – Dass der Islam und seine heilige Schrift, der Koran, das Verhältnis des Menschen zur Natur in ganz besonderer Weise aus der spezifischen Umwelt seines Propheten Mohamad ableiten, ist oft betont worden. Gerade vor dem Hintergrund des wüstenhaften Milieus der Arabischen Halbinsel spielt das in vielen Suren beschriebene Paradies als Verheißung eine gottgefälligen Lebens nach dem Tode eine besondere Rolle (vgl. Kandler 1995). So heißt es in Sure 47, Vers 15 wie folgt:

> „Das Paradies, das den Gottgefälligen versprochen ist, ist so beschaffen: In ihm sind Bäche mit Wasser, das nicht faul ist, andere mit Milch, die (noch) unverändert (frisch) schmeckt, andere mit Wein, den zu trinken ein Genuss ist, und (wieder) andere mit geläutertem Honig. Sie (d. h. die Gottesfürchtigen) haben darin allerlei Früchte und Barmherzigkeit von ihrem Herrn (zu erwarten)."
> *(Koran, Sure 47, Vers 15)*

Solche Visionen schlagen sich in der in fast jedem traditionellen Wohnhaus des Islamischen Orients zu findenden Gartenarchitektur nieder, ganz zu schweigen von den großen Palastgärten zwischen Marokko im Westen und den Moghulgärten des Indischen Subkontinents (vgl. dazu u. a. Bianca 1991, Brookes 1987, Forkl u. a. 1993, Nippa 1991 oder Petruccioli 1995). Aber sagen diese Gärten als irdische Paradiese etwas aus über den täglichen Umgang mit Natur und Umwelt? Wenig, zumal der Mensch im Islam explizit nicht als Ebenbild Gottes gesehen wird (vgl. Nasr 1964). Vielmehr kommt dem mit Verstand und Seele ausgestatteten Menschen eine Sonderstellung innerhalb der Schöpfung zu, wobei ihm angesichts seiner von Gott verliehenen Perfektion allerdings aufgegeben ist (Sure 7, Vers 54), diese so zu pflegen, dass sie keinen Schaden nimmt. Insbesondere dem pfleglichen Umgang mit Wasser wie auch mit Früchte tragenden Bäumen wird besondere Bedeutung beigemessen (Faruqui u. a. 2001; Amery 2001), während die Rolle des Menschen gegenüber Tieren distanzierter gesehen wird (vgl. Ambros 1990). Man hat die islamische Umweltethik als theozentriert bezeichnet; auf die tägliche Praxis der Mensch-Umwelt-Beziehungen in der islamischen Welt scheint sie wenig Einfluss genommen zu haben.

Was die Umweltethik des Buddhismus anbelangt, sei auf die Zusammenfassung von Klöcker/Tworuschka/Tworuschka (1996, S. 187 ff.) verwiesen, die unter Berufung auf buddhistische Quellen u. a. betonen, dass „Umwelt [...] Mensch, Tier, Pflanze, Erde und Wasser [bedeutet] [...]. Der Mensch ist für die nicht-menschliche Umwelt verantwortlich, aber die einzelnen Bereiche der Umwelt sind nicht gleichwertig; denn das Tier steht zum Beispiel über der Pflanze [...]. Ein wichtiger buddhistischer Grundsatz ist das Recht auf Besitz für einen selbst und für andere. Auf die Umwelt übertragen bedeutet dies, dass der einzelne mit Bodenschätzen, Wasser, Luft, Landwirtschaft und Industrie so umgeht, dass die Anrechte des anderen respektiert werden. Daher bedarf es für diese Fragen der Regeln und Bestimmungen, an die alle gebunden sind". Weitere Überblicke über das Natur-Mensch-Umwelt-Verhältnis in außereuropäischen Kulturen finden sich zum Beispiel in Senda (1992) oder Hanafi (1992), aber auch in den Sammelbänden von Buttimer/Wallin 1999 oder Buttimer/Brunn/Wardenga 1999).

Wenn wir an dieser Stelle den umweltethischen Überblick über die Sicht der Weltreligionen zur Frage Natur – Mensch – Umwelt abbrechen, dann deshalb, weil gerade die globale Dimension der Verantwortlichkeit des Menschen für Natur und Umwelt angesprochen wurde. Sie leitet von der weltreligiösen zur weltethischen Dimension des Mensch-Umwelt-Verhältnisses hin zum „Projekt Weltethos" (Küng 1990). Auch hier muss ein kurzer Verweis auf das entsprechende Schrifttum genügen (für einen guten interkulturellen Vergleich vgl. die Sammlung von 17 Beiträgen in Kessler 1996). Aus entwicklungsbiologischer Sicht argumentiert Gierer (2001) mit guten Gründen dafür, nicht so sehr menschliche und damit kulturell geprägte oder vorbelastete Wertsetzungen zum Maßstab von Umweltethik zu machen, sondern eher „biologisch angelegte Merkmale von Gemeinsinn, Mitgefühl, Vertrauens- und Versöhnungsbereitschaft" zur Grundlage eines verbindlichen Weltethos zu erheben. Es ist indes bekannt, dass die Menschheit weit von einem verbindlich akzeptierten Umweltethos entfernt ist. Die gegenwärtig ablaufenden Diskussionen um das Kyoto-Protokoll sind bester Beweis für eine solche These. Und es will scheinen, dass in dieser Hinsicht westlich-abendländische Realitäten und Rationalitäten nicht einmal innerhalb dieses Lagers konsensual sind. Wieviel weniger kann man erwarten, dass sie eine globale Akzeptanz und Anwendung erfahren!

Kehren wir also abschließend zu dem Ausgangspunkt unserer Überlegungen zurück und lassen, wie schon im Einleitungskapitel, zwei Exponenten des Natur-Mensch-Umwelt-Diskurses zu Wort kommen. Aus biologisch-naturwissenschaftlicher Sicht hat Markl (1983) bereits vor einem Vierteljahrhundert die verstärkte Nutzung des Merkmals angemahnt, das den Menschen von allen anderen Arten der belebten Natur unterscheidet: die Intelligenz. Er schreibt:

> „Der Mensch hat seine stupende Intelligenz bisher praktisch nur dazu verwendet, um mit kulturellen Mitteln das gleiche darwinsche Fitneßrennen noch wirkungsvoller fortzuführen, in dem wir vorher mit rein biologischen Mitteln gegen unsere Konkurrenten angetreten waren [...]. Der Schritt zur wirklichen Autonomie, zur Selbstbestimmung unserer Daseinszwecke, der sich der Einsatz unserer märchenhaften, technisch-kulturellen Mittel unterzuordnen hat, bleibt noch zu tun. Zur Rationalität der Mittel [...] muß die Rationalität der Zwecke kommen."
> *(Markl 1983, S. 23)*

Und aus philosophisch-ethischer Sicht appelliert Honnefelder an die Einsicht des Menschen als dem einzigen vernunftgeleiteten Wesen im Reich der Natur:

> „Seit der Mensch aber vor der Möglichkeit steht, die eigene Gattung und das Leben auf dem Planeten zerstören zu können, weiß er um den Antagonismus zwischen der potentiellen Grenzenlosigkeit seiner Mittel und der Begrenztheit der ihn tragenden Natur. Soll die Natur wie in der Vergangenheit auch in Zukunft das Leben der Menschen ermöglichen, verlangt schon die Achtung der Person in ihrer Verallgemeinerung einen Umgang mit allen begrenzten Ressourcen und allen irre-

versiblen schädlichen Prozessen, der auch in Zukunft menschliches Leben möglich sein läßt. Ganz-heits-, Vernetzungs- und Grenzbewußtsein des Menschen in bezug auf die Natur aber lassen insge-samt einen Umgang mit der Natur als angemessen erscheinen, der nicht so sehr durch ein Verhält-nis der Herrschaft, als vielmehr durch ein solches der Partnerschaft geprägt ist, in der nicht der Abbau sondern der Anbau dominiert."
(Honnefelder 1995, S. 147)

Unser Rückblick auf die Natur-Mensch-Umwelt-Wechselbeziehungen hat gezeigt, dass spätes-tens seit der Renaissance die gedanklichen Auseinandersetzungen des Menschen um seine Stel-lung in der Welt immer wieder zwischen physiozentrischen und anthropozentrischen Deutun-gen und Erklärungen geschwankt haben. Diese Pendelschläge halten bis heute an; allerdings mit dem – so will es scheinen! – wichtigen Unterschied, dass sie immer weniger als Antagonismen, sondern als Komplementaritäten formuliert werden. Aus diesem Grund mögen auch die zuvor zitierten Exponenten einer aus dem Geist der Naturwissenschaften abgeleiteten Natur- und Menschensicht, der Biologe Markl, und der aus geistes- und kulturwissenschaftlicher Sicht argu-mentierende Philosoph Honnefelder, das letzte Wort haben. Markl hat mit großem Nachdruck und nachdenklich stimmenden Argumenten betont, dass die künftige menschliche Existenz und ihre Zukunft davon „abhängen und bestimmt werden, wie wir unser Leben in die Lebenszusam-menhänge der gesamten Biosphäre einfügen, genauer gesagt: wie wir uns bei aller Besonderheit in die Einsicht fügen, daß wir nur in Gemeinschaft mit und nicht in Gegnerschaft zu der natür-lichen Lebensvielfalt existieren können" (Markl 1998b, S. 11). Und er schlussfolgert, dass eine vom Menschen geprägte Natur, d. h. „das Anthropozoikum in der Anthropo-Biosphäre, etwas anderes sein muß als jene der vorangegangenen Erdzeitalter, eine durchgreifend vom Menschen bestimmte, vom Menschen beherrschte, vom Menschen zu gestaltende und zu bewahrende, eine vom Menschen zu verantwortende Natur, mit einem Wort: eine Natur unter Menschen-hand." (ebd., S. 162). Das heißt aber, dass der Mensch selbst das entscheidende Agens für die künftige Gestaltung der Natur und damit seiner eigenen und künftigen Lebensumwelt wird. Und hier schließt sich nahtlos die Schlussfolgerung des Philosophen an: „Aus der Frage ‚Was schützt den Menschen vor der Natur?' wurde die Frage ‚Was schützt die Natur vor dem Menschen?'" Und seine Antwort lautet: „Doch wenn es etwas gibt, was die Natur vor dem Menschen schüt-zen soll, dann kann dies nur der Mensch selbst sein" (Honnefelder 1995, S. 135). Dem ist nichts hinzuzufügen!

Abbildungsverzeichnis

1 Artenvernichtung in der Erdgeschichte 10

2 Atmospärische CO_2-Konzentration im Vostok-Eisbohrkern, gegenwärtiger Stand (2001) und Projektion für das 21. Jahrhundert 12

3 Direkte und indirekte menschliche Dominanz natürlicher Ökosysteme 16

4 Rückwirkungen menschlicher Beeinflussung natürlicher Ökosysteme auf die menschliche Gesundheit 17

5 Komponenten der modernen Evolutionslehre: Natürliche Selektion und Reproduktionserfolg als zentrale Mechanismen 23

6 Klassifikation großer Evolutionssprünge 25

7 Stadien kultureller Evolution und ihre Merkmale 27

8 Ruinvermeidung in Subsistenzökonomien 28

9 Out of Africa: Ausbreitungswege der frühen Hominiden (oben) und des homo sapiens sapiens über die Erde 31

10 Zur Komplexität menschlicher Evolution: die Beziehungen zwischen Ökologie – Sozialleben – Intelligenz 32

11 Veränderungen des Küstenverlaufs des Mittelmeeres im Bereich des Mäander-Deltas, 1500 v. u. Z. bis in die Gegenwart (nach Müllenhoff 2005) – im Vergleich mit rezenter Deltaentwicklung am Gelben Fluss/China 65

12 Entwicklung der Bodennutzungssysteme in Mitteleuropa vom 6. bis zum 20. Jahrhundert und in Bezug zur Bevölkerungsentwicklung 74

13 Das Prinzip der zelgengebundenen Dreifelderwirtschaft und ihre Bedeutung für Land-, Weide- und Holzwirtschaft 75

14 Die Entschleierung der Erde 90

15 Beispiele frühneuzeutlicher Erzgewinnung und Erzverhüttung 96

16 Jahresgang von Temperatur und Niederschlag in Mitteleuropa, 1000 – 2000 98

17 Die Ausbreitung der Pest im Mittelmeerraum und in Europa, 1347 – 1351+ 99

18 Wandel der Landnutzung und Bodenbedeckung in Deutschland seit dem 7. Jahrhundert . . . 100

19 Haubergwirtschaft im Siegerland als Beispiel für eine nachhaltige Form der spätmittelalterlichen und frühneuzeitlichen Waldwirtschaft 106

20 Wald- und Torfgebiete im bayrisch-österreichischen Grenzgebiet im 16./17. Jahrhundert als Grundlage der Salzsiederei 109

21 Wasserwirtschaft und Kanalbau bei den Zisterziensern: Kloster Arnsburg 110

22 Gliederung der Wissenschaften bzw. des Systems der Kenntnisse des Menschen 124

23 Das System der Geographie in der „Encyclopédie" 125

24 Encyclopédie: Wissenschaftsbaum der Geographie 127

25 Flächen- und Holzverfügbarkeit in England und Wales, 600 – 2000 u. Z. 139

26 Holzkohlehütten, Waldschmieden und Hammerwerke im Eder-, Lahn- Dillgebiet vom 15.–18. Jahrhundert 141

27 Rand- und innerstädtische Verdichtungstendenzen im Irk-Tal, Manchester, 1809 – 1832 . . . 148

28 Energie- und Umweltverbrauch der Krupp-Werke in Essen, 1910 152
29 Das moderne Paradox: das Auseinanderdriften von Natur und Gesellschaft im Wissen-
    schaftsverständnis der Moderne 172
30 Titelblatt des Europa-Buches von C. Ritter, 1804 185
31 Widmung Alexander von Humboldts aus seinem „Kosmos", Band 2, an Alfred
    Graffunder (1801–1875) im Jahr 1858 190
32 Lebensbaummodell der Evolution 195
33 Der Industrialisierungsprozess seit 1800: Kondratieff-Zyklen und der Übergang von der
    Industrie- zur Informationsgesellschaft 208
34 Organisationsplan und System der Geographie 221
35 Traditionelles und modernes Bild von Wissenschaftsordnungen und Forschungsansätzen . . . 226
36 Entwicklungsphasen geographischer Forschung in Deutschland seit der Mitte des
    19. Jahrhunderts 227
37 Jahresdurchschnittstemperaturen in Deutschland 1901–2006 230
38 Phänologische Uhr 1881–2000: Veränderungen pflanzlicher Wachstums- und Reifephasen
    in Deutschland 232
39 Deichbaumaßnahmen an der deutschen Nordseeküste als Antwort auf den globalen Anstieg
    des Meeresspiegels 233
40 Verursacher des Wandels von Biodiversität und Ökosystemen auf der Erde 234
41 Langzeitwirkungen erhöhter CO_2-Emissionen auf Temperatur- und Meeresspiegelanstieg
    in globalem Maßstab 236
42 Matrix zur Analyse sozialer wie natürlicher Verursachungen von Wandlungen der
    Landbedeckung und Landnutzung 238
43 Grunddiagramm Natursphäre – Anthroposphäre 239
44 Der hierarchische Aufbau der Natur 243
45 Differenzierung des Kosmos und seine Selbstorganisation durch Material- und Strukturgesetze
    bzw. durch Form- und Selektionsgesetze 244

Farbabbildungen Teil 1 (nach Seite 48)

Farbabb. 1   Klima- und Landschaftsentwicklung in Mitteleuropa in der Weichsel-Eiszeit und Meilensteine
              menschlicher Entwicklung
Farbabb. 2   Das Holozän: Klima- und Landschaftsentwicklung und Meilensteine kultureller Entwicklung
Farbabb. 3   Domestikationszentren von Pflanzen und Tieren auf der Erde und ihre Datierung
Farbabb. 4   Der Fruchtbare Halbmond und die Domestikation von Pflanzen und Tieren
Farbabb. 5   Die Ausbreitung des Neolithikums aus dem „Fruchtbaren Halbmond" nach Europa und
              im Mittelmeerraum
Farbabb. 6   Klima- und Landschaftsentwicklung in der westlichen Sahara von ca. 8500 v. u. Z. bis zur
              Gegenwart
Farbabb. 7.   Das Sonnenobservatorium von Goseck und die Himmelsscheibe von Nebra
Farbabb. 8   Erddarstellungen in der griechischen Antike (a), Gliederungen der Erde (b) und Karte der
              bekannten Erde nach Erathostenes (c)
Farbabb. 9   Die Ebstorfer Weltkarte als Beispiel einer mittelalterlich-christlichen Darstellung und
              Interpretation der Erde
Farbabb. 10   Die Weltkarte des Al-Idrisi mit Zonengliederung der Erde, 1154

Farbabbildungen Teil 2 (nach Seite 176)

Farbabb. 11 Goslar um 1300: Mittelalterliche Stadt – Bergbau und Erzverhüttung – Agrare Landnutzung
Farbabb. 12 Wildbeuterkulturen der Erde am Ende des Jungpleistozäns/Holozäns und b) um 1500 u. Z.
Farbabb. 13 Bergbau, Industrialisierung und Urbanisierung in Deutschland: das Ruhrgebiet 1840
           und 1960
Farbabb. 14 Der Zusammenhang von Bevölkerungswachstum – Wandel der Landbedeckung –
           Stickstoffverbindungen – Klimaveränderungen
Farbabb. 15 Anstieg der Konzentrationen von Treibhausgasen 1800–2000
Farbabb. 16 Zum Zusammenhang von Klimaeffizienz – Bildungsstand und zivilisatorischem Fortschritt
Farbabb. 17 Wandel von Natur- in Kulturlandschaften in Deutschland im 19. und 20. Jahrhundert
Farbabb. 18 Globale Versicherungsschäden: Ursachen und Entwicklung 1950–2006
Farbabb. 19 Veränderung terrestrischer Biome seit 1950 und prognostizierte Zerstörungen bis 2050

Tabellenverzeichnis

1 Bevölkerungsdichten von Jäger- und Sammlerkulturen   36
2 Ain Ghazal/Jordanien: Mensch-Umwelt-Entwicklungen im Übergangsbereich vom Meso- zum Neolithikum   40
3 Antike und mittelalterliche Humoralpathologie   64
4 Meilensteine geographischer Entdeckungen und technisch-wissenschaftlicher Innovationen von Anfang des 15. bis zum Ende des 16. Jahrhunderts sowie einige Eckdaten der Vorgeschichte der „West-Ost"-Beziehungen   85–88
5 Feststoffeinträge über die Elbe in die Nordsee   102
6 Klima- und Landschaftsgeschichte in deutschen Mittelgebirgen und menschliche Einflussnahmen, 4000 v. u. Z. bis heute: Beispiel Siegerland   104
7 Klöster der Benediktiner und Zisterzienser im Raum Hessen-Thüringen und ihre Wasserwirtschaft   111
8 Das Wachstum der Erdbevölkerung und ihre Verdoppelungszeiträume   134
9 Das Bevölkerungswachstum der Erde in Raum und Zeit   134
10 a: Entwicklung der Gewerbezweige in Deutschland 1800–1913 nach Beschäftigungszahlen (in Tsd.)   151
   b: Produktionsentwicklung und Produktionszuwächse sowie Entwicklung der Beschäftigtenzahlen im deutschen Bergbau 1800   151
11 Geographische Entdeckungs- und Forschungsreisen im 18./19. Jahrhundert sowie Meilensteine wissenschaftlich-geographischer Veröffentlichungen dieser Zeit   155–156
12 Veränderungen der natürlichen Rahmenbedingungen des Ökosystems Erde durch menschliche Aktivitäten im 20. Jahrhundert   168
13 Katalog (un-)verzichtbarer Kategorien eines relationalen Weltbildes   173
14 Alexander v. Humboldt und Carl Ritter: Lebensdaten und wissenschaftliches Werk – ein Vergleich   188
15 Hierarchien der Völker nach Haeckel 1905   197
16 Naturbilder in Deutschland   242

Literaturverzeichnis

Abel, W. (1967): Geschichte der deutschen Landwirtschaft vom frühen Mittelalter bis zum 19. Jahrhundert. Deutsche Agrargeschichte Bd. II, 2. Aufl. Stuttgart.

Abel, W. (1974): Massenarmut und Hungerkrisen im vorindustriellen Europa: Versuch einer Synopsis. Hamburg–Berlin.

Abel, W. (1978): Agrarkrisen und Agrarkonjunktur: Eine Geschichte der Land- und Ernährungswirtschaft Mitteleuropas seit dem hohen Mittelalter. 3. Aufl. Hamburg–Berlin.

Agricola, G. (1556/1928): Zwölf Bücher vom Berg- und Hüttenwesen/De Re Metallica Libri XII. Berlin.

Ambros, A. A. (1990): Gestaltung und Funktion der Biosphäre im Koran. In: Zeitschrift der Deutschen Morgenländischen Gesellschaft 140, S. 290–325.

Amery, H. A. (2001): Islam and the Environment. In: Faruqui u. a. (Hg.) …., S. 39–48.

Andrews, H. F. (1984): The Durkheimians and Human Geography: Some Contextual Problems of the Sociology of Knowledge. In: TIBG 9, S. 315–336.

Ardrey, R. (1966): The Territorial Imperative. A Personal Inquiry into the Animal Origins of Property and Nations. New York.

Armstrong, K. (2006): Die Achsenzeit. Vom Ursprung der Weltreligionen. München.

Assmann, J. (2003): Die Mosaische Unterscheidung oder der Preis des Monotheismus. München–Wien.

Auffermann, B. und J. Orschiedt (2002): Die Neandertaler. Eine Spurensuche. Stuttgart.

Augustinus, A. (1977): Vom Gottesstaat (De civitate dei). 22 Bücher. Eingeleitet und kommentiert von C. Andresen. 2 Bde. München.

Bachmann-Medick, D. (2006): Cultural Turns. Neuorientierungen in den Kulturwissenschaften. Reinbek bei Hamburg.

Bacon, F. (1960): Neu-Atlantis. Siehe: Heinisch, K. J. (Hg.), S. 171–215.

Bagrow, L. und R. A. Skelton (1963): Meister der Kartographie. Berlin.

Bahr, E. (Hg.) (1996): Was ist Aufklärung? Kant, Erhard, Hamann, Herder, Lessing, Mendelsson, Riem, Schiller, Wieland – Thesen und Definitionen. Bibl. ergänzte Ausgabe. Stuttgart.

Bargatzky, T. (1986): Einführung in die Kulturökologie. Umwelt, Kultur und Gesellschaft. Berlin.

Barrows, H. H. (1923): Geography as Human Ecology. In: Annals of the Association of American Geographers 13, S. 1–14.

Bartels, D. (1968): Zur wissenschaftstheoretischen Grundlegung einer Geographie des Menschen. Geographische Zeitschrift Beiheft 19, Wiesbaden.

Bartels, D. (1969): Der Harmoniebegriff in der Geographie. In: Die Erde 100 (2–4), S. 124–144.

Bartels, D. (1970a): Einleitung. In: Bartels, D. (Hg.) (1970b), S. 13–45.

Bartels, D. (Hg.) (1970b): Wirtschafts- und Sozialgeographie. Köln–Berlin.

Bartels, D. (1974): Schwierigkeiten mit dem Raumbegriff in der Geographie. In: Geographica Helvetica 29 (2/3), S. 7–21.

Bartels, D. (1980): Die konservative Umarmung der "Revolution". Zu Eugen Wirths Versuch in „Theoretischer Geographie". In: Geographische Zeitschrift 68, S. 121–131.

Bateson, G. (1985): Ökologie des Geistes. Anthropologische, psychologische, biologische und epistemologische Perspektiven. Frankfurt/M.

Bateson, G. (1987): Geist und Natur. Eine notwendige Einheit. Frankfurt/Main.

Baumann, H. (1964): Schöpfung und Urzeit des Menschen im Mythus der afrikanischen Völker. 2. Aufl. Berlin.

BAW [Bayerische Akademie der Wissenschaften] (Hg.) (2007): Natur und Mensch in Mitteleuropa im letzten Jahrtausend. Rundgespräche der Komm. für Ökologie 32.

Bayerl, G. und U. Troitzsch (Hg.) (1998): Quellentexte zur Geschichte der Umwelt von der Antike bis heute. Quellensammlung zur Kulturgeschichte, Bd. 23. Göttingen–Zürich.

Beck, H. (1954): Entdeckungsgeschichte und geographische Disziplinhistorie. In: Erdkunde 8, S. 51–57.

Beck, H. (1958): Zeittafel der präklassischen und klassischen Geographie 1750–1850. In: Geographisches Taschenbuch 1958/1959. Wiesbaden, S. 29–48.

Beck, H. (1960): Zeittafel der Geographie von 1859 bis 1905. In: Geographisches Taschenbuch 1960/1961. Wiesbaden, S. 1–14.

Beck, H. (1962): Zeittafel der Geographie von den Anfängen bis 1750. In: Geographisches Taschenbuch 1962/1963. Wiesbaden, S. 1–20.

Beck, H. (1964): Zeittafel der Geographie von 1905–1945. Geographisches Taschenbuch 1964/1965. Wiesbaden. S. 1–18.

Behringer, W. (2007): Kulturgeschichte des Klimas. Von der Eiszeit bis zur globalen Erwärmung. München.

Behrmann, W. (1948): Die Entschleierung der Erde. Frankfurt/Main.

Bell, M. – R. Butlin – M. Heffernan (Hg.) (1995): Geography and Imperialism 1820–1940. Manchester.

Bender, B. (1978): Gatherer-Hunter to Farmer. A Social Perspective. In: World Archeology 10, S. 204–222.

Berdoulay, V. (1976): French Possibilism as a Form of Neo-Kantian Philosophy. In: Annals of the Association of American Geographers 8, S. 176–179.

Berdoulay, V. (1978): The Vidal-Durkheim Debate. In: Ley, D. und M. Samuels (Hg.): Humanistic Geography. Prospects and Problems. Chicago, S. 77–90.

Berdoulay, V. (1981): La Formation de l'Ecole Française de Géographie. Paris.

Bergdolt, K. (2006): Die Pest. Geschichte des Schwarzen Todes. München.

Bertemes, F. (2004): Zur Entstehung von Macht, Herrschaft und Prestige in Mitteleuropa. In: Meller, H. (Hg.), S. 150–153.

Bianca, S. (1991): Hofhaus und Paradiesgarten. Architektur und Lebensformen in der islamischen Welt. München.

Binford, L. R. (Hg.) (1977): For theory building in archaeology: essays on faunal remains, aquatic resources, spatial analysis, and systemic modelling. New York.

Birkenhauer, J. (2001): Traditionslinien und Denkfiguren. Zur Ideengeschichte der sogenannten klassischen Geographie in Deutschland. Erdkundliches Wissen 133. Stuttgart.

Birkmann, J. (Hg.) (2006): Measuring Vulnerability to Natural Hazards. Towards Disaster Resilient Societies. Tokyo–New York–Paris.

Birnbacher, D. (Hg.) (2001): Ökologie und Ethik. Stuttgart. *(mit Bibliographie zur Naturethik)*

Birnbacher, D. (2006): Natürlichkeit. Berlin–New York.

Blackbourn, D. (2006): Die Eroberung der Natur. Eine Geschichte der deutschen Landschaft. München.

Blaikie, P. (1985): The Political Economy of Soil Erosion in Developing Countries. Essex.

Blaikie, P. (1999): A Review of Political Ecology. In: Zeitschrift für Wirtschaftsgeographie 43, S. 131–147.

BLK [Badisches Landesmuseum Karlsruhe] (Hg.) (2007): Vor 12.000 Jahren in Anatolien. Die ältesten Monumente der Menschheit. Karlsruhe. (Ausstellungskatalog mit umfangreichem Belegmaterial und Schriftenverzeichnis)

Blume, H. (1950): Der geographische Landschaftsbegriff. In: Geographische Rundschau 2, S. 121–126.

Blume, H. (1985): Geography of Sugar Cane. Environmental, Structural and Economic Aspects of Sugar Cane Production. Berlin.

Bobek, H. (1948): Stellung und Bedeutung der Sozialgeographie. In: Erdkunde 2, S. 118–125.

Bobek, H. (1959): Die Hauptstufen der Gesellschafts- und Wirtschaftsentwicklung in geographischer Sicht. In: Die Erde 90, S. 259–298.

Bobek, H. und J. Schmithüsen (1949): Die Landschaft im logischen System der Geographie. In: Erdkunde 3 (2/3), S. 112–120.

Bohle, H. G. (2001): Vulnerability and criticality: perspectives from social geography. In: IHDP-Update 2/ 01, S. 1–5.

Bohle, H. G. (2007): Geographien von Verwundbarkeit. In: Geographische Rundschau 59, Heft 10, S. 20–25.

Bohle, H. G. und K. O'Brian (2006): The Discourse on Human Security. Implications and Relevance for Climate Change Research. A Review Article. In: Die Erde 137, S. 155–163.

Böhme, G. (1992): Natürlich Natur. Natur im Zeitalter ihrer technischen Reproduzierbarkeit. Frankfurt/M.

Böhme, G. und H. Böhme (1996): Feuer – Wasser – Erde – Luft. Eine Kulturgeschichte der Elemente. München.

Bork, H. R. (1985): Mittelalterliche und neuzeitliche lineare Bodenerosion in Südniedersachsen. In: Hercynia N. F. 22, S. 259–279.

Bork, H. R. (Hg.) (2006): Landschaften der Erde unter dem Einfluss des Menschen. Darmstadt.

Bork, H. R. et al. (1998): Landschaftsentwicklung in Mitteleuropa. Wirkungen des Menschen auf Landschaften. Gotha und Stuttgart.

Born, M. (1974): Die Entwicklung der deutschen Agrarlandschaft. Darmstadt.

Born, M. (1977): Geographie der ländlichen Siedlungen. Teil I: Die Genese der Siedlungsformen in Mitteleuropa. Stuttgart.

Boserup, E. (1965): The Conditions of Agricultural Growth. The Economics of Agrarian Change under Population Pressure. Chicago.

Bracker, J., V. Henn und R. Postel (Hg.) (1998): Die Hanse. Lebenswirklichkeit und Mythos. 2. verb. Aufl. Lübeck.

Bradley (2001):

Brague, R. (2006): Die Weisheit der Welt: Kosmos und Welterfahrung im westlichen Denken. München.

Brandt, R. (2001): Philosophie. Eine Einführung. Stuttgart.

Brandt, R. (2007): Die Bestimmung des Menschen bei Kant. Hamburg.

Brandt, R. und K. Herb (Hg.) (2000): Jean Jacques Rousseau. Vom Gesellschaftsvertrag oder Prinzipien des Staatsrechts. Berlin.

Braudel, F. (1990): Das Mittelmeer und die mediterrane Welt in der Epoche Philipps II. 3 Bde. Frankfurt/ Main (2. Aufl. 2001; Erstausgabe 1949, Paris).

Breasted, J. H. (1960): Geschichte Ägyptens. Köln–Berlin.

Brincken, A. D. v. d. (1968): Mappa mundi und Chronographia. Studien zur imago mundi des abendländischen Mittelalters. In: Deutsches Archiv für Erforschung des Mittelalters 24, S. 118–186.

Brincken, A. D. v. d. (2006): Das antike und mittelalterliche Weltbild: Scheibe oder Kugel? In: HABW (Hg.), S. 21–40.

Brklacich, M. (2006): Advancing Our Understanding of the Vulnerability of Farming to Climate Change. In: Die Erde 137, S. 181–198.

Brogiato, H. P. (2005): Geschichte der deutschen Geographie im 19. und 20. Jahrhundert – ein Abriss. In: Schenk, W. und K. Schliephake (Hg.): Allgemeine Anthropogeographie. Gotha–Stuttgart, S. 41–81.

Brookes, J. (1987): Gardens of Paradise. The History and Design of the Great Islamic Gardens. New York.

Brückner, H. (1986): Man's Impact on the Evolution of the Physical Environment in the Mediterranean Region in Historical Times. In: GeoJournal 13, S. 7–17.

Brückner, H. (2003): Delta Evolution and Culture. Aspects of Geoarchaeological Research in Miletus and Priene. In: Wagner, G. A., E. Pernicka und H. P. Uerpmann (Hg.): Troia and the Troad. Scientific Approaches. Berlin. S, 121–144.

Brüggemeier, F. J. und Th. Rommelspacher, Hg. (1987): Besiegte Natur. Geschichte der Umwelt im 19. und 20. Jahrhundert. München (2. Aufl. 1989).

Brüggemeier, F. J. und M. Toyka-Seid (Hg.) (1995): Industrie – Natur. Lesebuch zur Geschichte der Umwelt im 19. Jahrhundert. Frankfurt/Main–New York.

Bruno, G. (1994): Über das Unendliche, das Universum und die Welten. Aus dem Italienischen übersetzt und hg. von C. Schultz, Stuttgart.

Brütting, R. (1997): Ohne Holz kein Sud. Salinen als Problem der Umweltgeschichte. In: Praxis Geschichte 1997 (4): Mensch und Umwelt, S. 14–15.

Busch, R., T. Capelle und F. Laux (Hg.) (2000): Opferplatz und Heiligtum. Kult der Vorzeit in Norddeutschland. – Veröffentlichung des Helms-Museums. Hamburger Museum für Archäologie und die Geschichte Harburgs Nr. 86. Neumünster.

Buttimer, A. (1971): Society and Milieu in the French Geographic Tradition. Monograph Series of Association of American Geographers Nr. 6. Chicago.

Buttimer, A. (2001): Beyond Humboldtian Science and Goethe's Way of Science: Challenges of Alexander von Humboldt's Geography. In: Erdkunde 55, S. 105–120.

Buttimer, A. und L. Wallin (Hg.) (1999a): Nature and Identity in Cross-Cultural Perspective. Dordrecht–Boston–New York.

Buttimer, A., S. D. Brunn und U. Wardenga (Hg.) (1999b): Text and Image. Social Construction of Regional Knowledges. Beiträge zur Regionalen Geographie 49, Institut für Länderkunde. Leipzig.

Büttner, M. (1965/1966): Geographie und Theologie im 18. Jahrhundert. 35. Deutscher Geographentag Bochum 1965. Tagungsberichte und wissenschaftliche Abhandlungen. Wiesbaden, S. 352–359.

Büttner, M. (1975): Kant und die Überwindung der physikotheologischen Betrachtung der geographisch-kosmologischen Fakten. In: Erdkunde 29, S. 162–166.

Carrier, M. (2001): Nikolaus Kopernikus. München.

Castree, N. und B. Braun (1998): The Construction of Nature and the Nature of Construction: Analytical and Political Tools for Building Survivable Futures. In: Braun, B. und N. Castree (Hg.): Remaking Reality: Nature at the Millennium. London–New York, S. 3–42.

Castree, N. und B. Braun (2001): Social Nature. Theory, Practice and Politics. Oxford.

Cavalli-Sforza, L. L. (1996): Gene, Völker und Sprachen. Die biologischen Grundlagen unserer Zivilisation. Darmstadt.

Childe, V. G. (1936): Man Makes Himself. London.

Cicero, M. T. (1995): De natura deorum. Über das Wesen der Götter (Lateinisch-Deutsch). Übersetzt und herausgegeben von U. Blank-Sangmeister. Stuttgart

Claval, P. (1998): Histoire de la Géographie française de 1870 à nos jours. Paris.

Coenen, R. (Hg.) (2001): Integrative Forschung zum globalen Wandel. Herausforderungen und Probleme. Frankfurt–New York.

Cohen, M. (1977): The Food Crisis in Prehistory. New Haven.

Conard, N. J., S. Kölbl und W. Schürle (Hg.) (2005): Vom Neandertaler zum modernen Menschen. Ostfildern. (mit umfangreichem Literaturverzeichnis)

Cosgrove, D. (1990): Environmental Thought and Action: Pre-Modern and Post-Modern. In: TIBG NS 15, S. 344–358.

Cosgrove, D. (1999): Global Illumination and Enlightenment in the Geographies of Vincenzo Coronelli and Athanasius Kircher. In: Livingstone, D. N. und C. W. J. Withers (Hg.), S. 33–66.

Costanza, R. et al. (1997): The Value of the World's Ecosystem Services and Natural Capital. In: Nature 387, No. 6230, S. 1–16.

Costanza, B., L. J. Graumlich und W. Steffen (Hg.) (2007): Sustainability or Collapse. An Integrated History and Future of People on Earth. Cambridge/Mass.–London.

Coward, H. (2003): Ethics and Nature in the World's Religions. In: Ehlers, E. und C. F. Gethmann (Hg.): Environment Across Cultures. Wissenschaftsethik und Technikfolgenbeurteilung Bd. 19. Berlin u. a. O., S. 91–109.

Crutzen, P. J. (2002): Geology of Mankind. In: Nature 415, S. 23.

Crutzen, P. J. (2006): The „Anthropocene". In: Ehlers, E. und T. Krafft (Hg.): Earth System Science in the Anthropocene. Berlin–Heidelberg–New York, S. 13–18.

Crutzen, P. J. und E. F. Stoermer (2000): The Anthropocene. In: IGBP Global Change Newsletter 41, S. 17–18.

Cunningham, A. (2000/2001): Science and Religion in the Thirteenth Century Revisited: The Making of St. Francis the Proto-Ecologist. Pt. I: Creature not Nature; Pt. II: Nature not Creature. In: Studies in History and Philosophy of Science 31, S. 613–643; 32, S, 69–98.

Dallapiccola. A. L. (2003): Hindu Myths. Austin.

Darwin, Ch. (1859): On the Origin of Species by Means of Natural Selection, or the Preservation of Favoured Races in the Struggle for Life. London.

Darwin, Ch. (1871): The Descent of Man, and Selection in Relation to Sex. 2 Bde. London.

Daschkeit, A. und W. Schröder (Hg.) (1998): Umweltforschung quergedacht. Perspektiven integrativer Umweltforschung und -lehre. Festschrift für Otto Fränzle zum 65. Geburtstag. Berlin u. a. O.

Degenhard, U. (Hg.) (1987): Exotische Welten – Europäische Phantasien. Entdeckungs- und Forschungsreisen im Spiegel alter Bücher. 2 Bd., Stuttgart. *(Ausstellungskatalog mit zahlreichen Fachbeiträgen)*

Demandt, A. (2006): Die Kelten. 6. Aufl., München.

Denecke, D. (1992): Siedlungsentwicklung und wirtschaftliche Erschließung der hohen Mittelgebirge in Deutschland. Ein historisch-geographischer Forschungsüberblick. In: Siedlungsforschung 10, S. 9–47.

Denecke, D. (1996): Frühe Ansätze anwendungsbezogener Landesbeschreibung in der deutschen Geographie (1750–1950). In. Heinritz, G. et al. (Hg.): 50. Deutscher Geographentag Potsdam 1995, Band 4: Der Weg der deutschen Geographie. Rückblick und Ausblick. Stuttgart, S. 111–131.

Denzer, J. (2005): Die Konquista der Augsburger Welser-Gesellschaft in Südamerika (1528–1556). Historische Rekonstruktion – Historiographie – Lokale Erinnerungskultur in Kolumbien und Venezuela. München.

Descartes, R. (2001): Discours de la Méthode pour bien conduire sa raison et chercher la verité dans les sciences/Bericht über die Methode die Vernunft richtig zu führen und die Wahrheit in den Wissenschaften zu erforschen. (Französisch/Deutsch). Übersetzt und herausgegeben von H. Ostwald. Stuttgart.

Diamond, J. (1994): Der dritte Schimpanse. Evolution und Zukunft des Menschen. Frankfurt/Main.

Diamond, J. (2005): Collapse. How Societies Choose to Fall or Succeed. New York u. a. O.

Diamond, J. und P. Bellwood (2003): Farmers and Their Languages: The First Expansions. In: Science 300, S. 597–603.

Dikau, R. und J. Weichselgartner (2005): Der unruhige Planet. Der Mensch und die Naturgewalten. Darmstadt.

Dittmann, A. (1993): Raumauffassungen und Kartographie bei schriftlosen Kulturen. Andere Perspektiven zur Welt. In: Geographische Rundschau 45, S. 718–723.

Dollinger, P. (1989): Die Hanse. 4. Aufl. Stuttgart.

Dörflinger, J. (1976): Die Geographie in der „Encyclopédie". Eine wissenschaftsgeschichtliche Studie. Österreichische Akademie der Wissenschaften. Phil.-Hist. Klasse. Sitzungsberichte, 304. Bd., 1. Abh. – Veröffentl. der Kommission für Geschichte der Mathematik, Naturw. und Medizin, Heft 17. Wien.

Downing, T. E. et al. (Hg.) (1996): Climate Change and World Food Security. NATO ASI Series I: Global Environmental Change vol. 37. Berlin–Heidelberg.

Downing, T. E. et al. (Hg.) (2000): Climate Change, Climatic Variability and Agriculture in Europe. An Integrated Assessment. University of Oxford, Environmental Change Institute, Research Report No 21. Oxford.

Düntzer, H. (Hg.) (o. J.): siehe Herder, J. G. (o. J.).

Dürrenberger, G. (1989): Menschliche Territorien. Geographische Aspekte der biologischen und kulturellen Evolution. Züricher Geographische Schriften 33. Zürich.

Dunbar, R. J. M. (1988): Primate Social Systems. London.

Dunbar (1992): Neocortex Size as a Constraint on Group Size in Primates. In: Journal Human Evolution 22, S. 469–493.

Durkheim, E. (1897/98): Morphologie sociale. In: L'Année Sociologique 2, S. 520–521.

Durkheim, E. (1914): Le Dualisme de la Nature Humaine et ses Conditions Sociales. In: Scientia 15, S. 206–221.

DWD [Deutscher Wetterdienst] (Hg.) (2003): Klimastatusbericht. Offenbach.

Edson, E., E. Savage-Smith und A. D. v. d. Brincken (2005): Der mittelalterliche Kosmos. Karten der christlichen und islamischen Welt. Darmstadt.

Ehlers, E. (1984): Bevölkerungswachstum – Nahrungsspielraum – Siedlungsgrenzen der Erde. Frankfurt/Main–Aarau.

Ehlers, E. (1992): German Geography 1945–1992: Organizational and Institutional Aspects. In: Ehlers, E. (Hg.): 40 Years After. German Geography – Development, Trends and Prospects 1952–1992. A Report to the International Geographical Union. Bonn–Tübingen. S. 11–32.

Ehlers, E. (1996): Kulturkreise – Kulturerdteile – Clash of Civilizations. Plädoyer für eine gegenwartsbezogene Kulturgeographie. In: Geographische Rundschau 48, S. 338–344.

Ehlers, E. (1998): Geographie als Umweltwissenschaft. In: Die Erde 129, S. 333–349.

Ehlers, E. (1999): Geosphäre – Biosphäre – Anthroposphäre: Zum Dilemma holistischer globaler Umweltforschung. In: Dittmann, A.- J. Wunderlich (Hg.): Geomorphologie und Paläoökologie. Festschrift für Wolfgang Andres zum 60. Geburtstag. Frankfurter Geowissenschaftliche Arbeiten, Serie D – Physische Geographie, Bd. 25, S. 87–104.

Ehlers, E. (2000): Globale Umweltforschung und Geographie – ein „State-of-the-art"-Bericht. In: Petermanns Geographische Mitteilungen 144 (2), S. 58–65.

Ehlers, E. (2001): Menschen auf Wanderschaft. Bevölkerungswanderungen in globaler Sicht. Brockhaus: Die Enzyklopädie. Weltatlas. Leipzig–Mannheim, S. 40–41.

Ehlers, E. (2004): Geographie im Anthropozän. In: Petermanns Geographische Mitteilungen 148 (6), S. 79–88.

Ehlers, E. (2005): Deutsche Geographie – Geographie in Deutschland: wohin des Weges? In: Geographische Rundschau 57 (9), S. 51–56.

Ehlers, E. (2007): Deutsche Kulturgeographie im 20. Jahrhundert. Rückblick, Innensicht, Außenwahrnehmung. In: Geographische Rundschau 59 (7/8), S. 4–11.

Ehlers, E. und C. F. Gethmann (Hg.) (2003): Environment Across Cultures. Wissenschaftsethik und Technikfolgenbeurteilung Bd. 19. Berlin u. a. O.

Ehlers, E. und Th. Krafft (Hg.) (2001): Understanding the Earth System. Compartments, Processes and Interactions. Berlin u. a. O.

Ehlers, E. und Th. Krafft, Hg. (2006): Earth System Science in the Anthropocene. Berlin – Heidelberg – New York.

Eibl-Eibesfeldt, I. (1978): Das Wirkungsgefüge der Natur und das Schicksal des Menschen. München.

Eisel, U. (1980): Die Entwicklung der Anthropogeographie von einer Raumwissenschaft zur Gesellschaftswissenschaft. Urbs et Regio Bd. 17, Kassel.

Eisel U. et al. (1969): Bestandsaufnahme zur Situation der deutschen Schul- und Hochschulgeographie. In: Deutscher Geographentag Kiel 1969. Band 37. Tagungsbericht und wissenschaftliche Abhandlungen. Wiesbaden, S. 191–232. (mit ausführlichen Diskussionsbemerkungen)

EKD [Evangelische Kirche Deutschlands] (Hg.) (1984): Die Bibel (Bibeltext in der revidierten Fassung von 1984). o. O.

Eliade, M. (1996a): Gefüge und Funktion von Schöpfungsmythen. In: Eliade, M. (1996b), S. 9–34.

Eliade, M. (Hg.) (1996b): Die Schöpfungsmythen. Ägypter, Sumerer, Hurriter, Hethiter, Kanaaniter und Israeliten. Darmstadt.

Eliade, M. (2002): Geschichte der religiösen Ideen. 4 Bde. Darmstadt.

Ellenberg, H. (1954): Steppenheide und Waldheide. Ein vegetationskundlicher Beitrag zur Siedlungs- und Landschaftsgeschichte. In: Erdkunde 8, S. 188–194.

Enzensberger, H. M. (2002): Die Elixiere der Wissenschaft: Seitenblicke in Poesie und Prosa. Frankfurt/M.

Ette, O., O. Lubrich und H. Berghaus (2004): Alexander von Humboldt: Kosmos. Entwurf einer physischen Weltbeschreibung. Physikalischer Atlas oder: Sammlung von Karten, auf denen die hauptsächlichsten Erscheinungen der anorganischen und organischen Natur nach ihrer geographischen Verbreitung und Verteilung bildlich dargestellt sind. Frankfurt/Main.

Fachschaften … (1969/1970): Bestandsaufnahme zur Situation der deutschen Schul- und Hochschulgeographie (mit ausführlichen Diskussionsbemerkungen). In: 37. Deutscher Geographentag Kiel 1969. Tagungsbericht und wissenschaftliche Abhandlungen. Wiesbaden, S. 191–232. (einschl. Diskussionsbemerkungen)

Fansa, M. und S. Burmeister (Hg.) (2004): Rad und Wagen. Der Ursprung einer Innovation. Wagen im Vorderen Orient und Europa. Beiheft der Archäologischen Mitteilungen aus Nordwestdeutschland Bd. 40. Begleitschrift zur Ausstellung des Landesmuseums für Natur und Mensch in Oldenburg. Mainz. (Sammelband mit zahlreichen wissenschaftlichen Beiträgen)

Faruqui, N. F. – A. K. Biswas – M. J. Bino (Hg.) (2001): Water Management in Islam. UNU International Development Research Centre. Tokyo – New York – Paris.

Fehn, K. (1998): Die hochindustrielle Kulturlandschaft des Ruhrgebiets 1840–1939. Aufbau und Blüte – Kernzonen und Peripherien. In: Siedlungsforschung 16, S. 51–100.

Fels, E. (1954): Der wirtschaftende Mensch als Gestalter der Erde. Stuttgart (2. Aufl. 1967).

Fickeler, P. (1954): Das Siegerland als Beispiel wirtschaftsgeschichtlicher und wirtschaftsgeographischer Harmonie. In: Erdkunde 8, S. 15–51.

Fiedermutz-Laun, A. (1990): Adolf Bastian (1826–1905). In: W. Marschall (Hg.): Klassiker der Kultur-Anthropologie. München. S. 109–136.

Fischer, E. P. und K. Wiegandt (Hg.) (2003): Evolution. Geschichte und Zukunft des Lebens. Frankfurt/Main.

Fischer, S. R. (1999): Eine kleine Geschichte der Sprache. Frankfurt/M. – New York.

Flasch, K. (2004): Nikolaus von Kues in seiner Zeit. Ein Essay. Stuttgart.

Flasch, K. (2005): Nicolaus Cusanus. 2. Aufl. München.

Flenley, J. R. und P. Bahn (2003): The Enigmas of Easter Island. Oxford–New York.

Flitner, M. (1995): Sammler, Räuber und Gelehrte. Die politischen Interessen an pflanzengenetischen Ressourcen. Frankfurt/Main–New York.

Flitner, M. (1998): Konstruierte Naturen und ihre Erforschung. In: Geographica Helvetica 53 (3), S. 89–95.

Flitner, M. (2003): Kulturelle Wende in der Umweltforschung? – Aussichten in Humanökologie, Kulturökologie und Politischer Ökologie. In: Gebhardt, H., P. Reuber und G. Wolkersdorfer (Hg.), S. 213–228.

Foley, R. (2000): Menschen vor Homo sapiens. Wie und warum unsere Art sich durchsetzte. Darmstadt.

Forkl, H. et al. (Hg.) (1993): Die Gärten des Islam. Stuttgart. (umfassende Ausstellungsdokumentation mit vielen Beispielen aus Afrika und Asien; gute Bibliographie)

Forster, G. (2007): Reise um die Welt. Illustriert von eigener Hand. Mit einem biographischen Essay von Klaus Harprecht und einem Nachwort von Frank Vorpahl. Frankfurt/Main.

Forster, J. R. (1981): Beobachtungen während der Cookschen Weltumsegelung 1772–1775. Gedanken eines deutschen Teilnehmers. Herausgegeben von H. Beck. Quellen und Forschungen zur Geschichte der Geographie und der Reisen 13. Stuttgart (Neudruck der Ausgabe von 1783).

Franke, G. (1975/1976): Nutzpflanzen der Tropen und Subtropen. 2 Bd., Leipzig.

Franz, J. M. (1751): Gedanken von einem Reiseatlas und von der Notwendigkeit eines Staatsgeographus. Nürnberg.

Fried, J. (2001): Aufstieg aus dem Untergang. Apokalyptisches Denken und die Entstehung der modernen Naturwissenschaft im Mittelalter. München.

Friedrich, E. (1908): Einführung in die Wirtschaftsgeographie. Leipzig.

Frisch, M. (1979); Der Mensch erscheint im Holozän. Eine Erzählung. Frankfurt/Main.

Fritsch, B. (1993): Mensch – Umwelt – Wissen. Evolutionsgeschichtliche Aspekte des Umweltproblems. 3. Aufl. Zürich–Stuttgart.

Fröbel, J. (1832): Ueber die Unterscheidung einer Erdkunde als eigentlicher Naturwissenschaft und einer historischen Erdkunde. In: Annalen der Erd-, Völker- und Staatenkunde 6, S. 1–10.

Garelli, P. und M. Leibovici (1996): Akkadische Schöpfungsmythen. In: Eliade, M. (1996b), S. 119–151.

Gebel, H. G. K. (2004): Die Jungsteinzeit Jordaniens – Leben, Arbeiten und Sterben am Beginn sesshaften Lebens. In: SMBVM und KABD (Hg.), S. 45–56.

Gebhardt, H., P. Reuber und G. Wolkersdorfer (Hg.) (2003): Kulturgeographie. Aktuelle Ansätze und Entwicklungen. Heidelberg – Berlin.

Gedan, P. (1905): Immanuel Kant – Physische Geographie. Leipzig.

Gerlitz, P. (1992): Heiliger Baum – Heiliges Tier. Mensch und Natur in archaischen Kulturen. Düsseldorf 1992 (2. Auflage 2003).

Gerlitz, P. (1998): Mensch und Natur in den Weltreligionen. Grundlagen einer Religionsökologie. Darmstadt.

Gethmann, C. F. und S. Lingner (Hg.) (2002): Integrative Modellierung zum Globalen Wandel. Wissenschaftsethik und Technikfolgenbeurteilung Bd. 17. Berlin u. a. O.

Gierer, A. (2001): Forderungen globaler Ethik und die Natur des Menschen. In: Küng, H. und K. J. Kuschel (Hg.): Wissenschaft und Ethos. München, S. 297–307.

Giese, E. (1998): Die ökologische Krise des Aral-Sees und der Aral-Seeregion: Ursachen, Auswirkungen, Lösungsansätze. In: Giese, E., G. Bahro und D. Bethke (Hg.): Umweltzerstörungen in Trockengebieten Zentralasiens (West- und Ost-Turkestan). Erdkundliches Wissen 125. Stuttgart, S. 55–119.

Giuliani, L. (2001): Weltbilder und Mythenbilder. Eichstätter Universitätsreden Bd. 108. Wolnzach.

Glacken, C. J. (1967): Traces on the Rhodian Shore. Nature and Culture in Western Thought from Ancient Times to the End of the Eighteenth Century. Berkeley–Los Angeles–New York.

Glacken, C. J. (1992): Reflections on the History of Western Attitudes toward Nature. In: Buttimer, A. (Hg.) (1992): History of Geographical Thought. Selected Themes of the Work of the IGU Commission on the History of Geographical Thought. GeoJournal 26 (2), S. 103–111.

Glade, T. (2004): Vulnerability assessment in landslide risk analysis. In: Die Erde 134, S. 121–138.

Glade, T., M. Anderson und M. J. Crozier (Hg.) (2005): Landslide Hazard and Risk. Chichester.

Glaser, R. (2001): Klimageschichte Mitteleuropa: 1000 Jahre Wetter, Klima, Katastrophen. Darmstadt.

Glassner, J. J. (2000): Les petits Etats mésopotamiens à la fin du 4e et au cours du 3e millenaire. In: Hansen, M. H. (Hg.): A Comparative Study of Thirty City-State Cultures. Copenhagen, S. 35–139.

Gloy, K. (1995): Das Verständnis der Natur, Bd. 1: Die Geschichte des wissenschaftlichen Denkens. München.

Gloy, K. (1996): Das Verständnis der Natur, Bd. 2: Die Geschichte des ganzheitlichen Denkens. München.

Goudie, A. (1981): The Human Impact on the Natural Environment. 2nd ed. Oxford. Deutsche Ausgabe: Mensch und Umwelt. Eine Einführung. (1994) Heidelberg–Berlin–Oxford.

Goudie, A. (1994): Mensch und Umwelt. Eine Einführung. Darmstadt.

Gould, P. (1999): Lisbon 1755: Enlightenment, Catastrophe and Communication. In: Livingstone, D. N. und C. W.J. Withers (Hg.), S. 399–413.

Gradmann, R. (1898): Das Pflanzenleben der Schwäbischen Alb. Stuttgart

Gradmann, R. (1901): Das mitteleuropäische Landschaftsbild nach seiner geschichtlichen Entwicklung. In: Geographische Zeitschrift 7, S. 361 ff., 435 ff.

Gradmann, R. (1924): Das harmonische Landschaftsbild. In: Zeitschrift der Gesellschaft für Erdkunde zu Berlin, 59 ff., S. 129–147.

Grahmann, R. und H. Müller-Beck (1967): Urgeschichte der Menschheit. 3. Aufl. Stuttgart u. a. O.

Grammer, K. (1988): Biologische Grundlagen des Sozialverhaltens. Darmstadt. *(mit umfangreichem Literaturverzeichnis)*

Grayson, D. K. (1980): Vicissitudes and Overkill. The Development of Explanations of Pleistocene Extinctions. In: Advances of Archaeological Method and Theory 3, S. 357–403.

Grimbly, S., Hg. (2003): Großer Atlas der Forscher und Entdecker. München.

Groh, D. (1992a): Anthropologische Dimensionen der Geschichte. Frankfurt/Main.

Groh, D. (1992b): Mobilität als Strategie und Ressource. Das Beispiel von Jäger-Sammlern und Hirtennomaden. In: Gaia 1, S. 144–152.

Groh, R. und D. Groh (1991): Zur Kulturgeschichte der Natur. Bd. 1: Weltbild und Naturaneignung. Frankfurt/Main (2. Auflage 1996).

Groh, R. und D. Groh (1996): Zur Kulturgeschichte der Natur. Bd. 2: Die Außenwelt der Innenwelt. Frankfurt/Main. (zu Kap. 3)

Grönbech, W. (2002): Kultur und Religion der Germanen. 2 Bde. 13. Aufl. Darmstadt.

Grosjean, G. und R. Kinauer (1970): Kartenkunst und Kartentechnik vom Altertum bis zum Beginn der Neuzeit. Essen.

Gudo, M. und F. F. Steininger (2001): Der Beitrag der Paläontologie zur Biodiversitätsdebatte. In: Janich, P., M. Gutmann und K. Prieß (Hg.): Biodiversität. Wissenschaftliche Grundlagen und gesellschaftliche Relevanz. Wissenschaftsethik und Technikfolgenabschätzung Bd. 10. Berlin u. a. O., S. 31–114.

Guilaine, J. (2007): Die Ausbreitung der neolithischen Lebensweise im Mittelmeerraum. In: BLK (Hg.), S. 166–176.

Haber, W. (2004): Landscape Ecology as a Bridge from Eco-Systems to Human Ecology. In: Ecological Research 19, S. 99–106.

HABW [Herzog August Bibliothek Wolfenbüttel] (Hg.) (2006): Europas Weltbild in alten Karten. Globalisierung um Zeitalter der Entdeckungen. Ausstellungskatalog 85. Wolfenbüttel.

Haeckel, E. (1866): Generelle Morphologie der Organismen. Allgemeine Grundzüge der Formenwissenschaft, mechanisch begründet durch die von Charles Darwin reformierte Descendenz-Theorie. Bd. 1: Allgemeine Anatomie der Organismen. Berlin.

Haeckel, E. (1866): Generelle Morphologie der Organismen. Allgemeine Grundzüge der Formenwissenschaft, mechanisch begründet durch die von Charles Darwin reformierte Descendenz-Theorie. Bd. 2: Allgemeine Entwicklungsgeschichte der Organismen. Berlin.

Haeckel, E. (1868): Natürliche Schöpfungsgeschichte. Berlin.

Haeckel, E. (1874): Anthropogenie oder Entwickelungsgeschichte des Menschen: gemeinverständliche wissenschaftliche Vorträge über die Grundzüge der menschlichen Keimes- und Stammes-Geschichte; mit 12 Tafeln, 210 Holzschnitten und 36 genetischen Tabellen. 2. Aufl. Leipzig.

Haeckel, E. (1899): Die Welträthsel. Gemeinverständliche Studien über monistische Philosophie. Anthropologischer Theil: Der Mensch. Psychologischer Theil: Die Seele. Kosmologischer Theil: Dir Welt. Theologischer Theil: Der Gott. Bonn.

Hahn, E. (1892): Die Wirtschaftsformen der Erde. In: Petermanns Geogr. Mitt. 38, S. 8–12.

Hahn, E. (1896): Die Haustiere und ihre Beziehungen zur Wirtschaft des Menschen. Leipzig.

Hahn-Woernle, B. (1993): Die Ebstorfer Weltkarte. Ebstorf.

Hale, M. (1677): The Primitive Origination of Mankind. London

Hamel, J. (1996): Die Vorstellung von der Kugelgestalt der Erde im europäischen Mittelalter bis zum Ende des 13. Jahrhunderts – dargestellt nach den Quellen. Abhandlungen zur Geschichte der Geowissenschaften und Religion-Umwelt-Forschung N. F. Bd. 3. Münster.

Hanafi, H. (1992): World-Views of Arab Geographies. In: Buttimer, A. (Hg.) (1992): History of Geographical Thought. Selected Themes of the Work of the IGU Commission on the History of Geographical Thought. GeoJournal 26 (2), S. 153–156.

Hansen, M. H. (Hg.) (2000): A Comparative Study of Thirty City State Cultures. Kopenhagen.

Hard, G. (1964a): Geographie als Kunst. Zur Herkunft und Kritik eines Gedankens. In: Erdkunde 18, S. 336–341.

Hard, G. (1964b): Zur „erlebten Landschaft". Die Erde 95. Berlin, S. 26–35.

Hard, G. (1965): Arkadien in Deutschland. Bemerkungen zu einem landschaftlichen Reiz. Die Erde 96. Berlin, S. 21–41.

Hard, G. (1969a): Das Wort „Landschaft" und sein semantischer Hof. Zur Methode und Ergebnis eines linguistischen Tests. In: Wirkendes Wort 19, S. 3–14.

Hard, G. (1969b): Die Diffusion der „Idee der Landschaft". Präliminarien zu einer Geschichte der Landschaftsgeographie. In: Erdkunde 23, S. 249–264.

Hard, G. (1969c): „Dunstige Klarheit". Zu Goethes Beschreibung der italienischen Landschaft. In: Die Erde 100, S. 138–154.

Hard, G. (1970a): Der „Totalcharakter der Landschaft". Re-Interpretation einiger Textstellen bei Alexander von Humboldt. In: Geographische Zeitschrift Beiheft 23. Wiesbaden, 49–73.

Hard, G. (1970b): Die „Landschaft" der Sprache und die „Landschaft" der Geographen. Semantische und forschungslogische Studien. Colloquium Geographicum Band 11. Bonn.

Hard, G. (1977): Zu den Landschaftsbegriffen der Geographie. In: Wallthor, A. H. v. und H. Quirin (Hg.): Landschaft als Interdisziplinäres Forschungsproblem. Veröffentl. Provinzialinstitut für Westfalen Reihe 1 (21). Münster, S. 13–25.

Hard, G. (2002): Landschaft und Raum. Aufsätze zur Theorie der Geographie, Bd. 1. Osnabrücker Studien zur Geographie 22. Osnabrück.

Harlan, J. R., (Hg.) (1976): Origins of African Plant Domestication. Paris.

Hartshorne, R. (1939): The Nature of Geography. A Critical Survey of Current Thought in the Light of the Past. Reprint: Annals of the Association of American Geographers Vol. 19, 1939.

Harwood, J (2007): Hundert Karten, die die Welt veränderten. Hamburg.

Hasel, K. (1985): Forstgeschichte. Ein Grundriss für Studium und Praxis. Pareys Studientexte Nr. 48. Hamburg–Berlin.

Hauptmann, H. und M. Özdogan (2007): Die Neolithische Revolution in Anatolien. In: BLK, (Hg.), S. 26–36.

Hauser, W. (2002): Klima. Das Experiment mit dem Planeten Erde. Stuttgart.

Hayden, B. (1990): Nimrods, Piscators, Pluckers and Planters. The Emergence of Food Production. In: Journal of Anthropological Research 9, S. 31–69.

Hehn, V. (1911): Kulturpflanzen und Haustiere in ihrem Übergang aus Asien nach Griechenland und Italien … Berlin (11. Aufl. Hildesheim 1963).

Heiland, S. (1992): Naturverständnis. Dimensionen des menschlichen Naturbezugs. Darmstadt.

Heiler, F. (1999): Die Religionen der Menschheit. 6. Aufl. Herausgegeben von K. Goldammer. Stuttgart. *(mit weiterführender Literatur)*

Heinisch, K. J. (hg.) (1960): Der utopische Staat: Morus – Utopia/Campanella – Sonnenstaat/Bacon – Neu-Atlantis. Reinbek/Hamburg.

Heinrich, H. A. (1991): Politische Affinität zwischen geographischer Forschung und dem Faschismus im Spiegel der Fachzeitschriften. Gießener Geographische Schriften 70. Gießen.

Heinritz, G. (1999): Ein Siegeszug ins Abseits. In: Geographische Rundschau 51, S. 52–56.

Heitzmann, Chr. (2006): Europas Weltbild in alten Karten. Globalisierung im Zeitalter der Entdeckungen. In: HABW [Herzog August Bibliothek]. Wolfenbüttel.

Helbling, J. (1992): Ökologie und Politik in nichtstaatlichen Gesellschaften. Oder: Wie steht es mit der Naturverbundenheit sogenannter Naturvölker. In: Kölner Zeitschrift für Soziologie und Sozialpsychologie 44, S. 203–235.

Helck, W. (1960–1964): Materialien zur Wirtschaftsgeschichte des Neuen Reiches. Teile I–V. Akademie der Wissenschaften und der Literatur, Abhandlungen der Geistes- und sozialwissenschaftlichen Klasse, Jg. 1960. Wiesbaden (8 zugehörige Publikationen).

Hellpach, W. (1911): Geopsyche. Die Menschenseele unter dem Einfluss von Wetter und Klima, Boden und Landschaft. Leipzig (7. Aufl. 1965, Stuttgart).

Hempel, L. (1954): Tilken und Sieke – ein Vergleich. In: Erdkunde 8, S. 198–202.

Henning, F. W. (1994): Deutsche Agrargeschichte des Mittelalters: 9. bis 15. Jahrhundert. Stuttgart.

Henning, F. W. (1995): Die Industrialisierung in Deutschland 1800 bis 1914. 9. Aufl. Paderborn–München–Wien–Zürich.

Herder, J. G. (1784 ff.): Ideen zur Philosophie der Geschichte der Menschheit. Text. (Pross, W. (Hg.): Johann Gottfried Herder, Werke III/1). München–Wien.

Herder, J. G. (o. J.): Herders Werke. Nach den besten Quellen revidierte Ausgabe. Neunter Theil: Ideen zur Philosophie der Geschichte der Menschheit. Herausgegeben und mit Anmerkungen begleitet von Heinrich Düntzer. Berlin.

Herold, I. (2002): Pieter Bruegel. Die Jahreszeiten. München–London–New York.

Hettner, A. (1927): Die Geographie. Ihre Geschichte, ihr Wesen und ihre Methoden. Breslau.

Hettner, A. (1929): Der Gang der Kultur über die Erde. Leipzig – Berlin.

HKW und KABD [Haus der Kulturen Berlin – Kunst- und Ausstellungshalle der Bundesrepublik Deutschland Bonn] (1999): Alexander von Humboldt: Netzwerke des Wissens. Berlin–Bonn. *(Ausstellungskatalog mit zahlreichen Fachbeiträgen und Bibliographie)*

Hobbes, T. (1651/1979): Leviathan. Übersetzt von J. P. Mayer und Nachwort von M. Diesselhorst. Stuttgart.

Hodgen, M. T. (1954): Sebastian Münster (1489–1552): A Sixteenth-Century Ethnographer. In: Osiris 11, S. 504–529.

Hösle, V. (1991): Philosophie der ökologischen Krise. München.

Hösle, V. und C. Illies (1999): Darwin. Freiburg–Basel–Wien.

Hoffmann, A. (2004): Klöster, Kornmühlen und Kanäle. Wasserwirtschaft im Mittelalter. In: Marburger Geographische Studien Bd. 140, S. 54–67.

Honnefelder, L. (1993): Welche Natur sollen wir schützen? In: Gaia 2, S. 253–264.

Honnefelder, L. (1995): Die Verantwortung der Philosophie für Mensch und Umwelt. In: Erdmann, K.-H. und H.-G. Kastenholz (Hg.): Umwelt- und Naturschutz am Ende des 20. Jahrhunderts. Probleme, Aufgaben und Lösungen. Berlin u. a. O., S. 133–153.

Huber, G. (1981): Philosophische Fragen zum Darwinismus. Vierteljahresschrift Naturforschende Gesellschaft Zürich 126, S. 3–17.

Huizinga, J. (1956): Homo Ludens. Vom Ursprung der Kultur im Spiel. Reinbek bei Hamburg.

Humboldt, A. v. (1808/1859): Ansichten der Natur. 2 Bde. Stuttgart–Augsburg.

Humboldt, A. v. (1993): Die Kosmos-Vorträge 1827/1828 in der Berliner Singakademie. Herausgegeben von J. Hamel und K.-H. Tiemann. Frankfurt/Main–Leipzig.

Humboldt, A. v. (1999): Netzwerke des Wissens. Berlin–Bonn.

Humboldt, A. v. (2004): Physikalischer Atlas oder Sammlung von Karten, auf denen die hauptsächlichsten Erscheinungen der anorganischen und organischen Natur nach ihrer geographischen Verbreitung und Vertheilung bildlich dargestellt sind. Zu Alexander von Humboldt, Kosmos, Entwurf einer physischen Weltbeschreibung. Editiert und mit einem Nachwort versehen von O. Ette und O. Lubrich mit H. Berghaus. Frankfurt/Main.

Humboldt-Projekt in der Anderen Bibliothek, hg. von H. M. Enzensberger (2004). Frankfurt/M.

Huntington, E. (1915): Civilization and Climate. New Haven.

Huntington, E. (1945): Mainsprings of Civilization. New Haven (Reprint 1959, New York).

Ibn Khaldun (1967): The Muqaddimah. An Introduction to History. Translated from the Arabic by F. Rosenthal; abridged and edited by N. J. Dawood. London–Henley.

IGBP [International Geosphere Biosphere Programme] (2001): Global Change and the Earth System: A Planet under Pressure. IGBP Science 4. Stockholm.

IPCC [Intergovernmental Panel on Climate Change] (2001): Climate Change 2001: The Scientific Basis (Vol. 1) – Impacts, Adaptation and Vulnerability (Vol. 2) – Mitigation (Vol. 3). Cambridge.

IPCC (2007): Klimaänderung 2007. I: Wissenschaftliche Grundlagen – II: Auswirkungen, Anpassung, Verwundbarkeiten – III: Verminderung des Klimawandels. Zusammenfassungen für politische Entscheidungsträger. Zwischenstaatlicher Ausschuss für Klimaänderungen. Bern–Wien–Berlin.

Jäger, H. (1963): Zur Geschichte der deutschen Kulturlandschaften. In: Geographische Zeitschrift 51, S. 90–143.

Jäger, H. (1988): Frühe Umwelten in Mitteleuropa. In: Siedlungsforschung 6, S. 9–24.

Jäger, H. (1994): Einführung in die Umweltgeschichte. Darmstadt.

Janich, P. (2002): Mensch und Natur. Zur Revision eines Verhältnisses im Blick auf die Wissenschaften. Sitzungsberichte der Wissenschaftlichen Gesellschaft an der Johann Wolfgang Goethe-Universität Frankfurt/Main XL(2). Stuttgart.

Jankuhn, H. (1969): Vor- und Frühgeschichte vom Neolithikum bis zur Völkerwanderungszeit. Deutsche Agrargeschichte Bd. I. Stuttgart.

Jankuhn, H. (1977): Einführung in die Siedlungsarchäologie. Berlin–New York.

Janson, T. (2006): Eine kurze Geschichte der Sprachen. München.

Jantsch, E. (1992): Die Selbstorganisation des Universums. Vom Urknall zum menschlichen Geist. Erweiterte Neuauflage. München.

Jaspers, K. (1955): Vom Ursprung und Ziel der Geschichte. Frankfurt/Main–Hamburg.

KABD [Kunst- und Ausstellungshalle der Bundesrepublik Deutschland] (Hg.) (2000–2003): Schriftenreihe Forum. Bd. 9: Wasser; Bd. 10: Feuer; Bd. 11: Erde; Bd. 12: Luft. Bonn.

Kambartel, F. (1996/2004): Wissenschaft. In: Mittelstraß, J. (Hg.): Enzyklopädie Philosophie und Wissenschaftstheorie, Bd. 4. Stuttgart–Weimar, S. 719–721.

Kandler, H. (1995): Die Symbole des Paradieses im Islam. In: Symbolon. Jb. für wissenschaftliche Symbolforschung 12, S. 27–42.

Kanitschneider, B. (2002): Kosmologie. Stuttgart. (mit ausführlicher und weiterführender Bibliographie)

Kant, I. (1983): Anthropologie in pragmatischer Hinsicht. Herausgegeben und eingeleitet von W. Becker. Stuttgart.

Kasperson, J. X., R. E. Kasperson und B. L. Turner II (1995): Regions at Risk. Comparisons of Threatened Environments. Tokyo–New York–Paris.

Kates, R. W. et al. (2001): Sustainability Science. In: Science 292, S. 641–642.

Kaufmann, S. (2005): Soziologie der Landschaft. Wiesbaden.

Kaufmann-Hayoz, R. und A. di Giulio (Hg.) (1996): Umweltproblem Mensch. Humanwissenschaftliche Zugänge zu umweltverantwortlichem Handeln. Bern–Stuttgart–Wien.

Kees, H. (1958): Raumordnung und Landesplanung im alten Ägypten. In: Historische Raumforschung III: Zur Raumordnung in den alten Hochkulturen. Forschungs- und Sitzungsberichte der Akademie für Raumforschung und Landesplanung Bd. X. Bremen-Horn, S. 19–23.

Kemp, M. (2005): Leonardo. München.

Kenyon, K. M. (1976): Archäologie im Heiligen Land. Neukirchen-Vluyn.

Kessler, H. (Hg.) (1996): Ökologisches Weltethos im Dialog der Kulturen und Religionen. Darmstadt.

Kintzinger, M. (2003): Wissen wird Macht. Bildung im Mittelalter. Ostfildern–Darmstadt.

Kjellen, R. (1917): Der Staat als Lebensform. Leipzig.

Klaus, D. (1998): Systemtheoretische Grundlagen räumlicher Komplexität. In: Geographie und Schule 20, Heft 116, S. 2–17.

Klengel, H. (1979): Handel und Händler im alten Orient. Wien–Köln–Graz.

Klöcker, M., M. Tworuschka und U. Tworuschka (Hg.) (1996): Wörterbuch Ethik der Weltreligionen. Die wichtigsten Unterschiede und Gemeinsamkeiten. 2. Aufl. Gütersloh.

Klöcker, M. und U. Tworuschka, Hg. (2005): Ethik der Weltreligionen. Ein Handbuch. Darmstadt.

Kluxen, W. (2002): Nikolaus Cusanus. Universalität und Einheit. Zur 600. Wiederkehr seines Geburtsjahres. In: Bonner Universitätsblätter 2002, S 29–37.

Knaus, A. und O. Renn (1998): Den Gipfel vor Augen. Unterwegs in eine nachhaltige Zukunft. Marburg.

Kock, M. (Hg.) (2002): Das Humanum im globalen Wandel. Naturwissenschaftler, Philosophen und Theologen im Gespräch. Neukirchen-Vluyn.

Kohl, M. (1978): Die Dynamik der Kulturlandschaft im oberen Lahn-Dillkreis. Wandlungen von Haubergswirtschaft und Ackerbau zu neuen Formen der Landnutzung. Gießener Geographische Schriften 45, Gießen.

Königswald, W. v. (2002): Lebendige Eiszeit. Klima und Tierwelt im Wandel. Darmstadt.

Kopp, H. (2004): Vielfalt mit einem Ziel – Geographische Gesellschaften vor neuen Herausforderungen. In: Petermanns Geographische Mitteilungen 148, Heft 6, S. 72–75.

Kost, K. (1988): Die Einflüsse der Geopolitik auf Forschung der Theorie der Politischen Geographie von ihren Anfängen bis 1945. Bonner Geographische Abhandlungen 76. Bonn.

Kozalich, R. J. (2004): Der Geist eines Ortes. Kulturgeschichte und Phänomenologie des Genius Loci. Bd. 1: Antike – Mittelalter. München.

Krämer, R. (1984): Landesausbau und mittelalterlicher Deichbau in der hohen Marsch von Butjadingen. In: Siedlungsforschung 2, S. 147–164.

Kramer, S. N. (1963): The Sumerians. Chicago.

Krätz, O. (1997): Alexander von Humboldt. Wissenschaftler – Weltbürger – Revolutionär. München (2. Aufl. 2000).

Krebs, N. (1923): Natur- und Kulturlandschaft. In: Zeitschrift der Gesellschaft für Erdkunde zu Berlin 58, S. 81–94.

Kröpelin, S. und R. Kuper (2007): Holozäner Klimawandel und Besiedlungsgeschichte der östlichen Sahara. In: Geographische Rundschau 59 (4), S. 22–29.

Kuckenberg, M. (2001): Als der Mensch zum Schöpfer wurde. An den Wurzeln der Kultur. Stuttgart.

Kühl, U. (1992): Zum Einfluss der Klöster auf die neuzeitliche Siedlungsgeschichte des Schwarzwaldes. In: Siedlungsforschung 10, S. 63–77.

Küng, H. (1990): Projekt Weltethos. München.

Küng, H. und K. J. Kuschel (Hg.) (2001): Wissenschaft und Ethos. München.

Küster, H. (1995): Geschichte der Landschaft in Mitteleuropa. Von der Eiszeit bis zur Gegenwart. München.

Küster, H. (1998a): Geschichte des Waldes. Von der Urzeit bis zur Gegenwart. München.

Küster, H. (1998b): Versorgung und Entsorgung in der mittelalterlichen Stadt. In: Spindler, K. (Hg.), S. 311–326.

Küster, H. J. (2001): Wald und Wüstung in der Völkerwanderungszeit. In: Siedlungsforschung 19, S. 95–102.

Kugler, H. (1987): Die Ebstorfer Weltkarte. Ein europäisches Weltbild im deutschen Mittelalter. In: Zeitschrift für deutsches Altertum 116 (1), S. 1–29.

Lamarck, J.-B. (1809): Philosophie zoologique, ou Exposition des considérations relatives à l'histoire naturelle des animaux. Paris.

Lambert, M. (1996): Sumerische Schöpfungsmythen. In: Eliade, M. (1996b), S. 101–117.

Lambin, E. und H. Geist, Hg. (2006): Land-Use and Land-Cover Change. Local Processes and Global Impacts. The IGBP Series. Berlin – Heidelberg – New York.

La Mettrie, J. O. (1749/2001): Der Mensch eine Maschine. (L'homme machine.) Übersetzt von T. Lücke; Nachwort von H. Tetens. Stuttgart.

Larson, J. (1986): Not Without a Plan: Geography and Natural History in the Late Eighteenth Century. In: Journal of the History of Biology 19, S. 447–488.

Latour, B. (1998): Wir sind nie modern gewesen. Versuch einer symmetrischen Anthropologie. Frankfurt/M.

Latour, B. (2002): Das Parlament der Dinge. Frankfurt/M.

Lee, R. B. und I. De Vore, (Hg.) (1976): Kalahari, Hunter-Gatherers. Studies of the !Kung San and Their Neighbours, Cambridge, Mass. – London.

Lehmann, H. (1950): Die Physiognomie der Landschaft. In: Studium Generale 3, S. 182–195.

Le Play, F. (1855): Les ouvriers européens. Paris.

Le Play, F. (1879): La Méthode Sociale. Paris.

Leser, H. (1976): Landschaftsökologie. Stuttgart.

Leser, H. (2002): Geographie und Transdisziplinarität – Fachwissenschaftliche Ansätze und ihr Standort heute. In: Regio Basiliensis 43, S. 3–16.

Lindgren, U. (1998): In welchem Verhältnis stand mittelalterliche Technik zu Mensch und Natur? In: Spindler, K., Hg., S. 169–206.

Lindgren, U. (Hg.) (1987): Europäische Technik im Mittelalter 800–1400. Tradition und Innovation. Ein Handbuch. 2. Aufl. Berlin.

Litt, T. (2003): Klimaentwicklung in Europa während der letzten Warmzeit (126 000–115 000 Jahre vor heute). In: DWD (Hg.), S. 25–34.

Livingstone, D. N. (1984): The History of Science and the History of Geography: Interactions and Implications. In: History of Science 22, S. 271–302.

Livingstone, D. N. (1987): Human Acclimatization: Perspectives in a Contested Field of Inquiry in Science, Medicine and Geography. In: History of Science 25, S. 359–394.

Livingstone, D. N. (1992): The Geographical Tradition. Oxford–Cambridge/Mass.

Livingstone, D. N. (1994): Science and Religion: Foreword to the Historical Geography of an Encounter. In: Journal of Historical Geography 20, S. 367–383.

Livingstone, D. N. (1995): The Spaces of Knowledge: Contributions towards a Historical Geography of Science. In: Environment and Planning D: Society and Space 13, S. 5–34.

Livingstone, D. N. und C. W.J. Withers (Hg.) (1999): Geography and Enlightenment. Chicago–London.

Lloyd, S. (1981): Die Archäologie Mesopotamiens. Von der Altsteinzeit bis zur persischen Eroberung. München.

Löwenberg, J. (Hg.) (1877/1878): Abhandlungen zur Erd- und Völkerkunde von Oscar Peschel. 2 Bd., Leipzig.

Lübbe, H. (1996): Zeit-Erfahrungen. Sieben Begriffe zur Beschreibung moderner Zivilisationsdynamik. Akademie der Wissenschaften und der Literatur, Abhandlungen der Geistes- und sozialwissenschaftlichen Klasse, Jg. 1996, Nr. 5. Stuttgart.

Ludwig, O. (2005): Geschichte des Schreibens Band 1: Von der Antike bis zum Buchdruck. Berlin.

Lukrez (Titus Lucretius Carus) (1973): De rerum natura. Welt aus Atomen (Lateinisch-Deutsch). Übersetzt und herausgegeben von K. Büchner. Stuttgart.

Lundman, B. (1967): Geographische Anthropologie. Rassen und Völker der Erde. Stuttgart.

Lüning, J. (1988): Frühe Bauern in Mitteleuropa im 6. und 5. Jahrtausend v. Chr. Jahrbuch des Römisch-Germanischen Zentralmuseums Mainz 35, S. fehlt

Lüning, J. (2007): Bandkeramiker und Vor-Bandkeramiker. Die Entstehung des Neolithikums in Mitteleuropa. In: BLK (Hg.), S. 177–189.

Lüning, J. und A. J. Kalis (1988): Die Umwelt prähistorischer Siedlungen – Rekonstruktionen aus siedlungsarchäologischen und botanischen Untersuchungen im Neolithikum. In: Siedlungsforschung 6, S. 39–55.

Lüning, J. et al. (1997): Deutsche Agrargeschichte – Vor- und Frühgeschichte. Stuttgart.

MacNeish, R. S. (1991): The Origins of Agriculture and Settled Life. Norman/Oklahoma.

Maier, B. (2003a): Die Germanen. Götter, Mythen, Weltbild. München.

Maier, B. (2003b): Die Kelten. Ihre Geschichte von den Anfängen bis zur Gegenwart. München.

Maier, B. (2004): Die Religion der Kelten. Götter, Mythen, Weltbild. München.

Makowski, H. – B. Buderath (1983): Die Natur dem Menschen untertan. Ökologie im Spiegel der Landschaftsmalerei. München.

Malmberg, T. (1980): Human Territoriality. Survey of Behavioural Territories in Man with Preliminary Analysis and Discussion of Meaning. The Hague–Paris–New York.

Malthus, R. T. (1798): An Essay on the Principle of Population as it Affects the Future Improvement of Society [...]. London. (dt. Ausgabe 1977: Das Bevölkerungsgesetz. Herausgegeben und übersetzt von C. M. Barth. München).

Markl, H. (1983): Dasein in Grenzen: Die Herausforderung der Ressourcenknappheit für die Evolution des Lebens. Konstanz.

Markl, H. (1986): Natur als Kulturaufgabe. Über die Beziehung des Menschen zur lebendigen Natur. Stuttgart.

Markl, H. (1997): Language and the Evolution of the Human Mind. In: European Review 5, S. 1–21.

Markl, H. (1998a): Homo sapiens. Zur fortwirkenden Naturgeschichte des Menschen. Münster (Gerda Henkel Vorlesung).

Markl, H. (1998b): Wissenschaft gegen Zukunftsangst. München–Wien. (darin insb. Kap II/3: Umweltforschung als angewandte Naturwissenschaft: S. 127–146)

Markl, H. (2001): Man's Place in Nature – Past and Future. In: Ehlers, E. und Th. Krafft (Hg.), S. 81–93.

Marsh, G. P. (1864): Man and Nature; or: Physical Geography as Modified by Human Actions. New York–London.

Marsh, G. P. (1964): Man and Nature. Edited by D. Lowenthal. Cambridge.

Marsh, G. P. (1974): The Earth as Modified by Human Actions. New York.

Mayr, E. (1979): Evolution und Vielfalt des Lebens. Berlin.

Mayr, E. (1998): Das ist Biologie. Die Wissenschaft des Lebens. Heidelberg–Berlin.

McAdams, R. (1981): Heartland of cities: surveys of ancient settlement and land use on the central floodplain of the Euphrates. Chicago.

McDougall, I., F. H. Brown und J. G. Fleagle (2005): Stratigraphic Placement and Age of Modern Humans from Kibish, Ethiopia. In: Nature 17. 2. 2005, S. 733–736.

McMichael, A. J. (2001): Human Frontiers, Environments and Disease: Past Patterns – Uncertain Futures. Cambridge.

McMichael, A. J. (2003): Planetary Overload. Global Environmental Change and the Health of the Human Species. Cambridge.

MEA [Millennium Ecosystem Assessment] (2005): Ecosystems and Human Well-Being. Herausgegeben von World HealthOrganization. Genf.

Meier, M. (2005): Pest. Die Geschichte eines Menschheitstraumas. Stuttgart.

Meller, H., Hg. (2004a): Der geschmiedete Himmel. Die weite Welt im Herzen Europas vor 3600 Jahren. Halle–Stuttgart. (Begleitband zur Sonderausstellung des Landesmuseums für Vorgeschichte Halle/Saale; mit zahlreichen Fachbeiträgen und weiterführender Literatur)

Meller, H. (2004b): Die Himmelsscheibe von Nebra. In: Meller, H. (Hg.), S. 22–31.

Mensching, H. (1952): Die kulturgeographische Bedeutung der Auelehmbildung. In: Deutscher Geographentag Frankfurt/Main 1951. Tagungsberichte und wissenschaftliche Abhandlungen. Remagen. S. 219–225.

Messerli, B. et al. (2000): From Nature-dominated to Human-dominated Environmental Changes. In: Quaternary Science Reviews 19, S. 459–479.

Meyer-Abich, K. M., Hg. (1997b): Vom Baum der Erkenntnis zum Baum des Lebens. Ganzheitliches Denken der Natur in Wissenschaft und Wirtschaft. München.

Meynen, E. und J. Schmithüsen (Hg.) (1953–1962): Naturräumliche Gliederung Deutschlands: Abgrenzung der Einheiten konkretisiert für den M. 1:25.000 durch das Landesamt für Umweltschutz und Gewerbeaufsicht. Remagen–Bad Godesberg. (Digitale Fassung vom 15. 12. 2002).

Michaels, A. (2003): Notions of Nature in Traditional Hinduism. In: Ehlers, E. und C. F. Gethmann (Hg.), S. 111–121.

Mieth, A. und H.-R. Bork (2003): Bodenerosion – ein Schlüssel zum Verständnis der Kulturgeschichte der Osterinsel. In: Petermanns Geographische Mitteilungen 147, S. 30–37.

Mieth, A. und H.-R. Bork (2004): Easter Island–Rapa Nui: Scientific Pathways to Secrets of the Past. Man and Environment I. Kiel.

Miller, K. (1895): Mappae Mundi. Die ältesten Weltkarten. Bd. 1: Die Weltkarte des Beatus (776 n. Chr,). Stuttgart.

Miller, K. (1896a): Mappae Mundi. Die ältesten Weltkarten. Bd. 4: Die Herefordkarte. Stuttgart.

Miller, K. (1896b): Mappae Mundi. Die ältesten Weltkarten. Bd. 5: Die Ebstorf Karte. Stuttgart.

Miller, K. (1962): Die Peutingersche Tafel. Neudruck. Stuttgart.

Mitscherlich, G. (1963): Zustand, Wachstum und Nutzung des Waldes im Wandel der Zeit. Freiburg.

Mittelstraß, J. (1981/1982): Aneignung und Verlust der Natur. In: Mittelstraß, J.: Wissenschaft als Lebens-
    form. Reden über philosophische Orientierungen in Wissenschaft und Universität. Frankfurt/Main,
    S. 65–84.

Mittelstraß, J. (1983): Das Wirken der Natur: Materialien zur Geschichte des Naturbegriffs. In: Rapp, F.
    (Hg.): Naturverständnis und Naturbeherrschung: Philosophiegeschichtliche Entwicklung und ge-
    genwärtiger Kontext. München, S. 36–69.

Mittelstraß, J. (1989): The World of the History and Philosophy of Science. In: Brown, J. R. und J. Mittel-
    straß (Hg.) World Pictures. Dordrecht, S. 319–341.

Mittelstraß, J. (2003): The Concepts of Nature. Historical and Epistemological Aspects. In: Ehlers, E. und
    C. F. Gethmann, S. 29–35.

Montesquieu, C.d.S. B. de (1994): Vom Geist der Gesetze. Auswahl, Übersetzung und Einleitung von
    K. Weigand. Stuttgart.

Moosbauer, G. u. a. (2001): Wechselwirkungen zwischen Waldnutzung und Siedlungsentwicklung wäh-
    rend der römischen Kaiserzeit in Mitteleuropa. In: Siedlungsforschung 19, S. 35–56.

Müllenhoff, M. (2005): Geoarchäologische, sedimentologische und morphodynamische Untersuchungen
    im Mündungsgebiet des Büyük Menderes (Mäander), Westtürkei. Marburger Geographische Schrif-
    ten 141. Marburg.

Müller, F. (2002): Götter – Gaben – Rituale. Religion in der Frühgeschichte Europas. Mainz.

Müller, R. (2003): Die Entdeckung der Kultur. Antike Theorien über Ursprung und Entwicklung der Kultur
    von Homer und Seneca. Düsseldorf–Zürich.

Müller-Beck, H. (2004): Die Steinzeit. Der Weg des Menschen in die Geschichte. 3. Aufl. München.

Müller-Beck, H. J., N. J. Conard und W. Schürle (Hg.) (2001): Eiszeitkunst im süddeutsch-schweizerischen
    Jura. Anfänge der Kunst. Stuttgart.

Müller-Wille, M. (1984): Mittelalterliche und frühneuzeitliche Siedlungsentwicklung in Moor- und Marsch-
    gebieten. In: Siedlungsforschung 2, S. 7–42.

Müller-Wille, W. (1938): Der Niederwald im Rheinischen Schiefergebirge. Eine wirtschaftsgeographische
    Studie. In: Westfälische Forschungen 1, S. 51–86.

Nakamura, H. (1992): The Idea of Nature in the East in Comparison with the West. In: Buttimer, A. (Hg.)
    (1992): History of Geographical Thought. Selected Themes of the Work of the IGU Commission on
    the History of Geographical Thought. GeoJournal 26 (2), S. 113–128.

Nasr, S. H. (1964): An Introduction to Islamic Cosmological Doctrines. Cambridge.

Neumann, H. (1987): Handwerk in Mesopotamien. Akademie der Wissenschaften der DDR. Schriften zur
    Geschichte und Kultur des Alten Orients 19. Berlin.

Neumann, K. (1989): Vegetationsgeschichte der Ostsahara im Holozän. Holzkohlen aus prähistorischen Fund-
    quellen. In: Kuper, R. (Hg.): Forschungen zur Umweltgeschichte der Ostsahara. Köln, S. 13–181.

Nicolson, M. (1987): Alexander von Humboldt, Humboldtian Science and the Origins of the Study of Vege-
    tation. In: History of Science 25, S. 167–194.

Nippa, A. (1991): Haus und Familie in arabischen Ländern. Vom Mittelalter bis zur Gegenwart. München.

Nitz, H. J., Hg. (1974): Historisch-genetische Siedlungsforschung. Genese und Typen ländlicher Siedlungen
    und Flurformen. Wege der Forschung Bd. 300. Darmstadt.

Nitz, H. J., Hg. (1984): Die mittelalterliche und frühneuzeitliche Besiedlung von Moor und Marsch zwi-
    schen Ems und Weser. In: Siedlungsforschung 2, S. 43–76.

Nitz, H. J., Hg. (1993): The Early Modern World-System in Geographical Perspective. Erdkundliches Wissen Bd. 110. Stuttgart.

Nuhn, H. (1965): Industrie im hessischen Hinterland. Marburger Geographische Schriften 23. Marburg.

Odum, E. P. (1975): Ecology. The Link Between the Natural and the Social Sciences. New York.

Otremba, E. (1973): Fortschritt und Pendelschlag in der geographischen Wissenschaft. In: Meynen, E. (Hg.): Geographie heute – Einheit und Vielfalt (Ernst Plewe zu seinem 65. Geburtstag.) Erdkundliches Wissen 33. Wiesbaden, S. 27–41.

Ott, I. (2003): Altruism and egoism of the social planner in a dynamic context. In: Hagemann, H. und S. Seiter (Hg.): New developments in growth theory and growth politics. London u. a. O.

Paffen, K. H. (Hg.) (1973): Das Wesen der Landschaft. Wege der Forschung Bd. 39, Darmstadt.

Palfy, J. (2005): Katastrophen der Erdgeschichte – globales Artensterben? Stuttgart.

Pandeya, R. C. (1992): Indian Attitude towards Nature. In: Buttimer, A. (Hg.) (1992): History of Geographical Thought. Selected Themes of the Work of the IGU Commission on the History of Geographical Thought. GeoJournal 26 (2), S. 135–138.

Parry, M. L. et al. (Hg.) (1988): The Impact of Climatic Variations on Agriculture. 2 Bde. Dordrecht–Boston–London.

Passarge, S. (1925): Harmonie und Rhythmus der Landschaft. In: Petermanns Geographische Mitteilungen 71, S. 250–252.

Paul, A. (1998): Von Affen und Menschen. Verhaltensbiologie der Primaten. Darmstadt.

Penck, A. und E. Brückner (1901–1909): Die Alpen im Eiszeitalter. 3 Bde. Leipzig.

Penrose, E. (1962): Travel and Discovery in the Renaissance 1420–1620. New York.

Peschel, O. (1858): Geschichte des Zeitalters der Entdeckungen. Stuttgart–Augsburg.

Peschel, O. (1865): Geschichte der Erdkunde bis auf Alexander von Humboldt und Carl Ritter. München.

Peschel, O. (1869): Neue Probleme der vergleichenden Erdkunde als Versuch einer Morphologie der Erdoberfläche. Leipzig.

Petit, J. R. et al. (1999): Climate and Atmospheric History of the Past 420.000 Years from the Vostok Ice Core, Antarctica. In: Nature 399, S. 429–436.

Petruccioli, A. (1995): Der islamische Garten: Architektur – Natur – Landschaft. Stuttgart.

Pfister, C. (1984): Klimageschichte der Schweiz 1525–1860. Das Klima der Schweiz und seine Bedeutung in der Geschichte von Bevölkerung und Wirtschaft. Bern.

Pfister, C. (1988): Historische Umweltforschung und Klimageschichte. Mit besonderer Berücksichtigung des Hoch- und Spätmittelalters. In: Siedlungsforschung 6, S. 113–127.

Pfister, C. (1992): Monthly Temperature and Precipitation in Central Europe 1525–1979: Quantifying Documentary Evidence in Weather and its Effects. In: Bradley, R. S. und P. D. Jones (Hg.): Climate since A. D. 1500. London, S. 118–142.

Pfister, C. (1999): Wetternachhersage. 500 Jahre Klimavariationen und Naturkatastrophen. Bern.

Pfister, C. und R. Brazdil, Hg. (1999): Climatic Variability in Sixteenth Century Europe and Its Social Dimensions. Climate Change (special volume).

Pfister, C. et al. (1996): Winters in Europe: The Fourteenth Century. In: Climate Change 34, S. 91–108.

Pico della Mirandola, G. (1997): De hominis dignitate/Über die Würde des Menschen (Lateinisch-Deutsch). Herausgegeben und übersetzt von G. v. d. Gönna. Stuttgart.

Platon (1991): Philebos – Timaios – Kritias (Griechisch und Deutsch). Sämtliche Werke VIII. Herausgegeben von K. Hülser. Frankfurt/Main–Leipzig.

Platt, J. R. (1980): Eight Major Evolutionary Jumps Today. In: Markovits, A. S. und K. W. Deutsch (Hg.): Fear of Science – Trust in Science. Cambridge/Mass.

Pletsch, A. (1991): Das Lahn-Dill-Gebiet. Ein industriegeschichtlicher Überblick. In: Geographische Rundschau 43, S. 284–288.

Plewe, E. (1957): D. Anton Friedrich Büsching. Das Leben eines deutschen Geographen in der zweiten Hälfte des 18. Jahrhunderts. In: Stuttgarter Geographische Schriften 69 (Lautensach-Festschrift). Stuttgart, S. 107–120.

Plewe, E. (1958): Studien über D. Anton Friedrich Büsching. In: Paschinger, H. (Hg.): Festschrift zum 60. Geburtstag von H. Kinzl. Innsbruck, S. 203–223.

Plewe, E. (1959): Carl Ritter. Hinweise und Versuche zu einer Deutung seiner Entwicklung. In: Die Erde 90, S. 98–166.

Plewe, E. (1960): Carl Ritters Stellung in der Geographie. In: Deutscher Geographentag Berlin 1959. Tagungsberichte und wissenschaftliche Abhandlungen. Wiesbaden, S. 59–68.

Plewe, E. (1979): Carl Ritters „produktenkundliche" Monographien im Rahmen seiner wissenschaftlichen Entwicklung. In: Geographische Zeitschrift 67, S. 12–28.

Plewe, E. (1981): Von der Compendien- zur Problemgeographie. In: Lenz, K. (Hg.): Carl Ritter – Geltung und Deutung. Berlin, S. 37–53.

Plinius der Ältere (2005): Naturalis historia/Naturgeschichte (Lateinisch-Deutsch). Ausgewählt, übersetzt und herausgegeben von M. Giebel. Stuttgart.

Polanyi, K. (1944): The Great Transformation. London (dt. Ausgabe 1978: The Great Transformation. Politische und ökonomische Ursprünge von Gesellschaften und Wirtschaftssystemen. Frankfurt/Main).

Polo, M. (1984): Il Milione. Die Wunder der Welt. Zürich.

Polte-Rudolf, C. (2003): Die Historische Phänologische Datenbank des Deutschen Wetterdienstes. In: DWD (Hg.), S. 68–70.

Pott, R. (1985): Beiträge zur Wald- und Siedlungsentwicklung des Westfälischen Berg- und Hügellandes auf Grund neuer pollenanalytischer Untersuchungen. In: Siedlung und Wirtschaft 17, S. 1–38.

Pott, R. (1990): Die Haubergswirtschaft im Siegerland. In: Wilhelm-Münker-Stiftung, H. 28. Siegen, S. 6–41.

Primack, R. B. (1993): Essentials of Conservation Biology. Sunderlands. Zitiert nach: Barbault, J. (2001): Loss of Biodiversity, Overview. In: Encyclopedia of Biodiversity, Vol. 3. San Diego, S. 761–775.

Radkau, J. (1983): Holzverknappung und Krisenbewusstsein im 18. Jahrhundert. In: Geschichte und Gesellschaft 9, S. 513–543.

Radkau, J. (1997): Unbekannte Umwelt. Von der altklugen zur neugierigen Umweltgeschichte. In: Praxis Geschichte 1997 (4): Mensch und Umwelt, S. 4–10.

Radkau, J. (2000): Natur und Macht. Eine Weltgeschichte der Umwelt. München. *(mit umfangreichem und breit gefächertem wissenschaftlichen Apparat)*

Ramakrishnan, P. S., K. G. Saxena und U. M. Chandrashekara (Hg.) (1998): Conserving the Sacred for Biodiversity Management. New Delhi–Calcutta.

Ratzel, F. (1882): Anthropo-Geographie oder Grundzüge der Anwendung der Erdkunde auf die Geschichte. Stuttgart.

Ratzel, F. (1891): Anthropogeographie II: Die geographische Verbreitung des Menschen. Stuttgart.

Ratzel, F. (1896): Die Gesetze des räumlichen Wachstums der Staaten. In: Petermanns Geogr. Mitt 42, S. 97–107.

Ratzel, F. (1897): Politische Geographie oder die Geographie der Staaten, des Verkehrs und des Krieges. München.

Rehm, S. und G. Espig (1976): Die Kulturpflanzen der Tropen und Subtropen. Anbau – wirtschaftliche Bedeutung – Verwertung. Stuttgart.

Repcheck, J. (2007): Der Mann, der die Zeit fand. James Hutton und die Entdeckung der Erdgeschichte. Stuttgart.

Richards, P. (1974): Kant's Geography and Mental Maps. In: TIBG 61, S. 1–16.

Richter, G. (Hg.) (1976): Bodenerosion im Mitteleuropa. Wege der Forschung 430. Darmstadt.

Richter, G. (1980): Über das Bodenerosionsproblem in Mitteleuropa. In: Berichte zur deutschen Landeskunde 54, S. 1–37.

Richthofen, F. v. (1883): Aufgaben und Methoden der heutigen Geographie. Leipzig.

Richthofen, F. v. (1886): Führer für Forschungsreisende. Anleitungen zu Beobachtungen über Gegenstände der physischen Geographie und Geologie. Berlin.

Riedl, R. (1975): Die Ordnung des Lebendigen. Systembedingungen der Evolution. Berlin–Hamburg.

Riedl, R. (1981): Biologie der Erkenntnis. Die stammesgeschichtlichen Grundlagen der Vernunft. 3. Aufl. Berlin–Hamburg.

Riedl, R. (1985): Die Spaltung des Weltbildes. Biologische Grundlagen des Erklärens und Verstehens. Berlin–Hamburg.

Rindos, D. (1984): The origins of agriculture: an evolutionary perspective. Orlando.

Ritter, C. (1804/1807): Europa, ein geographisch-historisch-statistisches Gemählde. Frankfurt/Mayn.

Ritter, C. (1817/1818): Die Erdkunde im Verhältniß zur Natur und Geschichte des Menschen, oder allgemeine vergleichende Geographie […]. 2 Bde. Berlin.

Ritter, C. (1862): Allgemeine Erdkunde. Vorlesungen an der Universität zu Berlin. Herausgegeben von H. A. Daniel, Berlin.

Roberts, J. (1983): Working Class Housing in Nineteenth Century Manchester–John Street, Irk Town, 1826–1936. Manchester.

Rousseau, J. J. (1986): Vom Gesellschaftsvertrag oder Grundsätze des Staatsrechts. Neu übersetzt und herausgegeben von H. Brockard. Stuttgart.

Rousseau, J. J. (1998): Abhandlung über den Ursprung und die Grundlagen der Ungleichheit unter den Menschen. Übersetzt und herausgegeben von P. Rippel. Stuttgart.

Rudorf, W. (1969): Zur Geschichte und Geographie alteuropäischer Kulturpflanzen. Eine Übersicht aufgrund archäologischer Quellen. Berlin–Hamburg.

Rupke, N. A. (2005): Alexander von Humboldt. A Metabiography. Berlin u. a. O.

Ruppert, K. und F. Schaffer (Hg.) (1969): Zur Konzeption der Sozialgeographie. In: Geographische Rundschau 21 (6), S. 205–214.

Ruppert, K. und F. Schaffer (1999): Die „neue Streitkultur". Cui bono? In: Geographische Rundschau 51 (12), S. 721–723.

Sabra, A. J. (2002): Philosophie und Naturwissenschaften. Der islamische Beitrag zur Entwicklung der Wissenschaft. In: Lewis, B. (Hg.): Welt des Islam. Geschichte und Kultur im Zeichen des Propheten. München, S. 181–200.

Sack, R. D. (1986): Human Territoriality: its Theory and History. Cambridge u. a. O.

Sandner, G. (1983): Die „Geographische Zeitschrift" 1933–1945. Eine Dokumentation über Zensur, Selbstzensur und Anpassungsdruck bei wissenschaftlichen Zeitschriften im Dritten Reich. In: Geographische Zeitschrift 71, S. 65–87 und 127–149.

Sandner, G. (1989): The „Germania triumphans" syndrome and Passarge's „Erdkundliche Weltanschauung […]". In: Political Geography Quarterly 8, S. 341–351.

Sauer, C. O. (1952): Agricultural Origins and Dispersals. The American Geographical Society (Bowman Memorial Lectures). New York.

Sauneron, S. und J. Yoyote (1996): Ägyptische Schöpfungsmythen. In: Eliade, M. (1996b), S. 35–99.

Schachtschabel, H. G., Hg. (1971): Wirtschaftsstufen und Wirtschaftsordnungen. Wege der Forschung Bd. 176. Darmstadt.

Schellnhuber, H. J. (1998): Discourse: Earth System Analysis – The Scope of the Challenge. In: Schellnhuber, H. J. und V. Wenzel (Hg.), S. 5–195.

Schellnhuber, H. J. (1999): „Earth System" Analysis and the Second Copernican Revolution. In: Nature 402 (Suppl.), S. C19–C23.

Schellnhuber, H. J. et al. (1997): Syndromes of Global Change. In: Gaia 6, S. 19–34.

Schellnhuber, H. J. –V. Wenzel (Hg.) (1998): Earth System Analysis – Integrating Science for Sustainability. Berlin u. a. O.

Schenk, W. (1997): Der Blick auf die Landschaft. Die Geschichte unserer Umwelt im Spiegel von Landschaftsgemälden. In: Praxis Geschichte 11, Heft 4, S. 40–42.

Schlögel, K. (2003): Im Raum lesen wir die Zeit. Über Zivilisationsgeschichte und Geopolitik. München – Wien.

Schlüter, O. (1906): Die Ziele der Geographie des Menschen. München – Berlin.

Schlüter, O. (1952–1958): Die Siedlungsräume Mitteleuropas on frühgeschichtlicher Zeit. Forschungen zur deutschen Landeskunde Bd. 63 (1952), Bd. 74 (1953) und Bd. 110 (1958). Remagen.

Schmidt, E. (Hg.) (1984): Dokumente zur Geschichte der europäischen Expansion. Bd. 2: Die großen Entdeckungen. München.

Schmidt, E. (Hg.) (1986): Dokumente zur Geschichte der europäischen Expansion. Bd. 1: Die mittelalterlichen Ursprünge der europäischen Expansion. München.

Schmidt, E. (Hg.) (1987): Dokumente zur Geschichte der europäischen Expansion. Bd. 3: Der Aufbau der Kolonialreiche. München.

Schmidt, E. (Hg.) (1988): Dokumente zur Geschichte der europäischen Expansion. Bd. 4: Wirtschaft und Handel der Kolonialreiche. München.

Schmidt, K. (2007a): Göbekli Tepe. In: BLK (Hg.), S. 74–75.

Schmidt, K. (2007b): Die Steinkreise und die Reliefs von Göbekli Tepe. In: BLK (Hg.), S. 83–96.

Schmithüsen, J. (1961): Natur und Geist in der Landschaft. In: Natur und Landschaft Nr. 5, Mainz, S. 70–73.

Schmithüsen, J. (1963): Der wissenschaftliche Landschaftsbegriff. In: Mitt. Floristisch-soziologische Arbeitsgemeinschaft NF, Heft 10. Stolzenau/Weser, S. 9–19.

Schmithüsen, J. (1964): Was ist eine Landschaft? Erdkundliches Wissen, Heft 9. Wiesbaden.

Schmithüsen, J. (1970): Geschichte der geographischen Wissenschaft von den ersten Anfängen bis zum Ende des 18. Jahrhunderts. Mannheim – Wien – Zürich.

Schmithüsen, J. (1976): Allgemeine Geosynergetik. Grundlagen der Landschaftskunde. Lehrbuch Allgemeine Geographie Bd. 12. Berlin – New York.

Schmitthenner, H. (1938): Lebensräume im Kampf der Kulturen. Heidelberg. (2. Aufl. 1951).

Schmökel, H. (1958a): Hammurabi von Babylon. Die Errichtung eines Reiches. München.

Schmökel, H. (1958b): Raumordnung und Landesplanung im Alten Orient, unter besonderer Berücksichtigung von Kanalverwaltung und Wasserwirtschaft. In: Historische Raumforschung III: Zur Raumordnung in den alten Hochkulturen. Forschungs- und Sitzungsberichte der Akademie für Raumforschung und Landesplanung Bd. X. Bremen – Horn, S. 9–18.

Schmökel, H. (1998): Das Gilgamesh-Epos. Eingeführt, rhythmisch übertragen und mit Anmerkungen versehen. Stuttgart – Berlin – Köln.

Schneider, R. – G. Lohmann (2003): Das Klima der letzten 11 000 Jahre. In: DWD (Hg.), S. 35–54.

Schneider, U. J. (Hg.) (2006): Seine Welt wissen. Enzyklopädien in der Frühen Neuzeit. Darmstadt.

Schöller, P. (1957): Wege und Irrwege der Politischen Geographie und Geopolitik. In: Erdkunde 11, S. 1–20.

Scholten, A. (1976): Länderbeschreibung und Länderkunde im islamischen Kulturraum des 10. Jahrhunderts. Bochumer Geographische Arbeiten 25, Paderborn.

Schrenck, F. und S. Müller (2005): Die Neandertaler. München.

Schubert, E. (2002): Alltag im Mittelalter. Natürliches Lebensumfeld und menschliches Miteinander. Darmstadt.

Schulte-Althoff, F. J. (1971): Studien zur politischen Wissenschaftsgeschichte der deutschen Geographie im Zeitalter des Imperialismus. Bochumer Geographische Arbeiten 9, Paderborn.

Schultz, H. D. (1980): Die deutschsprachige Geographie von 1800 bis 1970. Ein Beitrag zur Geschichte ihrer Methodologie. Abhandlungen des Geographischen Instituts der Freien Universität – Anthropogeographie Bd. 29. Berlin.

Schultz, H. D. (1989): Die Geographie als Bildungsfach im Kaiserreich. Osnabrücker Studien zur Geographie Bd. 10. Osnabrück.

Schultz, H. D. (1998): Herder und Ratzel. In: Erdkunde 52, S. 127–143.

Schultz, H. D. (2005): Zwischen fordernder Natur und freiem Willen: Das Politische an der „klassischen" Deutschen Geographie. In: Erdkunde 59, S. 1–21.

Schulz, W. (1960): Aimé Bonpland. Alexander von Humboldts Begleiter auf der Amerikareise 1799–1804. Akad. der Wiss. und Literatur, Abhandlungen der mathematischen-naturwissenschaftlichen Klasse, Jg. 1960, Nr. 9. Wiesbaden.

Schüssler, F. (2008): Die Haubergswirtschaft. Potenziale und Risiken eines traditionellen forstlichen Betriebssystems … In: Geographische Rundschau 60, Heft 1, S. 66–73.

Schwarz, G. (Hg.) (1948): Die Entwicklung der geographischen Wissenschaft seit dem 18. Jahrhundert. Quellensammlung zur Kulturgeschichte. Berlin.

Sedlacek, P., Hg. (1979): Zur Situation der deutschen Geographie zehn Jahre nach Kiel. Osnabrücker Studien zur Geographie Bd. 2. Osnabrück.

Selg, A. und R. Wieland (Hg.) (2001): Die Welt der Encyclopédie. Frankfurt/M.

Semple, E. C. (1903): American history and its geographic conditions. Cambridge.

Semple, E. C. (1911): Influences of Geographic Environment. New York.

Senda, M. (1992): Japan's Traditional View of Nature and Interpretation of Landscape. In: Buttimer, A. (Hg.) (1992): History of Geographical Thought. Selected Themes of the Work of the IGU Commission on the History of Geographical Thought. GeoJournal 26 (2), S. 129–134.

Sick, W. D. (1992): Die Besiedlung der Mittelgebirge im alemannischen Raum. In: Siedlungsforschung 10, S. 49–62.

Sieferle, R. P. (1982): Der unterirdische Wald. Energiekrise und industrielle Revolution. München.

Sieferle, R. P. (1988): Fortschritte der Naturzerstörung. Frankfurt/Main.

Sieferle, R. P. (1989): Die Krise der menschlichen Natur. Zur Geschichte eines Konzepts. Frankfurt/Main.

Sieferle, R. P. (1997a): Kulturelle Evolution des Gesellschaft-Natur-Verhältnisses. In: Fischer-Kowalski, M. et al. (Hg.): Gesellschaftlicher Stoffwechsel und Kolonisierung von Natur. Ein Versuch in sozialer Ökologie. Amsterdam, S. 37–53.

Sieferle, R. P. (1997b): Rückblick auf die Natur. Eine Geschichte des Menschen und seiner Umwelt. München.

Sieferle, R. P. (1999): Naturerfahrung und Naturkonstruktion. In: Sieferle, R. P. und H. Breuninger (Hg.), S. 9–18.

Sieferle, R. P. (2003a): Nachhaltigkeit in universalhistorischer Perspektive. In: Siemann, W. (Hg.): Umweltgeschichte. Themen und Perspektiven. München, S. 39–60.

Sieferle, R. P. (2003b): The Ends of Nature. In: Ehlers, E. und C. F. Gethmann (Hg.), S. 13–28.

Sieferle, R. P. und H. Breuninger (Hg.) (1999): Natur-Bilder. Wahrnehmungen von Natur und Umwelt in der Geschichte. Frankfurt/Main–New York.

Sieferle, R. P. und U. Müller-Herold (1996): Überfluß und Überleben – Risiko, Ruin und Luxus in primitiven Gesellschaften. In: Gaia 5, S. 135–143.

Silk, J. (2006): Das fast unendliche Universum. Grenzfragen der Kosmologie. München

Simek, R. (1992): Erde und Kosmos im Mittelalter. Das Weltbild vor Columbus. München.

Singh, R. P.B. (1992): Nature and Cosmic Identity. A Search in Hindu Geographical Thought. In: Buttimer, A. (Hg.) (1992): History of Geographical Thought. Selected Themes of the Work of the IGU Commission on the History of Geographical Thought. GeoJournal 26 (2), S. 139–147.

SMBVM und KABD [Staatliche Museen zu Berlin, Vorderasiatisches Museum – Kunst- und Ausstellungshalle der Bundesrepublik Deutschland Bonn] (Hg.) (2004): 10.000 Jahre Kunst und Kultur aus Jordanien – Geschichte des Orients. Bonn–Berlin

Smil, V. (1991): General Energetics. Energy in the Biosphere and Civilization. New York.

Snow, C. P. (1959): The Two Cultures and the Scientific Revolution. New York.

Sonnabend, H. (Hg.) (1999a): Mensch und Landschaft in der Antike. Lexikon der Historischen Geographie. Stuttgart–Weimar.

Sonnabend, H. (Hg.) (1999b): Naturkatastrophen in der Antike. Wahrnehmung, Deutung, Management. Stuttgart–Weimar.

Sonnabend, H. (2007): Die Grenzen der Welt. Geographische Vorstellungen der Antike. Darmstadt.

Stehr, N. und H. von Storch (1999): Klima – Wetter – Mensch. München.

Steingräber, E. (1985): Zweitausend Jahre europäische Landschaftsmalerei. München.

Steinmetzler, J. (1956): Die Anthropogeographie Friedrich Ratzels und ihre ideengeschichtlichen Wurzeln. Bonner Geographische Abhandlungen Heft 19. Bonn.

Steffen, W. et al. (Hg.) (2004): Global Change and the Earth System: A Planet Under Pressure. Berlin u. a. O.

Steuer, H. (2004): Die Ostsee als Kernraum des 10. Jahrhunderts und ihre Peripherien. In: Siedlungsforschung 22, S. 59–88.

Stoob, H. (1995): Die Hanse. Graz u. a. O.

Storkebaum, W.(Hg.) (1967): Zum Gegenstand und zur Methode der Geographie. Wege der Forschung 58. Darmstadt.

Strautz, W. (1962): Auelehmbildung und –gliederung im Weser- und Leinetal mit vergleichenden Zeitbestimmungen aus dem Flussgebiet der Elbe. In: Beiträge zur Landespflege 1, S. 273–314.

Stückelberger, A. und G. Grasshoff (Hg.) (2006): Ptolemaios. Handbuch der Geographie. 2 Bde., Basel.

Taylor, G. (1936): Environment and Nation. Chicago.

Taylor, G. (1937): Environment, Race and Migration. Toronto.

Taylor, G. (1947): Canada. A Study in Cool Continental Environments and Their Effects on British and French Settlements. London.

Taylor, G. (Hg.) (1951): Geography in the 20th Century. A Study of Growth, Fields, Techniques, Aims and Trends. New York–London.

TBM [Trustees of the British Museum], (Hg.): The World of Myths. Vol. 1: Greek – Roman – Norse – Egyptian – Celtic Myths. London.

TBM [Trustees of the British Museum], (Hg.) (2004): The World of Myths. Vol. 2: Mesopotamian – Persian – Chinese – Aztec and Maya – Inca Myths. London.

Thiel, J. F. (1992): Grundbegriffe der Ethnologie: Vorlesung zur Einführung. Berlin.

Thomale, E. (1972): Sozialgeographie. Eine disziplingeschichtliche Untersuchung zur Geschichte der Anthropogeographie. Marburger Geographische Schriften Bd. 53, Marburg.

Thomas, W. L. (Hg.) (1956): Man's Role in Changing the Face of the Earth. 2 Bde. Chicago–London.

Tolstoi, L. (1950): Wieviel Erde braucht der Mensch? In: L. Tolstoi: Meistererzählungen. Zürich, S. 279–304.

Trepl, L. (1994): Geschichte der Ökologie vom 17. Jahrhundert bis zur Gegenwart. 2. Aufl., Weinheim–Frankfurt/M.

Troll, C. (1939): Luftbildplan und ökologische Bodenforschung: Ihr zweckmäßiger Einsatz für die wissenschaftliche Erforschung und praktische Erschließung wenig bekannter Länder. In: Zeitschrift der Gesellschaft für Erdkunde zu Berlin. H. 7/8, S. 241–298.

Troll, C. (1947): Die geographische Wissenschaft in Deutschland in den Jahren 1933–1945. Eine Kritik und Rechtfertigung. In: Erdkunde 1, S. 3–48.

Turba-Jurczyk, B. (1990): Geosystemforschung. Eine disziplingeschichtliche Studie zur Mensch-Umwelt-Forschung in der Geographie. Gießener Geographische Schriften 67. Gießen.

Turner, B. L. II (1989): The Specialist – Synthesis Approach to the Revival of Geography: The Case of Cultural Ecology. In: Annals of the Association of American Geographers 79, S. 88–100.

Turner, B. L. II (2002): Contested Identities: Human-Environment Geography and Disciplinary Implications in a Restructuring Academy. In: Annals of the Association of American Geographers 92, S. 52–74.

Turner II, B. L. et al. (Hg.) (1990): The Earth as transformed by Human Action. Global and Regional Changes in the Biosphere over the Past 300 Years. Cambridge.

Turner, B. L. II et al. (Hg.) (1993): Relating Land Use and Global Land-Cover Change: A Proposal for an IGBP-HDP Core Project. IGBP Report 24/HDP Report 5. Stockholm.

Ucko, P. J., R. Tringham und G. W. Dimbleby (Hg.) (1972): Man, Settlement and Urbanism. London. (umfangreiche Aufsatzsammlung von über 80 Beiträgen zum Thema der frühgeschichtlich-antiken Stadtentwicklung)

Uelsberg, G. (Hg.) (2006): Roots – Wurzeln der Menschheit. Bonn. *(Ausstellungskatalog mit zahlreichen Fachbeiträgen und umfangreicher Dokumentation und umfassenden Literaturverzeichnis)*

Uexkuell, J. v. (1909): Umwelt und Innenwelt der Tiere. Berlin.

Uhlig, H. (1970a): Organisationsplan und System der Geographie. In: Geoforum 1, S. 19–52.

Uhlig, H. (1970b): Naturräumliche Gliederung. In: Westermann Lexikon der Geographie Bd. III. Braunschweig, S. 473–475. *(mit umfangreichem Literaturverzeichnis)*

Vidal de la Blache, P. (1902): Les conditions géographiques des faits sociaux. In: Annales de Géographie 11, S. 13–23.

Vidal de la Blache, P. (1903): La géographie humaine. Ses rapports avec la géographie de la vie. In: Revue de synthèse historique, S. 219–240.

Vidal de la Blache, P. (1911): Les genres de vie dans la géographie humaine. In: Annales de Géographie 20, S. 193–212 und 289–304.

Vidal de la Blache, P. (1922): Principes de géographie humaine. Paris.

Vitousek, P. et al. (1997): Human Domination of the Earth's Ecosystems. In: Science 277, S. 485–499.

Voltaire (1971): Candide. Oder: Die Beste der Welten. Deutsche Übertragung und Nachwort E. Stadler. Stuttgart.

Vött, A. und H. Brückner (2006): Versunkene Häfen im Mittelmeerraum. In: Geographische Rundschau 58 (4), S. 12–21.

Wagner, H. G. (1961): Die historische Entwicklung von Bodenabtrag und Kleinformenschatz im Gebiet des Taubertals. In: Mitteilungen der Geographischen Gesellschaft München 46, S. 99–149.

Wallerstein, I. (1974): The Modern World System I: Capitalist Agriculture and the Origins of the European World Economy in the Sixteenth Century. New York–London.

Wallerstein, I. (1980): The Modern World System II: Mercantilism and the Consolidation of the European World Economy, 1600–1750. New York–London.

Wallerstein, I. (1989): The Modern World System III: The Second Era of Great Expansion of the Capitalist World Economy, 1730–1840s. New York–London.

Wardenga, U. (1995): Geographie als Chorologie. Zur Genese und Struktur von Alfred Hettners Konstrukt der Geographie. Stuttgart.

Watkins, T. (2007): Der Naturraum in Anatolien. Ein Zusammenspiel von Klima, Umwelt und Ressourcen. In: BLK (Hg.), S. 37–49.

WBGU [Wissenschaftlicher Beirat der Bundesregierung Globale Umweltveränderungen] (1993): Welt im Wandel: Grundstruktur globaler Mensch-Umwelt-Beziehungen. Jahresgutachten. Bonn

WBGU [Wissenschaftlicher Beirat der Bundesregierung Globale Umweltveränderungen] (1996): Welt im Wandel: Herausforderung für die deutsche Wissenschaft. Jahresgutachten. Berlin u. a. O.

WBGU [Wissenschaftlicher Beirat der Bundesregierung Globale Umweltveränderungen] (1999): Welt im Wandel: Umwelt und Ethik. Sondergutachten 1999. Marburg.

Weichhart, P. (1975): Geographie im Umbruch. Ein methodologischer Beitrag zur Neukonzeption der komplexen Geographie. Wien.

Weichhart, P. (1993): Geographie als Humanökologie? Pessimistische Überlegungen zum Uralt-Problem der „Integration" von Physio- und Humangeographie. In: Salzburger Geographische Arbeiten 25, S. 207–218.

Weichselgartner, J. (2002): Naturgefahren als soziale Konstruktion. Eine geographische Betrachtung der gesellschaftlichen Auseinandersetzung mit Naturrisiken. Aachen.

Weischet, W. (1986): Agrarrevolutionen und ihre Bedeutung für die Entwicklung der agrarwirtschaftlichen Tragfähigkeit mitteleuropäischer Lebensräume. Freiburg im Breisgau. (Rede anlässlich der Überreichung des Gödecke-Forschungspreises 1985 am 22. November 1985 in Freiburg i. Br.)

Wenke, R. J. (1990): Patterns in Prehistory. Humankind's First Three Million Years. New York–Oxford.

Werlen, B. (1987): Gesellschaft, Handlung und Raum. Grundlagen einer handlungstheoretischen Sozialgeographie. Erdkundliches Wissen 89, Stuttgart.

Werlen, B. (1993): Gibt es eine Geographie ohne Raum? Zu Verhältnis von traditioneller Geographie und zeitgenössischen Gesellschaften. In: Erdkunde 47 (4), S. 241–255.

Werlen, B. (1995): Landschaft, Raum und Gesellschaft. Entstehungs- und Entwicklungsgeschichte wissenschaftlicher Sozialgeographie. In: Geographische Rundschau 47 (10), S. 513–522.

Werlen, B. (2000): Sozialgeographie. Bern–Stuttgart–Wien.

Werlen, B. (2003): Kulturgeographie und kulturgeographische Wende. In: Gebhardt, H., P. Reuber und G. Wolkersdorfer (Hg.), S. 251–268.

White, T. D. et al. (2003): Pleistocene Homo sapiens from Middle Awash, Ethiopia. In: Nature 12. 6. 2003, S. 742–747.

Wilke, J. (2001): Die Ebstorfer Weltkarte. Veröffentlichung des Instituts für Historische Landesforschung der Universität Göttingen Bd. 39. 2 Bde. Bielefeld.

Wilson, E. O. (1975): Sociobiology. The New Synthesis. Cambridge/Mass.–London.

Wilson, E. O. (1998): Consilience. The Unity of Knowledge. New York. (Dt. Ausgabe 1998: Die Einheit des Wissens. Berlin.)

Winiwarter, V. (1997): Gesellschaftlicher Arbeitsaufwand für die Kolonisierung der Natur. In: Fischer-Kowalski, M. et al. (Hg.): Gesellschaftlicher Stoffwechsel und die Kolonisierung von Natur. Ein Versuch in sozialer Ökologie. Amsterdam, S. 161–176.

Winiwarter, V. (1999): Böden in Agrargesellschaften: Wahrnehmung, Behandlung und Theorie von Cato bis Palladius. In: Sieferle, R. P. und H. Breuninger (Hg.), S. 181–221.

Winkler, E. (1977): Der Geograph und die Landschaft. Zürich – Freiburg/Br.

Wirth, E. (1979): Theoretische Geographie. Grundzüge einer theoretischen Kulturgeographie. Stuttgart.

Wirth, E. (1988): Overseas Exploratory Fieldwork – a specific tradition of German geography. In: Wirth, E. (Hg.): German Geographical Research Overseas. A Report to the International Geographical Union [IGU]. Bonn–Tübingen, S. 7–25.

Withers, C. W.J. (1993): Geography in its Time: Geography and Historical Geography in Diverot and d'Alembert's „Encyclopédie". In: Journal of Historical Geography 19, S. 255–264.

Withers, C. W.J. (1996): Encyclopaedism, Modernism and the Classification of Geographical Knowledge. In: TIBG NS 21, S. 275–298.

Wittfogel, K. A. (1962): Die orientalische Despotie. Eine vergleichende Untersuchung totaler Macht. Köln.

Wuketits, F. M. (1998): Eine kurze Kulturgeschichte der Biologie. Mythen – Darwinismus – Gentechnik. Darmstadt.

Wuketits, F. M. (2005): Darwin und der Darwinismus. München.

Wundt, W. (1904): Völkerpschologie. 2 Bde.

Wundt, W. (1911): Probleme der Völkerpsychologie

Wundt, W. (1911–1920): Völkerpsychologie. Eine Untersuchung der Entwicklungsgesetze von Sprache, Mythos und Sitte. 10 Bde. 3. Aufl. Leipzig.

Zeune, A. (1808): Gea. Berlin. [1811: Goea; 1830: Gea].

Zeuner, F. (1967): Geschichte der Haustiere. München–Basel–Wien.

Zhongshu, Z. (1992): Round Sky and Square Earth (Tian Yuan Di Fang): Ancient Chinese Geographical Thought and its Influence. In: Buttimer, A. (Hg.) (1992): History of Geographical Thought. Selected Themes of the Work of the IGU Commission on the History of Geographical Thought. Geo-Journal 26 (2), S. 149–152.

Zierhofer, W. (1997): Grundlagen für eine Humangeographie des rationellen Weltbildes. In: Erdkunde 51, S. 81–99.

Zierhofer, W. (1999): Geographie der Hybriden. In: Erdkunde 53 (1), S. 1–13.

Zierhofer, W. (2003): Natur – das Andere der Kultur? Konturen einer nicht-essentialistischen Geographie. In: Gebhardt, H., P. Reuber und G. Wolkersdorfer (Hg.), S. 193–212.

Zimmermann, A. (1996): Zur Bevölkerungsdichte in der Urgeschichte Mitteleuropas. In: Tübinger Monographien zur Urgeschichte 11, S. 49–61.

Zögner, L. (Hg.) (1979): Carl Ritter in seiner Zeit. Staatsbibliothek preußischer Kulturbesitz. Ausstellungskatalog Nr. 11. Berlin.

Zweig, S. (1929): Sternstunden der Menschheit. Leipzig.

Zwernemann, J. (1968): Die Erde in Vorstellungswelt und Kultpraktiken der sudanischen Völker. Berlin.

Register

Achsenzeit 66, 135 f.
Achtal 29
Affenfrage 193
Agrarkolonisation 73, 100 f.
Ain Ghazal 39
Akkad – Babylon 49
Alleröd 35, 133
Allmende 73
Almagest 80
Altägypten 47 f.
Altamerika 53
Altamira 37, 132
Altpaläolithikum 30
Animalismus 247
Anthropogeograpie 200 f., 210, 212 f., 219
Anthropologie 128 f., 157, 180, 191, 193
Anthropozän 12 f., 138 ff., 164 ff., 208, 231 f.
Anthropozentrik 59, 94, 119, 245 f.
Anthropozoikum 13, 30, 250
Arabisch-islamische Wissenschaft 78 f.
Aristoteles/Politeia 59 f.
Arkadien 60
Artes liberales 78
Aszendenz 177, 182, 193
Atlaskartographie 192
Aufklärung 116 f., 123, 128 f., 153, 158, 163, 191
Aurignacien 29, 33, 132
Australopithecus 22
Avdeevo/Kursk 29

Babylon (Metapher) 70
Babylonische Weltkarte 62, 76 f.
Bacon, Francis 116 f.
Bandkeramiker 42, 53 f.
Baumverehrung 54
Benediktiner 71, 108
Berekhat Ram/Israel 28
Bevölkerungswachstum 73, 142, 150 f.

Biome 233
Bleibergbau 103
Blomboshöhle/SA 28
Bodenerosion 100 f.
Bodennutzungssystem 74
Bölling 133
Boyle, Robert 171
Buchdruck 95, 135
Buddhismus 248

Candide 128
Cartesianismus 117
Çatal Hüyük 39
Chemische Düngung 154
Chorologie 199, 207, 217 f.
Chorographie 199, 207
Citeaux 71
Cluny 70
Common sense 120
Conquista 83
Coping strategies 17
Creative adjustment 216

Dampfmaschine 142
Darwin, Charles 158, 176 f.
Deduktion 116
Demiurg 58, 66, 81
Denekamp 33
Descartes, René 117
Determinismus 63, 121
DIVERSITAS 236
Dolni Vestonice 29
Dreidimensionalität 187
Dreieckshandel 112
Dreifelderwirtschaft 73, 74, 75, 140
Durkheim, Emile 214 f.

Echnaton 49
„Edler Wilder" 55

Eem 35
Eisenbahnbau 145
Eisenverhüttung 142
Eisenzeit 103
Emmer 39, 41
Empirie 116, 171
Empirismus 93 f.
Enclosure movement 152
Encyclopédie 116 f.
Energieeffizienz 36
Enki 48
Enlil 48
Environmentalism 203, 212
Epidemien, Seuchen 99, 113, 134, 140
Erde als Scheibe 62
„Erdkunde" (Ritter) 179 f.
Erdzeitalter 10
ESSP 237
Ethnologie/Völkerkunde 197 f., 200, 203
Euphrat 44
Europäisierung 83, 157, 208
Evolution, Evolutionismus 176 f., 243 f.
Evolution des Menschen 21 f., 30, 176 f., 246
Evolutionsbiologie 194

Feld-Graswirtschaft 54
Filiation 44, 73
Forschungsreisen 154 f.
Fruchtbarer Halbmond 41 f.
Fruchtwechselwirtschaft 140

Gaia 56, 61
Geißenklösterle 29
Genesis/Schöpfungsgeschichte 49
Genres de vie 210, 214
Geo-Determinismus 198, 203, 205, 212, 215 f.
Geographentag Kiel 222
Geographie 56
– *Encyclopédie* 124 f., 162 f., 170 ff.
Geographische Gesellschaften 192, 207
Geopolitik 219
Gerberlohe/Lohgerberei 104 f.
Gesellschaftsvertrag (*contract social*) 121 f.
Globalisierung 83, 99, 108 f.
– 2. Globalisierung 192
Göbekli Tepe 41

Goseck 54
Gottesstaat (De Civitate Dei) 69
Gravettien 132
Griechische Philosophie 57
Große Transformation 138 ff.
Grotte Chauvet 29, 37, 132

Haeckel, Ernst 178 f., 194
Hallstattzeit 103
Haubergswirtschaft 106
Häuptling Seattle 55
Hengelo 33
Herder, Johann Gottfried 158 f.
Hereford-Karte 77
Hettner 216 f.
Hierarchie (Natur) 241
Hinduismus 53, 248
Hobbes/Leviathan 119 f., 122, 171
Hollandflößerei 103
Holozän 11 f., 35, 132 f.
Holzkohle 107, 140
Holzordnung 106 f.
Holzproduktion 73, 102 f.
Homo erectus 22, 28
Homo oecologicus 55
Hominoidea 21 f.
Humanität 159, 161
Humboldt, Alexander v. 158, 179 ff.
Hünengräber 53
Hybride 172 f., 230
Hydraulische Zivilisation 45

Ibn Khaldun 81
Idealismus 161 f., 183, 191
Idiographie 218, 222
IGBP 236
IHDP 236
Imperialismus 192, 196
Induktion 116
Indus 44
Industrialisierung 140 f.
IPCC 12, 167 f., 237
Isis/Osiris 68
Islam 248
Isothermen 187
Itinerare 89

Jagd- und Sammelwirtschaft 34 f., 113, 133
Jagdwirtschaft 27, 113, 133
Jericho 39
Jerusalem (Metapher) 70
Jüngere Dryas 35
Jungpaläolithikum 30

Kameralistik 180, 183, 191
Kant, Immanuel 128 f.
Kapitalistisches Weltsystem 83, 110 f.
Katastrophe 15
Kelten 102 f., 140
Kepler, Johannes 94, 211
Klima 211
Klimadeterminismus 63, 82, 162 f., 204 f.,
    211
Klimaoszillation 43
Klimatheorie 63 f., 82, 121 f., 162 f.
Klimawandel 232 f., 235
Kolonialgeographie 207
Kolonialismus 192, 196
Kondratieff, Nikolai 208
Kopernikus, Nikolaus 94 f.
Kosmographie 115
Kosmologie 91 f., 115, 128, 181
„Kosmos" (Humboldt) 179 f.
Kostenski 29
Kugelgestalt der Erde 60, 62 f., 89
Kulturstufen 34 f., 113, 193 f., 196 f.
Kunst 29
Kupfer-/Bronzezeit 103

Lagar Velho/Portugal 33
Lamarckismus 177
Länderkunde 218 f.
Landschaft 216 f., 220 f.
Landschaftsgemälde 184
Landschaftskunde 218 f.
Landschaftsökologie 220
Lapislazuli 44, 47
Lascaux 37, 132
Latène-Zeit 102 f.
Leeds 146
L'homme machine (Mechanismus) 118 f.,
    171
Libanon 39

Logik 116, 117
Logos 57 f.
Lonetal 29
Löwenmensch von Hohenstein-Stadel 29
LUCC 237, 240

Machina mundi 93
Magdalénien 37
Malthus, Thomas Robert 132, 141 f.
Manchester 146 f.
Manichäismus 69
Marsh, George Perkins 205 f.
MEA (Millenium Ecosystem Assessment) 233 f.,
    237
Mechanicus cosmicus 171
Megalithe 41
Memogramm 56
Menhir 53
Menschliche Territorien 26
Mesolithikum 30
Mesopotamien 46 f.
Metabolismus 143
Meyendorf 133
Milieu 214 f.
Mithras 68
Mitigation strategies 16
Mittelalter Kartographie 75 f.
Modernes Paradox 171
Mönchsorden 71 f., 74
Monismus 194 f.
Monokultur 112
Monotheismus 67
Montesquieu, Charles de Secondat, Baron de 121
Mont Ventoux 83
Moustérien 33
M-U-B 18 f.
Muqqadimah 81 f.
Mythos 48, 57, 135

Natur 14, 243
Natur als Ware 242, 245 f.
Naturgemälde 180, 182, 189
Naturkatastrophe 15, 234
Naturschutz 18
Neandertaler 29, 31, 33, 37, 132, 193
Nebra – Himmelsscheibe 53 f.

Neolithikum 103
Neolithische Revolution 37 f.
Neuplatonismus 68
Nikolaus von Kues 91
Nil 44
Nomothetik 218, 222
Norfolk-Rotation 140
Nus (Aristoteles) 81

Obsidian 44
Okeanos 57
Ökologie 194
Ökologie des Geistes 26
Ostkolonisation 73

Pannonisches Becken 42
Pavlov/Mähren 29
Petrarca, Francesco 83
Pflanzungen 112
Phänologie 232
Philanthropie 183 f.
Philosophie zoologique 26, 177
Physikoteleologie 175
Physiko-Theologie 128, 179, 191
Physio-/Biozentrismus 245
Physiozentrik 59
Physische Geographie 210 f.
Plantagen 85 f., 112
Platon
– Timaios 58
– Kritias 64, 206
Pleistocene Overkill 33
Pleistozän 12, 132
Portolankarten 89
Possibilismus 216
Prädestination 69
Psalm 104 51
Ptolemäus 63, 80

Quadrivium (scientiae) 78

Rad und Wagen 135
Rammelsberg/Goslar 103
Rapa Nui/Osterinsel 55
Rassentheorie 193, 196
Rationalismus 97, 116 f.

Rationalität 30
Ratzel, Friedrich 199 f., 210
Reconquista 83
Religiosität 28, 47, 135 f., 161
Renaissance 83, 97, 171
Resilience 17
Richthofen, Ferdinand, Freiherr v. 198 f., 210
Risks/hazards 16, 240
Ritter, Carl 179 ff.
Ritterorden 74
Romantik 158
Rousseau, Jean-Jacques 121

Sahara 43
Salzsiederei 108
Sammler-/Jägerkulturen 35 f., 113
Schießpulver 135
Scholastik 59, 93, 97
Schrift/Entwicklung 46
Septem artes liberales 78, 171
Shanidar/Iran 33
Shifting cultivation 112
Siedlungskolonisation 112
Siegerland 103 f.
Silberbergbau 103
Sippenbauerntum 43
Sklaverei/Sklavenarbeit 85 f., 112, 183
Sonnengesang (Franz v. Assisi) 71
Sonnengesang des Echnaton 49 f.
Sonnenobservatorium 54
Sozialdarwinismus 178, 193
Sozialgeographie 224
Sozialität 26
Spiritualität 28, 47
Sprachliche Kommunikation 29
Sprossung, s. Filiation
Staatsgeographus 174 f.
Steppenheide 42
Stoa 59
Stonehenge 53
Stromtiefländer 44
Stufentheorien 34 f., 119, 178 f., 183, 193, 196 f., 202
Sumer 45, 47 f.
Summa theologiae 72
Sungir 29

Sustainability science 240
Swanscombe 33
Syndrom (WBGU) 239

Tan-Tan/Marokko 28
Taurus 39
Teleologie 58 f., 68, 187, 196, 218
Territorialität 25
Tethys 57
Theodizee 126
Theriomorphismus 247
Tigris 44
Tordesillas 110
Trivium (artes) 78
Trugbilder (*idols*) 116 f.

Überflussgesellschaft 36
Umwelt 14
Umweltethos 249
Umweltkatastrophe 15, 234
Umweltwandel 233 f.
Uniformitarianism 177
Ur 47
Urbanisierung 145
Utilitarismus 245 f.

Variabilität (Klima) 235
Venus von Willendorf 29
Vernunftbegabung 30
Verwundbarkeit 16
Vidal de la Blache, Paul 210, 214 f.

Vogelherdhöhle 29
Vorratswirtschaft 35
Vostok-Bohrung 12, 13 f.
Vulnerability 16

Waldgeschichte 103 f.
Waldwirtschaft 102 f., 144
Wasserkraft 108 f.
Wasserwirtschaft 102 f.
WBGU 237 f.
WCRP 236
Weltbilder
– christlich-mittelalterliches 68 f.
– geozentrisches 63, 80, 94
– heliozentrisches 63, 94
– hellenistisches 60
– relationales 173
– römische 60 f.
Weltkarte
– Al-Idrisi 80
– Ebstorfer 76
Wildgerste 39, 41
Wildrind 41
Wildschaf 39, 41
Wildziege 39, 41
Wotanseiche 54

Zagros 39
Zelge 73
Zisterzienser 71, 74, 108 f.
Zuckerrohr 114